寺澤　眞 著
木材乾燥のすべて

［改訂増補版］

はじめに

　この本は，木材乾燥の実務を全く経験したことのない人でも，短期間の内に正しい木材人工乾燥操作の初歩技術を身につけられることを第一の目的としている。次に習得した技術をさらに向上させ，最終的には習得した技術を後輩に正しく伝授することができるまでの基礎知識の修得を目的としている。

　一般的に見て専門の技術書は，冒頭に難しい理論を掲げ，それを理解しないと先へ進めない組み立てとなっている。ところが専門的な形式や用語で書かれた内容を正確に理解するには，多くの他分野の基礎知識と十分な時間と落ち着いた環境が必要となる。これは大学や研究機関に所属する人でも，そう容易でない。新しい仕事で，内容の良く解らないときには興味が湧かないのは当然であるが，自分でその仕事を少しやってみると，段々と関心が高まり，本気で専門書を読む気になるものである。

　そこで本書は，前半では，気楽に読め，途中を飛ばしてもある程度のことが理解でき，手っ取り早く木材人工乾燥のやり方や勘どころが掴め，どうすれば木材をうまく乾燥できるかの方法が理解できるような形式で書き進めた。少し経験を積み，より高度の技術を身に付けたいと思ったときや，困難な問題に遭遇し，その解決により深い知識が必要になった人のために，後半では木材乾燥の理論を述べ，さらに木材の物性や木材組織についても簡単に触れ，後進の教育に必要な基礎知識もまとめておいた。最後には，木材人工乾燥の技術および研究の歴史にも触れてみた。

　しかし本のどの部分を開いても，前後の関係や前出の図表を参照せずに，大略の内容が理解できるというまとめ方は，気忙しい読者にとっては都合がよいが，落ち着いて最初から順を追って読む方にとっては重複する部分がかなり気になり，くどく不快感を抱くのではないかと心配する。

　また使用する符号については，同じ符号で2つ以上の違った意味を持たせないようにすべきであるが，木材乾燥が関係する基礎ならびに応用分野は比

較的広く，それぞれの分野で長年使い慣れてきた符号の中に重複する意味を持つものが2～3ある。しかし，これを別の符号に書き換えると現場の人はかえって理解し難くなるため，ここでは現場で使い慣れた符号のまま使っている。不統一は免れないが，符号についてはその都度意味を明らかにしておいた。

　先に述べたように，本書の内容は現場技術の習得を第一としたもので，いわゆる大学における座学のような現場の実技をほとんどやらずに基礎知識のみを修得させようとするものではない。したがって，本書による木材人工乾燥技術の習得成果は，本によるおおかたの知識の修得と，実際の木材乾燥業務に触れて知る経験的知識とがうまく融合したときに大きく現れる。このため過去の研究結果を探し求めて再検討することに努力を払うより，現場の経験から得られたインスピレーションにより自分なりに研究や追及の方法を開発することを読者に期待する。勉学に必要な基礎知識は十分本書に網羅したつもりである。

　日本における木材乾燥の現場技術に関する総括的な参考書は極めて少ないが，一応「11　木材人工乾燥の歴史」に収録しておいた。

　文中で引用させていただいた意見や資料のなかには研究者自身と直接面談したり電話などで意見交換して得られたものも多い。また不定期で情報誌的な刊行物から引用した資料もある。これらは入手が困難であると同時に内容の理解も容易でないため，文献の形式としては掲載していないが，実験者の所属と名前は明記しておいた。またさらに，公的研究機関の研究報告の中には研究者本人の名前でなく所轄官庁の長や部の名前になっている例が多く，一般的な引用文献の形式をとると研究者自身の業績が分からなくなってしまう心配があるので，担当研究者の名前も明らかにしておいた。なお，研究機関の中には行政改革などによって名称の変わったところも多いが，引用文献では発表当時の機関の名称を用いた。

　先に述べたように，本書はこれまで発表された多くの研究者・技術者の成果を十分参考にして書き進めたが，単一の文献あるいは文献全体を引用したものは少ない。いろいろな文献を比較検討し，私なりの解釈を加えて書いているため，一般の学術書に見られるような文献引用の形式は取っていない。

木材乾燥の初学者にとって馴染みやすい本としたいためでもある。

　本書を書くにあたって引用した私自身の研究資料は巻末にまとめて示してあるが，今回の作業の中で過去の未発表資料を考究して図表化したものもかなり多い。

　本書を執筆するにあたっては森林総合研究所木材利用部の鷲見博史，久田卓興両氏らから最近の海外情報や資料を，また旧林業試験場技官の小玉牧夫氏(現在日本電化工機K.K.)に装置，操作(スケジュール)と業界情報などについての意見や資料をもらい，木材利用に関係する物性については名古屋大学工学部の金川靖氏や愛媛大学農学部の林和男氏から極めて適切な資料を，また京都大学農学部の佐伯浩氏からは走査電子顕微鏡による見事な木材組織の写真の提供を得ている。

　また今回の出版にあたって図表の調整，文章の訂正ならびに校正についても小玉牧夫，金川靖，林和男の各氏ならびに海青社宮内久氏，およびスタッフの愛内恵子さんらの甚大な協力を願っており，深く感謝する。

　平成6年8月

著　者

改訂増補版の刊行に際して

　今回の改訂増補版は，初版刊行後に気付いたことがらを中心に補遺することを基本方針とした．増補内容は，本を求めた方にすぐわかるよう，巻末に一括掲載し，本書 p. 14, p. 31 に目次および資料目次として紹介した．

　また，増補と本文との対応関係が分かるように，本文中には【増補】として番号を付し，巻末の【増補】部分には本文参照ページを記載した．

　さらに，本文中の字句訂正も同時に施した．ただし，木材の比重については，本書の初版刊行時に JIS 改定が行われており「密度(g/cm^3)」を用いるべきであるが，木材関係の報告書では比重をこれまで密度(g/cm^3)のように考えて計算式で示している例も多く，現在でも広く現場で使われており，従来のままとした．

　なお，この作業にあたっては高知大学農学部長 金川靖氏ならびに，愛媛大学農学部教授 林和男氏のお二人に，初版刊行の時と同様，貴重な御意見と，さらに校正までしていただき，また乾燥技術の指導を専業としている小玉牧夫氏からは，高温乾燥の資料を戴いたことに深く感謝し，海青社 宮内久氏の仕事ぶりには敬意を表したい．

平成 15 年 12 月

著　者

木材乾燥のすべて

目　次

はじめに………………………………………………………………… 1
改訂増補版の改訂に際して…………………………………………… 4

図表目次………………………………………………………………… 15

1 木材人工乾燥の特殊性……………………………………………33

2 木材人工乾燥室(装置)……………………………………………37

  2-1 木材人工乾燥室(装置)の選び方……………………………… 38
  2-2 木材人工乾燥室(装置)の種類………………………………… 39
    2-2-1 蒸気加熱式(蒸気式)乾燥室………………………………… 40
    2-2-2 煙道式乾燥室………………………………………………… 42
    2-2-3 燻煙式乾燥室………………………………………………… 44
    2-2-4 完全燃焼ガス直接利用乾燥室……………………………… 45
    2-2-5 電気加熱式乾燥室…………………………………………… 46
    2-2-6 太陽熱利用乾燥室…………………………………………… 47
    2-2-7 その他の熱源による乾燥室………………………………… 49
    2-2-8 予備乾燥室…………………………………………………… 49
    2-2-9 高温乾燥装置(法)…………………………………………… 50
    2-2-10 熱板乾燥機,熱板加熱乾燥法……………………………… 52
    2-2-11 赤外線乾燥機,赤外線加熱乾燥法………………………… 53
    2-2-12 高周波(マイクロ波)加熱乾燥装置(法)…………………… 53
    2-2-13 減圧乾燥装置,真空乾燥装置……………………………… 55
    2-2-14 薬品乾燥法…………………………………………………… 55
    2-2-15 除湿式乾燥室(装置)………………………………………… 56
    2-2-16 蒸煮室,調湿室……………………………………………… 58
    2-2-17 乾燥前の高温熱処理………………………………………… 59
  2-3 木材人工乾燥室(装置)の細部決定…………………………… 60
    2-3-1 蒸気加熱式 IF 型乾燥室の詳細……………………………… 61

2-3-2　除湿式乾燥室の詳細……………………………………93
　　2-3-3　減圧乾燥装置(真空乾燥装置)の詳細………………113
　2-4　乾燥室(装置)の価格と乾燥経費………………………………116
　　2-4-1　乾燥室価格……………………………………………116
　　2-4-2　乾燥経費………………………………………………118
　2-5　乾燥室の仕様と契約ならびに点検……………………………129
　　2-5-1　乾燥室の契約…………………………………………129
　　2-5-2　乾燥室の性能試験……………………………………130
　2-6　桟木と桟積み機…………………………………………………139

3　木材人工乾燥室の操作方法……………………………………143
　3-1　木材人工乾燥の基礎用語………………………………………144
　3-2　蒸気加熱式 IF 型木材人工乾燥法の概要……………………150
　3-3　蒸気加熱式 IF 型木材人工乾燥法の実際……………………154
　　3-3-1　桟積み作業……………………………………………154
　　3-3-2　乾燥スケジュールの決定と試験材用原板の選出……161
　　3-3-3　試験材の木取り………………………………………164
　　3-3-4　乾燥スケジュールに準じた温湿度の調節方法と注意…174
　　3-3-5　調湿(イコーライジング,コンディショニング)………195
　　3-3-6　冷却搬出,桟積みの解体……………………………203
　　3-3-7　初期蒸煮(初期スチーミング),中間蒸煮,リコンディショニング……………………………………………………204
　　3-3-8　間けつ運転法…………………………………………209
　3-4　除湿式乾燥室の操作方法………………………………………212
　　3-4-1　蒸気加熱式 IF 型乾燥室との相違点と操作の概要……212
　　3-4-2　除湿式乾燥室の桟積み作業…………………………213
　　3-4-3　除湿式乾燥室の試験材………………………………214
　　3-4-4　除湿式乾燥室の乾燥スケジュール…………………215
　　3-4-5　除湿式乾燥室の室温上昇と乾燥経過中の注意………223
　　3-4-6　除湿式乾燥室の乾燥打ち切り時期と乾燥材の保管…224

4 主要樹種の乾燥操作と乾燥スケジュール表 ………………………… 229

4-1 国産広葉樹ならびに類似外材の乾燥スケジュール表………………230
- 4-1-1 カシ，ナラ，シイ，ブナの類，Fagaceae（ブナ科）………… 230
- 4-1-2 カバノキの類，Betulaceae（カバノキ科）…………………… 239
- 4-1-3 シオジ，ヤチダモの類，Oleaceae（モクセイ科）………… 240
- 4-1-4 ニレ，ケヤキの類，Ulmaceae（ニレ科）…………………… 241
- 4-1-5 イタヤカエデの類，Aceraceae（カエデ科）………………… 243
- 4-1-6 シナノキの類，Tiliaceae（シナノキ科）…………………… 243
- 4-1-7 クス，タブの類，Lauraceae（クスノキ科）………………… 245
- 4-1-8 其の他　キリ材…………………………………………………… 246

4-2 南洋産広葉樹材の乾燥スケジュール表…………………………………247
- 4-2-1 ラワン・メランチならびにアピトン・クルイン類などの
  Dipterocarpaceae（フタバガキ科）の材………………………… 247
- 4-2-2 フタバガキ科以外の南洋産広葉樹材……………………………265

4-3 国産針葉樹材ならびに輸入針葉樹材の乾燥スケジュール表……282
- 4-3-1 軽い針葉樹材………………………………………………………283
- 4-3-2 マツ類，*Pinus* 属，Pinaceae（マツ科）………………………284
- 4-3-3 軽いモミ，トドマツの類，*Abies* 属，Pinaceae（マツ科）……285
- 4-3-4 モミの類，*Abies* 属の重い材とベイツガ（ツガの類），
  Tsuga 属，Pinaceae（マツ科）……………………………………286
- 4-3-5 カラマツ類，*Larix* 属とベイマツ（ダグラスファー），
  Pseudotsuga 属，Pinaceae（マツ科）…………………………… 287
- 4-3-6 スギ，*Cryptomeria japonica*，Taxodiaceae（スギ科）………… 288
- 4-3-7 アガチス類，*Agathis* 属，Araucariaceae（ナンヨウスギ科）…290
- 4-3-8 ポドカルプス，ポド類，*Podocarpus* 属，Podocarpaceae
  （マキ科）……………………………………………………………291
- 4-3-9 スロールクラハム，*Dacrydium* 属，Podocarpaceae（マキ科）‥ 292
- 4-3-10 針葉樹柱材…………………………………………………………292

4-4 特殊な材の乾燥スケジュール表……………………………………………301

4-4-1　短尺材や半加工品の乾燥スケジュール表……………………301
　　4-4-2　天然乾燥材の乾燥スケジュール表…………………………304
　　4-4-3　竹材の乾燥スケジュール表…………………………………306
　4-5　米国マヂソン林産研究所発表の乾燥スケジュール表……………308
　　4-5-1　マヂソン林産研究所発表のスケジュール表の仕組み………308
　　4-5-2　マヂソン林産研究所発表の樹種別乾燥スケジュール一覧表…311
　　4-5-3　マヂソン林産研究所発表の乾燥スケジュール表に対する
　　　　　 意見……………………………………………………………318
　　4-5-4　北米産主要輸入広葉樹材のマヂソン林産研究所発表の乾
　　　　　 燥スケジュール表と操作の要点……………………………320
　　4-5-5　北米産主要輸入針葉樹材のマヂソン林産研究所発表の乾
　　　　　 燥スケジュール表と操作上の要点…………………………328
　4-6　英国林産研究所発表の乾燥スケジュール表(アフリカその他熱
　　　　帯産材のみ抜粋)……………………………………………………341
　4-7　タイムスケジュール(時間スケジュール)表………………………348
　　4-7-1　米国マヂソン林産研究所発表のタイムスケジュール表……350
　　4-7-2　西部カナダ林産研究所発表のタイムスケジュール表………354
　4-8　ドイツ Keylwerth(カイルウェルス)氏の乾燥スケジュール表…362

5　木材乾燥スケジュールの追究……………………………………………**363**

　5-1　人工乾燥で発生しやすい損傷の種類と対策………………………363
　　5-1-1　割　れ……………………………………………………………365
　　5-1-2　収縮率の増大と落ち込み………………………………………370
　　5-1-3　狂　い……………………………………………………………371
　　5-1-4　抜け節……………………………………………………………373
　　5-1-5　仕上がり時の含水率むら………………………………………373
　　5-1-6　乾燥速度の急低下………………………………………………375
　　5-1-7　残留乾燥応力……………………………………………………375
　　5-1-8　変　色……………………………………………………………376
　　5-1-9　強度の低下………………………………………………………376

5-1-10　濡れの変化……………………………………377
　　　5-1-11　樹脂の滲み………………………………………377
　5-2　既存乾燥スケジュールの修正方法…………………378
　　　5-2-1　乾燥経過中の乾燥応力（ひずみ）の変化による方法………378
　　　5-2-2　乾燥温度の適否を調べる方法……………………384
　　　5-2-3　乾燥時間の適否を調べる方法……………………387
　5-3　未知の材に対する乾燥スケジュールの推定方法……389
　　　5-3-1　彫刻刀による推定方法……………………………393
　　　5-3-2　急速乾燥による推定方法（100 ℃ 試験法）…………394
　5-4　温湿度の組み合わせ表…………………………………408
　5-5　乾燥時間の推定…………………………………………413
　　　5-5-1　比重による乾燥日数の推定………………………413
　　　5-5-2　樹種別乾燥速度からの推定………………………415
　　　5-5-3　乾燥初期の乾湿球温度差による推定……………419
　　　5-5-4　特定の寸法材を急速乾燥して推定する方法……420
　　　5-5-5　乾燥時間の推定総括………………………………420

6　天然乾燥と貯木……………………………………………**433**

　6-1　天然乾燥…………………………………………………433
　　　6-1-1　天然乾燥の有利さ…………………………………434
　　　6-1-2　天然乾燥の問題点…………………………………434
　　　6-1-3　天然乾燥法…………………………………………436
　　　6-1-4　天然乾燥時間………………………………………440
　6-2　貯　　木…………………………………………………448

7　木材乾燥装置の基礎知識…………………………………**449**

　7-1　乾燥室内の乾燥むら……………………………………449
　　　7-1-1　乾燥室内の風速と風圧……………………………450
　　　7-1-2　乾燥むらと材間風速ならびに桟木厚……………456
　　　7-1-3　加熱管の配置………………………………………466

目　次

- 7-2　乾燥室の省エネルギー対策……………………………467
  - 7-2-1　吸排気筒の位置など……………………………467
  - 7-2-2　壁体の断熱………………………………………468
- 7-3　蒸気加熱式乾燥室の熱量計算…………………………471
  - 7-3-1　材温の上昇に必要な熱量………………………471
  - 7-3-2　乾燥経過中に必要な熱量………………………473
  - 7-3-3　加熱管容量の決定………………………………485
  - 7-3-4　吸排気筒の直径決定……………………………486
- 7-4　木材人工乾燥室の分類…………………………………488
  - 7-4-1　被乾燥材を移動させるか否かによる分類……488
  - 7-4-2　桟積みの仕方や搬入方法の違いと桟積み列数などによる分類……………………………………488
  - 7-4-3　送風方式による分類……………………………488
  - 7-4-4　乾燥温度による分類……………………………490
  - 7-4-5　熱源による分類…………………………………491
  - 7-4-6　木材へ熱を伝達する方法による分類…………492
  - 7-4-7　湿気の除去方法による分類……………………492
  - 7-4-8　乾燥機内の気圧による分類……………………492
  - 7-4-9　仕上げ含水率の程度による分類………………494

8　木材乾燥の基礎知識……………………………………**495**

- 8-1　蒸発と乾燥………………………………………………495
- 8-2　乾燥速度…………………………………………………496
  - 8-2-1　恒率乾燥期間……………………………………496
  - 8-2-2　減率乾燥期間……………………………………505
- 8-3　水分移動…………………………………………………520
  - 8-3-1　自由水の移動……………………………………520
  - 8-3-2　結合水の拡散……………………………………529
- 8-4　細胞の落ち込み…………………………………………545
  - 8-4-1　細胞の落ち込みが発生しやすい樹種や樹幹内の位置………545

8-4-2　細胞の落ち込みが発生する原因……………………………545
　　8-4-3　細胞の落ち込みが発生しやすくなる条件………………548
　　8-4-4　細胞の落ち込み防止対策…………………………………553
　　8-4-5　細胞の落ち込みの特性……………………………………554
　8-5　乾燥による木材の破壊…………………………………………557
　　8-5-1　乾燥初期割れの機構………………………………………557
　　8-5-2　細胞の落ち込みによる細胞壁の座屈変形と温度………563
　　8-5-3　木材の破壊面………………………………………………563
　8-6　乾燥応力…………………………………………………………566
　　8-6-1　乾燥応力の発生機構………………………………………566
　　8-6-2　乾燥ひずみ(応力)の測定方法と適用範囲………………568
　　8-6-3　樹種別の乾燥ひずみ(応力)型の比較……………………571
　　8-6-4　乾燥応力の緩和とセット…………………………………574
　8-7　乾燥スケジュールの考え方……………………………………576
　　8-7-1　乾燥経過曲線を重視する考え方…………………………577
　　8-7-2　蒸発能に主体を置いた考え方……………………………578
　　8-7-3　乾燥ひずみを主体にした考え方…………………………584
　　8-7-4　乾燥温度に対する考え方…………………………………585

9　木材の物性……………………………………………………**589**

　9-1　含有水分…………………………………………………………589
　　9-1-1　含水率の示し方……………………………………………589
　　9-1-2　木材中の水分状態…………………………………………590
　　9-1-3　含水率の違いによる呼び名の変化………………………592
　9-2　含水率変化に伴う収縮，膨潤…………………………………600
　　9-2-1　繊維飽和点以上の含水率域での収縮，膨潤……………600
　　9-2-2　繊維飽和点以下の含水率域での収縮，膨潤……………601
　9-3　比重………………………………………………………………616
　　9-3-1　含水率の違いによる比重の示し方………………………617
　　9-3-2　比重の換算式………………………………………………620

    9-4　木材の機械的性質……………………………………………626
        9-4-1　一定含水率の木材の横引っ張り（曲げ）特性……………626
        9-4-2　含水率が変化している木材に負荷したときの変形（水分非
              定常状態の変形）……………………………………………630
        9-4-3　熱処理材の乾燥後の強度変化……………………………633
    9-5　木材の熱的性質……………………………………………………635
        9-5-1　微分吸着熱……………………………………………………635
        9-5-2　木材の熱膨張…………………………………………………636
        9-5-3　木材の比熱……………………………………………………636
        9-5-4　木材中の熱の移動……………………………………………637
    9-6　木材の電気的性質…………………………………………………639
        9-6-1　木材の直流抵抗………………………………………………639
        9-6-2　木材の高周波抵抗……………………………………………641
        9-6-3　木材の誘電率…………………………………………………641
        9-6-4　木材の誘電体損失……………………………………………644
        9-6-5　含水率計………………………………………………………645
    9-7　濡れ…………………………………………………………………648

10　木材の組織……………………………………………………**649**

    10-1　樹木の分類と成長…………………………………………………649
        10-1-1　樹木の分類…………………………………………………649
        10-1-2　樹木の成長…………………………………………………650
        10-1-3　年輪と成長輪………………………………………………650
    10-2　挽材面の呼び名……………………………………………………651
    10-3　木材の細胞構造……………………………………………………653
        10-3-1　針葉樹材の構造……………………………………………653
        10-3-2　広葉樹材の構造……………………………………………655
    10-4　木材の特異な組織や構造…………………………………………659
        10-4-1　樹木本来の性質や組織であるが利用上の欠点となるもの…659
        10-4-2　障害による異常や欠点……………………………………661

11　木材人工乾燥の歴史………………………………………**663**

　11-1　第2次世界大戦までの木材人工乾燥の歴史………………663
　11-2　敗戦後の木材人工乾燥の歴史……………………………665
　　11-2-1　敗戦後の木材人工乾燥装置(法)………………………665
　　11-2-2　敗戦後の木材人工乾燥操作技術………………………669
　　11-2-3　敗戦後に出版された木材人工乾燥の指導書……………679

索　　引………………………………………………………**683**

　(1)　樹種の乾燥特性とスケジュール……………………………683
　(2)　事項索引……………………………………………………688

おわりに………………………………………………………**697**

　資　　料……………………………………………………………699
　著者の発表論文……………………………………………………713
　増補資料……………………………………………………………719

図表目次

1 木材人工乾燥の特殊性

図1-1 木材の含水率の示し方……………………………………34
図1-2 含水率表示の違い…………………………………………34

2 木材人工乾燥室(装置)

図2-1 人工乾燥によって生じやすい損傷例……………………37
図2-2 自然対流式蒸気加熱乾燥室………………………………40
図2-3 蒸気加熱式IF型乾燥室……………………………………41
図2-4 蒸気加熱水平循環方式(ヒルデブランド社式)…………41
図2-5 蒸気加熱上下逆送風方式(キーファー社式)……………41
図2-6 ロングシャフト送風方式…………………………………43
図2-7 煙道式乾燥室(内部送風式)………………………………43
図2-8 加熱された炉の壁面からの放熱を利用した乾燥室(ヒルデブランド
社式水平循環方式)………………………………………43
図2-9 燻煙式乾燥室………………………………………………44
図2-10 天然ガス利用直接加熱乾燥室(米国の例)………………45
写2-1 太陽熱利用乾燥室(日本の例)……………………………47
図2-11 太陽熱利用乾燥室(米国の例)……………………………48
写2-2 予備乾燥室(日本の例)……………………………………49
図2-12 予備乾燥室(オーストラリアの例)………………………50
図2-13 熱板乾燥の温度と乾燥時間との関係……………………52
図2-14 高周波乾燥による樹種と乾燥時間の短縮比率…………54
図2-15 除湿式乾燥機の作動模式図………………………………57
表2-1 全乾比重と乾燥時間との関係……………………………62
表2-2 スギ建築用材の人工乾燥日数……………………………64
表2-3 ナラ、ブナ1インチ材の乾燥時間………………………64
写2-3 耳付材の桟積み方法………………………………………65
写2-4 柱材の桟積み方法…………………………………………66
表2-4 桟積み数と乾燥室寸法ならびに実材積との関係………66
図2-16 蒸気加熱式IF型乾燥室の基準寸法図(1)(正面図)………68
図2-17 蒸気加熱式IF型乾燥室の基準寸法図(2)(側面図。2m材、4台車)……68

図 2-18	蒸気加熱式 IF 型乾燥室の基準寸法図(3)(側面図。4 m 材, 2 台車)	68
写 2-5	発泡コンクリートによる断熱工事	70
写 2-6	ドアキャリアーと転送車	71
写 2-7	IF 型乾燥室用送風機	72
写 2-8	分解修理のためにとりはずされた H 種モーター	73
写 2-9	フィン付き加熱管	74
図 2-19	加熱管と吸排気筒との関係位置	75
図 2-20	加熱管の配管図	75
図 2-21	桟積み断面積と加熱管列数	75
図 2-22	ドレン水の噴出防止対策	77
図 2-23	各種の増湿法による室内条件と含水率変化	78
写 2-10	圧搾空気による水噴射ノズル	78
図 2-24	台車下に設けた蒸煮管	79
図 2-25	乾燥室両隅に設けた蒸煮管	79
図 2-26	蒸煮管と増湿管の位置	79
図 2-27	吸排気筒と加熱管, 送風機との関係位置	80
図 2-28	吸排気筒内のダンパー構造	80
写 2-11	長すぎる吸排気筒	81
写 2-12	遠隔温度測定器	82
図 2-29	湿球測定用の配線と給水	84
表 2-5	温湿度記録計部品と室数との関係	84
写 2-13	電動ボールバルブ	86
写 2-14	多数の乾燥室の集中管理室	86
図 2-30	バッフルの取り付け位置(正面図)	88
図 2-31	バッフルの取り付け位置(側面図)	88
写 2-15	小型貫流ボイラー	90
表 2-6	乾燥室の容量とボイラーの必要蒸発量	92
図 2-32	除湿機回路の模式図	94
表 2-7	木材含水率の基準(JAS)	95
表 2-8	除湿式乾燥室による乾燥時間	95
図 2-33	除湿式乾燥室の機械配置	97
表 2-9	除湿式乾燥室の大きさと実材積との関係	97
写 2-16	発泡スチロール板の収縮	98
写 2-17	フォークリフトによる積み込み作業	99
写 2-18	除湿機ユニット	100
図 2-34	除湿機を室内に置いた例	100
図 2-35	除湿機を室外に置いた例	100
表 2-10	乾燥材積と除湿機出力の目安	102
写 2-19	密閉型コンプレッサーと配管	102

図 2-36	両循環方式の除湿式乾燥室	105
図 2-37	室温上昇に必要な電熱器容量と材温との関係	107
写 2-20	熱板加熱式減圧乾燥装置(温水加熱)	113
写 2-21	高周波減圧乾燥法による積層単板の圧縮乾燥	114
図 2-38	高周波減圧乾燥装置の機械配置図(水冷式)	115
表 2-11	米国における乾燥費の一例	119
表 2-12	委託乾燥費の一例	123
図 2-39	依託乾燥費と板厚との関係	124
図 2-40	乾燥日数と乾燥費との関係	124
図 2-41	乾湿球湿度計の作りかた	132
表 2-13	関係湿度表	134
図 2-42	材間風速の確認方法	136
写 2-22	台車上にパッケージを置いたところ	141
図 2-43	桟木間隔と板厚との関係	142
写 2-23	自動桟積み機	142

3 木材人工乾燥室の操作方法

図 3-1	試験材と試験片の関係位置	144
図 3-2	温湿度と平衡含水率との関係	146
写 3-1	甚だしい落ち込み(ブラックビーン材)	148
写 3-2	内部割れと表面割れ(ミズナラ材)	149
表 3-1	ベイツガ(ヘムロック)3cm板材の乾燥スケジュール (低級材用でかなり条件はゆるやか)	151
図 3-3	ベイツガ(ヘムロック)3cm板材の乾燥スケジュール(やや低級材)	151
図 3-4	試験材と試験片の木取り方	152
写 3-3	試験材の置き方	153
写 3-4	人力による桟積み作業	155
写 3-5	フォークリフトによるパッケージの台車上への積み込み	155
写 3-6	耳付き材の桟積み	156
写 3-7	柱材の桟積み	157
写 3-8	材長の異なった板材の桟積み方法	158
写 3-9	桟木間隔が広すぎてあて材部が狂った例	158
写 3-10	台木と桟木とのずれによる板の狂い	158
図 3-5	地上に置く自立型の桟積み定規	160
図 3-6	差し込み式の桟積み定規	160
図 3-7	試験材を入れる場所の作り方	160
図 3-8	試験材の置き方の一例	160
写 3-11	短尺材の積み方	161
表 3-2	材質による条件変化の一例	162

図 3 - 9	試験材の乾燥経過の模式図	162
写 3 -12	定温乾燥器と上皿天秤	165
表 3 - 3	乾燥室で準備する秤	165
写 3 -13	柱材測定用台秤	166
写 3 -14	直示天秤による重量測定	166
図 3 -10	多数の試験材を採材する場合の符号の付け方	168
図 3 -11	少数の試験材や節部を避けて採材する場合の符号の付け方	168
写 3 -15	試験材の木取りの検討	168
写 3 -16	試験片の鋸断	169
写 3 -17	試験材のエンドコート	169
写 3 -18	試験片の並べ方(乾燥器内)	169
表 3 - 4	試験片の含水率測定例	171
表 3 - 5	試験片含水率の平均法	171
表 3 - 6	試験材含水率と推定全乾重量	171
表 3 - 7	乾燥経過野帳	172
図 3 -12	試験材の置き方	173
図 3 -13	試験材を置く位置	173
図 3 -14	ダブルトラック乾燥室の試験材を置く位置	173
図 3 -15	板厚の違いによる乾燥条件と乾燥経過の違い	177
図 3 -16	乾燥経過曲線のいろいろ	177
図 3 -17	湿球温度制御の指示針のセット	179
写 3 -19	手動による温湿度調節	180
図 3 -18	乾燥経過の検討模式図	183
図 3 -19	初期含水率 U_a と最初に乾湿球温度差を変化させる含水率との関係	185
表 3 - 8	乾湿球温度差の開き方の違い(1インチ広葉樹材用)	185
表 3 - 9	ミズナラ1インチ材(北海道産)の乾燥スケジュール	186
図 3 -20	ミズナラ1インチ試験材の乾燥予定図	187
図 3 -21	板面の触感を知る方法	188
表 3 -10	乾燥初期温度と終末温度との関係	190
図 3 -22	乾燥終了時の含水率分布模式図	191
表 3 -11	乾燥経過表	192
図 3 -23	試験材含水率の確認法	193
表 3 -12	試験材の含水率の確認計算結果	193
図 3 -24	過乾燥材を使って作った引き出しに生じた割れ	195
図 3 -25	桟積み材と試験材との含水率関係を示した模式図	195
図 3 -26	材内の含水率分布	196
図 3 -27	コンディショニング中の含水率分布の変化	196
図 3 -28	温度と乾湿球温度差と平衡含水率との関係	197
図 3 -29	残留乾燥応力による板のそり	198

図3-30	被乾燥材の乾燥経過の違い	199
図3-31	残留応力分布の違いによる板厚分割後のそりの差	200
図3-32	イコーライジングに入ってからの含水率変化	201
表3-13	調湿に要する時間と材質	202
写3-20	含水率計による含水率検査	204
図3-33	初期蒸煮によって脱水される限界含水率と全乾比重との関係	205
表3-14	蒸煮処理による乾燥時間の短縮比率	206
図3-34	初期スチーミングの効果	206
写3-21	蒸煮温度と乾燥後の収縮率の増加	207
図3-35	蒸煮による乾燥時間の短縮例	208
写3-22	乾燥条件の違いとリコンディショニングの効果の差	209
表3-15	間けつ運転と連続運転との乾燥時間の比較	210
図3-36	除湿式乾燥室の消費電力量と含水率との関係計算値	213
図3-37	心持ち柱材の桟積み方法	214
図3-38	試験材を置く位置	215
表3-16	乾燥温度の違いによる乾湿球温度差，関係湿度，平衡含水率の比較	216
表3-17	ヒノキ10.5cm角心持ち背割り材の除湿式乾燥室用スケジュール	218
図3-39	スギ10.5cm角心持ち背割り材の除湿式乾燥室用スケジュール	219
表3-18	スギ10.5cm角心持ち背割り材の除湿式乾燥室用スケジュール	219
表3-19	スギ心去り12cm角材除湿式乾燥室用スケジュール	220
表3-20	ベイツガ板材の除湿式乾燥室用スケジュール	221
表3-21	板材，平割り材の除湿式乾燥室用スケジュール	221
表3-22	本州産硬質ナラ材の除湿式乾燥室用スケジュール	222
表3-23	ブナ半天然乾燥材の除湿式乾燥室用スケジュール	222
表3-24	木材含水率の基準（JAS一部抜粋）	225
図3-40	全乾法による含水率と性能認定高周波式含水率計との違い	225
表3-25	除湿式乾燥室による柱材の乾燥日数	226
図3-41	背割り幅の変化と含水率との関係	226

4　主要樹種の乾燥操作と乾燥スケジュール表

表4-1	カシ類の共通乾燥スケジュール	230
表4-2	各種ナラ材の乾燥スケジュール	232
表4-3	北海道産ミズナラフローリング用原板良質材の乾燥スケジュール	233
図4-1	ホワイトオーク材の比重と乾燥日数との関係	233
表4-4	シイノキ材の乾燥スケジュール	234
写4-1	ブナ床板原板材の甚だしい狂い	236
写4-2	ブナ辺材部の赤褐色変（白色部は偽心材部）	237
表4-5	ブナ材の乾燥スケジュール	238
表4-6	ニュージーランドビーチ材の乾燥スケジュール	

	その1 乾燥の極めて容易なシルバービーチ($N.\ menziesii$)	238
表4-7	ニュージーランドビーチ材の乾燥スケジュール	
	その2 乾燥の中庸なもの($N.\ cliffortioides$)	238
表4-8	マカンバ材の乾燥スケジュール(2種)	240
表4-9	アラスカカバノキ材の乾燥スケジュール	240
表4-10	ケヤキ材の乾燥スケジュール	241
図4-2	狂いやすいハルニレ丸太の木口	242
表4-11	ハルニレ(アカダモ)材の乾燥スケジュール	242
表4-12	イタヤカエデ材の乾燥スケジュール	243
表4-13	アカシナ材の乾燥スケジュール	244
表4-14	アオシナ材の乾燥スケジュール	244
表4-15	アカシナ材の乾燥スケジュール(コアー材用)	244
表4-16	クス材の乾燥スケジュール	246
表4-17	タブノキ材の乾燥スケジュール	246
表4-18	フタバガキ科内の主要な属と樹種名	249
図4-3	ラワン・メランチ類木材の乾燥経過の特徴	251
表4-19	ラワン・メランチ類木材の乾湿球温度差乾燥スケジュール	
	初期含水率による区分け	252
表4-20	乾燥初期の乾湿球温度差と乾燥温度との関係	253
表4-21	バクチカン材の乾燥スケジュール	255
表4-22	ラワン・メランチ類木材の乾燥初期条件	256
表4-23	セラヤ・メランチ類木材の平均的乾燥スケジュール	257
表4-24	カンボジア産プジック材の乾燥スケジュール	259
写4-3	無処理クルイン材の冬期天然乾燥中の木口割れ	260
表4-25	アピトン・クルイン類木材の乾燥スケジュール	261
表4-26	北ボルネオ産カプール材の乾燥スケジュール	262
表4-27	カリマンタン産バンキライ材の乾燥スケジュール	263
表4-28	カンボジア産コキークサイ材の乾燥スケジュール	264
表4-29	ラミン材の乾燥スケジュール	266
表4-30	ソロモン群島産ニヤト―材の乾燥スケジュール	267
表4-31	スラウエシー産ニヤト―材の乾燥初期条件	267
表4-32	ターミナリア材の乾燥スケジュール例	269
表4-33	ビルマ産チーク材の乾燥スケジュール	270
表4-34	ニューギニア産タウン材の乾燥スケジュール	271
表4-35	カリマンタン産テラリン材の乾燥スケジュール	271
表4-36	カリマンタン産チャンパカ材の乾燥スケジュール	273
表4-37	セプター材の乾燥スケジュール	273
表4-38	サラワク産セプターパヤ材の乾燥スケジュール	273
表4-39	パラゴム材の乾燥スケジュール	274

表4-40	パラゴム材の海外の乾燥スケジュール	274
表4-41	軽軟な南洋材の乾燥初期条件と乾燥日数	276-277
表4-42	アンベロイ材の乾燥スケジュール	278
表4-43	ジェルトン材の乾燥スケジュール	279
表4-44	ジョンコン材の乾燥スケジュール	279
表4-45	軽軟材の共通的乾燥スケジュール	279
図4-4	グメリナ材の乾燥経過と温度との関係	280
表4-46	グメリナ(イエマネ)材の乾燥スケジュール	281
表4-47	リツェア材の乾燥スケジュール	281
表4-48	軽軟針葉樹材の乾燥スケジュール	283
表4-49	変色や艶を重視したヒノキ材の乾燥スケジュール	283
表4-50	アカマツ・クロマツ材の乾燥スケジュール	284
表4-51	オウシュアカマツ材の乾燥スケジュール	285
表4-52	トドマツ水喰材の乾燥スケジュール	286
表4-53	重いモミ類とベイツガ(ヘムロック)材の乾燥スケジュール	287
表4-54	カラマツ類とベイマツ(ダグラスファー)材の乾燥スケジュール	288
表4-55	スギ木取り材別の乾燥時間	289
表4-56	スギ赤心材の乾燥スケジュール	289
表4-57	スギ黒心材の乾燥スケジュール	290
表4-58	カリマンタン産アガチス材の乾燥スケジュール	291
表4-59	ポド材の乾燥スケジュール	291
表4-60	スロールクラハム材の乾燥スケジュール	292
表4-61	ヒノキ心持ち柱材の乾燥スケジュール	294
表4-62	カラマツ心持ち柱材の乾燥スケジュール	296
表4-63	トドマツ水喰い心持ち柱材の乾燥スケジュール	296
表4-64	ベイツガ柱材の乾燥スケジュール	296
表4-65	スギ心持ち柱材の初期含水率別の乾燥スケジュール	298
図4-5	スギ心持ち柱材の背割りの有無と乾燥時間	298
表4-66	スギ心持ち柱材の初期含水率と辺材率別の人工乾燥日数推定	299
写4-4	ろくろ師の作業場	301
表4-67	シデシャットル用材の乾燥スケジュール	302
表4-68	フランスグルミ銃床材の乾燥スケジュール	302
表4-69	紡績用木管の乾燥スケジュール,サクラリング木管とブナロース木管用	303
表4-70	ドッグウッドシャットル材の乾燥スケジュール	303
表4-71	シュガーメープルボーリングピン用材の乾燥スケジュール	303
表4-72	天然乾燥後の人工乾燥の条件	305
表4-73	マダケ材の乾燥スケジュール	307
表4-74	モウソウチク材の乾燥スケジュール	307

表4-75	温度スケジュール(T), 針葉樹・広葉樹材共用(米国)······309
表4-76	初期含水率による含水率区分表(米国)······309
表4-77	広葉樹材の湿度スケジュール(米国)······310
表4-78	針葉樹材の湿度スケジュール(米国)······310
表4-79	北米産広葉樹材のスケジュール番号······312-313
表4-80	北米産針葉樹材のスケジュール番号アッパーグレイド材用······314-315
表4-81	アップランド産レッドオーク1インチ材の乾燥スケジュール······318
表4-82	オーク類の乾燥スケジュール その1 アップランド産材······322
表4-83	オーク類の乾燥スケジュール その2 ローランド産材······323
表4-84	レッドオークのプリサーフェースド材の乾燥スケジュール······323
表4-85	ホワイトアッシュ材の乾燥スケジュール······324
表4-86	ブラックウォルナット材の乾燥スケジュール······325
表4-87	ハードメープル材の乾燥スケジュール······325
表4-88	ソフトメープル材の乾燥スケジュール······326
表4-89	日本で乾燥しているメープル材の乾燥スケジュール······326
表4-90	イエローポプラ材の乾燥スケジュール······327
表4-91	北米と日本産との近縁樹種の材質比較······327
表4-92	ベイスギ(ウェスタンレッドシーダー)材の乾燥スケジュール······330
表4-93	ポンデローザパイン材の褐変防止乾燥スケジュール······331
表4-94	ソフトパイン類材の褐変防止乾燥スケジュール······331
表4-95	レッドパイン材の乾燥スケジュール······332
表4-96	パイン類の樹種別材質表······332
表4-97	ダグラスファー(ベイマツ)材の産地別材質表······334
表4-98	ダグラスファー材の乾燥スケジュール······334
表4-99	ファー類(モミ類)材の乾燥スケジュール······335
表4-100	ベイモミ材の樹種別材質表······336
表4-101	ウェスタンヘムロック材の乾燥スケジュール······337
表4-102	イースタンヘムロック材の乾燥スケジュール······337
表4-103	ヘムロック材の樹種別材質表······338
表4-104	シトカスプルース材の乾燥スケジュール······339
表4-105	レッドスプルース材の高温乾燥スケジュール······339
表4-106	英国林産研究所発表の乾燥スケジュールの基本型······342
表4-107	代表的アフリカ材の乾燥スケジュール······343
表4-108	英国と米国との乾燥スケジュールの違い······344
表4-109	熱帯, 東南アジア産の有名材, 英, 米林産研究所のスケジュール区分(番号)······346
表4-110	ブラジル国マラニヨン地方産材の乾燥スケジュール······347
図4-6	最も乾燥の遅い試験材の乾燥経過例と条件変化の時間······349
表4-111	基本の含水率スケジュールと推定乾燥時間······349

表4-112	米国林産研究所発表の広葉樹代表材のタイムスケジュール…………352
表4-113	レッドアルダー材の高温乾燥用タイムスケジュール……………………353
表4-114	ベイマツ(ダグラスファー)材の等級，板厚別タイムスケジュール……354
表4-115	ベイツガ(ヘムロック)材の等級，板厚別タイムスケジュール…………355
表4-116	ベイツガ材の高温乾燥用タイムスケジュール…………………………356
表4-117	カナダ産ブロードリーフメープル材の乾燥スケジュール……………357
表4-118	カナダ産レッドアルダー材のタイムスケジュール……………………357
表4-119	カナダ産ウェスタンヘムロック材のタイムスケジュール その1(1インチ材幅定めなしクリヤー材)……………………………358
表4-120	カナダ産ウェスタンヘムロック材のタイムスケジュール その2(2インチ材幅定めなしクリヤー材)……………………………358
表4-121	カナダ産ウェスタンヘムロック材の高温乾燥用タイムスケジュール…358
表4-122	カナダ産ベイマツ(ダグラスファー)材のタイムスケジュール その1(1インチ材板幅6～12インチクリヤー材)…………………359
表4-123	カナダ産ベイマツ(ダグラスファー)材のタイムスケジュール その2(2×4インチ材クリヤー材)……………………………………359
表4-124	カナダ産ベイマツ(ダグラスファー)材のタイムスケジュール その3(2インチ材ディメンション材，ラーチ(カラマツ類)にもよし)………359
表4-125	カナダ産ベイスギ(ウェスタンレッドシーダー)材のタイムスケジュール その1(1×6～12インチ材 12～16%仕上げ抜節防止スケジュール)………360
表4-126	カナダ産ベイスギ(ウェスタンレッドシーダー)材のタイムスケジュール その2(クリヤー材1×6～8インチ材)…………………………………360
表4-127	カナダ産ベイスギ(ウェスタンレッドシーダー)材のタイムスケジュール その3(2インチ厚，ドアーなどの必要部材の木取れる板(ショップ))……361
表4-128	カナダ産ホワイトスプルース材のタイムスケジュール………………361

5 木材乾燥スケジュールの追求

図5-1	損傷の分類………………………………………………………………364
図5-2	乾燥初期に生じやすい割れ……………………………………………365
図5-3	板の表裏で表面割れの出やすい場所の違い…………………………367
写5-1	ナラ材に生じやすい特殊な表面割れ…………………………………367
図5-4	乾燥初期の表面割れと乾燥条件………………………………………368
図5-5	樹種の違いによる乾燥末期の内部割れの差…………………………369
写5-2	甚だしい内部割れ………………………………………………………370
図5-6	細胞の落ち込みによる各種の変形……………………………………371
図5-7	各種の狂い………………………………………………………………372
写5-3	交錯木理材の狂い(レッドラワン材)…………………………………372
図5-8	仕上り時の含水率むらの原因…………………………………………374
写5-4	X線スキャンによるベイツガ材の水喰部分の変化の観察……………374

写5-5	ブナ辺材部の赤褐色変	376
図5-9	材の等級と乾燥日数と歩留まり	378
図5-10	櫛型ひずみ試験片の作り方	379
図5-11	乾燥経過中のひずみ量，含水率，櫛型試験片，割れの変化の関係図	380
図5-12	カップ法試験片の作り方	382
図5-13	樹種別のカップ量変化	383
図5-14	乾燥条件の違いによる収縮率の比較方法	385
表5-1	人工乾燥材と天然乾燥材との収縮率の比較	386
図5-15	乾燥条件の違いによる収縮経過	387
図5-16	乾燥初期条件の違いによる乾燥経過の差	388
表5-2	乾燥条件と全乾比重や板厚との関係	389
表5-3	乾燥初期条件と条件変化の違い	390-392
図5-17	彫刻刀の形	393
写5-6	彫刻刀による切削方法	393
写5-7	彫刻刀による試験結果	394
表5-4	彫刻刀による乾燥初期条件の決定法	394
表5-5	乾燥スケジュール推定用野帳例	397
図5-18	試験材のならべ方(乾燥器内)	398
図5-19	初期割れの種類	398
図5-20	初期割れの分類	399
図5-21	断面の糸巻状変形の測定方法	400
表5-6	断面の糸巻状変形の段階区分	401
図5-22	内部割れの区分	401
表5-7	損傷の種類と段階による乾燥条件	402
表5-8	ハルニレ材の測定結果と推定条件	402
表5-9	推定されたハルニレ2.7cm厚材の乾燥スケジュール	402
表5-10	日本的乾湿球温度差表によるハルニレ2.7cm材の推定乾湿球温度差スケジュール	403
図5-23	ハルニレ材の乾燥経過(高温急速乾燥)	404
図5-24	乾燥日数の推定図	404
図5-25	乾燥初期の木口割れの特徴	406
図5-26	乾燥特性と乾燥条件	407
表5-11	初期含水率の違いによる含水率の区分表	408
表5-12	乾湿球温度差スケジュールA	409
表5-13	乾湿球温度差スケジュールB	409
表5-14	乾湿球温度差スケジュールC	410
表5-15	乾湿球温度差スケジュールD	410
表5-16	乾燥初期に設定した温度とその後の温度上昇法	411
表5-17	温湿度の組合せ表の使用例	411

表5-18	全乾比重と乾燥時間との関係	414
表5-19	乾燥日数による厚さ係数 n の変化	414
図5-27	代表樹種の厚さ別乾燥時間	415
図5-28	日本産主要樹種の乾燥時間推定図表	416
表5-20	樹種別番号表(図5-28の付表)	416
表5-21	乾燥室の実際の乾燥時間として加算すべき日数	418
図5-29	乾燥初期の乾湿球温度差と乾燥時間(日)との関係	419
表5-22	乾燥速度係数 k と算出乾燥時間との関係	422
表5-23	水分拡散係数 λ_u と算出乾燥時間との関係	423
図5-30	乾燥条件の違いによる乾燥時間の修正比率	423
図5-31	乾燥時間と厚さ係数 n との関係	424
表5-24	板厚と乾燥時間ならびに厚さ係数と条件補正倍率	425
図5-32	乾燥条件補正を加えた厚さ別乾燥時間	426
図5-33	材質による修正比率	427
図5-34	材の等級(節,あて)による補正比率	427
図5-35	初期含水率の違いによる乾燥時間の増減比	428
図5-36	乾燥室内の温度むらによる延長時間	428
表5-25	乾燥時間推定結果例	430
表5-26	除湿式と蒸気式との乾燥時間比	430

6　天然乾燥と貯木

写6-1	冬期の天然乾燥中の木口割れ	435
写6-2	コンクリートで舗装された天然乾燥場	437
写6-3	桟木の下には常に受け台木が必要	437
写6-4	桟積み最上部の屋根	437
写6-5	短尺材のエンドコート	438
写6-6	鉛筆用材(鉛材)の天然乾燥風景	438
写6-7	はざかけ乾燥法	438
写6-8	ヒノキ鴨居材の天然乾燥	439
写6-9	乱雑な天然乾燥場	439
写6-10	木口割れの防止方法	439
表6-1	地区別天然乾燥日数	441
図6-1	桟積み内の含水率分布	442
表6-2	樹材種別天然乾燥日数	442
図6-2	季節と厚さ別の天然乾燥日数	443
図6-3	スギ心持ち柱材の乾燥経過　その1(4月21日開始)	443
図6-4	スギ心持ち柱材の乾燥経過　その2(7月14日開始)	443
表6-3	乾燥開始の時期別天然乾燥所要日数	444
図6-5	スギ心持ち柱材の季節別乾燥経過	445

表6-4	スギ10.5×10.5心持ち柱材の天然乾燥日数	445
表6-5	スギ皮つき丸太の伐採後経過日数別含水率	447
表6-6	スギはく皮丸太の伐採後経過日数別含水率	447

7 木材乾燥装置の基礎知識

図7-1	IF型乾燥室内の風向調整板	451
図7-2	桟積み上下方向の材間風速分布	452
図7-3	地下部に送風機を設けたIF型乾燥室内の材間風速分布	453
図7-4	標準的なIF型乾燥室の寸法と風速分布	455
表7-1	乾燥室内の圧力損失	455
表7-2	モーター極数と周波数と回転数	456
図7-5	桟積み内の乾燥むら発生の模式図	457
図7-6	桟積み内の乾燥むら	458
図7-7	桟積み内の温度降下量と乾燥日数	458
図7-8	桟積み内に試験材を列べる場所を作る方法	459
図7-9	片循環送風における桟積み内の乾燥むら	459
図7-10	両循環送風における桟積み内の乾燥むら	460
図7-11	板間隔を設けた時の乾燥むらの比較	461
図7-12	初期含水率の違いによる乾燥経過中の乾燥むら	462
図7-13	材間の風速分布	462
図7-14	ソフトテックスによる恒率乾燥期間中の乾燥むら	463
表7-3	同一の乾燥むらにするための材間風速，桟積み幅，桟木厚の関係	464
図7-15	スギ1.4cm厚材の乾燥特性曲線	464
図7-16	桟積み内の乾燥むらの計算例	465
図7-17	排気中の水分量と吸気中の水分量との関係	475
図7-18	湿度，湿潤比熱，蒸発潜熱図表	476
図7-19	乾燥室壁面の熱伝達率と風速との関係	480
図7-20	発泡ウレタンパネルの熱貫流率	481
表7-4	各種物質の熱伝導率	482
図7-21	筒の高さを変化させたときの吸排気筒内の流速	487
写7-1	ロングシャフト式乾燥室	489
図7-22	各種のIF型送風方式	490
図7-23	乾燥室の分類図	493

8 木材乾燥の基礎知識

図8-1	大気を加熱したときの乾湿球温度差の変化	499
図8-2	関係湿度0％のときの湿球温度の求め方	499
表8-1	温度と飽和水蒸気圧 10～95℃	500
図8-3	関係湿度と乾球温度からみた露点ならびに湿球との温度差	500

図表目次

図8-4	恒率乾燥時の蒸発速度と風速との関係	503
図8-5	濾紙の長さと乾燥時間	504
図8-6	イヌブナ床板辺材の乾燥経過曲線	506
図8-7	イヌブナ床板辺材の乾燥速度曲線	507
図8-8	表面含水率と平均含水率との関係模式図	508
図8-9	濾紙の乾燥速度比と含水率との関係	508
図8-10	ブナ床板辺材の乾燥特性曲線	509
図8-11	イヌブナ床板偽心材の乾燥特性曲線	510
図8-12	イヌブナ1インチ偽心材の乾燥特性曲線	510
図8-13	ミズナラ1インチ材の乾燥特性曲線	511
図8-14	レッドラワン床板材の乾燥特性曲線	511
図8-15	エゾマツ床板材の乾燥特性曲線	512
図8-16	板の中心部の蒸気圧と外周蒸気圧との関係	513
表8-2	材内外の蒸気圧差と乾燥条件との関係	514
図8-17	材内外の蒸気圧差と温度との関係	514
図8-18	レッドオーク2インチ材による温度と乾燥速度との関係	515
図8-19	風速と乾燥速度との関係	516
表8-3	樹種別乾燥速度係数	517-518
図8-20	水の移動方向	521
図8-21	細胞内の水の移動の良否模式図	522
図8-22	樹種別心材の通気性比較	524
表8-4	樹種別防腐剤の浸透性の比較	525
図8-23	棒状試験材の水分分布図	526
図8-24	自由水と結合水の移動の良し悪しの比較模式図	527
図8-25	バルサ飽水材の乾燥時の含水率分布	527
表8-5	毛管内の水の移動速度と温度との関係に関与すると考えられる因子の温度による変化	528
図8-26	細胞内の水分(水蒸気)拡散模式図	529
図8-27	管径が異なったときの水面の降下速度比較	530
図8-28	水蒸気の移動抵抗のモデル図	531
図8-29	水分移動の原動力の違いによるディメンションの変化	532
表8-6	水分拡散についての呼び名の違い	533
図8-30	水分拡散の測定方法の一例	534
図8-31	板面の含水率(EMC)や温度,蒸気圧分布の模式図	535
図8-32	木材内の水分拡散抵抗の模式図	536
図8-33	板の中央に穴のある材	536
図8-34	乾燥時の材内の水分分布模式図	537
図8-35	水分拡散係数の標示方法の違いによる曲線の変化	539
図8-36	含水率1%当たりの蒸気圧差と温度との関係	539

図8-37	水分拡散係数と温度との関係	540
図8-38	飽和蒸気圧 P_s, P_s-P, 水分拡散係数 λ_u と温度との関係	540
図8-39	比重と水分拡散係数との関係模式図	541
図8-40	木取りと水分拡散係数	542
表8-7	ヒノキ板目材の水分拡散係数と板厚との関係	543
図8-41	表面抵抗 R_s と直線の傾斜の求め方	544
写8-1	柾目面から乾燥したときの飽水バルサ材の細胞の落ち込み	547
図8-42	蒸煮温度と細胞の落ち込み収縮率の増大	549
写8-2	生材道管内の水滴	549
表8-8	煮沸による全収縮率の増大比率	550
写8-3	苛性ソーダ処理による細胞内腔への膨潤	551
図8-43	温湿度別の収縮経過と落ち込み収縮率	552
写8-4	マカンバ苛性ソーダ処理材の落ち込みと復元像	553
写8-5	飽水バルサ材の放射組織部分の先行乾燥による落ち込み	555
写8-6	周囲の細胞の落ち込みによるミズナラ道管の変形	555
図8-44	含水率と収縮率ならびにヤング率との関係	556
図8-45	収縮を拘束して乾燥するときの試験片の形状	558
図8-46	樹種別の破断時含水率と温度との関係	558
図8-47	細胞の落ち込みの少ない材の破断時含水率と温度との関係	559
表8-9	温度別破断時含水率と自由収縮率	559
図8-48	乾燥温度を変化させたときの表面割れの経過	560
表8-10	ベイツガ板目材の表面割れ総長さと温度との関係	560
図8-49	*Shorea* 属内の材質の差	562
図8-50	乾湿球温度差と温度別の割れやすさの程度	562
図8-51	温度と変形量との関係	563
図8-52	高比重材と低比重材との模式図	564
図8-53	ねじり破壊強さと温度との関係	565
図8-54	生材の横引っ張り強さと温度との関係模式図	565
図8-55	細胞壁破断と中間層破断の出現率と温度との関係	565
図8-56	板の中心と表層との板幅の寸法差やセット材の寸法比較模式図	567
図8-57	材内の含水率分布の模式図	567
図8-58	スライスメソードの試験片の作り方	569
写8-7	乾燥ひずみ測定方法	570
図8-59	可塑的性質の無い木材を想定した乾燥ひずみ模式図	571
図8-60	樹種によるひずみ型の違い模式図	572
表8-11	樹種別の2.7 cm厚材の応力転換時含水率	573
図8-61	応力転換時含水率による乾湿球温度差の組み方	573
図8-62	心持ち柱材の乾燥ひずみ模式図	574
表8-12	Keylwerth 氏による樹種別の U/U_e 値	579

図8-63	Keylwerth氏とマヂソン林産研究所スケジュール（Torgeson氏）の類似性	580
図8-64	乾湿球温度差と平衡含水率との関係	580
図8-65	平均含水率Uと外周空気の平衡含水率U_eとのいろいろな組み合わせ	581
図8-66	平均含水率Uと外周空気の平衡含水率U_eとの組み合わせの違いによる乾湿球温度差と含水率との関係	582
図8-67	マヂソン林産研究所発表スケジュールの乾湿球温度差の開き方	582
図8-68	広葉樹材と針葉樹材との湿度スケジュールの違い	583
表8-13	表面割れの有無と乾燥初期条件	586
表8-14	マヂソン林産研究所発表の温度スケジュールの一部	586

9　木材の物性

表9-1	毛細管半径と平衡するメニスカス上の関係湿度との関係	591
図9-1	吸着機構の1つのモデル図	592
図9-2	全乾比重と飽水含水率との関係	593
図9-3	飽水含水率ならびに広葉樹心材の生材含水率と全乾比重との関係	594
表9-2	樹種別生材含水率	595
図9-4	関係湿度と平衡含水率との関係	596
表9-3	樹種別の平衡含水率の違い	597
図9-5	温湿度と平衡含水率との関係図	597
図9-6	吸放湿によって平衡する含水率の違い	598
表9-4	各地の年平均含水率	598
図9-7	乾燥による細胞収縮の模式図	602
図9-8	収縮率測定用試験片	603
図9-9	気乾収縮率を図上で求める方法	605
図9-10	樹幹内の比重と収縮率分布	606
表9-5	人工乾燥による収縮率の増大比率	606
図9-11	厚さの違いによる収縮経過の模式図	607
表9-6	日本産樹種の比重と収縮率（針葉樹材と広葉樹材）	608-610
表9-7	南洋産材の比重と収縮率	612
表9-8	米国産材の比重と収縮率（針葉樹材と広葉樹材）	613
図9-12	含水率と収縮率との関係	614
図9-13	収縮経過の違いの模式図	615
図9-14	全乾時の空隙率と全乾比重との関係	617
表9-9	日本産主要樹種の全乾比重範囲	618
図9-15	比重換算図	621
図9-16	容積密度と全乾比重との関係	622
図9-17	飽水時の比重と全乾比重との関係	623
図9-18	全乾比重別に見た含水率の違いによる比重の変化	624

表 9-10	3軸方向の引っ張り最大破壊ひずみの比率	627
図 9-19	最大ねじり角と温度との関係	629
図 9-20	100℃煮沸処理時間とヤング係数との関係	629
図 9-21	負荷時のひずみ量とセット比との関係	630
表 9-11	セット比を示した図9-21の樹種名と番号	631
図 9-22	横引っ張りセット量比とヤング率との関係	632
図 9-23	熱処理材の曲げ強さと処理温度との関係	634
図 9-24	試験材の比重を勘案したときの処理温度と曲げ強さとの関係	634
図 9-25	微分吸着熱と含水率との関係	635
図 9-26	木材の熱伝導率と含水率との関係	637
図 9-27	含水率と比抵抗との関係略図	639
図 9-28	含水率と電気抵抗との関係	641
図 9-29	比重と誘電率と含水率との関係,その1(低含水率域,1 MHz)	642
図 9-30	比重と誘電率と含水率との関係,その2(高含水率域,1 MHz)	642
図 9-31	周波数と誘電率との関係	643
図 9-32	$\tan \delta$ と温度,含水率との関係(5 MHz)	644
写 9-1	電気式含水率計	646
図 9-33	含水率計による測定誤差模式図	647

10　木材の組織

図10-1	丸太裁断面の名称	651
写10-1	アカマツ材の走査電子顕微鏡写真	654
写10-2	エゾマツ材の走査電子顕微鏡写真	654
図10-2	壁孔閉鎖の模式図	655
写10-3	ブナ材の走査電子顕微鏡写真	656
写10-4	マカンバ材の走査電子顕微鏡写真	656
写10-5	ケヤキ材の走査電子顕微鏡写真	657
写10-6	クリ材の走査電子顕微鏡写真	657
写10-7	ヤチダモ材の走査電子顕微鏡写真	658
写10-8	リツェア材の柾目面道管内のチロース	658
図10-3	成長応力の解放による狂いの模式図	659
写10-9	アンベロイ単板に現れた細胞間道	662

11　木材人工乾燥の歴史

表11-1	IF型乾燥室の建設史	666
写11-1	ヒルデブランド社 HD 74型乾燥室	666
写11-2	高周波発振機	667
写11-3	シュリーレン法による模型自然対流式乾燥室内の気流観察	671
写11-4	ブナ床板原板の天然乾燥作業	676

図11-1　完全燃焼ガス方式乾燥室(S.G式)……………………………………677

資　料

資料-1　原木価格の換算……………………………………………………700
資料-2　長　　さの換算……………………………………………………700
資料-3　面　　積の換算……………………………………………………700
資料-4　容　　積の換算……………………………………………………701
資料-5　強　　さの換算……………………………………………………701
資料-6　圧　　力の換算……………………………………………………701
資料-7　動　　力の換算……………………………………………………701
資料-8　カ氏(°F)とセ氏(°C)温度との関係……………………………702
資料-9　乾湿球温度差の換算………………………………………………702
資料-10　熱伝導率の換算……………………………………………………703
資料-11　熱量の換算…………………………………………………………703
資料-12　100°C以上の飽和蒸気の性質……………………………………703
資料-13　木材含水率の各種基準(JAS，建築仕様書)……………………704
資料-14　塩の飽和水溶液と平衡する関係湿度ならびに含水率…………704
資料-15　温湿度と平衡含水率との関係……………………………………705
資料-16　関係湿度表……………………………………………………706-707
資料-17　乾燥による水分除去重量(広葉樹，10石)……………………708
資料-18　乾燥による水分除去重量(針葉樹，10石)……………………709
資料-19　乾燥による水分除去重量(広葉樹，10 m^3)…………………710
資料-20　乾燥による水分除去重量(針葉樹，10 m^3)…………………711
資料-21　温度，湿度，湿潤比熱，蒸発潜熱図表…………………………712

増補資料

増補表-1　よく知られているフロン系冷媒の呼称………………………720
増補図-1　カキゴルフクラブヘッド用材の減圧乾燥経過………………721
増補表-2　高周波減圧乾燥における蒸発効率……………………………722
増補図-2　カヤ碁盤用材の乾燥経過………………………………………723
増補図-3　スギ心持ち柱材の表面割れ軽減スケジュール………………725
増補表-3　コモンパーシモン材の米国乾燥スケジュール表……………725
増補表-4　イスノキクラリネット用木管材の乾燥スケジュール表……726
増補図-4　丸びき(だらびき)材の天然乾燥例…………………………728
増補写真-1　ラミン材の走査電子顕微鏡写真……………………………730
増補図-5　ラミン材の細胞壁孔の模式化図………………………………730
増補図-6　温度，含水率，比重，方向別の水分拡散係数………………731
増補図-7　木口木取り材に対する板材の乾燥時間比率…………………733
増補図-8　板目と柾目材との乾燥速度係数比率(板／柾)と全乾比重との関係…733

増補表-5　初期含水率と接線方向の全収縮率との関係 ……………………………… 734
増補写真-2　ベイスギ材の人工乾燥時の落ち込み ……………………………… 734
増補写真-3　板の厚さと表面割れの有無 ……………………………… 735
増補表-6　日本農林規格(JAS)含水率基準 ……………………………… 737

1

木材人工乾燥の特殊性

　技術とか技能と言われるものは，時間をかけないと修得できず，他人と比較して仕上げがうまく，短時間でやれる者を技能者と呼んでいる。

　しかし仕事の中には，経済的に成り立たなくても，時間さえかければ一応の成果が得られるものもある。木材人工乾燥はこの種の技術で，ゆっくり時間をかけて乾燥させるならば，だれがやっても良い結果が得られる。より速く，より完全に，より安全に，より安く仕上げるところに木材乾燥の技術的価値がある。

　木材は樽や水槽などの液体容器として使われるほどに水の浸透性は小さく，他の被乾燥物体と比較して極めて大形であるため，生材時に材中に含まれている水分を乾燥除去させるのは極めて困難で長時間を必要とする。

　それに加えて，木材は乾燥に際してある含水率域から急に収縮すると言った特性があるため，割れの発生には特に注意し，ゆるやかな乾燥条件を与えなければならず，これも乾燥時間を延長させる因子の1つとなっている。

　また原料の木材に節やあて，繊維のよれなど不整な組織が存在すると部分的に収縮方向が異なり，乾燥に際して大きな狂いが発生し，この防止には温湿度の調節以外に材の圧締などの操作も必要となっている。

　一般の木工機械では材を機械にかける(入れる)とき，材質をあまり気にしないが，木材人工乾燥の場合は同一樹種寸法の材でも等級によって乾燥条件を異にし，乾燥時間が大幅(1.5～2倍)に違う樹種も多いから材質に対する注意が大切である。

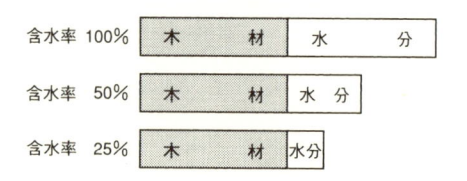

```
含水率 100%  [木  材 | 水    分]
含水率 50%   [木  材 | 水  分]
含水率 25%   [木  材 |水分]
```

図 1-1　木材の含水率の示し方

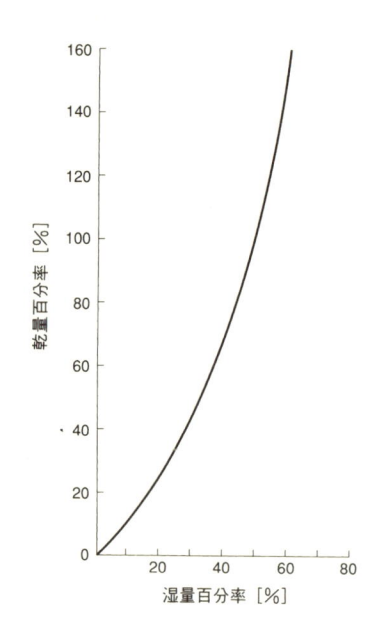

図 1-2　含水率表示の違い
(縦軸: 乾量百分率 [%]、横軸: 湿量百分率 [%])

　したがって優秀な乾燥室を設計する仕事と良質の乾燥材を生産するための乾燥操作とは，それぞれ別々の高度な技術内容を持ち，一般の木工機械と比較しておもむきを大きく異にしている。

　また木材人工乾燥が木材加工の中で，極めて重要な部分でありながら，一般の工場では木材の人工乾燥設備に金を使いたがらない理由は，屋外や倉庫内に木材を桟積みして5～6カ月間天然乾燥しておけば含水率20～25％程度までには乾燥でき，一般の建築用材として十分使用に耐える材料に乾燥でき

ると言った極めて都合のよい点と,木材が乾燥すると製材直後の生材と比較して割れ,狂いなどの損傷が増え,歩留まりが低下して見苦しい姿になる点や,人工乾燥室が一般の高性能木工機械と比較して高価で,乾燥時間が長く燃料費が嵩むことであろう。乾燥費に含まれる設備償却費が大きい点も,おおかたの木工業者が木材人工乾燥を避けて通ろうとする原因である。

本論に入る前に,木材関係者だけで取り定めている奇妙な風習を説明する。それは含水率の表示が一般と異なり全乾重量を基準にしていることで,軽い材で多量の水分をもった生材は,含水率100％以上とか500％などと言う数字になる点である。

含水率 U は,

$$U = \frac{W_u - W_0}{W_0} \times 100 \quad [\%]$$

W_u は含水率を測定しようとした木材の重量,

W_0 はそれを温度 100〜105 ℃で全乾にしたときの重量。

木材以外の材料では含水率 U_x を,

$$U_x = \frac{W_u - W_0}{W_u} \times 100 \quad [\%]$$

で表し,全乾状態の木材重量と含まれていた水との重量が等しいときの表示は50％になるが木材の場合では100％と言うことになる(図1-1)。両者の差は含水率が高くなるほど図1-2のように大きくなる。

全乾重量を基準とする含水率の示し方は一般的ではないが,水分量の変化を考えるときには都合のよい方法である。

2

木材人工乾燥室(装置)

　木材を乾燥する際に，温度が高すぎると狂いや細胞の落ち込みが発生し，湿度を低くしすぎると乾燥の初期に割れや裂けが生じやすくなる。
　このため乾燥温度は乾燥初期に40～60℃，末期には60～90℃，関係湿度は初期に70～85％，末期は30％以下とする。この条件の変え方は樹種や板厚によって違い，その予定表を木材人工乾燥スケジュール表と呼んでいる。人工乾燥によって生じやすい損傷は裂け，割れ，狂い，落ち込み，内部割れ，変色などである(図2-1)。
　木材を人工乾燥するには乾燥室が必要であり，その機種の選定と製作業者とを定めなければならない。2～3 m³ の木材で板厚が 2 cm 程度の針葉樹生材を適当に乾燥すればよいとか，2.5 cm 厚までの広葉樹材で十分天然乾燥(3カ月以上)して含水率が20％近くまで降りているものを仕上げ乾燥する際

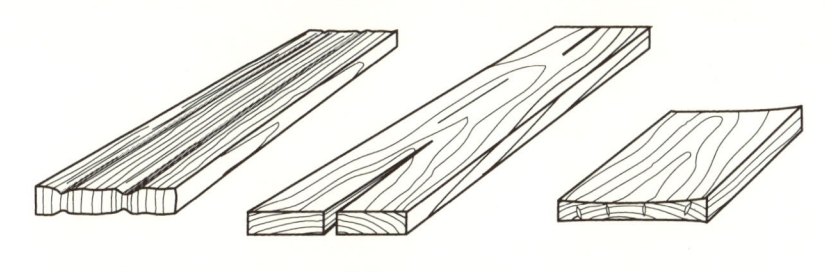

　　　落ち込み　　　　　木口のさけと面割れ　　　　　内部割れ
図 2-1　人工乾燥によって生じやすい損傷例

には，地下部に煙道を通した簡単な煙道式乾燥室でも十分役にたつが，これとても温度の上昇には十分注意し，家具用広葉樹材の場合は乾燥後の調湿期間を1カ月以上設けてから使用する必要がある。

まして重硬な広葉樹材で板厚が3cm以上ある生材を安全に乾燥しようとすれば，完備された乾燥装置を設け高度の乾燥技術を身につけなければならない。

2-1 木材人工乾燥室(装置)の選び方

乾燥室を作ろうとするときには，乾燥室メーカーのカタログを見たり，国公立の林業，林産，工業試験場の木工関係の技師や技官に相談するか，近くにある木工会社の乾燥室を見せてもらい話を聞くことが多い。しかし同業者でも，乾燥材の使用目的や技術水準が各社で違い，ある工場でうまくやれていることが，そのまま自社でやれるかどうかの問題，試験場関係では乾燥専門の技師が居るかどうか，乾燥室メーカーについては，乾燥の技術的知識を持つ者が居て，乾燥室受け渡しのときに試運転と操作指導を完全にやれるかどうかなどをはっきりさせてから，ことを運ぶべきである。

また乾燥室メーカーの代理店の中には，木工機械全般の知識を持った万能的セールスマンも居るが，木材乾燥室は一般木工機械とは全く異なっており，特殊な感覚と知識を持つ者以外は実務的な相談に応ずることはできない。

乾燥室メーカーの中にはいたずらに乾燥日数が短いことのみをうたい文句にする者も居るが，これは極めて危険な存在であるから甘言に乗せられてはいけない。同一形式の乾燥法では標準と一般に認められている乾燥日数より極端に時間を短縮できるような乾燥装置はない。一般には装置の送風機や加熱機，除湿機容量などが小さいために乾燥日数が延長される例が甚だ多い。

2-2 木材人工乾燥室(装置)の種類

　現在，木材人工乾燥法の中で企業的に広く使用されている方式は，加熱空気の中で木材の温度を高め乾燥させる方法である。空気を温める手段として，蒸気，煙道熱，燃焼ガス(直接室内へ導入)，電熱などが利用され，太陽熱，地熱，温泉熱の利用も考えられてはいるが，あまり実用的ではなく蒸気加熱方式が主流である。

　乾燥室内温度は一般に40~100℃の範囲であるが，特に100℃以上の高温で乾燥する高温乾燥法は急速乾燥法として特定針葉樹材の乾燥に一部使われている。

　室内空気から湿度を除去する方法は換気が主で，一部にヒートポンプ利用の空気冷却による除湿式乾燥法が用いられているが，薬剤による吸湿除去法は木材乾燥ではほとんど利用されていない。

　以上はすべて木材の温度を上昇させるために加熱空気中で乾燥させる方式であるが，特殊な方法としては，熱板で木材を挟み加熱する接触加熱，赤外線の輻射熱を利用したり，高周波やマイクロ波を木材に印加(誘電加熱)して加熱乾燥させる方法や，これらの行為を減圧中で行う減圧(真空)乾燥法などがあり，それぞれ材料の種類，板厚，価格などによっては成果を上げている。

　極めて特殊な試みとしては，テトラクロールエタンのような不燃性溶剤中で木材を加熱乾燥させる薬品乾燥法も，実験的には行われたこともある。

　以上の乾燥室や乾燥方法の多くは，材料を特定の室や容器内に収め乾燥室内の条件を順次変化させて乾燥を終了させる方式(Compartment dry kiln)であるが，長大な乾燥室(機)の一方から材料を入れて他方の口から乾燥材を取り出す方式の乾燥室(機)もあって，前進式乾燥室(Progressive dry kiln)と呼びヨーロッパ，北米で針葉樹板材乾燥用に一部使用されている。

　この方式が日本で用いられない理由は，一定寸法の針葉樹材の多量乾燥を行わないからである。しかし，単板やチップのドライヤーには広く利用されている。

　次に各方式の乾燥室(法)の特徴について述べる。

2-2-1　蒸気加熱式(蒸気式)乾燥室(Steam-heated dry kiln)

　木材乾燥室の代表型はこの方式で，いわゆる内部送風式(Internal-fan type，以後 IF 型と略す)が極めて一般的である。この装置の最大の難点はボイラーの問題で，燃料の重油を貫流ボイラーで自動焚きする場合は別として，30 m^3 や 60 m^3 の乾燥規模で燃料として廃材を手焚すると，ボイラーの管理が大変で，特に夜間の人件費がかさむ点である。

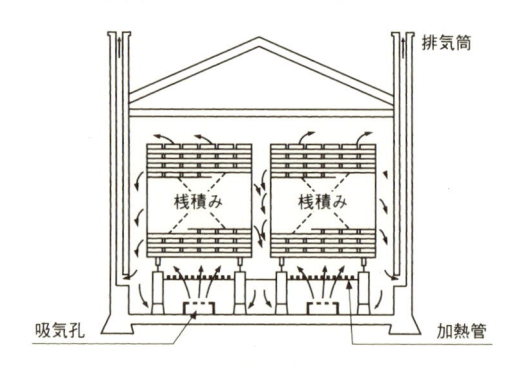

図 2-2　自然対流式蒸気加熱乾燥室(桟積みが2列のダブルトラック型)

　加熱方式は加熱管にゲージ圧 3 kgf/cm^2 (143 ℃)程度の蒸気を通して加熱するもので，戦前(1941年)は桟積み下部に加熱管を設け，室内の空気を自然の対流にまかせた自然対流式(Natural-circulation type，自然換気式)乾燥室(図2-2)が多かったが，現在では送風機を室内に設け，桟積み間を強制的に加熱空気が循環する IF 型乾燥室が主流で木材工場で一番多く使われている。現在，蒸気式乾燥室といえば蒸気加熱式 IF 型乾燥室のことと思ってよい。

　送風機の位置は天井，地下，桟積み側部など種々循環方式が考えられているが，桟積みの上部にモーター直結の送風機を 1.5～2 m 間隔に並べた図 2-3 の方式が一般的で，桟積み側部に大型の送風機を設けた水平循環方式(図2-4)や，桟積みの上下で風向を変えた図 2-5 の方式で送風機を床面近くに置いたものなども一部に使われているが，桟積み下の地下部に送風機を設けたものは地下工事が面倒なことで，また一本の長いシャフトに一定間隔で送風翼を付けたロングシャフト(ラインシャフト)式は長いシャフトを回転さ

2-2 木材人工乾燥室(装置)の種類

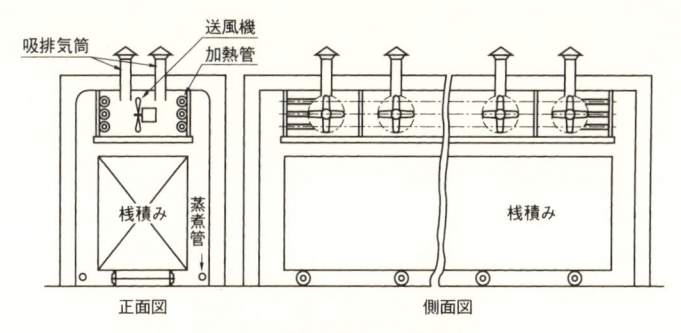

図 2-3 蒸気加熱式 IF 型乾燥室

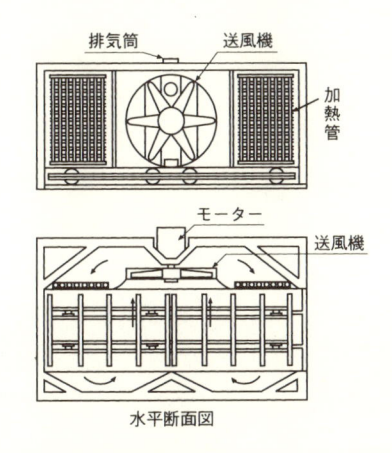

図 2-4 蒸気加熱水平循環方式(ヒルデブランド社式)

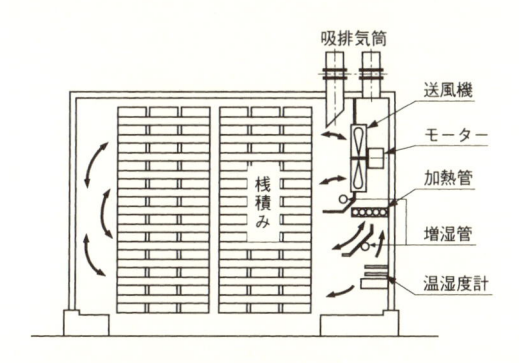

図 2-5 蒸気加熱上下逆送風方式(キーファー社式)

せる機械的な問題と乾燥むらが大きいので，1960年頃より後は日本で新設されていない(図2-6)。

風の循環方向を送風機の逆転により変化させ乾燥むらを減少させるような設計がほとんどであるが，送風方式によっては常に一定方向からしか風が循環できない形式の乾燥室もあって，この場合は乾燥むらの発生防止から多少材間風速を高めた設計としている(図2-4のヒルデブランド社式水平循環方式など)。

蒸気加熱式乾燥室では加熱用蒸気が必要なため，蒸気発生用ボイラーを設置しなければならない。小規模乾燥設備($30 m^3$)の場合は重油を燃料にした貫流ボイラーを使えばボイラーマンの資格は不要で省力化できるが，自家生産の廃材を利用して一般の煙管式ボイラーなどで蒸気を発生させようとすると，常時ボイラーマンが必要となり，小規模ボイラーで手焚きだと夜間の管理が極めて困難となる。燃料に廃材利用を考えるならば，自動焚き設備が必要となり2トン程度のボイラー規模(2500万円程度)でないと採算がとりにくく，乾燥室容量も120〜180 m^3(430〜650石)となる。蒸気加熱式乾燥室は金をかけ，自動制御装置などを付けて完全な設備にすれば高度の能力を持った乾燥室が設計でき万能的な乾燥室となるが，設計不良の場合は十分な能力が発揮できず熱ロスも多くなる。この種の不良乾燥室は意外に多い。

2-2-2 煙道式乾燥室(Indirect furnace type dry kiln)

現在はほとんど新設されていないが，6〜10 m^3(21〜36石)程度の小型のものは板材や剝り物の乾燥によく使われている。

炉で燃料を焚いて燃焼ガスを乾燥室下部に設けた煙突に通し室温を上昇させるだけの構造であるため，温湿度の調節が困難で，火災の危険も多い。

天然乾燥を十分終えた板材の仕上げ乾燥には使える。良い乾燥材を得るには，やや過乾燥(6〜7%)に仕上げて，出炉後に20〜30日間桟積み状態のまま屋内で吸湿調湿してから使うとよい。

室内に送風機を取り付け温湿度分布を改善した装置や(図2-7)，水蒸気発生用の水槽を炉の上や煙道上に置く試みもある。大体8.4 m^3(30石)程度以下の乾燥室が対象となっている。ガス，重油バーナー等を使えば自動焚きも

2-2 木材人工乾燥室(装置)の種類

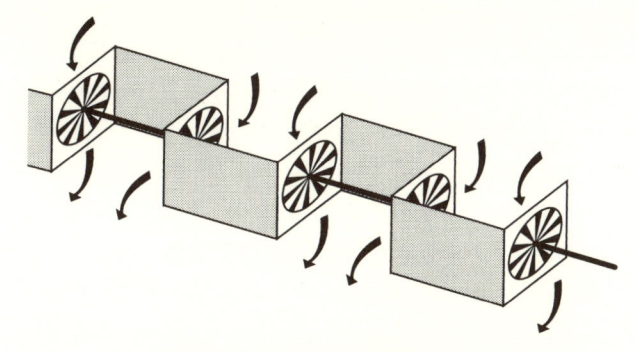

図 2-6 ロングシャフト送風方式

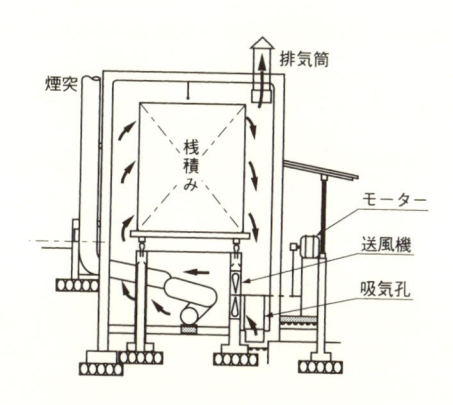

図 2-7 煙道式乾燥室(内部送風式, 山梨県木材工業指導所設計, 1955 年頃)

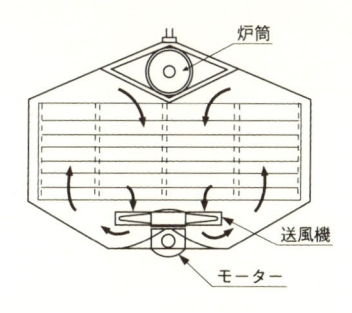

図 2-8 加熱された炉の壁面からの放熱を利用した乾燥室(ヒルデブランド社式水平循環方式)

可能となる。

　乾燥室内の湿度を高く保つには壁体の断熱を良くし，壁面での水蒸気の凝結を防止し，圧縮空気による水噴射や，炉体部分での水蒸気発生なども考えられるが，水蒸気の発生にはそれなりの熱量が必要であるから炉を十分大きくすることと同時に，増湿不要のときには少しずつ焚けるような方式も考えて設計する必要がある。鋸屑を焚き壁面の放熱を利用したごく小型の乾燥室も，一時多量に使われた(図2-8)。

2-2-3　燻煙式乾燥室(Direct-fired dry kiln)

　燃料を直接室内で燻ぶらす方式で，ごく小型の乾燥室が多い。燃料中の水分調節(生材を燃やす)や蒸発用の鍋を火にかけるなどして，室内湿度を多少は調節できるが温湿度の調節はなかなか困難である。また薪を燃やせば室内がすすけ，管理が悪いと火災の危険が極めて高く，3 m^3 程度の乾燥室が多い(図2-9)。

　天然乾燥を十分実施した材料の仕上げ乾燥には，この方式が民芸部門で現在でもかなり多く使われている。

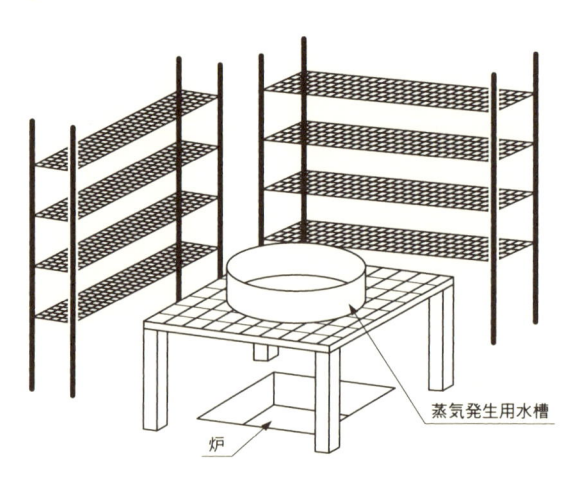

図 2-9　燻煙式乾燥室

2-2-4 完全燃焼ガス直接利用乾燥室(Direct-fired dry kiln)

a. 木材を完全燃焼させたガスを利用する乾燥室(SG 社式)

燻煙式と原理的には同じで燃焼熱を直接利用はするが，燃料を完全燃焼させるために独立した炉を乾燥室横に置き，鋸屑やプレーナー屑を半自動的に炉へ送り完全燃焼させ，そのガスを乾燥室へ送り込む方式で，戦後ボイラー設置の困難な時代には広く日本で使われたが現在は新設されていない。

問題点は，常に一定量の空気を炉に送るため，その空気量だけ乾燥室から排気させなくてはならず，広葉樹厚材では乾燥初期に，乾燥室内の湿度保持がやや困難となることと，室内が多少燻り材が汚れやすく，燃料中の塩分などの影響で乾燥室内の鉄材が腐蝕しやすいことである。北米東南部では現在もこの形式の乾燥室を使っている。

b. 天然ガスや重油の燃焼ガスを利用する乾燥室

ボイラー設置の経費節約と，ボイラーマン雇用の煩わしさを避ける目的から，カナダ，米国では中型乾燥室以下の規模で多く利用されている。

燃料は天然ガス，プロパン，ブタンが主で，重油は硫黄含量 0.1% 以下でないと，乾燥室内機材の傷みがはなはだしくなるためあまり好まれていない。

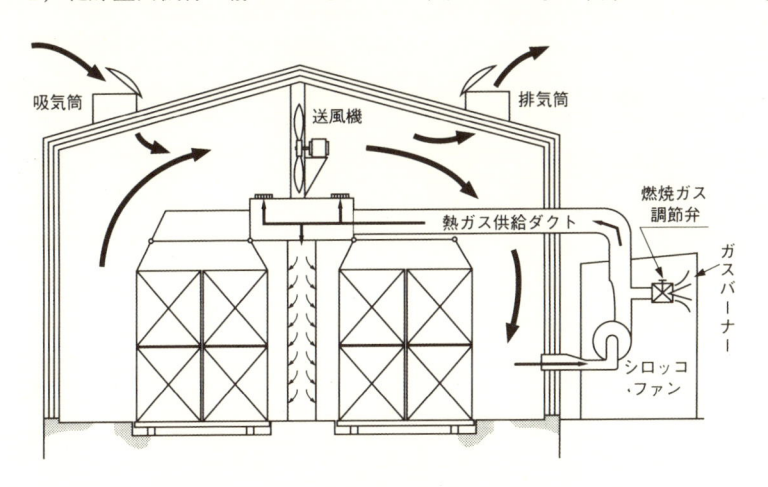

図 2-10 天然ガス利用直接加熱乾燥室(米国の例)

日本では天然ガスの価格が高いのでほとんど利用されていない。

　天然ガス利用のものは，焼却炉や温度調節部分を乾燥室の外に設けたものと(図2-10)，乾燥室内に置くものとに分かれ，後者の方がガス循環用送風機が不要なだけ安くなるが，乾燥室が大きくなると炉の近くと遠い部分とで温度差が生じやすい。

　燃焼ガスを直接利用する方式では必要燃焼空気量だけを乾燥室から常に排気するため，湿度の調節が困難である。また燃焼中の水素や炭素量の違いで，ダクト内が乾燥状態になったり凝結水が付着するなどの問題もある。

　日本でもオイルバーナーを使った小型の簡易乾燥室が販売された時期もあったが，温湿度調節が十分でなく，乾燥室内の温度むらが大きくあまり普及しなかった。日本で重油やブタン，都市ガスを直接熱源とする乾燥方式は第一次石油ショック以前まで単板ドライヤーに広く用いられていたが，装置が傷みやすい点と火災の危険，作業性の問題から現在では高圧ボイラーの利用へと転換している。

　燃焼ガスの熱を熱交換機を介して利用する方式は，米国にも多く，この形式は日本的に言えば煙道式の一種となろう。

2-2-5　電気加熱式乾燥室(Electro-heat dry kiln)

　電熱で加熱した乾燥室で自動給水の水槽を設け，シーズ管ヒーターで加熱すれば水蒸気の発生も容易で，温湿度の制御が正確に行える。ごく小型の3 m^3(11石)程度以下の半加工品を乾燥するときか，実験室用の小型の装置に適する。

　熱エネルギーの点で，重油焚き貫流ボイラーによる蒸気の熱量との価格比を見ると2倍強の比率となり，大型乾燥室による長期間乾燥には適さないが，中型以下の蒸気加熱式乾燥室で，夜間のボイラー休止時に大幅な室温降下を防ぐために，夜間の8時間を価格60～70％の深夜電力を使うことも労働時間の節減から見て一応は考えられる。

　除湿式乾燥室では乾燥開始の室温上昇(約20℃まで)に，また含水率17～20％以下の乾燥促進に電熱加熱の排気方式が利用されている。電熱利用の際は乾燥室の断熱を一層良くすることが大切である。

2-2-6 太陽熱利用乾燥室(Solar dry kiln)

晴天日照時の太陽熱は，年平均南向き窓で 250 kcal/m^2・hr 程度のエネルギーとして入って来る。これを上手に使えば天然乾燥の促進や除湿式乾燥室の補助熱源として十分利用できる可能性はある(写真 2-1，図 2-11)。

晴天の多い熱帯地区では最終仕上げ含水率まで乾燥できる装置の研究もなされている。

しかし，木材人工乾燥室で消費する熱量は，温室や温床などで植物の最低温度を確保する問題とは異なり，多量の熱量を太陽に依存し，さらに乾燥中は最高，最低温湿度に制約があるため必要以上の室温上昇は害となり，逆に必要量に満たない熱量も実用上の役に立たない。利用上の問題点は次である。

1) 季節による日照時間の違いや，時刻による日射角の大幅な変化に対応する方法。
2) 有効な日射時間が天候により左右され，終日晴れている日は少ない。
3) 集光板を別に設けたときは循環用送風機の動力費が必要となる。
4) 12時前後の強い日射のとき室温急上昇を防止する対策と湿度低下の対策。

写真 2-1 太陽熱利用乾燥室(日本の例，1990年)

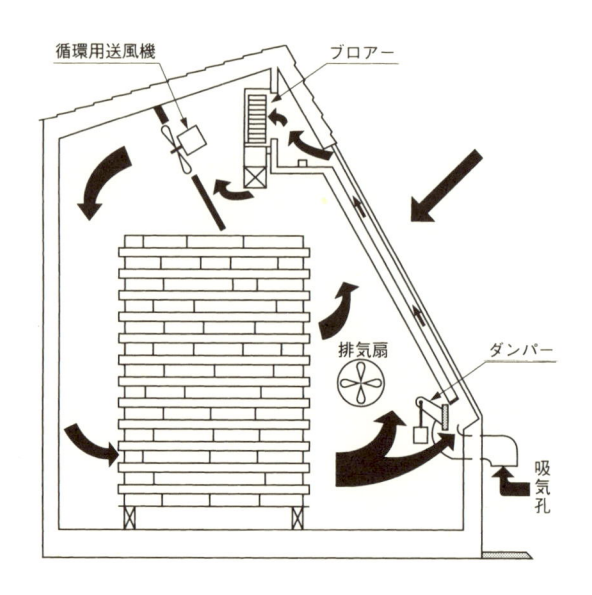

図 2-11　太陽熱利用乾燥室（米国の例）

5）曇天，夜間の補助熱源対策と，その設置による二重設備の問題。
6）他の建物に影響されない広大な敷地の確保。
7）光の透過性がよく保温性のよい耐久性のある透過膜の開発。
8）天然乾燥では必要としない室内循環用送風機に要する電力費の問題。

したがって冬期，降雪の多い日本海側には適さず，乾燥材の納入期日が限定される材料や，乾燥条件と仕上げ含水率をやかましくいう広葉樹材の乾燥には使いにくく，太陽光源が十分得られない狭い敷地では利用できない。

夜間用の蓄熱装置も種々考えられてはいるが，利用する重油が1ℓ当たり35円程度の経済事情では工業的には困難である。夜間の深夜電力との組み合せ利用などは1つの考え方である。

北海道林産試験場の奈良直哉氏による40石（11.2 m^3）入りの太陽熱利用乾燥室の詳細な設計書が出ている。

2-2-7 その他の熱源による乾燥室

乾燥室内を加熱できる熱源であれば何でも利用できる。地熱，温泉熱，排ガス，温水等である。

熱源温度が乾燥室内温度より低ければヒートポンプで温度上昇して使えばよいが，設備費，耐久性，熱源の価格など十分に検討する必要がある。温泉熱利用の際には管内に付着物が沈着する心配が多い。

工場で廃材焼却の際に熱湯を作り，除湿式乾燥室の室温上昇や補助熱源とする考え方はかなり実用性はあるが，循環熱湯温度を 80 ℃ 近くに保たないと乾燥室内温度を 50 ℃ には上昇できない。夜間に焼却炉を止めたときの問題や，厳寒地では循環用熱湯を止めた際の管内の氷結などの対策が必要となる。

2-2-8 予備乾燥室 (Predryer)

天然乾燥は天候に左右され，特に降雪地帯の冬期や本州の入梅期には乾燥が遅れ，逆に湿度の低い太平洋側の冬期は，割れやすいラミンやバラウ材，広葉樹厚材などは低湿度のため木口割れ，表面割れが生じやすい。

天然乾燥にかわり，比較的短期間に安全かつ予定した日数で含水率 20 %

写真 2-2　予備乾燥室 (日本の例，1970 年頃)

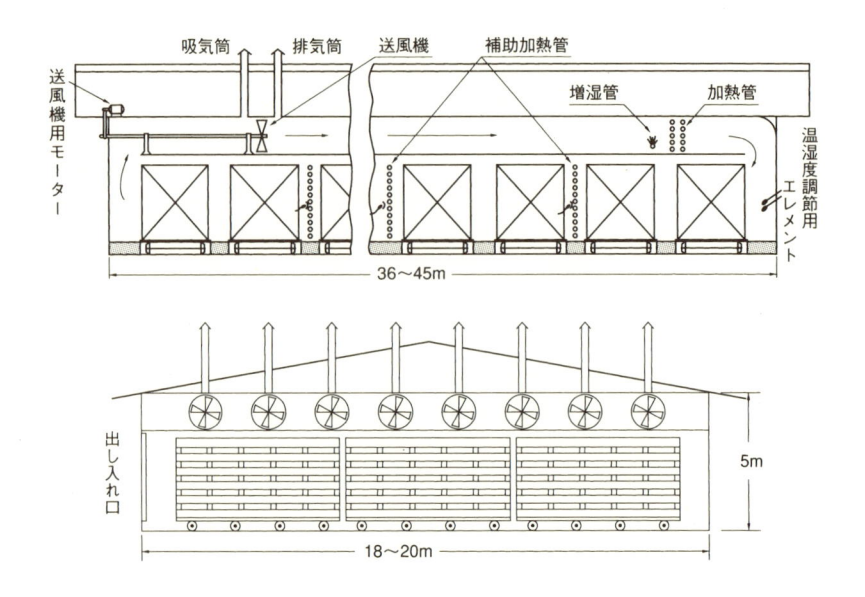

図 2-12 予備乾燥室(オーストラリアの例)

まで乾燥できる低い温度の乾燥室を予備乾燥室(プリドライヤー)と呼びオーストラリア，米国ではかなり使われている(写真2-2，図2-12)。

設計の要点は乾燥時間が長いために断熱を良くしないと壁面からの放熱量が大きくなることと，天然乾燥では必要のない循環用送風機を常に駆動させるための電力消費をいかに安くするかであり，電力費の高い日本ではこれが難点となり普及を妨げている。設備の容量は既存の蒸気式乾燥室総量の4倍程度の大きさで，1室 500 m^3 以上の大きさが外国での実例である。熱源には蒸気あるいは蒸気加熱式乾燥室のドレン水など安価なものの利用が必要であり設備費の節減も大切である。

2-2-9 高温乾燥装置(法)(High-temperature dry kiln)

木材人工乾燥で使われている温度域は大体 40～90 ℃ の範囲であるが，乾燥の初期から室温を 90 ℃(定義としては 100 ℃)以上とし，乾燥末期を 140 ℃程度まで上昇させる乾燥法を一括して高温乾燥法と呼んでいる。

しかし単板乾燥のドライヤーでは130～140℃を高温乾燥機とは言わず，160～180℃の温度域になって高温ドライヤーと言う。
　乾燥室温度を100℃以上に上昇させるには加熱管の量を増加し，蒸気圧力もゲージ圧 7 kgf/cm^2(169℃)近くまで上昇させる必要があり，乾燥室の断熱と室内機械の耐熱性を十分考えなければならない。
　乾燥初期に室温を90℃以上とし，乾燥割れが発生しないように関係湿度を90％以上に上昇しようとすると，室内はほとんど水蒸気で充満された状態となり，わずかな隙間からも水蒸気が噴き出し，内壁面は水蒸気が凝結して水が滴り，床面には水が溜り不備な装置では使い物にならない。
　高温乾燥装置はこれらの点を配慮して特別に気密，断熱，防水性のよい装置としなければならない。
　したがって一般に言う高温乾燥とは，乾燥容易な広葉樹材や一般針葉樹材に対し，乾燥初期の温度を80℃程度とし関係湿度もかなり低目とし，乾燥末期を120℃程度まで上昇させると言った乾燥初期の湿度条件からみて，かなり無理のかかる乾燥法を指す場合が多い。これを米国では Elevated Temperature drying と言う。
　特別な装置を使い乾燥開始時から空気を含まない高温，高湿の過熱水蒸気の中で乾燥させる方法もある。
　通常の高温乾燥法は乾燥操作が一般の乾燥条件と比較し高温で，特に湿度条件に無理があるので割れや狂いの発生は当然多いが，乾燥時間は一般の蒸気式乾燥室と比較し 1/2.5～1/4 となる。針葉樹やポプラ，ヤナギなどの板材乾燥で急ぎの用途に応ずるにはよいが材の色がやや濃くなる。欧米では比較的利用度が高いが，日本では小さな割れや変色を嫌いあまり利用されない。
　落ち込みの生じやすい材や，狂いの大きい材の生材乾燥には全く不適当である。乾燥に問題のある材でも含水率が20％か，さらに低い15％以下になってから室温上昇することは可能である。一般の乾燥室でも順次乾燥末期の室温を上昇する傾向になってはいるが，このような一面がある一方で，最後まで乾燥温度を60℃程度にとどめるべきとの考え方もあり，特に低品質材の歩留まり向上を期待する場合や残留応力と狂いの減少や含水率の均一化などの面から乾燥末期でも高い温度を避けるような操作方法もある。

2-2-10　熱板乾燥機(Press-dryer)，熱板加熱乾燥法

今までに説明してきた乾燥方法は空気を加熱し，その中に木材を入れ周囲の熱を木材に伝達させる方式であったが，ここに示す方式は加熱された金属板を直接木材に接触させて乾燥させる方法である．

熱板の温度は大体沸点以上(大気中なら100℃以上)とし，木材を熱板で1～3 kgf/cm^2 の圧力で圧締して乾燥させるもので，被乾燥材は，高い温度で乾燥しても収縮率が大きくならない落ち込みの発生しにくい針葉樹材とか，ヤナギ，ポプラのような広葉樹材に限られる．圧締して乾燥するので板の仕上がりは平である．

2.7 cm厚材の一般の木材乾燥スケジュールの温度指示が，乾燥初期に40～50℃と言った低い条件を必要とする材に対し，100℃以上の熱板加熱乾燥を，1.5 cm厚以上の生材に対して試みても無駄である．

乾燥時間は熱板温度が130℃，含水率60％から10％まで乾燥するのに中程度の比重材で板厚0.4 cmで10分，0.7 cmで18分，1.5 cmで70分程度である．大体，同じ乾燥温度の熱気乾燥法の1/3の時間と思っていればよい．熱板温度と乾燥時間との関係は図2-13となる．

熱板加熱は終戦直後，薄単板の乾燥に自動送り方式で広く使われ，その後

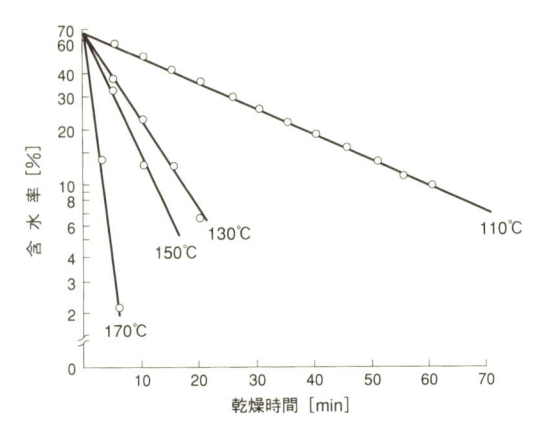

図 2-13　熱板乾燥の温度と乾燥時間との関係(アピトン0.7 cm厚，圧締圧力5 kgf/cm^2)

は熱風乾燥法が主流となり，次に合板の芯板や厚単板の乾燥に多段式の熱板加熱乾燥が一時使われたが，広い面積に均一な圧縮力が加えにくい点や(厚さむらが生じる)，厚さ減り，割れ，汚れの発生などと，ロータリー切削から乾燥が終了するまでの作業の流れに連続性を欠く点などから，再び単板を切断せずに送れる高温の連続ドライヤーが主流となっている。

現在熱板加熱が利用されているのは，減圧下で40～60℃程度の温度で乾燥する場合の他，特別な例として0.2～0.3 cmの銘木ソードベニアの天然乾燥材の狂い矯正にごく一部で使われる程度である。

木材の熱伝導は繊維方向に良好であるから四角なお椀の素地を加熱する際には木口面から加熱するとよい。

2-2-11　赤外線乾燥機，赤外線加熱乾燥法(Infrared dryer)

輻射熱を利用した乾燥法で含水率測定計器として赤外線ランプと秤とを一組みにした機器(薄物用)が販売されている。

単板ドライヤーなどの高温乾燥機内で単板は周囲の金属機械から輻射熱をかなり受けており，最近では加熱器表面にセラミックを溶着して輻射能力を高めた遠赤外線加工加熱管(加熱板)や空気中から熱を受け取り，能率的に熱線を放出するフィルムや薄鉄板が開発製作され，薄単板の乾燥に関心が持たれているが，1 cm以上の板材乾燥にはあまり効果がない方式である。

2-2-12　高周波(マイクロ波)加熱乾燥装置(法)(High-frequency dielectric dryer)

水分の多い食品が電子レンジで急速に加熱できるように，含水率の高い木材に高周波を印加(誘電加熱)すれば材温は上昇し，木材中の自由水や結合水は沸騰あるいは急速蒸発し，通気性の良い木材であれば水蒸気が道管から噴き出し，材温は沸点近くにとどまるが通気性の悪い木材では蒸気の排出が少なく，材温は上昇し続け爆裂する。

木材を熱板で挟んで加熱しても同じように急速乾燥がやれそうに考えられるが，木材は熱伝導が小さいので，材表面の温度は急上昇しても内部が加熱されるまでに時間を要することと，通気性の良い木材を加熱すると材内の蒸

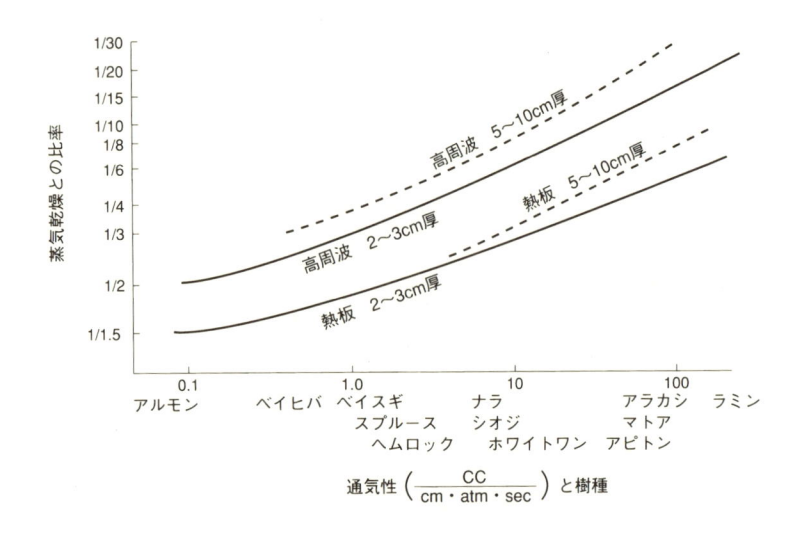

図 2-14 高周波乾燥による樹種と乾燥時間の短縮比率(生材から含水率10%まで)

発が多いため,蒸発潜熱に熱を消費して中心部の温度が上昇するのにより多くの時間を要し乾燥時間はそれほど短縮されない。

　これに対し高周波加熱の際は,材のすべての場所で発熱がおこるため通気性の良好な材に多量の高周波エネルギーを印加すれば極めて急速に木材を乾燥することが可能となる。

　ただし,木材の種類によっては,100℃程度の高温では細胞の落ち込みなどの損傷,変色の生じる心配が当然あるため,この種の材料に対しては減圧中で高周波を印加すれば任意の温度で沸点が得られ,通気性の良好な材に対しては大きな時間短縮が期待できる。これが高周波加熱減圧乾燥装置である。

　大体 42～55 mmHg(沸点 35～40℃)あたりの減圧状態が使われている。乾燥時間の短縮割合は材の通気性に支配され,一応対象となる広葉樹材(ナラ,ケヤキ材)では蒸気式乾燥室の 1/3～1/5 程度で特に厚物に有効である(図2-14)。

　また乾燥に際しては桟木を使わずべた積み状態で高周波を印加できるので,適当な圧縮装置を用いれば材の狂い防止に役立ち,結束した積層単板の乾燥にははなはだ好都合である。

　高周波乾燥の問題点は常圧,減圧いずれの場合も,大型装置になると電極

板の位置や発振機からのリード線の接続位置が悪いと材に加熱むらが生じることである。

高周波減圧乾燥で木材中の水分1kgを除去するための消費電力量は，真空ポンプも含め2.5cm厚材で2.5～3.0kwh/kg waterである。

高周波乾燥のもう1つの操作方法は，常圧下で木材温度を50～70℃程度にまで上昇して乾燥させる方法であるが，この場合は単なる加熱乾燥であり，特徴としては材中心部の温度が表面温度より高く保てると言う利点だけとなり，材中の水蒸気拡散が一般の外部加熱方法より多少増加されると言った程度で，一般の乾燥スケジュールに示された乾燥温度以上に材温は高められず，材表面をあまり冷やさなくするため，箱の中に入れて外周温度を保ちながら少しずつ印加するなどの補助手段が加えられる。

この方法も天然乾燥や人工乾燥された厚材をさらに低含水率まで乾燥する際などに利用される。

2-2-13 減圧乾燥装置，真空乾燥装置(Vacuum dryer)

材温を高周波あるいは高温空気，熱板などで沸点以上に上昇させれば材内の蒸気圧は高まり，材の通気性が良ければ水蒸気は押し出されるが，常圧中で行えば材温を100℃以上にしなければ効果がなく色々損傷が生じやすくなる。これを減圧中で行えば好みの温度で沸点が得られるが，減圧中では熱の媒体となる気体(水蒸気＋少量の空気)が少ないので木材に十分熱を与えることができない。

減圧罐体内の木材に熱を与える手段としては，減圧，復圧を繰り返し復圧時に木材に熱を与える方法と，熱板による輻射あるいは接触加熱，高周波加熱などがある。いずれの方法も通気性のよい材(辺材，積層単板)とか繊維方向に短い形状の材に効果的である。乾燥業界では，100mmHg以下の減圧状態で操作するものを真空乾燥装置，強制排気ファンによって30～50mmHgほど機内の圧力を低下させるものを減圧乾燥装置としたこともあった。

2-2-14 薬品乾燥法(Chemical, Solvent, Vapor drying)

この名称には内容的に見て色々の方法が含まれていて混乱しやすいが，多

くのものはほとんど利用されていないので詳しく知る必要はない。

　内容別に説明すると，厚材など乾燥割れの生じやすい材をあらかじめ塩水，尿素水溶液，ポリエチレングリコールなど吸湿性のある中性溶液につけてから乾燥すると，表面層がいつまでも湿潤状態にあり，あまり収縮しないために乾燥割れが少なく乾燥できる。しかし残留薬剤による材の変色，金属腐蝕，高湿時（入梅期など）の吸湿が問題となる。

　他の方法はペーパードライングなどと呼ばれるもので，加熱媒体として，溶剤蒸気を使う方法で文献による紹介程度で，日本では実施されていない。

　工業的に日本で行われたものは，不燃性有機塩素系溶剤の中で木材を煮沸する方法で，沸点 90～140℃ あたりの溶剤としてトリクロールエチレン，テトラクロールエタンが用いられた。溶融パラフィン中で加熱する方式もある。

　実用上の問題点は，高温で乾燥するための落ち込みなどの損傷発生と，加熱中に水との共沸点で溶剤が揮発するときの潜熱ロス，木材中に残存する溶剤の回収，溶剤のクリーニングなどである。

2-2-15　除湿式乾燥室（装置）(Dehumidification dry kiln)

　すでに述べてきた乾燥法は，加熱方法のいかんを問わず木材中の水分が蒸発気化されて生じた水蒸気をそのまま大気中に放出するもので，木材中の水分 1 kg を除去するために 560～580 kcal/kg の蒸発潜熱が無条件に必要となっている。

　除湿式乾燥室の原理は冷凍機（除湿機）の冷却側で室内空気の一部を冷やし水蒸気を凝結除去し，その際冷媒ガス中には空気冷却の顕熱と水蒸気凝結時の潜熱との両エネルギーを取り込み，この冷媒ガスを圧縮機で加圧昇温させ，放熱器（凝縮器，コンデンサー）へ送り，先に冷却器（蒸発器，エバポレーター）部で冷却除湿された空気を再加熱し，乾燥した高温空気を得ようとするもので消費される主電力は冷媒ガスを昇温するための圧縮機動力で，乾燥室は原則的に密閉状態で乾燥が進行される（図 2-15）。

　乾燥室の温度保持は除湿機の消費電力と，室内の空気循環用送風機の動力で賄うことを原則とするため，室温は比較的低くし（40℃ 前後），壁体の断熱は十分よくしてあるが，冬期は乾燥初期の昇温や室温保持に補助的電熱の使

2-2 木材人工乾燥室(装置)の種類

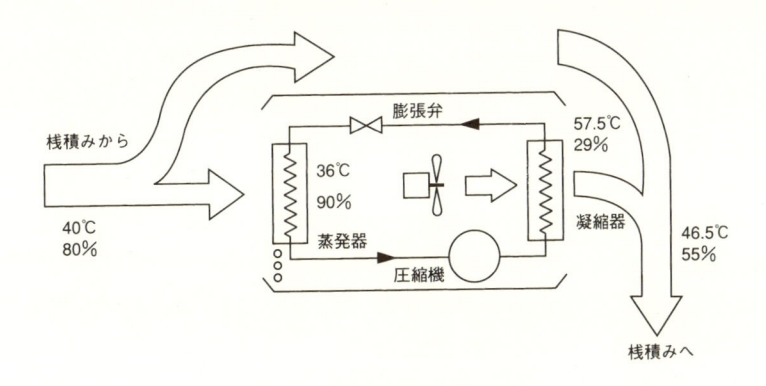

図 2-15 除湿式乾燥機の作動模式図

用が必要となり乾燥費が増加する。乾燥室としての問題点は，除湿機の稼働できる最高温度が 50 °C 以内(フロン R-22 使用)と低いために乾燥速度が蒸気式乾燥室と比較して遅く，特に乾燥末期に関係湿度を低くしたいときの限界条件が関係湿度 40 % 程度と高い。このため家具用広葉樹材の仕上げ乾燥よりも建築用針葉樹材を 17～25 % に乾燥するのに適している。大略木材中の水分 1 kg を除去するとき，室内循環用送風機を含め 0.6～1.0 kwh/kg water 程度の電力消費となる(【増補1】 p.720 参照)。

蒸気加熱式乾燥室と比較したときの短所と長所は次のとおりである。

(短所)
1) 室温が低いので乾燥時間が長い。
2) 低含水率までの乾燥が困難で経費がかかる。
3) 寒い地方では室温上昇に時間がかかり乾燥費も高くなる。
4) 設計が悪いと乾燥むらが大きくかびが生えやすい。
5) 故障が多い。
6) カラマツ，ベイマツ，ヒノキ縁甲板等の樹脂固定ができない。
7) 広葉樹材の仕上げ乾燥には適さない。
8) 乾燥後の調湿を実施するには別に小型のボイラーあるいは電熱による蒸気発生器が必要である。

(長所)

1) 設備費が安く，ボイラーが不要で管理が容易。
2) 小規模の乾燥に適す。
3) 針葉樹特にヒノキ柱材の乾燥に適す。時間もそう長くなく仕上がりも良く適している。

　以上が過去から現在までに利用されて来た乾燥室(乾燥法)の概略であるが，初めて乾燥室を設ける場合には高温乾燥，高周波乾燥，減圧乾燥などの特殊な乾燥方法は選ばずにまず普通の蒸気加熱式乾燥室とし，一般の日本建築用針葉樹材であれば，スギ並物柱材は別として除湿式乾燥室も一応は対象とし，乾燥の内容が良く解ってから特殊な乾燥装置を考えて見るべきであろう。除湿式乾燥室の新設は1990年以降ないようである。
　この他に乾燥前処理とか，後処理用として特殊な用途や条件のときに使われる装置もあるので次に述べる。

2-2-16 蒸煮室，調湿室(Steaming kiln, Conditioning kiln)

a. 蒸 煮 室

　樹脂分の多いアピトン，カラマツ，ベイマツ材などは乾燥に先立ち強い蒸煮(90℃以上)を実施すると揮発性の精油や流動性の脂肪の一部が抜け，乾燥後に樹脂が材面に滲み出ることが少ない。ただし低含水率材やマツ類は蒸煮効果が少ない。蒸煮処理により高含水率材は15％ほどの脱水効果もある。
　また冬期に太平洋側の地域では極端に空気が乾燥し，天然乾燥中にアピトン材などは木口割れが発生しやすいが，蒸煮した後に天然乾燥すると割れの発生も少なく，乾燥速度が増加し乾燥の仕上がりが良い。
　このような目的で数時間の蒸煮処理を実施するには完備された蒸気式乾燥室の中でもよいが，諸設備の損傷が起こりやすいため別に空洞コンクリートブロック積みの室を作り，床部に蒸煮管だけ取り付けた簡単な蒸煮専門の室があると便利である。
　オーストラリアでは落ち込みの生じたユーカリ材の落ち込み復元にこの種の室を使い1日から2日間の連続蒸煮を行っており，これをリコンディショニングと呼んでいる。復元が効果的にやれるのは，被処理材の含水率が20

～23％あたりのときであり，処理後には再び乾燥を実施する。

b. 調湿室

乾燥が進み一応平均含水率が目的の含水率以下になった後は，含水率を平均化するために調湿処理を実施するが，この時間は意外に長い。

ナラ，ブナ，タブ，スギ，ベイツガなどの樹種は材によって初期含水率や乾燥速度の違いが大きく，調湿時間は乾燥日数の20％以上を必要とする。

一方最近ではアルダー(ハンノキの類)，オークなど人工乾燥された材(KD材)が米国から輸入され，ラバーウッドの集成テーブルトップも東南アジアで加工・輸入されている。アルダー，オーク材は過乾燥のものが多く，ラバーウッドの集成テーブルトップは含水率の不均一による製品不良が多い。オーク材は4日程度，ラバーウッドの集成テーブルトップは1日程度の調湿処理を実施する必要がある。

このような処理は先の蒸煮と同じように完備された蒸気式乾燥室内でも実施できるが，調湿のみであれば循環用送風機の容量も小さくてすみ，温湿度の調節範囲も50～60℃の温度と関係湿度65～80％の条件が自由に設定できればよく，設備が簡易化するのでこの種の装置の利用は今後増加するものとみられる。温湿度の定値制御は当然必要である。

2-2-17 乾燥前の高温熱処理

常圧下での蒸煮処理は温度が100℃までであるが板材を耐圧容器内に入れ110～140℃の加圧蒸気で蒸煮し，加熱後に減圧して脱水乾燥するスピドラ乾燥法や，丸太を120～140℃の燃焼ガス中で数日間加熱し，加熱脱水を行い丸太内の残留成長応力も減少させて，製材時の狂いを防止させると言う氏家式調質加熱炉などがある。

両者とも乾燥前処理法と言ったもので，一般的に考えられている乾燥を主体とする装置ではないが，処理中に含水率が低下し加熱処理後の乾燥時間の短縮や脱脂が期待できる。

乾燥前に高温加熱処理をすると乾燥時の狂い発生量が減少するといわれているが，この点については正確な比較試験と理由付けが十分終わっていない。

2-3 木材人工乾燥室(装置)の細部決定

　乾燥室を新設する場合，乾燥機の種類を決定したら，次は必要な乾燥室(機)容量，続いて乾燥室(装置)の寸法を定め，順をおって蒸気加熱式乾燥室であれば建屋構造，循環用送風機，加熱管，排気筒，増湿管，温湿度測定ならびに制御装置，ボイラーなどの容量と形式を算出決定し，除湿式乾燥室(装置)であれば建屋構造，循環用送風機，除湿機，加熱器，増湿装置，温湿度制御装置などの容量，形式を検討し，減圧乾燥装置では缶体，真空ポンプ，加熱用高周波発振機または熱板の容量や大きさを決定する。

　以上の諸設備の中で完成後に使用して問題が起こりやすいのは，除湿式乾燥室に多く，循環用送風機の容量不足から生じる乾燥むら，除湿機能力の不足によるかびの発生，壁体の断熱不良に原因する冬期の電力消費量の増大，除湿機の故障などである。

　蒸気加熱式乾燥室は歴史的に永く一応の形式が整っているため，標準規定通りに設計すれば問題が起こらないはずであるが，不用意に経験の浅い業者に依頼すると，室内風量の不足や使用材料(ステンレス鋼の種類)の不良，温湿度制御装置の感知エレメントの設置位置の間違い等によって使用中に色々のトラブルが発生しやすい。

　この主たる原因は入札に当たり細部の仕様を明確にせずに価格だけを見て安いものを選ぶからで，特に温湿度制御ならびに測定装置関係は十分比較検討する必要がある。

　乾燥装置や方式には色々の種類があるが，現在一般に広く利用されている装置は蒸気加熱式IF型乾燥室と除湿式乾燥室であるから，この2つを中心に細部につき説明する。ただしここに書かれている内容は，あくまで基本的な考え方で施工手引き書ではないから，施工は専門家に委ねなければならない。また乾燥室の見積りの中には桟木は含まれていない。

　試験片を全乾状態にする乾燥器や試験片や試験材の重量測定用の上皿天秤や秤などは，乾燥室設備時に整えて置くことが大切である。知り合いの理化学材料店がなければ乾燥室メーカーに依頼するのも1つの方法である。

電気式自動直示天秤は高価であるが，容量別のものを準備しておくと多量の試験材を管理する場合には作業性が向上し，間違いも少なく便利である。一般のスプリング秤の類は精度が悪く木材乾燥用には適さない。

2-3-1 蒸気加熱式 IF 型乾燥室の詳細

蒸気加熱式乾燥室のうち室内に循環用送風機のある内部送風式(IF 型)乾燥室について細部を説明する。

a. 蒸気加熱式 IF 型乾燥室の容量と乾燥室寸法

乾燥室容量は月間の必要乾燥材積と平均乾燥時間とによって算出され，たとえば 1 カ月に 120 m^3 の乾燥材が必要で，乾燥日数(入炉から出炉まで)の平均が 9 日間であれば，月間 3 回乾燥できるから，40 m^3 の乾燥室容量(実材積)が必要となる。この際 40 m^3 の大部屋 1 室を設けるか 2～3 室にするかは被乾燥材の樹種，厚さが一定しているか多種であるか，入荷状態がどうかで定めるべきである。

異樹種，異寸法の材を同一乾燥室へ一緒に入れて乾燥することは，より乾燥しやすい材に対して時間の無駄となり，薄板に条件を合わせれば厚材には条件が厳しくなるから避けなくてはならない。

よって一般には 1 室最少 10 m^3(35 石)あたりを限度とし，20 m^3(70 石)2 室とか，14 m^3(50 石)3 室と言った分割をした方が使いやすいが，室数が多くなると各々に温湿度制御や記録装置が付き，乾燥室自体も割高になるのでこの点も十分考えて決定しなければならない。

一般の広葉樹材の乾燥にはやや小型，針葉樹材ではやや大型となり広葉樹材の 1.5～2 倍の大きさの乾燥室が用いられている。

乾燥室容量の設定には乾燥時間の決定が先行する。

a-1 蒸気加熱式 IF 型乾燥室の乾燥日数

木材の乾燥時間を推定する術は極めて困難な仕事であるが，実際に乾燥室を操作する際にはこの困難な乾燥時間を正確に求める必要がある。これに対し，乾燥室容量を決定する際の乾燥時間の推定は多少余裕を持たせてあるのでそれほど正確に行わなくても大きな問題にならない。しかし予定日数より大幅に短い乾燥日数で乾燥室容量を算出すると，能力不足で取り返しの付か

表 2-1　全乾比重と乾燥時間との関係

(試験材：2.7 cm厚)

全乾比重	乾燥だけの時間(日)	調湿の時間(日)	冷却時間(日)	合計時間(日)
0.35	3.0	0.5	0.5	4
0.4	4.0	0.5	0.5	5
0.5	6.5	1.0	0.5	8
0.6	8.5	1.0	0.5	10
0.7	10.5	2.0	0.5	13
0.8	15	2.5	0.5	18
0.9	22	3.0	0.5	25

生材から最高含水率の材の平均含水率が10％になるまでの乾燥時間
板厚5.5cm材は3～3.5倍。角材は同一厚さの板材日数の2/3。

ないことになるから十分注意しなければならない。この種の間違いは乾燥室製造業者自身の技術水準が低いときに発生しやすい。

　乾燥時間の推定方法の詳細は後出の乾燥操作や乾燥スケジュールの追求の項に記載してあるのでここでは大略の考え方と，需要の多い代表的樹種や寸法の材につき例示する。

　乾燥時間を左右する因子は初期含水率，仕上げ含水率，樹種，板厚，乾燥特性(乾燥速度)，物性(比重，収縮率など)，材の等級，二次加工品から見た仕上げ含水率のばらつき範囲の限界や許容できる損傷発生の程度などである。

　これらのうち，樹種，産地，板厚，初期含水率，仕上げ含水率は文字あるいは数字で示しやすいが，被乾燥材の等級，材質のばらつき程度，乾燥特性，節やあての混入程度，二次加工品の製作工程の横切り寸法などの様子は，現場へ行って直接自分の目で見ないと正しい判断はできない。

　同一の名前で呼ばれている樹種でもベイツガ(ヘムロック)，ナラ，スギ，ラワン，ニヤトー材などは，初期含水率や乾燥速度，損傷の出やすさの違いがきわめて大きく，乾燥時間は1.5～3倍の変動幅を示すので，材の産地，比重，色，等級などをかなり正確に決定しないと乾燥時間は推定し得ない。

　乾燥時間は木材の全乾比重と深いかかわりがあるが，それ以上に細胞内の樹脂分や心材化の際に道管内にふくれ出てくるチロースの影響を大きく受けるため，全乾比重から求めた推定時間は極めて大雑把な値であるが一応参考までに表2-1に示す。この条件はあまり問題の無い樹種で板厚2.7cm，生

材から含水率10％まで蒸気加熱式IF型乾燥室で乾燥したときの時間（日数）である。

乾燥終末には被乾燥材の含水率をできるだけ均一化するためと，乾燥応力を除去する目的で室内湿度を上昇する。これを調湿とかイコーライジング，コンディショニングなどと呼んでおり，この調湿時間と冷却時間とを加算しないと本当の乾燥所用時間にならない。ただし一般の建築用柱材や，仕上げ含水率が15％あたりまでの針葉樹材の乾燥では，乾燥後の調湿処理はあまり実施しないから冷却時間だけを加算すればよい。

また仕上げ含水率10％とは，乾燥の遅い材の断面平均含水率が10％になるまでの時間を言い，一般の広葉樹材の乾燥打切り時期の基準となっているが，高級家具用材では乾燥の遅い材の中心部含水率が9.5～10.5％になるまで乾燥するので，乾燥の遅い材の断面平均含水率は7～8％になる。この程度まで乾燥すると先の表2-1より真の乾燥時間（調湿を除いた）は15～20％延長される。表2-1は板厚2.7 cmの値であるが，板厚5.5 cmの場合は合計時間を3～3.5倍すればよく，角材の場合は同じ厚さの板のほぼ2/3の時間となる。

比重0.5～0.7の材で天然乾燥を2～3カ月間実施し（厚板，高比重材は4～6カ月），含水率が25％程度になった材の人工乾燥時間は生材から直接人工乾燥したものの約1/2の時間となる。

材の等級が低い小径木からの製材品や，節，あての多い材の人工乾燥は低温，高湿で行うため，乾燥時間は表2-1より1.5倍ほど増加する。現在，比較的人工乾燥に関心の持たれているスギ材と，ナラ，ブナ材については具体例を表2-2, 2-3に示す。スギ材は赤心のものがほとんどであるが，黒心の材がときおり混入し，黒心材の中でも特に乾燥が遅く初期含水率の高い材の乾燥時間は普通材の2～3.5倍多くかかるので注意しなければならない。また初期含水率が150％以上ある柱材は天然乾燥を1カ月ぐらい実施し，80％以下にしてから人工乾燥すると経費の節約になる。役物は初期の乾燥温度を高くすると，心材の色が濃くなり好まれない。表2-2のスギ柱材の仕上げ含水率は全乾法による値で，含水率計による基準含水率25％にほぼ相当する。ナラ材は北海道産のミズナラ材がよく，特に道中部の材が道南の材より

表 2-2 スギ建築用材の人工乾燥日数

寸法(cm)と用途と条件	初期含水率(％)	仕上げ含水率(％)	乾球温度(℃)	乾燥時間(日)	冷却時間(日)	合計時間(日)
平割 5.5 赤心生材	150	15	55→70	9～12	0.5	10～12
平割 5.5 赤心天乾材	100	15	55→70	7～9	0.5	8～10
柱役物 10.5×10.5 赤心生材	150	30～40	40→50	20～25	0.5	21～26
柱並材 10.5×10.5 赤心生材	150	30～40	55→70	16～18	0.5	17～19
柱役物 10.5×10.5 赤心天乾材	100	30～40	40→50	16～20	0.5	17～20
柱並材 10.5×10.5 赤心天乾材	100	30～40	55→70	11～12	0.5	12～13
柱並材 10.5×10.5 黒心生材	180	30～40	60→80	25以上	0.5	25以上

注：以上の含水率は全乾法による値であるが，柱材の場合に性能認定の含水率計で25％を示すときの全乾法による平均含水率は大体30～40％である。平割材は大略含水率計と全乾法とは一致する。柱材 10.5×10.5 cm は商品名で実際の生材寸法は 11.3×11.3 cm 程度。

表 2-3 ナラ，ブナ1インチ材(生材寸法 2.6～2.7 cm)の乾燥時間

樹種，材質，産地	初期含水率(％)	仕上げ含水率(％)	乾球温度(℃)	乾燥時間(日)	調湿時間(日)	冷却時間(日)	合計時間(日)
ミズナラ北海道産良質材	70	8	45→70	12～14	2.0	0.5	15～17
ミズナラ北海道産中庸材	70	8	42→65	15～17	2.5	0.5	18～20
本州産コナラ系低質材	70	8	40→60	19～22	3.0	0.5	22～25
ブナ中庸材	70	8	40→60	12～14	2.5	0.5	15～17

仕上げ含水率は乾燥の遅い材の平均含水率。

乾燥は楽で，本州産の小径でコナラ材の混入している材の乾燥は極めて困難である。

a-2 蒸気加熱式 IF 型乾燥室の容量の算出

被乾燥材の乾燥日数と月間必要材積が求められたら，それぞれの樹材種につき必要乾燥室容量を次の式から求める。

$$必要乾燥室収容材積 = \frac{月間必要乾燥材積}{27／実際の乾燥日数} \quad [m^3]$$

必要容量が求められたら被乾燥材の樹種，板厚，必要材積などを勘案し，建築用針葉樹材で樹種，寸法が同一のものであれば大型，広葉樹材で各種の樹材種を乾燥する場合には 10 m³ 程度の小室数室となるが，1室 14～15 m³ が使いやすく，針葉樹材は 30 m³ 単位の規模が多い。

1室の必要乾燥容量が決定されれば具体的な大きさ(寸法)を定めなければならない。

2-3 木材人工乾燥室(装置)の細部決定

写真 2-3 耳付材の桟積み方法

乾燥室で使う桟木の厚さは直接収容材積に関係するため,できるだけ薄いものを使いたがるが,風通しの悪い場所での天然乾燥,材間風速の低い乾燥室,乾燥速度の特に大きい広葉樹材(ポプラ,ハンノキなど)や針葉樹材の乾燥の際には厚目の桟木を使う必要がある。使用する桟木厚は各社まちまちであるが 2.0～2.7 cm の範囲で,各社ごとには一定している。

桟積みされた外観の容積と,実際の材積との比率は,桟木厚,板厚,板幅,板と板との横間隔,板の側面を切りそろえてある(耳すり材)か否かで異なる。蒸気加熱式 IF 型乾燥室では柱材は別として,耳すり材の場合は板と板との横間隔は設けずに密着させて積むようにするが,天然乾燥を行ってから,そのままの状態で入炉する際には板の横間隔は 3～4 cm 設けられた状態となり,収容材積は減少する。

2.2 cm 厚の桟木で 2.2 cm 厚の耳すり材を板と板との横間隔なしに積んだときの見かけの桟積み容積と実材積との関係は 1/2 となる。耳付材は板間隔が密着できないので耳すり材の約 0.7 程度である(写真 2-3)。板厚,桟木厚,板幅と,板と板との横間隔の寸法と,実材積との関係は大略次式で求められる。

$$\frac{収容材積}{見かけの桟積み容積} = \frac{板厚}{板厚 + 桟木厚} \times \frac{板幅}{板幅 + 間隔}$$

天然乾燥時の板(横)間隔は板幅が広ければそれに比例して増大させる。

写真 2-4　柱材の桟積み方法

表 2-4　桟積み数と乾燥室寸法ならびに実材積との関係(蒸気式 IF 型乾燥室)

実材積 (m³)	桟積みの外形(cm)と容積(m³)					乾燥室の内法(cm)と内容積(m³)				乾燥室内容積と実材積との比	備　考
	幅 (cm)	高さ (cm)	奥行 (cm)	台数 (台)	容積 (m³)	幅 (cm)	高さ (cm)	奥行 (cm)	容積 (m³)		
11	200	250	200	2	20	280	400	470	52.6	0.21	板厚 2.7 cm, 耳すり材, 板の横間隔なし, 桟木 2.5 cm
27.5	200	250	400	2	40	280	400	910	101.9	0.27	柱 12 × 12 cm, 桟木 2.5 cm, 柱の間隔 2.5 cm
27.0	200	250	200	6	60	540	400	710	153.4	0.18	複列台車, 板厚 2.7 cm, 天乾材で板の間隔あり, 桟木 2.5 cm

フォークリフトで直接乾燥室へ桟積みを積み込むときは天井を高くしないと作業ができないため、実材積との比率は小さくなる。柱 12 × 12 cm の生材寸法は 12.8～13 cm 角。

板厚 2.7 cm，桟木厚 2.5 cm，板幅 20 cm，板と板との横間隔を 3.0 cm あけて天然乾燥した桟積みを，そのまま乾燥室に入れるとすれば，

$$\frac{2.7}{2.7 + 2.5} \times \frac{20}{20 + 3.0} = 0.45$$

と計算され，実材積は桟積みの 45% となる。柱材の場合は大略 0.6〜0.7 である (写真 2-4)。

通常の IF 型乾燥室であれば，天井部の送風機室と下の桟積みを収容する乾燥室内空間との合計容積と，桟積みの見かけの容積との比は 1/3 程度であるから室内の全空間と実材積との比は先の計算例で言えば $0.45 \times 1/3 = 0.15$ となる。平均的に見て乾燥室の空間に対する実材積の比は収容材積の大きい柱材で約 0.2，一般の板材では 0.13〜0.18 の範囲である。

乾燥室の壁体はブロック積みの場合 25 cm ほどの厚さとなりパネル構造では 10 cm 程度であるから乾燥室の外寸法を求めるにはこの壁の厚さを加算しなければならない。

桟積みの形状，特に桟積み幅はフォークリフトで自由に扱える範囲(最大 1.8 m)とするか，1〜1.2 m 幅の桟積みを 2 列にするかなどで異なる。

乾燥室の側面内壁面は特に傾斜を付けなくても，壁と桟積みとの間隔が 40〜50 cm あれば桟積み内の風速むらはほとんど問題にならないが，材間風速の大きいときにはこの間隔を大とする。

収容材積と乾燥室の内法寸法との関係例を表 2-4，略図を図 2-16，2-17，2-18 に示す。

b. 蒸気加熱式 IF 型乾燥室の壁体

過去の蒸気加熱式乾燥室の多くは鉄筋コンクリートあるいはブロック積みのものが多く，ボイラー燃料に廃材を使用する関係から燃料代はほとんど無視されており，乾燥室の断熱が十分でない場合も多かったが最近では省力化のために重油の自動焚きボイラーを使う関係や，乾燥室をパネル構造とし工事の円滑化を図る業者も増えて断熱には関心が持たれている。

蒸気加熱式乾燥室の室内温度はかなり高いため，壁面から放散する熱量は全乾燥熱量の 1/3 を越える値となり耐熱，耐湿性の優れた保温材で断熱しなければならない。

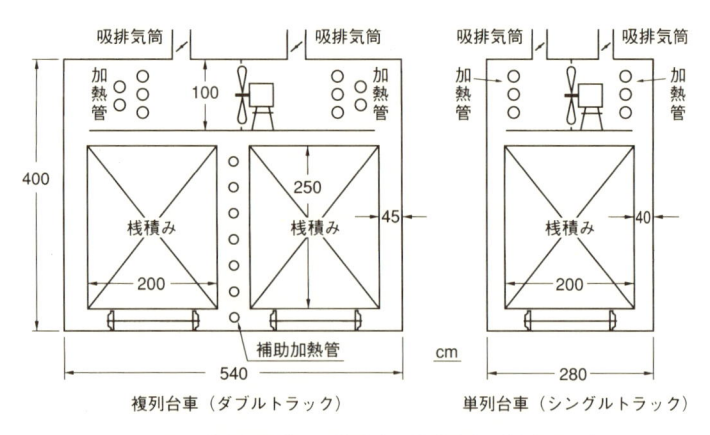

図 2-16 蒸気加熱式 IF 型乾燥室の基準寸法図(1)（正面図）

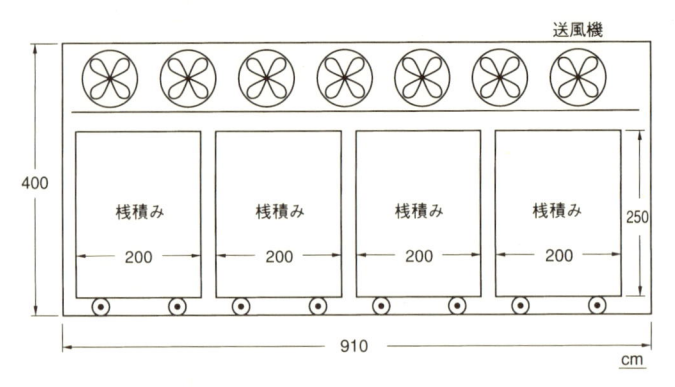

図 2-17 蒸気加熱式 IF 型乾燥室の基準寸法図(2)（側面図。2m材，4台車）

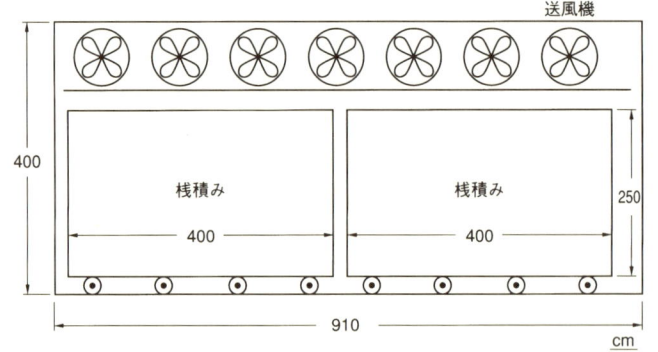

図 2-18 蒸気加熱式 IF 型乾燥室の基準寸法図(3)（側面図。4m材，2台車）

また乾燥室内は，高温，多湿で木材から発生する有機酸でアルミ，鉄材，コンクリートは腐蝕，老化しやすい。そのため材料を十分吟味し，パネル構造の内張はステンレス鋼を使いボルト類もステンレス製とし，コンクリート表面は耐熱湿の塗料を塗布し，塗料が剝離したときは直ちに修復しないとコンクリートの場合は砂状化が生じ修復不可能となる。乾燥室の断熱が悪いと熱損失だけでなく内壁面の温度が低くなり水蒸気が壁に凝結し，天井からは水滴が落ちて材を汚したり，同時に室内の関係湿度が低下し，より多くの補湿が必要となる。補湿の容易な蒸気加熱式乾燥室ではあまり問題にならなくても，補湿装置を持たないか，能力の低い補湿装置しかない煙道式乾燥室などは室内湿度の保持が困難となるから，より完全な壁と床の断熱が必要となる。

　乾燥室の構造は大型のものでは壁体を鉄筋コンクリート，あるいは空洞コンクリートブロック積みとし，これらの内側に保温材を取り付けるか(天井は落ちやすいので壁の上部)，壁全体を発泡コンクリート造りなどとするが，小型や中型の乾燥室では断熱材を入れた内面ステンレス製のパネル組み構造のものが多くなっている。パネル式壁体には断熱性の意外に悪いものがあるから断熱材の厚さを7 cm以上にするよう注意しなければならない。また人工樹脂系の発泡断熱材(発泡ウレタン)は最高安全使用温度が70 ℃程度であるため，パネル内側にはより耐熱性のある断熱材を2～2.5 cm厚に張っておかないと耐久性が悪い。無機質系の断熱材で軽量なものには吸湿性があって使用中にパネルの中で変形したり，ずり落ちる心配の材料もあるから注意しなければならない。ロックウール系の断熱材は重量が大きく，パネル用には適さない。壁体を空洞コンクリートブロックで作るときに空間を設け断熱性を向上させる場合もあるが，この間隔が6～7 cmより広くても熱対流が増加するのみで断熱効果はあまり向上しない。

　天井は鉄筋入り軽量発泡コンクリート板を乗せると断熱と強度とが同時に得られ工事が楽である。ブロック積みの際，目地が悪いと使用中に水が目地にそって滲み出し見苦しい姿となる。

　隣接した乾燥室との間仕切り壁も完全に断熱して置かないと一方の乾燥室が乾燥の末期で90 ℃近い温度にして，他方が乾燥開始時の45 ℃程度であ

写真 2-5 発泡コンクリートによる断熱工事

ると低い方の乾燥室内温度が上昇して乾燥条件を乱す原因となる。

　鉄筋コンクリート構造の場合，断熱材を乾燥室の外側ではなく内側に取り付ける理由は，壁の表面の熱容量を小さくするためで，木材人工乾燥のように乾燥経過にしたがって温度を上昇させ最終段階で再び温度を降下して被乾燥材を取り出すと言った操作の場合は，壁が吸収あるいは放出する熱量をできるだけ小さくすると温度変化が迅速に行えるからである。

　床面の断熱は従来からあまり実施されておらず，特にフォークリフト搬入の際には断熱材の上に鉄筋コンクリート床を設ける必要が生じ，工事が面倒なのでなおざりになりやすいが放熱面積の割合から見ても，また床面近くの温度が低くなりやすい点などからしても無視するわけにはいかない。

　壁の断熱効果は断熱材の熱伝導率[λ：kcal/m・hr・℃]と断熱材の厚さで定まる。熱伝導率は容積重の小さい材料ほど小さく，空気が一番小さいと考えられやすいが，空気層は対流があり輻射も意外に大きいため，独立気泡の軽量な吸湿性の少ない発泡コンクリートの類とかロックウールなどが使われる。発泡ウレタンはやや耐熱性が乏しいので乾燥室内壁面に直接は使用できない。断熱材は電気絶縁体と異なり，特別に熱を通し難い物体は存在しないので，いかに高性能な断熱材料でも 7〜8 cm 以上の厚さにしないと有効な断熱とならない。

写真 2-6 ドアキャリアーと転送車

　一般には 15 cm 厚鉄筋コンクリート壁に 6〜7 cm 厚の発泡コンクリート板を取り付けるか(写真 2-5)，15 cm 厚の空洞ブロック 2 列の間に 6〜7 cm 空間を設けるなどの構造が普通で熱の通過する量(熱貫流率)は K = 1.0〜1.3 kcal/m^2·hr·°C，コンクリートのみだと 3 kcal/m^2·hr·°C と大きくなる。

　乾燥室の扉は一般にパネル構造の物が使われ，桟積みを搬入する側の大扉は観音開きの場合も多いが密着性が悪いのと蝶番いが扉の重量に耐えられない等の理由から，多数の乾燥室が連続して存在しているときはドアキャリアーによる扉の移動がよい(写真 2-6)。

c. 蒸気加熱式 IF 型乾燥室に設置する送風機

　天井に送風機を設置した両循環方式の IF 型乾燥室の室内循環用送風機は，単列台車(シングルトラック)の場合は写真 2-7 に示すような 4〜5 枚羽根，直径 60 cm 程度の純アルミ製のものを 0.75 kw(1 HP)の 4 ポール H 種モーター直結で回転し，2〜8 時間間隔に回転方向を変え，桟積みへ吹き込む風向きを変化させ，乾燥むらの減少を計っている。

　送風機の間隔は，桟積み幅 2 m，桟木厚 2.2〜2.5 cm のとき，乾燥時間の短い針葉樹材で 1.5 m，広葉樹材で 10 日以上を要する板材のときは 2 m でよいが，最低の条件でも 2.8 m^3(10 石)当たり 0.75 kw のモーターによる送

写真 2-7　IF型乾燥室用送風機

風量を必要とする。

　桟積み内の空気循環の目的は桟積み内の乾燥むらを軽減させるためであり，乾燥むらは蒸発水分量の大小と関係し，乾燥初期の蒸発量の多いときには乾燥むらが発生しやすく，天然乾燥材のように含水率の低い板を乾燥したときは乾燥むらの発生は少ない。

　したがって最近では電力節約の目的から送風機の回転数をインバーターで変化できるような設計も多くなっている。水分蒸発量を基準にすれば桟積み幅2m，桟木厚2.3cm，両循環単列台車の乾燥室の場合，1時間の蒸発水分量1kgに対し0.3kw以上の送風機用電力を見込めば，風速の不足による乾燥むらの防止は十分で乾燥末期にはかなり送風機の減速が可能となる。

　0.75kw送風機6台の乾燥室でインバーター取り付け追加料金は約20万円程度であるが，既設乾燥室の改造となると，50万円以上必要となる。

　桟積み幅や高さを大きくするとか，2台車を並列にしたとき（ダブルトラック）には当然風量を増加すべきであるが，ダブルトラックの場合は両桟積みの中間に補助加熱管（ブースターコイル）を設けるので，風上側の桟積みを通過して温度降下した通過空気はここで再加熱されるため，材間風速の増加はほとんど必要ではなく，どちらかと言うと2つの桟積みを通過するため風圧ロスを考えればよいことになる。

　しかし補助加熱管の設置が面倒な点と，フォークリフトによる搬入の障害となったり，効果的に補助加熱管を働かせるには乾燥の進行程度によって蒸気流量の調節が必要となる等のことから補助加熱管を設置しない構造も多い。

写真 2-8 分解修理のために取りはずされた H 種モーター(3 年経過, 1.5 kw)

　補助加熱管を設置しない場合は直径 80 cm ほどの送風羽根を 1.5 kw(2 HP)相当のモーターで回転し, これを被乾燥材の乾燥日数が 10 日以下の材では 1.5 m 間隔に設置する。

　桟積みの幅を広くする場合には, 当然風速増加とともに風圧増加を伴うので 3 m 幅の桟積みであれば 2 倍近い動力増加となり得策な設計ではなく, どちらかと言えば桟積み高さの増加の方が有利である。

　送風機の風量は回転数に比例し, 風速が増大すると, 風速の 2 乗で空気の通過抵抗は増すため, 消費動力は風速の 3 乗に比例し風圧は回転数の 2 乗に比例する。市街地では夜間の騒音対策が必要となる。

　送風機を桟積み側面に置く水平循環方式(ヒルデブランド社式)は風速の弱い場所の乾燥おくれと, 片循環方式の弱点を補うため送風機消費動力を上部送風式の約 1.5 倍増しにしているが, 送風機を側部に置き上下逆循環方式(キーファ社式)は風向の切り換えも可能で送風量も大略上部送風方式と似ている。乾燥室内に設置する H 種モーターは乾燥室の温湿度条件によって違うが 2～4 年に一度分解修理(ベアリングの交換)を行う必要がある。修理無しに連続使用すれば 5 年ほどで使用に耐えられなくなる恐れがある。写真 2-8 は, 分解修理のために取りはずされた 3 年経過後の 1.5 kw H 種モーターの錆びたものである。

d. 蒸気加熱式 IF 型乾燥室の加熱管, 増湿管, 蒸煮管
d-1 加 熱 管

　昔(1960 年頃より前)の人工乾燥室に使われた加熱管は 1～1・1/2 インチのガ

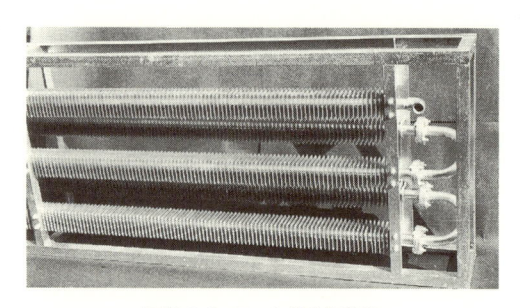

写真 2-9 フィン付き加熱管

ス管であったが，加熱管の全長がかなり長く，重量も大きく，取り付け作業も大変なため現在では写真2-9のような1インチ管に10 cm角ほどの厚手のアルミフィンを取り付けた加熱管が使われている。放熱量は同一長さの1インチ管の8〜9倍の能力がある。

蒸気加熱式IF型乾燥室の場合，加熱管は乾燥室内の桟積みの総長さ(各桟積みの長さの合計)と等しい範囲に折り返し(スネークタイプ)，5列以上を必要とし，設置場所は送風機の両側でしかも吸排気筒より外側に図2-19のように分割して設けるが，乾燥初期の乾燥温度の低いときと，乾燥末期の温度の高いときとの温度調節を容易にするため，左右で3：2と言った割合に分割し，それぞれの加熱管の蒸気の送り方向を逆にし，一方は乾燥室手前から，他方は乾燥室後方から導入し，おのおのに独自の開閉バルブを取り付けてある乾燥室も多い(図2-20)。

加熱管別に逆方向から蒸気を入れる目的は乾燥室の手前と奥との温度差を少なくするためである。

風向の変換ができる蒸気加熱式IF型乾燥では加熱管を送風機の両側に設けるが，この設計であると桟積みを通過して温度降下した高湿空気は一方の加熱管で昇温された後に送風機を通り排気されると言った熱の無駄は避けられない。

対策として風向の切り換えと連動して，吸気筒側の加熱管の蒸気を止め，排気筒側の加熱管だけに蒸気を通すと言う設計も考えられるが，左右それぞれに必要量の加熱管を設置する必要があるため普及していない。

蒸気加熱式IF型乾燥室の場合，桟積みを2列にしたダブルトラック方式

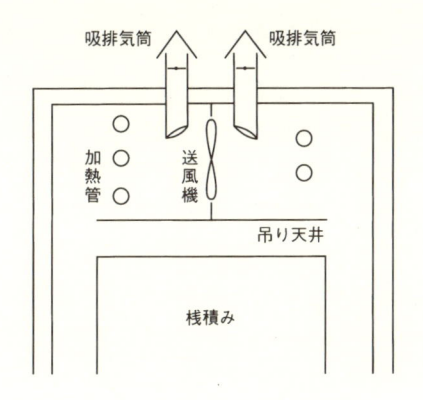

図 2-19 加熱管と吸排気筒との関係位置(正面図)

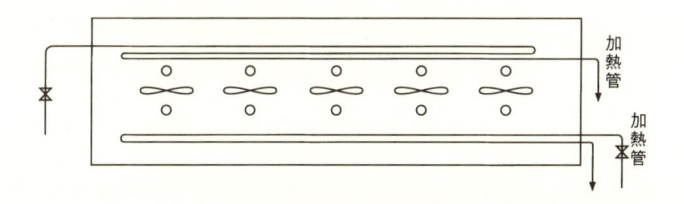

図 2-20 加熱管の配管図(平面図)

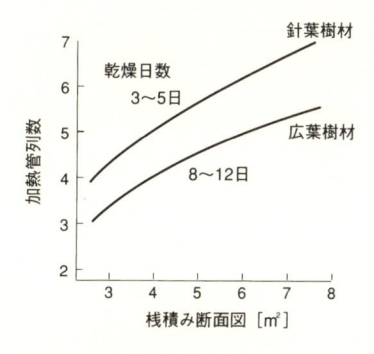

図 2-21 桟積み断面積と加熱管列数(乾燥日数は生材から含水率 10％まで)
余り寒くない地方の条件

は別として，一般には単列の桟積みが多く，しかも桟積み幅は 2.0 m 前後，高さ 2.5 m あたりのものが多い。したがって桟積みの断面積 [m^2] を知れば相似的に乾燥室の断面寸法も定まり，必要な加熱管列数の大略は図 2-21 のように示すことができる。余り寒くない地方の条件である。

この際針葉樹材は時間当たりの蒸発量が多く乾燥温度も高いので乾燥時間が短く，加熱管の列数が広葉樹材より多くなっている。

桟積みを 2 列にしたダブルトラックの場合，両桟積みの中間に設ける補助加熱管 (ブースターコイル) は 3/4 か 1 インチ管で間隔 15～20 cm，桟積みに対し側面全体をカバーするように配管する (図 2-16 参照)。通過加熱空気流はやや上昇する傾向があるので一番下の加熱管は床面近くに配管する。配管は折り返し式のスネークタイプでよいが，被乾燥材によって昇温程度をバルブによって調節する必要はある。補助加熱管は乾燥むら防止には好都合であるが桟積みを入れる際に邪魔となるため設置しない場合も多く，この際には両桟積み間隔は 30～50 cm で十分となるが，乾燥日数の遅れによる時間を 15 % ほど見る必要がある。

d-2 増湿管，蒸煮管

人工乾燥室内には温度上昇用の加熱管を設置するが，この他に乾燥初期に材温を急速に目的温度まで上昇させるために，太さ 1 インチ程度の長いガス管に 20～30 cm 間隔に小孔 (ϕ 2～3 mm) を設けたパイプを設置し，小孔から多量の蒸気を噴射させたり，同じような装置で乾燥開始後の数日間 (厚材の場合) 少量の蒸気を噴かせ，室内湿度を目的の 85 % 程度に保つようにするなど色々の使用目的にあてている。

また南洋材のうちフタバガキ科のラワン・メランチ，アピトン・クルイン，パロサピス・プジック類などの材では乾燥日数を短縮させる目的で，乾燥に先立ち材を 90 ℃ 以上の飽和状態の湿度の中で蒸す初期蒸煮 (初期スチーミング) や，乾燥途中で含水率の降下速度が急に低下したときに 1～1.5 時間蒸す中間蒸煮を行うが，このときには極めて多量の蒸気を一気に噴射させる。

室内に蒸気を噴射させる行為は，以上の他に乾燥が終了したときの調湿時にも実施し，室内を高湿にして乾燥しすぎた材表面の含水率を 9～11 % にまで吸湿上昇させる。

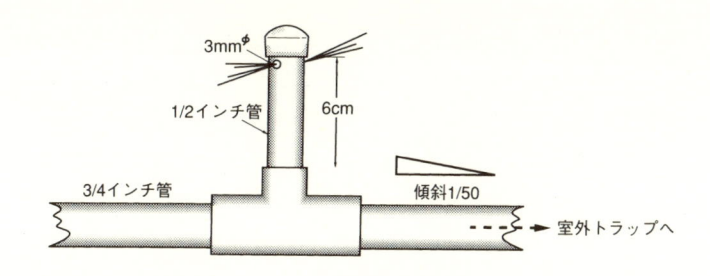

図 2-22 ドレン水の噴出防止対策

　蒸気を乾燥室内に噴射させると言う点で上述の色々の目的は似ているが，初期蒸煮や中間蒸煮は多量の蒸気を噴射させる点で多少異なり，特に初期蒸煮を行う際には材が生材状態であるから蒸気噴射に際し，凝結水（ドレン）が穴から噴出して材に付着してもあまり問題にならないが，中間蒸煮や乾燥初期と末期の補湿のときには，管内の凝結水が孔から噴出し，乾燥した材面を濡らすなどのことは絶対に避けなければならず，増湿管の設置位置を考え，配管には傾斜を付け管内に溜った凝結水が室外に排出されるような構造としなければならない。図 2-22 の構造にするとよい。

　また乾燥の終了時に実施する調湿のための湿度上昇では，板を乾燥させるときと違い，板に水分を吸着させる操作であるため，水蒸気を噴出させ室内の湿度を上昇させようとすると，材は発熱して加熱管の蒸気を止めていても室温の上昇が先行し，目的とする乾湿球温度差 4～5℃ に保つことが不可能となる。

　この対策としては，圧搾空気または蒸気圧による水の霧状噴射とか，蒸気の圧力を減圧弁で 0.5 kgf/cm^2 程度まで低下させて温度の低い蒸気を噴出させるとか，壁面あるいは床に水を放水管から散布するなどの方法が考えられるが，小孔から霧状に水滴を噴射させようとすると，いきおい開孔が小さくなるため錆や塵で，また水質が悪い場合にはカルシュウムで小孔が詰まりやすく，孔が大きければ水滴は風に乗って送られ材に付着する危険がある。

　また水圧のみによる水噴霧は水滴が大きすぎてよくない。壁や床に水を流す方法は急激な温度変化でコンクリートの耐久性が損なわれる心配と，処理後に床面の窪みに溜る不必要な水の問題などがあり，現在に到るまでにこの

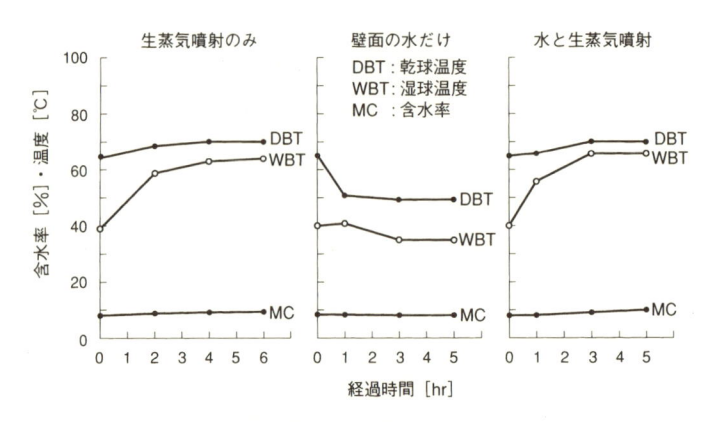

図 2-23　各種の増湿法による室内条件と含水率変化

写真 2-10　圧搾空気による水噴射ノズル

乾燥末期の調湿を目的とする最良の増湿方法は確立していない（図 2-23，写真 2-10）。

　貫流ボイラーを使用すると蒸気が過熱（スーパーヒート）されているので調湿条件が一般のボイラーの飽和蒸気よりもとりにくい。

　乾燥に先立ち常に強い初期蒸煮（初期スチーミング）を実施するような材料を専門に乾燥する場合には，蒸煮管を乾燥室中央の台車の下に設ける場合もあるが，蒸煮中に水蒸気が直接被乾燥材に吹き付けないように桟積みの最下部には捨板を置く必要がある（図 2-24）。また床上 10 cm あたりの乾燥室両側に設置する例も多い（図 2-25）。

　乾燥室の下部に蒸煮管を設置しておけば，室温を 90 ℃近くまで上昇させる初期蒸煮中に送風機を回転させなくても桟積み内部まで十分加熱される。

　一般には図 2-26 のような位置に蒸煮管（外側）と増湿管（内側）を設け，蒸煮

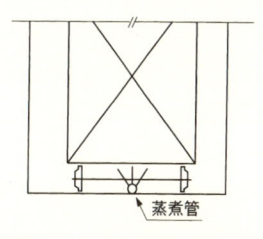

2-3 木材人工乾燥室(装置)の細部決定

図 2-24 台車下に設けた蒸煮管

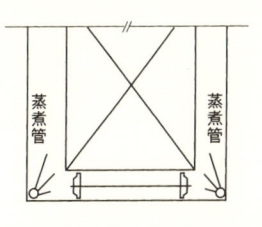

図 2-25 乾燥室両隅に設けた蒸煮管

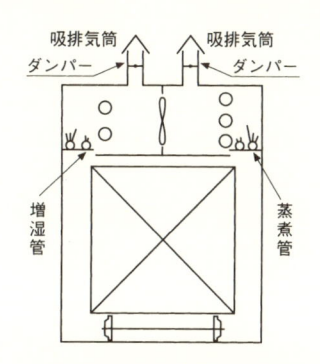

図 2-26 蒸煮管と増湿管の位置

管は手動でバルブ開閉し増湿管は自動制御の方式がとられている。当然のことながらこのときは蒸煮中にも送風機の回転が必要である。

増湿管から放出される水蒸気量はあまり多量でないから噴射孔の径も 2 mm，間隔は 45～60 cm ほどで十分である。また蒸煮管，増湿管の末端は室外に出し，ドレン抜きの手動バルブを付けなければならない。

乾燥終了時の調湿用の増湿を容易にするためには，別にサイフォン型の圧搾空気による水噴霧器を取り付けるか，増湿管の回路に減圧弁を取り付け蒸気圧をゲージ圧 $0.5\,kgf/cm^2$ 程度に低下させる必要がある点を再度注意しておく。

一般常識からすれば木材を乾燥する過程で密閉された室内の空気は水蒸気で飽和されているように考えられ，乾燥初期に少量の蒸気噴射をし続ける増湿操作は不可解に思われるが，乾燥初期に要求される厚材乾燥の湿度条件は

85～90％（乾湿球温度差で2～3℃）と高く，内壁面の温度が室温より3～4℃低いため室内の水蒸気は壁面に結露して多量に除去されるからである。

もちろんこの他にも排気筒や扉の隙間からも室内空気と共に水蒸気は室外に流出して室内の湿度を低下させる原因となっている。

e. 蒸気加熱式 IF 型乾燥室の吸排気筒（孔）

天井に送風機を設けた一般の IF 型乾燥室では，吸排気筒は各々の送風機を挟む形で加熱管と送風機との間に設け，風向により送風機の吹き出し側が排気筒に，吸い込み側が吸気筒の作用となる。

大型乾燥室で海外の設計には送風機と送風機との中間位置で桟積みより外側に太い筒を設ける場合もあるが，左右の加熱管で昇温した空気を排気するため熱損失は大きい（図2-27）。

いずれの場合も吸排気筒には吸排気量を調節するダンパーを取り付け，手動か自動で開閉を行う。また閉鎖時には空気の漏れを極力少なくする構造，例えば図2-28のように鍔を付けダンパーと排気筒との密着性を良くするなどの工夫が必要である。

排気中は筒の内壁で凝結した水が筒をつたい多量滴下し，吸排気筒の設置位置によっては，風の流れに乗って材に直接水滴のかかることも多い。

吸排気筒が送風機と加熱管の間にあって，排気筒の高さがあまり高くなく，外気温度が低くなければ筒内の凝結水は少なく，吊り天井へ滴下した水は適

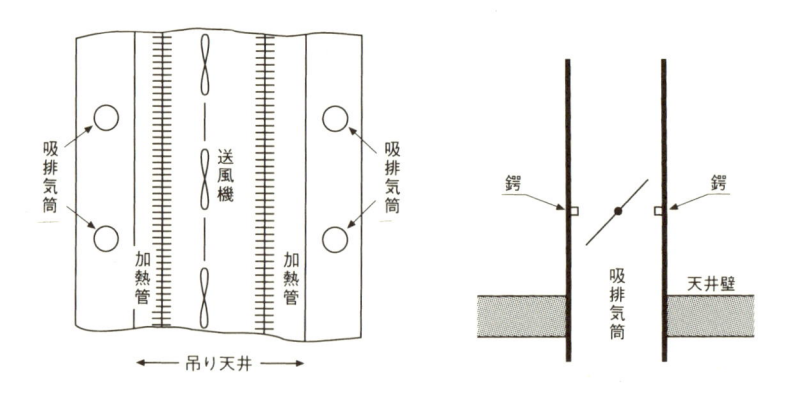

図 2-27 吸排気筒と加熱管，送風機との関係位置　　図 2-28 吸排気筒内のダンパー構造

写真 2-11 長すぎる吸排気筒

当に蒸発するが，多量の水が落ちて桟積み材を汚している例も多く，凝結水の対策は重要な問題である。吸排気筒を保温するとか凝結水を受ける樋のような構造が必要となる。しかし常に濡れている場所だけに使用する材料や構造が問題になるため，なおざりにされている例がほとんどである。

乾燥室の屋上へ直接排気できない構造の場合は，数個の排気(吸気)筒から排気(吸気)をダクトで導き，排出させる構造となるがダクト内での結露対策と送風機による強制排気(吸気)が必要となり意外に構造的に問題が多い。

乾燥室の上屋を抜いて写真 2-11 のように吸排気筒を高くすると吸気能力が低下し，扉の下のすき間などから吸気することがある。

送風機回転数をインバーターで低下させれば送風機の風圧は減少し，吸排気量も減少するが直径 20 cm 程度の吸排気筒であれば特に問題は感じられない。

f. 蒸気加熱式 IF 型乾燥室の温湿度測定と自動制御

色々な種類の加熱炉，農水産物の乾燥加工など総てにおいて温度あるいは温湿度の調節は必要であるが，木材人工乾燥では乾燥初期の湿度調節が極めて微細で高湿度条件である点が他の乾燥と大きく異なっている。

f-1 蒸気加熱式 IF 型乾燥室の温湿度測定

蒸気加熱式乾燥室内は乾燥過程で極端な高湿から低湿，高温へと変化するため，一般の毛髪湿度計は使われず，電気式の関係湿度計も一部で使用されているが，乾燥条件が厳しく感湿部の耐久性に問題があり一般的でない。濾紙(パルプ)の電気抵抗の変化を利用したものもある。通常は室温(乾球温度，

写真 2-12 遠隔温度測定器(左：水銀膨張式，右：電気抵抗式)

DBT)と湿球温度(WBT)とを測定し，両者の差である乾湿球温度差(DBT − WBT, WBD)を求め，乾球温度を考慮しながら条件変化を行っている。

　元来，関係湿度(相対湿度)の算出は乾湿球湿度計の読みから表によって求めるわけであるから，慣れてしまうと温度と乾湿球温度差とが判明すれば，室内の湿度条件は感覚的に認識できるようになる。

　人工乾燥において，乾球温度と湿球温度とを正確に測定することは極めて重要な仕事であるが，一般の乾燥室メーカーや現場の操作員は意外にこれを軽視しているから注意しなければならない。

　注意点は，乾球温度や湿球温度が風向きを変えたときにも桟積みに風が吹き込む一番条件の厳しい場所で測定されなければならず，湿球温度測定用の給水が確実に行われ温度計と水面との間隔が正しく(3 cm 程度)保たれ，ガーゼの交換を水質の悪い場所では1回の乾燥終了ごとに実施するなどである。

　室内条件を知るには再々熱い乾燥室内へ入って乾湿球湿度計の指度を読むわけではなく，遠隔的に測定する場合がほとんどである。

　小型の独立した乾燥装置では扉や壁面にガラス窓を設け，中の乾湿球湿度計を覗く方式となっているが，湿度計の設置位置が壁や扉に近いため，温度が低めとなり正確な乾湿球温度差が測定されにくい。

　また長足の棒状温度計を壁から差し込んで測定する方式もあるが，棒状温度計自体が不正確なことと作業中に引っかけて破損しやすく，壁ぎわのため低めの温度しか測定されない。

　遠隔的に乾球温度あるいは湿球温度を測定する方法には，気体あるいは水

銀の熱膨張を利用した指示温度計が安く簡単に取り付けられて便利ではあるが，精度はあまり良くなく目安程度にしか使えない。このときも湿球温度の測定は水を含んだガーゼで感温部が常に濡れるような給水方法を考えなくてはならない(写真 2-12)。

　日本では電気工業が発達している関係から電気式の遠隔温度計が一般的で電気抵抗式(白金抵抗式)温度計が広く使われている。乾燥室内では，常に風上側の温湿度を確認する必要があるため，風向を切り換える乾燥室では乾球と湿球用の感温管を乾燥室の両側に設置する必要があるが，湿球温度は乾球温度の降下によってごくわずかしか下がらないので湿球温度の測定に限っては乾燥室の片側に1カ所設けるだけですませている。ただし関係湿度を直接関知する感湿体は乾燥室の両側に設ける。

　感温管の取り付け位置はできるだけ扉から離れた場所で，壁に密着させず15 cm 以上離した位置が正常な温度測定にはよいが作業の邪魔にならないことと，給水や配線の都合から操作室側の小扉から 2 m 程度離れた，壁から10 cm 程の位置に設ける例が多い。

　また湿球の部分は水分蒸発のために冷えているから，乾球の感温管は常に湿球の感温管より上の位置(風上側)に取り付けなくてはならない。湿球用の感温管(保護管)の材質はステンレス鋼の SUS 410 L か SUS 316 L を使わないと腐蝕しやすく，あまり厚手で直径が 1.5 cm 以上ある太い管は温度変化の感知が遅く，温湿度の定値制御をしている際の on-off による大きな温度変化がほとんど指示されない心配がある。

　乾球温度の正確な測定は当然必要であるが，湿球温度も乾湿球温度差を決定する重要な因子であり，木材乾燥スケジュールの指針であるからガーゼの交換は 10～15 日に 1 回は実施したい。

　また湿球の感温体(白金抵抗体)は保護管の先端部に 3～4 cm の長さで納められているが，保護管の根元の方から熱が伝達しやすいのでガーゼを巻く長さを十分長く 10 cm 程度にするとよい。

　保護管から引き出されたリード線は乾燥室内空気と接触しない構造で屋外へ導かねばならない(図 2-29)。

　室内の温湿度を指示計で読み取るだけの装置であれば乾燥室の両壁面に乾

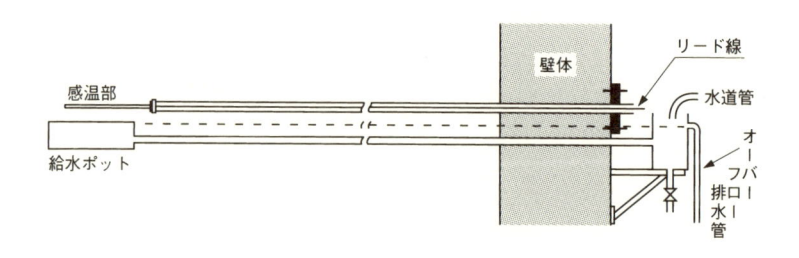

図 2-29 湿球測定用の配線と給水

表 2-5 温湿度記録計部品と室数との関係

部品その他 \ 室数	1	2	3	4
乾球用感温管	2	4	6	8
湿球用感温管	1	2	3	4
記録計	6点用1台	6点用1台	12点用1台 または6点2台	12点用1台 または6点2台
湿球用給水ポット一式	1	2	3	4
自立パネル	1	1	1	1
配線工事	一式	一式	一式	一式

球温度の感温管をそれぞれ付け,風向の切り換えによって乾球温度用の感温管を風上側に自動切り換えすればよく,湿球温度の感温管はどちらかの壁に1カ所設ければよい。ただし直接関係湿度を関知するエレメントを使用する際には乾球ならびに湿度エレメントを両壁面に設け風向の切り換えと同時切り換えになるようにする。

実際の乾燥業務では夜間や外出中の不在のときの温湿度状況も必要となるため,温湿度の自記記録式の機器の方がよい。温湿度の記録紙が残っていれば後日の参考にもなり,乾燥依頼者から乾燥条件提出の要望があったときにも都合がよい。また価格的にも指示計とそう違いがない。記録範囲は0～100℃でよい。

乾球温度と湿球温度とを自記記録させる場合,1室当たり乾球用感温管2本,湿球用感温管1本,自動給水ポット,記録計の本体,自立パネル板と工

事費を含め合計 35 万円程度である (1990 年)。

多数の乾燥室の温湿度記録をする場合は打点式の 6 点あるいは 12 点記録計を使い，6 点式であれば 2 室，12 点式であれば 4 室の測定記録が可能であるが，あまり点数が増加すると近接した色別の線の判読が困難となる。

乾燥室数と各部品との関係を整理して表 2-5 に示す。

小型の乾燥室で室数が 1～2 室の場合は別として，乾燥室内の温湿度を測定記録するだけでは作業の省力化と安全の面から見て不十分であり，次に述べる温湿度の定値制御装置が必要である。

f -2 蒸気加熱式 IF 型乾燥室の温湿度定値制御

乾燥室内を設定した一定温湿度条件に保つための制御(定値制御)装置のうち，温度については加熱管への蒸気の通気の on-off を，簡易な安いものではソレノイド式電磁弁，現在ではボール弁，確実な作動を望むときには電動弁などによって行い，湿度については乾燥初期は蒸気噴射の on-off，乾燥が少し進めば蒸気噴射は中止して電動による吸排気筒のダンパー開閉によって設定した湿度条件を保つようにしている。

暖房などで室内の温度を一定に保ち続ける場合は，弁の開閉を on-off とせず，比例的に流量を制限する比例制御弁が用いられるが，木材乾燥室では内容物の熱容量が大きいので，on-off 制御で十分安定した条件が維持可能である。ただし割れの極めて生じやすい材に対しては比例制御方式が安全である。

この反面木材乾燥室では乾燥の開始から終末にかけて室温を大幅に変化させるため，加熱管の長さが一定であると乾燥初期の低温時には極めて短時間しか蒸気を通さなくても良くなり，感温管の設置位置が蒸気の流入側にあって乾燥室の奥行が長いと，蒸気が乾燥室の奥まで到達しないうちに乾燥室の手前だけが昇温し，感温管が感知して弁が働き蒸気が止まり，乾燥室の奥の温度が低いままになることもある。

このようなときは，加熱管と感温管とを乾燥室奥行方向で独自に別に設けるなどのことも行われている(ツーゾーンコントロール)。

要するに乾燥室内の温湿度調節を上手く安く実施するには総てを機械まかせにせず，温湿度制御のやりやすい条件，例えば乾燥初期には片側の加熱管

写真 2-13　電動ボールバルブ　　　写真 2-14　多数の乾燥室の集中管理室

だけを通気させるなどの人為的補助手段を用いる必要がある。

　加熱管および増湿管への蒸気の on-off にはソレノイド式電磁弁が一番安いが，作動が不安定であまり好ましくなく，従来の電動弁は耐久性が良く確実な作動をするが，価格が高い点と，作動が遅いため温湿度の変動幅が大きくなる欠点があり，現在では電動ボールバルブが多く使われるようになった（写真 2-13）。

　温度の調節は加熱管の長さが適当であれば蒸気の on-off のみで簡単に行えるが，湿度の制御は増湿と排湿の2成分系の調節となるため，3位置式の制御器を用いている。しかし感湿管の感知が遅れ，制御器の精度や調節が悪いと次の作動の中で，左から右までの間を

$$\left\{\begin{array}{l}\text{吸排気筒閉}\\ \text{蒸気噴射}\end{array}\right\} - \left\{\begin{array}{l}\text{吸排気筒閉}\\ \text{蒸気噴射止}\end{array}\right\} - \left\{\begin{array}{l}\text{吸排気筒開}\\ \text{蒸気噴射止}\end{array}\right\}$$

のように幅広く往復変動し，不必要な蒸気噴射や吸排気を交互に繰り返すため蒸気の無駄となる。

　制御調節器はメーター精度 0.5 級のものの使用が望ましい。乾球と湿球用にそれぞれ 1 台ずつ計 2 台，制御弁（ボールバルブ）は 1 室 2 個必要で，吸排気筒の開閉用電動弁 1 個，感温管は 3 本，それに制御盤が必要となる。

　送風機用モーターへの配線を含め，全体の電気工事費と必要機器を含め 1

室140万円程度となる(1990年)(写真2-14)。

f-3 蒸気加熱式 IF 型乾燥室の温湿度自動制御

予定した一連の乾燥スケジュールにしたがって室内の温湿度を無人で制御する方式には2種類ある。手動で木材を乾燥する際にもあらかじめ計画した条件で乾燥はするものの，試験材の重量減少を見ながら予定を速めたり遅らせたりする含水率スケジュールと称するものと，材料の乾燥経過をあらかじめ決めておいて，時間の経過にしたがって温湿度を変化させる時間スケジュールとの2種類がある。以上の理由から温湿度の自動変化(制御)の際にもあらかじめ作られた時間プログラム通りに室内条件を変化させるプログラム制御方式と，選出した試験材の重量あるいは含水率を自動的に検知してある含水率に到達したときにその含水率に見合った予定条件に自動的に変化させるコンピュータ制御方式とがある。

予定時間通りに条件を変化させる方式は操作的に簡単であるが被乾燥材に大きな変動があるときは危険で，多少余裕を持たせた乾燥スケジュールにするなどの配慮が必要である。この方式は針葉樹材の乾燥に一部利用されている。試験材を使う方式は操作的に複雑になるだけでなく，被乾燥材の中からどのような試験材を選出すれば良いのかの技術的問題が解決しないと，効果的に装置を運転できず装置の性能を十分発揮できない。

結局，被乾燥材の材質が乾燥前に把握できなければいずれの方法も完全には使いこなせないわけで，これは手動による場合も全く同じである。完全に時間制御で条件を変化させる場合も乾燥終了時期を確認したり，調湿処理を行うには試験材を置く必要がある。

またプログラムに組まれた通りの条件変化の指令が出ていても，加熱管が長すぎれば乾燥初期の温度調節は困難となるから蒸気の on-off 調節だけでなく加熱管の有効長さの変化も設定する温度によって自動的に変化させる必要がある。

時間制御の方式であれば，乾燥スケジュール例を19例組み込んだプログラム調節計は12～15万円程度であるから，定値制御方式の約30万円増と言うことになる。試験材の重量から含水率を自動的に検知して条件変化させる方式は高価なため，多数の室を一括管理するときでないと採算が取りにくい。

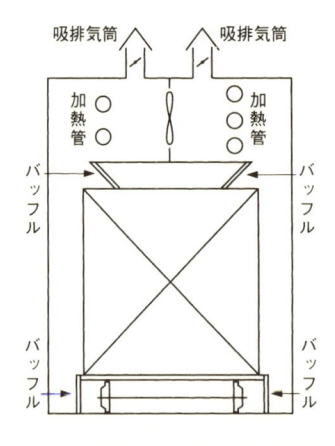

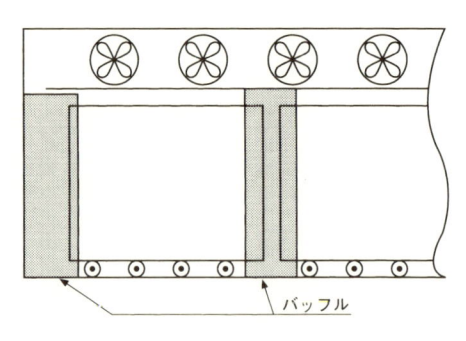

図 2-30 バッフルの取り付け位置(正面図)　　図 2-31 バッフルの取り付け位置(側面図)

乾燥室内の条件を自動的に制御する利点は，省力以外に温湿度のスムーズな変化が可能となり，割れ発生の防止から見て好ましい。

g. 蒸気加熱式 IF 型乾燥室の遮蔽板(バッフル)

IF 型乾燥室内では強制的に室内空気を送風機で循環し，桟積み内の乾燥むらをできるだけ小さくするようにしている。空気循環に際し桟積み内に能率よく均一な風を流すには，桟積み以外の空間を風が通過しないように遮蔽板を置かなければならない。

遮蔽板を置く場所は，天井に送風機のある乾燥室では送風機のあるつり天井と桟積みとの間，桟積み用台車の車輪部(図 2-30)，桟積みと桟積みとの間，桟積みと扉との間である(図 2-31)。

桟積みと桟積みとの間や桟積みと扉との間は，移動取り外しのできる大型のパネル状の板を桟積み搬入後に置くようにするが，作業が面倒なためあまり実施されていない。つり天井から桟積み上部までの間の遮蔽板と台車側部の遮蔽板とは乾燥室建造時に定設部品として設けておく必要がある。

台車側部の遮蔽板は固定でよいが天井の遮蔽板は桟積みの高さによって変化し対応ができ，桟積み搬入時に滑車で引き上げられる構造とするなどの考慮がないと現場では使わないことになってしまう。これらの材料部品はステンレス鋼製のものでないと耐久性が極めて低い。ヒルデブランド社式水平循

環方式では定尺材を入れる構造のため無駄な空間が室内にほとんど無く，遮蔽板の必要はないが送風機を側部に付けたキーファー社式上下逆循環方式では天井，台車下の空間部の遮蔽板は必要である。またフォークリフトで搬入する乾燥室の場合はフォークリフトの運転作業上から，桟積みと壁との間や上部機械部との空間を 40～60 cm 設けているため遮蔽板の設置は省けない。

h. 蒸気加熱式 IF 型乾燥室内の電気配線

どのような形式の乾燥室でも，乾燥室内温度が乾燥初期の高湿状態時に 45℃ 以上になる場合は，金属の腐蝕とプラスチック類や塗装の老化が甚だしい。

また室内温度が乾燥初期と末期とで大きく違うため，一般に常温の室内で使う防湿用ボックスなどを用い配線の接続をするとボックス内に水が溜り絶縁不良の原因となる。

弱電，強電を含め，乾燥室内で電気配線の接続をする場合は，全配線が乾燥室外の空気とつながっている配管内に収める構造が絶対に必要である（図 2-29 参照）。

H 種の耐熱湿モーターの配線はモーターの耐熱線の被覆導線を長くしておき天井壁から被覆線を屋外に出し，乾燥室外で結線する。

乾燥室内の電気配線については，特に経験を持った乾燥室メーカーに依頼しないと思わぬトラブルが 1 年以上経過した頃に発生しやすい。

i. 蒸気加熱式 IF 型乾燥室用のボイラーと蒸気消費量

蒸気発生用として，大工場では水管式の木屑焚きボイラーや煙管式ボイラーが使用されているが，蒸発量が 2 ton/hr 以上になると煙管式ボイラーも自動焚きが多い。乾燥室で使用する蒸気のゲージ圧力は一般に 2～5 kgf/cm^2 である。

蒸発量が 1 ton/hr 以下の場合，木屑焚きボイラーは夜間の管理や人件費に問題が多く，重油焚きの 1 ton/hr 以下の貫流ボイラーが無免許で使用できる点で普及している。また木屑焚きの貫流ボイラーもあって重油焚きの貫流ボイラーと同じように蒸発量 1 ton/hr まではボイラーマンの資格を必要としない。価格的には本式のボイラーより 10～20% 安いが，貫流ボイラーは構造上からみて耐久性に問題がある。

写真 2-15 小型貫流ボイラー

　蒸気発生量 100 kg/hr の貫流ボイラーは 60 万円程度で，建屋，重油を入れるサービスタンクなどを含め 120 万円で設備でき，償却費，人件費を含めて 4,000〜5,000 円/ton の蒸気が得られる（重油 35 円/ℓ，1990 年）。写真 2-15 に小型の貫流ボイラーを示す。
　ボイラー容量の決定には，まず計画した乾燥室の最大必要蒸気量を算出しその値を 1.1 倍する。この主たる理由は蒸気を各乾燥室入口まで送る際の配管部の熱ロスである。
　ボイラーは一度設置してしまうと乾燥室の増設などによる容量不足のとき，大型ボイラーに交換したり小型ボイラーを増設することが困難であるため，将来の乾燥室増設計画や乾燥室以外（ホットプレス，保温室など）で蒸気を使う計画が有るかどうかを十分考えてから決定する必要がある。
　将来計画に対しては一般に 20〜30% の余裕を見てボイラー容量を決定するが，重油焚きによる貫流ボイラーであれば耐久年数もそう長くなく，希望

通りの容量のものが比較的安く,乾燥室近くに簡単に設置できるため,増設計画は煙管式ボイラーのときほど慎重に考える必要はない。

最後に残された問題は規格に示されているボイラーの最大蒸発量と実際に使える蒸気発生量との比率である。木屑焚きの煙管ボイラーも最近では性能が向上し,燃料の補給も半自動化しているため,将来の増設を考えても最大必要蒸気量(蒸気移送中の配管中の熱ロスはさらに加算する)の1.4倍ほどの蒸気量のあるボイラーでよい。

これに対し大型の自動焚きボイラーでは,最大必要蒸気量の1.3倍程度でよく,これ以上の余裕があると燃焼効率が低下する心配もある。

貫流ボイラーの場合は最大蒸発量算出の規準が一般のボイラーと多少異なる関係から,最大蒸発量の0.75程度が実際の出力と考えた方が安全であり,最大必要蒸気量の1.5倍ほどの容量としている。

乾燥室の必要最大蒸気量は1時間当たりの平均蒸気消費量に乾燥初期の蒸煮や乾燥終末に実施する調湿に要する多量の蒸気消費量を加算すればよい。

平均蒸気消費量 $[kg/m^3 \cdot hr]$ は乾燥時間が短く,高温で乾燥する針葉樹材では大きく,低い温度で長時間乾燥する厚材や広葉樹材では小さい。また蒸煮などで消費蒸気量が増加される割合は乾燥室数が多いほど小さく,乾燥室数が少なく乾燥日数が短いときには,乾燥初期の蒸煮と乾燥終末の調湿のための増湿とが同時に実施されやすいことにより大きくなる。さらにアピトン・クルイン,ラワン・メランチ類のように乾燥初期に90℃近い温度になるまで蒸煮をすれば蒸気消費量は当然大となる。

乾燥進行中の蒸気消費量は北海道などの寒冷地は別として1時間当たり1インチ厚(生材寸法2.7cm)の広葉樹材で約 $3.5 \, kg/m^3 \cdot hr$,針葉樹材で $4.5 \sim 5 \, kg/m^3 \cdot hr$ で,木材中の水分1kgを蒸発させるのに要する蒸気量はゲージ圧 $3 \, kgf/cm^2$ で約 $3 \sim 5 \, kg \, steam/kg \, water$ である。昇温時の必要蒸気量は乾燥初期の温度が40℃であれば平常時の3倍程度 $10 \sim 15 \, kg/m^3 \cdot hr$,60℃にするには平常時の4倍,$20 \, kg/m^3 \cdot hr$ 程度を必要とする。90℃以上の本格的蒸煮処理を行うには $25 \, kg/m^3 \cdot hr$ を要する。

上記説明した内容を具体例で示す。

針葉樹3cm板材の4日間の乾燥例,平均蒸気消費量 $4.5 \, kg/m^3 \cdot hr$,配管

中の蒸気ロスは 40 kg/hr 程度と考え最大消費量に対する倍率を 1.1 とした。手焚き煙管ボイラー使用，14 m³ × 3 室

$$\text{ボイラー容量} = \{(\text{室数} - 1) \times (1\text{室の材積}) \times 4.5 \\ + (1\text{室の材積}) \times 20\} \times 1.1 \times 1.4$$

$$= (2 \times 14 \times 4.5 + 14 \times 20) \times 1.54$$
$$= 406 \times 1.54 = 625 \quad [\text{kg/hr}]$$

と算出され，大体 600～650 kg/hr 程度の手焚き廃材用ボイラーが必要となる。

同じ条件の乾燥室を重油焚きの貫流ボイラーの蒸気で加熱すれば

$$\text{ボイラー容積} = 406 \times 1.1 \times 1.5 = 669 \quad [\text{kg/hr}]$$

算出され，650～700 kg/hr 程度の自動焚き貫流ボイラーが必要となる。

同様の乾燥室で広葉樹 2.7 cm 板材 12 日乾燥であれば，平均蒸気消費量を 3.5 kg/m³·hr として手焚き廃材利用のときは，

$$\text{ボイラー容量} = (2 \times 14 \times 3.5 + 14 \times 15) \times 1.1 \times 1.4$$
$$= 308 \times 1.54 = 474 \quad [\text{kg/hr}]$$

と算出され，450～500 kg/hr 程度の煙管ボイラーとなる。

重油焚きの貫流ボイラーであれば

$$308 \times 1.1 \times 1.5 = 508 \quad [\text{kg/hr}]$$

表 2-6 乾燥室の容量とボイラーの必要蒸発量

[kg/hr]

ボイラー方式 収容材積(m³)と室数 樹種と条件	手焚き廃材煙管ボイラー		自動焚き重油貫流ボイラー	
	14 × 3	14 × 5	10 × 2	10 × 5
3 cm 厚針葉樹材 4 日間乾燥	600～650	800～850	400～450	600～650
2.7 cm 厚広葉樹材 12 日間乾燥	450～500	600～650	300～350	450～500

将来，一室程度の増設を考慮してのボイラー容量。

と算出され，500〜550 kg/hr 程度の容量となる。

　多数の乾燥室で比較的乾燥日数の短い材の乾燥では乾燥初期の室温上昇のための蒸煮と，乾燥終末の調湿用の蒸気噴射とが重複したり同時に2室が乾燥初期の蒸煮に入ることがあるから最大必要蒸気量の算出の際はこの点の注意が必要となる。大体，乾燥日数と室数が同じになると，この問題が生じる。表 2-6 に数件の例を示す。

　カルシウム分が多く水質の悪い場所では貫流ボイラーへの給水は浄水機を通すべきである。

2-3-2　除湿式乾燥室の詳細

　この方式の乾燥室には比較的温度の低い 50 ℃以下で乾燥を行い冷媒にフロン R-22 を使うものと，50〜70 ℃の温度に耐えるフロン R-12 を使ったものとがある。フロン R-12 はオゾン層破壊防止対策として生産規制があり，今後購入が不可能になろう(【増補 2】p. 720 参照)。

　現在の普及率は R-22 による低い温度の乾燥室が主流で特にヒノキ柱材の乾燥に適している。この形式は設備の内容からさらに次の2つの方式に分類されている。

　一番簡易なものは，28 m^3(100 石)程度の容量の乾燥室に出力 3.7 kw (5 HP) 相当の除湿機 1 台を設置し，多翼式送風機(シロッコファン)で室内空気を循環し，多少の乾燥時間の延長や乾燥むらはあまり気にしないかわりに安い設備費で乾燥しようとするものである。夏期の不必要な室温上昇に対しては吸排気孔の開閉により調節し，同時に排湿も行い除湿機容量の不足を補おうとする方式である。

　これに対し，やや高級で高額な方式は乾燥室をパネル構造とし，完全密閉の状態で除湿機の容量をやや大型として室内循環用送風機もプロペラファンを蒸気加熱式 IF 型乾燥室のように用い，夏期の室温上昇に対しては除湿機回路の放熱部分の一部を図 2-32 のように室外に切り換えたり送風して排熱する方式である。もちろん上記2例の中間型の形式も当然存在している。

　除湿式乾燥室の基本は，除湿機の稼動による発熱と，室内循環用送風機を回転させる動力とが熱源となっているため，壁体の断熱が悪いと室内温度が

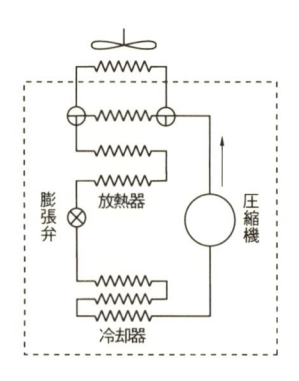

図 2-32 除湿機回路の模式図

目的温度より低下し電熱による加熱が必要となり，特に冬期は電力消費が大となる危険が多い。

したがって寒い地方では乾燥初期の室温上昇のために電熱以外の簡単な加熱装置や廃材燃焼による温水利用なども考え，さらに極めて高度の壁面断熱をする必要がある。

また乾燥室の利用対象は主に針葉樹材で仕上げ含水率が比較的高いためと，利用者の多くが国産材の製材業者であるなどの関係から，どちらかと言えば装置の低価格，簡便さが特徴として広まっており，ややもすると耐久性や乾燥能力が劣っている乾燥室が作られていたことは否定できない。

除湿式乾燥室内は 40 °C 程度の低い温度とは言え高湿度であるから内部機器，特に電気関係(送風機用モーター，温湿度制御器)は木材から発生する針葉樹材の樹脂，南洋材からは多くの有機酸，また粉塵で金属腐蝕や絶縁不良を起こしやすく，一般に使われている建材や電気機器では問題がある。

除湿式乾燥室も乾燥装置としての基本的な考え方は従来の蒸気加熱式乾燥室とそう大きく違うわけではない。以下各部について述べる。

a. 除湿式乾燥室の容量と乾燥室寸法

除湿式乾燥室は一般の蒸気加熱式 IF 型乾燥室と比較して乾燥温度が低く，乾燥時間は普通の蒸気加熱式 IF 型乾燥室の 1.5〜2.0 倍となるため，1 室の大きさは比較的大きく材の積み込みの方法もフォークリフトで直接室内へ搬

2-3 木材人工乾燥室(装置)の細部決定

表 2-7 木材含水率の基準(針葉樹材)

品　目	材　種	針葉樹材
製材(一般)	人工乾燥材	15％以下
枠組壁工法構造用材	乾　燥　材	19％以下
単層フローリング	天然乾燥材 人工乾燥材	20％以下 15％以下
集　成　材		15％以下
針葉樹の構造用製材	乾燥材 D 25 同　　D 20 同　　D 15	25％以下 20％以下 15％以下

日本農林規格(JAS)針葉樹材の部分のみ抜粋

表 2-8 除湿式乾燥室による乾燥時間

樹材種と仕上げ含水率	含水率計の指度による時間(日)	全乾法による時間(日)
ヒノキ 10.5 cm 柱材，20％仕上げ	8	12
ヒノキ 12 cm 柱材，20％仕上げ	10	15
スギ 10.5 cm 柱材，25％仕上げ	18～23	25～30
スギ 12 cm 柱材，25％仕上げ	20～25	30～35
ヒノキ 4.5 cm 板材，18％仕上げ	5	5
スギ 4.5 cm 板材，18％仕上げ	9～12	10～13

柱材は心持ち材で背割りあり。柱材の寸法は商品名であり，生材時寸法は 1 cm ほど大きい。含水率計は一般市販の高周波式で，日本住宅・木材技術センターで認定されていない品による。

入する方式が多く，送風方式も数列の桟積みを吹き抜けて循環させており，乾燥室の形状は一般に正方形に近いものとなっている。乾燥室容量を決定するにはまず乾燥時間を推定しなければならない。

a-1 除湿式乾燥室の乾燥日数

除湿式乾燥室では利用している除湿機の性能から関係湿度を 35 ％ 以下にすることが困難であり，経済的にみて 40 ％ あたりが限度とされ，仕上げ含水率は針葉樹薄板で 15 ％，厚材で 20 ％ あたりが限界となる。この範囲までで乾燥時間を蒸気加熱式 IF 型乾燥室と比較してみると，室内温度が低いため，より高い温度で乾燥しても安全な材に対しては乾燥時間が長く，蒸気加熱式 IF 型乾燥室の 1.4～1.8 倍，やや低い温度で乾燥する必要のある材に対しては 1.2～1.4 倍と言った比率になる。

現在，除湿式乾燥室で乾燥されている材はスギ，ヒノキ，ベイツガなどの建築用針葉樹材で，この中でもヒノキ材は 40 ℃ 以下の低い温度で乾燥しないと色艶が悪くなることと，心去り材やあて材の乾燥による狂いを低減させる目的から除湿式乾燥室が広く利用されている。

乾燥所要時間は仕上げ含水率によって当然異なり，建築用柱材などの仕上げ含水率は日本農林規格(JAS)で表 2-7 のように定められているものの，含水率の測定法は全乾法によらず高周波式含水率計で実施することが了解事項となっていて，スギ，ベイツガの柱材は D 25，ヒノキ柱材は D 20 と，それぞれ仕上げ含水率が 25 % と 20 % の状態で運用され，かなり不明確な部分が多い。

今後，柱材の仕上げ含水率は順次正確を期する方向へ発展し，総ての樹種につき全乾法で含水率 20 % 以下になるものと想像している。よって乾燥所要時間については現在の含水率計による仕上げ含水率までの日数と，全乾法による正しい値とを表 2-8 に併記する。総べて生材から直接人工乾燥したときの値である。

除湿式乾燥室を用い，板材の含水率を 17〜18 % 以下に乾燥させるには電熱加熱で室温を上昇させ排気方式に切り換えるのが通例であるが，この場合も室温が 50 ℃ 程度と低いため蒸気加熱式 IF 型乾燥室の約 2 倍となる。広葉樹材の場合は乾燥する時間の他に当然調湿時間を加算しなければならない。

a-2 除湿式乾燥室の容量の算出

乾燥日数が決定すれば，月間の乾燥回数が算出され，この値で必要月間乾燥材積を割れば乾燥室容量が算出される。被乾燥材の多くが柱または板(4.5 cm)の針葉樹材で，乾燥日数もスギ柱材を除き 5〜10 日と比較的短いサイクルなので，小型の乾燥室を多数作るより 2 室程度で 20 m^3 以上の大型乾燥室の方が壁面からの放熱量が室内容量の割合からみて小さくなり，冬期の電熱加熱費の節約となる。

次は乾燥室の寸法である。除湿式乾燥室では室内の空気循環と除湿機との位置関係が自由に選びにくく，桟積みの風下側に除湿機を置き，低温，高湿の空気を除湿機に吸い込み，除湿機を通った高温，低湿の空気を桟積みの風上側から送り込むようにするため，常に一定方向から循環する片循環方式が

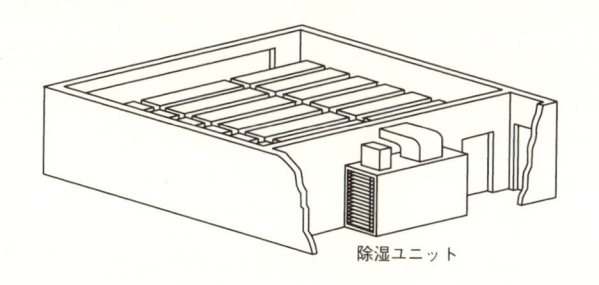

2-3 木材人工乾燥室(装置)の細部決定

図 2-33 除湿式乾燥室の機械配置
(室内の空気循環は除湿ユニット内に収められた多翼式送風機によるため、室内のプロペラ型送風機が無い例)

表 2-9 除湿式乾燥室の大きさと実材積との関係(空間に比較的余裕のある設計)

乾燥実材積(m^3)		乾燥室寸法と乾燥室内空間ならびに表面積					柱材実材積と乾燥室との比率	
10.5 cm 柱材	2.5 cm 板材	幅(m)	奥行(m)	高さ(m)	室内空間 (m^3)	表面積 (m^2)	容積比 (m^3/m^3)	表面積比 (m^2/m^3)
14	10	5.0	5.0	3.5	87.5	120	0.160	8.57(1.47)
28	20	6.5	6.5	4.0	169.0	188.5	0.165	6.73(1.16)
42	30	7.5	8.0	4.0	240.0	244	0.175	5.81(1.00)

( )内の数字は柱材 42 m^3 の実材積と乾燥室表面積との比率を1としたときの、各乾燥室実材積(柱材)と乾燥室表面積との比率。

ほとんどで風向の切り換えが実施できる設計の乾燥室は極めて少ない。

また乾燥室内には大体1台の除湿機しか置かないため乾燥室の形状は正四角形状となる(図2-33)。

桟積みと桟積みとの間は広くする必要はなく、20 cm 程度あれば十分であり、桟積み木口面と壁面との距離も作業上支障ない範囲で小さい方が、風の無駄な通路にならなくてよいが直接フォークリフトで桟積みを乾燥室内へ運び込むためには天井を十分高く、左右の空間にもかなりの余裕がないと作業がやりにくくなる。収容材積と乾燥室寸法との関係を表2-9に示す。

前述したように除湿式乾燥室では除湿機の特性から風向は常に一定方向の片循環方式としたものが一般的であるが、特殊な例として天井部に除湿機全体を乗せるか、圧縮機部分は床上に置き、冷却ならびに加熱器部分だけを天井に分離して置けば、乾燥室前後の温度むらは 1〜2℃ 生ずるが両循環方式

も可能となり，桟積みも一般の蒸気加熱式 IF 型乾燥室と同じように1列とし，乾燥むらも減少できる。この方式では乾燥室寸法は一般の蒸気加熱式 IF 型乾燥室とほとんど同じとなる(表2-4参照)。

b. 除湿式乾燥室の壁体

今では木造の簡易な構造のものはあまり見かけず，内面をアルミまたはステンレス鋼で作り内部に断熱材を入れたパネル式が多く用いられている。断熱材料には板状の5〜7cm厚発泡スチロールが使われたこともあったが室内温度が40℃程度とは言え，長期間の使用中に収縮して断熱効果が減少することが明らかとなり(写真2-16)，最近ではより高温に耐える発泡ウレタン板が使われている。

軽量発泡断熱材の熱伝導率は 0.03 kcal/m·hr·℃ 程度と公表されているが，パネル内に直接反応液を入れて発泡させたものでは，壁の平均熱伝導率を 0.06 kcal/m·hr·℃ 程度にして熱貫流率を計算した方が実際の使用電力量との関係がよく一致する。

除湿式乾燥室では，木材から蒸発した水蒸気を除去する必要が生じたときに除湿機が稼動するため，同じ大きさの乾燥室では収容材積が多く乾燥日数の短い材ほど除湿機の稼動時間は長く，発熱量も多く室温の保持が容易となる。

一方，乾燥室の表面積は収容材積が増加してもその割合には増大しない。

写真 2-16 発泡スチロール板の収縮

写真 2-17　フォークリフトによる積み込み作業

　この理由から冬期に，寒い地方で広葉樹材を 10 m³ 以下の小型の除湿式乾燥室で乾燥すると，よほど壁面の断熱が良好でないと除湿機の稼動と室内循環用送風機の動力だけでは室温が保てず，補助電熱の使用が増加して乾燥費が増大する。

　したがって寒い地方で収容材積 10 m³ 以下の乾燥室では床を含め壁の熱貫流率を 0.5 kcal/m²·hr·℃ 以下にする必要があり，そのときの断熱材の厚さは約 14 cm となる。容量 15 m³ の乾燥室では熱貫流率を 0.7 kcal/m²·hr·℃，断熱材の厚さは 10 cm とし，容量 42 m³ ならば熱貫流率が 1.0 kcal/m²·hr·℃ よく断熱材の厚さは 7 cm に縮少される。

　床面の断熱は作業が面倒で無視されやすいが絶対に必要で，断熱材の上に鉄筋コンクリートの丈夫な床を設けておかないと，フォークリフトによる直接の積み込み操作ができない(写真 2-17)。しかし台車で桟積みを搬入する方式であれば，床面の工事はより楽になる。

　床面の傾斜は入口側に向けて十分付け，床の水がすみやかに流出するように施工する。

c. 除湿式乾燥室の除湿機

　除湿式乾燥室で使用する除湿機は圧縮機(コンプレッサー)，冷却器(蒸発器，エバポレーター)，加熱器(凝縮器，コンデンサー)，小型送風機，調節計など総ての機器を一括して立方形の金属箱に収めたものが多く使われ(写真

2　木材人工乾燥室(装置)

写真 2-18　除湿機ユニット

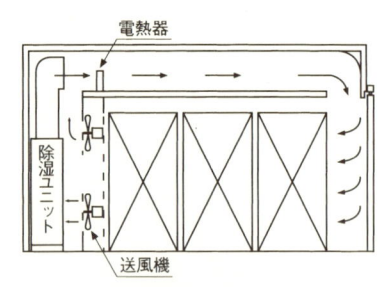

図 2-34　除湿機を室内に置いた例

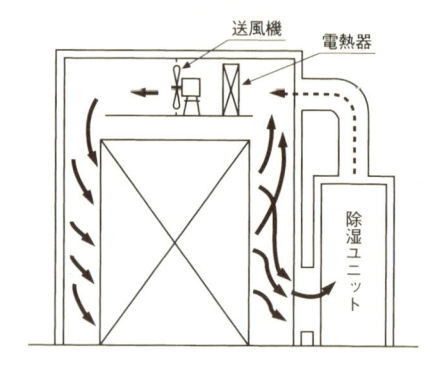

図 2-35　除湿機を室外に置いた例

2-18)，これを直接室内に置いたり(図2-34)，乾燥室の外に設置したりしている(図2-35)。

　また2〜3の業者では冷却器と加熱器だけを室内に置き，室内温度が上昇しすぎたときに使う放熱器や圧縮機の類を室外に置いている。いずれの場合も，冷却器や加熱器を蒸気加熱式 IF 型乾燥室の加熱管のように，乾燥室全体に拡げて設置することは不可能であるため，小型送風機で吸引した空気をコンパクトにまとめた冷却器の中を通し，冷却除湿した空気を隣接した加熱器で再加熱し，その空気を乾燥室全体にまんべんなく拡げようとするもので，この方法自体にやや無理がある。

　除湿機の容量は木材から蒸発する水分量と除湿する際の空気条件とによって定められるもので，乾燥経過中に除湿機の稼動時間は変化するが大略乾燥終末の室内湿度の低くなったときに稼動時間は長くなっている。

　また同じ大きさの乾燥室でも乾燥する板厚によって収容材積は違い，板厚

が大となれば収容材積は多くなるが乾燥日数も増加するため，除湿機容量は材積と乾燥日数，乾燥する含水率範囲などによって変動する．

除湿機で回収される水の量は収容材積，乾燥する含水率範囲，材の比重などから推定可能であるが，多くの装置では 50～80 % 程度の回収率にしかならないのが普通である．

この原因は床面の断熱が悪いための結露による水の流出あるいは浸透，乾燥末期で使用する吸排気筒の気密度の不良などによる水蒸気の飛散とみられており，完全に密閉された構造で床面の結露が無ければ計算通りの水分回収があるものと考えられる．

除湿機の除湿能力は乾燥初期の関係湿度の高いときには出力 3.7 kw (5 HP) 相当のものを 60 Hz で運転して 14 ℓ/hr 程度の除湿量であるが，乾燥が少し進行して室内の関係湿度を低下させる頃になると除湿能力はかなり低下する．

このため除湿機容量の決定は，全乾燥期間の平均必要除湿量の 1.3 倍ぐらいにした方が安全である．よって収容材積を V m^3，初期含水率を Ua %，終末含水率を Ub %，全乾比重を γ_0，乾燥所要時間を t hr とすれば除湿機容量 N は，

$$N = \frac{(Ua - Ub) V \times \gamma_0 \times 10}{t} \times \frac{3.7}{14} \times 1.3 \quad [kw]$$

となる．

一例として，厚さ 4.5 cm の針葉樹材 28 m^3 を初期含水率 60 % から 18 % まで 8 日間で乾燥させるとしたとき，Ua = 60 %，Ub = 18 %，V = 28 m^3，$\gamma_0 = 0.4$，t = 192 hr とすれば，

$$N = \frac{(60 - 18) \times 28 \times 0.4 \times 10}{192} \times \frac{3.7}{14} \times 1.3 = 8.4 \quad [kw]$$

と計算される．操作の都合の良さや，湿度制御の安定性や除湿機の耐久性などから，除湿機は 3.7 kw (5 HP) と 5.5 kw (7.5 HP) との組合せにする方が 1 台で賄うよりは具合がよいが価格は高くなる．

日本の一般的傾向としては，除湿機容量の少ない設計が多く，米国では平均値として 1 HP/MBF (0.42 HP/m^3，0.32 kw/m^3) としており，大略先の計算例

表 2-10 乾燥材積と除湿機出力の目安

[kw]

被乾燥材＼収容実材積 m³(石)	10 m³(36 石)	15 m³(54 石)	20 m³(71 石)	25 m³(89 石)	30 m³(107 石)	40 m³(142 石)
広葉樹 2.7 cm 板材	2.5	4	5.5	6.5	8	10
広葉樹 5.3 cm 板材	1.2	2	2.5	3.1	3.8	4.6
針葉樹 2.5 cm 板材	5	7	10	12	14	20
針葉樹 5.0 cm 板材	2	3	4	5	6	8
ヒノキ 12 cm 柱材	2	3	4	5	6	8
スギ 12 cm 柱材	2.7	4	5.3	6.5	8	10

同一の乾燥室で柱材を積み込むと板材の 1.3～1.5 倍ほどになるが、ここに示す材積はそれぞれの実際の材積に必要な除湿機出力を示してある。柱材の寸法は商品名であり、生材寸法は 1 cm ほど大きい。

写真 2-19 密閉型コンプレッサーと配管

と似ているが、2.5 cm 厚の針葉樹板材や乾燥容易な広葉樹（シナノキ、ポプラ）材ではさらに大きく、$0.64 \text{ kw/m}^3 (0.85 \text{ HP/m}^3)$、ナラ材のように重い広葉樹 5 cm 厚材では $0.19 \text{ kw/m}^3 (0.25 \text{ HP/m}^3)$ が標準とされている。

収容材積と被乾燥材との関係で必要な除湿機の出力[kw]の目安を表 2-10 に示す。

以上の数字は乾燥室を密閉状態として運転し、夏期の室温上昇に対し除湿機回路を切り換え、外へ排熱する方式の場合の除湿機容量を示したもので、外気温度の高いときに排気方式によって室温を降下させる設計の乾燥室であれば、先に示した除湿機容量の 2/3 で足りる場合も夏期には考えられる。しかし壁体の断熱が悪く外気温度の低い冬期には除湿機能力があまり小さいと、

室温の維持が困難となり排気することが不可能になるから大幅な除湿機の縮小はよろしくない。

　除湿機の必要電力量について，設備業者は立ち入った説明を避けているが，利用者の多くは除湿機の馬力数に 0.75 を乗じた電力消費程度と考えている。

　除湿機の出力についても基本的には一般のエンジンや電動機の出力と入力との関係と同じ考え方でよいが，密閉型の圧縮機では冷媒でモーター部を冷却するため(写真 2-19)，モーターの負荷を大きくしても安全である。また木材乾燥室では使用温度が一般の冷暖房より高く，当然ガス圧も高くなり，定格以上の負荷を与えて運転する場合が多く，また冷凍関係者の間では習慣的に 1 冷凍トン(0 ℃の水 1 トンを 24 時間で 0 ℃の氷にする仕事量)の単位が約 1 HPであると考えるなどのこともあって，結論的に言うと除湿機の入力は規定出力の 1.5〜1.9 倍となっていて，乾燥初期の除湿能力の高いときに入力，出力共に大となる。もちろん周波数によっても変化するのは当然である。

　したがって除湿式乾燥室の消費電力を管理するには，1 室ごとに積算電力計を設置して，電気配線や安全器も消費電力に相当した太さや大きさにする必要がある。

　除湿機の台数は，一般に 1 室につき 1 台としているが，容量 30 m^3 以上の乾燥室では左右の位置に 1 台ずつ分けて設置した方が乾燥むらの防止からみてよく，各々についても基本的には分割した方が異なった樹材種に対し円滑な湿度調節が取りやすいが価格的な問題は残る。一部に使用されている高温型の除湿式乾燥室では冷媒にフロン R-12 を使用し，R-22 と比較してガス圧の低い条件で作動させるため，ガス密度が小さく，同一容積の圧縮機を使用しても R-22 の約 80 ％の出力しか得られない。

　しかし消費電力と除湿能力との比率は R-22 とほとんど同じであるから熱力学的には損得は無いが，一般的に言う圧縮機の馬力数(大きさ)で話を進めると出力が小さくなるから注意しなければならない。

　除湿機の除湿能力を考えるときには，冷凍機や暖房用のヒートポンプなどで使われている成績係数 COP を理解しておくと都合がよい。成績係数とはヒートポンプ(広義の冷凍機までを含む)を利用して，低い温度の熱エネルギーを高い温度まで移送する際の必要動力(熱量換算)と移送された熱量との比率

を示したもので，温度の変化幅(温度差)が大きく，変化させている温度域が低い(絶対温度が低い)ほどCOPが小さくなる。

また暖房では圧縮機で発生した熱は利用できるが，冷凍機の場合は不要となるので前者をCOPh，後者をCOPcと区分し，

$$COPh = COPc + 1$$

の関係になる。

除湿式乾燥室で広く利用されているフロンR-22のCOPcは乾燥室内の温度条件下で2.0～2.3程度であるが，移送される熱量は空気を冷却したときの顕熱と，水蒸気の結露による潜熱との合計であるから，除湿のみに利用される熱量は空気中の水蒸気量の多いときで移送熱量の3/4，乾燥中期以後は1/3程度に低下する。除湿式乾燥室では発生した熱量は乾燥室内の温度保持に使われているのでCOPが多少低くても経済的に成り立つことになる。

除湿機を乾燥室内で使用したときの問題点は，冷却器のフィンの腐蝕と細い銅管の点蝕によるガス漏れなどで，現在のところフィンについては塗装や完全な接地(アース)で一応の効果をあげているが，防かび処理をした材を乾燥したときの損傷は大きく，従来の蒸気加熱式IF型乾燥室の金属腐蝕の状況や，その対策と比較すればかなり立ち遅れており，今後金属材料の吟味と改善が要望されると同時に，故障発生に対し迅速に応じられる技術的内容と実力の有る業者に乾燥室を発注することが肝要である。

高温型の除湿式乾燥室の内部機械は蒸気加熱式IF型乾燥室と同じような耐熱耐湿対策が必要である。

d. 除湿式乾燥室内の空気循環用送風機

除湿式乾燥室では前述したように除湿機位置が乾燥室の一方側で，しかも1カ所(大型乾燥室では左右2カ所)に置かれているため，両循環送風方式が採用しにくくほとんどが一方向から送風する片循環方式である。

また除湿機との関係位置の都合から数個の桟積みを直列に風が通過する設計となり，送風量があまり少ないと除湿機の置かれている風下側の乾燥の遅れが大となりかびの発生も心配される。

送風量のやや少ない形式のものには多翼式送風機(シロッコファン)が使わ

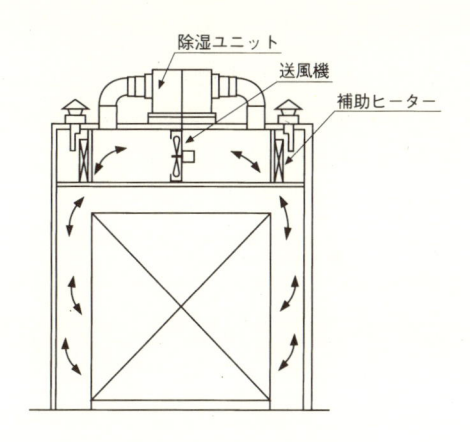

2-3　木材人工乾燥室(装置)の細部決定

図 2-36　両循環方式の除湿式乾燥室

れ(図 2-33 参照)，送風量の多いものはプロペラファンを蒸気加熱式 IF 型乾燥室のような配置で使っている(図 2-34, 2-35 参照)。

除湿式乾燥室の利用対象は主に建築用針葉樹材の乾燥であり，仕上がり含水率の精度はあまり問題としない場合も多かったため，設備費の節約から多少の乾燥むらや乾燥時間の延長は容認すると言った考え方も多かったが，今後はより風速の大きい設計に移行する必要があろう。図 2-36 に風向の切り換え可能な設計例を示す(小玉牧夫氏の設計)。

乾燥むらをある程度まで減少させるのに必要な風速は乾燥速度と桟積み通過距離，ならびに両循環か片循環かで決定される。

除湿式乾燥室は蒸気加熱式 IF 型乾燥室の 1.5〜2.0 倍の乾燥時間を要するため，乾燥速度は蒸気加熱式 IF 型乾燥室と比較して 1/1.5〜1/2 だけ少なく材間風速が小さくてもよいように思われるが，風が通過する桟積み台数は 2 列ないし 3 列と多く，しかも一方向だけから風を通過させるため柱材は別として針葉樹薄板を乾燥する際にはあまり送風量を小さくすると風下の乾燥おくれが大となる。

蒸気加熱式 IF 型乾燥室で 2 m 幅に板材を桟積みしたとき，材間風速は 1 m/sec が必要だとすれば被乾燥材の材積と送風機動力との比率は 0.75 kw/2.8 m^3 (1 HP/10 石)程度となり，除湿式乾燥室で両循環方式を可能にした

設計であれば，一般の蒸気加熱式 IF 型乾燥室より乾燥時間が長く，乾燥速度が小さい点を考慮して 0.75 kw/4.0 m³(1 HP/14 石)でよく，蒸発水分量から計算すると木材の水分 1 kg を蒸発させるのに 0.3 kwh/kg water の送風機用電力消費(入力)を見れば十分であろう。

風向きを切り換えない設計であれば 2 m 幅の桟積み 2 個を直列に通過させたときの必要材間風速は少なくとも 1.5 m/sec 以上が望ましく，0.75 kw/2.0 m³(1 HP/7 石)の送風機用動力を考えるべきであろう。

同一乾燥室で柱材や板材を乾燥するには，送風量を柱材で減少させるためのインバーターの設置が蒸気加熱式 IF 型乾燥室と同じように有効かつ必要である。

除湿式乾燥室内の循環用送風機の必要材間風速を考える際には，送風機から発生する熱量の問題も無視できず，この点は蒸気加熱式 IF 型乾燥室とはささか趣を異にしている。

蒸気加熱式 IF 型乾燥室では低価格の蒸気エネルギーで室内を加熱しているため循環用送風機から発生する熱量はあまり考慮しないが，除湿式乾燥室では送風機から発生する熱量が冬期には電熱器と同一にみなせ，乾燥室の断熱が十分行われ，しかも補助的に電熱加熱が必要な際には送風量を増加した方が乾燥むらも縮少され有効な手段となる。ただし夏期はできるだけ送風量を減じ，室温の上昇を避けた方が得策となる。こうした意味からも送風機の回転数を変化できるインバーターの設置が望ましい。

蒸気加熱式 IF 型乾燥室に使う送風機用モーターは H 種であるが除湿式乾燥室内は温度が 40 ℃ 程度と低いためと，価格の点で巻線最高温度が 75 ℃ まで許容される E 種モーターが一般に使われている。しかし乾燥末期の温度を 50 ℃ 以上に上昇するには B 種あるいは F 種，H 種モーターを使用しなければ耐久性に欠ける。

e. 除湿式乾燥室の加熱器(電熱器)

除湿式乾燥室で電熱あるいは他の熱源を使用するのは乾燥初期の材温(室温)上昇の際で，外気温度の低い冬期や厚材を乾燥するときである。

また最終仕上げ含水率を 17～18 % 以下にする際には除湿方式を止め，電熱加熱による排気方式に切り換え，含水率を 10 % 近くまで乾燥させること

もある。ただし乾燥費はかなり増加する。

e-1 乾燥開始時の電熱器

冬期に室温が10℃以下のとき，そのまま除湿器を運転すると冷媒が液体のままシリンダー内へ流入して圧縮機を破損する危険がある。あらかじめ室温を20℃以上に上昇してから除湿機を働かせるための電熱器が必要となる。

また柱材などでは材温が低いままで除湿状態へ入るよりも，25～30℃に材温を上昇させてから除湿機の運転を開始した方が乾燥の進行状態がよい。

上記2つの目的のために除湿機の回路を切り換え，家庭で使うヒートポンプ暖房のような形で室温を上昇させれば電熱器を使うより電力費は安いが外気温度が5℃以下になると能率は低下する。

電熱器で加熱する際の電気容量の決定は材の比重，含水率，上昇温度差，上昇に要する時間などで大幅に違うが，極寒地で外気温度が-10℃以下にもなると木材中の水(自由水)は氷結し，この時点から温度上昇するには氷の融解熱79 kcal/kg waterが余分に必要となり，他の安い熱源が無いと電熱だけでは困難になるばかりか乾燥費の増加が甚だしくなる(図2-37)。

電熱器の容量決定には室内送風機からの発熱量を除いた値でよい。材温0℃の針葉樹材を6時間で20℃まで上昇させるには30 kw/28 m³(1.1 kw/m³)の電熱器が必要であるが，送風機に5.3 kw/28 m³程度を消費していれば25 kw/28 m³(0.9 kw/m³)あれば十分と言える。実際の市販の装置では15 kw/28

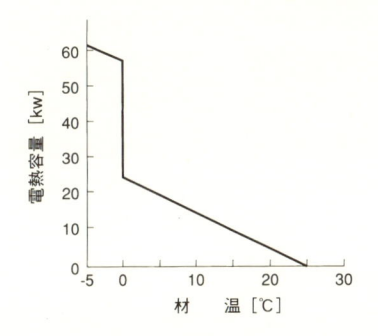

図 2-37 室温上昇に必要な電熱器容量と材温との関係
(全乾比重0.5，初期含水率70%，28 m³の材を20時間で25℃まで上昇させるとき)

m³(0.53 kw/m³)程度の設計が多く,冬期の室温上昇に時間がかかる。

電熱器の設置位置は,熱の均一化からすれば送風機の吸引側の方がよいが,乾燥末期に排気方式による電熱加熱の乾燥を行う設計のときは,送風機の吹き出し側で排気筒より先の部分に置かないと加熱した空気を直接排気することになり熱損失が大となる。

乾燥進行中も冬期は目的の室内温度が保てないときもあるので,上記電熱器は室温保持用に兼用されている。

e-2 乾燥末期に電気加熱排気方式としたときの電熱器

乾燥末期を電熱加熱として排気に切り換えたときの消費電力は外気温度0 ℃,室温50 ℃,乾燥材積28 m³,4.5 cm 厚,針葉樹材,全乾比重0.4,壁体の熱貫流率0.6 kcal/m²·hr·℃,乾燥室表面積192 m²,1日の平均乾燥速度3.5 % とすれば,

蒸発水分量	16.3 kg/hr
吸排気に要する空気加熱用電力量	11.6 kwh/hr
蒸発潜熱	10.8 kwh/hr
壁体からの放熱	6.7 kwh/hr
合　計	29.1 kwh/hr

となり,先の28 m³ の乾燥室の昇温時の電熱器容量30 kw とほとんど一致する。乾燥末期の排気による加熱乾燥の際も送風機の回転による発熱があるから,インバーターで送風機回転数を低下させていたとしても,4～5 kw 程度の熱が放出されるため,電熱器としては25 kw 程度の容量で十分と考えられ,昇温用の電熱器がそのまま利用できる。片循環方式の場合に電熱器を排気筒の風上側に置くと加熱された空気が直接排気筒から放出され熱の無駄となる。

f. 除湿式乾燥室の増湿器

冷えている材を乾燥室へ入れ,電熱だけで室温を上昇させて行くと,木材からは水分があまり蒸発しないので関係湿度はなかなか上昇しない。針葉樹の2～3 cm 厚材であれば乾燥条件をあまり気にしなくても良いが,厚材や柱材では材温を十分上昇させてからでないと,除湿機を働かす本格的な乾燥状

態には入れない。

　柱材の乾燥では昇温中には材からの蒸発を抑え，材表面の先行乾燥を防ぐべきで増湿器があると室温上昇を急速かつ安全に行える。

　収容材積 28 m³ (100 石) の乾燥室であれば，15 kw の電気加熱シーズ管付きの水槽を設ければよいが，乾燥後の調湿を行うには 20 kw 程度の容量が必要となる。

　設計上の注意点は水位の自動確保，空焚き防止安全装置と増湿不要の除湿機稼動時や排気時に加湿用電力の供給を自動的に遮断する構造でないと，一方で増湿し他方で除湿するといった無駄が生じかねない。

g. 除湿式乾燥室の吸排気孔

g-1　乾燥末期に電熱加熱排気方式としたときの吸排気孔

　除湿式乾燥室の基本は乾燥室を密閉状態とし，水蒸気を排出させないことであるが乾燥末期に室内の関係湿度が 40 % 前後になると除湿能力は低下する。このとき，材の含水率は針葉樹板材で 16～18 % である。

　ここで乾燥を打ち切る場合も多いが針葉樹板材でもさらに低い含水率まで乾燥させるときや，広葉樹板材を家具用材に使う場合には含水率を 10 % 以下にする必要がある。

　関係湿度が 40 % 程度になると除湿能力は極端に低下し除湿機は単なる発熱体となる。この状態で運転し続けることは機械の損耗からみて得策でない。

　そこで除湿機を停止し電熱加熱に切り換え，排気方式として乾燥室を運転すれば室温を 50 °C 以上に上昇でき，乾燥時間も短縮される。

　排気(吸気)孔の大きさは乾燥室内温度が高ければ小さく，低ければ大きくすべきであるが室内の循環用送風機との位置関係で吸排気能力はかなり違い，送風機に近ければ大となり孔は小さくてよい。

　吸排気孔の的確な位置は室内空気の循環方式で異なるが，直径 20 cm ずつの開孔を材積 28 m³ (100 石) の乾燥室で 3～5 カ所に設ければよい。小型のプロペラファンで 1 カ所から強制的に排気させることもできる。

　乾燥末期に排気できるような設計にした場合，吸排気孔の構造が悪いと除湿機を働かしているときに吸排気孔のダンパーの隙間から湿気が漏れたり，吸排気筒の金属部分を介して熱が放散するため使用時以外は自動的に吸排気

孔全体を完全におおえるような構造が考えられるとよい。

吸排気量の調節は特に自動化しなくても乾燥末期であるから手動でもよい。

g-2 除湿機稼動中に室温が上昇したときの排熱用吸排気孔

除湿機動力と室内循環用送風機動力との合計が，壁体からの放熱量を上回る夏期には，室内温度が制限温度を越すため除湿機回路の一部で余分の熱を屋外へ放出させるか，吸排気によって熱を放出させるかの手段がとられる。

除湿機製造の側に立った設計案では乾燥室を密閉状態とし，冷媒ガス圧力の上昇または室内温度を検知して自動的に回路切り換えを行う方式となるが，この方法は単なる排熱で熱の無駄となる（図2-32参照）。

これに対し排気による室温降下は熱の放出と同時に水蒸気の排出を伴うため，水蒸気の持つ潜熱回収はできないが，除湿機の稼動時間を短縮させ室温上昇を防止する効果も大きい。

しかし室内外の条件によっては，特に外気湿度の高い夏期には十分な排湿ができない日もまれにはある。

吸排気孔は先の「g-1」の項で説明した大きさよりかなり小さくてよいが，室内が高湿度のときにも吸排気は行われるので吸排気孔の付近で水蒸気が冷却され結露し，木材ならびに床面を濡らす心配がある。設置位置は送風方式によって異なり，除湿機や木材に水滴が直接かからないような位置にしなければならない。

排熱するための吸排気孔の開閉調節は手動では絶対に無理で自動化しなければならないが，除湿機は働いていて，しかも電気加熱器の働いていないことを確認した上で室内温度が必要以上に高いときだけ吸排気孔が自動的に開くような回路にしなければならない。

室内温度の過上昇を防止するための吸排気孔を使用しない冬期にも湿気の漏れや熱放散の原因となるから使わないときは自動的に完全に被われるような構造が望ましい。

室温が上昇した際に小型のプロペラファンを働かせ，強制的に排気する方式でもよいが排気孔近くはもちろんのこと，吸気孔近くでは循環する空気が冷やされ結露して材を濡らすことがあるため設置位置を十分考え，除湿機や桟積みの近くを避けなければならない。排気用送風機のon-offやダンパー

開閉の自動制御は当然必要である。

h. 除湿式乾燥室の温湿度測定ならびに制御

除湿式乾燥室は室内温度が低く大略一定した温度で操作するため,簡単な乾燥室では普通に市販されている乾湿球湿度計や気象測定に使う7日巻きの自記温湿度記録計を室内に置き,入室して直接値を読む方式も多い。

しかしこの種の乾燥室では一般に温湿度の制御が不十分であるから今後は的確な場所の温湿度を感知し,設定した温湿度に室内条件を正しく合わせられる定値制御装置を設ける必要がある。

方式は蒸気加熱式IF型乾燥室と基本的に違わないが室温が低いので,関係湿度を直接指示できるエレメントが用いられている。毛髪類の伸縮を利用したものは精度が悪く,しかも直接室内へ入って湿度設定をしなければならない。

遠隔測定できるものには吸湿性物体の電気抵抗変化を利用したもの,微少間隔の静電容量変化を応用したものなど極めて多種多様の関係湿度の指示調節計が売られている。便利ではあるが安いものは精度が悪く,高級なものでも意外に反応が遅く耐久性が十分とは言えない。濾紙状のエレメントの電気抵抗の変化を利用したものもあるが,毎回エレメントを交換する必要がある。この原因は乾燥室内が高湿度で有機酸や塵埃が発生しやすく感湿部が変質するからである。風向を変換できる両循環送風方式の場合は桟積みの両側に温度ならびに湿度感知エレメントを設置しなければならない。

除湿式乾燥室内の温湿度を測定し,あるいは指示記録する方法は蒸気加熱式IF型乾燥室とほとんど同じであるが,除湿式乾燥室の温湿度の定値制御の方が多少複雑となる。

蒸気加熱式IF型乾燥室では温度と関係湿度との調節をそれぞれ別々のシステムで実施しているが,除湿式乾燥室では関係湿度の上昇によって除湿機が働き,関係湿度が低下すると同時に室温は上昇し,関係湿度が低くなりすぎれば除湿機は止まり同時に室温は低くなると言った温度と湿度との間に相関関係があって,室内の温湿度調節を困難にしている。

この際,壁体からの放熱が多ければ除湿機と送風機との動力だけでは目的の室温が保てないため,電熱器を自動的に働かせて一定の温度が保てるので操作的にはかえって楽である。

春から夏にかけては室温が制限温度を越えやすく，除湿機が働くと短時間で室温が制限温度を越え除湿機は自動的に停止し，乾燥が進行しなくなる。この防止対策は除湿機の回路途中での排熱か，換気孔からの排気による放熱である。

制御方法で注意する点は加熱用電熱の on-off と回路途中の排熱や吸排気孔からの排気の on-off とが重複して，電熱による加熱中に除湿機回路で放熱したり吸排気孔が開いたりしないような対策をこうずることである。これには加熱中止と回路途中の放熱や吸排気孔からの排気が始まる温度との間に多少の温度差を設けて置くことである。

すでに設備されている装置でこの調整の悪いものがときたまあるから一度確認してみる必要がある。

簡単な除湿式乾燥室では最低湿度の制御と最高温度の制御だけで，吸排気孔の開閉は手動で行うものもあり，極めて簡易な小型装置では除湿機の運転時間を連続から 1/2, 1/3, 1/4 と変化させるタイマーだけのものもあるが，この種のものはよほど経験を積まないと安全かつ熱の無駄の少ない操作方法は習得できない。

除湿式乾燥室の温湿度測定や制御で一番問題になるのは温湿度の測定位置が風下側の除湿機近くにある装置である。除湿機近くに感温部と感湿部があれば配線距離が短くてすみ，工事は簡便であるが乾燥操作の基本からすれば，温湿度制御は常に風上側の乾燥室内で一番温度が高く，湿度の低い場所の条件を掌握して乾燥条件を乾燥スケジュール通りに設定しなければならないわけで，上記のような装置でも慣れてしまえば安全な操作はできるが，既存の公表スケジュールを当てはめる際には甚だ問題があり正道とは言えない。

除湿式乾燥室で乾燥される材はほとんど針葉樹材である点と，柱材では試験材を用いないなどの関係から考え，時間制御によるプログラムコントローラーを使用するとスムーズな条件変化が行え安全かつ省力の意味から見て望ましい。

h-1 除湿式乾燥室内の電気機器と配線

除湿式乾燥室のうち比較的低い温度で操作する冷媒フロン R-22 使用の一般型の除湿式乾燥室では，室内温度が 40～45 °C 程度と低いのと，価格の点

から巻線温度が最高75℃まで許容されているE種モーターが使われているが乾燥末期に室温を50℃以上に上昇するためにはB種あるいはF種モーターの使用が必要である。

またコントロール関係の配電盤を室内に置くものも多いが，室内は高湿度であり，粉塵が多く，海水貯木した材からは塩分が飛び，樹種によっては揮発性の有機酸が発生するなど電気的に見て条件が甚だ悪いから配電盤はできるだけ室外に置くべきである。

またフロンR-12のような冷媒を使用する乾燥温度の高い乾燥室では，蒸気加熱式IF型乾燥室の方式に準ずる。

先にも少しふれたが除湿機の出力と入力との関係は最大2倍程度の比率があるので，それに応じた配線をする必要がある。

除湿機の冷却コイルのフィンは腐蝕しやすいので電蝕を避けるため完全なアースが必要である。

2-3-3 減圧乾燥装置(真空乾燥装置)の詳細

減圧乾燥装置は鉄製の円筒缶体(まれに四角のこともある)に木材を収め，内部を真空ポンプで45～100 mmHg 程度の減圧状態にして乾燥する方式で，加

写真 2-20 熱板加熱式減圧乾燥装置(温水加熱)

写真 2-21　高周波減圧乾燥法による積層単板の圧縮乾燥

熱方法には温水熱板加熱式(写真 2-20), 高周波加熱式や薄い電導体の板に低圧電流を流して発熱させるものなど色々の方式がある。

　減圧乾燥法が開発された頃は高湿度の高温空気でまず木材を加熱し, その後に減圧すると言った方法を繰り返して乾燥を進行させたが現在ではこの方法はほとんど利用されておらず, 上記の連続加熱方式が主である。

　減圧乾燥に適する木材は通気性が良く, 材温が沸点以上に上昇しようとしたときに多量の水蒸気や水分が勢いよく材面から噴き出すラミン, アピトンのような材に最も効果的で, 道管中にチロースを多量に含むマヤピス, アルモン類似の材には不適当である(p.54, 図 2-14 参照)。

　また多少通気性が悪くても, 繊維方向に短い材であれば乾燥時間は短縮される。

　乾燥時間を一般の蒸気加熱式 IF 型乾燥室と比較したときの時間短縮の比率は厚材ほど大きく, 高周波加熱式が熱板加熱式を上回る。しかし設備費や乾燥経費は熱板加熱式が安く, お椀の素地を木口方向から熱板で加熱する場合などは熱の伝導が良好なため効果的に乾燥できる。

　高周波加熱式の 1 つの面白い利用方法としては結束した積層単板をそのままの形で乾燥できる点で, 高周波で材温を上昇しながら積層単板を強く圧縮

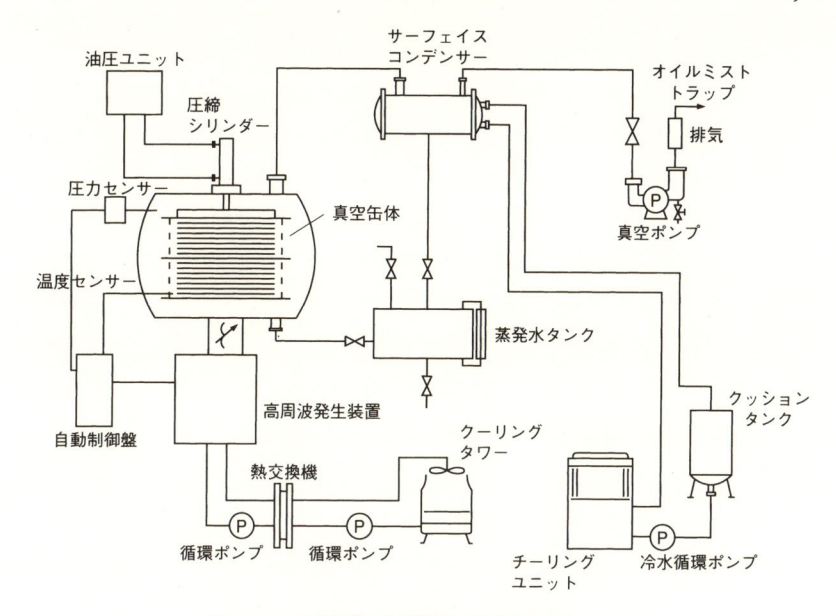

2-3 木材人工乾燥室(装置)の細部決定

図 2-38 高周波減圧乾燥装置の機械配置図(水冷式)

すると水分がかなり除去できるため,乾燥費は比較的安く,仕上がりも良好である(写真 2-21)。

　熱板加熱式も積層厚を高周波加熱ほどには大きくできないが積層単板の乾燥には有効である。

　装置としては缶体,真空ポンプ,冷却器の他に,熱板加熱式では熱板と温水ボイラー,温水循環用ポンプ,高周波加熱式では高周波発振機(6.7〜13.56 MHz),極板などが必要で両者とも材温の測定と温度制御装置が必要となる。図 2-38 に高周波加熱減圧乾燥装置の機械配置の略図を示す。

　缶体と収容材積との関係は密着積みのできる高周波加熱式が有利となるが小型装置では内容積の 1/2.5 程度である。

　真空ポンプの容量は乾燥開始直後には大きく,乾燥進行中は蒸発した水分の一部が缶体内面や内部に置かれた冷却器(熱板加熱の場合)で凝結除去されるため,ポンプの動力は空気の漏れと,蒸発する水蒸気の一部を除去する程度に減少し,容量は小さくてすむが缶内の圧力(蒸気圧)を一定に調節するためには真空ポンプの自動調節が必要となる。

高周波加熱の場合は電子レンジに見られるようなマイクロ波加熱(2450 MHz)とは異なり電極が必要であるため,極板との間に空間のできる不定形な材料の加熱は能率がよくない。またアース側の電極付近は温度上昇が悪いため極板や温度計を入れる場所の選択には経験を必要とする。

消費電力量は真空ポンプを含め,2.7 cm 厚程度の広葉樹材で材中の水分1 kg を除去するのに 2.5〜3 kwh を要し,乾燥時間の長いものは高周波印加時間の割に真空ポンプの稼動時間が増加し割高となる。

減圧乾燥の制御は材温と減圧度との両面から行う。ただし材温の測定は高周波の影響を避けるためにアース側極板の近くの材に穴をあけ測温体を挿入して行うため,被乾燥材の最高温度を正確には掌握しにくい。

減圧乾燥装置は特殊用途に使うもので材により適否があり,一般の蒸気式乾燥法を理解した後に製造業者と綿密な打ち合せを行ってから実行に移すべきであるが,適材に対しては極めて有効である(【増補 3】 p.721 参照)。

2-4　乾燥室(装置)の価格と乾燥経費

2-4-1　乾燥室価格

乾燥室設備費や乾燥費は非常に関心のもたれるものであるが,設備内容や設置場所,規模によって大幅に変動し,時代とともに変化する対象であるから具体的な例示がないと正確なことは言えない。

特に蒸気加熱式 IF 型乾燥室ではボイラーの蒸発量が 1 ton/hr 以下で,廃材の手焚きボイラーを利用すると,人件費の高騰で夜間の運転が不可能になるため,重油による貫流ボイラーの利用が一般化する方向に進んでいる。しかしこれも石油をとりまく情勢の推移によっては,いつまで続くかは不明であるため,鋸屑利用の自動焚きの中型貫流ボイラーの開発にも心がけるべきであろう。

木材の人工乾燥の将来を考えたとき,日本における農業政策と同様にあまり小規模な乾燥室は経営上困難となる。たとえば 1 インチ厚広葉樹材を乾燥する場合には,一応 14 m^3(50 石) 3 室程度を想定し,人件費の節約のために自動コントロールシステム(タイムスケジュール)を取り入れることが考えられ

る。そのためには最大蒸発量 600 kg/hr の重油焚き貫流ボイラーを設置し，乾燥室の構造は施工の楽なパネル式とし，総計で 3500 万円程度であり，83 万円/m^3(23 万円/石)と言った見当である(1990 年)。

一方，除湿式乾燥室の方は火を使わない点で喜ばれることと，極めて簡易な装置もあって小型乾燥室でも価格があまり割高にならない点や，乾燥時間を問題とせずに予備乾燥室的な使い方をする人などがあって，設備費の中心となる除湿機容量の決定方法がさまざまとなり，加えて制御装置，送風量にも大きな差があるなどのことから価格面での変動幅が大きい。

温暖な地方でヒノキ柱材を専門に乾燥する比較的簡易な装置では 30 万円/m^3 見当のものもあるが，板厚 3～5 cm の針葉樹材を含水率 17 % まで 6～10 日間で乾燥できる装置となれば 70 万円/m^3 程度となる。柱材と板材とでは同じ乾燥室内に収容できる材積が違い，板材の方が少ないばかりでなく，時間当たりの蒸発量が逆に多いため，除湿機を大きくしなければならないので両者で大きな価格差が生じるわけである。除湿式乾燥室を冬期も安心して使える本格的な乾燥室とするために壁体の断熱を良くし，小型の貫流ボイラーを付けて寒冷地での室温上昇や調湿処理ができるようにしたり，乾燥室内の乾燥むらを少なくするために十分な循環用送風機を設置し，完全な温湿度制御を実施するまでに到ると蒸気加熱式 IF 型乾燥室と除湿式乾燥室との違いは，蒸気加熱管を含む貫流ボイラー一式の価格と，除湿機ならびに加熱用電熱器や小型貫流ボイラーを合わせ持つ除湿式乾燥室との価格差となり，両者の違いはほとんど無くなるか逆転するようになる。

こうした点からも多目的性格を持つ蒸気加熱式 IF 型乾燥室の方が有利となるため，除湿式乾燥室の用途範囲は限定され，ヒノキ柱材や針葉樹板材の乾燥に中心を置くべきとみられる。

減圧乾燥装置関係の価格は，熱板加熱式であれば一切を含め 10～12 m^3(35～42 石)容量で 2,600 万円，高周波加熱式では，50 kw 発振機を使い 8.5 m^3(31 石)の容量で 3,800 万円の見当であるから，使用目的によって有効な方式を選ばないと成果が十分発揮できない。

通気性の良好な材に対しては高周波加熱式の方が時間短縮の割合が熱板加熱式よりはるかに大となる。

2-4-2　乾燥経費

a. 蒸気加熱式 IF 型乾燥室の乾燥経費

　一般の蒸気加熱式 IF 型乾燥室で木材を乾燥する場合，昼夜連続で運転した際の乾燥日数は材の搬入から冷却後の搬出まで最少4日程度から長いものになると1カ月近くになり，この間被乾燥材が乾燥室内に留まっている時間はかなり長い。このため1年間に乾燥できる材積は意外に少なく，乾燥費全体の中で償却費の含める割合は 1/3 以上となる。また乾燥費は乾燥室規模によっても大幅に変動する。

　乾燥費を算出するには桟積み作業ならびに桟積みの解体費と，乾燥に先立ち被乾燥材の材質判断(観察)や乾燥スケジュール決定の作業，乾燥を進める際に使う試験材の選出と木取り，初期含水率の測定などがあり，ここまでの作業は乾燥時間の長短に関係なく実施する仕事であり試験材の作成も被乾燥材の量にかかわりなく行うため，材積が少ないと単位材積当たりの人件費の負担は大きくなる。

　次は乾燥開始時の室温上昇に要する多量の熱量と乾燥室内条件を目的の乾燥スケジュール通りに設定する作業で，これも材積や乾燥日数の長短にかかわりなく同じように実施しなければならない作業であるが，室温上昇に使う熱量だけは被乾燥材の材積の大少に大略比例する。

　乾燥進行中は乾燥室の償却費と蒸気と電気の消費量が増加し続け，試験材の重量測定と乾燥スケジュール通りに乾燥室内の温湿度を整える作業が毎日繰り返される。

　乾燥が終末に近づけば乾燥室内の様子を判断し調湿を行い，冷却後に乾燥室から桟積みを出して仕上がり状況や含水率状態の調査を実施する。

　以上が乾燥に要する総ての経費対象であるが，この他に乾燥による損傷，地代，保険，丸太の金利などを細かく積算した例も海外で発表されている。

　米国の場合は乾燥室規模が日本の20倍以上で自動桟積機を使い多量の同一材料を比較的長時間かけて乾燥するため，乾燥設備の精度をあまり高くしなくても良いことと，電気ならびに燃料費が安いので桟積み代金 1,000 円/m^3 余を加算しても日本の経費の 1/2 以下となる(表 2-11)。

表 2-11 米国における乾燥費の一例

(レッドオーク，1インチ材(生材寸法 2.7 cm 厚)を含水率 6% まで 21 日間乾燥。
桟積み代金は含まず，1ドル=110円として計算)

項　目	ドル/MBF	円/m³
土地，建物，装置の償却費	13.65	637
保険料	2.80	131
修理費	4.85	226
蒸気，電気料	39.75	1854
労働費	13.85	646
在庫費	4.72	220
合　計	79.62	3714

乾燥ロスは 9～15 ドル/MBF (419.8～699.8 円/m³)。含水率 1% の減少に対し 1.16 ドル/MBF % (54.1 円/m³%)。1ドルを110円で計算するとドル/MBF =46.6 円/m³。Eugene M. Wengert, Fred M. Lamb. Forest Industries vol.115, No.7, p.12 (1988) より。

以下具体的な日本の例を1室の収容材積 14 m³ (1インチ材) の乾燥室3室の規模で重油焚き貫流ボイラーを設置した装置について順をおって示す。

桟積み作業や桟積みの解体作業は短尺ふぞろい材では手間がかかり，長尺の柱材は楽である。また桟積み作業が定常的に実施される大規模工場であれば労働力の確保や費用も割安となる。短尺薄板を桟積み解体するのに1日3人で 14 m³ (50 石)，定尺の厚材，柱材では 20 m³ が処理できる。日給 8,000 円/1 人として 1,200～1,700 円/m³ となる(1990 年)。

桟積みされた材はフォークリフトで乾燥室内へ搬入搬出される。桟木も破損するため，これらについて1 m³ 当たり 150 円/m³ を見込む。

次は乾燥開始時までに行う試験材の選出，被乾燥材の観察，乾燥スケジュールの決定，含水率測定など高度の技術的作業がある。

一応 14 m³ の蒸気加熱式 IF 型乾燥室3室規模を考え，14 m³ 1室分の操作を考えたときの作業時間は約2時間となり，1日の人件費を 2.5 万円とすれば 1 m³ 当たり 446 円/m³ となる。

乾燥開始時の昇温のための蒸気消費量は材の比重，含水率によって違うが 1 m³ 当たり 60 kg 程度であり乾燥室設備に重油焚き貫流ボイラーが設置されているとして，ボイラーの償却は別として 35 円/ℓ の重油を燃料とし1 kg の蒸気代金を人件費ともで 3.5 円/kg とすれば 210 円/m³ となる。

室内温度の上昇から乾燥初期の条件が安定するまでの監視には温湿度制御

装置があっても総計として1時間程度の時間を消費し、人件費は223円/m³ となる。この間の送風機電力は1kwh を18円とし4時間使用で26円/m³ 程度である。以上を合計すると1m³ 当たりの金額は次となる。

桟積みならびに解体費	1,200〜1,700
桟木の損耗とフォークリフト使用料	150
試験材の選出とスケジュール決定用人件費	446
昇温のための蒸気代金	210
送風機用電力費	26
昇温時の監視用人件費	223
合　計	2,255〜2,755 [円/m³]

ただし乾燥室の規模14m³×3室、出力0.75kw 送風機1室5台、送風機入力1台1kw、重油焚き貫流ボイラー使用、蒸気代 3.5円/kg、電気代 18円/kwh、人件費は桟積み労務者8,000円/日・人とする(1990年)。以上が実際に乾燥の進行が開始されるまでに消費される金額である。

　乾燥が開始されれば1m³ 当たりの1日の平均乾燥費を加算してゆけばよく、内訳は蒸気、電気、人件費、償却費、金利、地代、保険、修理代金などである。

　このうち蒸気消費量は被乾燥材の種類(乾燥時間とか板厚)によって違い、乾燥時間の短いものは1日当たりの蒸気消費量が長いものより大となる。また、送風機モーターにインバーターが取り付けてあれば、乾燥時間の長いものは送風量が少なくてよく1日当たりの消費電力量は多少小さい。

　乾燥室の償却をどの程度に見込むかの問題は非常に難しく、鉄筋コンクリートや空洞コンクリートブロックで作られた建屋は20年以上の耐久性があり、加熱管や送風翼も10年以上は耐えるが乾燥室内のつり天井は鉄やアルミ製だと10年以内に破損し、送風機用のH種モーター、電磁弁、内壁面の塗装などは5年ほどで交換補修の必要がある。また重油焚き貫流ボイラーの寿命も5年程度である。

　乾燥室の償却年数については7〜10年として計算する例も多いが、この間の金利、地代、保険、修理費などを合計して算出すると、一切の建築費を5

2-4 乾燥室(装置)の価格と乾燥経費

年で償却してしまうと言った略算とほとんど同一となるのでここではこの方式で計算する。

この計算例では重油焚きの貫流ボイラーを含む材積 14 m^3 の乾燥室 3 室で 3,500 万円を要したとして 1 日, 1 m^3 当たりの償却費の計算をすると 460 円/m^3・日となり、蒸気消費量は乾燥日数の短いもので 4.5 kg/m^3・hr, 長いもので 3.5 kg/m^3・hr であるから、それぞれ 1 日当たりの蒸気消費量は 108 kg/m^3・日, 84 kg/m^3・日と算出され、金額は 378 円/m^3・日, 294 円/m^3・日となる。

また電力は 1 室に送風機用出力 0.75 kw (入力 1.0 kw) モーター 5 台分使用であるから 1 日の消費電力量は単位材積あたり 8.6 kwh/m^3・日で 1 kwh を 18 円とし, 154.8 円/m^3・日となる。

人件費は温湿度の定値制御があれば試験材の重量測定程度であり、朝夕の監視を含め、3 室分で 1 時間も見込めればよく 75 円/m^3・日となる。次に乾燥経過中の諸経費を示す。材積 1 m^3 当たりの 1 日の経費[円/m^3・日]である。

総てを含む乾燥室の償却費	460
蒸気代金	294〜378
電力費	155
人件費	75
合　計	984〜1,068 [円/m^3・日]

乾燥終了時の 1 室 14 m^3 分の含水率検査ならびに乾燥状態の観察, データーの整理などに 1 時間ほどを要し 223 円/m^3 が加算される。

以上を整理すると 1 m^3 当たりの乾燥初期ならびに 1 m^3 1 日当たりの必要経費は次となる。

乾燥初期に必要な 1 m^3 当たりの経費	2,255〜2,755 円/m^3
乾燥経過中に必要な 1 日, 1 m^3 当たりの経費	984〜1,068 円/m^3・日
乾燥終了時に必要な 1 m^3 当たりの経費	223 円/m^3

ただし桟積みの解体, 桟木消耗費, フォークリフト代等は乾燥初期の経費に一括してある。また乾燥初期の経費に幅があるのは被乾燥材の寸法による

桟積み代金の違いであり，乾燥経過中の経費の違いは短日乾燥には大きく長期乾燥に小さくしたためである．人件費は乾燥量が多く連日同一の材を乾燥している場合にはかなり節約できる．2～3の実例を計算してみる．

乾燥日数の短い2.5 cm厚乱尺針葉樹材を平均含水率10％まで冷却時間を含め4日間で乾燥する場合について，桟積みならびに解体費が1,700円/m^3，蒸気消費料を378円/m^3・日として計算する．

計算の内容は乾燥開始前の経費＋乾燥中の経費＋乾燥終了時の経費の集計．

$$2{,}755 + 1{,}067 \times 4 + 223 = 7{,}246 \quad [円／m^3]$$

となる．

また調湿処理を含め，冷却搬出まで10日間を要する定尺広葉樹2.7 cm材，例えばヤチダモ材を平均含水率10％までの乾燥であれば

$$2{,}255 + 983 \times 10 + 223 = 12{,}308 \quad [円／m^3]$$

となる．計算値を先の米国の表2-11の例と比較すると償却と燃料，電力，人件費が2.5～3倍になっている．

消費熱量について別の見方をすれば，木材中の水分1 kgを蒸発除去するには乾燥日数の短いもので蒸気3.0 kg steam/kg waterを要し，乾燥日数の長いものでは4.0 kg steam/kg waterを必要とし，さらに両者とも0.3 kwh/kg water前後の室内循環用送風機の電力を消費する．

よって蒸気価格を3.5円/kg，電力を18円/kwhとすればそれぞれ15.9円/kg waterならびに19.4円/kg waterとなる．上記計算は14 m^{3}の容量の乾燥室3室規模で，貫流ボイラーが設備され，35円/ℓの重油を燃料としたときの蒸気ならびに電気代だけの値で，乾燥室やボイラーの償却費や桟積み代金，操作費は含まれていない．また室内循環用送風機には回転数変換用インバーターが装備されており風量調節が行える状態の乾燥室を想定している（1990年）．

一般の蒸気加熱式IF型乾燥室の場合，一応昼夜連続してボイラーを燃焼し続けるのが旧来の常識であったが，人件費の高騰と人の確保が困難なため，夜間を中止する場合が多くなっており，その間の室温降下を少しでも防止す

る目的などで，深夜電力の利用や重油焚き貫流ボイラーの使用などが検討されている。

b. 依託乾燥費

自社の乾燥室が無いか容量が不足のため専門の乾燥業者に乾燥を依託する例も多い。

依託乾燥される樹種は10年ほど前の広葉樹材中心から，現在では建業用内装用針葉樹材へと移行し，70％が針葉樹材である。

仕上げ含水率も針葉樹内装材が中心となったため過去の平均含水率13％から15％と，2％高くなり，価格は一般物価の上昇とは反対に降下している。表2-12に東京木材乾燥協同組合の1990年の乾燥単価表を示し，板厚と乾燥費との関係が明らかになるよう図2-39に示す。

表2-12の脚注にあるごとく，短尺材や1 m³以下の材は割増となり，家具用材として平均含水率を10％以下まで降下させる時は約20％増，更に含水

表 2-12 依託乾燥費の一例

東京木材乾燥協同組合，1990年による木材乾燥賃単価表(単価1 m³当たり，仕上げ含水率15％)

寸　　法	(寸　　法)	広葉樹	針葉樹
15 M/M～20 M/M	(5～6分)	12,000 円	10,000 円
21 M/M～27 M/M	(7～9分)	13,000 円	12,000 円
30	(1.0寸)	14,000 円	13,000 円
33	(1.1寸)	15,500 円	14,000 円
36	(1.2寸)	18,500 円	15,500 円
40	(1.3寸)	21,500 円	18,500 円
43	(1.4寸)	24,500 円	21,500 円
45	(1.5寸)	28,000 円	24,500 円
48	(1.6寸)	32,000 円	28,000 円
50 M/M～55 M/M	(1.7～1.8寸)	37,000 円	32,000 円
56 M/M～60 M/M	(1.9～2.0寸)	42,000 円	37,000 円
61 M/M～65 M/M	(2.1～2.2寸)	47,000 円	42,000 円
66 M/M～75 M/M	(2.3～2.5寸)	55,000 円	47,000 円
76 M/M～89 M/M	(2.6～2.9寸)	65,000 円	55,000 円
90 M/M～105 M/M	(3.0～3.5寸)	75,000 円以上	65,000 円以上

(1) 特殊材(銘木類)については50％増といたします。(2) 寄木材及びブロック用材は，￥20,000以上とします。(3) 材積1 m³以下の乾燥費はその厚さに対する単価の1 m³分とします。(4) 長さ5.5 m(18尺)以上の材に対しては上記単価の20％増。(5) 両耳付材に対しては上記単価の20％増。(6) コンディショニングは上記単価の20％増といたします。(1993年には約1.15倍となっている)

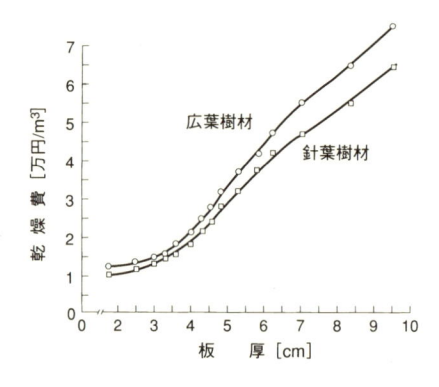

図 2-39 依託乾燥費と板厚との関係(仕上げ含水率15%。東京木材乾燥協同組合, 1990年5月)

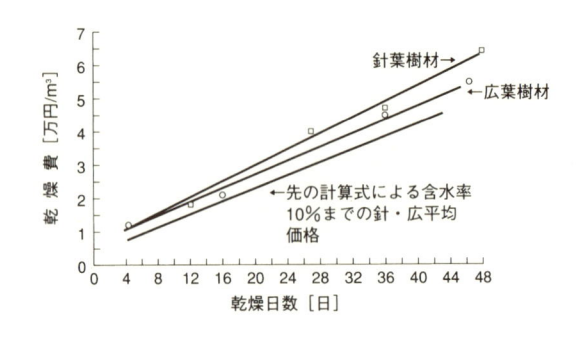

図 2-40 乾燥日数と乾燥費との関係(仕上げ含水率15%の依託乾燥費)

率のばらつきを少なくするための調湿処理(コンディショニング)を実施すれば20%ほどがそれに加算される。大略乾燥費が13,000円/m^3あたりのものが多いとのことである(1990年)。1993年の段階で約15%値上げをしている。

先の図2-39では乾燥時間と乾燥費との関係が解らないため、2 cm厚の材を生材から含水率15%まで乾燥するのに冷却時間半日を加え、針葉樹材で3.5日、広葉樹材では4.5日と定め、板厚増による乾燥日数の増加割合は、一般に利用されている厚さの自乗に比例するとして整理すると図2-40となる。

針葉樹材と広葉樹材とを比較して、同一の乾燥時間で針葉樹材の方が単価が高くなっているのは、針葉樹材の方が単位時間当たりの蒸発量が多いこと

を配慮した結果ではなかろうか。この図に先の平均含水率10％までの乾燥費計算例(針葉樹と広葉樹材との平均)を書き加えてみると平均含水率15％までの依託乾燥費より20％ほど下回っている。同一乾燥時間で仕上げ含水率が低い場合は，高い仕上げ含水率のときより時間当たりの蒸発水分量が少なく乾燥経費は小さく計算されてよいが，基本的な違いは依託乾燥費の算出には営業費として工場敷地，地代，光熱費，電話代，事務費，厚生費などを考える必要があり，さらに営業利益を見込むため，依頼者が略算した価格の1.5倍程度の金額となる。営業利益の主たるものは乾燥困難な材料に対する技術料である。

また，依託乾燥の場合は，寸法の違いや材積が少ないなどの点で桟積費がかさみ，さらに少量の材だと乾燥室が満たされず空間が生じやすく，これを避けるために被乾燥材の桟積みを条件の適した乾燥室へ次々と移動させるなどの手間が多く，どうしても割高となる。

乾燥依託する際，乾燥による損傷発生の程度を数字で約束することは困難であるが，仕上げ含水率は全体の平均値か　最高含水率を示す板の値か，含水率のばらつき範囲はいくらにするかなどは明確に取り定めておく必要がある(【増補4】乾燥時の損傷による歩留まりロス，p.723参照)。

c. 除湿式乾燥室の乾燥経費

除湿式乾燥室の場合は主要な対象樹種がヒノキ板材または柱材かスギ鴨居材などで仕上げ含水率も高く，含水率のばらつき範囲の制約もかなり緩やかなため，一般には試験材を置かず日毎に室内条件をスケジュール通りに変化させると言ったタイムスケジュール方式の操作が多い。また仕上がりのときの含水率測定もほとんど電気式含水率計で行っている。

したがって人件費は大幅に節減でき，基本的に必要な経費は桟積み作業ならびに桟積みの解体として 1,200 円/m^3，桟木の損耗とフォークリフトの利用として 150 円/m^3，室温上昇用の電気代(20 ℃上昇)は含水率の高いスギ材(含水率150 %)では 294 円/m^3，ヒノキ材(含水率50 %)は 127 円/m^3 となり，乾燥規模 28 m^3 (100 石)程度の乾燥室を考えると，昇温時の監視者用人件費が 112 円/m^3 で合計 1,589～1,756 円/m^3 が乾燥前に消費される。

乾燥前に必要な経費内訳(円/m^3)は次である。

桟積みならびに桟積み解体費	
定尺材として	1,200
昇温用電気代(20℃上昇)	
ヒノキ材	127
スギ材	294
フォークリフト代と桟木消耗費	150
昇温時の監視経費	112
合　計	1,589~1,750　[円/m^3]

　乾燥経過中の設備費の償却方法は先の蒸気加熱式 IF 型乾燥室に準じ，設備費の総額を 5 年間で償却する方式で算出することにする．
　ここで問題となるのは同一形状寸法の乾燥室でも，板厚によって収容材積が異なる点と，樹種や厚さによって除湿機容量に違いが生じ設備費が違う点である．
　これは蒸気加熱式 IF 型乾燥室でも原則的には全く同じことであるが，蒸気加熱式 IF 型乾燥室の場合はボイラーや加熱管容量にかなり余裕を持たせた設計を行っているため，どのような使い方をしても問題は少ないが，一般の除湿式乾燥室ではヒノキ柱材専門の乾燥室の除湿機容量と，スギ板材乾燥室の除湿機容量とでは，乾燥室の集容材積が同じでも除湿機は 1.5 倍ほどスギ板材乾燥室の方を大きくしなければならない．
　厳密に考えると同一寸法の乾燥室で板材乾燥のときは柱材と比較して収容材積が少なく，しかも除湿機容量を大としてあるため 1 日 1 m^3 当たりの設備償却費がかなり大きくなる．もちろん板材の乾燥日数は短いから，乾燥費は柱材より安くなるはずであるが，初期含水率や仕上げ含水率の違いを考慮するとスギ板材の乾燥費の方が高くなる．除湿式乾燥室の設備費としてヒノキ柱材を対象とすれば一応の機能を備えた装置は 28 m^3 で 1,600 万円程度，板材乾燥に重点を置く装置では 2,000 万円程度と見られ，これを 5 年間で償却すると 1 m^3，1 日の償却費はそれぞれ 317 と 396 円/m^3・日となる．
　乾燥経過中の消費電力量は除湿機，送風機の他に寒冷地では補助的に電熱が必要となり，この量は乾燥室の大きさや外気温度に大きく影響し，小型乾

燥室では断熱を良くしないと単位材積当たりの消費熱量が大きくなる。

補助的な電熱を使用しないですむ時期について考えると，蒸発水分1kg当たりの平均消費電力量は，送風機を含め 0.7 kwh/kg water 程度である。

ヒノキ柱材(10.5 cm 角)を初期平均含水率 50％から 20％(全乾法で)まで乾燥する際の除去水分量は 1 m³ 当たり約 120 kg/m³ となり，12日間で乾燥するとすれば 1 日当たり 10 kg/m³・日と計算され，スギ 4.5 cm 厚鴨居材を平均含水率 150％から 18％(全乾法で)まで乾燥すると 1m³ 当たり 462 kg/m³，これを 10 日間で乾燥すれば 1 日当たり 46.2 kg/m³・日となる。

したがって電力料を 1 kwh につき 18 円/kwh，木材中の水分 1 kg を除去するのに 0.7 kwh/kg water を必要とすればヒノキ柱材で 1 m³，1 日当たり 126 円/m³・日，スギ板材は 582 円/m³・日の消費電力量となる。

乾燥経過中の監視や条件変化については 28 m³ の乾燥室について 1 日当たり 30 分程度とし，60 円/m³・日となる。乾燥経過中の経費を集計すると次となる。

	ヒノキ柱材	スギ 4.5 cm 材
乾燥室償却費	317	396
消費電力料	126	582
人件費	60	60
合　計	503	1,038　[円/m³・日]

乾燥終了時には特に正確に全乾法で含水率を測定する事もなく，室温が低いので冷却時間も無視し，桟積みの解体費は先の乾燥前の経費に含まれているので経費は不要とする。

ヒノキ 10.5 cm 柱材を平均含水率 50％から 20％(全乾法)まで 12 日間で乾燥する経費は

$$1,589 + 503 \times 12 = 7,625 \quad [円/m^3]$$

となるが，電気式含水率計で測定して含水率が 20％を示す程度までの乾燥(平均含水率で 23％程度)であれば 8 日でよく 1 m³ 当たり 5,613 円/m³ となる。

スギ 4.5 cm 鴨居材を含水率 150％から 18％まで乾燥するのに 10 日間を

要するとすれば経費は

$$1{,}750 + 1{,}038 \times 10 = 12{,}130 \quad [円/m^3]$$

となり，特にスギ材の場合は，予備的に天然乾燥を1カ月ほど実施し含水率を60％以下に低下させてから乾燥すれば乾燥日数も6日ほどになり，ヒノキ柱材とほとんど似た値となる。

また冬期や仕上げ含水率範囲をさらに低くすると乾燥日数が延び，消費電力量も増加し合計価格は急増する。

乾燥費が先出の蒸気加熱式 IF 型乾燥室と比較して少ない理由は，乾燥する含水率範囲が高く，除湿式乾燥室としては最も能率的に乾燥できる含水率領域であるからで，冬期や板材を含水率17％以下に乾燥すると平均電力量は1 kwh/kg water 以上になり，乾燥費は急増する。除湿式乾燥室の場合は蒸気加熱式 IF 型乾燥室と比較して乾燥時間が長いため設備費が多少安くても乾燥日数の長いものに対しては償却費が大きくなることに注意しなければならない。

d. 特殊乾燥法の乾燥経費

特殊乾燥法である高周波加熱減圧乾燥法や熱板加熱減圧乾燥法は設備費が一般の蒸気加熱式 IF 型乾燥室と比較して3～4倍高価であるが，乾燥日数が設備価格以上に短縮される材に対しては設備償却費は同等か，かえって安くなる。

木材中の水分1 kg を除去するのに高周波加熱の場合は真空ポンプの動力費を含め板厚2.5 cm 程度で2.5～3.0 kwh/kg water を要する。

したがって被乾燥材は厚材が主となり，乾燥費は償却費を含め3.5～5万円/m^3 といった額になるが，適材であれば乾燥時間は蒸気加熱式 IF 型乾燥室の1/3～1/4 に短縮される。

減圧乾燥法の中でも熱板加熱式の用途は高周波加熱式よりさらに限られるが，適材であれば乾燥費は蒸気加熱式 IF 型乾燥室とほとんど差が無い。

2-5　乾燥室の仕様と契約ならびに点検

2-5-1　乾燥室の契約

　乾燥室を新設する場合には機種の選択と乾燥室容量，附帯設備，金額などを明確にしなければならない。

　乾燥能力は乾燥室収容材積と乾燥時間によって定まり乾燥時間は乾燥する温湿度などの諸条件によって多少は異なるが，大略的に機種，樹種，板厚，用途，材の等級が決定されればほとんど差がなく，乾燥開始時の含水率(天然乾燥の有無)と仕上げ含水率や調湿処理時間によって左右され，常識的な数字から極端に乾燥時間が短縮されるような装置や操作方法は存在しない。

　契約にあたっては次の点を再認識しておかなければならない。

　蒸気加熱式 IF 型乾燥室であれば，広葉樹 2.7 cm 厚材で，生材時の含水率が最も高い材料を 10 % まで乾燥するのに，乾燥容易なセン，シナ材で 6 日，ナラ，ブナ材では 12～13 日を要し，天然乾燥が終わり含水率 25～30 % から乾燥すれば約半分の日数で乾燥する。建築用材の仕上げ含水率は一般物で含水率 17 % 前後，ビル内装用材は 10～12 % である。

　広葉樹材の調湿時間は大体乾燥日数の 1/6 程度の時間を加算すればよい。

　蒸気加熱式 IF 型乾燥室で装置としての基本条件が一応整っているとしたとき，温湿度定値制御の精度，送風機モーター用のインバーターの有無，プログラムコントローラ(タイムスケジュール)の内容や有無などが価格決定の際に問題となる。

　ボイラー容量は乾燥室の大きさで異なり，小さな容量の乾燥設備では乾燥室の総実材積[m^3]を 15 倍した程度の蒸発量[kg/hr]，大容量の乾燥設備では総実材積の 10 倍程度の蒸発量のボイラーが必要となる。

　除湿式乾燥室では壁体の断熱不良が多く，寒冷地では床を含め断熱材の厚さが 10 cm 以上でないと熱ロスが多く電力消費が大となる。

　一般には除湿機容量の不足と消費電力量の値が過小に見積られる場合が多く，積算電力計を各乾燥室に取り付ける必要がある。

　またヒノキ 10.5 cm 柱材の乾燥では性能が公的に認定されている高周波式

含水率計で測定し含水率が20％(実際の平均含水率は19〜23％)であれば，背割り材で8〜10日の乾燥でよく，スギ柱材を生材(100〜150％)から直接乾燥すれば，含水率計による規準含水率25％(実際の平均含水率は30〜40％)になるまでに18〜23日を要し経済的に無理である。

除湿式乾燥室の問題点は除湿機の耐久性と容量不足や，温湿度制御用感温部の設置位置が桟積みの風下側に置かれている装置が比較的多いことで感温湿部は常に風上側に置かれなければならない。

減圧乾燥装置は通気性の良好な材か，短尺材(木口方向に)または積層単板などに適し，その他の材には不適当である。以上が各項目で説明して来た内容の要約である。

2-5-2 乾燥室の性能試験

乾燥設備の契約が終わり，工事が開始されれば現場をよく見て契約書と違いが無いかに注意し，完成後は性能試験をして結果がよければ残金を支払って完了となる。

a. 工事中の点検

乾燥室施工中は契約した仕様書から逸脱した工事にならぬよう注意し，完成後に修復不可能な間違いが起きないようにする。

また完成後には外から見えない場所の工事，例えば床面の断熱が契約書にあるならば，特に小型の除湿式乾燥室などは断熱材が7〜12cmの厚さであるかどうか，断熱材の上の鉄筋コンクリート床はフォークリフトの作業に耐えられるかどうか，床面の傾斜は入口側に向かい下り勾配で水はけがよいかどうかなどに注意する。

蒸気加熱式IF型乾燥室の構造については空洞コンクリートブロックであれば目地に注意し，パネル構造のときは断熱材の厚さが十分あって，継ぎ目やドアとの隙間の有無，発泡剤から発生するガスの抜穴などに注意する。さらに蒸煮管，増湿管は下り勾配となっていて，ドレン水が噴出しない構造であるか，排気筒の密閉度はどうか，温湿度計の設置位置，水送りの状態，水面と温度計との間隔(3cm)，加熱管については送風機の左右に置かれたものが，ヘッダー(通気母管)部で分離され，それぞれ乾燥室の逆方向から室内に

入っているかどうかなども調べなければならない。

除湿式乾燥室では冷却器部分が完全にアースされているか，増湿装置があるものは水送りがよいか，水位の確認と送電とが安全に関係づけられているかどうかに注意し，蒸気加熱式 IF 型乾燥室内の機器類，金属は耐熱湿性の材料，純アルミニューム，ステンレス鋼（SUS 304）を使っているか。それらの止金具，ボルト類は電蝕を起こしやすい金属を使っていないか，つり天井部の遮蔽板（バッフル）の昇げ降ろしはスムーズか，電気配線については，蒸気加熱式 IF 型乾燥室では当然耐熱湿性を考慮してはいるが，耐熱湿 H 種モーターや，温度測定用感温部への配線方法や結線部の処理は完全な方式をとっているかどうか，除湿式乾燥室では電気配線や機器の耐湿性に対する配慮が全く無視されていないかどうか，除湿機への配線は十分太い線を用いているかなどを点検しなければならない。

b. 乾燥室完成後の点検

乾燥室ができ上がれば，一応乾燥室の性能を見てから本乾燥を 1 回行い問題がなければ残金を支払う。

生材を使った乾燥試験に入る前に，温湿度指示計の精度や温湿度制御機能の調査を行う。次に桟積みを入れた状態で風速分布の測定を実施する。

温湿度計の検定にはあらかじめ手作りの乾湿球湿度計を図 2-41 のように作って置くとときおり検定する際に便利である。作り方は簡単で 0〜100 ℃ までの 1/5 目盛りの水銀温度計 2 本あればよいが，棒状温度計の指度は意外に不揃いのものが多く，2 本だけ注文して求めてもほとんど役に立たない。

少し無理を言って 60 ℃ あたりの温度で正確に両者が同じ指度を示している温度計を持って来てもらうか，5 本ほど持って来てもらい，50〜60 ℃ の湯水中へ入れて指度の揃った 2 本を選び出すしかない。

作業は一見面倒に思われるが，乾燥操作の基本になる乾球と湿球との温度差（乾湿球温度差）を正確に決定する意味で極めて大切な仕事である。

この際温度の絶対値が 1〜1.5 ℃ 狂っていても問題にはならない。また特に水銀温度計でなくても，赤い色のアルコール温度計（1 ℃ 目盛り）でも見やすく十分役にたつが，20 本ほどの中から選ばないと正確に同じ指度を示すものを得ることができない。温度計の中には粗悪品があって湯につけただけ

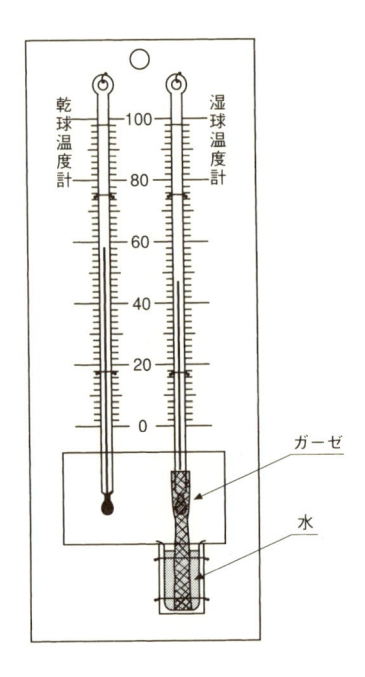

図 2-41 乾湿球湿度計の作りかた

で目盛りの塗料が取れてしまうものがあるからあまり安いものを選ばぬことである。

b-1 桟積みを入れない状態での点検

先ず送風機を回転してみて，蒸気加熱式IF型乾燥室であれば各送風機が正しく同じ送風方向になっているかどうかを調べる。

乾燥室内の温湿度分布は被乾燥材を乾燥室へ入れて本式に乾燥する過程でないと検査できないが，本乾燥に先立ち一応室温を上昇し，送風機を廻し，温湿度計のチェックならびに室温上昇速度などを見る必要はある。

室温上昇に先立ち送風方向を変換したとき，指示温度計の感知部が，常に風上側に切り換えられていることを感知部をライターで遠くから加熱して確認し，湿球については，水槽に水が十分補給されていて，水面と感温管の保護管下面との間隔が約 3 cm あり，ガーゼが保護管の先端から 15 cm ほどの範囲にまで巻かれていることを確認する。

点検を終えたら風上側の温湿度感知部の近くに自製の乾湿球湿度計を置き室温を上昇する。

　材が入っていないので蒸気加熱式IF型乾燥室では加熱管だけで1/2時間ほどで40～50℃となるが, 除湿式乾燥室はまず室温を電熱器で上昇させないと除湿機が働かせられないので電熱器と送風機だけで室温を上昇させる。2～3時間過ぎて室温が安定したとき, 設置されている乾球温度や関係湿度計の感知部近くに置いた自製の乾湿球湿度計と, 屋外の指示計または記録計とを対比してみる。乾湿球湿度計から関係湿度を求めるには表2-13を用いる。

　蒸気加熱式IF型乾燥室も除湿式乾燥室の場合も共に材が入っていないので, 室内の湿度が低く, 実際の乾燥時に最も重要となる比較的高湿度条件での乾湿球温度差や, 関係湿度の検定はできないが, 乾球や湿球温度については±1℃, 乾湿球温度差については0.3℃, 関係湿度については3％以上の誤差があると操作上に間違いが起こりやすいので注意する。

　乾燥室に温湿度制御のある場合には, 室内条件が安定した後に温湿度の目盛りを室内条件の近くに設定し, 乾球温度のon-offについて, onになった直後に入室して室内に置いた自製の乾湿球湿度計の乾球温度を調べ, 次にoffになったときの温度を再び入室して調べ, これを2回ほど繰り返して制御器の温度指度との違いや遅れを検討する。

　記録紙があればon-offによる波状曲線が示されているので平均温度は読み取れ, 最高あるいは最低温度も判明するから, 室内に置かれている自製の温湿度計が加熱管(加熱器)のon-offによってどのような最高, 最低温度を示しているかを見て両者を対比する。

　温度指示計や制御器の感温部は保護管の中に収められているため, 外周温度の変化よりかなり遅れが生じ平均化されて示されるため, 室内温度が安定しているような錯覚を持つが, 室内温度(湿度)の変化幅も一応は確認して置く必要がある。

　直接湿度を感知測定記録する装置にもかなり時間の遅れるものがあり, 特に感湿部に塵除けのカバーなど取り付けてあると遅れが大となる。

　温度記録計の波型が±1℃あれば室内の自製の温度計は±2℃程度変化

表 2-13 関係湿度表(%)

乾球温度(℃) \ 乾湿球温度差(℃)	1	2	3	4	5	6	7	8	9	10	11	12	13	14	15	16	17	18	19	20	21	22	23	24	25	26	27	28	29	30	31	32	33	34	35	36	37	38	39	40
80	96	92	98	85	81	77	74	71	68	65	61	59	56	53	51	48	46	43	41	39	37	35	33	32	30	28	26	25	23	22	20	19	18	17	15	14	13	12	11	
79	96	92	88	84	81	77	74	70	67	64	61	58	56	53	50	48	46	43	41	39	37	35	33	31	29	28	26	24	23	21	20	19	17	16	15	14	13	12	11	
78	96	92	88	84	80	77	74	70	67	64	61	58	55	53	50	48	45	43	41	39	37	35	33	31	29	27	26	24	23	21	20	18	17	16	15	13	12	11		
77	96	92	88	84	80	77	73	70	67	64	61	58	55	52	50	47	45	43	40	38	36	35	33	30	29	27	25	24	22	21	19	18	17	15	14	13	12	11		
76	96	92	88	84	80	77	73	70	66	64	61	58	55	52	50	47	45	42	40	38	36	34	32	30	28	27	25	23	22	20	19	17	16	15	14	12	11	10		
75	96	92	88	84	80	77	73	70	66	63	60	57	54	52	49	46	44	42	40	38	36	34	32	30	28	26	25	23	22	20	19	17	16	15	13	12	11			
74	96	91	87	84	80	76	73	69	66	63	60	57	54	52	49	46	44	42	39	37	35	33	31	29	28	26	24	23	21	20	18	17	15	14	13	12	11			
73	96	91	87	84	80	76	73	69	66	63	60	57	54	51	48	46	43	41	39	37	35	33	31	29	27	25	23	22	20	19	17	16	15	13	12	11				
72	96	91	87	83	79	76	72	69	66	63	60	56	53	51	48	45	43	41	38	36	34	32	30	28	26	25	23	21	20	18	17	15	14	13	12	10				
71	96	91	87	83	79	76	72	68	65	62	59	56	53	50	47	45	43	40	38	36	34	32	30	28	26	24	23	21	19	18	16	15	14	12	11					
70	96	91	87	83	79	76	72	68	65	62	59	56	53	50	47	45	42	40	38	35	33	31	29	27	25	23	21	20	18	17	15	14	13	11						
69	96	91	87	83	79	75	72	68	65	62	59	55	53	50	47	44	42	39	37	35	33	31	29	27	25	23	21	20	18	17	15	14	13	11						
68	96	91	87	83	79	75	71	68	65	61	58	55	52	49	47	44	41	39	37	34	32	30	28	26	24	22	21	19	18	16	15	13	12	11						
67	96	91	87	83	79	75	71	68	64	61	58	55	52	49	46	44	41	39	36	34	32	30	28	26	24	22	20	19	17	15	14	13	11							
66	95	91	87	83	75	71	67	64	60	57	54	51	48	45	43	40	38	35	33	31	29	27	25	23	21	19	17	16	15	13	12	11								
65	95	91	87	82	78	74	71	67	64	60	57	54	51	48	45	43	40	38	35	33	31	29	27	25	23	21	19	18	16	15	13	12	10							
64	95	91	87	82	78	74	71	67	63	60	57	54	51	48	45	42	40	37	35	33	30	28	26	24	22	20	18	17	15	14	12	11								
63	95	91	86	82	78	74	70	67	63	60	56	53	50	47	45	42	39	37	34	32	30	28	26	24	22	20	18	16	15	13	12	10								
62	95	91	86	82	78	74	70	66	63	59	56	53	50	47	44	41	39	36	34	31	29	27	25	23	21	19	18	16	14	13	11									
61	95	91	86	82	78	74	70	66	62	59	55	52	49	46	44	41	38	36	33	31	29	26	24	22	20	18	17	15	13	12										
60	95	91	86	82	77	73	69	66	62	59	55	52	49	46	43	40	38	35	33	30	28	26	24	22	20	18	16	15	13	11										
59	95	90	86	82	77	73	69	65	62	58	55	52	49	46	43	40	37	35	32	30	27	25	23	21	19	17	16	14	12	11										
58	95	90	86	81	77	73	69	65	61	58	54	51	48	45	42	39	36	34	32	29	27	25	23	21	19	17	15	13	11											
57	95	90	86	81	77	73	69	65	61	57	54	51	48	45	42	39	36	33	31	29	26	24	22	20	18	16	14	12	11											
56	95	90	85	81	77	72	68	64	61	57	54	50	47	44	41	38	35	33	30	28	26	23	21	19	17	15	13	12												
55	95	90	85	81	76	72	68	64	60	57	53	50	47	44	40	38	35	32	30	28	25	23	21	19	17	15	13	11												
54	95	90	85	81	76	72	68	64	60	56	53	49	46	43	40	37	34	32	29	26	24	22	20	18	16	14	12													
53	95	90	85	80	76	71	67	63	59	56	52	49	46	42	39	36	34	31	28	26	23	21	19	17	15	13	11													
52	95	90	85	80	75	71	67	63	59	55	51	48	45	42	39	36	33	30	28	25	23	21	19	16	15	13	11													
51	95	90	85	80	75	71	67	63	58	55	51	48	44	41	38	35	32	29	27	24	22	20	17	15	13	11														
50	95	89	85	80	75	71	66	62	58	54	51	47	44	41	38	35	32	29	26	24	21	19	17	14	12	10														
49	95	89	84	80	75	70	66	62	58	54	50	47	43	40	37	34	31	28	25	23	21	18	16	14	12															
48	95	89	84	79	75	70	66	61	57	53	50	46	43	40	37	33	30	27	25	22	19	17	15	12	10															
47	94	89	84	79	74	70	65	61	57	53	49	45	42	39	35	32	29	26	24	21	19	16	14	11																
46	94	89	84	79	74	69	65	60	56	52	49	45	41	38	35	32	28	26	23	20	18	15	13	11																
45	94	89	84	79	74	69	64	60	56	52	48	44	41	37	34	31	28	25	22	19	17	14	12																	
44	94	89	83	78	73	68	64	59	55	51	47	43	40	37	33	30	27	24	21	18	16	13	10																	
43	94	88	83	78	73	68	63	59	55	51	47	43	39	36	33	29	26	23	20	17	15	12																		
42	94	88	83	78	72	68	63	58	54	50	46	42	38	35	31	28	25	22	19	16	13	11																		
41	94	88	83	77	72	67	62	58	53	49	45	41	37	34	30	27	24	21	18	15	12																			
40	94	88	82	77	72	67	62	57	53	49	44	40	37	33	29	26	23	20	17	14	12																			
39	94	88	82	77	71	66	61	57	52	48	44	40	36	32	28	25	22	19	15	12																				
38	94	88	82	76	71	66	61	56	51	47	43	39	35	31	27	24	20	17	14	11																				
37	94	87	82	76	71	65	60	55	51	46	42	38	34	30	26	23	20	16	13																					
36	94	87	82	76	70	65	60	55	50	45	41	37	33	29	25	21	18	15	11																					
35	93	87	81	75	70	64	59	54	49	45	40	36	32	28	24	20	17	13																						
34	93	87	81	75	69	64	58	53	48	44	39	35	31	26	23	19	15	12																						
33	93	87	80	74	69	63	58	52	47	43	38	34	29	25	21	17	14	10																						
32	93	86	80	74	68	62	56	51	46	42	37	32	28	24	20	16	12																							
31	93	86	80	73	67	61	55	50	45	41	36	32	27	22	18	14	10																							
30	93	86	79	73	67	61	55	50	45	39	35	30	25	21	17	13																								

風速 2.5 m/sec として計算(小倉武夫氏 (1951))

しており，これ以上に波形が大きくなると乾燥初期の操作に支障が生じかねない。

比較的湿度の高いときの湿球温度や乾湿球温度差ならびに除湿式乾燥室の関係湿度などの指示記録計の誤差の検討は，蒸気加熱式 IF 型乾燥室であれ

ば蒸気を噴射して実験できるが，除湿式乾燥室の場合は増湿装置がないとやれないので実際の乾燥の際に再度重点を置いて行う。蒸気加熱式IF型乾燥室の場合は少量の生蒸気を噴射させて室内湿度を上昇させ，湿度の制御状態をよく観察し蒸気噴射と排気孔の開閉とが往復動作になっていて蒸気の無駄使いがないかをぜひ確認しておく必要がある。

室内の温湿度分布は材料を室内へ入れないと測定できないが，蒸気加熱式IF型乾燥室の吸排気孔の密閉度については閉の状態で蒸気(熱気)の漏れが無いかを天井に登って良く調べる。この際は室内循環用送風機は回転させておかなければならない。

除湿式乾燥室の場合は吸排気孔を閉めた状態のとき，空気が漏れていないか，吸排気孔部分が外から触って熱くないかなどをよく調べ熱の無駄が無いことを確認する必要がある。

蒸気加熱式IF型乾燥室では蒸煮管，増湿管をゆっくり開いて凝結水が小孔から噴き出さないかを念入りに調べる。

b-2 桟積みを入れたときの風速分布の点検

桟積みの方法や試験材の採取方法は後述するが，乾燥室内に桟積みを入れて送風したときの風速分布は一応測定してみる必要がある。この資料は乾燥の遅れる場所の推定にも役立つ。

蒸気加熱式IF型乾燥室の単列桟積みの両循環方式では桟積み各段の材間風速(桟積みの風の吹き出る側での測定)は最低1 m/secが標準となっており，乾燥日数の短い材や，高含水率域だけの乾燥材とか中間に補助加熱管(ブースターコイル)を設置しない複列桟積みの乾燥室や単列桟積みであっても片循環方式の場合は最低1.5 m/secの材間風速としている。

除湿式乾燥室では同じ材を蒸気加熱式IF型乾燥室で乾燥したときより乾燥速度が小さいことと，柱材など乾燥時間の長い厚材を乾燥する関係から，単列桟積みであるならば材間風速は蒸気加熱式IF型乾燥室より少なくてもよいが，数列の桟積みを一方から通過させる片循環方式になると風下側の除湿機に近い場所の桟積み下部の一番風速の小さい場所の材間風速が1.0～1.5 m/secは必要である。もちろんこれ以下の風速でも乾燥遅れを認め，乾燥日数を20％ほど増加する覚悟で使い，かびの発生する心配さえなければ

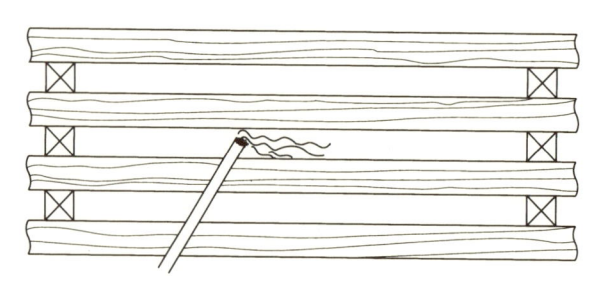

図 2-42 材間風速の確認方法

よい。

　正確な風速測定には熱線風速計が必要であるが，設置業者の中には準備していない小企業もある。簡易に測定するには細い棒の先に取り付けた細糸が桟積みの吹き出し側で風になびくようであれば大体 1 m/sec の材間風速は確保されているとみなせる(図 2-42)。

　天井部に送風機のある蒸気加熱式 IF 型乾燥室であれば桟積みの上部数段の風速が小さく，送風機との位置関係では送風機の真下の桟積み位置の材間風速が小さく，送風機と送風機との中間あたりの桟積み下部の材間風速が一番大きい。

　除湿式乾燥室は多数の桟積みを風が通過し，しかも片循環方式が多いので風下側の桟積みの両末端や桟積み下部に全然風の通っていない場所が無いかをよく調べてみなければならない。

b-3　第 1 回の乾燥試験の際の点検

　指示温度計や記録装置，風速分布などの点検が終了すればいよいよ乾燥開始である。送風機を回転させて乾燥スケジュールに準じ乾燥室内の条件を整える。

　細かな注意事項は後出の操作の項で説明するが，蒸気加熱式 IF 型乾燥室で板厚 2.5 cm 厚程度の針葉樹生材であればヒノキ，スギ材の中でも銘木類を除き，温度は 55～60 ℃，一般広葉樹生材で 45～50 ℃，ナラ，ブナ材では 40～43 ℃まで室温を上昇する。

　室温の上昇方法は加熱管を閉じ蒸気を噴射させながら行うが，天然乾燥で材面が乾燥している材に対しては噴射の量を減らし，加熱管も少し開き，材

面があまり濡れない程度の乾湿球温度差3〜4℃前後の条件で行う。

　増湿装置の無い除湿式乾燥室でヒノキ柱材や広葉樹板材を乾燥する際はあまり急速な温度上昇は湿度低下をまねくため注意する。

　蒸気加熱式IF型乾燥室では乾燥初期に湿度が高く入室しても時間をかけて室内条件を観察できないため，主として外廻りの観察を行う。乾燥開始後1日ぐらい経過すれば室内の温度も安定し壁体も十分加熱される。そのとき，外壁に触ってみて壁が暖かいと感ずるようでは熱貫流率がかなり大きくロスも大きい。除湿式乾燥室では特にこの点が問題となるが，冬期は外気温度が低いため壁面の温度が外気温度より5〜6℃高くても暖かいとは感じないのでこうしたことも認識していなければいけない。

　扉や排気筒からの空気漏れは室内空気が水蒸気を多く含んでいるため感知しやすく，床面の水の溜りなどもこの時期によく観察しておく。

　乾燥が進行し湿度が少し低下し乾湿球温度差で8℃程度になると蒸気加熱式IF型乾燥室も入室が少し楽になるため，室内の風上側の温湿度測定用の感温部に自製の乾球湿度計を設置し，先の要領で乾球温度や乾湿球温度差を比較検討してみる。

　この際，乾球や湿球の指示が同一方向に多少違っていてもよいが，一方が＋，他方が−と言った誤差であると，乾湿球温度差に大きな違いが生じるので修理する必要がある。

　また風下側に湿度計と温度計を設置してある除湿式乾燥室では風上側の条件とどの程度の違いがあるかを乾燥初期，中期，末期について確認しておかないと，他のスケジュールを参考利用するときに大きな間違いとなる。公表されている乾燥スケジュール表は風上側の条件を示しているからである。

　蒸気加熱式IF型乾燥室で桟積みの両側，すなわち風上側と風下側に温度計の取り付けてある乾燥室では乾燥初期から終末にかけての両者の違い（温度降下量）を調べておくと，乾燥打切り時の判断の参考となる。

　また除湿式乾燥室では数列の桟積みを一方向から風が通過する方式が多いため，風上側の桟積みから風下側の桟積みに到る間の温度降下量がかなり大きく，風下側の桟積みの乾燥が遅れやすいが，総ての桟積みの乾燥が終末に近づくと，一般の蒸気加熱式IF型乾燥室と同じように温度降下量が減少し

始めるので，こうした風上と風下の温度変化量を乾燥の初期，中期，末期について一度検討して置き，桟積みの一番風上と一番風下の桟積みの2カ所に棒状温度計を1本ずつ置けば乾燥打切り時期の今後の推定に役立つ。

　これらの作業と並行し　吸排気筒から水が滴下し材を濡らしていないか，増湿管からのドレン水の噴出が無いかも蒸気加熱式 IF 型乾燥室では確認しておく。

　乾燥が終了した後は室内が冷えてから桟積みを引出し室内をよく点検し，桟積みに天井から落ちた水のあとが無いかなどや室内のいたみ具合なども見る。以上を点検して，乾燥仕上がりもよく電気式含水率計で数カ所の板（桟積み中央部や風下など）を調べ含水率むらがなければ，一応検査は終了したものとして残金を支払うことになる。

2-6 桟木と桟積み機

　以上で乾燥室や価格についての概略を述べたが，高周波乾燥法や，特殊な形状の材料を乾燥する以外は桟木を常に必要とする．桟木は乾燥室の見積りには入っていないので自社で準備しなければならない．

　桟木の目的は板と板との間に空間を設け，通風を良くすると同時に，圧縮効果による狂い防止の作用があるなど極めて重要であるから材料をよく吟味して作らなければならない．

　桟木の厚さ(寸法)は，乾燥室あるいは天然乾燥場で使用している乾燥した状態の桟木厚を言うもので，使用中に圧縮力で痩せたり擦れて寸法が減る性質のものである．

　生材を指定寸法に挽いたのでは乾燥して寸法が減少したり，狂いが生じるので少なくても天然乾燥を終えた板から製材して作らなければならない．

　また桟木厚は板厚に比例して大きくすべきとの考え方を持つ人もいるが，これは誤りである．厚板は薄板と比較して蒸発させる水分の絶対量は多いが，乾燥所要時間が薄板と比較して大幅に増加するため単位時間当たりの蒸発量が少なく，乾燥むらが生じにくく桟木厚は板の厚さが増すほど薄くしてもよい理屈になる．

　ただし乾燥室内の風速(風圧)分布に視点を置いて考えると，薄板を桟積みした場合は桟木の段数が多くなり，風の通過する空間が広く，吹き込み側の風圧がやや低目となって平均材間風速が低下し桟積み上下に均一な風速分布が与えにくいとか，薄板では収容材積がどうしても少なくなるなどのことから薄板に対してはやや薄めの桟木とし，厚板では桟木を厚くする習慣になっている．また心持ち柱材などでは風の通過する空間が小さく通過風速が大きくなりすぎ，割れが発生しやすいとして桟木厚を 2.4～2.5 cm と大きくしている柱材専門の除湿式乾燥室もある．

　桟木の厚さと桟積み上下方向の風速分布との問題は一応別として，桟積み内の通過風速と乾燥むらとの関係は，桟木厚，桟積み幅，風向切換の有無，乾燥速度(蒸発速度とは多少問題が違う)，乾燥する含水率範囲によって異なる．

桟積み幅2m，材間風速1m/sec，風向切り換え有りの条件で一般の蒸気加熱式IF型乾燥室では板厚2〜5cmの範囲の材で2.1〜2.5cmの桟木厚のものが一般に使われており，広葉樹の1インチ材乾燥では2.1〜2.3cmあたりの桟木厚さが一番多い。

材間風速1m/sec程度の乾燥室で，針葉樹2cm厚の薄板を2cm厚の桟木で乾燥すると，桟積み中央部の乾燥遅れがやや大きくなり，その場所の乾燥仕上がりを待つ時間が伸び，桟木厚さを減少して収容材積を増加した意味がなくなる。

桟木厚さが2.1cm以下になると人力で桟積みする際に積んだ板との空間が狭く指が抜き難くなる。

天然乾燥専用の桟木厚は2.5cm程度が良いが，桟積みを解体せずにそのまま人工乾燥する例が多いので，桟木厚は人工乾燥室に合わせ2.1〜2.3cmとしている。この場合も板と板との横間隔を十分あければ天然乾燥中にかびの発生する危険は少ない。

桟木断面の形状は一般に正方形とするが，2.1×2.6cmと言った距形断面にしておけば普通板材のときは薄い方(2.1cm)を使い，柱材のときには厚い方が使え便利である。

また薄い面を使うときは被乾燥材が薄いため桟木間隔を短くして多数の桟木を置く際に，桟木が安定していて作業がしやすい利点もある。ただし両者の厚さ差を0.5cm以上にしておかないと桟積み作業中に使う面を間違え，かえって悪い結果となる。

桟木の長さは桟積み幅と直接関係するが，フォークリフトの大きさによって持ち上げられる桟積み幅に制約があり，フォークリフトで桟積みを移動する際には桟積み幅は最大1.8mと考える。

フォークリフトを使うパッケージパイリングの場合は大体1m幅の桟積みを2列積み，2m幅にしている(写真2-22)。

以上のように桟積み幅には作業上の制約があるため，この桟積み幅に合った桟木の長さにする。

桟積みの幅を一応決定して置いても板幅が違ったり耳付き材か否かで，また板と板との横間隔の有無や寸法で5〜6cmは変動するから多少の余裕をみ

写真 2-22　台車上にパッケージを置いたところ

る必要はある。

　しかし桟木の長さをあまり長くすると台車上の桟積みを乾燥室へ押し込むときに扉の取り付け枠のはみ出し部分に突出した桟木がぶつかる心配がある。桟木の長さは桟積み技術とも関係する問題である。大体桟木長は規定の桟積み幅より 3〜4 cm 長く作ると使いやすい。

　フォークリフトを利用して桟積みするパッケージパイリングのときは，桟木が桟積みからあまり長く突出するとパッケージを 2 列に合わせるとき，桟木が互いにひっかかり位置が移動する危険があったり，パッケージ間が広くなり桟積み幅が増大しやすい。

　桟木は通直で狂いや曲がりの無い厚さのそろった物でないと桟積みしたときに板に曲げの力が加わって板を狂わせる心配が多い。製材時に背板や耳すり材から桟木を安易に木取ると狂いやすく折れたりしてよくない。また桟木が狂っていると自動桟積機の操作を悪くする。

　桟木間隔は板厚 2.5〜3.0 cm の材で大略 50〜60 cm，狂いの発生しやすい樹種には狭くする。したがって必要な桟木の本数は桟積み 1 段を積むときに使用する桟木本数と，段数と桟積み数から本数を算出し準備する。桟木間隔

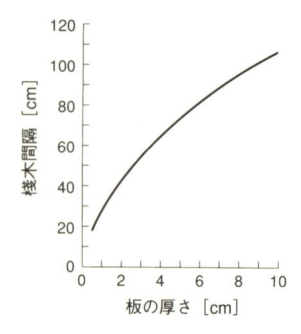

図 2-43　**桟木間隔と板厚との関係**(広葉樹材用。針葉樹や広葉樹良質材は間隔を広くしてもよい)

写真 2-23　**自動桟積み機**

と板厚との関係を図2-43に示す。針葉樹材は狂いにくいので図の関係より広くしてよい。

　多量に同一材料を乾燥するときや，特に厚く重い材を桟積みするには自動桟積機が有効であるが，簡単なもので1,400〜1,500万円，完備したもので2,000万円ほどを要する(写真2-23)。

　桟積みに要する労働費は柱材であれば1日3人で20 m^3 を桟積みして解体できるが短尺薄材では14 m^3 ほどである。桟積みに際しての注意事項は「3-3-1　桟積み作業」の項で後述する。

　特殊な例として桟積みの長さ方向(板に平向)から送風させる乾燥室ではアルミ製の⊓⊓型の桟木を使い風の通りを良くしている。

3

木材人工乾燥室の操作方法

　乾燥室が新設され，その性能が確かめられ支払いが済めば，いよいよ本格的に乾燥作業が開始される。

　木材の人工乾燥を今までに全く経験したことの無い者にとっては人工乾燥の操作がどのようなもので，どの点に注意を払えばよいか，要点は何かなどが解らず，乾燥の難しい材についての詳しい説明を読んでも理解できない。

　そこで材質の変動が少なく普通に乾燥されている針葉樹材で使用目的も建築用材であれば，そう気を使わなくても失敗する心配がないので，この種の材料の乾燥法を中心に操作の概略を述べてみる。

　木材乾燥操作の説明をする前に，必要な用語の解説をしておく。重要な用語についての詳しい説明は，5章，8章，9章で後述する。

3-1 木材人工乾燥の基礎用語

a. 木材乾燥スケジュール(Kiln-drying schedule)
略して乾燥スケジュールあるいは単にスケジュールとも呼ぶ。時間の経過にしたがって室内条件(温度と湿度)を変化させる方式をタイムスケジュール(時間スケジュール)と呼び,針葉樹材に主として利用される。試験材の含水率降下を見て条件を変化させる方式を含水率スケジュールと言い,一般に使われている乾燥スケジュールである。タイムスケジュールでは試験材を用いない例が多い。

b. 試験材(Kiln sample)
桟積みの中から乾燥の遅そうな材や中庸の材,あるいは速そうな材を,自分のイメージで選出する。この選出内容によって桟積み材の運命はほぼ決定される。図3-1のようにして試験材を木取る。ブナ材では辺材と偽心材とを選ぶ。

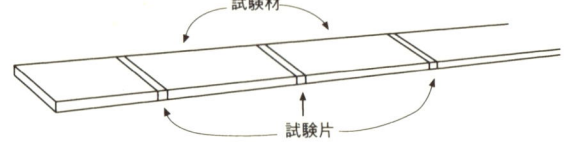

図 3-1 試験材と試験片の関係位置

c. 試験片(Moisture content section)
試験材を長尺材から採取する際に試験材の両端で含水率測定用の小片を取る。これを試験片と呼ぶ。全乾法によって含水率を求め,試験材の初期含水率を知り,試験材を切断したときの重量から全乾重量を計算して乾燥経過中の含水率を算出する。

d. 乾球温度(Dry-bulb temperature)
一般に言う室内温度で略してDBTと書く。

e. 湿球温度(Welt-bulb temperature)
温度計の感温部をガーゼでくるみ水を吸わせ水分を蒸発させると蒸発潜熱で温度が降下し,空気が乾燥していると蒸発量が多いので降下量は大となる。

空気が乾燥していれば100℃以上の空気中でも湿球温度は100℃以下を示す。略してWBTと書く。

f. 乾湿球温度差(Dry and wet-bulb depression, Wet-bulb depression)

乾球と湿球温度との差を言い，略してDBT-WBTとかWBDと書く。空気が乾燥していれば値は大きく，空気中の湿度が飽和すれば乾湿球温度差は0となる。

したがってこの値によって室内の湿り状態は想像できる。ただし物理用語ではない。

g. 関係湿度(相対湿度, Relative humidity)

空気中に含まれている水分量を，その温度の飽和水蒸気量との百分率で示した値である。同じ温度では空気中の水蒸気量の大小が蒸気圧に比例するので計算の際には飽和蒸気圧との比で示している。

測定方法は直接法として毛髪の伸縮(毛髪湿度計)を利用したものがあり，間接的に乾湿球湿度計から計算で求めたり，吸湿性物体の電気抵抗から自動的に算出する機器などがあるが蒸気加熱式IF型乾燥室では室内湿度を表すのに関係湿度はあまり使わずに乾湿球温度差が中心となり，除湿式乾燥室では室内温度が低いため湿度計が安全に使えるので関係湿度による湿度表示が多い。

40～60℃あたりの温度帯で乾湿球温度差が1℃変化すると関係湿度は4～6%増減する。温度と乾湿球温度差から表により関係湿度を求める(表2-13参照)。

h. 含水率(Moisture content)

木材中の水分量を示す値であるが，木材部門では全乾重量に対する水分量の百分率で示す習慣があるため，軽比重の生材では含水率が100%を越える値となり，バルサ材では500%と言った高い値となる。JISの規格では含水率は0.5%までの精度としているが，乾燥の研究で低含水率の値を論ずるときは0.2%程度までの精度が望ましい。含水率を示す符号としてはUを用いている。

i. 自由水(Free water)

細胞内腔に含まれている水分で，普通の水と同じようなもので多少のミネ

ラルや糖類，酸性物質などを含んでいる．

j. 結合水（Bound water）

乾燥して含水率の低くなった木材の中に取り込まれている水分でリグニンやセルロース等と結合している水分を言い，外気の湿度変化によって放出されたり吸収されたりしている．木材や木綿製品が吸湿性を持つのはこの結合水に関係している．

k. 繊維飽和点（Fiber saturation point）

含水率の高い小片の薄い木材をゆっくり乾燥して行くと自由水が先に蒸発し，その次に結合水が蒸発する．この過程で自由水が全く無くなり，結合水が飽和状態にある含水率を繊維飽和点（FSP）と呼び，大略含水率 30 %（食品などの一般的な含水率の表示方法だと 23 %）あたりで樹種により多少違う．

l. 平衡含水率（Equilibrium moisture content）

木材の含水率が外周の空気の温湿度条件に平衡した含水率状態を言い，樹種により差がある．略して EMC と書く．また同一の湿度条件の中でも一度乾燥した材が吸湿して平衡する含水率と，生材から乾燥して平衡する含水率

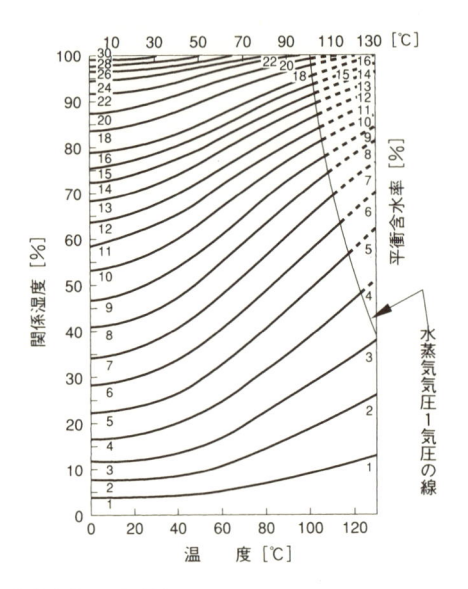

図 3-2 温湿度と平衡含水率との関係（ハウレイ，カイルウエルス，コルマン氏ら（1931～1968））

とでは 1～3 % の違いがあり吸湿過程の方が低い含水率を示す。この現象をヒステリシスと呼ぶ。

シトカスプルース材を用い温湿度と木材含水率との関係を Hawley, Keylwerth, Kollmann 氏(1931～1968 年)らが示した図 3-2 が平衡含水率図として広く使われている。木材の放湿過程で多少の湿度変動を与えながら測定した値が基本となっている。

実験条件を示すときに温湿度のかわりに図 3-2 によって換算した平衡含水率と温度とで示す研究者も多い。

図 3-2 以外に平衡含水率と温度との関係を総まとめした例はない。国産材ではブナ材の値がこの図に適合している。

日本各地の屋外に置かれた木材の年平均含水率の総平均は大略 15 % 強で、こうした場合に日本の屋外の平衡含水率は 15 % であると言い慣わされている。

m. 比重(Specific gravity)

木材のように多孔質の物体に対し比重と言う言葉を当てはめるのは多少問題があり、容積重とか密度と言うべきであろうが、一応木材の JIS 規格にもこの言葉は使われている。

含有する水分量によって木材比重は異なるので、生材比重、気乾比重(含水率 15 % 時)、全乾比重などの区別をする。全乾比重はバルサ材の 0.1 程度からリグナム・バイタ材の 1.0 以上まである。全乾比重が 1.0 以上の材は別として、気乾比重は全乾比重より少し大きい。

比重の大きい材は収縮率が大きく、水分移動も悪く乾燥時間も長く、割れやすい。

n. 収縮率(Shrinkage value)

木材が乾燥して縮む程度を示したもので、繊維方向の収縮は極めて小さく、板目板が柾目板の 2 倍弱の板幅方向の収縮率を示す。

普通の針葉樹材は繊維飽和点以下になると収縮を始めるが、一般の広葉樹材は自由水の脱水時に細胞がつぶれて変形しやすいので高い含水率から収縮し始め、その影響で収縮率が大となる材が多い。

収縮率は生材時の寸法を原寸として測定し、気乾(含水率 15 %)までの収縮率を気乾収縮率、全乾状態までを全収縮率と呼び、気乾収縮率は全収縮率の

写真 3-1 甚だしい落ち込み (ブラックビーン材, マメ科)

約1/2弱である。

　一般に収縮率は樹種の比重に比例して大きくなるため,重い樹種の板目材は乾燥の際に割れが発生しやすい。

o. 細胞の落ち込み(Cell collapse)

　細胞が形成されたときは,細胞間の水の移動は容易であるが,心材化すると薄膜や樹脂などで細胞間の小孔が閉鎖されて水の移動が悪くなる。

　細胞内腔が完全に飽水状態で,しかも細胞壁孔が閉鎖されていると,乾燥する際に強い水の引張力が細胞内に働き,温度が高いと細胞はつぶれ変形し,柾目板に写真3-1のような筋状の落ち込みを作ったり板全体の収縮率が増大する。

　細胞の落ち込みを避けるには,できるだけ低い温度で乾燥する必要があり,人工乾燥を行う前にその程度を知ることが乾燥操作上極めて大切である。

p. 乾燥応力(Drying stress)

　木材が乾燥するときは材の表面から含水率が降下し,表層部が先に乾燥して収縮を始める。このとき,内層はまだ含水率が高く収縮が起こらないため表層は引っ張られて自由に縮めず表面割れ(写真3-2(下))が生じやすくなる。

　この状態で乾燥が進むと表層部は引っ張られながら乾燥したため,自由に収縮したときより多少引き伸ばされた状態で乾燥が終了し(引っ張りセット,テンションセット),内層は圧縮力を受けて乾燥し,細胞の落ち込みも乾燥温度が高いと生じやすく,大きな収縮となり(圧縮セット,コンプレッションセット),乾燥終了近くには表層と内層との間にかなりの応力が生じ内部割れ(写真3-2(上))を起こす例もある。

　このような乾燥時に発生する種々の応力を乾燥応力という。

q. 調湿(Equalizing, Conditioning)

　乾燥が終末に近づいたとき,各々の材の平均含水率はばらばらである。

写真 3-2　内部割れ（上）と表面割れ（下）（ミズナラ材）

　こうした不揃いの含水率を均一にするために乾燥末期の乾燥条件を多少高湿状態にして先行乾燥している材の乾燥進行を停止させ，乾燥の遅れている材が乾燥するのを待つ操作をイコーライジングと言う。

　この操作が終了した時点では各板の表面と中心との含水率差はまだ残っており，乾燥応力も減少していない。残留応力の除去と板厚方向の含水率分布を均一化するのがコンディショニングでイコーライジングよりさらに高湿状態とする。

　両操作は湿度を上昇させると言う点で似ているので日本では一括して調湿とかコンディショニングと呼び，操作的には一部の材を多少過乾燥にして置いてからイコーライジングをせず一気にコンディショニングに入る例が多い。

　調湿時間は乾燥終了時の含水率のばらつき程度と均一化の幅で異なり，含水率のばらつきの大きいものでは乾燥日数の約 25 ％，少ないもので 10 ％ 以上の時間を要す。

3-2 蒸気加熱式 IF 型木材人工乾燥法の概要

　木材の人工乾燥にあたっては，桟積み作業や温湿度の調節技術，試験材の採材法など手先の技として習得しなければならない作業も多いが，一番気になるのはどのような乾燥条件で乾燥したら，無事に予定時間内に乾燥できるかの問題である。

　桟積み法や試験材の選び方などの具体的説明は次項で詳しく述るので省略し，ここでは乾燥スケジュール表と操作との結びつきの哲学について説明してみる。乾燥装置は蒸気加熱式 IF 型乾燥室を対象とする。

　人工乾燥に際して，被乾燥材の乾燥条件に正しく合った既存の乾燥スケジュール表が得られたとし，しかもその表示方法が含水率の降下に応じた温湿度の変化の仕方，いわゆる含水率スケジュールだけでなく，時間の経過で温湿度をどのように変化させるかも示したタイムスケジュール（時間スケジュール）が併記されていたとしたら人工乾燥の操作は極めて容易なものとなる（表3-1, 図3-3）。

　しかし，同一樹種であっても，それぞれの丸太は産出された地方により，また立地条件，樹齢，等級などによってその材質はさまざまである。特に高度の乾燥技術を要するミズナラ材を例にすれば，良質とされる北海道産の材ですら道南産と道中・道北産とでは材質が異なり，北の方のものが乾燥は容易であり，さらに本州産のナラ材と呼ばれるものにはコナラ材も多数混入しており，一般に材質は硬く等級も低く北海道産の良質のミズナラ材と比較して乾燥時間は2倍程度必要となる。

　ミズナラ材のように高度な技術を必要とするものは別として，先の表3-1に示したベイツガ材は，初期含水率の変動幅がやや大きく，材により多少乾燥の遅速があり，まれに部分的に含水率の高い部分（ウォーターポケット）などが見られ，針葉樹としては扱いやすい木とは言えないが，現在多量に人工乾燥されているのでこの材を例に説明してみる。

　先の表3-1はベイツガ材としてはやや低級材の3 cm厚の内装用材の乾燥スケジュールであり，初期含水率は90%としてあるがこの含水率値は50〜

3-2 蒸気加熱式 IF 型木材人工乾燥法の概要

表 3-1 ベイツガ(ヘムロック) 3 cm 板材の乾燥スケジュール

(低級材用でかなり条件はゆるやか)

含水率範囲(%)	乾球温度(℃)	乾湿球温度差(℃)	乾燥所要時間(時)
90～50	56	3	40
50～40	56	4(3)	14
40～30	60	5.5(4)	16
30～25	60	8(5.5)	8
25～20	65	12(8)	10
20～15	70	17(12)	15
15～12	75	22(17)	10
12～10	75	28(25)	
合　計			113(4.7 日)

初期含水率 90％ より含水率 10％ まで室温上昇を含め 4.5～5.5 日。乾燥後の調湿や冷却時間は含まれていない。(　)内は初期含水率 50～60％ の材。

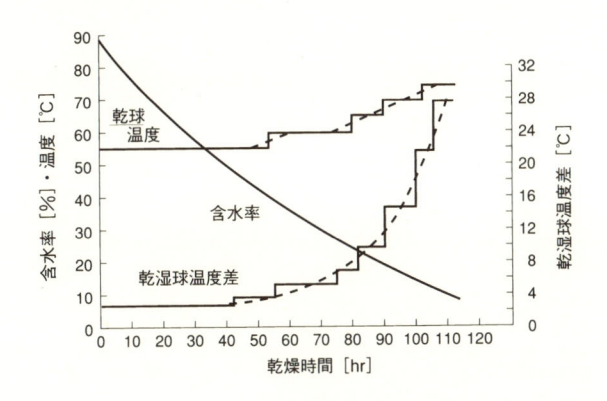

図 3-3 ベイツガ(ヘムロック) 3 cm 板材の乾燥スケジュール(やや低級材)

120％ あたりまでの変動がある。したがって被乾燥材の最高含水率の材が 120％ であれば，この材が 60％ になるまでは温度 56℃ 乾湿球温度差 3℃ で乾燥しなければならない。そのため乾燥時間は 28 時間ほど余分にかかる。

これとは逆に最高含水率の材が 50％ 程度しかないこともあるが，このときでも乾燥開始時の乾湿球温度差は 3℃ から始め，含水率と乾湿球温度差との関係を一段ずらした括弧内のような組合せで乾燥を進めなければならない。乾燥時間は 30 時間ほど短くなる。

次はどのようにして最高の含水率を示す材を選ぶのか，また含水率経過は

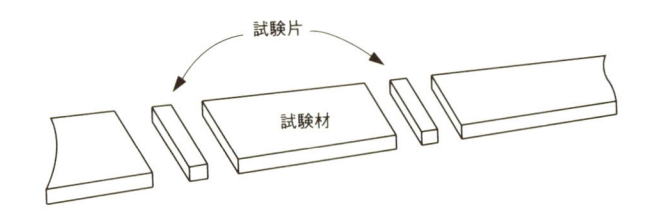

図 3-4 試験材と試験片の木取り方

どうやって測定するかの技術である。

　桟積み作業中に気を付けて見ていると，ベイツガ材の場合は年輪幅が狭く重い材があり，これが含水率の高い乾燥の遅れる材で材面が濡れていることが多い。これに対し年輪幅がやや広く材面が白く乾燥し，軽い材は含水率が50％程度のときもある。

　乾燥終了時に総ての材の含水率を均一にする必要があれば，乾燥の遅い材と乾燥の速い材との2種の試験材を選出しなければならないが，仕上げ含水率に5～14％程度のばらつきがあってもよいときには乾燥の遅いと思われる材だけ選出すればよい。選出した板は木口部を30～40 cm 切り捨て，長さ60～70 cm の試験材を図3-4のように鋸断し，両側で試験片を取り重量測定して乾燥器(100～105 ℃)へ20時間ほど入れ全乾重量を求めてから含水率を算出する。試験材は2枚も取ればよい。

　それぞれの試験材両端で取った試験片の含水率の平均が試験材の推定含水率でこの値と試験材の重量とから次の式で試験材の推定全乾重量を算出する。

$$W_0 = \frac{W_u}{1 + U/100} \quad [g]$$

　　W_0：推定全乾重量 [g]，W_u：生材時重量 [g]，U：推定含水率 [％]

　重量測定した試験材は桟積みのパッケージパイリングした台木の空間に小さい桟木を置いた上にのせればよい(写真3-3)。

　乾燥開始時は送風機を回転し調節計の乾球と湿球温度をともに60 ℃に設定し，増湿管の蒸気を噴射して加熱管の元バルブをかなりしぼり，室温を60 ℃程度に1時間ほどかけて上昇させる。その後は風上側の乾湿球温度差を3 ℃，室温は56 ℃としそのままで2日ほど置く。この間に試験材の重量

写真 3-3 試験材の置き方

を朝夕測定し，送風機の回転方向は3時間毎に変換し，送風機モーター回路にインバーターが付けてあれば回転数は最大値としておく。

試験材の推定含水率は試験材の重量と推定全乾重量とから次式により毎回算出する。

$$U = \frac{W_u - W_0}{W_0} \times 100 \quad [\%]$$

W_u：測定時重量 [g]，W_0：推定全乾重量 [g]，U：推定含水率 [%]

試験材の推定含水率が50％になったら風上側の乾湿球温度差を4℃に変え，その後は含水率の降下に応じて乾燥条件を次々と変えて行けばよい。この際乾湿球温度差の変化は階段状とせず1時間ほどかけてゆっくりと変化させた方がよい。

乾燥が終末に近づけば引抜きやすい材を取り出し電気抵抗式含水率計(針状電極，温度補正)で節の近く，辺心材の境，無欠点部分などを調べ，試験材含水率も重量から計算してみて含水率の高い材が目的の含水率(例えば10％)になっていれば加熱管を止め，吸排気孔を閉め生蒸気を噴射させ室内湿度を高くして5時間ほど保った後に生蒸気の噴射を止め冷却する。一般に夕刻乾燥を終わり翌朝搬出する例が多い。

以上が蒸気加熱式IF型乾燥法の概略である。除湿式乾燥室の操作方法は多少違うので後出の項(3-4)で改めて一括して述べる。

3-3　蒸気加熱式IF型木材人工乾燥法の実際

　この項では本格的な高度の乾燥技術を身につけるため桟積み法，試験材用原板の選出および乾燥スケジュールの修正方法などについて詳しく説明する。対象は蒸気加熱式IF型乾燥室を中心としている。

3-3-1　桟積み作業

　被乾燥材を桟積みするだけの仕事は単なる労働で，さしたる技能を要するものでもなく注意事項を守って実施すればよい。しかしこの作業では被乾燥材の材質，等級などを観察する仕事と，試験材用の原板を抜き出す作業とを並行して行わなければならず，これらの仕事は極めて高度な感覚と技術を要し，単なる労働とは異質の内容である。

　一方，選出した試験材用原板から試験材を木取る作業は，桟積み作業と全く同じように多少の経験をつめば間違いなくやれる仕事である。

　また桟積み作業中に材をよく観察して適当な乾燥条件，すなわち乾燥スケジュールを推理決定する経緯は上記桟積み作業や試験材の木取りと並行して頭の中で順次かたまって行くもので，作業別に分離して項目を追って説明しにくい内容ではあるが，一応話の順番として桟積み作業の具体的な仕方から説明にはいる。

　桟積み作業自体は容易であるが桟積みは木材乾燥操作の第一歩であるから緊張して取り組まなければならない。1つの乾燥室へ同時に入れて乾燥する材料は同一樹種，同一厚さ，同一含水率のものが望ましく，2種以上の違った材料が入ると乾燥条件をゆるくする方の材料に合わせて乾燥するため，より乾燥の容易な材料に対しては乾燥日数が延長され，過乾燥になったり調湿に手間取り乾燥費も割高となる。

　また同一樹種，板厚でもブナ材のように偽心材を持つ材料や，スギ材の如く初期含水率が甚だしく違う材料の場合は異樹種を同時に乾燥したような結果となるため，予備的に天然乾燥を実施して含水率をそろえてから人工乾燥をする方がよい。

3-3 蒸気加熱式 IF 型木材人工乾燥法の実際

写真 3-4 人力による桟積み作業（直接台車上に積む方式）

写真 3-5 フォークリフトによるパッケージの台車上への積み込み

　乾燥室は材の選別機械ではないので，乾燥した際に使い物にならないほど狂ったり，さけるような材料は桟積みしてはならず，桟積み中は材質をよく観察し，乾燥終了時の歩留まりの姿を心の中にしっかりと描いておき，実際に乾燥が終了して桟積みを解体したときの現実と比較し，己の未熟さを知り勉強し続けなければならない。

　桟積みの方法には大別して2種類あって，台車上に直接1段ずつ積み上げて高くして行くものと，1 m ほどの幅と高さの小型桟積みを地面の台木上に作り，フォークリフトで直接乾燥室内に搬入積み上げたり (パッケージパイリング)，屋外で台車上に積み上げてから乾燥室内に押し込む方法 (Rail loading) などがある (写真 3-4, 写真 3-5)。

写真 3-6 耳付き材の桟積み

　桟積み高さが 1.3 m 以上になると人力による桟積み作業が困難になるため，パッケージパイリングが普及しているが，フォークをさし込むために置く厚い台木の部分を風がす通りする無駄と，乱暴にフォークリフトで扱うと桟木の位置がずれる心配が多い(写真 3-5)。また乾燥室内に直接フォークリフトで積み込むときには天井が高くないと作業ができない。

　パッケージが桟積み幅に対し左右 2 列になる際，両者を密着させると桟積み材が互に通風をさえぎる心配があるため，5～6 cm の間隔を開けるべきであるが，桟積みが互にぶつからないように間隔をあけてフォークリフトで操作すると桟積みが密着する例は少ない。

　桟積みに使う桟木厚さは被乾燥材と桟積み幅，材間風速などによって変化させるべきであるが，材間風速 1 m/sec、桟積み幅 2 m、風向の切換有のとき，2.7 cm 厚さ程度の広葉樹材で 2.1～2.3 cm の桟木厚さが一般である。同一厚さの針葉樹材に対しては桟積み中央部の乾燥遅れの防止からみて材間風速を 1.5 m/sec 程度にするか，桟木厚さを 2.3～2.4 cm にした方がよい。また天然乾燥の場合，桟木厚は 2.5 cm ほどが望ましい。

　桟木の長さが必要以上に長いとパッケージパイリングのときには桟積みから突出して互に邪魔をする。

　桟積みする場合，蒸気加熱式 IF 型乾燥室で生材から直接人工乾燥する際には板と板との横間隔を柱材以外では密着させて積むが，耳付材の場合は空

写真 3-7　柱材の桟積み(背割り面が側面に見られる)

間ができ，収容材積は 0.7〜0.8 と減少する(写真 3-6)。

　柱材の場合は柱と柱との隙間は約 2.5 cm とし，無欠点の材面を桟積み側面に向けて直接風をあてない方が，割れ防止から見てよい(写真 3-7)。

　1 cm 以下の化粧用薄板の乾燥では，桟木のあとが付くのを避けるため，表面側を内側に 2 枚重ねに乾燥するとよい。

　人工乾燥をする前に予備的に天然乾燥を実施し，そのままの桟積み形状で乾燥室へ移動する場合は，桟木厚を人工乾燥室の条件に合わせて薄くしているため，天然乾燥中に桟積み中央部の乾燥が遅れる。これを防止するため，板と板との横間隔を設けるが，その間隔は板幅によって異なり，板幅 15 cm に対し，3.5 cm ほどとする。

　このような桟積みの仕方は蒸気加熱式 IF 型乾燥室以外の自然対流式乾燥室でも実施している。

　桟積みに際しては被乾燥材の一方の木口がそろうようにし，木口面ぎりぎりの場所に桟木を置き，木口割れの発生や裂けの伸展を防止する。他端の木口は材長に多少の違いがあるので最短の長さに合わせてぎりぎりの位置に桟

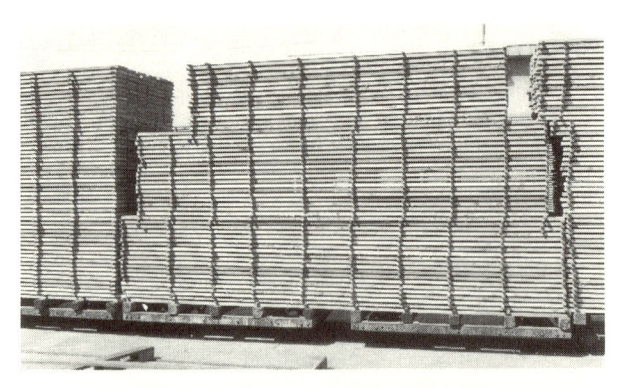

写真 3-8　材長の異なった板材の桟積み方法

写真 3-9　桟木間隔が広すぎてあて材部が狂った例（ラワン薄板）

写真 3-10　台木と桟木とのずれによる板の狂い

木を置くが，材長に大きな差があるときには長尺材を桟積みの下部に置く(写真3-8)。

桟積み台車を2台以上乾燥室へ入れるときは木口面の揃った面をお互いに合わせて密着させるので，桟積みするときには各台車でこの位置が前後に変化することに注意しなければならない。

桟木間隔は，板厚が1〜2cmの薄板で特に狂いやすいと思ったときは30 cm 以下(写真3-9)，2.5〜3.0 cm厚の材で60 cm，5〜6 cm厚では80〜90 cm，柱材では1m以上とするが，このように桟木間隔を色々変化させると，一番下の板と台車との間に入れる桟木のなかに十分上の重みに耐えられない台車位置に来てしまう桟木があって，その位置では桟木による圧締矯正効果が減少する心配がある。

またパッケージパイリングのときには大略2m材に対し4本程度の台木を置きフォークリフトの爪を入れやすくしているので，桟木位置と台木位置との関係がずれ，板を狂わせる心配が多い(写真3-10)。

このため桟木数を2m板材に対し4〜5本とか，4m柱材に対し4本と定め，正確に台木上に桟木が来るように積むのも1つの方法と言える。

また桟積み側面に大型の送風機を置くヒルデブランド社式送風方式の場合は，桟木と送風機との関係位置を正しく守った位置に桟木を置く必要がある。

桟積みするとき桟木は正しく上下方向に垂直に置くことが大切で，これがずれると曲げの力が板に加わり，そりや狂いが生じるから特に注意しなければならない。桟木を正しい間隔で上下に揃えて積むことは乾燥歩留まり向上からみて大切であり，そのための桟積み用定規も利用されている。

桟積みの高さが1m程度のパッケージのときは，地上に置く自立型の定規(図3-5)，桟積みが高くなるときには順次桟積みの上の方にさし込んで上へ上へと移動できる形式のものが考えられているが作業になれるとあまり利用していない(図3-6)。

多量に材を乾燥するときや重い材を扱うときには自動桟積機が便利である。このときは真直な桟木でないとスムーズに桟木が自動セットされない。

桟積み手作業は1日3人で20 m³ ほどの材を桟積みして解体できるが，短尺薄板であれば14 m³ほどに減少する。

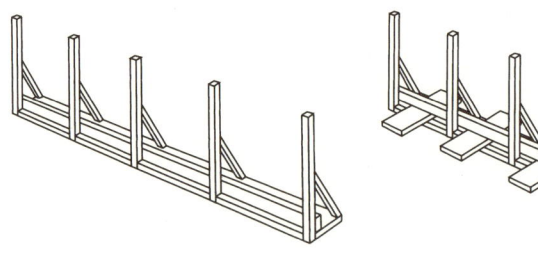

図 3-5　地上に置く自立型の桟積み定規　　　図 3-6　差し込み式の桟積み定規

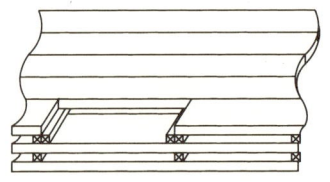

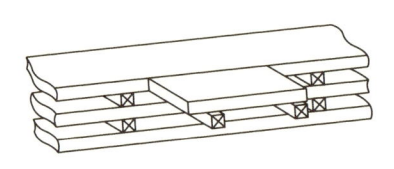

図 3-7　試験材を入れる場所の作り方　　　図 3-8　試験材の置き方の一例

　桟積み作業中は材料の等級や節，あて，材色などを観察し，後述するスケジュール決定の参考にしなければならない。また乾燥した際に狂ったり損傷が多数発生して使えないような材は桟積みから除くべきである。
　桟積みをしてから天然乾燥する場合は別として，直接人工乾燥をするときには試験材の選出も桟積み作業中に行う。具体的な方法は後述するとして桟積み後に天然乾燥する場合は試験材をこの段階では選出しない。
　桟積み後ただちに人工乾燥し，しかも台車上に直接桟積みして行く場合は桟積みが1.2 m（目の高さ）ほどになったとき，試験材を置く場所を桟積み側面に設けるのが本式であるが，板幅が狭く風の乱れが少ないときには面倒なので桟積みからはみ出して置くこともある（図3-7, 図3-8）。
　試験材の数は1室に2〜3枚であるから1つの桟積みの両側とか，片側なら2つの桟積みに設ける。
　パッケージパイリングの際は台木を入れた空間に試験材を置けばよく，特に試験材を置く場所を設けなくてもよいが，この位置は通風が良いので試

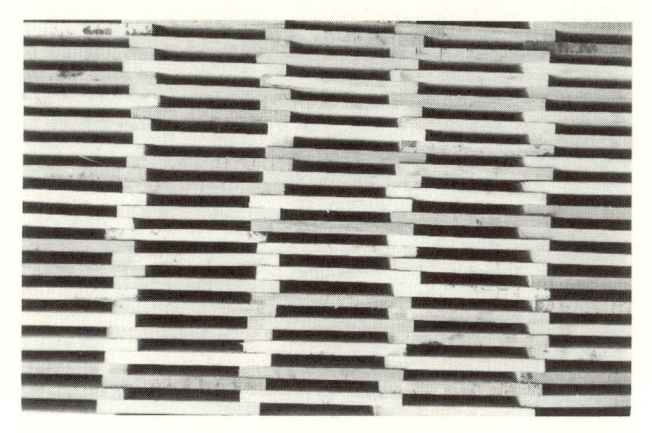

写真 3-11　短尺材の積み方

材の乾燥がやや先行していることを念頭に置かなければならない。

桟積みが終わり，最上段にコンクリートの重しを置けば上部5～6段の板の狂いも防止できる。

特殊な形状の材や短尺材は桟木を使わない（写真3-11）。

3-3-2　乾燥スケジュールの決定と試験材用原板の選出

乾燥前の準備作業として材を桟積みしなければ作業は進まないが，これと同時に乾燥スケジュールを決定し，試験材も選出しなければならない。

桟積み作業に先立ち材が入荷したと同時に購入先を調べ樹種，産地を知り，丸太であればその形状，木口部の色や年輪幅を調べ，製材品でべた積み状態になっているときには，取り出しやすい上部の数枚を引き抜き厚さ，等級，辺心材の別，木取り（柾，板，追柾）や含水率の大略を認識あるいは推定しておき，机に戻り適当なスケジュール表を一応探してみる。

求める資料が見当たらないときは類似の材（科，属，比重の近いもの）の乾燥スケジュール表で代用する。同じ樹種のスケジュール表であっても，厚さが薄いときには乾燥温度を5℃上げ，材の等級が低いとか5 cm以上の厚材であれば5℃下げるなどの修正をして，大略の乾燥条件と時間を決定しておく。

例えばレッドメランチの1インチ材（生材寸法2.7 cm）の乾燥で表3-2の左

表 3-2 材質による条件変化の一例(レッドメランチ1インチ材)

(試験材:心材柾目, 2.7 cm 厚)

含水率範囲(%)	全乾比重 0.45		全乾比重 0.5	
	乾球温度(℃)	乾湿球温度差(℃)	乾球温度(℃)	乾湿球温度差(℃)
生〜50	55	4	50	3
50〜45	55	4.5	50	3.5
45〜40	55	5.5	50	4
40〜35	55	7	50	5
35〜30	60	10	53	7
30〜25	65	14	57	10
25〜20	70	22	63	15
20〜15	75	25	70	23
15 以下	80	30	70	30

乾燥の最も遅い材を生材から乾燥して,含水率10%以下になる時間は左のスケジュールで6日,右では10日。

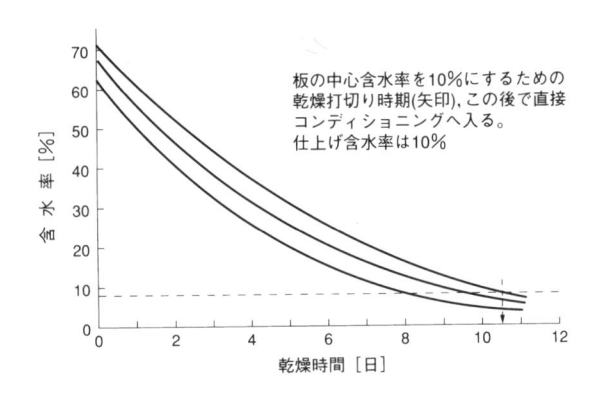

図 3-9 試験材の乾燥経過の模式図(家具用広葉樹1インチ材)
乾燥の遅い試験材の中心部が10%になるまで

側の乾燥条件を材の入荷当時に選出したとして,桟積みを開始してみると材が重く比重が高いように感じられたときは乾燥条件をゆるくして,右側のスケジュールに修正すると言った操作である。

全乾比重の大小は材の重さだけでは含水率の影響があって判別できないが,触ってみたときの材の硬さである程度は判断できる。

また材の等級が低く,あて,節,繊維の乱れなどの多い材のときはさらに表 3-2 の右の条件より温度を 3 ℃程度低くするなどの修正をするわけであ

るが，この技術はかなり経験を積まないと修得できない。

　次は試験材用原板の選出である。試験材は主として乾燥の遅速の状態を見るためのもので，乾燥操作としては乾燥の遅い組の材の含水率降下に合わせて条件を変化させ，乾燥終了時の判断も乾燥の遅れている材の平均含水率が目的の仕上げ含水率以下になったときとするため，試験材には乾燥の遅そうな材を選出するが，調湿を行ってすべての材の含水率を10％±1％に収めようとするときには乾燥が速く，含水率が目的の含水率より大幅に低くなる材の含水率に注目する必要があり，乾燥の速そうな材も選出する(図3-9)。

　ただし極端に乾燥の遅い数枚の材の存在は無視し，試験材としては選出しない。これらは乾燥終了時に未乾燥材として排除するわけであるが，手作業ですべての板の含水率を電気式含水率計で調べるのはかなりの労働となり，間違って混入した高含水率材のためにテーブルトップの一部に凹みが生ずるなどの例は決して少なくない。

　同一樹種内や同一の属内(輸入南洋材など)でありながら初期含水率や乾燥速度の違いの大きい材は，日本産広葉樹材ではナラ，ブナ，ハルニレ，シイ，タブ，カツラ材などで，輸入広葉樹材ではフタバガキ科のラワン・メランチ類，メルサワなどと，ニヤトー材などで，このうちブナ材は偽心材を形成するため辺材部と偽心材部とが同じ板や桟積み中に混在するため試験材の選出や操作が面倒になる。広葉樹材は一般に柾目材の乾燥が遅い。

　針葉樹材ではスギ，ベイツガ，ベイスギ，ベイモミを除けば初期含水率のばらつきや乾燥速度の遅速がさほど大きくなく，試験材の選出は広葉樹材と比較して楽であり，板目，柾目の乾燥速度の差も少ないから，適当な追柾材を選出すればよい。ベイツガなどは年輪幅の狭い材に高含水率で乾燥の遅い材が多い。

　あまり経験が無く樹種名のはっきりしない材の乾燥の遅速を判断する技術は極めて困難で，広葉樹材で乾燥の遅いものは心材に濃赤褐色の縞模様のある材，木口から見て年輪幅が不整であてのある材，ナラ，タモ，ケヤキ材のように年輪のよく見える環孔材では小径木で年輪幅の広い材，重い材，樹心に近い材などである。逆に乾燥の速い材は心材色が淡く材に透明感がある。

　製材直後の材で晴天の日に桟積みを行っていると，材表面がたちまち乾燥

して白くなるようなものは乾燥の悪い材で，乾燥の速い材は陽に照らされても表面がいつまでも湿潤さを保ち，青色の変色部（ブルーステイン）の認められる場合が多い。

一方割れやすい材は板目材の木口部分に長い裂けがあり，手に刺のささるような材に多く，狂いやすい材は繊維の不整やあて部があり，板の表裏で繊維方向が異なる板に多い。

以上の判定方法は客観性に乏しいが，経験をつめば本人としてはかなり納得できる判別方法となる。

一般に比重の高い材は低比重材と比較して水分の移動性が悪く，収縮率も大きいため，ゆるやかな乾燥条件を適用すべき原則にはなっているが，これはあくまで平均的原則であるから，あまり生真面目に信ずると個性の強い材を扱ったときに失敗する。

以上の点に着目し，乾燥の悪そうな材として広葉樹では柾目材で色の濃い縞のある重い材，中庸な材として追柾木取りの心材色のあまり濃くないもの，乾燥のよい材としては板目木取りの色の淡い軽い材を試験材用原板として選べばよく，針葉樹材は追柾材で重いものと軽いものとを選出すればよい。選出した原板は一括しビニールシートをかぶせ，試験材の木取り用とする。

ただしブナ材の場合や，小径材で辺材部の割合の大きい丸太からの製材品は，含水率が高く乾燥のよい辺材部と，あまり含水率は高くないが乾燥の遅い心材部の試験材用原板を抜き出す必要がある。

ここで重要な点は，自分が選出した，各グループの材料に似ている材が，全桟積みの何％をそれぞれ含めているかの認識をはっきり持つことである。

天然乾燥を終えた材を人工乾燥するときは，桟積みの抜きやすい場所から10枚ほどの材を取り出し，電気式含水率計で一応含水率計の目盛りの振り具合いを調べ，含水率の高い数値を示す材と，低い数値を示す材とを選出し，材色なども勘案し試験材用の原板とする。この際含水率計の指示値はあまり信用できない。

3-3-3 試験材の木取り

桟積み作業が終わりに近づき一段落したら先に10枚ほど選んで置いた板

写真 3-12　恒温乾燥器と上皿天秤

表 3-3　乾燥室で準備する秤

種　類	最大容量	感　度
台　秤	5 kg 50 kg	2 g 20 g
上皿天秤	100 g 500 g	0.05 g 0.2 g

を地上に広げ，似た材質のグループごとに仕分け，色，重さ，年輪幅などを観察し，それぞれのグループの中から最もそのグループを代表するにふさわしいと思われる材を1枚ずつ残し，その他は桟積みへ戻す。

　試験材の木取りに際しては，ハンドソー，台秤(上皿棹秤がよくスプリング秤は精度が悪く不安定で駄目)，上皿天秤，恒温乾燥器，ノギス(キャリパー)，スケール，マジックインキ，鉛筆(4～6 B)，野帳を準備する(写真3-12)。

　台秤や上皿天秤の容量は試験材の厚さ，幅，長さによって決定されるが色々の種類の材を乾燥するので1種類だけでは無理で，2種類の容量のものをそれぞれ最初に用意しておいた方がよい(表3-3)。柱材を専門に乾燥するときは専用の台秤(写真3-13)があると便利である。

　また電気式の自動指示重量計(直示天秤)も多数販売されており作業性向上のためと間違い防止から利用すべきであるが(写真3-14)，標準分銅との誤差

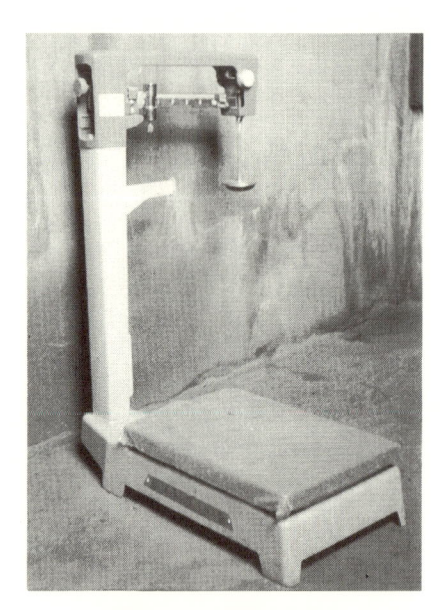

写真 3-13 柱材測定用台秤

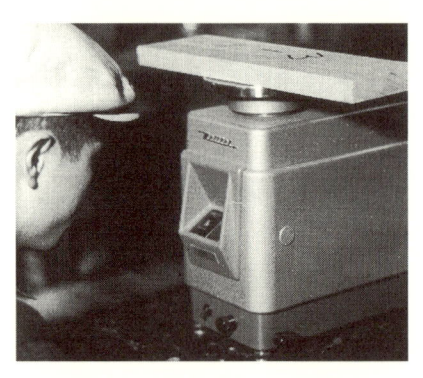

写真 3-14 直示天秤による重量測定

を時折検定する必要がある。電気式含水率計については後出の「9章　木材の物性」の中で説明してあるが針状極の抵抗式含水率計と高周波式含水率計(押し当て式)とを購入しておくとよい。

　先に選んだ試験材用原板から試験材を木取る際には節，さけ，腐れなどの場所を避け，木口部分も先行乾燥しているから除かねばならない。

ただし針葉樹材では小さな節は問題にならない。軽度の欠点部分を含んだ試験材を選び損傷発生の観察に供することもあるが、一般企業では試験材の目的が乾燥経過を知るにとどまっている。また試験材は無欠点部分を使うので割れなどの損傷の発生は少ない。

実験室的には乾燥応力の経過や、材内の含水率分布の測定を行う目的で70～80 cm のやや長い試験材を使い、乾燥経過中に順次鋸断して測定に供する場合もある。

新設した特殊設計の乾燥室につき、性能試験を実施する場合や乾燥室内の場所による乾燥むらを測定する際には、できるだけ同質の試験材を桟積み内の各所に設置し、それぞれの乾燥経過を比較検討する。このときは各々の試験材の材質が異なると困るので、一枚の原板からできるだけ多くの試験材を取るようにし、試験材の長さを短くする。

特殊設計の乾燥室で風下と風上側との乾燥むらや、乾燥室前後の乾燥むらが大きい場合には、それぞれの場所に同質の試験材を1枚ずつ置き乾燥経過を確認しながら乾燥を進めることもあるが、乾燥むらの小さい両循環方式のIF 型乾燥室であれば、1枚の原板から木取る試験材数は1枚で十分である。

ただし試験材両端で測定した試験片の含水率が5％以上違うと両者の算術平均値を試験材の推定平均含水率としてよいか否かの問題があり、好ましい試験材とは言えないから、安全をみて1枚の原板から2枚の試験材を取ることも初心者には必要である。

また初期含水率測定用試験片の生材時重量の測定に際し、偶発的測定ミスを犯すと、含水率を計算したときの値に異状な数字が出てしまい、気が付いたときは後の祭りとなる。全乾重量の再チェックは可能であるが、生材重量は再度測定ができないから、常に測定に当たっては「絶対に間違いなし」の確認と気合いで測定しなければならない。

試験材の木取りにあたっては、野帳に木取り図を書き、試験材と試験片の符号は常に統一させておく必要がある。一例を図3-10, 図3-11 に示す。

試験材や試験片の中央部で板幅、板厚などの収縮率測定をするときには生材時の寸法を測定しておくが、正しい板目か柾目でないとあまり参考にならない。

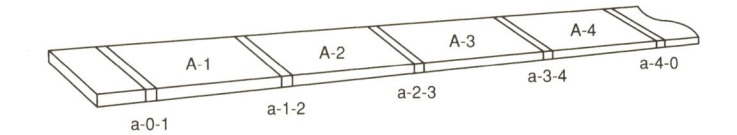

図 3-10　多数の試験材を採材する場合の符号の付け方

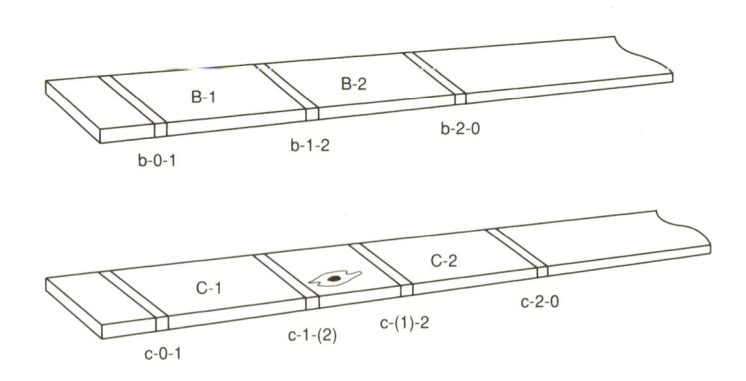

図 3-11　少数の試験材や節部を避けて採材する場合の符号の付け方

写真 3-15　試験材の木取りの検討

3-3 蒸気加熱式 IF 型木材人工乾燥法の実際

写真 3-16 試験片の鋸断

写真 3-17 試験材のエンドコート

写真 3-18 試験片の並べ方

試験材の記号はマジックインキで直接板の木表側に書き，試験片は小さいので鉛筆で記号，重量を書き込む。写真 3-15 に試験材の木取りを検討している姿を示す。写真 3-16 はハンドソーによる試験材の鋸断作業である。

　試験材を切断し試験片を木取ったときは，特に試験片は乾燥しやすいので直ちに重量測定するか，手早くビニール袋に収めて測定までの乾燥を防止する。

　切断した試験材の木口部は乾燥を防止するため，銀ニスの類を塗布する(エンドコート)。銀ニスの塗布による試験材の重量増加は，それほど大きくないので試験材の重量測定後に塗布した方が半乾きのニスで手が汚れなくてよい(写真 3-17)。

　試験材や試験片の重量測定結果は野帳に書き込むわけであるが，その前段階として，秤量時に試験材や試験片に直接数字を書き込んで置き後で野帳に整理するとか，試験片と試験材との重量を別の紙に書くようにした方が手順がよい。

　重量測定した試験片はあらかじめ 100～105℃ に調節しておいた恒温乾燥器へ直ちに入れて乾燥する。乾燥器へ試験片を入れるときは十分間隔をとり，重ねない。重ねたりすると空気の流通が悪くなり乾燥時間が延長されるばかりでなく，温度の調節が狂い下部が過熱され焼ける心配がある(写真 3-18)。

　試験片が繊維方向に 2 cm 以下の厚さなら大略 24 hr で全乾となるが翌朝現場ではすでに乾燥が開始されるのでこの時刻に大略の含水率を知るため，一応重量測定をして含水率を略算して試験片に鉛筆で薄く重量と含水率を書き込んでおく。

　表 3-4 に試験片含水率の測定記入例を，平均した値を表 3-5 に示す。

　試験材両端で取った試験片の含水率が 5％以上違うときは試験材の全乾重量の推定計算に誤差が生じやすいので，その試験材は用いない方がよい。

　試験材の全乾重量 W_0 の推定は，試験材両端で取った試験片の平均含水率 U を試験材の含水率とみなし，次式で算出する。

$$W_0 = \frac{W_u}{1 + U/100} \quad [g]$$

　3 種の原板から採取した試験材の推定平均含水率と試験材の推定全乾重量

3-3 蒸気加熱式 IF 型木材人工乾燥法の実際

表 3-4 試験片の含水率測定例

(樹種ミズナラ,板厚 2.7 cm)

試験片番号	生材重量(g)	全乾重量(g)	含水率(%)
a −0−1	104.1	57.6	80.7
a −1−2	100.6	55.1	82.6
a −2−3	110.0	60.0	83.3
a −3−4	98.1	53.0	85.1
a −4−0	116.1	62.9	84.6
b −0−1	71.3	48.2	47.9
b −1−2	68.4	45.1	51.6
b −2−0	74.7	49.7	50.3
c −0−1	80.1	50.2	59.6
c −1−(2)	84.8	52.5	61.5
c −(1)−2	76.3	47.1	62.0
c −2−0	74.1	45.0	64.6

$U = ((W_u - W_0)/W_0) \times 100 (\%)$

表 3-5 試験片含水率の平均法

(樹種ミズナラ,板厚 2.7 cm)

試験片番号	試験片含水率(%)	平均含水率(%)
a −0−1	80.7	81.7
a −1−2	82.6	
b −0−1	47.9	49.8
b −1−2	51.6	
c −0−1	59.6	60.6
c −1−(2)	61.5	

含水率の測定は JIS によれば0.5%までの精度となっているが,低い含水率の乾燥速度を検討するには 0.2%までの精度が必要である。

表 3-6 試験材含水率と推定全乾重量

(樹種ミズナラ,板厚 2.7 cm)

試験材番号	生材重量(g)	推定含水率(%)	推定全乾重量(g)
A −1	417.2	81.7	229.6
A −2	395.2	82.9	216.0
A −3	406.8	84.2	220.8
A −4	407.2	84.9	220.2
B −1	263.2	49.8	175.7
B −2	270.8	51.0	179.3
C −1	291.6	60.6	181.6
C −2	288.8	63.3	176.8

表 3-7 乾燥経過野帳

時刻			経過時間(時)	A-1		B-1		C-1	
月	日	時		重量(g)	含水率(%)	重量(g)	含水率(%)	重量(g)	含水率(%)
6	11	8:00	0	417.2	81.7	263.2	49.8	291.6	60.6
推定全乾重量(g)				229.6	0	175.7	0	181.6	0

樹種ミズナラ
板厚2.7cm, 18cm幅
平成4年6月11日～　月　日

の記載例を表3-6に示す。

　また，乾燥経過中に試験材の重量を記入する表も準備し(表3-7)，乾燥経過を書き入れる方眼紙も用意しておく。

　試験材の木取り作業は桟積みと並行して行うので試験材の木取りが済む頃には桟積みは乾燥室内に収められている。試験材の重量測定と木口のエンドコートが終われば試験材を桟積み内に収める。パッケージパイリングのときは台木が厚いので，台木の間に短い桟木を置いてその上に試験材を置く(図3-12)。また先の図3-8のような置き方もあるが，桟積み内の空気の流れを乱し試験材の乾燥が促進されるのであまり良い方法とは言えない。片循環方式の桟積みから風が吹き出す側に置く場合は乾燥が遅れる。

　試験材を置いた場所の上または下の板に試験材番号を書いておくと重量測定で取り出したときに入れ場所を間違えなくてよい。

　両循環方式のときは桟積みのどちら側へ試験材を置いてもよい(図3-13)。桟積みを2列にするダブルトラックの場合は，乾燥の遅れやすい中央側と乾燥の速い外側に同質の試験材を図3-14のように置く方がよいが，数回の乾

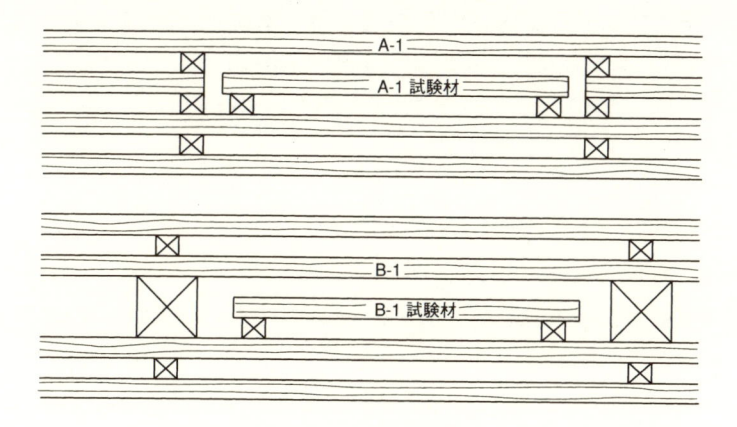

3-3 蒸気加熱式 IF 型木材人工乾燥法の実際　　　　173

図 3-12　試験材の置き方

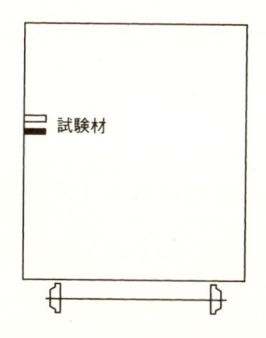

図 3-13　試験材を置く位置(桟積みが1列の両循環方式, 黒と白とは材質の違う試験材)

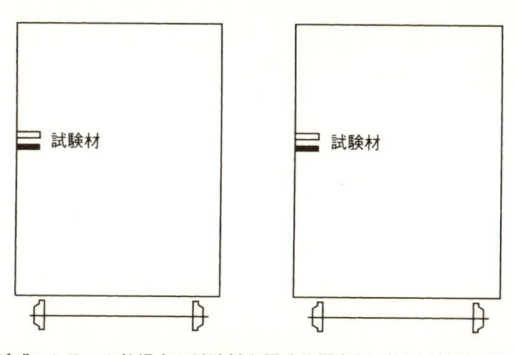

図 3-14　ダブルトラック乾燥室の試験材を置く位置(黒と白とは材質の違う試験材)

燥を経験すれば，乾燥の悪い中央部の含水率の遅れが推測できるようになるから乾燥の速い外側だけの試験材でも操作は進められる。

乾燥開始に先立ちバッフル(気流遮断板)を正しく設置し湿球の水の給水状態を確認し，ガーゼの交換を行う。

3-3-4 乾燥スケジュールに準じた温湿度の調節方法と注意

桟積みを終え試験材を設置し，いよいよ室温を上昇させ，自分の責任で乾燥室を運転する段階になると，150万円からの材料が室内に入っていると思い心穏やかでない。

この不安は自分が選出したスケジュール表通りに乾燥を進めたとき，被乾燥材にひどい損傷が発生しないかという心配と，選出した試験材の含水率変化にしたがって条件を変化させていったとき，予定の時間内に試験材の乾燥が終了するかどうか，さらには被乾燥材のすべてが試験材と同じように乾燥してくれているだろうかなどの点に要約される。

既存のスケジュール表もあまり信用できず，これから乾燥しようとする被乾燥材の性質もよく解らず，乾燥し終わって初めて材の性質が解ると言った状態では乾燥操作は暗闇の中を手探りで進むようなものとなる。

本格的にこの不安を解消するには被乾燥材の性質を短時間に推定する「未知の材に対する乾燥スケジュールの推定方法」に頼らざるを得ない(後出5-3参照)。

しかし多くの場合は手慣れた材料であるから材質の違いで乾燥時間が多少伸び縮みする程度で，基本的に乾燥条件(乾燥スケジュール表)を変化させるまでの修正は少ない。

こうした場合，時間経過を基準にした比較的安価な自動温湿度制御装置(プログラムコントローラー)があると省力にはなるが，試験材の含水率経過と桟積みの様子だけは常に見て，必要に応じ条件を修正する必要がある。

乾燥操作の手順は，(1)室温の上昇と設定した乾燥スケジュール表に従った乾燥初期条件の設定。(2)乾燥の進行とともにスケジュール表に従った条件の変化。(3)乾燥中の試験材の乾燥曲線と予定乾燥曲線とに大きな違いが生じたり損傷発生の兆しを感じたときの対策。(4)乾燥終了時期の判断。(5)

調湿(イコーライジング，コンディショニング)。(6)冷却取り出し。(7)桟積み解体時の仕上がり状態の観察。(8)乾燥結果の整理考察などである。

　木材人工乾燥で注意しなければならない時期は乾燥の前半の1/3～1/2で，この時期を安全に経過してしまえば心持ち柱材は別として乾燥の後半は損傷をそう心配しなくてもよい。またラミン，タビキ，熱帯産ポドカルプス(イヌマキの類)材など極めて割れやすい材を除き，乾燥初期の微妙な時期と言えども，当てはめた条件が非常識に厳しくない限り，一気に割れが全体に生じて取り返しの付かなくなるような被乾燥材は少ない。

　4～5時間おきに入室し，注意して桟積みの木口部の割れを観察しておれば，割れに限っては発生の兆しが感知できる。ただし，半加工してあるゴルフクラブヘッド，お椀，刳り盆，木管などは微少な木口割れも許されず，心持ち柱材も極めて割れやすい材料であるから，僅かな湿度条件の違いによっても一気に多量の割れが発生する危険があり，最初の乾燥条件の設定や事後の条件変化に対しては，極めて慎重な注意が必要となる。

　このように湿度条件の不適当さによって生じる割れなどの損傷とは別に，温度条件が高すぎたときに生じる損傷には変色，狂い，収縮率の増大，内部割れ，落ち込みなどがある。この種の損傷に気付くのはどちらかと言うと乾燥終了後に桟積みを引き出して解体するときや，横切時とかプレーナーがけのときなどで，乾燥途中で軌道修正しにくい。これらの損傷に対しては，被乾燥材が乾燥温度に対して影響されやすいか否かの程度，言い換えると高い温度で乾燥すると細胞の落ち込みが生じやすい材質かどうか，あるいは部分的にそうした組織(あて部など)を持っているか否かの判別技術を身に付けなければならない。

a. 乾燥経過図の作成

　乾燥に際しては既存のスケジュール表を参考にする。これらは一般に温湿度(温度と乾湿球温度差)と含水率との関係で示してある。この種の含水率スケジュール表には乾燥所要時間の書かれていないものも多いが，親切な表には仕上げ含水率10％あたりを目標とした生材からの乾燥時間が示されている。

　しかし乾燥時間が記入されていても，乾燥経過図は無く，初期含水率と仕上げ含水率(10％)とを直線で結んだのでは実際の乾燥経過曲線とはならない。

乾燥スケジュールならびに乾燥時間は生材から昼夜連続で乾燥を続けたときのもので，間歇的に昼間だけ乾燥する場合や，天然乾燥後に人工乾燥する際には別の考え方で対応する必要があるので，詳しくは後述する。

　もちろんスケジュール表が作られたときは当然乾燥経過は測定されてはいるが，公表する際に乾燥の遅い材として初期含水率が高いために乾燥に時間のかかった材を選ぶべきか，初期含水率はそれほど高くなくて，材自体の乾燥速度が遅いために時間を要した材を選ぶべきかの問題などもあって，あまり細かな表示はかえって利用者の誤解を招きやすいため，乾燥経過は示さない習慣となっている。

　結局スケジュール表と言ったものは，難しい材になると乾燥時間との関係では，同一樹種内でも一桁程度の精度しか表現できないものである。

　以上のような不確かさはあるが，樹種，産地が明らかで市場性も確立している材であれば，多くの経験から先のベイツガ材の表3-1のようなスケジュール表も示せる。しかしこれとても初期含水率がより高い材に対しては余分の時間をかけなければならず，試験材の含水率を常に測定しながら操作する面倒さは避けられない。

　乾燥経過曲線は板厚と自由水の移動性や結合水の拡散程度，乾燥応力の発生時期ならびに推移の仕方，乾燥末期の温度上昇の程度などでかなり違うが，大略3種類程度の乾燥曲線に要約できる。

　極めて大雑把に言うと仕上げ含水率(例えば10％または8％)まで乾燥するとき，乾燥時間の短い数mm厚の単板などはパラボラないしは双曲線的に，2～3cm厚の普通の広葉樹材は指数曲線的，乾燥の遅い厚材または乾燥初期に無理をすると乾燥末期になって乾燥速度が低下しやすいラワン・メランチ類は，含水率40％あたりまでは直線ないしは上に凸の曲線となるが，材の等級が低いほど同じ厚さの板でも直線的な姿となる(図3-15)。乾燥に時間を要する材は乾燥初期にあまり無理をしないことが肝要である。

　したがって作図的には一応指数曲線に近いものとして，図3-16のように含水率70％から30％までの40％を降下させる時間と，含水率30％から10％までの20％を降下させる時間とが等しいとした，含水率30％を境として前期と後期との乾燥速度比が2：1となる線を大体中庸と考える(図3-16

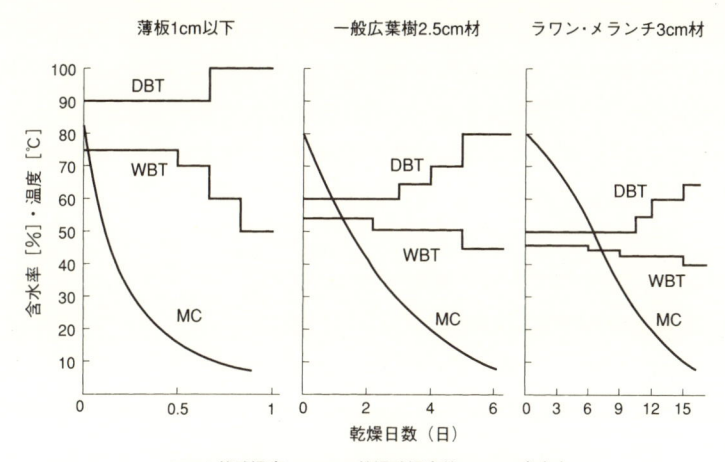

3-3 蒸気加熱式 IF 型木材人工乾燥法の実際

薄板1cm以下　　　一般広葉樹2.5cm材　　　ラワン・メランチ3cm材

DBT：乾球温度　　WBT：乾湿球温度差　　MC：含水率

図 3-15　板厚の違いによる乾燥条件と乾燥経過の違い

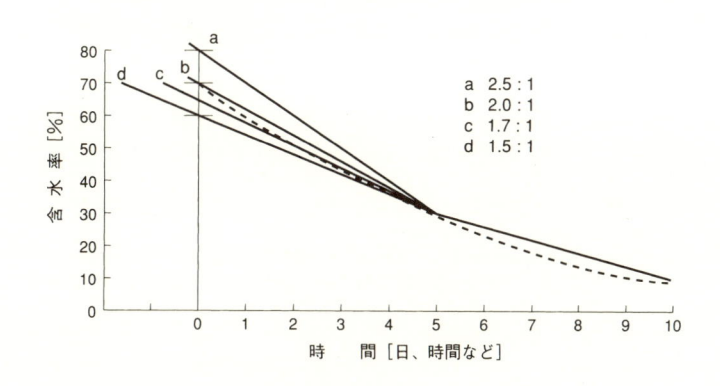

a　2.5：1
b　2.0：1
c　1.7：1
d　1.5：1

図 3-16　乾燥経過曲線のいろいろ

のb)。特に良質の2cm以下の針葉樹薄板で割れの発生しにくい材は，乾燥速度の比率を少し大とし，含水率80％から30％までの乾燥時間と，30％から10％までの時間が等しく，前後の乾燥速度比が2.5：1の線(図3-16のa)とし，また厚材および極めて割れやすい材に対しては含水率60％から30％までの時間と含水率30％から10％までの時間が等しい30％を境とした前後の乾燥速度比が1.5：1にするなどの修正を行う(図3-16のd)。

針葉樹板材(3.0～4.5 cm)の場合はこの比率を1.7：1程度とし，含水率64％から30％までと，含水率30％から10％までの時間が等しいとする線にする。ミズナラ1インチ材(生材寸法2.7 cm)もこれに準ずる(図3-16のC)。

もちろんこれらの点は直線で結ぶのではなく，図のbのような曲線(破線)に修正しておく。この曲線と，日毎に得られた含水率とを対比し，上手く合致し，しかも割れなどの損傷がなければ一応よしとするか，もう少し無理をして乾燥時間が短縮できるかと言った結論になる。

b. 室温上昇と初期条件の設定

乾燥の初期段階に高温(90～100 ℃)で木材を蒸煮してその後の乾燥速度の向上をはかる操作，初期スチーミングを行う材もあるが国内産広葉樹材ではほとんど実施せず，ラワン・メランチ類，アピトン・クルイン類が主な対象樹種となっている。

また樹脂分の多いカラマツ，ベイマツ類も脱脂と樹脂固定の目的から初期スチーミングを実施する場合がある。アカマツ，クロマツ類は樹脂固定の効果が低い。

初期スチーミングを実施すると割れやすくなったり収縮率が増大する材も多いので，ここでは一般材についての操作方法を説明する。

すでに試験片の含水率測定の概略は終わり，初期含水率のおおよその値は知れているから試験材を桟積み内に収め，湿球のガーゼにカルシウムが付着して硬くなっていないかを再確認し，吸排気筒が完全に閉まっていることを確かめ，温度指示計が正しいと思われるような低い室内温度と湿球温度とを示しているかも再確認し，温湿度定値制御装置があれば乾球と湿球温度との制御指示針を乾燥スケジュール表の初期温度より5℃ほど高い位置にセットする。この際，湿球の制御は三位置式制御になっていて蒸気の噴射と停止，吸排気筒の開閉の動作を図3-17のようにさせているため，吸排気の指示針を高温側に大きくずらしておくことが吸排気筒の開の誤動作を防止する目的から見て大切である。

すべての準備が整ったら送風機の風向切り換えタイマーを1時間にセットし送風機を回転させ室温上昇にかかる。乾燥の開始時刻は午前中か午後2時頃までが作業の段取りから見て都合がよい。乾燥を開始すると多量の蒸気を

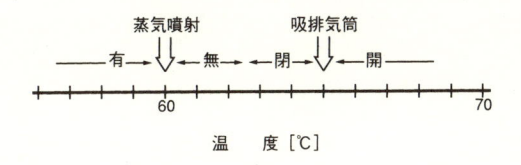

3-3 蒸気加熱式 IF 型木材人工乾燥法の実際

図 3-17 湿球温度制御の指示針のセット（室温上昇時）

消費するため，あらかじめボイラーマンに連絡しておきボイラーの水を満杯とし，蒸気圧を十分上昇させておく。

材温が十分上昇するまでは材表面からの蒸発を抑えるために湿度を高くするが蒸気を一度に多量に噴射させると，材面に水蒸気が凝結して水が溜るので，温度を90℃近くまで上昇させる初期スチーミングのときとか製材直後の高含水率材以外では蒸気の噴射と加熱管による加熱とのバランスを保ちながら，室内の乾湿球温度差が1℃以内の状態で室温を上昇させるとよい。

特に天然乾燥を終了した材に対しては，材表面を水蒸気で濡らすと事後の乾燥で表面割れが発生しやすくなるので注意しなければならない。

こうした条件にするための操作は，温湿度定値制御装置があっても，人為的にヘッダー（通気母管）部の分岐管に付けてあるバルブによって加熱管や蒸煮管（増湿管）の蒸気流量を調節しないと上手くいかない。

蒸気加熱式 IF 型乾燥室は簡単に蒸気噴射ができるので，室温の上昇は急速かつ安全に行えるが，煙道式乾燥室や，増湿装置の無い除湿式乾燥室では，厚材の温度上昇をあまり急速に行うと材面が乾燥して事後の乾燥に悪影響を与える。

風向切り換えの自動装置の無い乾燥室では室温上昇中は手動で1時間に一度風向の切り換えを行う。

風上側の乾球温度がスケジュール表に指定されている初期温度より5℃ほど高く設定してある温度に到達したら，風上側の温度を示す温度制御装置の指示針を指定の温度まで下げる。

湿球温度もスケジュール表指示の湿球温度まで降下させるが，この操作は全く急ぐ必要はなく，どちらかと言えばゆっくりと設定条件に収まるような

写真 3-19　手動による温湿度調節

操作が望ましく，湿度制御器の吸排気筒の開閉指示針を湿球温度に近付けて，吸排気筒を開け，急いで湿球温度を降下させるなどの操作は望ましくない。風向の切り換えは3時間にセットする。

　以上の操作は温湿度制御装置の完備した乾燥室では容易であるが，手動でバルブを微調節する場合には数時間を要し，特に建造後に初めて運転するときや，連休明けには乾燥室が冷えているため，なかなか室内条件が思うように安定しない(写真3-19)。

　このため温湿度制御を持たない乾燥室で夕刻に乾燥を開始し，室内条件が不安定のままボイラーマンに室温監視を依頼して帰宅するのは危険であるから遅くなったときには多少ゆるめの温湿度条件になるようにしておき，翌朝試験材重量を測定した後に本格的な条件に整え，午後の2～3時頃に再び試験材重量を測定して乾燥状況を観察する。こうした手動の操作をする際にも温湿度記録計が設置してあると迅速かつ安心である。

c. 試験材の重量測定と乾燥状況の観察ならびに対策

　熱い乾燥室へ無理をして入る目的は2つある。1つは試験材を取り出し重量測定するため，他は桟積み材の乾燥状況の観察である。入室前には風上側の温湿度が正しくスケジュール表通りになっているかをまず確認する。

　試験材の重量測定は耐熱湿性のロードセルを用いれば，入室しなくても測定可能であるが取り扱いと価格の点でいまだ一般化していない。

乾燥の容易な針葉樹薄板(2~3cm)や，乾燥の速いポプラ，ハンノキ，ジェルトン類似の広葉樹材であれば，特に注意して損傷発生の有無を観察しなくてもあまり大きな問題は起こさないが，2.5cm厚以上の板で全乾比重が0.6以上の広葉樹材になると，多くの樹種は僅かな乾燥条件の間違いで乾燥前から木口部にあった裂けが伸び，繊維の不整部分には割れが発生しやすいから常に入室して桟積みの木口付近を観察する必要がある。

室温が50℃以上で，乾湿球温度差が3~4℃と小さくなると，入室は限界に近く，試験材を取り出すだけが精一杯で落ち着いて材を観察することは不可能に近い。入室に際しては送風機を停止し，手袋，顔面には覆いをして，一気に入室した方が楽である。入口扉付近で水蒸気が噴き出す中にいると耐え難い熱さになる。

取り出した試験材は熱せられているから冷えた外気に長時間さらすことは好ましくなく，重量も測定中に急速に減少する。2~3枚ずつ持ち出し手早く測定する。そのためには試験材を包んでおくとか，台秤の分銅をあらかじめ測定重量付近に合わせておくなどの配慮が乾燥の初期段階では特に必要である。こうしたときに電気式指示自動秤(直示天秤)があると便利である。

重量測定が終了したら試験材は直ちに桟積み内に戻し，試験材の含水率換算は後回しとし，引き続いて室内の乾燥状況を観察する。乾燥開始後の12~24時間以内ではあまり明確な損傷が見られないが懐中電燈で桟積み材の木口部分を照らし，乾燥前にあった木口割れや裂けが伸びていないか，新たな木口割れが発生していないかなどの観察をする。

木材を人工乾燥していて一番発生しやすい損傷は表面割れではなくまた木口割れでもなく，丸太のときにあった割れが製材のときに板の裂けとして残り，これが乾燥の進行によって伸びることである。

乾燥前に裂けの長さに印を付けてあるわけでもない状態で，裂けが伸びたかどうかを懐中電燈の弱い光の中でどうして判断できるかは未経験者には理解しにくい問題であるが，乾燥前からあった裂けの部分は土に汚れてきたないのに対し，新しく伸びた裂けの部分は明るく白いので意外に良く見分けられる。

もしこの段階で木口の裂けの進展や新しい木口割れを発見したら乾燥初期

の条件設定が厳しすぎたわけであるから試験材の含水率低下の様子も考慮して，乾燥スケジュールの湿度条件(乾湿球温度差)を4.5℃から3.5℃とか3.5℃から2.5℃といった具合に弱めなければならない。

次は試験材の乾燥経過の検討である。重量を測定した試験材はあらかじめ算出してある推定全乾重量 W_0 を用い，

$$U = \frac{W_u - W_0}{W_0} \times 100 \quad [\%]$$

上式から試験材の重量測定時の含水率 U が推定できる。

室内条件がほぼ安定した時点からの各試験材の乾燥経過を先の予定乾燥曲線(図3-16)上に拾ってみて，乾燥が遅いとして選んだ試験材の乾燥経過と予定曲線との違いがあまりに大きければ乾燥条件と乾燥時間の変更となる。

多数の試験材が1つの乾燥室に入れてある場合は乾燥の遅い試験材数枚の平均値と対比させる方法もある。要するに検討したい内容は桟積み中の乾燥の遅い材の集団の乾燥状態が予想より速いのか遅いのかを知ることであり，このあたりにも試験材選出技術の難しさがある。

室内の風上側の乾燥条件(乾湿球)が正しく予定した条件に設定されていて，しかも乾燥の遅い試験材ならびに平均的な材の含水率減少経過が予定線より甚だしく遅れそうな気配のあるときは，乾燥割れがなくても被乾燥材と設定したスケジュールとが合っていなかったことを意味しており，先に述べた木口割れの伸展傾向でもあれば乾燥条件をさらに緩め，より多くの時間をかけることになる。このときはいち早く乾燥条件を高湿度に変えなければ大きな割れが発生する危険がある。この様なときは乾燥室に入って桟積み材の表面を触ってみると含水率が高いのに材面が既に乾燥しており，湿り気が感じられない。

乾燥条件，特に湿度条件が被乾燥材に対して厳しかったことが明らかになったとき，あるいは間違って湿度を低くし過ぎたときなどは加熱管の蒸気送り量をしぼり，生蒸気の噴き出し量を多くして乾湿球温度差を1〜2℃の範囲まで縮め，数時間そのままにしておいてから新たな条件にスケジュールを組み換えなければならない。そのときの値は乾湿球温度差を1/1.5〜1/1.3程度に縮小し，温度は5℃も低くすればよい。訂正した条件で乾燥すれば

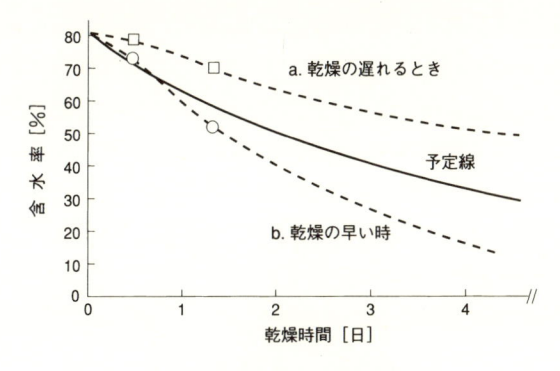

図 3-18 乾燥経過の検討模式図

　当然乾燥時間は試験材の含水率降下曲線を延長した図3-18の破線aのような形になる。
　これとは逆に予定線よりはるかに乾燥が進んで，材表面が湿り気を帯びていて木口割れの発生がなければ破線bのような降下曲線となり，予定の乾燥時間を短縮して乾燥条件を厳しくすればよい。例えば温度を5℃上昇，乾湿球温度差を1.3～1.5倍とするなどの方法である(図3-18)。
　以上のような大幅な修正は通常の材料を乾燥しているときにはほとんどなく，新しい未知の材料を乾燥する際にも一応の乾燥知識を持ってのぞめば，乾燥時間のずれが多少ある程度で乾燥条件まで修正しなくても損傷なしに乾燥できる範囲の誤差である。
　乾燥初期の段階で乾燥経過や割れの発生を見て修正可能な乾燥条件は主として乾湿球温度差(湿度)で，このときに温度が高すぎたか否かの正確な判断は割れの発生からだけではつかみにくい。
　ただし一般常識として湿度条件を緩やかにする際にはそれに合わせて温度も低くする。先の操作方法で温度を5℃ほど低めると書いてはあるが，この考え方がすべての材に適用するとは言えない。割れに対する影響の仕方が湿度と温度とでかなり違った内容を持っているからである。
　設定した乾燥温度が高すぎたか否かの判断は，乾燥終了後の収縮率や幅そり(カップ)量，狂い，色などについて材の等級をも加味して検討してみないと判明しない。

しかし広葉樹材の場合，乾燥開始から1日半以上たった頃に材面を触ってみて，何となく凸凹が感じられるときもある。これは乾燥による部分的な細胞の落ち込みによるもので，この状態が乾燥初期に感じられれば乾燥温度が高かったことになるから5℃ほど温度を低くすべきではある。しかしすでに45℃程度の温度で乾燥していた場合には材質的に避けられない場合も多く，そうした材料に対しては天然乾燥で含水率30％程度まで乾燥してから人工乾燥しないと高い乾燥歩留まりは得にくい。

以上の話は乾燥開始後乾燥室の条件が安定し，その後24～30時間ほど経過したときの対応の仕方であるが，この時点ではかなり経験を積まないと設定スケジュールが正しかったかどうかの正確な判断はつけにくい。

d. 乾燥にともなう乾燥室内の条件変化

かくして取りたてて言うほどの大きな損傷も発生せず，乾燥の遅い試験材の含水率が順調に降りて行けば乾燥室内の条件はそのままにしておく。この間含水率の降下曲線は予定線より多少上回るときもあるがあまり気にかける必要はない。

含水率の高い材として選んだ試験材の初期含水率が80％程度であり，その含水率が初期含水率の2/3の50％あたりに到達する頃になるとすべての試験材の含水率降下が急に悪くなる。ここで第1回目の乾湿球温度差の増大をする。このときはまだ乾球温度はそのままにしておく。乾球温度を上昇させる時期はさらに後で含水率35～30％の頃である。また含水率が20％以下になれば温度を急上昇させることも材によっては可能となる。

乾湿球温度差を変化させはじめる時期については色々の考え方があって樹種や木取りの違い（特に心持ち柱材），初期含水率などによりさまざまで，ラミン材のようにいかなる初期含水率であっても40～25％まで乾燥させてからでないと乾湿球温度差を開けない樹種もある。

しかし一般材の中で，あまり含水率の高くない材では製材直後の含水率と第1回目に乾湿球温度差を変化させる含水率との関係は，図3-19のように初期含水率の2/3あたりとなる。具体的に乾燥条件を変化させる時刻は実測してきた乾燥経過曲線をうまく延長すれば1～2時間以内の誤差で20時間程度の先が推定できる。

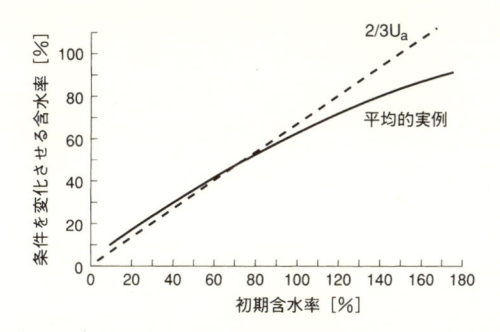

図 3-19 初期含水率 U_a と最初に乾湿球温度差を変化させる含水率との関係

表 3-8 乾湿球温度差の開き方の違い

(1インチ広葉樹材(生材寸法2.7 cm)用) (試験材：心材柾目)

含水率範囲(%)	乾湿球温度差(℃)		
80～50	3	3	3
50～45	3.5	4	4.5
45～40	4.5	5.5	6.5
40～35	6	8	10
35～30	8	11	15
30～25	11	15	22
25～20	14	20	28
20～15	18	25	30
15以下	23	30	30
備　考	乾燥の遅い割れ易い材	普通の材	乾燥が速く割れない材

ここでの乾湿球温度差の開き方やその後の増加の仕方は，基本となる最初に設定した乾湿球温度差の値を含水率が10～5％減少するごとに1.2～1.5倍ずつ増加させるのであるが，増加倍率は樹種や板厚によって異なる。

例えば最高含水率を示す試験材の初期含水率が80％とし，最初に設定した乾湿球温度差が3℃のときの例を表3-8に示す。板厚は1インチ材(生材寸法2.7 cm)を対象にしているが材質による開き方の違いはかなり大きい。乾湿球温度差の変化の仕方は割れやすい材に対しては階段状とせずに小刻みで滑らかな変化が望ましい。

乾湿球温度差の増加比率が小さいときは低含水率になっても乾湿球温度差はそれほど大きくならないので含水率が15％以下になったとき，一気に乾

表 3-9　ミズナラ1インチ材(北海道産)の乾燥スケジュール
(生材寸法 2.7 cm，道南産でやや材質の良くないもの)　(試験材：心材柾目)

含水率範囲(%)	乾球温度(℃)	乾湿球温度差(℃)
生〜50	45	2.5
50〜45	45	3
45〜40	45	4
40〜35	45	6
35〜30	50	8
30〜25	55	11
25〜20	60	15
20〜15	65	20
15 以下	65	25

桟積み内の乾燥の遅い材の中心含水率が10%になるまで(板の断面の平均含水率で8%)の時間は約14日。

湿球温度差を30℃以上にすると言った操作方法もあるが，乾燥終了時の乾燥むらが大きく，一部の材が過乾燥になって針葉樹材では死節の抜ける問題や，一般材も割れや狂いの面から見てあまり大きな乾湿球温度差を急に与えない方がよい。

心持ち柱材の場合は乾燥応力の形式が板材と全く異なり，低い温度で乾燥したときは含水率が低下するほど割れやすくなるので操作方法は異なる。

板材の具体的な乾燥方法について，また注意事項を北海道産ミズナラ1インチ家具用材のスケジュールを例にして示す(表3-9)。一般的にみて北海道産ミズナラ材を生材から直接人工乾燥して桟積み内の乾燥の遅い材の中心含水率が10%になるまでの乾燥時間は12〜15日であり，この表の条件は乾燥のやや困難な道南産材を想定し乾燥初期の乾湿球温度差を小さく，温度も低くしているので乾燥時間は14日ほどになる。

乾燥の遅い材の中心含水率が10%になるときの材断面の平均含水率は8%程度で，この時点から調湿に入り2日間程度で桟積み材すべての板の含水率を9〜10%の範囲に収めようとするものである。

乾燥が遅いとして選んだ試験材の予定乾燥経過は図3-20のような形となる。

第1回目に乾燥条件を変化させる含水率を一般の常識となっている初期含水率の2/3とすれば53%となるが，先の表3-9に従い50%とすると3.5日経過した頃となる。

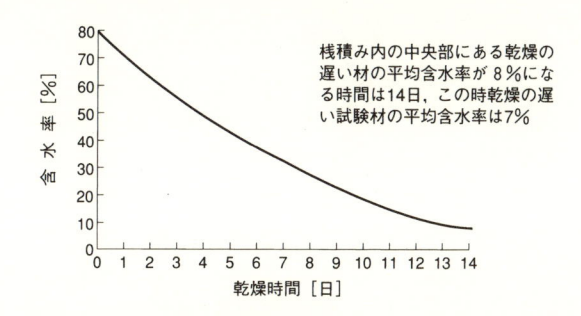

図 3-20 ミズナラ1インチ試験材の乾燥予定図(板厚2.7cm，道南産，乾燥の遅い試験材)

グラフ内注記：桟積み内の中央部にある乾燥の遅い材の平均含水率が8％になる時間は14日，この時乾燥の遅い試験材の平均含水率は7％

　道南産ミズナラ1インチ材をこの乾燥スケジュール通りに乾燥すればまず大きな問題は発生しないはずである。ただし乾燥条件は常に風上側のものである。風向の切り換えは最初の5日ぐらいは3時間，後半は6時間おきでよい。風向の切り換え時間は薄板ほど短く，厚材は長くてもよい。
　乾湿球温度差を開くにあたって，乾湿球温度差の比較的大きい針葉樹材などでは補湿用の蒸気噴出量を減少したり停止しただけでは間に合わず，少量の吸排気を実施する必要にせまられるときがある。このため今まで湿球温度設定指示針(蒸気噴射制御指示針)から離してセットしていた吸排気制御用の指示針を蒸気噴射制御用の指示針に近付けなければならない。
　ここでの問題は，両者をあまり近付けすぎると蒸気の噴射と停止，さらに吸排気筒の開までが往復動作となり，蒸気が無駄となる。そのため両者の作動に気を付けて適当な間隔を設けるか，蒸気噴射の必要性が全く無いと判断したら蒸気噴射用の指示針を低温側に大きくずらしておくとよい。
　次は乾湿球温度差を開いてからの仕事である。乾燥条件を変化させる前には当然試験材の重量を測定し，含水率換算をしておかなければならない。乾燥室内の条件を変化させる時刻は朝か正午頃までがよい。理由は変化後2～3時間経過したときに入室して桟積みの状況が観察でき，操作が正しかったかどうかの判断をして帰宅できるからである。室内条件を変化させて1時間ほど経過して入室したら，まず桟積みの木口部分を懐中電燈で照らして木口の裂けが伸びていないか，新たな大きな木口割れが無いかをよく調べる。
　板の木口部分は丸太のときに乾燥していて，非常に割れやすい状態である

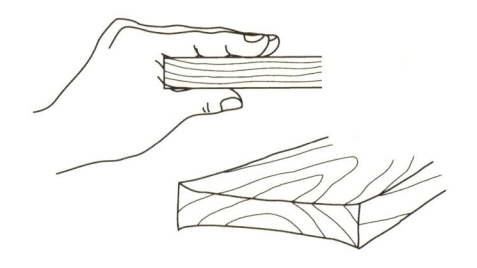

図 3-21 板面の触感を知る方法

が，丸太採材のときには余分の長さを考えているので，木口部分の 2～3 cm 以内の割れの発生を恐れていたのでは大胆な操作は行えない。ただしゴルフクラブヘッドのような特殊な半加工木取り材は余分な長さ(のべ寸)が極めて少ないので，わずかな木口割れも無視できず，小割れと言えども即廃材となってしまうので細心の注意が必要である。

木口割れの観察が終わったら，材面に触れてみて，十分湿り気のあることを確認し，次に桟積み横から手を入れて材を手でしごいてみて板の角が際だって撥型に尖っていないか(板の断面が糸巻状に変形していないか)，板面に微かな凹凸が感じられないかを調べる(図3-21)。

板の角が極端に尖って感じられたとき，そのまま放置すると後になって内部割れや強い乾燥応力を残す。原因は細胞が落ち込みやすい材に対し，高めの温度を設定し，乾湿球温度差を厳しくした結果である。

この際，もし初めから乾湿球温度差をより小さくし温度だけはそのままの状態で乾燥していたとすると，板は全体的に縮まり収縮率が増大し仕上げ寸法が不足する。乾燥の初期から乾燥温度だけを低くして乾湿球温度差のみを同じ条件にしたとすれば木口割れがやや発生しやすくなる。

板の角が撥型に尖った感じがしたら，次回の乾燥から少し温度と湿度とを緩やかなものとすべきであり，現行のものについてはその程度が著しいときは温度を 5 ℃ほど下げ，湿度を上昇させて数時間おいてから予定スケジュール表より一段階緩やかな条件に変えて乾燥を進めるべきである。しかし人工乾燥に際しては多少の撥型の変形(板断面の糸巻状変形)は伴うもので，この件についても 40～45 ℃の温度で乾湿球温度差 3 ℃以内の緩やかな初期条件

であればあまり気にする必要はない。

　材面の凹凸については乾燥温度だけの問題と言うより，材の異常組織部分(あて材など)の細胞の落ち込みによる収縮異常も関係しているため，一方的に温度を低くすればすべてが解決すると言ったものではないが，この種の損傷の生じやすい材に対しては大略 40 ℃ 以下の乾燥初期温度が望ましい。

　ラワン・メランチ材の場合は交錯木理があり，柾目木取りのときは材面に周期的に現れる繊維の傾斜角の違いにより部分的に異なった収縮率を示すため細胞の落ち込みと同じような凹凸を材面に感じる。しかしこれは比較的乾燥末期に発生する現象で，細胞の落ち込みとは別であるから，乾燥温度を低くしても防止できない。

　以上の損傷防止対策のうち乾燥途中で実施できるものの多くは湿度関係の条件不良によるものが多く，乾燥温度が高すぎたために生じる損傷の兆しは，その程度の判断が難しく確実に認識できるような損傷が出てからでは手遅れである。乾燥温度が高いときに生じる損傷のほとんどは，乾燥終了後に桟積みを解体したときの狂い量の増大とか，乾燥材を横切りしたときの内部割れとして発見される。

　こうした困難な事実がある一方で，厚材の乾燥時間の短縮には乾燥温度を高めるのが唯一の手段であるのは皮肉である。

　無事第 1 回目の乾湿球温度差の変化が終了し，再び乾燥速度が予定線にそって降下すれば一応の成功で次は含水率がさらに 5 % ほど減少し，乾燥速度が低下し始めたときに第 2 回目の条件変化を行う。第 1 回目の条件変化から 1 日ほど経過したときである。

　乾燥条件を変化させる直前には室内条件と試験材の重量を測定し材表面があまり乾燥しておらず，ややしっとりとした感じであることを確認する。乾燥条件の変化はこの時点では乾湿球温度差だけで乾球温度はそのままとする。表 3-9 の例でいえば温度差を 4 ℃ に変化させる。条件変化後の注意は先の第 1 回目のときと同じである。条件変化は午前中に実施するとよい。

　第 3 回目の条件変化を実施する含水率 40 % あたりになると入室も少し楽になり，材の様子がゆっくり見られる。木口の割れはやや狭まり，一方材面の凹凸や板の角の撥型の尖り具合もはっきりとし，材面も少し乾燥した感

表 3-10 乾燥初期温度と終末温度との関係

乾燥初期温度(°C)	乾燥終末温度(°C)
40	60〜65
50	70〜80
60	80〜90
70	90〜100

じになる。第3回目の条件変化では乾湿球温度差を6°Cにするが乾球温度は依然変化させない。

その後乾燥の最も遅れている試験材の含水率が35〜30%になればここで初めて温度の上昇を行う。大体5°C程度の上昇となるが,乾湿球温度差の変化と同時に実施しない方がよく,含水率が5%ほど減少する度に5°C程度ずつ上昇させ,含水率が20〜15%以下になったら60〜70°Cへ一気に上昇させる。この最終温度は乾燥初期温度とある程度関係し表3-10のようになる。ただしミズナラ材の場合は65°C程度までの方がよい。

桟積み全体の平均含水率が25%ほどになると板幅が収縮し始めるため,桟木との間にずれが生じピーン,ピーンと言う音が聞こえる。これは板の割れる音ではないから心配はいらない。ただし,こうした音が桟積みの平均含水率が35%あたりから聞けるようなときは,乾燥条件が厳しすぎ,含水率の低い材が極端に先行乾燥している結果なのであまりよろしくない。

平均含水率が30%以下になると乾燥速度が低下するため送風機モーターにインバーターが取り付けてある装置では回転数を減少させると電力の節約となる。また風向の切り換えも6時間間隔でよく,厚材に対しては12時間間隔でもよい。

含水率が30%程度になったときの乾燥温度の上昇時期や最終温度をどの程度まで上昇しても安全であるかなどの問題については,色々の意見がある。室温を上昇し始める時期は細胞の落ち込みと関係するもので,板中心部の細胞の中に落ち込みが発生する細胞が無くなる状態の含水率まで低下していれば良い。これは材中心部の平均含水率が30%以下になれば良いと言ったものではなく,特別に高含水率状態を保っている細胞群のことも考えなくてはならない。

ただし材の平均含水率が15%以下になれば変色や強度の問題,針葉樹材

では抜け節の心配が無ければ80〜90℃の高い温度にしても問題ないとする意見と，狂いなどを考慮して60〜70℃にととどめている工場も多い。

この段階になれば乾湿球温度差はあまり正確にする必要はなく，最終的には30℃ぐらいの条件となるが室温によっては25℃程度でもよく，さらに大きく35℃でもよい。

正式な方法で家具用材のイコーライジングを行うとすれば，乾燥の先行している試験材の含水率が7％程度になったとき，室内の乾湿球温度差を11〜13℃につめて乾燥の速い試験材の先行乾燥を防止するようにする。

e. 仕上げ含水率と乾燥終了時期の判断

針葉樹柱材のように含水率20％あたりが仕上げ含水率であったり，一般の建築用針葉樹板材(敷居，鴨居など)で標準含水率が17〜18％でよいとされる場合には，乾燥の打ち切り時期もさほど厳密さを必要とせず，含水率の均一化の処理(調湿)も行っていない。

しかし家具用広葉樹材の調湿後の仕上げ含水率は，板の断面のすべての場所の含水率を9〜10.5％としており，乾燥末期にイコーライジングに入り，先行乾燥している材の過乾燥を抑制しながら乾燥を進める場合も，またイコーライジング無しに直接コンディショニングに入るどちらの場合でも，桟積み中央部にある最も乾燥の遅い材の中心部含水率が目的の10％にならなければならない。このときの乾燥の遅い材の断面平均含水率は8％程度である。

一方，試験材は桟積み側部に置かれているため中央部よりは乾燥が先行する。また試験材の長さが50〜60cmと短いことや，パッケージパイリングの

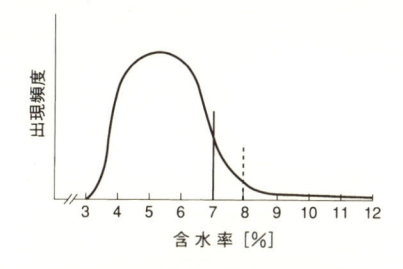

図 3-22 乾燥終了時の含水率分布模式図
(実線部が乾燥の遅い試験材の含水率，破線は桟積み中央部にある乾燥の遅い材の含水率，これ以上，極端に含水率の高い材は桟積み解体後に含水率計で選別し再乾燥する)

表 3-11　乾燥経過表

樹種　ミズナラ
板厚　2.7 cm
平成 4 年 6 月 11 日～6 月 28 日

時刻			経過時間 (hr)	A-1		B-1		C-1	
月	日	時		重量(g)	含水率(%)	重量(g)	含水率(%)	重量(g)	含水率(%)
6	11	8:00	0	4,172	81.7	2,916	60.6	2,632	49.8
6	11	17:00	9	4,156	81.0	2,914	60.5	2,668	52.0
6	12	8:00	24	3,972	73.0	2,806	54.5	2,564	46.0
6	12	17:00	33	3,904	70.0	2,768	52.5	2,528	44.0
6	13	8:00	48	3,754	63.5	2,688	48.0	2,458	40.0
6	13	17:00	57	3,466	51.0	2,642	45.5	2,432	38.5
6	21	8:00	240	2,662	16	2,052	13	1,904	8.5
6	22	8:00	264	2,572	12	1,998	10	1,852	5.5
6	23	8:00	288	2,502	9	1,960	7.9	1,826	4
推定全乾重量(g)				2,296	0	1,816	0	1,756	0
訂正含水率(%)					10.5		7.5		6.3
訂正推定全乾重量(g)				2,264		1,824		1,718	
新試験材重量(g)				1,214		920		860	
6	23	8:00	288	1,214	10.5	920	7.5	860	6.3
6	24	8:00	312	1,192	8.5	909	6.2	849	5.0
6	25	8:00	336	1,176	7.0	899	5.0	841	4.0
6	26	8:00	360	1,203	9.4	925	8.0	870	7.5
6	27	17:00	393	1,209	10.0	937	9.5	882	9.0
新試験材推定全乾重量(g)				1099	0	856	0	809	0

6/25 の 8:00 よりコンディショニングに入り, 6/27 の夕刻終了。6/28 の朝搬出全乾燥日数 18 日。

ときは試験材を置く場所が台木部分で風の通りが良いなどから, 乾燥の遅い試験材の断面平均含水率が 7% 以下になるまで乾燥を続けないと桟積み中央部にある乾燥の遅い材の断面平均含水率が 8% 程度にならない。

　もちろんこの際も試験材の選出が正しくないと話にならないが, 乾燥が遅いとして選んだ試験材がすべての被乾燥材の中で飛び離れて乾燥の遅い材である必要はなく, 図 3-22 の実線で示すような試験材が選出されておれば, 桟積み解体時に電気式含水率計で選別される未乾燥材はせいぜい全体の 1%

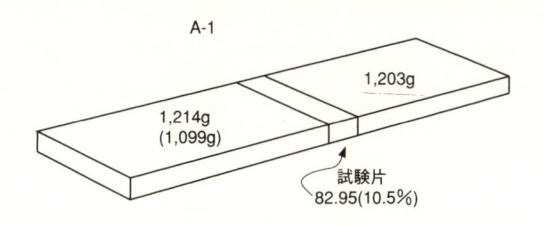

3-3 蒸気加熱式 IF 型木材人工乾燥法の実際

図中ラベル：
A-1
1,214g (1,099g)
1,203g
試験片 82.95(10.5%)

試験材切断前重量　　2,502g
試験片切断時重量　　82.95g
試験片全乾重量　　　75.05g
試験片含水率　　　　10.5%
試験材の切断前の推定修正全乾重量は

$$W_o = \frac{2,502}{1+\frac{10.5}{100}} = 2,264(g)$$

切断後の短い試験材の推定全乾重量 W'_o は

$$W'_o = \frac{1,214}{1+\frac{10.5}{100}} = 1,099(g)$$

図 3-23　試験材含水率の確認法

表 3-12　試験材の含水率の確認計算結果

試験材符号	A－1	B－1	C－1
訂正前含水率(%)	9	7.9	4
訂正後含水率(%)	10.5	7.5	6.3
訂正前推定全乾重量(g)	2,296	1,816	1,756
訂正後推定全乾重量(g)	2,264	1,824	1,718
切断後短尺試験材推定全乾重量(g)	1,099	856	809

以内であるから，数的には問題にならない。

　この時点での気がかりは，含水率計による測定位置の悪さなどによって高含水率材や高含水率部分が適正な含水率になっていると判断されることで，それらがテーブルトップなどに組み込まれると，製品になってから乾燥して凹みが生じる。

　試験材の選出方法が間違っていたかどうかは乾燥が終了して桟積みを解体してみないと判明しないが，試験材の推定全乾重量の間違いによる含水率の

計算違いは事前に試験材を切断して以下のように訂正できる。

　試験材の含水率の確認は，試験片を全乾にする時間などを見込み，予定乾燥日の2日前ぐらいがよい。表3-11のように測定記録されてきたミズナラ1インチ材の3枚の試験材のうち，乾燥の遅いA-1の試験材が仕上げ含水率より2～3％程高い9～10％になった288時間(12日)を経過した頃に各試験材を図3-23のように切断して試験片を中央部から取り，重量測定後に全乾にする。全乾に要する時間は20時間もあれば十分である。切断位置に生材時の寸法測定がしてあれば全乾収縮率も同時に測定できる。各試験材の含水率は表3-12のように訂正され，短尺となった新しい試験材の推定全乾重量も計算されるから先の乾燥経過表に書き入れる。

　かくして試験材の中で最も乾燥の遅い試験材の断面平均含水率が7％程度になれば乾燥を打ち切ってコンディショニングに入るわけであるが，この決定はあくまでも試験材の選出方法が正しかったときの判断で，試験材の選出に間違いがあって乾燥が遅いと思って選出した試験材が早く乾燥してしまうと，桟積み全体でみると未乾燥で乾燥を打ち切ることになり，桟積みを解体してから多量の未乾燥材が発見され桟積みのやり直しと再乾燥や調湿(コンディショニング)を含め5～6日の余分な日数が必要となる。

　これを防ぐにはまず桟積みの風下での温度降下量を検討することである。乾燥速度が低下すると，桟積み通過中の空気の温度降下量が減り0.5℃程度となる。また入室してみるといかにも室内が乾燥しているような木の香りが感じられ，乾湿球温度差が容易に35℃以上(室温70℃のとき)になるなどでも仕上がりの判断は可能である。さらに桟積みの側部から乾燥が遅そうでしかも桟積みから抜きやすい材を引き出して電気抵抗式含水率計(針状極)で測定してみることも大切である。この場合温度補正が必要である。

　以上の話は主として未乾燥で終了する場合を中心にしているが，アガチス，ハンノキ材などは極めて乾燥がしやすく，うっかりしていると過乾燥になり，含水率調整を行わないで利用すると板幅が伸びたり，長さが40～60cmの板であると木口部の吸湿による伸びで板の中央部が裂けるなどの障害を起こす場合がある(図3-24)。

　米国から輸入される人工乾燥材は含水率6％を目標にしているものが多く，

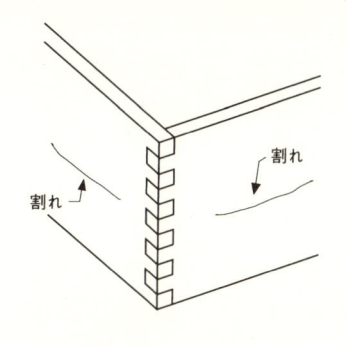

図 3-24 過乾燥材を使って作った引き出しに生じた割れ（アガチス材）

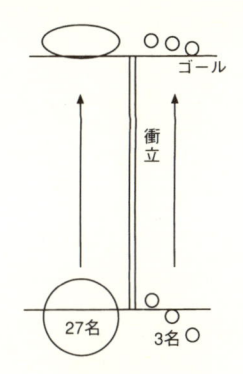

図 3-25 桟積み材と試験材との関係を示した模式図
（○印は試験材に相当する代表選手）

使用前に十分時間をかけて調湿処理する必要がある。ホワイトオーク 3 cm 厚材では調湿に 4 日を要する。

　試験材の選出技術は乾燥の究極の技とも言える。図 3-25 を例にすれば，ある集団の中から 2〜3 人の代表選手を選び，この代表選手の走り具合いだけを見て，衝立で隠された残りの 27 名全員の走りぶりやゴールに到着する時刻を推察することで，極めて難しい技であり経験を必要とする。

3-3-5　調湿（イコーライジング，コンディショニング，Equalizing, Conditioning）

　同じ樹種で板厚の揃った材を乾燥しても終末の含水率はかなりばらついており仕上げ平均含水率を 10 % としたときにブナや本州産ナラ材などでは，4〜16 % ぐらいの幅となる。このような含水率のばらつきを均一化する操作をイコーライジングと言い，均一化された 1 枚 1 枚の材の表層と中心との含水率差を無くす操作をコンディショニングと呼び，この操作で乾燥応力はかなり減少する。

　イコーライジングは乾燥末期になって先行乾燥した材の乾燥を停止させるような湿度条件で乾燥するため，乾燥の遅れている材の乾燥速度が遅くなり結果的に乾燥時間が長くなる。日本ではイコーライジングなしに一部の材が過乾燥になるのは覚悟の上で乾燥を進め，乾燥の遅れている材の平均含水率が目的の含水率より 2〜3 % 低くなったときから直接コンディショニングに

図 3-26　材内の含水率分布

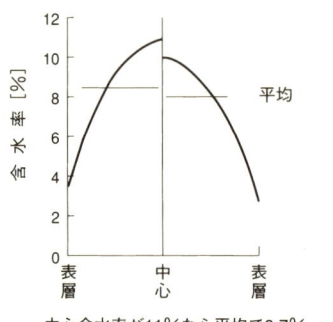

中心含水率が11%なら平均で8.7%
中心含水率が10%なら平均で8%

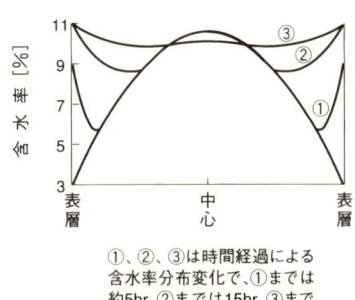

図 3-27　コンディショニング中の含水率分布の変化

①、②、③は時間経過による含水率分布変化で、①までは約5hr、②までは15hr、③までは25hrを要す

入る場合が多い。このような操作を日本では調湿とかコンディショニングとよび慣わされている。

　乾燥終末になってすべての板の含水率が全く同じに乾燥していたとしても、板の断面は図 3-26 のような含水率分布になっている。

　いま仕上げ含水率を 9〜10 % の範囲とし、板の中心も表層もこの含水率になるようにするには、板の中心含水率を 10 % 近くまで降下させてから、乾燥室内の湿度条件を高め、含水率が 3 % 近くに乾燥している表層の含水率を上昇させる必要がある。この操作中に中心部の含水率は図 3-27 のように多少は低下する。

　表層の含水率を上昇させるには乾燥末期の乾球温度のままで乾湿球温度差を縮少すればよいが、表層部分は含水率が 3 % ほどにまで乾燥しているため、湿度を多少高めても含水率は高くなりにくい。このような現象をヒステリシスと言う。

　そこで実際の操作では図 3-28 のような平衡含水率表の含水率よりも 2〜3 % 高い含水率になる乾湿球温度差条件を選ぶ。すなわち温度 60 ℃ で材表面の含水率を吸湿させて 10〜11 % にするには乾湿球温度差で 4〜5 ℃ を選ぶ。処理後の材のごく表層部は目的の仕上げ含水率の 10 % より 1 % ほど高くなっていても、材を冷却する際や搬出時に低下するから設定条件はかなり高湿でもよい。以上の操作を正式にはコンディショニングと言い、この処理によ

3-3 蒸気加熱式 IF 型木材人工乾燥法の実際

図 3-28 温度と乾湿球温度差と平衡含水率との関係
(米国発表のカ氏表示の温度，乾湿球温度差，平衡含水率表からセ氏に換算図表化した)

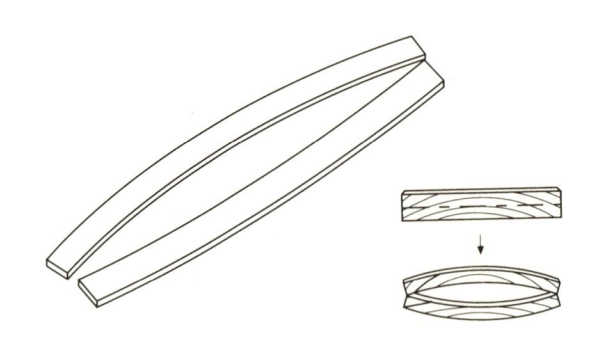

図 3-29 残留乾燥応力による板のそり

って材の表層と中心部との含水率が均一化され，同時に乾燥中に生じた乾燥応力も除去(減少)される。コンディショニングを行なわないと板の表層は圧縮された状態，中心部はかなり引っ張られた状態になっているため，板を挽き割る際に鋸を締め付けたり，挽き曲がりや，板を1/2にしたときのそりなどが図3-29のように生じる。

　コンディショニング中に乾燥応力が除去される理由は，含水率変動時における細胞のクリープ変形によるものである。つまり引き伸ばされて乾燥し標準寸法より長くなっている表層が，吸湿する過程で含水率が上昇して寸法がさらに長くなろうとしても，寸法の短くなっている内層によって固定されているため吸湿期間中ずっと圧縮力を受け，今までに伸ばされて変形していた細胞は圧縮変形して本来の細胞形状か，それ以上に縮められた形の細胞に戻されるためである。

　この現象をうまく利用するには，すべての板の断面平均含水率が同じ含水率に揃っていないと都合が悪く，コンディショニングを最大限有効にするには乾燥末期の各板の含水率の不揃いを事前に揃えるイコーライジングが本当は必要となる。ただし乾燥末期にあまり大きな含水率むらが無い場合や，天然乾燥で含水率の均一化をした後に人工乾燥した材に対しては，イコーライジングなしに，直接コンディショニングに入ってもそれほど問題はない。

　先のミズナラ1インチ材の乾燥例について乾燥末期の桟積み内の被乾燥材

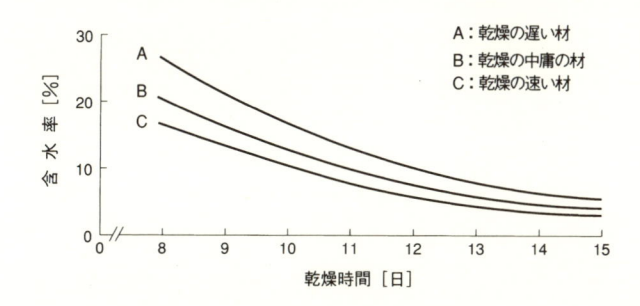

3-3 蒸気加熱式 IF 型木材人工乾燥法の実際

図 3-30 被乾燥材の乾燥経過の違い(乾燥末期, ミズナラ1インチ材)

A：乾燥の遅い材
B：乾燥の中庸の材
C：乾燥の速い材

の中から乾燥の遅い材 A, 中庸の材 B, 速い材 C を選出して示すと図 3-30 となる。

最終仕上げ含水率を 9〜10％の範囲にしたとき, イコーライジングなしに直接コンディショニングを行うとすれば, 乾燥の遅い A の中心部含水率が目的の含水率の上限値 10％になるときまで今までの条件で乾燥しなければならない。そのときの A 材の断面平均含水率は大略 8％である。A, B, C を試験材だとすれば置かれている位置からみて, 試験材は乾燥が進みやすいので, A は平均含水率で 7％までは乾燥しておきたい。したがって乾燥の打ち切り日時は 14 日目となる。このとき乾燥の先行している材の試験材 C の断面平均含水率は 3.5％程度になってしまう。こうした過乾燥をすると針葉樹材では抜け節の心配も発生する。

このように低い含水率の材に対し, 急激に高い湿度(乾湿球温度差 4〜5 ℃)を与えると, 材表面は急に含水率が高くなって伸びようとするが, すぐ内側の部分の含水率は 4〜5％と低いため, 表層だけが強い圧縮力を受けて必要以上に細胞が圧縮変形し, やがて内層部の含水率が上昇して寸法が伸びたときに, 逆に引っ張られる形となり図 3-31 のような逆応力(逆表面硬化)が発生しやすい。この逆応力を緩和するには極めて長時間を要する。

理由は, 応力緩和に対して含水率が一定の湿熱状態だけでは長時間を要するのに対し, 含水率を変化させたときは立ちどころに応力が緩和すると言う性質があるからで, いったん吸湿時の応力緩和の好期を失してしまうとその

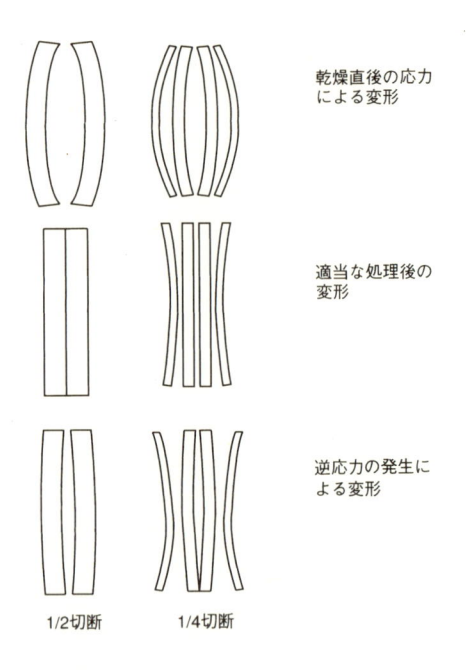

図 3-31　残留応力分布の違いによる板厚分割後のそりの差

後の応力緩和は極めて遅くなる。

　したがって含水率の異なる材料を一括してコンディショニングすると，逆応力の生じた材や応力が十分とれない材が出る心配がある。事前にイコーライジングを行うのが正道である。

　一般に直接コンディショニングを行うときにはあまり急激な湿度変化をせず(実際はそう簡単に湿度は上昇しない)，3～4時間かけてゆっくりと目的の湿度にまで上昇させるとよい。

　イコーライジングの方法は図3-30の先行している材Cの乾燥を進ませないようにするものであるから，材Cの中心含水率が許容される仕上げ含水率の下限(9%)に到達したとき，平均含水率で示せば6～7%になった時点(図3-30の11.5日)に，その含水率を保つような平衡含水率状態に湿度条件を上昇させる。室内温度が60℃であれば乾湿球温度差で12～13℃となる。

　この状態で乾燥を続けるとCの材は表層部の吸湿により一時的に平均含

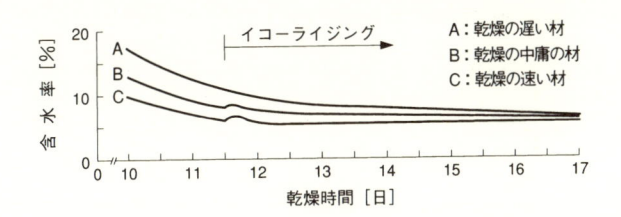

3-3 蒸気加熱式 IF 型木材人工乾燥法の実際

図 3-32 イコーライジングに入ってからの含水率変化

水率は上昇するが，やがて平均含水率は7％あたりに安定する．この間，乾燥の遅れている材Aは乾燥条件が緩やかになった分だけ乾燥速度は低下し，今までの1/2以下の速さで乾燥するため，材Aの中心含水率が仕上げ含水率の上限である10％に到達する断面平均含水率8％になるには約5日を要し16.5日となる．材Aが乾燥の遅い試験材とすれば平均含水率で7％近くまで乾燥しなければならない．イコーライジングが終われば直ちにコンディショニング操作に入る．処理中の含水率変化の模式図を図3-32に示す．

含水率の均一化や応力除去の手段として，正しくイコーライジングしてからコンディショニングに入る方法と，イコーライジング無しに直接コンディショニングに入る両者の中間形として，先行乾燥する材の断面平均含水率を正式の方法より1～1.5％低目まで低下させてから室内をこの含水率に平衡する乾燥条件(乾湿球温度差で15℃)として，先行する材の乾燥を停止させて乾燥の遅れている材だけの乾燥を続行すると言った方法も考えらえる．

コンディショニング中は材が水分を吸湿するため，乾燥とは逆に室内温度は上昇しやすく，特に過熱蒸気を供給する貫流ボイラーの蒸気を室内へ直接噴出させると，湿度の上昇以上に室温が急上昇し，なかなか乾湿球温度差4～5℃と言った条件にならない．正確な乾湿球温度差をすみやかに得ようとするには，材を濡らさない位置と方向から微細な水噴射を圧縮空気で行うとか，蒸気圧で水を噴射させる装置がないと不可能に近い．しかし急速な湿度上昇は，かなり低含水率まで乾燥した材が桟積み内にある場合には，材内に逆応力を発生させる危険がある．

板厚2.7 cm の材について考えてみる．仕上げ含水率を9～10％としたと

表 3-13 調湿に要する時間と材質(板厚 2.7 cm, 仕上げ含水率は 9〜10％の範囲)

(a) 正しくイコーライジングを実施してからコンディショニング [hr]

材料	むら	イコーライジング時間	コンディショニング時間	合計
針葉樹材 軽い広葉樹材	小	20	8	28
	中	27	8	35
	大	35	8	43
中庸の広葉樹材	小	38	16	54
	中	51	16	67
	大	70	16	86
重硬な広葉樹材	小	57	24	81
	中	78	24	102
	大	110	24	134

(b) 過乾燥にして直接コンディショニング [hr]

材料	むら	遅れている材の乾燥を待つ時間	調湿(コンディショニング)時間	合計
針葉樹材 軽い広葉樹材	小	8	9	17
	中	12	10	22
	大	18	12	30
中庸の広葉樹材	小	15	18	33
	中	23	20	43
	大	35	24	59
重硬な広葉樹材	小	23	28	51
	中	35	35	70
	大	50	45	95

きの乾燥むらの程度と材の乾燥速度との関係でイコーライジングならびにコンディショニング時間を示すと表 3-13 となる。板厚の違いによる時間補正は板厚の自乗に比例するとして略算できる。

イコーライジングなしに直接コンディショニングに入るときの必要調湿時間は，乾燥むらの大きい材で，乾燥所要時間の 20〜25％，乾燥むらの少ないときは 10〜15％ である。

ただし本格的に残留乾燥応力の無い状態までにコンディショニングするに

は意外に長時間を必要とし表3-13に示す時間の2倍程度となる。しかも処理後7～10日間の養生期間を置かないと完全とは言えない。

コンディショニングの注意事項を例挙すると次となる。

1) コンディショニング中は送風機を回転しておき3時間おき程度に風向を変換する。
2) 桟積み内に極端に低い含水率の材があるときにはあまり急速に湿度上昇をしない。
3) 高湿状態が得にくいときは乾燥後一度室温を低下させてから増湿すると条件が容易にとれる。
4) 乾燥末期温度より低い温度での処理は応力除去に時間がかかるが，あまり高い温度では狂いの増加になるとして避ける操作者もある。
5) 処理が終わりに近づいたときは板を切断して応力試験を実施する(図3-31)。
6) 処理後は送風機を止めて吸排気筒を開き放熱する。
7) 処理後に送風機を回転して強制換気すると材表面が乾燥してよろしくない。
8) 吸排気筒に熱交換器が設置してある乾燥室は室温の低下に時間を要する。
9) 室温が外気温度より20℃程度高い状態にまで降下したときに桟積みを搬出する。

調湿処理は原板状態で実施するのが通例であるが間違って高含水率材が加工工程に入る心配もあるので，半製品になった段階で再度調湿を行う工場もある。

調湿処理をまったく実施せずに乾燥を終了する際には，乾燥の遅い材が十分乾燥していることを前提として，桟積みの状態で湿度調節のできた部屋に1カ月以上(1インチ材)置いてから使うとよいが含水率の均一化はできていても乾燥応力があまり減少していない場合が多い。

3-3-6 冷却搬出，桟積みの解体

調湿処理が終われば，送風機を止め，吸排気筒を開放し自然に材温を低下

写真 3-20　含水率計による含水率検査

させる。室温と外気温度の差が 20 ℃ 程度になったら桟積みを取り出してもよい。大体夕方に終了し翌朝桟積みを搬出する。

桟積み解体にあたっては桟積みにドレン水や吸排気筒の凝結水が滴下して赤錆で材が汚れていないかをよく見る。

また木口割れや撥型変形(糸巻状変形)がひどくないか，落ち込み，狂いなどが乾燥前に想像していたより大きくないかを検討し，次回の乾燥温度の設定と湿度のおろし方などに対する参考として乾燥経過表に意見を書き留め整理する。

各板の含水率検査はかなり労力を要するため，仕上げ精度をあまり要求しない材に対しては 5～6 段おきに桟積み中央部にある乾燥の悪そうな材に見当を付けて抵抗式含水率計か高周波式含水率計で調べる(写真 3-20)。

この際含水率の確認されている試験材を含水率計で測定して指示精度を確しかめてから使用する。

解体した材は 1 m 幅ほどにべた積みとし，湿度の調整された倉庫内に保管する。調湿処理を実施していない 1 インチ広葉樹材は桟積みのまま倉庫内に 1 カ月以上置いてからでないと含水率の均一化はなされない。

3-3-7　初期蒸煮(初期スチーミング)，中間蒸煮，リコンディショニング

蒸気加熱式 IF 型乾燥室にあって，蒸気を直接乾燥室内へ噴射させる目的

には乾燥初期の室温(材温)急上昇と乾燥進行中の補助増湿，乾燥終了時のコンディショニング(調湿)などがあり，それぞれの目的により蒸気噴射の量や室温を上昇させる温度が異なっている．

a. 初期蒸煮，中間蒸煮(Steaming)

以上の操作とは別に多脂材のアピトン・クルイン，カラマツ，アカマツ，ベイマツ材の脱脂・ヤニの滲出防止のためや，ラワン・メランチ，パロサピス・メルサワ類木材の乾燥速度促進の目的や，高含水率材の脱水効果を期待して乾燥開始時に多量の蒸気を室内に噴射させ，室温を 90～100 ℃ まで上昇させる操作を初期蒸煮とか初期スチーミングと呼び，一般の室内湿度を考慮した少量の蒸気噴射と区別している．

蒸煮時間は材温(外気温度)とボイラー容量とによって異なり，大体小型の乾燥室で 3 時間から大型の乾燥室になると 6 時間程度を要し，寒冷地では半日以上となる．

乾燥室温度が 90 ℃ 以上になれば一応よいとしているが，高い温度の方が蒸煮効果は大きい．蒸煮管が床面に設置してあれば送風機を止めた状態でよいが，天井近くに設置してあるときには送風機の回転が必要となる．

初期蒸煮による脱脂や脱水効果は材長，板厚，樹種(材質)によって異なる．脱脂の場合は材の通気性がよく流動性の高い樹脂であれば効果があり，脱水のときは材の通気性がよく材の比重に見合った高含水率の材でないと脱水効

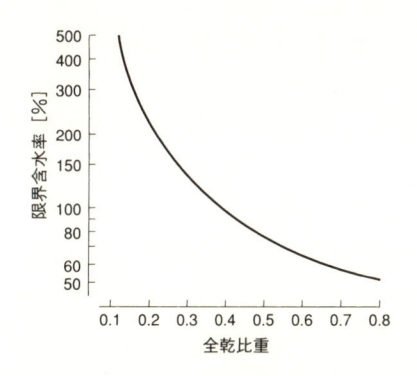

図 3-33 初期蒸煮によって脱水される限界含水率と全乾比重との関係
(100℃・1 時間・2 cm 厚材)

表 3-14 蒸煮処理による乾燥時間の短縮比率
(板厚 2 cm, 乾球 40 ℃, 乾湿球温度差 5 ℃, 蒸煮処理は 100 ℃ で 1 時間)

樹　種　名	乾燥時間比(無処理材/処理材)	
	含水率 50〜30%の範囲	含水率 25%以下
ホワイトセラヤ a　(*Parashorea*)	1.6	1.5
ホワイトセラヤ b　(*Parashorea*)	1.6	1.6
メ ラ ピ　(*Anthoshorea* 亜属)	1.0	1.0
タンギール　(*Rubroshorea* 亜属)	2.1	1.8
マ ヤ ピ ス　(*Rubroshorea* 亜属)	2.3	2.8

(服部芳郎氏, 1982)

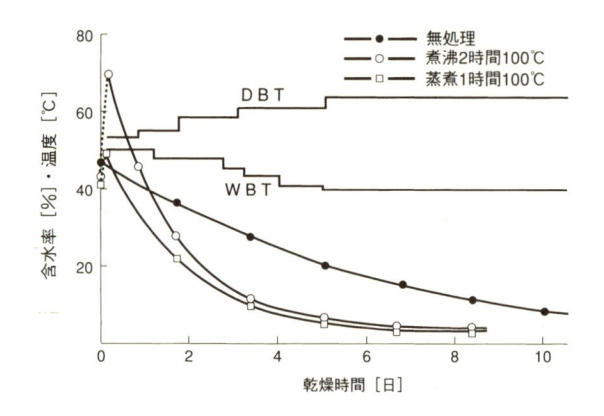

図 3-34 初期スチーミングの効果(ブジック 2.2 cm 厚材)

果は望めない。全乾比重 0.65 の広葉樹材で含水率が 80 % 程度であれば 60〜65 % まで脱水される(図 3-33)。

耐圧容器内に材をいれ, 加圧蒸気で材温を 120 ℃ 程度まで加熱し, 除圧またはさらに減圧して多量の脱水と脱脂や板に残っている生育時の成長応力を除去し, 乾燥時の狂い発生を削減させようとする蒸煮処理もある。

初期蒸煮の効果は脱水, 脱脂の他に乾燥速度の促進もある。蒸煮後の乾燥速度にみられる変化量は樹種により異なり, 比重の割に乾燥の遅い材には乾燥速度を促進させる効果があるが, もともと乾燥の良い材にはほとんど効果が無い。

アピトン・クルイン, ラワン・メランチ, パロサピス・メルサワ類などフ

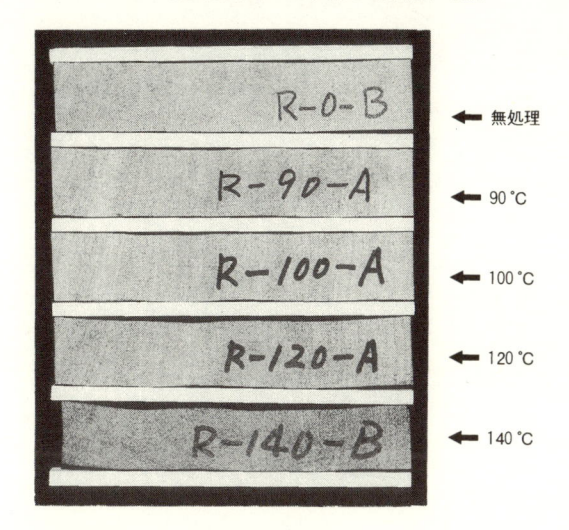

写真 3-21 蒸煮温度と乾燥後の収縮率の増加(アピトン1インチ材, 柾目, 1時間蒸煮)

タバガキ科の材には大略乾燥促進効果が見られる(表 3-14)。図 3-34 はパロサピスと同属のプジック 2.2 cm 厚材の結果で極めて効果的な例である。

　アピトン・クルイン類は蒸煮により柾目材の人工乾燥時間が 20 % ほど短縮でき, 蒸煮して天然乾燥するとフィリピン産アピトン材は 30 % ほどの時間短縮が期待できることもあるが産地によってはほとんど効果の無いときもある。蒸煮後に天然乾燥すると冬期の木口割れの防止に効果がある。また処理による収縮率の増大率は大略時間短縮の割合と比例し, 加圧蒸煮処理のように処理温度が高いと大になる(写真 3-21)。

　最近では, 国産ミズナラ材は初期蒸煮による乾燥時間の短縮効果を期待するよりも材質の低下による狂いの増加が大きくなって来ているため, 狂いの増大を心配して強い初期蒸煮は実施されなくなっている。

　フタバガキ科の材のうち高比重のバラウ, セランガンバツー材などは蒸煮処理中に割れたり, 処理後の乾燥初期に表面割れが発生しやすくなるなどの理由で実施されない。

　蒸煮処理による乾燥速度の促進効果が永続せずに高い含水率域で消滅してしまう樹種や, 処理による収縮率の増大を嫌う場合は, 含水率が 40 % 以下になった時点で室温が 90 ℃ になる 1 時間ほどの蒸煮を実施すると事後の乾

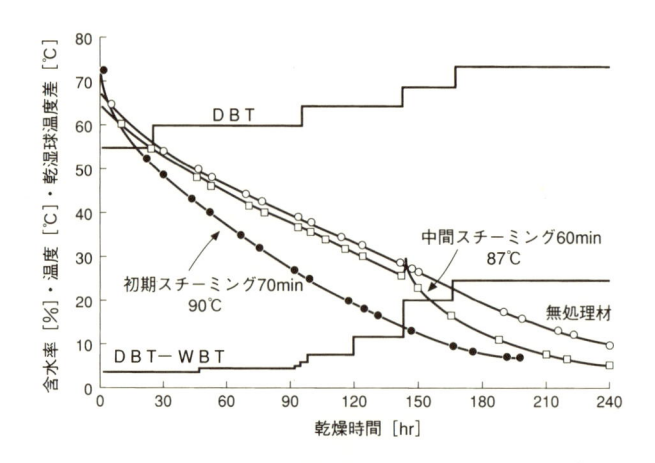

図 3-35 蒸煮による乾燥時間の短縮例(アルモン 2.7 cm 柾目板)

燥速度が図 3-35 のように増加する場合がある。このように乾燥途中で実施する蒸煮を中間蒸煮と呼び，フタバガキ科の材のように板の中心部に高含水率部分の残りやすいものに適用する。

b. リコンディショニング(Reconditioning)

生材からの人工乾燥で甚だしい落ち込みが発生する材の中には天然乾燥を行っていてもかなり落ち込むものがあり，どのような乾燥方法を選んでもうまく乾燥できないときがある。

オーストラリア産のユーカリ材などがこの種の材で，対策として含水率が 17～22％ に乾燥したときに温度 100 ℃ の蒸煮を板厚により 1～2 日間実施して，落ち込みの復元を期待している。この操作をリコンディショニングと呼び処理後は目的の含水率になるまで乾燥する(写真 3-22)。低い温度で乾燥した材の方が復元性はよい。

以上の色々の蒸煮処理は作業の都合から乾燥室内で実施する場合も多いが，アピトン・クルイン類の脱脂や天然乾燥前の蒸煮処理，リコンディショニングなどは専用のコンクリート製の箱形装置を用い蒸煮し，蒸煮による乾燥室内の諸機械の損耗を防ぐようにしている。

蒸煮または煮沸により辺材色を濃くし，心材色に近づけるこころみも実施されている。

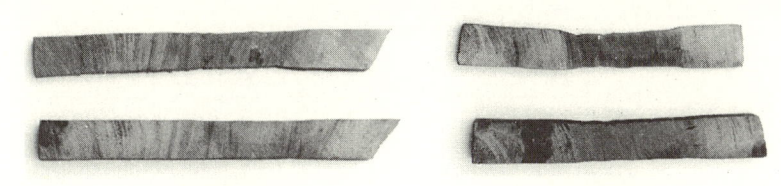

写真 3-22 乾燥条件の違いとリコンディショニングの効果の差(マトア材)
天然乾燥材の方が復元効果は大きい(上:処理前,下:処理後)

3-3-8 間けつ運転法

大型乾燥室は昼夜連続で運転しているが,中型規模の乾燥室ではボイラーマンの夜間勤務をさけるために,夕刻の6～8時頃から翌朝8時まではボイラーを停止する例も多い。

加熱管からの熱量補給を中止すれば乾燥室内の温度は降下する。送風機の回転が無ければ乾燥室下部の温度は特に降下し関係湿度は上昇する。

高湿状態になっている乾燥室を翌朝再び昇温する際には木材を生材から乾燥するときと同様の注意が必要である。含水率の高いときの間けつ運転はかなり操作が面倒である。

このため含水率の高い領域の間けつ運転の際は,室温をできるだけ低下させない方法が考えられ,ボイラーの燃料を埋け火に(燃えないように)して3時間ほど少しずつ蒸気を送り続けるようにするとか,深夜電力による補助電熱器を使うとか,温水加熱するなどの方法も検討されている。

これに反し含水率が30％以下になっている材は夜間の休止時にも乾燥が進行し室温もあまり降下せず翌朝の昇温も楽で能率的である。

a. 高含水率域の間けつ運転の注意と操作方法

蒸気を止める際には試験材重量の測定を行う。乾燥のごく初期でしかも温暖な地方では休止中には吸排気筒を少し開け,送風機を回転して置いた方がかびの発生もなく安心であるが,乾燥が少し進んだときや,寒い地方では室温が夜間に低下し翌朝の室温上昇に時間がかかるので吸排気筒は閉鎖して置いた方が有利である。

表 3-15 間けつ運転と連続運転との乾燥時間の比較

運転の種類	板厚 (cm)	含水率範囲(%)および乾燥時間(hr)				乾燥時間の合計		乾燥時間比率*	
		50→40	40→30	30→20	20→10	総時間 (hr)	実働時間 (hr)	総時間	実働時間
連続運転	3.0	27.8	26.3	34.6	48.0	136.7	136.7	100	100
	4.0	29.5	34.4	44.6	59.5	168.0	168.0	100	100
	6.0	30.8	56.1	75.0	97.3	259.2	259.2	100	100
間けつ運転	3.0	40.0	43.8	54.1	59.0	196.9	82.1	144	60.1
	4.0	45.5	51.3	60.6	94.0	251.4	104.8	250	62.4
	6.0	46.0	71.8	85.7	109.9	313.4	130.6	121	50.4

*含水率50%から10%までに要する時間の比,ブナ,間けつ運転10hr/日。　　　(西尾茂氏(1968))

休止中の送風機の回転は,桟積み上下の温度むらを防止する程度の目的であるから,インバーターがあれば低速回転するのが電力消費から見てよい。

乾燥初期の間けつ運転で一番大切な点は,翌朝の乾燥開始の昇温時の操作である。まず試験材の重量測定を実施し,重量がどの程度減少しているかを確認する。試験材の重量が前夜とあまり違っていないときには生材を乾燥するときと同じ要領で乾燥を開始する。吸排気筒を閉め,湿球温度がそのままで室温だけが急上昇しないよう生蒸気をごくわずかずつ噴射させ含水率に見合った乾湿球温度差を保ちながらゆっくり2～3時間かけて温湿度を目的の条件にする。この際多量の蒸気噴射をすると材表面が湿り重量が増加し乾燥時間が延長するのでよろしくなく,逆に乾湿球温度差を必要以上につけすぎれば割れの危険がある。生蒸気を噴射させている間は吸排気筒を閉じておく。

b. 乾燥中期以後の操作方法

被乾燥材の含水率が40%以下になっていると夜間の休止時でも室温低下は少なく,休止中に含水率もかなり低下し翌朝の操作も楽である。

この期間中は夜間吸排気筒は閉鎖したままとする。送風機の回転は電力消費を大とするのでインバーターがあれば減速すると経済的である。夜間送風機の回転を停止しておくと桟積み下部の乾燥が多少遅くなる心配がある。

翌朝の室温上昇の際には湿度があまり低下しない程度の配慮があれば十分で,乾燥末期には生蒸気を噴射する必要はまったくない。

間けつ運転では夜間の休止時に板断面の含水率分布が均一化され,材も多

少は乾燥する。日中の稼動時間中の乾燥進行程度と比較して夜間の乾燥割合は低含水率域で厚材ほど大きい。

c. 間けつ運転の乾燥時間

間けつ運転では1日の1/2から1/3程度しか本格的な乾燥を実施していないため，連続運転の乾燥時間と比較して長くなるのは当然であるが，乾燥機の実動時間で比較してみると厚材や乾燥末期には連続運転の1/2程度となる。表3-15は西尾茂氏のブナ材による厚さ別間けつ運転の実例で1日に10時間運転している。厚材における時間短縮の大きな理由は休止中に板の含水率分布が均一化して翌日の乾燥初期の乾燥速度が大となるからである。

3-4 除湿式乾燥室の操作方法

3-4-1 蒸気加熱式IF型乾燥室との相違点と操作の概要

　除湿式乾燥室と蒸気加熱式 IF 型乾燥室とを操作面で比較してみると，乾燥時間や湿度の変化のさせ方で異なった点がある。原因は装置と被乾燥材とがかなり違うからである。

　まず装置に関しては冷媒にフロン R-22 を使用する除湿式乾燥室では，室内温度が 35～40 ℃ 程度で一般の蒸気加熱式 IF 型乾燥室で普通の板材を乾燥する温度よりは 20 ℃ ほど低く，含水率 35 % あたりまでの乾燥時間が 1.2～1.5 倍長くかかる。

　また蒸気加熱式 IF 型乾燥室では含水率 30 % 以下で温度を大幅に上昇し湿度も低下させられるのに対し，除湿式乾燥室では温度は一定，湿度もそれほど低下させることができないため含水率 35～30 % 以下の乾燥時間は 1.5～2.0 倍に増大する。

　除湿式乾燥室では一般に含水率 18～20 % 以下の乾燥末期は除湿能力が低下するので，電熱加熱に切り換え排気方式を採用しているが電熱器容量はあまり大きくなく，夏期ですら室温 50～55 ℃ までが限界で，蒸気加熱式 IF 型乾燥室と比較すれば乾燥時間ならびに消費熱量価格が約2倍となり，低含水率域を乾燥するには適した装置とは言えない(図 3-36)。

　湿度の測定は乾湿球温度差ではなく直接関係湿度を示す測定器を使っているが，毛髪湿度計類似の簡易なものは精度と安定性が悪く，あまりぎりぎりの乾燥条件の設定は危険であり，高級なものも耐久性と反応速度の遅さなどに問題が残され，特に桟積み風下側に感湿部を置いた装置などは条件設定の判断を複雑にする心配がある。

　除湿式乾燥室は送風方式，桟積みの配列や送風量から見ても乾燥むらが生じやすい。よって前述の諸問題を総合するとあまり仕上げ含水率の低い乾燥を要求せずに含水率のばらつきも問題にされない一般の建築用針葉樹板材を 17～18 % まで乾燥するとか，乾燥温度を高めると材の艶や色の悪くなるヒノキ柱材やスギ役物の乾燥が主な被乾燥材となっている。

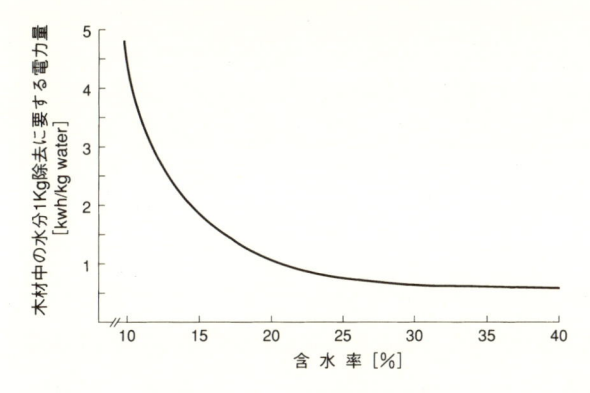

図 3-36 除湿式乾燥室の消費電力量と含水率との関係計算値(室内送風機と除湿機動力との合計。冬期の室内温度の電熱による保持はなしとする。ナラ 2.7 cm 厚材を対象)

したがって除湿式乾燥室用のスケジュールは低い温度の蒸気加熱式 IF 型乾燥室のスケジュールの前半分程度で終了するような形となり，柱材では試験材を使わずタイムスケジュールが主流となっている。

3-4-2 除湿式乾燥室の桟積み作業

除湿式乾燥室の大型のものは前扉を大きくしてフォークリフトで桟積みを数列搬入するため，除湿機側にある風下の桟積みの乾燥が遅れやすい。

現場での対策は初期含水率の低い材料を風下側(奥)に入れるとか，乾燥容易な材料を手前(風上側)に置き乾燥が終われば手前の桟積みだけ入れ換えるなどの方法がとられている。

基本的に乾燥むらを減少させるには送風量の増加しかないが，桟木厚を 2.5 cm 程度にして板の横間隔を十分開けるなどにより，多少の改善は期待できる。ただし風下側の桟積み下部で風の吹き出しが感じられないようでは手の施しようもない。

一方，送風量の大きな除湿式乾燥室や両循環方式のものでは乾燥遅れがほとんどないため，ほぼ蒸気加熱式 IF 型乾燥室と同じような考え方で桟積みすればよい。

柱材の場合は，材間風速の大小にかかわらず柱の横間隔を約 2.5 cm 開ける。この際，心持ち角材の場合は背割り面の反対側の無欠点材面に直接風が

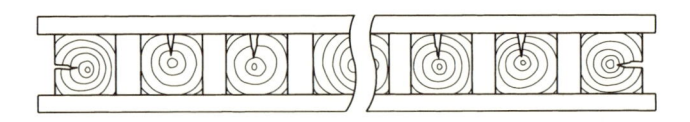

図 3-37 心持ち柱材の桟積み方法

吹き付けない図 3-37 の方法がよい。

桟積み内では柱の無欠点材面を下にする方が良いとする考え方と，上でも下でも同じだとする意見などがある。

風が直接材面に当たると割れやすいという考えは，乾燥時の関係湿度と直接結び付く問題で関係湿度さえ十分高く正確に保たれていれば心配はいらないが，除湿式乾燥室の場合は湿度調節に大きな波があり精度も良くないなどのことから上記のような配慮が必要で，材間風速についても心持ち柱材の方が一般の板材より小さく設計されている。

3-4-3 除湿式乾燥室の試験材

現在の段階で除湿式乾燥室では原則的にタイムスケジュール的な操作が中心となっている。理由は仕上げ含水率が高く含水率のばらつき範囲があまり重視されない点と，柱材を切断して試験材に使うには金額的に高いこと，長年撫育した柱を無惨に切断するには忍びないとする気持ちやヒノキ柱材は試験材を使わなくても安心して乾燥できること，スギ柱材については試験材で未乾燥材が確認できても経費的に乾燥時間を延長できない事情などからである。

ただし板材乾燥では試験材の採取が経済的に気にならず，内装用針葉樹材の仕上げ含水率が 10～15 % とされているなどの関係から，試験材による乾燥経過や仕上げ含水率の確認が必要となる。

また大型の乾燥室を設置した際には，各桟積み内の乾燥むらを一度は正確に掌握して置く必要がある。乾燥終了時の含水率のばらつきや，乾燥経過中の場所による乾燥の遅速を調べるには，寸法を多少短く長さ 40～50 cm の同質の試験材 7～10 枚を 1 枚の原板から採取し，風上側の桟積みに風が吹き込

3-4 除湿式乾燥室の操作方法

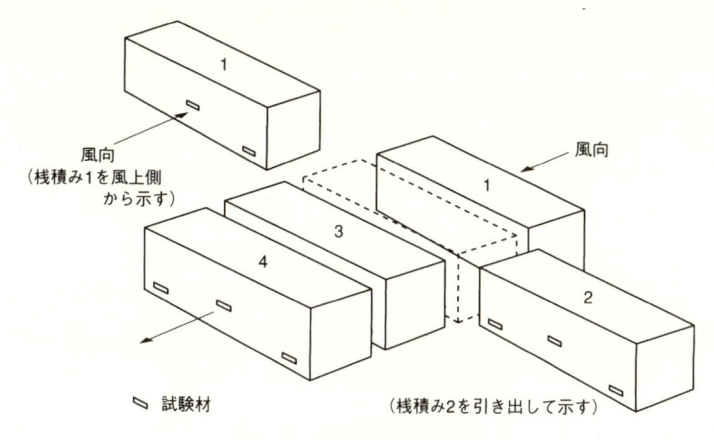

図 3-38　試験材を置く位置

む側と，風下側の桟積みから風が吹き出す側に図 3-38 のように配置するとよい。試験材の木取り寸法や含水率の測定については前項 3-3-3 の蒸気加熱式 IF 型乾燥室の試験材の木取りの項を参照されたい。

　試験材の置き方は上下のパッケージ間の台木部分に短い桟木を置いて乗せるか，やや薄手の短い桟木を桟積みの側面に差し込み，その上に乗せてもよい。

　多数の試験材を使って乾燥むらを一度調査しておけば乾燥の遅れる場所とその程度が判明するから，毎回の乾燥操作には乾燥の遅い材と速い材とを各 2 枚ずつ用意し，乾燥の一番良い風上桟積みの風の吹き込み側と乾燥の一番悪い風下側の桟積みの風の吹き出し側とに，乾燥の遅い材と速い材とを各 1 枚ずつ置き，乾燥の操作基準は風上側試験材の乾燥の遅い材の重量減少（含水率減少）経過に準じ，乾燥打ち切り時期は風下側試験材の乾燥の遅い材の含水率で定めればよい。

　増湿装置のある除湿式乾燥室であれば，乾燥打ち切り後に風上側の乾燥の速い試験材の含水率が上昇して仕上げ含水率の下限になるまで調湿を続ける。

3-4-4　除湿式乾燥室の乾燥スケジュール

　除湿式乾燥室では乾燥打ち切り時の全乾法による含水率が板材で 17～18 ％，柱材で 20～35 ％ と言った高い値が多いため，乾燥スケジュールの形は

表 3-16 乾燥温度の違いによる乾湿球温度差，関係湿度，平衡含水率の比較

温　度(℃)	関係湿度(％)	乾湿球温度差(℃)	平衡含水率(％)
40	85	2.5	17
	80	3.5	15
	75	4.5	13.4
50	89	2.0	18
	87	2.5	17
	85	3.0	16
	82	3.5	15
	75	5.0	12.8

一般乾燥スケジュールの前半だけで終わってしまい，電熱加熱による低含水率域の乾燥を除けば，低い湿度での乾燥領域は含まれていない。

乾燥進行中の湿度の降下方法は大体緩やかなものが多い。特に心持ち柱材では急激な条件変化はたちまち大きな表面割れを発生させる危険がある。一方除湿式乾燥室では湿度制御のために除湿機が on-off すると室温の変化を伴うので，湿度の変化幅が大きくなり，さらに除湿機自体の機械的構造から，あまり頻繁に on-off を繰り返さないように湿度の応答を遅らせているなどでスケジュールをやや安全側にしているようにもみられる。

また含水率の高い針葉樹材の場合は，低い温度で高湿状態でも比較的乾燥が良く進行し，無理に湿度を下げ除湿効率の悪い低湿域へ急いで変化させる必要がないからでもあろう。

ただし乾燥開始時に与える湿度条件は蒸気加熱式 IF 型乾燥室と比較すると，そう緩やかなものではない。前述したように，除湿式乾燥室の湿度指示は関係湿度であり，蒸気加熱式 IF 型乾燥室は乾湿球温度差で示されているので，直接の比較はできないが 45 ℃ あたりの温度で乾湿球温度差 10 ℃ 以内であれば，乾湿球温度差 1 ℃ に対し関係湿度は 5 ％ 変化する。

しかし関係湿度が同じでも温度が低いと，平衡含水率は高くなるので，両者を正しく比較するには，乾燥中の材表面の含水率を決定する平衡含水率に換算して比較するとよい。

例えば室温 40 ℃ 付近の温度で除湿式乾燥室で柱材に適用する乾燥初期の関係湿度 85～75 ％ と，蒸気加熱式 IF 型乾燥室で 50 ℃ の温度で 1 インチ広

葉樹板材(生材寸法 2.7 cm)に与える乾燥初期の乾湿球温度差条件(2～5 ℃)について，それぞれ「温湿度と平衡含水率との図」(図 3-2)や，「乾湿球温度差と平衡含水率との関係図」(図 3-28)を使い平衡含水率に換算して示すと表 3-16 となる。

蒸気加熱式 IF 型乾燥室の常識からすると，厚くて割れやすい心持ちスギ柱材に対する乾燥初期の湿度条件は関係湿度 90～85 %(乾湿球温度差 2～2.5 ℃)あたりが望ましいが実際の除湿式乾燥室で乾燥初期の湿度条件はやや低く，柱材で関係湿度 80 % 以下の場合も見られる。この原因は乾燥時間を少しでも短縮したいと言う願いと，仕上げ含水率を 25～35 % の範囲で終了させる関係で，含水率 30 % 以下の低含水率域の乾燥速度については考えなくても良いと言う理由から，湿度を低下させれば容易に乾燥速度が増加する乾燥初期に多少無理な条件を与えているように見られる。針葉樹材の表面割れは 40 ℃ あたりの温度よりも 50～60 ℃ の方が発生しにくいが，材内に残留している成長応力による裂けなどの発生に対しては低い温度の方が安全と考えられている。

以上のように乾燥初期にはやや厳しい感じの条件が与えられ，その後の湿度低下は比較的緩やかな条件となっているため乾燥曲線は含水率 30 % あたりに向いかなり傾斜がゆるやかとなり，蒸気加熱式 IF 型乾燥室に見られるほぼ直線的なものと異なっている。

スケジュールの考え方や例については，被乾燥材の種類が限られている関係から，直接具体例を示す。条件設定で注意しなければならない点は室温が低いため吹き込み側の乾球温度が 36 ℃ 以下で関係湿度が 85 % 以上になると，風下側の温度の低い場所にかびが発生することである。

a. ヒノキ心持ち柱材の除湿式乾燥室用スケジュール

色，艶を保つため乾燥温度は 40 ℃ 以下とする。ヒノキ材の辺材部含水率は 150 % 程度と高いが，心持ち柱材の中心部分の心材含水率は大略 40～45 % で変動が少なく乾燥も容易なため，操作は極めて容易で除湿式乾燥室の被乾燥材として最も適した材料と言える。10.5 cm 角(生材寸法 11.3×11.3 cm)背割り材のタイムスケジュールを表 3-17 に示す。

一般の電気式含水率計(高周波式)で測定して含水率 20 % を示すための乾燥

表 3-17　ヒノキ 10.5 cm 角(生材11.3 × 11.3 cm)心持ち背割り材の
　　　　除湿式乾燥室用スケジュール(室温 40 ℃ 以下)

日　　数	1	2	3	4	5	6	7	8	9	10	11
関係湿度(％)	80	78	78	75	70	65	60	55	50	45	45
乾湿球温度差(℃)	3.5	4	4	4.5	5.5	6	7	8.5	9.5	10.5	10.5

含水率計で 20％ まで 7～10 日，全乾法で 20％ まで 10～12 日。

日数は 7～10 日，全乾法で正確に平均含水率 20％ の値になるには 10～12 日を要する。

背割りの有無や寸法の違いに対しては，乾燥条件の変化形式はそのままとし，それぞれの時間区分を，12 cm 角(生材寸法 12.8×12.8 cm)背割り材に対して 1.25 倍，10.5 cm 角の背割りなしの材に対しては 1.2 倍に引き伸ばせばよい。

b．スギ心持ち柱材の除湿式乾燥室用スケジュール

スギ心持ち柱材の乾燥で問題となる点は，原木価格がヒノキ材と比較して安いにもかかわらず，柱の中心部分の心材含水率が 80～180％ とヒノキ材に比較して高く，心材の乾燥速度が辺材の 1/2～1/3 と遅い点である。さらに含水率や乾燥速度の変動が立地条件，材色，品種によって大幅に変化し，材質もヒノキ材より割れやすいことである。

したがってスギ心持ち柱材を生材から直接人工乾燥するのは不経済であり，このように変動の大きい材に対するタイムスケジュールも作成できない。一応製材品を 1 カ月以上天然乾燥するか，林内で葉枯らしを 2 カ月ばかり実施して平均含水率を 100％ 以下にしてからでないと人工乾燥は経済的に見て困難である。ただし葉枯らしでは辺材含水率が低下するだけで，心材の含水率はほとんど低下しない。

また樹齢により柱材に含まれる辺材率が異なり，太い丸太から製材した柱材より細い丸太から製材した柱材の方が辺材部が多く乾燥時間は短い。

以上のような理由でスギ並心持ち柱材のタイムスケジュールは一応天然乾燥を終えて含水率が 100％ 以下になった材か，伐採時の含水率の低い材についてでないと示しにくい。

図 3-39 はスギ 10.5 cm 角心持ち背割り材の乾燥経過で，少し乾燥の遅い

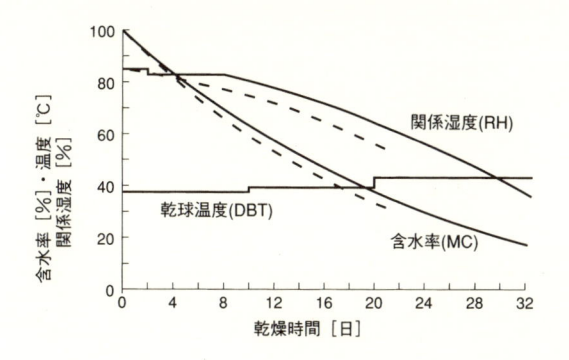

図 3-39 スギ 10.5 cm 角(生材寸法 11.3×11.3 cm)心持ち背割り材の除湿式乾燥室用スケジュール(乾燥を 17～19 日で終わらすときは破線のようにする)

表 3-18 スギ 10.5 cm 角(生材 11.3 × 11.3 cm)心持ち背割り材の除湿式乾燥室用スケジュール(室温 40 ℃)

含水率範囲(%)	100～80	80～70	70～60	60～50	50～40	40～35	35～30	30～25
日　　程	1～3	4～6	7～9	10～13	14～17	18～20	21～23	24～27
関係湿度(%)	85～82	82～78	78～75	75～70	70～65	65～58	58～55	55～50
乾湿球温度差(℃)	2.5～3	3～3.8	3.8～4.5	4.5～5	5～6	6～8	8～8.5	8.5～9.5

旧来の含水率計で 25%までは 19 日程度，このとき全乾法では 40～35%である。

例で初期含水率 100 % からのものであるから，これ以上の高含水率材に対しては含水率 100 % 近くまで関係湿度 85 % のままで乾燥しなければならず，それに要する日数は 1 日当たりの含水率減少が 5 % として，120 % の材に対しては 4 日間が余分に加算される。ヒノキ柱材と同じように役物は材色を考え 40 ℃ 以下の温度にすべきである。

表 3-18 はスギ柱材に対する少し条件の強いスケジュールで，関係湿度および乾燥経過は図 3-39 の破線のようになる。

JAS の乾燥材 D 25 にするために高周波式含水率計で測定した値が 25 % になる乾燥日数は，初期含水率が 100 % の場合約 19 日でこのときの全乾法による平均含水率は 37 % を中心とした値と推定される。乾燥のあまり良くない例である。

初期含水率が 200 % 近くあり，しかも黒心の材で乾燥の悪いものは，一般のスギ材の 2～3 倍の乾燥日数を要する。スギ心持ち柱材を 40 ℃ 以下の温

表 3-19 スギ心去り 12 cm 角材(生材 13 cm × 13 cm)の除湿式乾燥室用スケジュール

日　　数	1	2	3	4	5	6	7	8	9	10	11	12	13	14	15
乾球温度(℃)	32	32	35	35	35	37	37	37	37	37	40	40	40	40	40
関係湿度(％)	75(85)	75(80)	70(75)	70	67	67	67	64	64	60	60	55	55	50	50

初期含水率 100％以下の材で仕上げ含水率は全乾法で 28～40％，電気式含水率計で 25％以下を示す。材により(　)内の数字がよいと思われる。心去り材は曲がりが出やすいので 12 cm 角に仕上げるには挽立寸法が 13.1 cm 程度となる。　　　　　　　　　　(秋田県木材産業課佐々木松彦氏 (1988))。

度で正確に含水率 20 % 以下に乾燥すると表面割れの発生防止は困難である。

c. 秋田産スギ心去り柱材の除湿式乾燥室用スケジュール

心持ち材と比較して割れは発生しにくい。表 3-19 のようなタイムスケジュールが公表されている(日本住宅木材技術センター 1988 年度調査報告)。乾燥初期は関係湿度 80 % 程度の方が安全と思われる。

含水率 100 % 以下の材でないと 15 日間で高周波式含水率計で 25 % をクリヤーできない。この時点で全乾法で測定すれば，平均含水率は 28～40 % 程度である。初期含水率が低くやや乾燥容易な材の例である。

d. 針葉樹板材の除湿式乾燥室用スケジュール

被乾燥材が鴨居などの平割り材や内装用材になると，仕上げ含水率の規準は 18 % あるいは 15 % 以下となっているため，指定の含水率になるような乾燥操作と時間をかけなければならず，初期含水率の確認を含め試験材の含水率測定が必要となる。乾燥スケジュールもタイムスケジュールから含水率基準のスケジュールへと移行せざるを得ない。

柱材とは違い仕上げ含水率が低く，材の厚さが 4～5 cm なので電気式含水率計の精度もよくなり，全乾法との誤差がほとんどないから搬出後の含水率のチェックは高周波式含水率計や針状電極の抵抗式含水率計でも可能になる。

板材で乾燥対象となる主要な樹種のうちベイツガ，ベイモミ，スギ材は初期含水率が高く，加えて初期含水率のばらつき，乾燥速度の違いが大きいので常に最高含水率の材に気を付け，その含水率経過に合わせて乾燥を進めなければならない。

関係湿度の降ろし方は一般蒸気加熱式 IF 型乾燥室に比べかなり緩やかな

表 3-20 ベイツガ板材の除湿式乾燥室用スケジュール(試験材:3 cm 厚)

含水率範囲(%)	乾球温度(℃)	関係湿度(%)	乾湿球温度差(℃)
120～80	40	75	4.5
80～60	40	68	6.0
60～40	40	65	6.5
40～35	40	63	7
35～30	40	60	7.5
30～25	40	58	8.0
25～20	40	55	8.5
20 以下	45	50	10

材質は中庸,含水率は高い。含水率 120% より 15% まで約 10 日間

表 3-21 板材,平割り材の除湿式乾燥室用スケジュール(含水率 15% 仕上げ)

樹種, 板厚 含水率範囲(%)	ヒノキ 2.5 cm		ヒノキ 4.5 cm		スギ 4.5 cm		ベイツガ 2.5 cm	
	乾球温度(℃)	関係湿度(%)	乾球温度(℃)	関係湿度(%)	乾球温度(℃)	関係湿度(%)	乾球温度(℃)	関係湿度(%)
生～60	35	70	35	70	35	75	35	80
60～50	35	70	35	70	35	70	35	75
50～40	35	70	35	70	35	65	35	70
40～30	35	65	35	65	35	60	35	65
30～25	40	60	40	60	40	55	40	60
25～20	40	55	40	55	40	50	40	55
20～15	45	50	45	50	45	45	45	50
乾燥日数(日)	5～7(4～5)		7～10		10～15		5～7	

注:ヒノキ 2.5 cm 厚は( )内の数字がよいと思う。　　　　　(森林総合研究所 (1988))

例が多い。理由は含水率のばらつきが大きいこと,除湿機の能力と消費電力との関係からあまり急速な湿度低下が得策でないこと,温度が低いため湿度を低くしてもその割りには乾燥速度が増加しないことなどである。

　表 3-20 にベイツガ 3 cm 厚材の含水率スケジュールを示す。

　初期含水率 120% から含水率 15% まで約 10 日で仕上がっており,並材のスケジュールとしては多少厳しいように思う。ベイツガ材の初期含水率は高く 120% 程度であるが低いものは 50% 以下のものもあり,大体年輪幅の狭い材に高含水率材が多い。

　表 3-21 に森林総合研究所が発表している平割り材などの除湿式乾燥室用スケジュール表を示す。乾燥日数からみて,ベイツガ 2.5 cm 厚材について

は初期含水率が比較的低い材とみられる。乾燥初期温度も装置が許すなら40℃程度まで上昇した方がベイツガ材ではよいと思われる。

e. 広葉樹板材の予備乾燥としての除湿式乾燥室用スケジュール

電力料金の安い米国では,広葉樹板材乾燥にかなり大型の除湿式乾燥室を使っているが,日本での利用対象は比較的乾燥容易なシナノキ,ハンノキ,ドロノキ,トチノキ材などを家具用材として使用する際に利用する程度である。

生材から直接高い温度で乾燥すると収縮率の増大や,狂いの大きくなるブナ,ナラ材などについては天然乾燥に代わる予備乾燥法として除湿式乾燥室の使用も一応考えられる。

表3-22に本州産のコナラを含む3.0 cm厚ナラ材の含水率20%までの乾燥スケジュールを示す。初期含水率を80%として乾燥日数は約28日である。

表 3-22 本州産硬質ナラ材の除湿式乾燥室用スケジュール(3 cm 板材)(試験材:心材柾目)

含水率範囲(%)	乾球温度(℃)	関係湿度(%)
80~68	38	85
68~63	38	83
63~53	39	82
53~47	40	80
47~45	40	78
45~40	40	76
40~37	40	74
37~35	40	72
35~32	40	68
32~30	40	64
30~25	40	60
25~20	40	53

含水率80%より20%まで28日。予備乾燥としての利用。

表 3-23 ブナ半天然乾燥材の除湿式乾燥室用スケジュール(2.7 cm 板材)(試験材:偽心材柾目)

含水率範囲(%)	乾球温度(℃)	関係湿度(%)
45~32	35	80
32~30	38	75
30~25	38	73
25~20	40	67
20~18	40	65
18~15	40	63

含水率45%より15%まで14日。予備乾燥としての利用。

表 3-23 はブナ 2.7 cm 厚，半天乾材の乾燥スケジュールで 40～50％ の初期含水率から含水率 15％ まで約 14 日程度である。

家具用材として引続き同じ室内で乾燥を継続するには含水率 17～18％ のとき，電気加熱の排気方式に切り換えるか蒸気加熱式 IF 型乾燥室へ移動させる。

重硬な広葉樹板材を乾燥する際には昇温時の増湿や，乾燥終了時の調湿用に電気加熱式の増湿装置が必要となる。

3-4-5　除湿式乾燥室の室温上昇と乾燥経過中の注意

除湿機を稼動させる際には一定の温度以上 (15～20 ℃) に室温を上昇させる必要がある。極端に低い温度で除湿機を働かせると液状の冷媒が圧縮機シリンダーに流れ込みピストンを破壊する。

一般に除湿式乾燥室に設置されている電熱器の容量はあまり大きくないから冬期の室温上昇には時間がかかる。夕刻から電熱による室温上昇に入り，翌朝室温が上昇してから除湿機を働かせるとよい。寒冷地では電熱以外の補助熱源による室温上昇が望ましいが，あまり急速な温度上昇は湿度の低下をまねくので柱材や厚材を乾燥する際には増湿装置が必要となる。

電熱による加湿装置のある場合には室温上昇に先立ち，蒸気発生用の水槽の水を電熱で加熱して置き，いつでも水蒸気が発生できるようにしておかないと作業が後手後手になる。

除湿式乾燥室では除湿機を働かせないと乾燥が進まず室温も上昇しないため，材の温度が十分上昇しないうちに除湿機を働かせたくなるが，厚材や広葉樹材を乾燥するときは電熱でできるだけ室温を上昇してから除湿機を働かせた方が事後の乾燥経過が順調に進む。

乾燥経過中は公表されている乾燥スケジュール通りに風上側の条件を変化させてゆけばよいが，風下側に温湿度測定エレメントが設置してある乾燥室にそのままの条件を当てはめると風上側の桟積みには，より厳しい条件が与えられるため桟積み通過による温度低下量を考慮して温度は低め，湿度は高めにするか，製造業者から独自の乾燥スケジュール表を入手しておかなければならない。

この種の装置は，乾湿球湿度計で風上と風下の温湿度の違いをあらかじめ測定しておくと公表されている乾燥スケジュールが自由に使え便利である。

　温湿度制御装置の完備している装置では，その操作方法は蒸気加熱式 IF 型乾燥室とほとんど違わないが，温湿度の調節を手動で行う簡易な装置では特定の樹種・材種について季節別に数回乾燥を経験してみないと安全な操作は習得できない。

　また心持ち柱材は一般的に乾燥が進行するにしたがい割れの発生する危険が増大する。特にスギ柱材はかなり割れやすいため，湿度の低下速度を緩やかに，変化幅を大きくしないよう注意が大切で条件変化後は面割れ発生の有無を入室してよく観察しなければならない。

　完備した除湿式乾燥室では外気温度の高い夏期に室内温度が制限温度に近づくと，加熱回路の一部を屋外に自動切り換えして室温の上昇を防止するようになるが，このときは制御関係をよく見て，室内の電熱による加熱と排熱とが交互に行われ，熱の無駄がないかを確認する必要がある。

　鴨居材などの平割り材の乾燥で試験材を置いた場合は朝と夕方に重量測定して含水率換算を行う。条件変化は風上側に置かれた乾燥の遅い材の含水率が基準となり，乾燥終了時は風下側の乾燥の最も遅い試験材の含水率が18％になるまでとする。

　積算電力計の読みは乾燥開始時と，その後は1日1回定刻に野帳に記載する。

3-4-6　除湿式乾燥室の乾燥打ち切り時期と乾燥材の保管

　建築用針葉樹柱材の含水率の JAS は表 3-24 でヒノキ柱材は D 20，スギ，ベイツガ柱材は D 25 が一般に用いられている。含水率測定には高周波式含水率計を使用することになっているが，中心部の含水率が高く，表面が乾燥している柱材を材面から測定しても正しい値は得にくく，全乾法より低い値を示すことが多い。

　この不合理を多少とも修正するため柱材専用の含水率計では測定値が高く算出されるような回路方式に改善した認定品がある。この計器でヒノキ材のように仕上がり含水率のかなり均一な材を測定すると全乾法より少し高い値

3-4 除湿式乾燥室の操作方法

表 3-24 木材含水率の基準(JAS 一部抜粋)

品　目	材　種	針葉樹材
針葉樹の構造用製材	乾燥材 D 25	25％以下
	乾燥材 D 20	20％以下
	乾燥材 D 15	15％以下

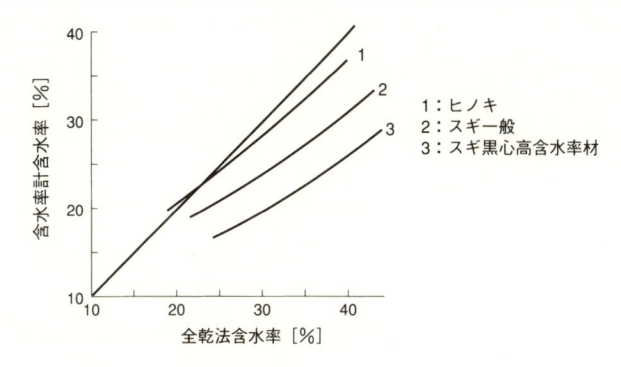

図 3-40　全乾法による含水率と性能認定高周波式含水率計との違い(心持ち柱材)

を示す場合もある。しかしスギ柱材では 25 % を含水率計が示すときには全乾法で 30～40 % 程度となろう(図 3-40)。この程度の乾燥に要する日数はヒノキ 10.5 cm 角(生材寸法 11.3 cm 角)背割り柱材で 7～10 日,スギ柱材では含水率の低い 90～100 % の背割り材であれば 15～18 日程度が現場での乾燥日数である。

ただしスギ材は初期含水率のばらつきが大きい点と,黒心材の中に乾燥の遅い材があるため乾燥所要日数は示しにくい(表 3-25)。

結局,初期含水率がある程度掌握され,それに見合った乾燥日数をかけないと目的の仕上げ含水率にはならない。現段階では高周波式含水率計の精度が十分でないから,特にスギ柱材の場合は含水率計の読みにこだわるよりも乾燥日数に基準を置いて乾燥しないと良い仕上げ含水率は得られない。

スギ材のこうした事情に対し,ヒノキ材は心材含水率が生材のときに 45 % 程度に安定しているため,含水率計の読みにも誤差が少なく,規準の乾燥日数をかければ仕上がり含水率は目的値となる。

柱材の乾燥では通常試験材を使わないため丸太の含水率の高い 5～6 月頃

表 3-25 除湿式乾燥室による柱材の乾燥日数(心持ち 10.5 cm 角背割り材)

樹種	初期含水率(%)	含水率計による含水率(%)		全乾法による含水率(%)			
		20	25	20	24	25〜35	35〜40
ヒノキ	50	7〜10	——	10〜12	6〜7	——	——
スギ	90	——	15〜17	——	——	19〜22	15〜17
	120	——	18〜22	——	——	25〜30	20〜25
	150	——	20〜25	——	——	32〜36	24〜30

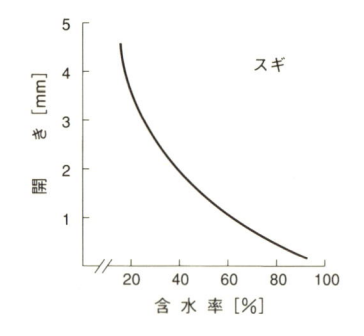

図 3-41 背割り幅の変化と含水率との関係(鋸道幅は差し引いた値。野原正人氏測定)

や,室温を上昇するのに時間のかかる冬期には乾燥時間を意識的に増加しないと同程度の乾燥材が得られない。

現在のところ,乾燥の打ち切り時期の目安としては背割り幅の開度が使われ一応指が入る程度とされている(図3-41)。

またスギ柱材の場合は年輪幅に一定の制約を設け,仕上がり状態の検定に 10.5 cm 角の 3 m 材では 17 kg 以下などと重量制限を実施している工場もある。柱材の寸法は一応定まっているので重量から仕上がり含水率を推定する方法は考えられるが,全乾比重の推定を誤ると大きな含水率の誤差となる。

柱材の場合は柱の寸法と,重量を測定し,推定容積密度 R (全乾重量/生材容積)から

$$W_0 = R \times V \quad [g]$$

$$U = \frac{W_u - W_0}{W_0} \times 100 \quad [\%]$$

W_0：柱の全乾重量 [g]，W_u：測定した時の柱の重量 [g]

V：柱の容積 [cm^3]，R：容積密度 [g/cm^3]

γ_0：全乾比重(文献などにより求める)，U：含水率 [%]

$$R = \frac{\gamma_0}{1 + 0.28\,\gamma_0}$$

などの式で含水率は推定できるが，含水率を求める式の中で，全乾重量を推定する容積密度に誤差があると，全乾重量 W_0 に変化が生じ，R を間違えて小さくすると全乾重量 W_0 が小さくなり，分母は小さく分子は大となり R の誤差は大幅に増大され，含水率を大きく狂わす心配がある。

そのため一定の重量制限を設けて乾燥程度を決定した場合には，高比重材は低含水率まで乾燥され，低比重材は高い含水率で乾燥が終了していると見なされるが，比重と収縮率との関係から見て，後で乾燥が進んで発生するであろう収縮量を考えれば合理的かも知れない。

以上のような柱材の乾燥操作に対し，鴨居などの平割りでは仕上げ含水率が低く，多くの場合試験材を置いている関係から仕上がり含水率はかなり一定化されている。

鴨居材などの乾燥の打ち切り時期は風下側に置かれた乾燥の遅い試験材の含水率が 18％ 以下になったときであるが，一応手近な材を引き抜いて含水率計で調べてみる必要はある。高周波式含水率計の精度もこの範囲の厚さと，含水率になれば全乾法と比較して大きな違いはない。乾燥時間はスギ鴨居材 (4.5 cm) で，初期含水率 140％ であれば約 13 日間で含水率 18％ 程度となる。

針葉樹建築用板材乾燥のうちでも，内装用壁材，床板等の含水率自主規準（日本住宅・木材技術センター）は 10～15％ の範囲となっているため，これらの材については，含水率 17～18％ 以下を電熱加熱の排気方式に変換して乾燥を継続することになる。また当然試験材による仕上げ含水率の確認は必要となる。

含水率の範囲に制限があれば乾燥が先行して過乾燥になっている風上側の試験材の含水率が 10％ になるまで調湿によって含水率を上昇しなければな

らない。

　乾燥後の冷却などは蒸気加熱式 IF 型乾燥室と同じであるが心持ち柱材は極めて割れやすい状態にあるので十分室内が冷えてから搬出し，スギ柱材は仕上げ含水率が高いので桟積み状態にして置かないと材内部から水分が材面に移動して来て密着した部分にかびを発生させる危険がある。

　2002（平成 14）年 3 月に JAS の含水率基準が改定され，針葉樹の構造用材 D25 は未仕上げ材となっている（【増補 23】 p. 736 参照）。

4

主要樹種の乾燥操作と乾燥スケジュール表

　乾燥操作に際し的確な乾燥スケジュール表(Kiln drying schedule)が得られれば極めて好都合である。
　乾燥スケジュールには被乾燥材の含水率降下を試験材から推測しながら乾燥条件を変化させる含水率スケジュール(Moisture content schedule)と時間の経過を基準にして条件を変化させる時間スケジュール(Time schedule)とがある。
　含水率スケジュールは同一の樹種・材種であれば被乾燥材の初期含水率のいかんにかかわらず，また材質が多少違っていても十分適用できる。これに対し時間スケジュール(タイムスケジュール)は被乾燥材の初期含水率や材質の変動に対して適応性が低い。
　しかしタイムスケジュールも完全に時間経過だけに頼らずに被乾燥材の初期含水率や材質を考慮して修正すれば利用範囲が広くなり，プログラム制御が容易になった現在では省力化の目的からかなり使われている。ただし温湿度制御用のプログラムを作る際には含水率スケジュールが絶対に必要となる。
　前項では一般的な乾燥操作について述べたので，この項では具体的な樹種の操作の要点と乾燥スケジュール表を示す。
　板厚について広葉樹材は一応1インチ材(生材寸法2.6～2.7cm)を標準として示しているため，表に示されている必要乾燥日数は生材寸法2.5～2.7cm材のものが多い。ただし，含水率と温湿度との関係は板厚2.4～2.9cmの範囲であればそのまま適用して良く，2cmより薄い材では温度を4～6℃高く

乾湿球温度差を20％ほど大きくし，板厚が3cm以上のときには温度を5℃ほど低くし乾湿球温度差は約20％小さくする必要がある。

なお挽材の寸法は呼び名(1インチ材，3寸5分角など)の実寸より厚く製材する場合(広葉樹インチ材，日本の柱材)と，米国の針葉樹材のように大体実寸(1インチ材なら2.54cm)を平均厚さとして製材し，乾燥して両面をプレーナーで仕上げたときの削りしろを0.635cm(1/4インチ)みて，1.905cmに仕上がればよいとする習慣とがあるので注意を要する。

4-1 国産広葉樹ならびに類似外材の乾燥スケジュール表

4-1-1 カシ，ナラ，シイ，ブナの類，Fagaceae(ブナ科)

a. カシの類

代表的な材はアカガシ，シラカシ，イチイガシ材などで，ナラ材との違いは比重の高いわりに板目材の乾燥時間が短い点である。特にシラカシ材は道管の通気性が極めて良好でかなり長い材でも木口に口を付けて息を吹くと繊維方向に息が抜ける。

材の比重は大きく放射組織も大きいので板目面に割れが出やすく，木口部が先行乾燥し，大きな裂けや割れも生じやすい。木口部には適当なコート剤を塗ると割れ防止に有効である。

乾燥温度を高くすれば収縮率が増大し，乾湿球温度差を大とすれば表面割れがはなはだしく発生する。2.7cm厚材の共通的スケジュールは表4-1で

表 4-1 カシ類の共通乾燥スケジュール

(試験材：心材柾目，2.7cm厚)

含水率範囲(%)	乾球温度(℃)	乾湿球温度差(℃)
生～40	40	2
40～35	40	2.8
35～30	43	4.0
30～25	45	5.5
25～20	50	7.5
20～15	55	10
15以下	60	13～17

すべての材を含水率10％以下にするには15～20日。

ある。乾燥日数は生材から直接人工乾燥して乾燥の遅い柾目材が平均含水率10％になるまでに15～20日間を要する。

乾燥時間はアカガシ，イチイガシ，シラカシの順に短くなり，低含水率での板目板と柾目板との乾燥速度比は約2で板目板の方が大きい（板目板が速く乾燥する）。

厚材の減圧高周波乾燥には通気性のよいシラカシ材がアカガシ材よりはるかに適している。

b．ナラ・オークの類

単にナラと呼ばれる樹種は正式には無いが，一般にナラ材と言うときにはミズナラを指す場合が多い。本州山岳地帯で生産されるナラ材にはコナラ材も含まれており，この材は北海道産のミズナラ材と比較して極めて乾燥が困難である。

北海道産のミズナラ材は道北のものが良く道南の材は乾燥がやや困難である。乾燥日数は北海道産のミズナラ 2.7 cm 厚材で，生材から直接人工乾燥して乾燥の遅い材が平均含水率8％になるまで13～15日を要し，調湿冷却に要する時間はさらに2日間である。

本州福島地方でイシナラ，ナラガシワなどと俗に言う材色のやや紫褐色のものや，長野，岐阜の山岳地帯に産するコナラ材などで大径良質丸太から製材した 2.7 cm 厚材の乾燥日数は含水率8％まで18日程度，小径で重硬なあての多い下級丸太からのものは25日を要する。

乾燥経費の節約と歩留まり向上の目的から天然乾燥で含水率を25％あたりまでおろすのが得策である。

天然乾燥の日数は含水率25％まで 2.7 cm 厚材で夏期は2～3カ月，冬期は降雪地以外で4～5カ月である。

アメリカ産のホワイトオーク，ならびにレッドオーク類を含め，ナラ材の乾燥が他材と比較して難しいと言われるのは主として材のばらつきが大きいためである。材のばらつきとは乾燥日数の長短を支配する水分移動性と，表面割れの出やすさや細胞の落ち込みの生じやすさと言った木材乾燥における3大基本条件が丸太によって大きく変動することである。

丸太による材質の変動はどのような樹種にも見られるが，ナラ材のように

表 4-2 各種ナラ材の乾燥スケジュール

(試験材：心材柾目, 2.7 cm 厚)

含水率範囲(%)	北海道中部産ミズナラ上級材		北海道南部産ミズナラ中級材		本州産ミズナラ良質材		コナラ類小径材	
	乾球温度(℃)	乾湿球温度差(℃)	乾球温度(℃)	乾湿球温度差(℃)	乾球温度(℃)	乾湿球温度差(℃)	乾球温度(℃)	乾湿球温度差(℃)
生〜50	47	3	45	2.5	43	2.5	40	2
50〜45	47	4	45	3.5	43	3	40	2.5
45〜40	47	6	45	5	43	3.5	40	2.8
40〜35	47	8.5	45	7	43	4.5	40	3.7
35〜30	50	12	50	10	45	6	43	5.2
30〜25	55	17	55	15	50	8	45	7
25〜20	60	25	60	20	55	11	50	9.5
20〜15	65	25	65	25	60	15	55	13
15以下	70	25	65	25	60	20	60	18
乾燥時間(日) 10%まで	11〜13		13〜15		15〜17		18〜22	
乾燥時間(日) 8%まで	13〜15		15〜18		18〜20		22〜25	

1) 乾燥日数はすべての柾目板が乾燥する日数で, 調湿時間は含まれていない。 2) 調湿時間は乾燥日数 7 日に対して 1 日の割合。 3) 乾燥初期の温度を 38 ℃ 以下, 乾湿球温度差 2 ℃ 以下にするとかびが発生する。

はなはだしい差を示すものは他にあまり例をみない。

例えて言うならば, 2.7 cm 厚の板で年輪幅が極めて小さい糠目のミズナラ材のある種のものは, どのように強い条件で乾燥しても損傷が発生しないのに対し, 特殊なミズナラ材は 50 ℃ 以上の温度になるとこの温度を境として収縮率が激増し, はなはだしい表面割れや内部割れが生じる。

一般的にみて, ナラ材の JIS 試験法による本来の収縮率は高比重のわりに極めて小さいが, 35 ℃ あたりの乾燥温度から収縮率は増加し 50 ℃ を越えるとさらに急増するため, 被乾燥材が乾燥温度に対し鋭敏か否かの判断が事前に付けられないと安全かつ迅速な乾燥スケジュールを定めることが不可能になる。

また, 温度影響で注意しなければならない点は, 薄板で短時間の乾燥のときには高温度で比較的安全な材も, 板厚が 5 cm 以上になるとか 2.7 cm 材でも水分移動が悪く乾燥時間が長引くような材は, 板の中心部が高含水率状態で長時間熱せられるため, 細胞の落ち込みを誘発し, 狂いや収縮率の増大となり, はなはだしいときには内部割れが発生しやすくなる。

また, 柾目木取りの材は板目木取りの板より水分移動が 30 % ほど悪いた

表 4-3 北海道産ミズナラフローリング用原板良質材の乾燥スケジュール

(試験材：心材柾目, 2.2 cm厚)

含水率範囲(%)	乾球温度(℃)	乾湿球温度差(℃)
生〜50	50	3
50〜40	50	4
40〜35	50	6
35〜30	55	8
30〜25	60	11
25〜20	65	17
20〜15	70	25
15 以下	70	25

すべての材を含水率12%以下にするには7〜8日。

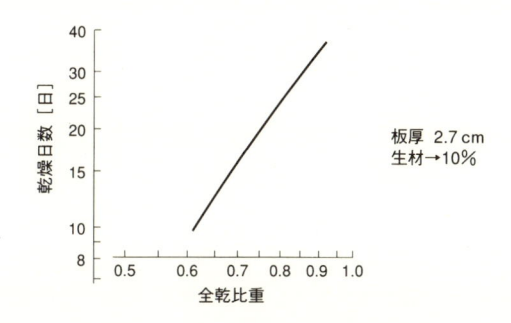

図 4-1 ホワイトオーク材の比重と乾燥日数との関係

め乾燥時間は延長されやすく，特に樹心近くの柾目板に乾燥の悪い材が多く，生材から直接人工乾燥すると乾燥終了時に1桟積み中に3〜5枚の乾燥の極端に遅れる材が発見される。こうした事態を避けるには予備的な天然乾燥とか，乾湿球温度差をゆっくり開くようにする以外に良い方法はない。

国内産ナラ2.7 cm厚材の乾燥スケジュールを表4-2に示す。材質が低下するに従い乾燥温度を低く，乾湿球温度差は小さく，小刻みに変化させた方がよい。このため乾燥日数は材の水分拡散速度(特に自由水の移動速度)が低くなると急に長くなる。水分移動の良否は比重の影響よりも道管内のチロースの量に大きく影響される。

表4-3は北海道産ミズナラ床板原板(2.2 cm厚)の乾燥スケジュールである。北米産のオーク材のうち，レッドオーク類は道管中にチロースを含まない

表 4-4　シイノキ材の乾燥スケジュール

(試験材：心材柾目, 2.7 cm 厚)

含水率範囲(%)	乾球温度(°C)	乾湿球温度差(°C)
生～50	40	2.3
50～45	40	2.5
45～40	40	3
40～35	40	4
35～30	43	5
30～25	45	6.5
25～20	50	8.5
20～15	55	11
15 以下	60	16～20

すべての材を含水率 8% 以下にするには 12～17 日。

め乾燥は容易であるが，ホワイトオーク類はチロースを含み乾燥はかなり困難である。ホワイトオーク類の全乾比重は高いもので 0.8 を越し，乾燥日数と比重との関係は大略図 4-1 となる。

　レッド系，ホワイト系ともに 7 種ほどの樹種が有用材として扱われており，乾燥にあたって樹種の区別は重要であるが，ノーザンレッドオーク材などとはっきり樹種名が市場で付けられているものでないと信頼性は低い。北米でもサザンレッドオークよりノーザンレッドオーク材の方が良質で，常に北の材が優良である。

c. シイノキの類

　材質の良いのはイタジイ(スダシイ)でコジイには良材が少ない。道管中にはナラ材と同じようにチロースを含み，量の多いものは落ち込みや割れが生じやすく，材質のばらつきも大きく乾燥の面倒な材である。

　平均全乾比重は 0.61 であまり大きくはないが，柾目板の乾燥はナラ材より遅れやすい。乾燥速度は比重と比較して低いとは言えないが比重増加に伴う乾燥時間の延長はミズナラ材より大で，乾燥時間の予測しにくい樹種である。

　乾燥条件は低温，高湿が望ましく，良材が少ないので仕上げ含水率の均一化のためにも予備的な天然乾燥が大切である。2.7 cm 厚材の乾燥スケジュールは表 4-4 で乾燥日数は乾燥の遅れる柾目材の平均含水率が 8% になるまで 12～17 日程度の幅がある。

d. ブナの類

　木材人工乾燥の発達史の中で最も多く，また地域的にも広く乾燥材として利用された日本産広葉樹材であり，かつてはフローリング用材として有名であったが最近では家具用材が主である。

　落葉樹であるが散孔材であるため丸太間の比重の差は少ない。偽心材を形成する特殊な樹種で，丸太によっては樹心近くまで辺材ばかりの良質のものから広い範囲の偽心材を持ち，しかもその範囲や形状が星形や乱れた縞紋様とさまざまで，色も淡赤褐色から濃赤褐色まで大きな差がある。

　濃赤褐色の偽心材は白色の辺材と比較して極めて乾燥が遅く，辺材板目，辺材柾目，偽心材板目，偽心材柾目の乾燥速度比は大略9：7：4：3程度である。

　ブナ材の乾燥で一番問題となるのは仕上げ含水率の不揃いと狂いの発生である。ブナ材は辺材部が多く，その部分は良質で乾燥は容易であるのに対し，偽心材部の乾燥が遅く，両者が同一桟積み内や1枚の板の中に混在するため，乾燥終了時の含水率むらが大となりやすい。この原因は偽心材部の道管内にチロースが多量に存在するからである。

　桟積み解体作業をしていると1つの桟積み中に5～6枚の特に乾燥の悪い柾目偽心材が認められ，すじ状の未乾燥部を持ち含水率が出炉時に17％近くのものがある。

　全体の被乾燥材の中に約1/3の辺材と，2/3の偽心材と，その他にわずかに特別に乾燥の遅い材があるとき，これらをどうしたらうまく均一に乾燥させられるかがブナ材乾燥の1つの要点である。

　次はブナ材の狂いである。原木丸太の中には繊維傾斜の大きなもの(傾斜3/10)が5％ほど含まれており，この種の丸太は製材乾燥しても狂いが大きく歩留まりが極めて低い(写真4-1)。

　最近は原木等級の低下が甚だしいため，節部近くや，あて材部の細胞の落ち込みによる狂いの発生量が増加しており，できるだけ低い温度で乾燥することが望ましく，天然乾燥で含水率を40％あたりまででもよいから乾燥して置くと，狂いの防止と仕上がり材色の点からも良い。含水率の均一化という面からは平均含水率で30％以下まで天然乾燥しなければならない。

写真 4-1 ブナ床板原板材の甚だしい狂い

　また試験材には偽心柾目材と辺材板目材とが必要で，乾燥の進行は乾燥の遅い偽心材によるが，乾燥終末に辺材含水率をあまり低くしないためや，調湿操作には辺材含水率のチェックが必要である。

　乾燥のごく初期に乾燥時間を短縮しようとして乾湿球温度差を 4 ℃ 以上もつけると (2 cm 厚以上) 乾燥末期になって偽心材の乾燥速度が急に低下し，かえって時間が長くかかる心配がある。乾燥末期には辺材の過乾燥を避ける目的から，あまり乾湿球温度差を大としない方がよい。

　ブナ材の利用目的は時代の経過によって変化し，ブナ材が利用され始めた当時は純白な辺材輸出用インチ材やフローリング，淡い色の家具用材が中心であり，白色辺材の仕上がりの色や，スティッカーマーク (桟木の置かれた場所の変色) の有無，材の艶などが重視され，この目的にそうために製材直後の材を立てかけて置き表面の水分を流下させるとか，生材から直接人工乾燥すると材色がピンク色に変化したり材に艶が無くなるなどのことから，短期間でも天然乾燥を実施すべきとの意見もあった。

　また長期間水中貯木された丸太は辺材部の含水率が高く人工乾燥初期に辺材表面が鉄錆色に変色し，見掛けを損するがこの変色は 0.5 mm ぐらいのごく表面だけで利用上は問題にならない (写真 4-2)。

　以上の諸問題は現在ではほとんど口にされていない。その理由は素材フローリングの利用が減少した点と専門的な目で見ることのできる利用者が居なくなったためであろう。

　現在一番問題になっているのは丸太等級の低下による狂い増加であり，なるべく低い温度の乾燥が望ましく，その意味でも予備的な天然乾燥が有効である。

4-1 国産広葉樹ならびに類似外材の乾燥スケジュール表

写真 4-2　ブナ辺材部の赤褐色変(白色部は偽心材部)

　乾燥に際して比較的乾燥温度の低い状態で乾燥中期を経過させる必要があり，しかもそのときの問題点は，材からの水分蒸発量が多いため高温多湿となる夏期は必要とする乾湿球温度差が乾燥室の排気量不足から取りにくいことである。このときは，室温を上昇して無理に乾湿球温度差をつけないで成行きに任す方がよい。

　生材から直接人工乾燥すると，乾燥終了時に偽心材の平均含水率が 10 % 程度のとき，辺材は 5～6 %，極端に乾燥している材は 3～4 % となり，含水率の高い偽心材の中には 17 % あたりのものが数枚ある。

　濃色の柾目偽心材は乾燥が遅く他の材と同時に乾燥を終了させることは困難であるが，数枚であるから加工時に含水率計で選別した方が能率的である。表 4-5 にブナ 2.7 cm 厚材の乾燥スケジュールを示す。

　ブナの近縁にニュージーランド付近から輸入されるニュージーランドビーチ (Red beech, Hard beech, Black beech, Silver beech) や南米チリーの Coigue, Roble などは *Nothofagus* 属で，乾燥後の材質はブナ材 (*Fagus*) と極めて良く似ているが，大きな放射組織が無い点で異なる。

　人工乾燥の容易な Silver beech (*N. menziesii*) から，乾燥が遅く落ち込みが甚だしく，人工乾燥の極めて困難な Hard beech や Red beech，チリー産の Coigue などと大きな幅がある。

　良材はほとんど使いつくされているのでこの種の材に気楽な気持ちで挑戦すると思わぬ痛手をこうむる。

表 4-5　ブナ材の乾燥スケジュール

（試験材：偽心材柾目，2.7 cm 厚）

含水率範囲(%)	乾球温度(℃)	乾湿球温度差(℃)
生～50	40	2.3
50～45	43	2.5
45～40	43	3
40～35	43	4
35～30	45	5
30～25	50	6.5
25～20	55	8.5
20～15	60	11
15 以下	60	16～20

すべての偽心材を含水率8%以下にするには12～14日。

表 4-6　ニュージーランドビーチ材の乾燥スケジュール　その1
　　　　乾燥の極めて容易なシルバービーチ(N. menziesii)

（試験材：心材柾目，2.7 cm 厚）

含水率範囲(%)	乾球温度(℃)	乾湿球温度差(℃)
80～50	55	4
50～40	55	6
40～35	60	10
35～30	65	15
30～25	70	20
25～20	75	25
20 以下	80	30

すべての材を含水率10%以下にするには4～4.5日，8%以下にするには5～6日。（佐藤庄一氏ら (1974)）

表 4-7　ニュージーランドビーチ材の乾燥スケジュール　その2
　　　　乾燥の中庸なもの(N. cliffortioides)

（試験材：心材柾目，2.7 cm 厚）

含水率範囲(%)	乾球温度(℃)	乾湿球温度差(℃)
80～50	45	3
50～40	45	5
40～35	45	8
35～30	50	10
30～25	55	15
25～20	60	20
20～15	65	25
15 以下	70	30

すべての材を含水率10%以下にするには13～14日，8%以下にするには14～17日。（佐藤庄一氏ら (1974)）

表4-6, 表4-7に林業試験場で佐藤庄一氏らが決定した, 2種のニュージーランド産 Nothofagus 材の乾燥スケジュールを示す。乾燥時間から見て, また須藤氏の解説から判断し前者はシルバービーチ(N. menziesii), 後者は中庸のマウンテンビーチ(N. cliffortioides)かブラックビーチ(N. solandri)とみられる。乾燥の難易は比重の大小より道管中のチロース量の多寡であろう (木材部, 林産化学部:南洋材の性質20, 林業試験場報告269(1974))。

4-1-2 カバノキの類, Betulaceae(カバノキ科)

カバノキの主要な産地は北海道で通常マカンバ材と言えばウダイカンバのことで, その他に雑カバと現場で呼ぶ材はダケカンバなのか, あまり良質でないマカンバ材も含めているのかよくは解らないが, マカンバ材より多少硬く乾燥がわずかに遅いように感じる。

中国からもカバと称する材はかなり輸入されている。等級はあまり良くないが, 乾燥特性からみて日本のマカンバ材と特に大きな違いは無いようである。

カバノキ科のシデを除けばハンノキ類を含め, 乾燥は皆容易で, 割れの発生も少なく乾燥終了時に板の中心部に水分が残るような心配は無く, ナラ材と比較すれば遥かに安心して乾燥のできる材である。

1つだけ注意しなければならない点は, 新鮮な材で板厚が2cm程度までの板の乾燥温度はかなり高くてもよいが, 板厚が3.5cm以上になった場合や, 長期間水中貯蔵され, 含水率の上昇した材は乾燥温度を大幅に低くしないと収縮率の増大や, 板断面の糸巻状の変形(撥型の変形)と内部割れがおこりやすい。

板厚増加に対する乾燥温度の常識的な低下基準は, 2.5cm厚から5cm厚になると大体5℃降下させるようになっているが, カバ材の場合はもっと大きく, 乾燥初期で7〜9℃降下させた方が安全である。表4-8に2.7cmと5cm厚のマカンバ材の乾燥スケジュールを示す。

雑カバ, 小径マカンバ材, 中国からのカバ材など2.7cm厚材に対し乾燥初期温度は50℃程度にする。理由は丸太が細く狂いやすいためである。

あまり馴染みはないが, 小径で心材の白いアラスカカバノキ2.2cm厚材

表 4-8 マカンバ材の乾燥スケジュール

(試験材：心材柾目)

含水率範囲(%)	2.7 cm 厚		5 cm 厚	
	乾球温度(℃)	乾湿球温度差(℃)	乾球温度(℃)	乾湿球温度差(℃)
生〜45	55	3.5	46	3
45〜40	55	5	46	4
40〜35	55	7	46	5.5
35〜30	55	10	48	7
30〜25	60	15	55	9
25〜20	65	20	60	13
20〜15	70	25	65	16
15 以下	80	30	70	23
乾燥時間(日)	8〜10		28〜32	

1) 雑カバ，小径のマカンバ材(輸入材など)の2.7 cm 厚材は 48 ℃ とする。　2) 乾燥時間はすべての材が含水率8%以下になるまでの日数。

表 4-9 アラスカカバノキ材の乾燥スケジュール

(試験材：心材追柾，2.2 cm 厚)

含水率範囲(%)	乾球温度(℃)	乾湿球温度差(℃)
90〜60	50	6
60〜50	50	7.5
50〜40	50	13
40〜30	55	20
30〜25	60	25
25〜20	65	25
20〜15	70	30
15 以下	80	30

1) すべての材を含水率8%以下にするには4日。　2) 初期含水率は高く100%程度。　3) 辺・心材の境に落ち込みが生じやすい。

のスケジュールを表4-9に示す。初期含水率が100％程度あるが含水率8％まで4日程度と乾燥は極めて容易である。辺心材の境は落ち込みが生じやすいので乾燥温度は50℃程度が安全である。

4-1-3　シオジ，ヤチダモの類，Oleaceae(モクセイ科)

北海道産材の他に中国から類似の材が輸入されている。厚さ2.7 cm 程度までの乾燥はマカンバ材に似て容易であるが，5 cm 厚材になると断面の糸

巻状の変形や収縮率の増大が急に現われるようになるので乾燥温度を50℃以下にする方が安全である。乾燥スケジュールは表4-8のマカンバ材に準じればよい。

環孔材であるため生育の良い幼齢木は年輪幅が広く重硬で乾燥がやや困難であるが大径の老齢木には年輪幅の極めて狭い糠目材と称する軽量材が見られ乾燥は容易となる。

一般の運動具用材には年輪幅の広いヤチダモでないと十分な強度が得られない。強度を必要とする運動具用材(バットなど)にはトネリコ・アオダモが用いられる。全乾比重がヤチダモ(0.55)より高く0.66ほどあるので，野球バットの木取り寸法では乾燥初期温度が45～50℃，乾湿球温度差は2.5～3℃となる。

4-1-4 ニレ，ケヤキの類，Ulmaceae(ニレ科)

a. ケヤキ

年輪幅の違いによる比重の変動が大きく，80℃以上の高い温度の乾燥では収縮率の増大や断面の糸巻状の変形が急増する。

幅広の板目材は成長応力のため，製材時や乾燥中に裂けが生じやすいため辺材部を除くか，あまり板幅の広い木取りをしない方が安全である。

2.7 cm以上の厚材では乾燥初期温度を45℃程度とする。特に乾燥が悪い

表 4-10 ケヤキ材の乾燥スケジュール

(試験材：心材柾目)

含水率範囲(%)	2.7 cm 厚		5 cm 厚	
	乾球温度(℃)	乾湿球温度差(℃)	乾球温度(℃)	乾湿球温度差(℃)
生～45	50	3	45	2.5
45～40	50	4	45	3
40～35	50	6	45	4.5
35～30	50	8	45	6
30～25	55	13	50	8
25～20	60	17	55	12
20～15	65	25	60	17
15以下	70	25	65	23
乾燥時間(日)	8～10		28～32	

乾燥時間はすべての材が含水率8%以下になるまでの日数。

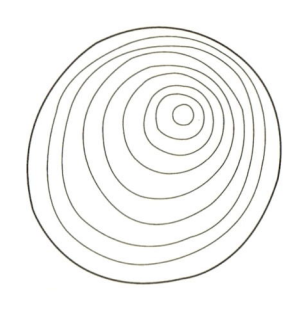

図 4-2 狂いやすいハルニレ丸太の木口

表 4-11 ハルニレ(アカダモ)材の乾燥スケジュール

(試験材：心材柾目, 2.7 cm 厚)

含水率範囲(%)	良　　材		低　級　材	
	乾球温度(°C)	乾湿球温度差(°C)	乾球温度(°C)	乾湿球温度差(°C)
生～45	55	4	45	3
45～40	55	4.7	45	3.5
40～35	55	6	48	4.5
35～30	60	8	50	6.5
30～25	65	11	55	9
25～20	70	15	60	13
20～15	75	20	65	16
15 以下	75	25	65	23
乾燥時間(日)	8～9		12～15	

乾燥時間はすべての材が含水率8%以下になるまでの日数。

材ではなく，割れも生じにくい。高含水率時に高温にすると極端に糸巻状の変形が生じるが，内部割れは材の横引っ張り強さが大きいので発生しにくい。

　板厚 2.7 cm および 5 cm 材の乾燥スケジュールを表 4-10 に示す。5 cm 厚になると，割れよりも断面の糸巻状の変形が大となるから乾燥初期の温度を 45 ℃ に下げ乾湿球温度差は 2.5 ℃ で始める。

b. ニレの類

　一般に北海道産のハルニレ(アカダモ)が主要な材であるが，中国北部からもカバ，タモ材などと一緒に輸入されるニレ材もある。

　道管中にチロースが多量にある板や部位は乾燥が遅く，柾目材では筋状の

落ち込みや高含水率の部分が乾燥終了時に認められる。

また図4-2のように年輪幅の不整なものや，繊維方向にねじれのある丸太から製材した板目材は，板の表裏で繊維方向が異なり狂いが生じる。

表4-11に2.7cm厚材の乾燥スケジュールを示す。良質の材に対しては温度を上昇してもよいが，種々の丸太から製材した板を一括して乾燥する際には良材を基準にしてはいけない。

4-1-5 イタヤカエデの類，Aceraceae(カエデ科)

北海道では北のものがよく道南の材は狂いや落ち込みが多く乾燥温度は上昇できない。

天然乾燥を実施して含水率25％あたりまで乾燥した材でも高い温度で乾燥すると狂いが発生しやすい。板中心部の水分が抜け難いためであろう。

表4-12に2.7cm厚材の乾燥スケジュールを示す。乾燥の遅い材の平均含水率が8％になるまでに12〜14日を要す。

日本へ来ている北米産のソフトメープル材の乾燥では日本のイタヤカエデ材より乾燥温度を少し高く，乾湿球温度差はやや大としている。

表 4-12 イタヤカエデ材の乾燥スケジュール

(試験材：心材柾目，2.7cm厚)

含水率範囲(％)	乾球温度(℃)	乾湿球温度差(℃)
生〜45	45	3
45〜40	45	4
40〜35	45	5.5
35〜30	48	7.5
30〜25	50	10
25〜20	55	15
20〜15	60	20
15以下	65	25

すべての材を含水率8％以下にするには12〜14日。

4-1-6 シナノキの類，Tiliaceae(シナノキ科)

広葉樹材としては比較的比重の低い材であるから乾燥は楽なように思われるが，伐採量の多いアカシナ材は材色が淡赤灰色でやや硬く，板の中心に

表 4-13 アカシナ材の乾燥スケジュール

(試験材:心材柾目, 2.7 cm 厚)

含水率範囲(%)	乾球温度(°C)	乾湿球温度差(°C)
生〜65	60	4
65〜55	60	5.5
55〜50	60	8
50〜45	60	11
45〜40	60	14
40〜35	65	19
35〜30	70	25
30 以下	75	30

すべての材を含水率8%以下にするには6日。

表 4-14 アオシナ材の乾燥スケジュール

(試験材:心材柾目, 2.7 cm 厚)

含水率範囲(%)	乾球温度(°C)	乾湿球温度差(°C)
100〜70	70	6
70〜60	70	8
60〜50	70	12
50〜40	75	20
40〜35	80	25
35〜30	80	30
30〜25	85	30
25 以下	95	35

すべての材を含水率8%以下にするには3〜4日。

表 4-15 アカシナ材の乾燥スケジュール

(試験材:心材柾目, 2.7 cm 厚コアー材用)

含水率範囲(%)	乾球温度(°C)	乾湿球温度差(°C)
生〜60	70	6
60〜50	70	8
50〜45	70	12
45〜40	70	16
40〜35	75	20
35〜30	75	25
30〜25	80	30
25 以下	80	30

すべての材を含水率10%以下にするには4.5〜5日。

水が残りやすくコアー材の生産などで本格的に取り組むと，そう容易な材料ではない。また廃材は燃えにくい。

これに対しアオシナ（オオバボダイジュ）材は比重も低く白色で乾燥は極めて容易である。

シナノキ材は主にコアー材として使われるため乾燥時に発生する割れや落ち込み，狂いは除去して集成されるため幅広の板材を乾燥するときのような注意はしなくてもよく，乾燥条件は厳しくしている。

アカシナとアオシナとは混材として扱われているため，試験材の選出の際には色が濃くやや重いアカシナ材を選出して条件変化を進めなければならない。

初期含水率が高い点と，コアー材として利用する際の含水率の均一性を期待するには，天然乾燥を実施してから人工乾燥に入る方が無難である。

生材から直接人工乾燥し，幅広の板材で利用する際の乾燥スケジュールを表 4-13, 4-14 に示す。乾燥の遅い材が平均含水率 8% になるまでの日数はアオシナ 3～4 日，アカシナ 6 日である。

コアー用材の乾燥スケジュールは表 4-15 で乾燥日数もアカシナで 4.5～5 日程度である。コアー用材として使う際には十分な調湿が必要である。

4-1-7 クス，タブの類，Lauraceae（クスノキ科）

a. クス

割れの心配は少なく板目，柾目材の乾燥速度は広葉樹材では珍しくほとんど同じで，水分の抜けは比較的容易な材であるが，道管中にチロースを含み柾目板にはすじ状の落ち込みが生じ，板目板には木口の裂けや狂いが生じやすい。したがって乾燥温度は低めの方が安全である。2.7 cm 厚材の乾燥スケジュールを表 4-16 に示す。

b. タブノキ

クスに似てやや落ち込みと狂いの生じやすい材であり，乾燥終了時にすじ状の未乾燥部分が残りやすく，この点で乾燥しにくい材である。

全乾比重は 0.6～0.7 とそれほど高くはないが，比重の割に乾燥速度が小さく，板目材と柾目材の乾燥速度比が近似，あるいは柾目材の方がわずかに

表 4-16 クス材の乾燥スケジュール

(試験材：心材柾目, 2.7 cm 厚)

含水率範囲(%)	乾球温度(℃)	乾湿球温度差(℃)
生～45	45	3.5
45～40	45	4.3
40～35	45	7.5
35～30	50	10
30～25	55	14
25～20	60	18
20～15	65	25
15 以下	65	28

すべての材を含水率10%以下にするには8～10日。

表 4-17 タブノキ材の乾燥スケジュール

(試験材：心材であれば板・柾いずれでも可, 2.7 cm 厚)

含水率範囲(%)	乾球温度(℃)	乾湿球温度差(℃)
生～45	45	3
45～40	50	4
40～35	50	5.5
35～30	50	8
30～25	50	11
25～20	55	15
20～15	60	20
15 以下	65	25

すべての材を含水率10%以下にするには12～14日。

速い場合もある。

材色の赤味を帯びたベニタブは材質がよいとされている。タブノキの乾燥では材質のばらつきが大きい点に注意が必要である。

比較的材質が良いとされるタブノキ(ベニタブ)2.7 cm厚材の乾燥スケジュールを表4-17に示す。

4-1-8 其の他 キリ材 (p.390 表5-3,【増補5】p.723 参照)

4-2 南洋産広葉樹材の乾燥スケジュール表

　日本が丸太の状態で輸入している広葉樹材はほとんどが東南アジア，特にマレーシアから入ってくる。

　北米，シベリア，中国の北部から来る材は大略日本産広葉樹材と物性ならびに乾燥特性が似ているので国産広葉樹材の性質を拡大解釈すれば対応可能である。

　東南アジアに産する樹木にも日本産広葉樹材と同じような考え方で乾燥のできる材もあるがラワン・メランチ類木材を含む南洋材の中には亜寒帯産広葉樹材とは全く性質が異なり，それ相応の対処をしないと乾燥がうまくいかない樹種も多い。

4-2-1　ラワン・メランチならびにアピトン・クルイン類などのフタバガキ科の材

　フタバガキ科(Dipterocarpaceae)には3亜科，17属，560種あるので，単にラワンとかメランチ，アピトン，カプール材などと言っても内容がどのようなものであるかは，丸太を見たり，産地を調べたり，製材時の挽肌を観察してみない限り全く想像がつけられない。

　概略を言えば，アピトン・クルイン材は比重が高い割には乾燥時間が短い。その理由は道管内にチロースがほとんど無く，通気性が良いためであるが，地域的なばらつきは大きく，硬く割れやすいが糸巻状の変形や内部割れの少ないクルインと呼ばれる地区のものと，割れの発生は少ないが乾燥後に板の断面が糸巻状に変形しやすいフィリピン産のアピトン系のものとに大別される。

　カプール材はあまり国内で乾燥されていないと思われるが割れやすいので注意しなければならない。その他の乾燥時の障害はあまり無い。

　乾燥で最も苦労するのは $Anisoptera$ 属のプジック(プディック)，パロサピス，メルサワなどと呼ばれる材で，乾燥が極めて遅く3cm厚以上の板になると外見的には乾燥が終了したように見えていても板の中心部には明らかな

高含水率部分が残る。乾燥前や中間の蒸煮が有効である。

　比重の高い *Shorea* や *Hopea* 属のバンキライ，セランガンバツー，コキー材は割れやすくときとして乾燥の遅い材もあるが気長に乾燥すればそう乾燥困難な材ではない。乾燥前に蒸煮したり乾燥温度を高くすると割れが発生しやすい。

　ラワン・メランチ類と呼ばれる材には3属の材が含まれ，割れやすさや乾燥の遅速が極端に異なるため一番面倒なグループである。このうちホワイトメランチとか，メラピと呼ばれている *Shorea* 属の *Anthoshorea* 亜属の材は，材質が安定し，乾燥で取り立てた損傷も発生せず乾燥の容易な材である。

　ラワン・メランチ類木材の乾燥での特性は亜寒帯産広葉樹材と違い温度上昇に対する細胞の落ち込み増加の比率が比較的小さい点である。少し専門的に言うと，乾燥途中で細胞の落ち込みはかなり発生してはいるが，細胞中の自由水が無くなる平均含水率30％付近で，落ち込みを起こしていた細胞がかなり復元する。この点がナラ材のように落ち込みを起こした細胞がそのままの形状で固定される材との相違点である。

　また注意点は乾燥前期から中期にかけて高温低湿の状態になると，材の表層が水に濡れにくくなり内部の自由水が表層に移動しにくくなることである。この対策と先のラワン類の特性をうまく利用するには，亜寒帯産広葉樹材より高温高湿に保って乾燥を進め，乾湿球温度差を急いで開かないようにすることである。したがって乾燥カーブの前半は直線かやや上に凸の曲線を描くような形となる。

a. ラワン，メランチ，セラヤなどと呼ばれる材

　戦前はフィリピン産のラワン材がほとんどであったが，戦後はサバ，サラワク，インドネシアなどから同属の材が輸入されラワン，メランチ，セラヤなどと呼ばれている。日本で使われている材の気乾比重は0.37〜0.60程度である。これらの樹種が含まれている属内の植物分類学的な数は200種ほどになるが，実際に日本で使われているものはそう種類が多くない。

　しかし乾燥してみると個々の材で比重が異なるだけでなく割れやすさ，落ち込みやすさ，乾燥の遅速に大幅な差がある。

　それに加え地域によって呼び名も異なり乾燥しようとする材の正確な樹種

4-2 南洋産広葉樹材の乾燥スケジュール表

表 4-18 フタバガキ科内の主要な属と樹種名

属 名		カンボジア	フィリピン	マラヤ	サラワク	ブルネイ	サバ	インドネシア
Anisoptera		ブジック	パロサピス	メルサワ	メルサワ	メルサワ	ベンギラン	メルサワ
Dipterocarpus		チューテール	アピトン	クルイン	クルイン	クルイン	クルイン	クルイン
Dryobalanops		—	—	カプール	カプール	カプール	カプール	カプール
Hopea	軽	コキー	マンガチャプイ	メラワン	セランガン	セランガン	ガギール	メラワン
	重	コキープサイ	ヤカール	ギアム	ギアム	ギアム	ギアム	バラウ
parashorea		—	ホワイトラワン, バグチカン	—	—	メランチ	ホワイトセラヤ	メランチプティ
pentacme		—	ホワイトラワン	—	—	—	—	—
Shorea	Rubroshorea 軽	—	ホワイトラワン, アルモン, マヤピス	ライトレッドメランチ	ライトレッドメランチ	ライトレッドメランチ	ライトレッドセラヤ	メランチメラ
	Rubroshorea 重	—	レッドラワン, タンギール	ダークレッドメランチ	ダークレッドメランチ	ダークレッドメランチ	ダークレッドセラヤ	メランチメラ
	Richetioides	—	イエローラワン, カランタ	イエローメランチ	イエローメランチ	イエローメランチ	イエローセラヤ	メランチクニンク
	Anthoshorea	ランボール	イエローラワン, マンガシノロ	ホワイトメランチ	ホワイトメランチ	ホワイトメランチ	メラピ	メランチプティ
	Shorea	プチェック	ヤカール	バラウ	バラウ	セランガンバツー	セランガンバツー	バラウ, バンキライ

注 ——は、全く生育がない場合と、輸入材としてはほとんど日本に来ていない場合を含む。

(熱帯の有用樹種 (1978) などより)

名や属を知ることができない。このため多くのスケジュール表を示してみても樹種との照合が不可能で実用価値は国内産材より極めて低い。

ただし輸入業者の手を経て入手した材の中には属やそれ以下の分類である種名まで大略つかめているものもあって，この範囲の知識があれば基準となるスケジュール表の中から比重を参考にして適当なものに近い値を選び出せる。また材の挽肌，鋸屑，もろさ，色などからも経験により材の特性，すなわち割れやすいか，落ち込みやすいかの判別が可能となり，乾燥初期に与える温度と乾湿球温度差の大略は決定できる。

フタバガキ科の樹木の中からラワン・メランチ類と呼ばれる材と呼び名を表4-18に示す。太い線の枠外の材はラワン・メランチ類とは区別して取引きされている(熱帯農業研究センター，熱帯の有用樹種(1978)などより)。

ラワン・メランチ類樹木は交錯木理を有し，板目木取りをすると板の表裏で繊維方向が異なりねじれやすくなることと，大径材であるから柾目あるいは追柾木取りをする場合が多い。したがって乾燥時の試験材には柾目や追柾材を用いればよい。板目木取りの材が多いときには割れ発生を見るために板目試験材も使う。

ラワン・メランチ類の材には樹心部に軽くて強度的に弱い脆心材(ブリットルハート，パンキー)を持つ欠点があり，この脆心材部は強度部材として使用できない。またこの部分は乾燥の際に落ち込みが生じやすい。

ラワン・メランチ類木材の乾燥特性から見た特徴は，
1) 割れは，同比重の亜寒帯広葉樹材と比較しかなり発生しやすく針葉樹材に似ており，乾湿球温度差の開き方を針葉樹材なみにゆっくりした方が安全な材が多い。
2) 道管中にチロースを大量に含む材が多く，乾燥時間の遅速は材の比重から判断しにくい。アルモン，マヤピス材などは軽いわりに乾燥時間が長く，ホワイトメランチ(メラピ)材はやや重いが乾燥は容易である。
3) チロースを多量に含み乾燥の遅い材は乾燥終了時に断面の糸巻状の変形が生じやすく板の中心部の水分がとれにくい。
4) 乾燥初期に湿度を下げすぎ，材表面の含水率をあまり低下させると板の中心部の水分が抜けにくくなるため，あまり割れない材でも乾燥初期

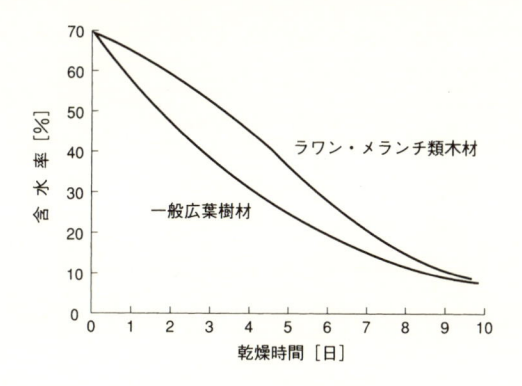

図 4-3　ラワン・メランチ類木材の乾燥経過の特徴(2.7 cm 厚程度の板材)

から中期にかけて乾湿球温度差を急いで大きくしない方がよい。例えば乾湿球温度差が 2〜3 ℃で乾燥を開始した材では乾湿球温度差を 5〜7 ℃に開くとき，4〜5 ℃で開始した材は 8〜12 ℃あたりの乾湿球温度差の開き方をやや緩やかにする必要がある。

5) 蒸煮処理に敏感に反応する材が多い。乾燥開始時の 90 ℃近い高温蒸煮処理は事後の乾燥速度を早め乾燥時間の短縮に有効であるが，イエローメランチ材や比重の高い材では乾燥初期の割れの発生を促し，仕上がり時の収縮率の増大にもつながるため，被乾燥材の材質をよく吟味した上で実施する必要がある。ただし含水率が 30 ％程度まで乾燥したときの 1 時間程度の高温蒸煮はほとんどの材に安全で事後の乾燥時間の短縮に有効である。

6) バクチカン(*Parashorea*)のように狂いやすい材や，落ち込みや収縮率の増大の生じやすい材(アルモン，マヤピス，タンギール)に対しては亜寒帯広葉樹材と同じように低い温度の乾燥が望ましいが，ラワン・メランチ類木材は全体的に見て温度上昇による収縮率の増大が亜寒帯広葉樹材よりかなり少ないので，比較的高い乾燥温度が適用でき，時間短縮のために含水率 45〜50 ％から温度を上昇させる例も多い。この際，乾湿球温度差は低い温度のときより多少小さめとする。

以上の特性に注意してラワン・メランチ類木材の乾燥スケジュールを作り，

表 4-19 ラワン・メランチ類木材の乾湿球温度差乾燥スケジュール，初期含水率による区分け

(その1)　　　　　　　　　　　　　　　　　　　　　(試験材：心材柾目，2.7 cm 厚)

含水率範囲(%)	乾湿球温度差(°C)				
100〜70	2.5	3	3.5	4	5
70〜60	2.8	3.5	4	4.5	5.5
60〜50	3.7	4.5	5	5.8	6.7
50〜45	4.8	5.7	6.5	7.3	8
45〜40	6.2	7.5	8.5	9.5	10
40〜35	8.5	10.5	11	12	14
35〜30	12	16	15	17	18
30〜25	18	22	22	24	23
25〜20	25	25	25	30	30
20〜15	30	30	30	30	30
15 以下	30	30	30	30	30
備　考	サラワク産，イエローメランチ，10日				

日数はすべての材が含水率10%以下になるまで。

(その2)　　　　　　　　　　　　　　　　　　　　　(試験材：心材柾目，2.7 cm 厚)

含水率範囲(%)	乾湿球温度差(°C)				
80〜55	2.5	3	3.5	4	5
55〜50	2.8	3.3	4	4.5	5.5
50〜45	3.3	4	4.5	5.3	6.5
45〜40	4.5	5	6	6.5	8
40〜35	6	7	8	9	10
35〜30	8.5	10	12	12	13.5
30〜25	12.5	14	16	17	17
25〜20	19	21	22	24	25
20〜15	25	25	25	30	30
15 以下	30	30	30	30	30
備　考		サラワク産，ライトレッドメランチ，10日	サラワク産，ライトレッドメランチ，8日		

日数はすべての材が含水率10%以下になるまで。

これに基いて乾燥すると乾燥経過曲線はやや逆S字型となり一般の亜寒帯広葉樹材に見られる指数曲線に近い姿とは多少異なる(図4-3)。

　乾燥開始時の含水率の違いによる乾湿球温度差の開き方の例を表 4-19 その1〜その4に示す。乾燥初期の乾湿球温度差の開き方(3〜6℃の範囲)が小刻みとなっている。備考として示した樹種名の乾燥日数は 2.7 cm 厚材の含

4-2 南洋産広葉樹材の乾燥スケジュール表

(その 3)　　　　　　　　　　　　　　　　(試験材：心材柾目, 2.7 cm 厚)

含水率範囲(%)	乾湿球温度差(°C)				
60〜50	2.5	3	3.5	4	5
50〜45	2.8	3.5	4	4.5	5.5
45〜40	3.5	4	4.5	5.3	6.5
40〜35	4.5	5	6	7	8.5
35〜30	6.5	7	8.5	10	11
30〜25	9	10	12	15	15
25〜20	13	15	18	22	20
20〜15	20	23	25	25	25
15 以下	25	30	30	30	30
備　考				カリマンタン産, ライトレッドメランチ, 7日	フィリピン産, レッドラワン, 6〜7日

日数はすべての材が含水率 10% 以下になるまで。

(その 4)　　　　　　　　　　　　　　　　(試験材：心材柾目, 2.7 cm 厚)

含水率範囲(%)	乾湿球温度差(°C)				
50〜40	2.5	3	3.5	4	5
40〜35	3	3.5	4	4.5	5.5
35〜30	4	4.7	5	5.5	6.5
30〜25	5.5	6.5	7	7	8.5
25〜20	8	10	10	10	12
20〜15	13	15	16	16	18
15 以下	21	25	25	25	30
備　考				カリマンタン産, ホワイトメランチ, 7〜8日	

日数はすべての材が含水率 10% 以下になるまで。

表 4-20　乾燥初期の乾湿球温度差と乾燥温度との関係

(試験材：心材柾目, 2.7 cm 厚)

含水率範囲(%)	乾燥初期の乾湿球温度差(°C)			
	2.5〜3	3.5	4	5
生〜40	50	53	55	60
40〜35	50	53	55	60
35〜30	53	56	60	65
30〜25	57	60	65	70
25〜20	65	65	70	75
20〜15	70	70	75	80
15 以下	80	85	85	90

水率10％までの日数で試験材は心材柾目板とする。

板厚は2.7 cm厚材用のものであるが5 cm厚材に対しては乾湿球温度差を一段小さいものにすればよい。

乾燥開始時の温度は乾燥初期の乾湿球温度差の大小によって表4-20のように考えられ，温度の上昇の仕方も従来の常識的な方法でよいが，時間の短縮を必要とするときには表面割れの危険がやや減少し始める含水率40％あたりから少しずつ上昇する例もラワン・メランチ類木材には多い。

最終の最高温度は乾燥容易な材では，含水率15％以降で90℃程度まで上昇させてもよい。

表4-20は2.7 cm厚材について考えたものであるが，それ以上の厚材についても乾燥初期の乾湿球温度差条件が推定できれば，その値に対応する温度変化に従えば大略よい。

例えば2.7 cm厚材で3.5℃の乾燥初期の乾湿球温度差の材に対し表4-20では乾燥開始温度が53℃となっているが，この材が5 cm厚になったときは乾湿球温度差を一段下げ2.5〜3℃とするから乾燥温度は50℃と言うことになる。

次に各材の乾燥の要点と乾燥条件を例示する。

a-1 *Parashorea*属の材

フィリピンでバクチカン，サバではホワイトセラヤと呼ばれ，柾目材に縞紋様がある。比重の変動幅が大きくホワイトセラヤ材の気乾比重は0.33〜0.64の範囲でフィリピン産のバクチカン材はラワン材の中ではやや比重の高い部類に属す。

狂いやすく乾燥は困難で比重を確認してスケジュールを選ぶ必要がある。初期蒸煮はあまり永続的な効果を示さず再々の中間蒸煮が必要である。乾燥初期の温度は50℃，乾湿球温度差は2.5〜3℃，初期含水率65％から含水率10％まで2.7 cm厚材の乾燥日数はやや重いもので12〜14日，軽質なもので8〜10日を要し，乾燥はやや遅い部類である。道管中に多量のチロースを含み，その量により乾燥の良し悪しが決まる。

スケジュールは先のラワン・メランチ類木材の乾湿球温度差スケジュール一覧表(表4-19)のその3の乾湿球温度差2.5℃か3℃を選べばよく，乾燥

表 4-21 バクチカン材の乾燥スケジュール

(試験材:心材柾目, 2.7 cm 厚, 良質材用)

含水率範囲(%)	乾球温度(℃)	乾湿球温度差(℃)
75～55	55	3
55～45	60	4
45～33	60	5
33～30	60	7
30～26	65	10
26～20	65	14
20～15	70	20
15 以下	75	25

初期蒸煮と,含水率25%のときに中間蒸煮を実地し,すべての材を含水率10%以下にするには11日。

温度は表4-20の初期温度50℃にすればよい。

表4-21はフィリピン産バクチカンの比較的乾燥容易な材の乾燥例で,温度,温度差共に少し厳しくしており,乾燥に先立ち90℃の初期蒸煮と,含水率25%のときに85℃の中間蒸煮を実施しているため乾燥時間はやや短くなっている。

a-2 Pentacme属のホワイトラワン材

広い意味での色の白いホワイトラワンではなく,本当のホワイトラワン (Pentacme contorta) で気乾比重は0.46～0.68と幅があり重いものは乾燥がかなり悪く,試験材の選出の際に気を付けないと未乾燥で乾燥を打ち切る心配が多い。

中庸の材で初期含水率70%から10%まで2.7cm厚材で11～13日,重い材では13～15日を要し初期蒸煮,中間蒸煮で25%ほどの時間短縮が期待できる。乾燥初期温度は55℃,乾湿球温度差は3℃で先のバクチカンのスケジュールに準じればよい。

a-3 Shorea属の Rubroshorea 亜属の材

赤からピンク系ないしは淡褐色系のいわゆるラワン材らしい材色と肌触りを持った多くの材が含まれ,比重も低いものから高いものまでと範囲が広くスケジュールのあてはめ方の一番難しい集団である。

材の比重の高低は別にして,材質を大別すれば割れやすく落ち込みの少ない挽肌のざらざらした材と,挽肌がやや毛羽立ち柔らかい感じであまり割れ

表 4-22 ラワン・メランチ類木材の乾燥初期条件

(試験材:心材柾目, 2.7 cm 厚)

産地と樹種名	全乾比重	初期含水率(%)	乾燥初期条件		乾燥日数	蒸煮の有無	備考
			乾球温度(°C)	乾湿球温度差(°C)			
フィリピン産レッドラワン	0.45	60	55	4〜5	6〜7	不要	
フィリピン産レッドラワン	0.55	55	52	3	9〜12	不要	
フィリピン産アルモン	0.45	70	55	3	11〜12 (7〜9)	有効	*1
フィリピン産タンギール	0.60	60	52	3	9〜12	不要	
フィリピン産マヤピス	0.45	75	48	2.5	12〜14	不要	
サラワク産レッドメランチ	0.46	60	55	4	6〜7 (5.5〜6.5)	多少有効	*2
サラワク産レッドメランチ	0.46	80	53	3.5	8〜9 (6.5〜7.5)	有効	*3
サラワク産レッドメランチ	0.54	75	50	3	10〜12	不要	
カリマンタン産ライトレッドメランチ	0.47	60	57	4	8	不要	

乾燥日数は,すべての材が含水率10%以下になるまで。( )内は蒸煮材。
*1 低比重のわりに乾燥は遅い。蒸煮で25%時間短縮。　*2 蒸煮で10%時間短縮。
*3 蒸煮で20%時間短縮。

ず,高い温度で乾燥すると収縮率が増大しやすいものとに分かれる。
　フィリピン産のアルモン,マヤピス材は後者であり,サラワクなどのレッドメランチと呼ばれる材には両方の性質の材が含まれており材質の判別こそが良いスケジュールを決定する重要因子となる。
　フィリピン産のレッドラワン($S.\ negrosensis$)の良質の軽い材は割れも少なく,比較的高温で乾燥しても安全である。
　表4-22にフィリピン産のラワン類や数種のメランチ類材の乾燥初期条件と乾燥日数(含水率10%まで)や初期蒸煮の効果などを示す。
　この初期条件を先のラワン・メランチ類材の乾湿球温度差の開き方を示した表4-19,その1〜4にあてはめれば,含水率低下にともなう乾湿球温度差

表 4-23 セラヤ・メランチ類木材の平均的乾燥スケジュール

(試験材：心材柾目，2.7 cm 厚)

含水率範囲(%)	乾球温度(°C)	乾湿球温度差(°C)
生～55	50	3～3.5
55～50	50	3.5～4
50～45	50	4～4.5
45～40	53	5～6
40～35	53	7～8
35～30	55	10～11
30～25	57	14～16
25～20	65	20～23
20～15	70	25～30
15 以下	80	30

すべての材を含水率 10%以下にするには 7～12 日。

の開き方は判明する。

　しかしセラヤ・メランチ材は産地や樹種が明確でないため乾燥条件の事前の推定は困難であり正確なスケジュールの決定は，材を見て乾燥を少し進めてからでないと行えない。

　ただし 2.7 cm 厚材の乾燥初期条件は温度 50～60 °C，乾湿球温度差 3～4 °C と言った範囲で表 4-23 のようなスケジュールを作製し，材の比重を見て多少の手心を加えればそう失敗するものではない。

　これに対し乾燥日数は 7～12 日とかなり幅があるから乾燥日数の見込み違いをすると大変なことになる。含水率 45 % あたりで一度中間蒸煮をしてその後の乾燥速度の経過を見るとよい。試験材は製材時の木取りの関係で追柾か柾目板を用いる。板目材は柾目材より 10～20 % 乾燥日数が短い。

　セラヤ・メランチ材程度の比重の材であれば多少割れやすい材があっても乾燥初期温度を 60 °C まで上昇させてよいが，乾湿球温度差の開き方は小刻みにする。

　蒸煮によって収縮率が甚だしく増大したり，割れが発生しやすくなる材に対しては，乾燥初期温度を 50 °C 程度とし，初期蒸煮をやめ中間蒸煮を実施してみるとよい。

　割れが出やすく，乾燥後の断面変形も大きく扱いにくい材をカリマンタン西北部産のレッドメランチ材で経験している。

a-4 Shorea属の Richetioides 亜属の材

フィリピンのカランチ，その他の地区ではイエローメランチと呼ばれる。

軽軟であるが意外に割れやすく初期含水率も 100 % と高く，乾燥には長時間を要する。初期含水率 100 % の 2.7 cm 厚材を含水率 10 % まで乾燥するのに 10 日を要する。材は黄色である。

初期蒸煮は割れを生じやすくするので不適当である。乾燥初期の温度は 50 ℃，乾湿球温度差は 2.5 ℃，割れの心配が無くなる乾燥末期の含水率 20 % 以下では 90 ℃ 近い温度でも安全である。先の表 4-19，その 1 に乾湿球温度差の開き方が示してある。

a-5 Shorea属の Anthoshorea 亜属の材

マンガシノロ，ホワイトメランチ，メラピなどと呼ばれ，材は白色系か多少黄色味がある。材中にシリカを含み刃物を痛める。

気乾比重は 0.46〜0.68（平均 0.56）とやや大きいが乾燥は楽で，狂い，落ち込み等は無く歩留まりがよく好まれている。初期蒸煮による時間短縮の効果は認められないので不要である。先の表 4-19，その 4 に乾湿球温度差の開き方を示してある。

b. メルサワ・パロサピス類，Anisoptera属の材

フィリピンではパロサピス，インドネシア，マラヤ，サラワク，ブルネイではメルサワ，カンボジアではプジックなどと呼ばれ比重にはかなりの幅がある。道管中にチロースが多く同比重のすべての有用樹木の中で乾燥の最も遅い樹種と言っても過言ではなかろう。また丸太状態での乾燥が遅いためか初期含水率が意外に高い樹種である。乾燥割れの生じやすい材もあるが，一般にあまり割れやすい材ではない。割れにくいと言って安心して乾燥条件を次々に厳しくして行くと，最後になってから板の中心部のかなり広い範囲で水分が生材のときと同じくらい残る。

温度を 80〜90 ℃ と高くすれば一応水分は抜けるが横切りして見ると，材の表面がきれいでも内部に細かな割れが連続的に鬆(す)が通ったようにできてしまう。

この材を短時間で乾燥するには初期蒸煮が極めて有効で，特に 2 cm 程度の薄材には先の図 3-34 のように驚くほどの効果が認められる。2.7 cm 厚材

表 4-24　カンボジア産プジック材の乾燥スケジュール

(試験材：心材柾目, 2.7 cm 厚)

含水率範囲(%)	乾球温度(°C)	乾湿球温度差(°C)
90〜60	45	2.5
60〜50	45	3.5
50〜40	50	5
40〜35	50	7
35〜30	50	10
30〜25	55	15
25〜20	60	20
20〜15	65	25
15 以下	70	30

すべての材を含水率10%以下にするには18日。ただし初期蒸煮実施。

では初期蒸煮によって乾燥時間は大略2/3に短縮できる。

　節部による狂いは比較的少なく乾燥初期の割れもフィリピン産のパロサピス材では少ないがカンボジア産のプジック材ではかなり発生する。

　乾燥終了時の落ち込みは柾目板に見られ，この発生率は割れとは逆にフィリピン産のパロサピスに大きく乾燥温度はあまり上昇できない。

　板目と柾目材との乾燥時間比は約7：10である。板厚が3cm以上になると乾燥時間は極めて長くなり板の中央部に水分が残りやすくなる。厚材に対し再度の中間蒸煮の有効性はバクチカン材ほどは期待できないような感じがする。

　表4-24にカンボジア産プジック2.7cm厚材のスケジュールを示す。フィリピン産パロサピスは乾湿球温度差を3°Cぐらいから開始してもよいが途中で乾湿球温度差はあまり急いで開かない方がよい。

c. アピトン・クルイン類，*Dipterocarpus* 属の材

　樹脂分が多いため人工乾燥に先立ち1〜2時間の高温の蒸煮を行い流動性の樹脂分を排出させる。また冬期に5cm厚以上の材を天然乾燥すると外気湿度が低く木口割れが発生しやすいが(写真4-3)，蒸煮処理を行ってから天然乾燥すると大きな木口割れが防止でき，さらに天然乾燥の期間を20〜30%短縮できる。蒸煮による脱脂効果は低含水率材では悪い。

　全乾比重0.7〜0.85の硬く割れやすい材(カンボジア産チュテール，カリマン

写真 4-3　無処理クルイン材の冬期天然乾燥中の木口割れ（5 cm 厚板目材）

タン産クルイン）からフィリピン産のアピトン材のようにやや軽く（全乾比重 0.65～0.7）乾燥中にはほとんど割れが生じないかわりに，乾燥終了時に板の断面が糸巻状に変形しやすい材まで材質に広い変動幅がある。さらに樹心近くの材は細胞の落ち込みによる収縮率の増大率が大きい。丸太径が大きいので大略追柾木取りとする。板目材は狂いやすい。板目，柾目の乾燥時間比は 8：10 程度で，含水率 10 ％ まで 2.7 cm 厚の柾目材の乾燥日数は 10～14 日と比重の高い割には短い。理由は道管中のチロースがラワン・メランチ類材と比較して極めて少ないからである。

　人工乾燥の前に室内温度が 90 ℃ 程度になるような初期蒸煮を実施すると乾燥時間は 15～20 ％ 短縮できるが，収縮率の増大比率が 10～20 ％ あるのと，硬質の割れやすい材では小割れが乾燥初期に板目材に発生しやすい。

　乾燥初期の条件は 2.7 cm 厚材で 45 ℃，乾湿球温度差はクルイン材のように硬質のもので 2～2.5 ℃，アピトン材であれば 3 ℃ 程度であり，乾燥日数は 10～14 日で特に硬質なクルイン材以外は乾燥開始前に蒸煮すると乾燥日数の短縮が望める。

　カンボジア産チュテール，カリマンタン産クルイン，フィリピン産アピトン材の乾燥スケジュールを表 4-25 に比較して示す。

　乾燥日数は生材から含水率 10 ％ までのもので，初期蒸煮の必要なものは蒸煮を実施したときの日数である。

表 4-25 アピトン・クルイン類木材の乾燥スケジュール

(試験材：心材柾目，2.7 cm 厚)

含水率範囲(%)	アピトン		チュテール		クルイン	
	乾球温度 (°C)	乾湿球温度差 (°C)	乾球温度 (°C)	乾湿球温度差 (°C)	乾球温度 (°C)	乾湿球温度差 (°C)
70～50	45	3	45	3	47	2
50～45	45	5	45	3	50	2
45～40	50	8	50	5	50	3
40～35	50	10	50	8	55	5
35～30	55	12	55	12	55	8
30～25	60	15	60	15	60	12
25～20	65	20	65	20	65	15
20～15	70	25	70	25	70	20
15 以下	75	30	75	30	75	25
初期蒸煮の有無と乾燥日数	蒸煮要 10～11 日		蒸煮要 13～14 日		蒸煮不適 12～15 日	

乾燥日数は，すべての材が含水率 10％以下になるまで．

d. カポール(カプール)，*Dryobalanopus* 属の材

フィリピンには産せずマレー語地域に限られているため呼び名も統一されている。新鮮な材は樟脳様の香りがあり，竜脳樹とか Borneo Comphor wood などの名前がある。

乾燥した古い材も小片を水に浸し，火で加熱すれば微かに香りが感じられるので樹種は確認できる。かなり割れやすい材である。

樹心近くの材にはしばしば圧縮破壊によるもめが認められ，乾燥に際し細胞の落ち込みによるとみられる収縮率の増大が外周部より大きい。

初期蒸煮は板目材の乾燥割れの発生を促すため避け，柾目試験材の含水率が 35％ あたりまで乾燥したときに中間蒸煮するとよい。

乾燥条件を変化させた直後に板目材に小割れが発生しやすいので，含水率 20％ 以降まで乾湿球温度差を開くときには針葉樹材のように小刻みな変化が必要である。

板目材の乾燥時間は柾目材より 25～30％ 短いが樹心に近い板目材の乾燥は遅い。

乾燥操作は一般の広葉樹材と同じように柾目試験材の含水率を基準にして行うが，板目材に割れが発生したときの含水率を説明する際や，雑談の中で

表 4-26 北ボルネオ産カプール材(*Dryobalonops lanceolata*)の乾燥スケジュール

(試験材:心材柾目, 2.7 cm 厚)

含水率範囲(%)	乾球温度(℃)	乾湿球温度差(℃)
70～50	46	2.5
50～45	46	3
45～40	46	5
40～35	50	8
35～30	50	12
30～25	55	12
25～20	60	18
20～15	65	25
15 以下	70	30

すべての材を含水率 10 % 以下にするには 17 日。ただし含水率 35 % のときに中間蒸煮。

は割れの生じた板目試験材の含水率を言っているので,コントロールサンプルとしての柾目材の含水率はその値より 15 % 以上も高い。

表 4-26 に北ボルネオ産カプールの代表種 *D. lanceolata* 2.7 cm 厚材の乾燥スケジュールを示す。

e. バラウ・バンキライ・セランガンバツー類,Shorea 属の Shorea 亜属の材

広い分布を示し,この属の樹木は約 50 種ある。材色は黄褐色から赤褐色で気乾比重は 0.85～1.1 と高く,道管中にはチロースが多く乾燥に際し割れやすく長時間を要する。

このグループに属す樹木の呼び名は色々でインドの Sal (*Shorea robusta*) は釈迦の涅槃(死亡)に関係する娑羅樹(雙樹)のことで,日本で寺の境内に植えて娑羅樹と説明しているものは,ツバキ科のナツツバキ(シャラノキ)のことで植物学的には無関係の樹木である。

一般にバラウグループ材と日本では呼んでいるが,次に説明する Hopea 属のコキークサイ,ヤカール,ギアムや *Cotylelobium* 属のギアム,*Vatica* 属のレサック材などとの区別が明確にされないまま利用されている可能性がある。高比重の材であるから日本で見る丸太含水率はそう高くないが(含水率 40 % 程),産地や輸送期間によっては 50～60 % のこともあろう。

すべての材が割れやすく,高温の蒸煮により乾燥初期に小割れが発生するため蒸煮処理は不適当であり,乾燥初期温度も 50 ℃ になると割れやすく乾

表 4-27 カリマンタン産バンキライ材 (*Shorea laevis*) の乾燥スケジュール

(試験材：心材柾目, 2.7 cm 厚)

含水率範囲(%)	乾球温度(°C)	乾湿球温度差(°C)
38〜30	45	1.8
30〜28	45	2
28〜25	47	2〜3
25〜23	47	3
23〜20	50	4〜6
20〜18	55	7
18〜16	60	10
16〜14	65	15
14〜12	75	20
12以下	75	25

すべての材を含水率10％以下にするには21日。

湿球温度差は 1.5〜1.8°C がよい。

表 4-27 に示す 2.7 cm 厚材のスケジュールはカリマンタン産バンキライ (*S. laevis*)，全乾比重 0.85 のもので比較的乾燥の容易な材であるが乾燥日数は含水率10％ まで22日程度を要する。乾燥応力の正負が転換するときの含水率は13％前後と極めて低いため，乾燥初期の乾湿球温度差を1.8→2.0→2.5°C と開くときや，含水率25％以降で温度差を 5°C から 8°C に開くときには板目材に小割れが発生しやすい。時間をかけて条件を変化させ，乾燥後半では室温上昇と乾湿球温度差とを同時に変化しないようにする。

表 4-27 に示したカリマンタン産バンキライ材は直径 60 cm の大径材で，人工乾燥による収縮率の増大や柾目材の落ち込み，樹心近くの材の細胞の落ち込みなどは，どの部分でもほとんど認められない。同地域でも小径の未利用材として出て来る低質材は割れやすく，乾燥も悪く丸太含水率が50％以上もあり，含水率10％まで乾燥するのに28〜35日を要するような不良材もある。

製材を容易にするため丸太を数日間煮沸して製材機にかける作業方法も行われている。

f. ギアム・コキークサイなど *Hopea* 属の重い材

Hopea 属の中でも比較的軽軟な気乾比重 0.6〜0.9 程度のものはインドネシアではメラワンと呼び，気乾比重 0.95〜1.10 の材をマレー語地域でギア

表 4-28 カンボジア産コキークサイ材の乾燥スケジュール

(試験材:心材柾目, 2.7 cm 厚)

含水率範囲(%)	乾球温度(℃)	乾湿球温度差(℃)
生～60	45	2
60～55	45	2.5
55～50	50	3.5
50～40	50	5
40～35	55	7
35～30	60	10
30～25	65	15
25～20	70	20
20以下	75	25

すべての材を含水率10%以下にするには20日。ただし中間蒸煮。

ム,カンボジアではコキークサイと呼んでいる。材色が帯緑黄褐色な点でバラウ材と区別できることもある。

比重は高いが輸入されている丸太の含水率は70%と意外に高い。初期蒸煮をすると乾燥初期に割れやすくなるので蒸煮は不適当であるが,含水率40%あたり(柾目材)で中間蒸煮すると乾燥時間が短縮できる。この際蒸煮後の乾湿球温度差の開き方に注意しないと板目材に割れが発生する。乾燥初期温度は48℃以下が割れ発生に対し安全である。

表 4-28にカンボジア産コキークサイの2.7 cm 厚材のスケジュールを示す。全乾比重 0.84～0.91 の材である。乾燥日数は含水率10%まで蒸煮なしで25日,含水率40%の頃に中間蒸煮をすれば19～20日となる。

初期蒸煮は割れが生じやすくなるので時間短縮には効果があるが不適当である。平均的に見てバラウ材よりは乾燥時間が短い。

Hopea 属以外で Vatica 属のレサック, Cotylelobium 属のギアムなど重い材があり,呼び名が混乱しやすい。材としては割れやすく,狂いやすく乾燥時間が長く,丸太を輸入して板材として利用する価値は極めて低い。

以上の内容と次の南洋材についての記載のほとんどは林業試験場(現/森林総合研究所)木材部または木材部・林産化学部による「南洋材の性質1～21」林業試験場報告(1966～1975)を参考にしている。

4-2-2　フタバガキ科以外の南洋産広葉樹材

昔から名の知れているシタン，コクタンと言った唐木の類から，一般の家具や内装用材として利用度の高いマトア（タウン），セプター，ラバーウッド，ニヤトー，ターミナリア，ラミン，テラリン材などや，コアー材や引出しなど見えない場所に使う軽量なジェルトン，プライ，エリマ（ビヌアン），ジョンコン，アンベロイ材などと書き始めれば限り無い。

また実際にこれらの材を乾燥してみれば，それぞれの樹種で留意しなければならない何らかの問題点に気が付くが，大雑把に見れば2.7 cm厚材で比重の高い材では乾燥初期条件を温度45 ℃，乾湿球温度差1.5～2.5 ℃，中庸の比重の家具用材では乾燥温度50～55 ℃，乾湿球温度差2.5～3.5 ℃，軽量な材では乾燥温度55～60 ℃，乾湿球温度差4～6 ℃と言った値であり，その後の乾湿球温度差の開き方は針葉樹なみにゆっくりとした方が割れに対し安全であり乾燥の仕上がりがよい。

全体的にみて亜寒帯産広葉樹材より乾燥温度の上昇に対してより安全であるが，どちらかと言うと割れやすい材が多い。

a. ラミン(Ramin)類 *Gonystylus*属，Gonystylaceae(ゴニスチラス科)

かびが発生しやすく，水抜けの良い材であるが，繊維と直角方向の引張り最大破壊ひずみが小さく割れやすいため，乾湿球温度差を小さめとする。

また自由水の移動速度が結合水の拡散速度に比較して極めて大きく含水率40％あたりまでの乾燥では，材内の水分分布がほとんど平坦のまま含水率は低下し材表面の含水率は繊維飽和点以上に保たれ，材面の収縮は無く，乾燥応力は含水率40％あたりまで生じない。

平均含水率40％以下になると表層部が繊維飽和点以下になり引張り応力がはじめて発生するので，このときに乾湿球温度差を3～4 ℃以上にすると割れが生じやすい。材質によっては乾湿球温度差2.5 ℃程度が安全な材すらある。

ラミン材の乾燥スケジュールは，初期含水率のいかんにかかわらず，平均含水率が35～40％になるまでは乾湿球温度差を一定に保たなければならないが，材によっては含水率45％あたりまででよいこともあり，逆に20％ま

表 4-29 ラミン材の乾燥スケジュール

(試験材：心材であれば板・柾いずれでも可, 2.7 cm 厚)

含水率範囲(%)	一般材		極めて割れやすい材	
	乾球温度(℃)	乾湿球温度差(℃)	乾球温度(℃)	乾湿球温度差(℃)
生～40	60	3	60	3
40～35	60	4	60	3
35～30	60	5	60	3
30～25	65	8	60	3
25～20	70	12	60	3
20～17	75	17	65	5
17～15	75	20	70	8
15～13	80	25	70	10
13 以下	80	28	70	15

すべての材を含水率 10% 以下にするには 5～7 日。

で一定にしておかなければならない材もある。以上は 2.7 cm 厚程度の材の注意事項である。

　これらの差は、自由水の移動性の良否によるもので、自由水の移動性の良い材ほど低い含水率まで乾湿球温度差を一定にしておかなければならない。

　ラミン型乾燥スケジュールに近いスケジュール型にしなければならない樹種は、白色で落ち込みがなく乾燥良好な材で、材質としてはやや比重の高い粘りの無い材である。ラバーウッド(パラゴムノキ)，カンボジア産の Royong (マメ科)，Rubiaceae(アカネ科)の *Anthocephalus* 属のラプラ(Labula)，カランパヤン(Kelempayan)，Moraceae(クワ科)の *Ficus* 属などに時折あり、スケジュール型として十分認識しておくべき型式である。表 4-29 に 2.7 cm 厚材のスケジュールを示す。

b. ニヤトー，ナトー，ナトウ(Nyatoh)類，Sapotaceae(アカテツ科)

　ギターの棹によく使われている材は *Palaquium* 属で比重，材質も大略一定しているが、ニヤトーと呼ばれる材にはアカテツ科の *Madhuca* 属を含め、数種の属や比重の違う材が含まれているから未利用材として新しくニヤトー材を輸入するときは乾燥日数が 8～17 日(2.7 cm 厚材)と大幅に違うことを認識しておく必要がある。

　アカテツ科の材は良く切れる刃物で木口面を削ると道管が 3～5 個、半径方向に連なって見え、一応他の南洋材と簡単に区別できる。

表 4-30 ソロモン群島産ニヤトー材の乾燥スケジュール

(試験材:心材柾目, 2.7 cm 厚)

含水率範囲(%)	乾球温度(℃)	乾湿球温度差(℃)
120～60	45	2.5～3
60～45	45	4
45～40	45	5
40～35	50	8
35～30	50	10
30～25	60	15
25～20	60	20
20～15	65	25
15 以下	70	30

すべての材を含水率10%以下にするには15～17日。板目材は20～25%乾燥時間が短い。

(佐藤庄一氏ら (1972))

表 4-31 スラウエシー産ニヤトー材の乾燥初期条件

(試験材:心材柾目, 2.7 cm 厚)

全乾比重	乾燥初期条件		終末温度(℃)	乾燥時間(日)
	乾球温度(℃)	乾湿球温度差(℃)		
0.46	65	5.5	90	5.3
0.6	49	3.3	73	10

乾燥日数は,すべての材が含水率10%以下になるまで。

一般に使われているニヤトー材の乾燥での心配は割れ発生よりも柾目材に筋状の落ち込みが生じやすく,その部分の水分が抜けにくいことである。ただし比重の高い材は割れに注意しなければならない。

基本的には高温を避けてゆっくり乾燥するか,予備的な天然乾燥をしてから人工乾燥すべきである。

乾燥の遅い部分は材色が濃いので乾燥終了時に材色の濃い部分を針状電極の抵抗式含水率計で入念に調べて置かないと,加工してから製品に不良が発生する。

林業試験場で決定したソロモン群島産のニヤトー 2.7 cm 厚材の乾燥スケジュールを表 4-30 に示す(木材部・林産化学部, 南洋材の性質17, 林試報 244 (1972))。全乾比重は 0.65 程度,かなり割れやすい材と記され,高含水率であり,含水率10%までの乾燥日数は柾目材で15～17日となっている。含水率45%から30%にかけて,条件を変化させる含水率の範囲と乾湿球温度差の

開き方を間違えると割れが発生しやすくなるのではないかと感じられる。

一般に市場で見られるニヤトー材はそう割れやすいものではなく,乾燥日数は10日前後である。試験材には柾目材を用い,柾目と板目材との乾燥日数比は1.2～1.3で柾目材が遅い。

ニヤトーと呼ばれる材の比重幅は全乾比重で0.4～0.8程度あり材中にシリカを含むものと,そうでない種類があるようで木理の交錯もかなりある。樹幹内の比重差はあまりないが,人工乾燥に際し樹心部は細胞の落ち込みによる収縮率の増大がかなりある。

名古屋大学で測定したスラウエシー産のニヤトー材の材質ならびに試験結果からは板目柾目の乾燥速度比は低比重のもの(全乾比重0.49)ではそう違いはなかった。比重の違う2種の材の推定乾燥条件を表4-31に示す。

ニヤトーと呼ばれる材については,広範囲の乾燥試験が実施されておらず,材質的な変動幅や乾燥特性の変動方向がどうなっているのかよく解らない材である。

パプアニューギニアでは $Palaquiam$ 属の材を Pencil cedar と呼ぶので針葉樹かと誤解されやすい。センダン科の $Toona$ 属の材を Red cedar と呼ぶようなものであろうか。

c. ターミナリア(Terminalia)類, *Terminalia* 属, Combretaceae(シクンシ科)

フィリピン,ボルネオ,インドネシア,ニューギニアなど東南アジアからアフリカ,熱帯アメリカなど広い分布を示す樹木で材色,比重の差が大きく,現物を見ないとスケジュールは決定できない。

樹心部に向かい比重は低下するが比重の高いものにはあまりこの傾向が見られないようである。全乾比重0.5のスラウエシー産の丸太には樹心部に脆心材(ブリットルハート)が認められている。乾燥経過中に発生する乾燥応力が逆転するときの平均含水率は意外に低いため,乾燥に際しての細胞の落ち込みは樹心を除きほとんど無い材と見られるが,低比重材では樹心部が落ち込みやすい。

割れやすさは材の比重にあまり関係せず,属内の種による差がかなり有るものと想像される。全乾比重が0.45程度の低いものから0.8と高いものまであって2.7cm厚材の乾燥日数は生材から含水率10％まで2～8日ほどの幅

表 4-32 ターミナリア材の乾燥スケジュール例

(試験材:心材柾目, 2.7 cm 厚)

含水率範囲(%)	スラウエシー産, 全乾比重 0.6		ニューギニア産, 全乾比重 0.38		ニューギニア産, 全乾比重 0.43	
	乾球温度 (°C)	乾湿球温度差 (°C)	乾球温度 (°C)	乾湿球温度差 (°C)	乾球温度 (°C)	乾湿球温度差 (°C)
100~70			60	5		
70~60			60	5	60	4
60~50			60	8	60	4
50~40			60	10	60	6
40~30	70	7	65	15	65	10
30~25	75	10	70	20	70	15
25~20	75	15	75	25	70	20
20~15	80	20	80	30	80	25
15 以下	80	30	80	30	85~90	30
含水率10%までの乾燥日数	3		4		7	

(佐藤庄一氏ら (1972), (1974)など)

がある。大体柾目材に対し板目材の乾燥時間は70%程である。試験材には柾目材を選ぶ。

ニヤトー材と同じように乾燥特性のつかみ難い材であり,スケジュールを示してもあまり参考にならないが,乾燥の速いものから順に3例を表4-32に示す。

表の一番左の材はスラウエシー産で初期含水率は低いが,全乾比重が0.6と高いのに乾燥日数は3日となっておりいかにも速すぎる感じがする。次はニューギニア産で全乾比重0.38と記され,乾燥日数も妥当な値である。一番右も同じニューギニア産のものであるが全乾比重が0.43としては乾燥日数が長すぎる感じがする。2例のニューギニア産材のスケジュールは林業試験場で決定したもので,試験材は柾目材である(木材部・林産化学部,林試報244 (1972), 林試報 254 (1974))。

この属の材も産地によって材色や縞の色が違い,比重や呼び名がまちまちで,どの様な乾燥スケジュールを当てはめてよいか迷う樹種である。

d. チーク (Teak), *Tectona* 属, Verbenaceae (クマツヅラ科)

JIS による収縮率の測定結果が極めて小さく,しかも含水率15%までの接

表 4-33 ビルマ産チーク材の乾燥スケジュール

(試験材：心材柾目, 2.7 cm 厚)

含水率範囲(%)	乾球温度(℃)	乾湿球温度差(℃)
65〜45	70	7(5)
45〜35	70	10(7)
35〜30	75	12(10)
30〜25	80	20(15)
25〜20	85	25
20以下	90	30

1) すべての材を含水率10%以下にするには8〜9日。 2) 板目材は柾目材より約30%速い。
3) 林業試験場で決定したものであるが，乾湿球温度差は( )内の方がよいかもしれない。

(佐藤庄一氏ら(1974))

線方向収縮率が1.38%，全乾までが4.36%と言った極めて異常な収縮経過を示す樹種で，人工乾燥による収縮率もそれほど大きくならない。乾燥による割れ，狂いの心配は少ないが，高温多湿にすると褐変色が生じ除去が不能となる。

材の取扱では陽焼けによる材色の変化に注意する必要がある。

ビルマ産チーク2.7 cm厚材の林業試験場で決定したスケジュールを表4-33に示す(林試報 269 (1974))。材の全乾比重は0.5，乾燥日数は含水率10%まで9日程度である。

表4-33のスケジュールによって得られた乾燥経過図からは乾燥初期の乾湿球温度差が少し大きすぎたためか，乾燥後半の乾燥速度が悪いように推察される。板目材の乾燥時間が30%ほど柾目材より速い。

e. タウン(Taun)，マトア(Matoa)類，*Pometia*属，Sapindaceae(ムクロジ科)

一種類の樹木ではなく，比重の低いものから高い(気乾比重0.55〜0.9)ものまである。椅子のように強度を要求する家具用材には軽い材は適さない。

特に乾燥で問題はないが，時折非常に落ち込みやすい材に遭遇したり，重い材は天然乾燥中に割れる。落込みやすい木は丸太にしぼのあるものに多いように感じられる。

材に艶があり，一見して亜寒帯産の広葉樹材のような感じがするだけでなく，乾湿球温度差の開き方も南洋産材のように緩やかにする必要はないが，乾燥温度は低めの方が収縮率の増大を防ぐ意味でよい。林業試験場で決定し

表 4-34 ニューギニア産タウン材の乾燥スケジュール

(試験材:心材柾目, 2.7 cm 厚, 全乾比重 0.5)

含水率範囲(%)	乾球温度(°C)	乾湿球温度差(°C)
70~45	55(50)	4(3)
45~40	55(55)	6(4)
40~35	60(55)	9(6)
35~30	60(55)	9(9)
30~25	65(60)	12(13)
25~20	70(65)	18
20~15	75(70)	25
15 以下	80(75)	30

すべての材を含水率 10% 以下にするには 10 日。( )内はやや高比重材用。 (佐藤庄一氏ら (1972))

表 4-35 カリマンタン産テラリン材の乾燥スケジュール

(試験材:心材柾目, 2.7 cm 厚, 全乾比重 0.8)

含水率範囲(%)	乾球温度(°C)	乾湿球温度差(°C)
65~50	53	3
50~40	55	3
40~35	55	4
35~30	58	5
30~25	62	8
25~20	65	12
20~15	65	16
15~13	70	25
13 以下	80	30

すべての材を含水率 10% 以下にするには 10~11 日。

たニューギニア産タウン 2.7 cm 厚材のスケジュールを表 4-34 に示す(林試報 244 (1972))。やや軽い材のものである。板目材は柾目材より 25% 程乾燥が速い。比重の高い材に対しては括弧内のような条件がよいと思われる。

f. テラリン(Teraling), パラピ(Palapi), *Tarrietia*(*Heritiera*)属, Sterculiaceae(アオギリ科)

心材色は赤褐色で, 気乾比重は 0.56~0.94 と幅がある。放射組織が同じ科のアンベロイ材と似て大きくよく目立っている。

樹心部は比重が低く, この場所から木取られた板は細胞の落ち込みが生じ収縮率が大となりやすい。典型的な脆心部のある丸太もある。

乾燥に際してはやや割れやすく含水率 35% あたりの条件変化に注意が必

要であるが乾燥にはあまり問題の無い材である。

ときとしてアカテツ科の Madhuca 属の材をインドネシアでパラピと呼ぶことがあり，乾燥はテラリンより悪いので放射組織の大きさを確認するとよい。林業試験場で実施した乾燥試験の結果を表 4-35 に示す。カリマンタン産の全乾比重 0.8 の材で含水率 10 % まで約 11 日を要する。柾目材の遅れはない。

g. チヤンパカ(Champaka)，*Michelia* 属，Magnoliaceae(モクレン科)

日本のホウノキと材質は良く似ていて台湾でも有用材として生産されている。九州地方にあるオガタマと同属である。生材含水率は高く，全乾比重は 0.5 前後で材質はホウに似てやや割れやすく丸太のときの芯割れが板の乾燥時に裂となって広がる心配がある。木取り時に注意が必要である。

乾燥による狂いは少なく細胞の落ち込みもほとんど認められない。乾燥容易な材である。

表 4-36 にカリマンタン産チヤンパカの 2.7 cm 厚材のスケジュールを示す。全乾比重は 0.5，初期含水率は 140 %，含水率 10 % までの乾燥日数は 8 日で乾燥は楽である。板目材の乾燥が 25 % 程速いので試験材には柾目材を用いる。

h. セプター(Septir)，*Sindora* 属，Leguminosae(マメ科)

重い感じの割にはあまり問題なく乾燥する材である。表 4-37 に 2.7 cm 厚材の乾燥スケジュールを示す。

近縁のセプターパヤ(Septirpaya)は *Pseudosindora* 属で比重はセプターより低いが多少割れやすい。林業試験場で決定したサラワク産セプターパヤの 2.7 cm 厚材の乾燥スケジュールを表 4-38 に示す(林試報 254,(1973))。乾燥日数は 9 日程度である。柾目板目の乾燥速度比は小さい。全乾比重 0.56 の材である。

i. パラゴム，ラバーウッド(Para rubber tree)，*Hevea brasiliensis*，Euphorbiaceae(トウダイグサ科)

人工植栽し 30 年間ほどゴム液を取った老廃木の直径約 30 cm の丸太から製材したもので，乾燥は速いが青変菌に極めて犯されやすい。

地上 1.5 m ほどはゴム液採集の傷があり利用価値は低い。樹心部は多少割

4-2 南洋産広葉樹材の乾燥スケジュール表

表 4-36 カリマンタン産チャンパカ材の乾燥スケジュール

(試験材：心材柾目, 2.7 cm 厚, 全乾比重 0.5)

含水率範囲(%)	乾球温度(℃)	乾湿球温度差(℃)
140～90	57	4
90～80	57	6
80～65	60	9
65～55	65	13
55～35	70	18
35～20	75	25
20～15	80	30
15 以下	90	30

すべての材を含水率10%以下にするには7.5～8日。

表 4-37 セプター材の乾燥スケジュール

(試験材：心材柾目, 2.7 cm 厚)

含水率範囲(%)	乾球温度(℃)	乾湿球温度差(℃)
生～50	55	3.5
50～45	55	4
45～40	55	4.5
40～35	55	6
35～30	60	9
30～25	65	13
25～20	70	18
20～15	75	25
15 以下	85	30

すべての材を含水率10%以下にするには7～8日。

表 4-38 サラワク産セプターパヤ材の乾燥スケジュール

(試験材：心材柾目, 2.7 cm 厚, 全乾比重 0.56)

含水率範囲(%)	乾球温度(℃)	乾湿球温度差(℃)
50～35	55	2.5～3.5
35～30	60	5
30～25	65	8
25～20	70	15
20～15	75	20
15 以下	75	25

1) すべての材を含水率10%以下にするには9日。　2) セプターより少し軽いが割れやすい。
3) 柾目材の乾燥遅れは少ない。

(佐藤庄一氏ら (1973))

表 4-39 パラゴム材の乾燥スケジュール

(試験材:心材であれば板・柾いずれでも可, 5 cm 厚)

含水率範囲(%)	乾球温度(°C)	乾湿球温度差(°C)
90〜60	55	3.5〜4
60〜40	55	4.5
40〜35	55	6
35〜30	60	8
30〜25	65	11
25〜20	70	17
20〜15	80	25
15 以下	90	30

すべての材を含水率 10% 以下にするには 10 日。

表 4-40 パラゴム材の海外の乾燥スケジュール

(試験材:心材, 2.7 cm 厚)

含水率範囲(%)	米国スケジュール T 6, D 2		英国スケジュール E	
	乾球温度(°C)	乾湿球温度差(°C)	乾球温度(°C)	乾湿球温度差(°C)
生〜60	50	2.5	50	3
60〜50	50	2.5	50	4
50〜40	50	3	50	4
40〜35	50	4.5	50	5
35〜30	50	8	55	5
30〜25	55	17	60	7.5
25〜20	60	28	70	11
20〜15	66	28	75	15.5
15 以下	82	28	75	17.5

T 6, D 2 は後出の表 4-75, 4-77, E は表 4-106 参照。

れやすく,狂い,落ち込みも認められるが周辺部の材の乾燥は楽である。含水率 40〜30% あたりの乾湿球温度差の変化の仕方を多少緩やかにラミン型スケジュールに近づけた方がよい。

板厚 5 cm のタイ国産のパラゴム材の乾燥スケジュールを表 4-39 に示す。乾燥日数は約 10 日間と厚材としてはかなり短い。参考に米国ならびに英国の林産研究所が発表している 2.7 cm 厚材の乾燥スケジュールを表 4-40 に示す。T 6, D 2 (米国スケジュールの区分番号) とした米国のスケジュールは乾燥初期の乾湿球温度差が少し小さすぎ,逆に乾湿球温度差を 4.5→8→17 °C へ開くときが少し急速と思われ,英国の E (英国スケジュール区分番号) のスケジュールは乾湿球温度差が全体的に小さいように思われる。

j. 軽軟な材

　家具の引出し，コアー材，ねり芯材など見えない場所に使われる白色軽軟材と，ジョンコン材のように一応の強さがあっても板目面に点状の水平細胞間道が現れて表面材に使えない材を含め，これらの材は一般に乾燥容易であるが，それぞれの樹種について細かく調べてみるとかなり相互に違いはある。

　ごく総括的に言えば，全乾比重は 0.35～0.5 の範囲で，2.7 cm 厚材の含水率 10％ までの乾燥日数は 3～6 日と言ったところであり，軽く青かびの生じやすい材(アンベロイ，ジェルトン，プライ，ホワイトシリス，カラスなど)は乾燥時間が短い。

　板目と柾目材との乾燥時間があまり違わない材(エリマ，ホワイトシリス，カラス)もあるが，低比重材の一般的傾向とは言い切れないようである。

　乾燥容易で軽軟な材を人工乾燥操作の面から分析してみると，これらについても一般材と同じように水の抜けやすさの難易と割れやすさの程度，温度を上昇したときの収縮率の増大程度，繊維走行の不整による狂い発生の程度などが違い，割れやすい材に対しては乾湿球温度差を基本的に小さく，変化割合も小刻みにゆるやかとし，収縮率の増大しやすい材や狂いやすい材には乾燥温度を低く終末の温度も 70℃ 以内にすべきである。

　また初期含水率が高いという理由も含め，材質として板の中心に水の残りやすいエリマ(ビヌアン)，キャンプノスパーマ(テレンタン)材は低い含水率になるまで乾燥初期に設定した乾湿球温度差を変化させない方がよい。

　全体的に言えば，乾燥初期条件は乾球温度 55～60℃，乾湿球温度差は 4℃，乾燥の際にあまり問題の生じない材では乾球温度 60℃，乾湿球温度差 5～6℃，極めて乾燥の容易なアンベロイ材などは 70℃ の温度で乾湿球温度差 7℃ と言った条件もある。

　南洋材の中でもこの種の低比重材は地域によって呼び名が異なるので，できるだけ属名を認識し，同時に比重についても注意する必要がある。

　参考書として，『熱帯の有用樹種』熱帯林業協会刊(1978)や，『南洋材』須藤彰司，地球出版(1970)があり，これらは是非手元に置く必要がある。

　表 4-41 に代表的な材の含水率と 2.7 cm 厚材の乾燥初期条件ならびに終末最高温度，材の全乾比重，含水率 10％ までの乾燥日数，注意事項などを一

表 4-41 軽軟な南洋材の乾燥初期条件と乾燥日数

樹 種 名	属 名	科 名	産 地
テレンタン(Terentang), キャンプノスパーマ(Campnosperma)	Campnosperma	Anacardiaceae (ウルシ科)	ソロモン群島
スポンジアス(Spondias)	Spondias	Anacardiaceae (ウルシ科)	ニューブリテン
プライ(Pulai), アルストニア(Alstonia)	alstonia	Apocynaceae (キョウチクトウ科)	ニューブリテン
ジェルトン(Jelutong)	Dyera	Apocynaceae (キョウチクトウ科)	カリマンタン
カナリウム(Canarium)	Canarium	Burseraceae (カンラン科)	パプアニューギニア
ターミナリア(Terminalia)	Terminalia	Combretaceae (シクンシ科)	ニューブリテン
ターミナリア(Terminalia)	Terminalia	Combretaceae (シクンシ科)	ニューブリテン
ビヌアン(Binuang), エリマ(Erima)	Octomeles	Datiscaceae (ダテイスカ科)	ニューブリテン
セセンドック(Sesendok), ニューギニアバスウッド(NewGuinea basswood)	Endospermum	Euphorbiaceae (トウダイグサ科)	ニューブリテン
カロフィルム(Calophyllum), ビンタンゴール(Bintangor)	Calophyllum	Guttiferae (オトギリソウ科)	ソロモン群島
ロヨン(Royon)	Parkia	Leguminosae (マメ科)	カンボジア
アルビジア(Albizia)	Albizzia	Leguminosae (マメ科)	ニューブリテン
ジョンコン(Jongkong)	Dactylocladus	Melastomaceae (ノボタン科)	サラワク
ケレダン(Keledang)	Artocarpus	Moraceae (クワ科)	カリマンタン
ラブラ(Labula), カランパヤン(Kerempayan)	Anthocephalus	Rubiaceae (アカネ科)	ニューブリテン
プランチョネラ(Planchonella)	Planchonella	Sapotaceae (アカテツ科)	ニューブリテン
ホワイトシリス(White siris)	Ailanthus	Simaroubaceae (ニガキ科)	ニューブリテン
アンベロイ(Amberoi)	Pterocymbium	Sterculiaceae (アオギリ科)	ニューブリテン
カラス(Karas)	Aquilalia	Thymelaceae (ジンチョウゲ科)	カリマンタン
セルチス(Celtis)	Celtis	Ulmaceae (ニレ科)	ニューブリテン

乾燥日数はすべての材が含水率 10% 以下になる日数。

4-2 南洋産広葉樹材の乾燥スケジュール表

(表 4-41 つづき)　　　　(試験材：心材柾目，1インチ材(生材寸法2.7 cm 厚)用)

初期含水率(％)	全乾比重	乾燥初期条件 乾球温度(℃)	乾湿球温度差(℃)	末期温度(℃)	乾燥時間(日)	乾燥時間比(柾/板)	備　考
150	0.43	50	3.5	80	9～10	1.13	生材はかぶれ。板目面に小さな細胞間道。水抜は悪い。少し落ち込み。
90	0.30	70	7	90	3～3.5	1.64	生材はかぶれ。乾燥よし。
90	0.37	60	5	80	3	1.21	板目面に長さ1 cm ほどの孔跡(Latex trace)がある。
115	0.38	55	4.5	80～85	3	1.16	プライと同様，乾燥に問題はない。
150	0.55	55	4	80	10～12	1.1	乾燥はよくない。少し落ち込みあり。
100	0.38	60	5	80	4	1.4	この属の材は比重差が大きく，高比重材は時間がかかる。含水率60％まで一定。
70	0.44	60	4	85	7	1.4	比重は高いが乾燥の楽な材。
140	0.33	50	3.5	75	10～12	1.04	意外に乾燥が悪く，割れやすく，樹心は落ち込む。50％あたりまで一定。
90	0.32	65	5	80	2～2.5	1.08	乾燥に問題なし。
70	0.55	55	4	80	8	1.25	少し落ち込み，狂いやすい。
80	0.50	60	6	80	4.5	1.5	乾湿球の開き方はラミン的に低含水率まで一定。
70	0.35	65	6	90	——	——	
80	0.48	60	4	80	5	1.3	板目面に水平樹脂間道が点在し暗褐色であり，樹皮の繊維が刺さる。
120	0.55	54	4	80～90	6	1.33	乾燥容易。極めてかびが発生しやすい。
90	0.38	50	3	70～75	5	1.28	水抜はよいが，かなり割れやすい。ラミン的スケジュール。
60	0.41	60	5	80	4～4.5	1.22	同じ科のニヤトーとは違い乾燥容易。
80	0.38	60	4	85～90	6	1.08	乾燥は容易。少し割れやすい。材に多少臭気あり。
120	0.34	70	7	90	2.5～3	1.2	時に外傷樹脂溝があり，乾燥初期に材面から樹液を泡状にふく。
95	0.40	60	5.5	80～85	3～4	1.04	かびが生じやすい。乾燥は問題ない。
70	0.59	60	5	80	5	1.35	やや重く，狂いやすい丸太もある。割れやすく，少し落ち込む。

(林業試験場，木材部・林産化学部：南洋材の性質 1～21，林試報 (1966～1975))

表 4-42 アンベロイ材の乾燥スケジュール

(試験材：心材柾目, 2.7 cm 厚)

含水率範囲(％)	乾球温度(℃)	乾湿球温度差(℃)
120〜60	70	7
60〜50	70	10
50〜40	70	15
40〜35	75	20
35〜25	75	25
25〜20	80	30
20 以下	90	30

すべての材を含水率 10％以下にするには 4〜4.5 日。　　　　　（佐藤庄一氏ら (1974)）

括して示す。

　全乾比重が 0.5 以上であったり，乾燥日数が 6 日以上でコアー材としては多少不向きなセルチス，キャンプノスパーマ，カロフィルム，ビヌアン材なども一応表の中に入れた。

　また表 4-42〜表 4-44 に国内でなじみのある軽量材の乾燥スケジュールを示す。

　その他の樹種で乾燥良好な材は，乾湿球温度差の開き方を特別に南洋材特有の緩やかなものとしなくても，一般の亜寒帯産広葉樹なみでよく，乾燥中庸な材に対しては針葉樹材なみの開き方がよい。

　一例として，初期含水率が 90％程度のあまり問題のない材について一般形式を示すと表 4-45 となる。No 1 は比重が少し高く割れやすく，No 3 は極めて乾燥容易な材のものである。

　割れやすい材や乾燥の遅い材は乾湿球温度差を 6→18 ℃ に開く間を多少緩やかにし，落ち込みの生じやすい材や狂いやすい材は，乾燥初期温度を 50 ℃ で始め，終末の最高温度を 70 ℃ までの範囲とする。

　含水率 30％付近で割れの生じやすいラミン型の材，アカネ科のラプラ，マメ科のロヨン材などは，含水率 40％付近までの乾湿球温度差の開き方をややゆるやかとし，その後も含水率 25％あたりまでは大幅な乾湿球温度差の変化をしない方がよい。この種の材は乾湿球温度差を大としなくても乾燥が順調に進行するものである。

表 4-43　ジェルトン材の乾燥スケジュール

(試験材：心材柾目, 2.7 cm 厚)

含水率範囲(%)	乾球温度(℃)	乾湿球温度差(℃)
110～95	55	4.5
95～75	60	5.5
75～55	60	8
55～45	65	12
45～30	65	15
30～20	70	20
20～15	70	25
15 以下	80～85	30

すべての材を含水率10%以下にするには5日。

表 4-44　ジョンコン材の乾燥スケジュール

(試験材：心材柾目, 2.7 cm 厚)

含水率範囲(%)	乾球温度(℃)	乾湿球温度差(℃)
80～55	60	4
55～45	60	6
45～35	65	9
35～30	70	13
30～25	70	18
25～20	75	18(20)
20～15	75	25
15 以下	80	30

すべての材を含水率10%以下にするには5日。( )内の条件の方が良いと思われる。

(佐藤庄一氏ら (1973))

表 4-45　軽軟材の共通的乾燥スケジュール

(試験材：心材柾目, 2.7 cm 厚)

含水率範囲(%)	乾球温度(℃)	乾湿球温度差(℃)		
		No.1	No.2	No.3
90～60	50～60	3	4	6
60～50	50～60	4	6	9
50～40	50～60	6	9	13
40～35	55～65	8.5	13	18
35～30	60～70	12	18	25
30～25	65～75	16	25	25
25～20	70～80	20	25	30
20～15	75～85	25	30	30
15 以下	80～90	30	30	30

No.1 は比重が少し高く割れの生じやすい材。No.2 は一般の軽い材。No.3 は乾燥の極めて容易な材。

k. 乾燥性の変わっている材

k-1 イエマネ（Yemane），*Gmelina* 属，Verbenaceae（クマツヅラ科）

特に有名な材とは言えないが，同じ科のチーク（*Tectona* 属）が収縮について他材と異なった特性を示すように，林業試験場で実験した *G. moluccana* は乾燥末期の室温上昇で非常に特異な乾燥速度の増大が認められている。図4-4 に室温 75 から 80 ℃ に温度上昇したときの際だった乾燥速度の増加を示す。クスノキ科のリツェア（Litsea）材同様にヘキサンによる抽出成分が多いことがこの現象に関係しているように思われる。

ニューブリテン産グメリナ（*G. moluccana*），全乾比重 0.45 の 2.7 cm 厚材の乾燥スケジュールを表 4-46 に示す。

割れは生じにくく樹心近くを除き落ち込みも発生しなく，乾湿球温度差を大にしても問題は少ないが乾燥時間が意外に長く狂いも生じやすい。

蒸煮処理材の柾目，板目の乾燥時間比は約 1.3 で，初期蒸煮は絶対に必要である。

柾目処理材の乾燥日数は含水率 10 ％ まで 12～14 日で，初期蒸煮と中間蒸煮の効果は大きいが含水率 40 ％ 以下での効果は期待できない。

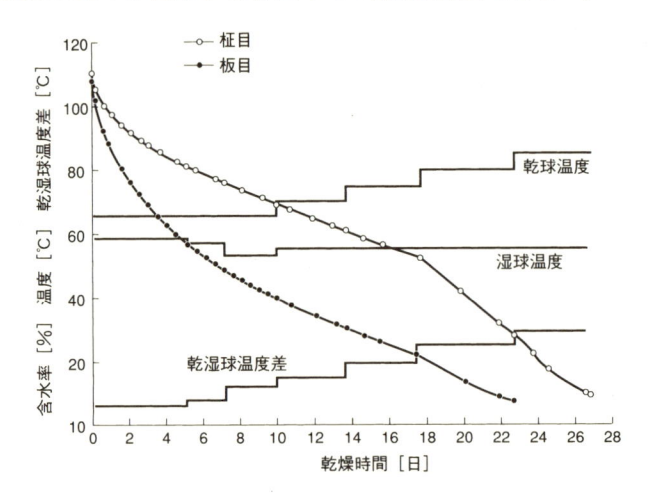

図 4-4 グメリナ無処理材の乾燥経過と温度との関係（佐藤庄一氏ら（1973））
（2.7 cm 厚。温度上昇による急激な乾燥速度の変化（75 → 80 ℃））

表 4-46 グメリナ(イエマネ)材の乾燥スケジュール

(試験材:心材柾目, 2.7 cm厚, 全乾比重0.46)

含水率範囲(%)	乾球温度(°C)	乾湿球温度差(°C)
110〜70	65	6
70〜50	65	9
50〜40	70	15
40〜30	75	20
30〜20	80	25
20以下	85	30

すべての材を含水率10%以下にするには12〜14日。初期蒸煮または含水率80〜70%までに中間蒸煮を実施した値で,蒸煮処理材の時間短縮は25%。 (佐藤庄一氏ら(1973))

表 4-47 リツェア材の乾燥スケジュール

(試験材:心材柾目, 2.7 cm厚, 全乾比重0.39)

含水率範囲(%)	乾球温度(°C)	乾湿球温度差(°C)
115〜70	65	4
70〜55	65	6
55〜45	65	9
45〜40	70	9(10)
40〜35	70	15
35〜25	75	15(17)
25〜20	80	20
20〜15	85	25
15以下	90	30

すべての材を含水率10%以下にするには9〜11日。ただし,初期または中間蒸煮を実施した値。( )内の条件変化の方が良いと思われる。 (佐藤庄一氏ら(1973))

k-2 リツェア(Litsea), *Litsea*属, Lauraceae(クスノキ科)

比重と比較して乾燥時間の長い材であるが乾燥による損傷は少ない。

表4-47はニューブリテン産のリツェア2.7 cm厚材のスケジュールで全乾比重は0.39,初期割れと断面の糸巻状変形がややあり初期蒸煮をして含水率10%まで9〜11日,柾目材と板目材との乾燥時間比は蒸煮処理材で1.7倍と大きいが無処理材は1.2倍程度の違いである。

無処理材と蒸煮処理材との乾燥時間比は板目材で2,柾目材で1.4と,板目材の蒸煮による時間短縮の効果が大きい。

4-3　国産針葉樹材ならびに輸入針葉樹材の乾燥スケジュール表

　国内で人工乾燥している針葉樹材には北海道産のエゾマツ，トドマツ，カラマツ，本州産のヒノキ，ヒバ(アスナロ)，スギ，アカマツ，クロマツ，カラマツ，などと北洋材のマツ類やエゾマツ，カラマツの類，北米産のベイスギ(ウェスタンレッドシーダー)，ベイトウヒ(スプルース，エゾマツの類)，ベイツガ(ヘムロック)，ベイモミ(ファー，モミの類)，ベイマツ(ダグラスファー，トガサワラの類)などがあり，南洋産材ではアガチスが主要である。

　国産のイチイとサワラ，イチョウなどと言った軽軟な針葉樹材は量的に少なく，人工乾燥もほとんど実施されておらず，乾燥上の問題点も極めて少ない。

　針葉樹材全体を見ると，広葉樹材より材質の変動幅は小さく，乾燥スケジュールのあてはめ方はより容易である。しかし，比較的割れやすいダフリカカラマツ，ベイマツ(ダグラスファー)，オウシウアカマツや，乾燥に際して落ち込みや部分的に水の残りやすいベイスギ(ウェスタンレッドシーダー)，レッドウッド(セコイヤ)，初期含水率のばらつきが多く部分的に水の残りやすい水喰材を持つベイツガ(ヘムロック)，初期含水率が高く含水率変動も大きく乾燥速度が丸太によって異なる日本のスギ，水喰材で問題のあるトドマツなどにはそれなりの操作上の注意が必要である。

　一般の針葉樹材は広葉樹と違い乾燥温度を少々高くしても落ち込みや収縮率の増大が起こり難いが，低級材では狂いの増加や繊維の不整な場所や節部に割れが生じやすく，湿度を低くしすぎると広葉樹材より大きな木口割れの出る心配がある。

　このため乾燥スケジュールは，乾燥初期に設定する乾湿球温度差の大小とは別に，乾湿球温度差の開き方を一般広葉樹材より緩やかにし，南洋産広葉樹材と似た型としている。

　針葉樹材の具体的な乾燥スケジュールのうち，北米産針葉樹材は米国マヂソン林産研究所ならびにカナダの林産研究所のスケジュール表が発表されているので含水率基準のスケジュール表は後出の項目4-5-5，タイムスケジュ

ール表については後出の項目 4-7 などを参照されたい。

順番として国内産針葉樹材の乾燥スケジュールから説明し，南洋産針葉樹材のスケジュールを述べる。

4-3-1　軽い針葉樹材

軽量で夏材と春材との比重差の少ないイチイ（オンコ），サワラ，ヒノキ，ヒバ，エゾマツ，イチョウなどは材色の変化を重視しなければかなり高い温

表 4-48　軽軟針葉樹材の乾燥スケジュール

（試験材：心材であれば板・柾いずれでも可）

含水率範囲(%)	2.5 cm 厚		5 cm 厚	
	乾球温度(℃)	乾湿球温度差(℃)	乾球温度(℃)	乾湿球温度差(℃)
50～35	60～65	5	55～60	4
35～30	60～65	7.5	55～60	6
30～21	65～70	10	60～65	8
21～18	70～75	14	65～70	10
18～15	75～80	18	70～75	12
15～13	75～80	25	70～75	15
13～11	80～85	25	75～80	18
11 以下	80～85	25	75～80	18
含水率10%までの時間	2.5～3 日		8～10 日	

仕上げ含水率が 12～15% の時間は 20% 減。調湿冷却時間は含まない。

表 4-49　変色や艶を重視したヒノキ材の乾燥スケジュール

（試験材：心材であれば板・柾いずれでも可）

含水率範囲(%)	2.5 cm 厚		5 cm 厚	
	乾球温度(℃)	乾湿球温度差(℃)	乾球温度(℃)	乾湿球温度差(℃)
50～35	40	5～6	40	4
35～30	40	8	40	6
30～25	40	10	40	8.5
25～21	45	12	45	10
21～18	50	15	50	12
18～15	55	18	55	17
15～13	60	20	60	22
13～11	65	25	60	25
11 以下	65	30	60	25
含水率10%までの時間	3～4 日		10～13 日	

仕上げ含水率が 12～15% の時間は 20% 減。調湿冷却時間は含まない。

度で乾燥しても問題はなく，表 4-48 の乾燥スケジュールを基本にして材の等級を見て狂いやすそうなものや，節の多い材は全体的に乾燥条件をゆるやかとし，最終温度も 65 ℃ 程度にするとよい。材色に留意したヒノキ材のスケジュールを表 4-49 に示す。

また針葉樹の小径木から木取られた板材には多量の辺材部分が含まれる可能性が高い。辺材部の水分は心材部と比較して移動しやすいが，辺材含水率は心材含水率より一般に高いため，仕上げ含水率が高いと乾燥終了時に辺材の含水率がやや高めになる場合もある。

4-3-2 マツ類，Pinus 属，Pinaceae (マツ科)

日本産のアカマツ，クロマツ材は重いわりには高含水率域の水分の移動性が良く，製材後に青変菌に侵されないように注意すれば乾燥自体に問題は少ない。クロマツ材の方がアカマツ材よりは割れや狂いの心配が少ない。

乾燥初期の温度は 2.5 cm 厚材で材色が濃くなることを無視すれば 65～70 ℃，乾湿球温度差 6～7 ℃ も可能であり，5 cm 厚材であれば 60～65 ℃ 乾湿球温度差 5 ℃ 程度がよい。スケジュールを表 4-50 に示す。北洋材として輸入されているマツ類 (Pinus 属) のうちオウシュウアカマツはベニマツ材と比較してかなり割れやすく表 4-51 のスケジュールがよい (林試木材部資料 (1964))。マツ類は，初期蒸煮による樹脂の固定効果がカラマツ，ベイマツ材より悪い。

表 4-50 アカマツ，クロマツ材の乾燥スケジュール

(試験材：辺・心混，板・柾いずれでも可)

含水率範囲(%)	2.5 cm 厚		5 cm 厚	
	乾球温度(℃)	乾湿球温度差(℃)	乾球温度(℃)	乾湿球温度差(℃)
60～40	70	6	65	5
40～35	70	8.5	65	7
35～30	75	12	70	9
30～25	75	16	75	11
25～20	80	22	75	14
20～15	85	30	80	18
15 以下	85	30	80	25
含水率10%までの時間	2.5 日		8 日	

仕上げ含水率が 12～15% の時間は 20% 減。調湿冷却時間は含まない。

表 4-51　オウシウアカマツ材の乾燥スケジュール

（試験材：辺・心混，板・柾いずれでも可）

含水率範囲(%)	2.5cm厚		5cm厚	
	乾球温度(℃)	乾湿球温度差(℃)	乾球温度(℃)	乾湿球温度差(℃)
60〜35	55	4	50	3.3
35〜30	55	6	50	4.5
30〜25	60	8.5	55	6.5
25〜21	65	12	55	9
21〜18	65	16	60	11
18〜15	70	22	65	13
15〜13	75	30	70	16
13〜11	80	30	70	20
11以下	80	30	70	25
含水率10%までの時間	4日		13日	

仕上げ含水率が12〜15%の時間は20%減。調湿冷却時間は含まない。(佐藤庄一氏ら(1964)一部引用)

4-3-3　軽いモミ，トドマツの類，*Abies*属，Pinaceae(マツ科)

モミの類には比重の高いものから低いものまであって，北米から輸入されるベイモミ(ファー)材の中にはしばしば高比重で割れやすく，乾燥の遅いものがある。

モミ類はエゾマツと異なり，太い枝が車状に出るため狂いやすい。軽量のモミ属の代表として北海道産のトドマツがある。正常材の乾燥は楽であるが造林木は水喰材と言って死節の付近や，傷害部近くの心材部に含水率の高い部分が時折存在し，この場所の水分移動が悪いため乾燥終了時に未乾燥部分として材内に残り問題となる。

その程度はベイツガ(ヘムロック)材ほどではないが，この種の材の混入が乾燥前に気付かなかったり，気付いても選別が困難であったりするので乾燥現場では要注意の材とされる。

対策としては予備的な天然乾燥か，高含水率部分に合わせたゆるめの乾燥スケジュールか，乾燥終了時に長期間のイコーライジングなどがある。

2.5cm厚の水喰材の乾燥スケジュールの一例を表4-52に示す。北海道林産試験場の公表資料である(北林産試月報，1985)。

表 4-52　トドマツ水喰材の乾燥スケジュール

(試験材：辺・心混，板・柾いずれでも可，2.5 cm 厚)

含水率範囲(%)	乾球温度(℃)	乾湿球温度差(℃)
生〜35	50	4
35〜30	50	6
30〜25	55	9
25〜20	60	11
20〜15	65	14〜17
15 以下	80	28
調　湿	80	6

総乾燥時間は約 2.5〜3.5 日。含水率 10 % 仕上げ。　　　　　　　(信田聡氏ら (1985))

水喰材は正常材と比較してやや割れやすいが高温乾燥も可能であるため，乾燥初期温度を 60 ℃ 程度まで上昇させ，乾湿球温度差を 3〜3.5 ℃ から開始し，表 4-52 よりさらに一段階繰り下げた乾湿球温度差の開き方とし，仕上がり時の含水率むらを多少とも小さくし，事後の調湿時間を節減するのも一方法かと考える。

4-3-4　モミの類，Abies 属の重い材とベイツガ(ツガの類)，Tsuga 属，Pinaceae(マツ科)

両樹種とも割れが生じやすく，針葉樹材としては乾燥に時間を要す。ベイモミ材は辺材含水率が 160 % と高く，心材含水率は 60 % 前後であるため辺材の乾燥が遅れる。

ベイツガ(ヘムロック)材は含水率が高く，しかも心材の含水率むらが大きく，水喰部もあって，乾燥終了時に部分的な含水率の高い場所が認められたりする。

含水率むらの大きな場合は含水率の高い材に条件を合わせ，ゆっくり乾燥を進めるしか対策はない。乾燥末期の乾湿球温度差も 20 ℃ 程度にした方が抜け節や過乾燥の防止からみてよい。

表 4-53 に安全性の高い共通的スケジュールを示す。よりきびしい米国とカナダのスケジュールも参考にした方がよい(項目 4-5-5 の d と e，4-7-2 の b)。

表 4-53 重いモミ類とベイツガ(ヘムロック)材の乾燥スケジュール

(試験材:心材であれば板・柾いずれでも可)

含水率範囲(%)	2.5 cm 厚		5 cm 厚	
	乾球温度(℃)	乾湿球温度差(℃)	乾球温度(℃)	乾湿球温度差(℃)
100~60	55~60	3.5~4	55~60	2.5~3
60~50	55~60	4.5~6	55~60	3~3.5
50~43	55~60	6~8	55~60	3.5~4.5
43~36	55~60	8~10	55~60	4.5~6
36~30	60	10~12	60	6~8
30~25	65	12~14	60	8~10
25~21	70	14~17	65	10~12
21~18	75	17~20	65	12~14
18~15	75	20	70	14~17
15~13	75	20	70	17~20
13~11	75	20	70	20
11 以下	75	20	70	20
含水率10%までの時間	3~4 日		10~13 日	

仕上げ含水率が12~15%の時間は20%減。調湿冷却時間は含まない。

4-3-5 カラマツ類, *Larix* 属とベイマツ(ダグラスファー), *Pseudotsuga* 属, Pinaceae(マツ科)

日本産のカラマツ材や北洋材として来るダフリカカラマツは丸太の径が細く,板目木取りが多くなり北米産のベイマツ(ダグラスファー)は大径材であるが大きな死節が目立つ。

ベイマツ材には沿岸近くに生育する年輪幅の広いコーストタイプと,内陸の年輪幅の狭いマウンテンタイプとがあって,割れは材質の硬いコーストタイプの方が発生しやすい。

日本のカラマツ材が一番割れにくく,次にダフリカカラマツ,ベイマツの順に割れやすくなる。すべての樹種に樹脂分が多く,初期蒸煮をするか,乾燥温度をやや高くして流動性樹脂を硬化させ,乾燥後のやにの吹き出しを防止する。

共通スケジュールを表4-54に示す。カラマツ材に対しては少しばかり乾湿球温度差を厳しくしてもよいが,乾燥末期の温度をあまり上昇させると狂いは大きくなる。また死節の多い材は終末の乾湿球温度差を 15~20 ℃ にする。

表 4-54 カラマツ類とベイマツ(ダグラスファー)材の乾燥スケジュール

(試験材:心材であれば板・柾いずれでも可)

含水率範囲(%)	2.5 cm 厚		5 cm 厚	
	乾球温度 (°C)	乾湿球温度差 (°C)	乾球温度 (°C)	乾湿球温度差 (°C)
50〜43	60	3.5〜4	55	2.7〜3.3
43〜36	60	4〜6	55	3.5〜4.5
36〜30	60	6〜8.5	55	4.5〜6.5
30〜25	65	8.5〜12	60	6.5〜9
25〜21	70	12〜16	65	9〜11
21〜18	70	16〜22	70	11〜13
18〜15	70	22〜25	70	13〜16
15〜13	75	25	70	16〜19
13〜11	75	25	70	20
11 以下	80	25	70	20
含水率10%までの時間	3 日		10 日	

仕上げ含水率が 12〜15% の時間は 20% 減。調湿冷却時間は含まない。

4-3-6 スギ,*Cryptomeria japonica*,Taxodiaceae(スギ科)

スギは日本の北から南までの広範囲にわたって植林され,各地に独特の変種が育ち,これに気候的生育状態の違いが加わり材質は極めて複雑な様相を示している。

またスギの心材は樹脂分が多く水分移動を阻害し,この含有量は同一地方から産出する丸太を見てもかなり差がある。

心材含水率は季節,立地条件によって極めて大幅に変動し,60〜200% の範囲を考えなければならない。

以上のようなわけで,大径の銘柄材を除いては材質の変動が大きく乾燥時間や乾燥条件の推定は現物を見ない限り全く不可能と言える。

大略辺材部の乾燥時間を 1 とすれば同一含水率の赤味の心材はその 2 倍,黒心材は 3 倍と言った関係にあるが初期含水率が変化すると乾燥時間の関係は表 4-55 のような結果となろう。

乾燥条件についても被乾燥材の利用対象によって大きく異なり,日本建築用の銘木内装材であれば 2.5 cm 材の乾燥初期温度は 40〜50 °C,雑物は 60 °C 以上の温度でもよいが黒心材の中で落ち込みやすい材は 50 °C 程度とする。

4-3 国産針葉樹材ならびに輸入針葉樹材の乾燥スケジュール表

表 4-55 スギ木取り別材の乾燥時間(日)

初期含水率(%)	板厚(cm)	木取り位置		
		辺材	心材	
			赤心	黒心
100	2.5	2(1.8)	3.5(3)	5(4)
	5	——	11(9)	16(13)
180	2.5	3(2.5)	5.5(4.5)	8(6.5)
	5	——	18(14)	28(22)

含水率10%までの時間(日),( )内は15%まで,調湿冷却時間は含まない。乾燥初期温度は辺材70℃,心材は厚さや材質により50～65℃。

表 4-56 スギ赤心材の乾燥スケジュール

(試験材:心材であれば板・柾いずれでも可)

含水率範囲(%)	2.5cm厚		5cm厚	
	乾球温度(℃)	乾湿球温度差(℃)	乾球温度(℃)	乾湿球温度差(℃)
130～80	60～65	4～5	60～65	3.5～4
80～65	60～65	5.5～7	60～65	4.5～5
65～55	60～65	7.5～9	60～65	6～7
55～45	60～65	9.5～11	60～65	8～9
45～37	65	11～13	60～65	10～11
37～30	65	13～15	65	12～13
30～25	70	16～20	65	14～16
25～21	70	20～25	70	17～20
21～18	75	25	70	21～25
18～15	75	30	70	25
15～13	80	30	70	25
13～11	80	30	75	25
11以下	80	30	75	25
含水率10%までの時間	3.5～5 日		11～15 日	

仕上げ含水率が12～15%の時間は20%減。材色を問題にするときは乾燥初期温度を60℃以下とする。調湿冷却時間は含まない。

乾湿球温度差は2.5cm厚材の心材で赤味の良質材であれば4～5℃,黒心の硬い東北産の材であれば3～4℃と言ったところであろう。

乾燥温度による材色の変化は乾燥初期の含水率の高いときに大きく,含水率が50%以下になれば順次昇温してもよい。乾燥初期に蒸煮したり,必要以上に高湿にすると変色しやすい。

表 4-57 スギ黒心材の乾燥スケジュール

(試験材:心材であれば板・柾いずれでも可)

含水率範囲(%)	2.5 cm 厚		5 cm 厚	
	乾球温度(°C)	乾湿球温度差(°C)	乾球温度(°C)	乾湿球温度差(°C)
180〜80	60	3.5〜4.5	55〜60	3〜3.5
80〜65	60	4.5〜6.5	55〜60	3.5〜4.5
65〜55	60	6.5〜9	55〜60	4.5〜6
55〜45	60	9〜12	55〜60	6〜8
45〜37	60	12〜16	55〜60	8〜10
37〜30	65	16〜22	55〜60	10〜12
30〜25	65	22〜25	65	12〜14
25〜21	70	25	65	14〜17
21〜18	75	30	70	17〜21
18〜15	75	30	70	21〜25
15〜13	80	30	70	25
13以下	80	30	70	25
含水率10%までの時間	6〜10 日		20〜33 日	

仕上げ含水率が 12〜15% の時間は 20% 減。調湿冷却時間は含まない。

乾湿球温度差の開き方は一般針葉樹材とそう変えなくてもよい。表 4-56,表 4-57 に赤心材と黒心材のスケジュールを示す。

4-3-7 アガチス類, Agathis 属, Araucariaceae(ナンヨウスギ科)

軽量で広葉樹の散孔材と間違えやすく、南洋桂と言った勝手な呼び名も付けられている。柾目面を良く見ると放射組織の部分が濃褐色に点状に見えるので、カツラなどの広葉樹材と区別できる。

心材含水率は 40%、辺材が 90% ほどで乾燥は極めて容易、2.5 cm 厚材が 2〜2.5 日で乾燥するため、過乾燥になりやすいが、海中貯木中に塩類を吸収していて乾燥後に吸湿しやすい材がある。また、あてのある材は狂いやすい。

カリマンタン産のアガチス 2.7 cm 厚材の乾燥スケジュールを表 4-58 に示す。林業試験場で決定したものである(南洋材の性質 19, 林業試験場報告 262 (1974))。含水率 10% まで 2〜2.5 日、表の条件で乾燥を進めると乾湿球温度差の開き方は時間の経過と共にほとんど直線的になる。

4-3 国産針葉樹材ならびに輸入針葉樹材の乾燥スケジュール表

表 4-58 カリマンタン産アガチス材の乾燥スケジュール

(試験材：心材であれば板・柾いずれでも可, 2.7 cm 厚)

含水率範囲(％)	乾球温度(℃)	乾湿球温度差(℃)
60〜50	70	6
50〜40	70	10
40〜30	75	15
30〜25	80	20
25〜20	85	25
20 以下	90	30

すべての材を含水率10％以下にするには2〜2.5日。冷却時間を含めて2.5〜3日(佐藤庄一氏ら(1974))。

表 4-59 ポド材の乾燥スケジュール

(試験材：心材であれば板・柾いずれでも可, 2.7 cm 厚)

含水率範囲(％)	乾球温度(℃)	乾湿球温度差(℃)
50〜40	45	2.5〜3
40〜35	45	3.5〜4
35〜30	45	5〜6
30〜25	50	7〜8.5
25〜20	55	10〜11
20〜15	60	13〜14
15 以下	65	20〜25

すべての材を含水率10％以下にするには6〜8日。

4-3-8 ポドカルプス, ポド類, *Podocarpus* 属, Podocarpaceae(マキ科)

熱帯アジアやアフリカの高山地帯，オーストラリア，ニュージーランドの低地帯など様々な所に広く分布しているが，日本では統一的な呼び名がなく，輸入業者によって，ブラックパイン，イゲム材などと呼んでいる。

日本のイヌマキや庭に植えるラカンマキと属は同じであるが葉は極めて小さい。フィリピンから輸入されるものや，山岳地帯にある材は柾目材に甚だしい縞状のあてが見られ狂いやすく，板目材は割れやすく狂いやすい。

産地によって材の割れやすさは大きく異なり，エチオピアの山地にあるものは天然乾燥中にも甚だしく割れてほとんど利用できない。これに対し日本産のイヌマキ材の乾燥は極めて容易である。表4-59にポドとして輸入されている材の乾燥スケジュールを示すが，乾燥に際しては十分材質を見て，あての有無や硬さを調べてからスケジュールを定める必要がある。

含水率20％あたりまで乾燥したときに蒸煮処理をすると仕上時のあてによる狂いが減少する。

4-3-9 スロールクラハム(Srol kraham)，*Dacrydium*属，Podocarpaceae(マキ科)

東南アジアの山岳地帯に多くフィリピンではLokinaiと呼び，カンボジアでは同種のもの(*D. elatum*)をスロールクラハムと呼んでいる。

産地によって材質は変化するが，一般にカンボジア産出の樹木は硬く他の国の同属のものと比較し割れやすい。

表4-60にカンボジア産のスロールクラハム2.7cm厚材のスケジュールを示す。林業試験場で決定したもので全乾比重0.45，初期含水率が140％と高く，日本のモミ程度に割れやすく，含水率10％まで6.5～7日を要する。高い含水率から乾湿球温度差を開き始めているので乾湿球温度差の開き方を含水率50％あたりまでかなり緩やかにしている。針葉樹材としては珍しく広葉樹材のように板目材の乾燥が柾目材より20％ほど速い。

表 4-60 スロールクラハム材の乾燥スケジュール

(試験材：心材，柾目，2.7cm厚，全乾比重0.45)

含水率範囲(％)	乾球温度(℃)	乾湿球温度差(℃)
140～110	60	5
110～90	60	6
90～70	60	7
70～60	60	9
60～50	60	12
50～40	65	16
40～30	70	20
30～20	75	25
20以下	85	30

すべての材を含水率10％以下にするには6.5～7日。　乾燥初期温度を70℃にすると割れる。

4-3-10 針葉樹柱材

国内産針葉樹材の大きな用途は，建築用柱材で，この木取りには，丸太から1本の柱を木取ってできた心持ち柱材と，心を避けて2本以上木取る心去り材とがある。輸入外材の太いものは追柾木取りができるため，心持ち柱材

や2丁取り柱材よりはるかに割れにくい。2丁取りの際はそりが発生しやすく歩増を大とする。

使用樹種は国産材でスギ，ヒノキ，エゾマツ，トドマツ，カラマツ，外材ではベイツガ(ヘムロック)，ベイマツ(ダグラスファー)，ベイモミ(ファー)などが多い。

大径材から木取られた柱材は，一応その角材の木取れる板材の乾燥スケジュールをあてはめればよく，乾燥時間は板材の2/3と思えばよい。

心持ち柱材の乾燥は板材と異なり，乾燥が進行するにしたがって面割れが発生しやすくなる性質のため，背割りによって他の3面の割れを防止するように配慮されてはいるが，普通の板材を乾燥するときより割れに対する注意が乾燥の終わりまで必要で，スケジュールも板材と比較してかなり違う形式となり，乾燥終末の乾湿球温度差をスギ柱材の場合は10℃以内に留めている。ただし壁の内側に入る柱材であれば，背割りをせずにサイジングして割れを分散させた方が施工後に柱が乾燥したときの壁面の狂いが少ない。

乾燥時間は背割りのある柱は短く，背割りの無いものは約1.2倍の時間となる。また柱の寸法が10.5 cm (生材寸法11.3 cm)から12 cm (生材寸法12.8～13.1 cm)になると約1.25倍の乾燥時間を要する。

心持ち柱材は木の髄が柱の中心を通っていないと乾燥中に狂いが生じやすく，乾燥しても長い柱として使えないので人工乾燥せずに別の用途に振り向けるべきである。旋回木理の強いカラマツ材も狂いやすく強い圧締による矯正が必要となる。

柱材の仕上げ含水率は一般に20％程度までで良いと考えられている。含水率の確認は高周波式含水率計で材面から調べ，ヒノキ材は20％，スギ，ベイツガ(ヘムロック)材は25％が基準とされていたが2002年改定された。

含水率計の精度にもよるが柱中心の含水率が表層より高い柱を，乾燥が終了したばかりの材面から測定すれば指度は当然低く示され，性能を認定された含水率計ですら20％と読み取られたヒノキ柱材の平均含水率(全乾法)は19～23％，スギ柱材が含水率25％と指示されたときの全乾燥による平均含水率は30～40％であり，この違いが柱材の乾燥技術を混乱させる原因の1つともなっている。2002年改定JAS【増補23】p.736参照。

柱材の乾燥で問題になる第2の点はほとんどの場合，含水率を基準にしたスケジュールによらず時間の経過によるタイムスケジュールを採用していることである。

材質の変動幅が狭い樹種にはこの方法でも良いが，初期含水率のばらつきの大きいベイツガ，ベイモミ，スギ材に対しては甚だ都合が悪く，さらにスギ心材は材質の違いによる乾燥速度の大小がこれに加算され，初期含水率が低く乾燥の良好な材と含水率が高く乾燥の悪い材とでは3～4倍の時間差が生じてしまい，タイムスケジュールによる温湿度コントロールの範ちゅうを大幅に越えることになる。また試験材による含水率スケジュールを採用したとしても，試験材の選出や，すべての材の条件を満たす操作方法が困難となる。

さらにスギ柱材の都合の悪い点は辺材部の水分移動は通常の針葉樹材とほとんど近似しているのに対し，心材の水分移動が辺材の1/2～1/3と小さい点で，丸太から心持ち柱材を木取ったときの辺材の含まれ方により，本来の乾燥時間や含水率計に現れる深部の含水率の影響，割れに対する配慮が大きく違って来ることである。

a. ヒノキ柱材

表4-61は日本建築用のヒノキ心持ち柱材の乾燥スケジュールで，乾燥初期の温度を40℃以下とし材色の変化を考慮したものである。

乾燥日数や乾燥温度から見て，除湿式乾燥室の利用が良いとされている。

辺材の含水率は高いが中心部の心材の初期含水率が40％と低いため乾燥は極めて容易で特に注意する点はないがあて材は狂いやすいので地域によっ

表 4-61 ヒノキ心持ち柱材の乾燥スケジュール
(10.5 cm 角(生材寸法11.3 cm)，背割り材，除湿式乾燥室用温度40℃)

乾燥経過日数(日)	1	2	3	4	5	6	7	8	9	10	11
関係湿度(％)	80～78	78～75	75	75～70	70	65	60	55	50	50	50
乾湿球温度差(℃)	3～4	4～4.5	4.5	4.5～4	5	6	7	8.5	9.5	9.5	9.5
含水率範囲(％)	40～37	37～34	34～32	32～30	30～28	28～27	27～25	25～23	23～22	22～21	21～20

一般の高周波式含水率計で20％ならば8～9日，全乾法で20％ならば10～12日。

ては乾燥後に面を修正する二度挽きを実施するため挽立寸法に余裕をもたせている。

大略除湿式乾燥室で 10.5 cm 角は 7～10 日，12 cm 角は 10～12 日と言った乾燥日数で一般の高周波式含水率計で規準の含水率 20％ 以下になる。

b．カラマツ柱材

表 4-62 は北海道林産試験場で定めたカラマツ心持ち柱材の乾燥スケジュールで，乾燥条件はやや厳しいものであるが特に割れるようなことはない。

乾燥前に蒸煮を 3～4 時間実施すれば樹脂固定の効果は大きい。乾燥後は必ず調湿を行い，冷却と合わせて 20 時間ほどを見込む。材が十分冷えてから搬出しないと表面割れが発生しやすい。一般に狂いやすいので十分圧締して乾燥するとよい。

乾燥経過時間を参考のために付けてみたが，信頼性はそう高くない。

c．トドマツ柱材

一般材の乾燥は容易であるが，ときたま人工林のものに水喰材があり，この部分の含水率が 80～90％ と正常材の倍近いため，乾燥終了時に未乾燥の状態となる。

予備的な天然乾燥とか，気長な人工乾燥をするとよいが，水喰いの有無を事前に確認したり選別して乾燥することは容易でなく，材の価格も安いため未解決の問題が多い。

表 4-63 はトドマツ水喰い心持ち柱材の推定乾燥スケジュールである。北海道林産試験場で作られた正常材の乾燥スケジュールを基にして，信田氏らの発表している水喰材の性質を参考にし，温度を低め，乾燥経過時間を入れてみたものである。

d．ベイツガ(ヘムロック)柱材

表 4-64 は一般住宅用のベイツガ柱材の乾燥スケジュールの一例で，含水率 20％ まで約 8 日程度で乾燥させている。

乾燥温度はかなり高い。このスケジュールは林業試験場佐藤庄一氏らの実験によるものである(木材部資料 (1969))。

ベイツガ柱材の乾燥で問題となる点は初期含水率のばらつきが大きく，水喰部の乾燥が大幅に遅れることで，予備的な天然乾燥を実施するか，気長

表 4-62 カラマツ心持ち柱材の乾燥スケジュール

(試験材：10.5 cm 角(生材寸法約 11.3 cm))

含水率範囲(%)	乾球温度(℃)	乾湿球温度差(℃)	乾燥経過日数(日)
50～40	80	2.5	1.5
40～33	80	3	3
33～27	85	4	4.5
27～22	85	6	6
22～18	90	8	7.5
18～15	90	10	9

(北海道林産試験場, テクニカルノート No 4 (1978)を参考に補足)

表 4-63 トドマツ水喰い心持ち柱材の乾燥スケジュール

(試験材：10.5 cm 角(生材寸法約 11.3 cm), 含水率の高い材)

含水率範囲(%)	乾球温度(℃)	乾湿球温度差(℃)	乾燥経過日数(日)
83～50	60	3.5	4.5
50～43	60	4.5	6
43～36	65	6	7.5
36～30	65	8	9
30～25	70	10	10.5
25～21	75	12	12
21～18	80	15	13.5
18～15	85	18	15

表 4-64 ベイツガ柱材の乾燥スケジュール

(試験材：10.5 cm 角(生材寸法約 11 cm), 追柾柱材, 一般材)

含水率範囲(%)	乾球温度(℃)	乾湿球温度差(℃)	乾燥経過日数(日)
80～55	80	6	2
55～45	80	10	3
45～40	80	15	4
40～35	85	15	5
35～30	90	20	6
30～25	90	25	7
25～20	95	25	8
20～15	95	25	9

(佐藤庄一氏ら (1969))

乾燥するしか対策は無いが, 前のトドマツと同様にあまり高く売れない材料であるため乾燥仕上がり時の精度は向上しにくい.

e. ベイマツ大断面梁材の高温乾燥の変遷 (【増補 6】 p. 724 参照)

f. スギ柱材

　スギは日本列島の南から北の広い範囲で各地の改良変種が育成造林され，南の気候の温暖な地方に産する生育の良い種類のスギ材は低比重で乾燥が極めて容易であり，東北の寒い地方のスギ材は一般に比重が高く割れの心配も大きい。

　スギの心材には多量の樹脂分が含まれ，これが水分移動を阻害するため，含有樹脂分の多い個体(黒心など)は極めて乾燥が遅い。含有樹脂分の量は品種，生育地の地下水条件，枝打ちの程度などによって変化するようである。

　心材の含水率は一般に高く，立地条件によって60％から200％ほどの幅で変化するため，上記の樹脂分の違いなどによる水分移動速度の違いと相呼応して複雑となり，個体別の乾燥スケジュールを示すことや乾燥日数の予測が極めて困難となる。

　またスギ丸太の最大の利用対象である日本建築用心持ち柱材の乾燥になると，上記の問題に加えて，柱に含まれる辺材部分の違いが柱の外観と乾燥条件，乾燥時間に大きく影響し，問題をさらに複雑にする。

　柱材の乾燥では柱を切って試験材を作ることはほとんどせず，時間の経過によるタイムスケジュールが主流となっている。また乾燥終了時の判定も高周波式含水率計で行われるため，常に高めの含水率で乾燥が打ち切られており，こうした甘い規準がスギ柱材の乾燥をより不可解なものにしている。

　しかし試験材を用いるにしても，被乾燥材の含水率の違いがあまり大きくなると，どのような含水率の試験材を選出したら良いか，どう操作したら良いかの技術的問題も極めて困難となる。

　他面，タイムスケジュールを採用するには，おおまかな乾燥時間の掌握が必要となるが，乾燥時間を実際より長く推定すれば時間の無駄となり，短すぎれば再乾燥となり手間がかかる。

　こうしたとき，時間が短かすぎて生じた条件の不適当さによる心持ち柱材の表面割れの発生の危険は，個体の違いによる乾燥時間の差ほどは大きくなく，予定時間が早すぎて無理をしたときの割れ発生に対する心配はそうしなくてもよい。ただし乾燥末期の乾湿球温度差は最終的に10℃以内に抑え，調湿後に搬出するときは十分冷却していることが前提条件である。

表 4-65 スギ心持ち柱材の初期含水率別の乾燥スケジュール

(試験材:10.5cm角,生材寸法約11.3cm,背割り材)

乾湿球温度差(℃)	初期含水率(%)								
	100			140			180		
	含水率範囲(%)	乾球温度(℃)	乾燥経過日数(日)	含水率範囲(%)	乾球温度(℃)	乾燥経過日数(日)	含水率範囲(%)	乾球温度(℃)	乾燥経過日数(日)
2→2.5	100〜70	50	3.5	140〜95	50	5	180〜130	50	4.5
3	70〜65	50	4	95〜80	50	7.5	130〜110	50	6.5
3	65〜60	52	5	80〜70	50	9	110〜95	50	8.5
3.5	60〜55	52	6	70〜65	50	10	95〜75	50	11
4	55〜50	55	7	65〜60	52	10.5	75〜65	50	12.5
4.5	50〜46	55	8	60〜55	55	11.5	65〜55	52	14
5	46〜42	58	9	55〜50	55	12.5	55〜50	55	15
6	42〜38	60	10	50〜45	58	13.5	50〜45	58	16.5
7	38〜35	60	11.5	45〜40	60	15	45〜40	60	18
8	35〜32	60	12.5	40〜35	60	16.5	40〜35	60	19.5
9	32〜29	60	13.5	35〜30	60	19	35〜30	60	21.5
10	29〜24	60	15	30〜25	60	21	30〜25	60	23
11	24〜20	60	18	25〜20	60	24	25〜20	60	26

性能認定含水率計で25%のときは太線あたりまで。含水率50%あたりから温度を70℃ほどにする例もある。比較的緩やかな条件である,乾燥初期から60℃,乾湿球温度差2.5〜3℃であれば乾燥日数は約20%減。

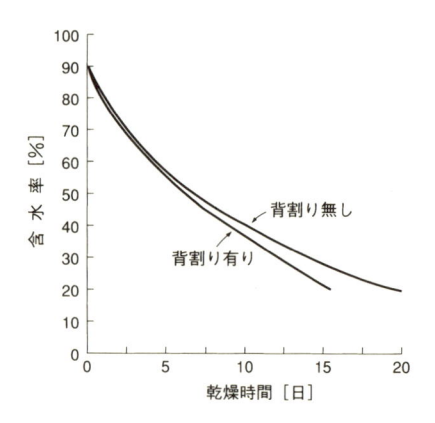

図 4-5 スギ心持ち柱材の背割りの有無と乾燥時間
(12cm角(生材寸法約13cm)乾燥温度50→60℃。森林総研,久田卓興氏)

4-3 国産針葉樹材ならびに輸入針葉樹材の乾燥スケジュール表

表 4-66 スギ心持ち柱材の初期含水率と辺材率別の人工乾燥日数推定(蒸気式乾燥室)
(10.5 cm(生材寸法 11〜11.3 cm), 背割り材)

心材含水率(%) / 心材の水分移動 / 辺材率	60			80			100			140			180		
	良	中	悪	良	中	悪	良	中	悪	良	中	悪	良	中	悪
大	5	6	7	6	7	9	7	9	11	11	13	16	14	16	20
	9	10	12	10	12	15	12	15	18	17	20	24	20	23	28
中	6	7	8	7	9	11	9	11	14	13	16	18	17	20	24
	10	11	13	11	14	17	14	17	20	20	23	28	24	30	34
小	8	9	11	10	12	15	12	15	17	15	19	23	18	24	30
	11	12	15	13	16	20	16	20	24	22	26	31	26	34	42

上段の数字は含水率計で25％まで。下段の数字は全乾法で20％まで。性能認定含水率計で25％のときは全乾法で初期含水率の低い材で30〜35％, 高い材では35〜40％。表4-65のスケジュールに準ず。

表 4-65 は 10.5 cm 角(生材寸法約 11.3 cm)背割りスギ心持ち柱材のやや安全をみた初期含水率別乾燥スケジュールである。含水率は当然のことながら全乾法によるもので, 性能認定高周波式含水率計で測定してスギ柱材の規準含水率25％時の全乾法による含水率は, 初期含水率により異なり 30〜40％の範囲(表 4-65 の太線部)となる。これに到るまでの乾燥日数は 12〜20 日である。含水率の JAS 規格が 2002 年に改定されている。【増補 23】(p. 736)参照。

柱寸法が 12 cm になったときは表の日数の 1.25 倍, 背割りの無い材は有るものの 1.2 倍とすればよい(図 4-5)。

乾燥所要時間の推定は柱の辺材率と心材含水率, 心材の水分移動の大小で大略定まり表 4-66 のような乾燥日数の関係になるものと想像される。

被乾燥材は背割りのある 10.5 cm 角, 乾燥温度は乾燥初期 50 ℃, 終末は 60 ℃ の先の表 4-65 に準じたもので, 上段の数字は含水率計によって測定した値が 25 ％ になるまでの時間であり(全乾法で 30〜40 ％), 下の数字は全乾法によって平均含水率が 20 ％ になるまでの時間である。

乾燥良好の材とは南九州などの生育の良い赤心のスギ材であり乾燥の悪い材とは高比重の黒心の材のことである。

多少の色の濃度増加を無視し, 乾燥温度を最初から 80 ℃ とすれば乾燥時間は大略 1/2 に短縮される。高温で乾燥するときも必要以上に乾湿球温度差

を小さくして，材表面を高湿にしすぎると材色が黒ずむ。

　逆に除湿式乾燥室のように40℃一定であれば，仕上がりは美しいが約1.5倍の日数となる。よほどの良材でない限り，スギ柱材を40℃の低温で乾燥したのでは乾燥日数ばかり長くかかり経済的に成り立たない。

　最近では室内の空気条件を関係湿度で表示する例も多いので換算表を参考にするとよい(表2-13)。

　スギ心持ち柱材の乾燥で柱の含水率が100％を越えるときは1カ月ほどの天然乾燥を実施し，平均含水率を90〜100％に降下させてから蒸気式乾燥室で乾燥するとよく，そのときの乾燥初期温度は，材色の変化を防止し，狂いを軽減させるには50℃程度がよく，表面に使わない材料で材色をあまり気にしなく，材質が素直であれば80℃程度の高い温度も可能である。

　また乾燥末期の乾湿球温度差を10℃以上にすると大きな面割れが生じやすい。

　外気が乾燥している季節に天然乾燥する際は，表面割れが生じないよう強い日射や通風を避ける。

　スギ心持ち柱材の乾燥温度の経緯は【増補7】（p.724），同改良形高温乾燥スケジュールは【増補8】（p.724）参照。

4-4 特殊な材の乾燥スケジュール表

4-4-1 短尺材や半加工品の乾燥スケジュール表

　短尺や半加工の姿で人工乾燥するのは盆，ゴルフクラブヘッド，銃床，靴の木型，木管，バットのようなものを作るときで，原料の価格は比較的高いから注意が必要である(写真4-4)。

　乾燥に際してはすでに半加工品の表面が少し乾燥していて非常に木口割れが発生しやすい状態にある点と，材料の木取りでは許容寸法があまり見込まれていない上，一般に比重の高い材が多く，割れに対する配慮と材料の中心部含水率を完全に目的含水率まで降下させることが要点となる。

　したがって乾燥条件は微小な木口割れも発生させないように乾湿球温度差をゆっくりと小刻みに開かねばならない。

　乾燥温度については色艶の要求があって，あまり褐色にならないよう45℃以下の低温で乾燥する場合が多い。具体例を次に示す。

　表4-67は熱圧硬化法により高比重のシャトルを作るときに使うシデ6 cm角材の乾燥スケジュールである。割れ防止のためのスケジュールとして，乾湿球温度差の変化と温度上昇とを同時に行わないよう配慮されている。割れにさえ注意すれば材の中心に水の残るような心配はシデ材にはない。カバノキ科の材は一般に水抜けはよい。

写真 4-4　ろくろ師の作業場

表 4-67 シデシャットル用材の乾燥スケジュール

(試験材:心材, 6 cm 角)

含水率範囲(%)	乾球温度(°C)	乾湿球温度差(°C)	乾燥経過日数(日)
生～32	45	2.5	3.5
32～30	47	2.5	5
30～28	47	3.5	6.5
28～26	50	3.5	7.5
26～22	50	5	9
22～20	50	8	10
20～17	55	8	11.5
17～14	55	11	13
14～12	58	15	14
12 以下	62	20	15

すべての材を含水率 10% 以下にするには 14～16 日。　　　　(佐藤庄一氏ら, 木材部資料 (1967))

表 4-68 フランスグルミ銃床材の乾燥スケジュール

辺　材			心　材		
含水率範囲(%)	乾球温度(°C)	乾湿球温度差(°C)	含水率範囲(%)	乾球温度(°C)	乾湿球温度差(°C)
40～35	45	2.5～3	40～38	45	2
35～30	48	4.5	38～35	45	3
30～25	50	5～6	35～33	48	4.5
25～20	53	6	33～30	50	6
20～15	57	8	30～27	53	8
15～12	62	10	27～25	57	10
12 以下	66	15	25～20	62	13
			20～15	66	15
			15 以下	75	30
中心含水率 10% まで 18 日			中心含水率 10% まで 35 日		

辺材は初期温度の上昇可能と思われる。心材にはかなりの落ち込みあり。(佐藤庄一氏, 木材部資料 (1965))

　表 4-68 はフランスグルミ銃床材の乾燥スケジュールで, この際に一番問題となるのは, 色の濃いしま紋様のある心材は落ち込みやすく, 乾燥が極めて遅く 35 日を要するが, 辺材は 18 日程度で乾燥する。乾燥の遅い材でないと優秀な銃床材とは言えない。

　表 4-69 はブナのロース木管とサクラのリング木管用材との共通乾燥スケジュールで, ブナのロース木管用材の直径は 5.5 cm, 長さ 33 cm, 中央に 1 cm ほどの穴が設けられており, 材質は偽心材である。リング木管用材は太

4-4 特殊な材の乾燥スケジュール表

表 4-69 紡績用木管の乾燥スケジュール,サクラリング木管とブナロース木管材用

(試験材:心材,偽心材)

含水率範囲(%)	乾球温度(°C)	乾湿球温度差(°C)
50〜30	55(45)	2.5〜3
30〜23	60(50)	5
23〜20	65(60)	8
20〜18	70	13
18〜16	70	15
16〜12	70	20
12以下	70	25

サクラリング木管はすべての材を8%以下にするには8日,( )内の条件で10日。ブナロース木管はすべての材を8%以下にするには7日,( )内の条件で8日。温度が少し高く感じられ,( )内がよいと思われる。

表 4-70 ドッグウッドシャットル材の乾燥スケジュール

(試験材:心材)

含水率範囲(%)	乾球温度(°C)	乾湿球温度差(°C)
生〜35	43	2.2
35〜30	43	2.8
30〜25	50	4.5
25〜20	55	7.8
20〜15	60	17
15以下	70	28

米国マヂソン林産研究所発表スケジュール指定番号 T3, B2による(表4-75, 表4-76, 表4-77参照)。

表 4-71 シュガーメープルボーリングピン用材の乾燥スケジュール

(試験材:心材,エンドコートをする)

含水率範囲(%)	乾球温度(°C)	乾湿球温度差(°C)
生〜30	43	2.8
30〜25	50	3.9
25〜20	55	6.1
20〜15	60	10.5
15〜10	70	20
10以下	70	28

米国マヂソン林産研究所発表スケジュール指定番号 T3, A3による(表4-75, 表4-76, 表4-77参照)。

い方の径が3.4cm,長さ27cmである。

含水率45〜30%の範囲で木口割れが一番発生しやすいので,このときの乾湿球温度差の絶対値と開き方が一番問題となる。

初期蒸煮と中間蒸煮を実施している。初期の温度が少し高いように思われ括弧内の数字が無難である。材料は桟積みできないので底が金網の浅い箱に列べている。

米国の例としてドッグウッド(Dogwood, ミズキ科であるが全乾比重0.78と高い)のシャトル材の乾燥スケジュールを表4-70に示す。米国式乾燥スケジュールであるため、スケジュール区分表のT3, B2をあてている。後半の追込みがかなり急なように思われる(米国マヂソン林産研究所発表の乾燥スケジュールは項目4-5)。

表4-71はハードメープル(Suger maple)のボーリングピン用材の乾燥スケジュールでエンドコートしてあるため、区分表のT3, A3をあてており、後半の乾湿球温度差はかなり急速に開いている。イスクラリネット用木管, カキゴルフクラブヘッド用材については p.390, p.391,【増補 9, 10】(p.725, 726)参照。

4-4-2 天然乾燥材の乾燥スケジュール表

針葉樹材は天然乾燥が中心となっており、天然乾燥終了後に人工乾燥を実施する例は内装用材と、最近になってスギ柱材に対して行うようになっただけで、予備的な天然乾燥を行うのはほとんど広葉樹材の1インチ以上の材である。

また広葉樹材にあっても多量に乾燥するとか、やや等級の低い材を歩留まり良く仕上げようとするときに予備的な天然乾燥が実施され、良質な少量の材を乾燥する際には予備的な天然乾燥はあまり実施せず人工乾燥を直接行う場合が多い。

天然乾燥を実施したと言っても、2.6cm厚程度の硬材で20日ぐらいしか天然乾燥を行わず、平均含水率が45％以上もあるようなものから数カ月間天然乾燥して含水率が25％以下になっている材までかなりの幅がある。

中程度の比重の材で生材含水率が60〜80％あり、短期間の天然乾燥後に平均含水率がまだ40％以上もあるときは、製材直後の材と同じように見なし、初期含水率が40％の生材として含水率が30％になるまで一定の乾湿球温度差を保ち、その後は含水率5〜3％減少するごとに乾湿球温度差を大とすればよい。

長時間かけて含水率が25％程度まで降下している材は、生材と同じよう

表 4-72 天然乾燥後の人工乾燥の条件

(2.5~3cm厚，一般広葉樹材，生材から直接人工乾燥したときの乾湿球温度差が3℃になるような材)

生材からの乾燥			天然乾燥後の乾燥								
含水率範囲(%)	乾球温度(℃)	乾湿球温度差(℃)	含水率範囲(%)	乾球温度(℃)	乾湿球温度差(℃)	含水率範囲(%)	乾球温度(℃)	乾湿球温度差(℃)	含水率範囲(%)	乾球温度(℃)	乾湿球温度差(℃)
80~55	50	3									
55~45	50	4.5									
45~37	50	6.5									
37~30	55	9	35~30	50	5(3~4)						
30~25	60	13	30~25	55	8(6)	25~20	50	5(3~4)			
25~20	65	18	25~22	60	12(10)	20~17	55	8(6)	20~16	50	5(3~4)
20~15	70	25	22~19	65	18(15)	17~14	60	12(10)	16~13	55	8(6)
15 以下	75	30	19~16	70	25	14~12	65	18(15)	13~11	60	15(10)
			16 以下	70	25	12 以下	65	20	11 以下	65	20

( )内は雨天の直後。

に材内の水分分布はほぼ平坦になっているため，初めのうちは材表面の水分傾斜に無理が生じないような湿度変化をしなければならない。

　天然乾燥中の材表面の含水率は晴天後であれば15％程度，雨の後は20％以上あるので，乾燥初期条件はこれらの値より3％程低い平衡含水率になるような空気条件から開始しなければならない。乾湿球温度差の開き方は，板厚や割れやすさなどで多少異なるが，その材を生材から乾燥したときのスケジュールの形式に準じ，乾燥条件を変化させる含水率幅は最初の1回だけを除き5％刻みを3％刻みへ縮小すればよい。一例を表 4-72 に示す。

　このような乾湿球温度差の開き方で進むと乾燥終末の乾湿球温度差は20℃どまりとなるが，天然乾燥でゆっくりと歩留まりよく乾燥してきた材であるからあまり無理をして狂わせて歩留まりを低下させない方がよい。

　乾燥温度に関しては，生材から乾燥したときの温度と含水率との関係でよいが，天然乾燥を十分実施してから人工乾燥するような材はあまり等級の良くない厚材が多く，この点を工場では十分認識して，天然乾燥を実施した材の乾燥では乾燥日数の短縮よりも歩留まり向上に重点を置き平均的に乾燥温度を低くしている。

　したがって天然乾燥後の人工乾燥では，一般の生材から直接人工乾燥する条件より温度，湿度ともにやや緩やかなものとし，終末温度を65℃，乾湿

球温度差も20℃程度とする例が多い。

　長期間天然乾燥した厚い材料からお碗や盆を荒削りしたときの材料の含水率は20～30%であるから無理をしても安全と思い，直接湿度の低い乾燥室へ入れたくなるが，このようにするとたちまち細かな割れが木口一面に発生する危険が大きい。乾燥開始時の乾湿球温度差は4～5℃がよい。

　板材や半加工品の天然乾燥材を人工乾燥するときの操作上の注意は乾燥開始時の室温上昇にもある。

　昇温による室内湿度の低下を防止しなければならないがあまり生蒸気を噴出させすぎると冷えている材料に水蒸気が凝結し，材料の表面を膨潤させ表層に圧縮ひずみが生じ事後の表面割れの原因となる。

　温度の上昇をあまり急がないことと，壁面や床に付着する水蒸気の様子を観察し，部分的に水蒸気が冷えた壁面に付着する程度の条件を保ちながら，乾湿球温度差を正しく3～4℃に保つようにする。

　増湿装置を持たない煙道式乾燥室では床面に水を撒くなどし，半日ぐらいかけてゆっくりと温度上昇しないと湿度が低下して木口面に小割れが生じる。

4-4-3　竹材の乾燥スケジュール表

　竹材は，竹幹が長く有節で直径7～8cmの丸竹は乾燥が極めて悪いのに反し，丸竹であっても苛性ソーダで油抜き処理(0.15%)してあれば12～14日で生材(70～80%)から10%まで乾燥できる点と，節を抜いた短い竹や割竹は乾燥が速く，無処理材でも2日から5日で乾燥が終了するなどである。

　竹の色や艶に重点を置く際には，乾燥初期温度44～47℃，乾湿球温度差6～8℃(関係湿度60～70%)，乾燥末期は55～58℃，乾湿球温度差17～19℃(関係湿度30～35%)とするのが安全である。

　また節を抜いた丸竹は乾燥中に狂いやすいので適当な治具や支えを幹内に入れて変形防止するとよい。

　マダケ7～8cmの有節長尺材の乾燥スケジュールを表4-73に示す(浜田甫研修報告書(1965))。苛性ソーダ0.15%溶液で10分間煮沸処理した竹材である。

　竹幹の内側の柔軟な組織は高い温度で乾燥すると落ち込みやすいため，割

4-4 特殊な材の乾燥スケジュール表

表 4-73 マダケ材の乾燥スケジュール

(有節, 丸竹, 苛性ソーダ処理)

含水率範囲(%)	乾球温度(°C)	乾湿球温度差(°C)	乾燥経過(日)
47 以上	45	5	2
47〜35	45	7	3
35〜30	45	9	6
30〜25	50	9	7
25〜20	50	12	8
20〜17	55	12	9
17〜15	55	15	10
15〜13	60	20	11
13〜8	70	25	13

生材から含水率10%まで12〜14日。 (浜田甫氏 (1965))

表 4-74 モウソウチク材の乾燥スケジュール

(天然乾燥材, 有節, 丸竹の間けつ運転)

乾燥条件	乾燥経過日数(日)						
	1	2	3	4	5	6	7
乾球温度(°C)	45	45	49	52	55	55	55
乾湿球温度差(°C)	6	7	8.5	10	12	14	17
関係湿度(%)	70	64	60	55	50	45	35
含水率(%)	34		29		23		17

モウソウチク直径11cm, 肉厚1.1cm。 (鈴木恒一氏 (1944))

竹の場合も使用目的によっては高含水率域では高温を避けた方がよい。

天然乾燥で含水率35%まで下げたモウソウチクの間けつ運転の乾燥スケジュールを表4-74に示す。直径11cm, 肉厚1.1cm, 1〜2m材である。林業試験場技師鈴木恒一氏の実験である。

4-5 米国マヂソン林産研究所発表の乾燥スケジュール表

木材乾燥スケジュールはそれぞれの国で研究し自国産木材用の乾燥スケジュール表を作っている。しかし生産される樹種が少ないとか，その材が輸出対象になっていない場合には乾燥スケジュール表が国外に公表されている例は少ない。

これに対し米国や英国の林産研究所では，乾燥スケジュール表を整理公表しており我々の参考になる。ただし乾燥スケジュールはその国の木材工業の様式や規模によって異なるため，日本の乾燥スケジュールとは違っている点もあるので注意しなければならない。

4-5-1 マヂソン林産研究所発表の乾燥スケジュール表の仕組み

北米産材を中心としたもので，樹木の種類から見て日本と似た材も多く，特に多量の針葉樹丸太を輸入している我が国にとっては参考となる。このスケジュール表はまず温度ならびに湿度の変化の仕方の一覧表を作っておき，この中から適当と思えるスケジュール表を樹材種別に色々当てはめ，結果の良いものをその材の乾燥スケジュールと定め，さらに細部の手直しにより，より乾燥時間の短い優秀なスケジュールを決定しようとしたものである(Dry Kiln Operator's Manual, F. P. L. For. Serv. V. S. Dept. of Agric. (1961))。

温度の変化の仕方は広葉樹も針葉樹材も共通的で，最低の初期温度が38℃のものから最高は80℃まで14段階(T1からT14)を表4-75のようにし，同一初期温度でも終末温度に差を付けている。T1，T2は外気の温湿度によって多少温度を高くする場合もある。

表を見るかぎりでは温度の上昇は総て含水率30％からとなっているが，乾燥時間の短縮目的から含水率35％で温度を上昇する改良型スケジュールも1988年の改訂版には発表されており，逆に落ち込みの発生しやすい材に対しては，含水率が30％以下になってから温度を上昇した方が良いなどの注意も加えられている。

4-5 米国マヂソン林産研究所発表の乾燥スケジュール表

表 4-75 温度スケジュール(T)，針葉樹・広葉樹材共用

段階	含水率区分(%)	乾球温度区分(°C)													
		T1	T2	T3	T4	T5	T6	T7	T8	T9	T10	T11	T12	T13	T14
1	～30	38	38	43	43	50	50	55	55	60	60	65	70	75	80
2	30	40	43	50	50	55	55	60	60	65	65	70	77	80	90
3	25	40	50	55	55	60	60	65	65	70	70	70	77	80	90
4	20	45	55	60	60	65	65	70	70	70	77	77	80	90	95
5	15	50	65	70	80	70	80	70	80	70	80	80	80	90	95

含水率を決定する試験材(コントロールサンプル)は含水率の高い試験材の平均値。外気温度が高く，十分に乾湿球温度差がとれない時はT1，T2では多少温度を高くする。　　(マヂソン林産研究所発表　(1961))

表 4-76　初期含水率による含水率区分表

生材含水率(%)	含水率区分	第1回変化時含水率(%)
40 以上	A	30
40～60	B	35
60～80	C	40
80～100	D	50
100～120	E	60
120～140	F	70
140 以上	G	2/3 Ua

U_a：生材含水率。第1回目に条件を変化させる含水率を $2/3\,U_a$ とすればD～Fのものはかなり低い含水率まで一定に保っている。　　(マヂソン林産研究所発表　(1961))

乾湿球温度差(湿度)については乾燥初期の条件を1.7°Cから14°Cまでの8種類とし，初期含水率はA～Gの7区分とし(表4-76)，両者の組合せにより初期含水率，板厚の違い，乾燥特性の異なる総ての材に適応できるように準備されている。

乾燥経過中の乾湿球温度差と含水率との関係を示した表は広葉樹材と針葉樹材とで分けており，針葉樹材は乾湿球温度差の開き方を広葉樹材より小刻みに緩やかになるように作られている(表4-77，表4-78)。

理由は針葉樹材の方が，表面割れの発生しやすい危険な期間が広葉樹材より長いことと，針葉樹材は繊維が通直なため意外に大きな割れが発生しやすく，これを防止するためである。

このような樹種区分をしたものの，広葉樹材は針葉樹材と比較して樹種相互の変化幅が大きいため一律には処理できず，最近では熱帯や南洋産広葉樹

表 4-77 広葉樹材の湿度スケジュール

段階	初期含水率区分 (%)						乾湿球温度差区分 (°C)								
	A 生~30	B 生~35	C 生~40	D 生~50	E 生~60	F 生~70	G 生~2/3 U_a	1	2	3	4	5	6	7	8
1	生~30	生~35	生~40	生~50	生~60	生~70	生~2/3 U_a	1.7	2.2	2.8	3.9	5.6	8.3	11	14
2	30	35	40	50	60	70	2/3 U_a~2/3 U_a-10	2.2	2.8	3.9	5.6	7.8	11	17	20
3	25	30	35	40	50	60	2/3 U_a-10~2/3 U_a-20	3.3	4.5	6.1	8.3	11	17	23	28
4	20	25	30	35	40	50	2/3 U_a-20~2/3 U_a-30	5.6	7.8	10.5	14	20	28	28	28
5	15	20	25	30	35	40	2/3 U_a-30~2/3 U_a-40	14	17	20	23	28	28	28	28
6	10	15	20	25	30	35	2/3 U_a-40~終末	28	28	28	28	28	28	28	28

最近の修正形として、途中の乾湿球温度差の開き方をゆるやかにしたものがあるため、1~3までの乾湿球温度差の小さなものに対しては終末の乾湿球温度差を最大17°Cにすることもある。U_a:生材含水率

(マチソン林産研究所発表 (1961))

表 4-78 針葉樹材の湿度スケジュール

段階	初期含水率区分 (%)						乾湿球温度差区分 (°C)								
	A 生~30	B 生~35	C 生~40	D 生~50	E 生~60	F 生~70	1	2	3	4	5	6	7	8	
1	生~30	生~35	生~40	生~50	生~60	生~70	1.7	2.2	2.8	3.9	5.6	8.3	11	14	
2	30	35	40	50	60	70	2.2	2.8	3.9	5.6	7.8	11	14	17	
3	25	30	35	40	50	60	3.3	4.5	6.1	8.3	11	14	17	20	
4	20	25	30	35	40	50	5.6	7.8	8.3	11	14	17	20	20	
5	→	→	30	30	35	40	8.3	11	11	14	17	20	20	20	
6	→	→	25	25	30	35	11	14	14	17	20	20	20	20	
7	→	→	20	20	25	30	14	17	17	20	20	20	20	20	
8	→	→	→	→	20	25	17	20	20	20	20	20	20	20	
9	→	→	→	→	→	20	20	20	20	20	20	20	20	20	
10	15	15	15	15	15	15	28	28	28	28	28	28	28	28	

(マチソン林産研究所発表 (1961))

材のうち，特に軽量で乾燥が容易なために乾燥初期の乾湿球温度差を大とした材（ジェルトン，パンヤ），割れやすい材（カプール），材の中心に水が残りやすい材（グメリナ）などは乾湿球温度差の開き方を針葉樹方式としている（1988年改定）。

表 4-77, 78 に示されている含水率とは，試験材の含水率を乾燥経過中に測定した際，全部の試験材を含水率の高いものと低いものとに二分し，含水率の高い方の試験材含水率を平均した値のことでマヂソン林産研究所ではこの値をコントロールサンプルと呼んでいる。

各国のスケジュール表ではこのコントロールサンプルの条件が多少違うので注意が必要であるが，大略乾燥の遅い試験材の含水率を基準にしているが，特別に数枚しか無いような乾燥の遅い材の含水率は無視する場合が多い。

4-5-2　マヂソン林産研究所発表の樹種別乾燥スケジュール一覧表

研究所発表の乾燥スケジュール表の中にはラワン，チーク，ブビンガ，バルサ材などの輸入外材を含め，有用北米産樹木の厚さ別乾燥スケジュールが一括示されている。ただし，特殊な寸法形状のものや 2・1/2 インチ以上の厚板のスケジュールは限られた樹種だけである。表 4-79 は北米産広葉樹板材 1, 1・1/4, 1・1/2 インチ (2.6, 3.2, 3.8 cm) 厚材に対する共用スケジュールと，2 インチ (5.1 cm) 厚材に適したスケジュール表で，表 4-80 は北米産針葉樹材の 1 インチと 2 インチ厚材のスケジュールをひろい出したもので，ともにあまり我々に関係ない一部の樹種は除いている。広葉樹材はオーク類を除き，1, 1・1/4, 1・1/2 インチ厚材は同一乾燥スケジュールで乾燥してよいとしているが，（同時に同室で乾燥してよいと言うこととは違う），オーク類以外の樹種にあっても，割れやすい材や，乾燥終了時に板の中心に水が残りやすい材などは，1 インチ厚材と 1・1/2 インチ厚材との乾燥スケジュールは変えた方がよいと思われる。

したがってこれらの表を利用するときの前提条件として，板厚 1～1・1/2 インチは 1 インチ用と思っていた方が安全である。また針葉樹材は材の等級を節の多いロウアーグレイドと良質のアッパーグレイドとに分けて示されているが，表 4-80 ではアッパーグレイド材の 1 インチ材と 2 インチ材だけを

表 4-79 北米産広葉樹材のスケジュール番号

樹種名	科名など	含水率(%) 心材	含水率(%) 辺材	容積密度 R	比重 γ_0	乾燥条件 1〜1・1/2インチ 温度	乾燥条件 1〜1・1/2インチ 温度差	乾燥条件 2インチ 温度	乾燥条件 2インチ 温度差	1インチ材の乾燥時間(日) 6%まで	1インチ材の乾燥時間(日) 8%まで
ブラックアッシュ	モクセイ科、トネリコ類	95	―	0.45	0.56	T8	D4	T5	D3	10〜14	9〜12
グリン、オレゴン、ホワイトアッシュ	モクセイ科、トネリコ類	46	44〜58	0.53〜0.55	0.62〜0.65	T8	B4	T5	B3	11〜15	10〜13
バーシモン	カキノキ科、カキノキ類	58		0.64	0.78	T6	C3	T3	C2	12〜16	10〜14
ドッグウッド	ミズキ科、ミズキ類	62		0.64	0.78	T6	C3	T3	C2	12〜16	10〜14
ブラックツーベロー	マミズキ科、ツーベロー類	87	115	0.46	0.52	T12	E5	T11	D3	6〜10	5〜9
スワンプツーベロー	マミズキ科、ツーベロー類	101	108	―	―	T10	E3	T8	D2	―	―
ウォーターツーベロー	マミズキ科、ツーベロー類	150	116	0.46	0.52	T6	G2	―	―	6〜12	5〜10
バスウッド	シナノキ科、シナノキ類	81	133	0.32	0.35	T12	E7	T10	E6	6〜10	5〜9
イエローバックアイ	トチノキ科、トチノキ類		141	0.33	0.36	T10	F4	T8	F3	12〜16	10〜14
ビッグリーフ、シルバー、レッドメープル	カエデ科、ソフトメープル類	58	97	0.44	0.50	T8	D4	T6	C3	7〜13	6〜11
シュガーメープル	カエデ科、ハードメープル類	65	72	0.56	0.66	T8	C3	T5	C2	11〜15	10〜13
ブラックローカスト	マメ科、ニセアカシア類		40	0.66	0.81	T6	A3	T3	A1	12〜16	10〜14
ブラックチェリー	バラ科、サクラ類	58	―	0.47	0.53	T8	B4	T5	B3	10〜14	9〜12
シカモアー	スズカケノキ科、スズカケノキ類	114	130	0.46	0.52	T6	D2	T3	D1	6〜12	5〜10
スウィートガム(アメリカフウ)[サップ](辺材)	マンサク科、フウ類	―	137	0.46	0.52	T12	F5	T11	D4	10〜15	9〜13
スウィートガム[レッド](心材)	マンサク科、フウ類	79		0.46	0.52	T8	C4	T5	C3	15〜25	13〜21
イエローポプラ	モクレン科、ユリノキ類	83	106	0.40	0.45	T11	D4	T10	D3	6〜10	5〜9
マグノリア	モクレン科、ホウノキ類	80	104	0.46	0.52	T10	D4	T8	D3	10〜15	9〜13

4-5 米国マヂソン林産研究所発表の乾燥スケジュール表

樹種	科・類										
ハックベリー	ニレ科, エノキ類	61	65	0.49	0.57	T8	C4	T6	C3	7~11	6~10
アメリカンエルム	ニレ科, ニレ類	95	92	0.46	0.53	T6	D4	T5	D3	10~15	9~13
ロックエルム	ニレ科, ニレ類	44	57	0.57	0.68	T6	B3	T3	B2	13~17	11~15.5
チェスナット	ブナ科, クリ類	120	—	0.40	0.45	T10	E4	T8	E3	8~12	7~10
ビーチ	ブナ科, ブナ類	55	72	0.56	0.66	T8	C2	T5	C1	12~15	10~13
タンオーク	ブナ科, マテバシイ類	89		0.56	0.66	T3	B1	T3	B1	24~30	21~26
カリフォルニアブラックオーク	ブナ科, オーク類	76	75	0.51	0.59	T3	B1	T3	B1	25~35	21~30
アップランドレッドオーク	ブナ科, オーク類	83	75	0.54	0.63	T4	D2	T3	D1	16~28	14~24
アップランドホワイトオーク	ブナ科, オーク類	64	78	0.60	0.72	T4	C2	T3	C1	20~30	17~26
サザンローランドオーク(赤)	ブナ科, オーク類	83	75	—	—	T2	C1	—	—	—	—
レッドアルダー	カバノキ科, ハンノキ類	—	97	0.37	0.41	T10	D4	T8	D3	6~10	5~9
ホップホンビーム	カバノキ科, アサダ類	52		0.63	0.76	T6	B3	T3	B1	12~16	10~14
ペーパーバーチ	カバノキ科, カバ類	89	72	0.48	0.55	T10	C4	T8	C3	3~5	3~4.5
イエローバーチ	カバノキ科, カバ類	74	72	0.55	0.65	T8	C4	T5	C3	11~15	10~13
バターナット	クルミ科, クルミ類	104		0.36	0.40	T10	E4	T8	E3	10~15	9~13
ブラックウォルナット	クルミ科, クルミ類	96	73	0.51	0.59	T6	D4	T3	D3	10~16	9~14
ピカンヒッコリー	クルミ科, ピカンヒッコリー類	80~97	54~62	0.60	0.72	T8	D3	T6	D1	—	—
ヒッコリー	クルミ科, 本ヒッコリー類	70	50	0.65	0.79	T8	D3	T6	D1	7~15	6~13
コットンウッド(水喰い)	ヤナギ科, ポプラ類, ドロノキ節	—	—	—	—	T8	D5	T6	C4	—	—
コットンウッド(普通)	ヤナギ科, ポプラ類, ドロノキ節	162	146	0.32	0.36	T10	F5	T8	F4	8~12	7~10
アスペン	ヤナギ科, ポプラ類, ヤマナラシ節	95	113	0.35	0.38	T12	E7	T10	E6	6~10	5~9

広葉樹材の生材厚さは1インチを2.6cmとして換算する。オーク類は1-1/2インチ材に対し2インチ材の条件をあてる。Rは生材容積に対する全収量比、全収比重γ_0への換算は$\gamma_0 = R/(1 - 0.28 R)$による。含水率8%までの乾燥日数は含水率6%までの乾燥日数の15%減として計算。Tは表4-75、A〜Fは表4-76、表4-77参照。

(マヂソン林産研究所発表 (1988))

表 4-80 北米産針葉樹材の乾燥スケジュール番号アッパーグレイド材用

樹種名	科名など	含水率(%) 心材	含水率(%) 辺材	容積密度・比重 R	容積密度・比重 γ_0	乾燥条件 1インチ 温度	乾燥条件 1インチ 温度差	乾燥条件 2インチ 温度	乾燥条件 2インチ 温度差	1インチ材の乾燥時間(日) 6～10%	1インチ材の乾燥時間(日) 12%まで
ポートオーフォードシーダー(ベイヒ)	ヒノキ科, ヒノキ類	50	98	0.40	0.45	T11	B4	T10	B3	4～8	3.5～7
アラスカシーダー(ベイヒバ)	ヒノキ科, ヒノキ類	32	166	0.42	0.47	T12	A3	T11	A2	4～6	3.5～5
イースタンレッドシーダー	ヒノキ科, ビャクシン類	33	—	0.44	0.50	T5	A4	T5	A3	6～8	5～7
インセンスシーダー	ヒノキ科, オニヒバ類	40	213	0.35	0.38	T11	B5	T10	B4	3～6	3～5
ウェスタンレッドシーダー(ベイスギ軽)	ヒノキ科, ネズコ類	58	249	0.31	0.34	T10	B5	T10	B3	—	—
ウェスタンレッドシーダー(ベイスギ重)	ヒノキ科, ネズコ類	—	—	—	—	T5	F4	T5	F3	10～15	9～13
レッドウッド(セコイア)	スギ科, レッドウッド類	86	210	0.38	0.42	T5	D6	T5	D4	10～14	9～12
レッドウッド(二次林, 重)	スギ科, レッドウッド類	—	127	0.30	0.33	T4	F5	T3	F4	20～24	17～21
イースタンホワイトパイン(ストローブ)	マツ科, ソフトパイン類	68	—	0.34	0.37	T11	C5	T10	C4	4～6	3.5～5
ストローブ褐変防止	マツ科, ソフトパイン類	—	—	—	—	T7	E6	T7	E5	—	—
ウェスタンホワイトパイン	マツ科, ソフトパイン類	62	148	0.36	0.39	T9	C5	T7	C4	3～5	3～4.5
シュガーパイン(軽)	マツ科, ソフトパイン類	98	219	0.35	0.38	T5	E6	T5	E5	3～4	3～3.5
シュガーパイン(重)	マツ科, ソフトパイン類	—	—	—	—	T5	F6	T5	F5	5～10	4.5～9
レッドパイン	マツ科, ハードパイン類	32	134	0.40	0.45	T12	B4	T11	B3	6～8	5～7
ロッジポールパイン	マツ科, ハードパイン類	41	120	0.38	0.42	T10	C4	T9	C3	3～5	3～4.5
ポンデローサパイン	マツ科, ハードパイン類	40	148	0.38	0.42	T7	E6	T7	E5	3～6	3～5
ロングリーフパイン	マツ科, サザンパイン類	31	106	0.54	0.63	T13	C6	T12	C5	3～5	3～4.5
ショートリーフパイン	マツ科, サザンパイン類	32	122	0.46	0.52	T13	C6	T12	C5	3～5	3～4.5
ウェスタンラーチ	マツ科, カラマツ類	54	119	0.51	0.59	T9	C4	T7	C3	3～5	3～4.5

4-5 米国マヂソン林産研究所発表の乾燥スケジュール表

タマラック	マツ科, カラマツ類	49	—	0.49	0.57	T11	B3	T10	B3	3〜5	3〜4.5
ダグラスファー (コースト)	マツ科, トガサワラ類	37	115	0.45	0.51	T11	A4	T10	A3	2〜4	2〜3.5
ダグラスファー (インターメディエイト)	マツ科, トガサワラ類	34	154	0.41	0.46	—	—	—	—	4〜7	3.5〜6
ダグラスファー (ロッキー)	マツ科, トガサワラ類	30	112	0.40	0.45	—	—	—	—	4〜7	3.5〜6
バルサムファー	マツ科, モミ類	117		0.34	0.37	T12	E5	T10	E4	3〜5	3〜4.5
グランドファー	マツ科, モミ類	91	136	0.37	0.44	T12	E5	T10	E4	3〜5	3〜4.5
ノーブルファー	マツ科, モミ類	34	115	0.35	0.38	T12	A5	T10	A3	3〜5	3〜4.5
パシフィックシルバーファー	マツ科, モミ類	55	164	0.35	0.38	T12	B5	T10	B3	3〜5	3〜4.5
ホワイトファー	マツ科, モミ類	98	160	0.35	0.38	T12	E5	T10	E4	3〜5	3〜4.5
レッドスプルース	マツ科, トウヒ類	—	—	0.38	0.42	T11	B4	T10	B3	4〜6	3.5〜5
エンゲルマンスプルース	マツ科, トウヒ類	51	173	0.32	0.35	T9	E5	T7	E4	3〜5	3〜4.5
シトカスプルース	マツ科, トウヒ類	41	142	0.37	0.40	T12	B5	T11	B3	4〜7	3.5〜6
イースタンヘムロック	マツ科, ツガ類	97	119	0.38	0.42	T12	C4	T11	C3	3〜5	3〜4.5
ウェスタンヘムロック	マツ科, ツガ類	85	170	0.38	0.42	T12	C5	T11	C4	3〜5	3〜4.5

ウェスタンレッドシーダー (ベイスギ) 高比重材の乾燥日数は少し長すぎるように思われる。エンゲルマンスプルースにEをあてているのは初期含水率の高い辺材用なのか?。針葉樹材の生材厚さは1インチを2.54 cmとして換算する。Rは生材容積に対する全乾重量比, 全乾比重 γ_0 への換算は $\gamma_0 = R/(1-0.28 R)$ による。含水率12%までの乾燥日数は含水率6〜10%までの乾燥日数の15%減として計算。Tは表4-75, A〜Fは表4-76, 表4-78参照。

(マヂソン林産研究所発表 (1988))

示した。

既存の乾燥スケジュールを参考にするときには，材の比重，収縮率，生材時含水率，乾燥所要時間，樹種の科や属が明確でないとあまり役に立たない。よって表 4-79 と表 4-80 の樹種名は植物分類にしたがって並べ変え，比重その他は研究所発表の別の資料を引用している。なお比重については，生材時体積に対する全乾時重量比(容積密度 R, g/cm^3)で公表されているので全乾比重 γ_0 への換算は

$$\gamma_0 = \frac{R}{1 - 0.28 R}$$

の式により行う。乾燥時間は生材から含水率 6 ％ までの調湿を含まない時間として発表されているので，広葉樹材を含水率 8 ％ まで乾燥する時間に換算する際，含水率 6 ％ までの時間の 15 ％ 減として計算し，針葉樹材の乾燥では，我が国の仕上げ含水率が内装用材では 12～13 ％ の例が多いのと，研究所の発表資料も厳格に 6 ％ と指定しているわけではなく，含水率 10 ％ あたりにも適用されるとしている関係から，針葉樹材についても含水率 12 ％ までの乾燥時間に対し同じく 15 ％ 減として示した。

最後に表に示されている板厚の問題であるが，日本建築用柱材の場合は呼び名寸法(3 寸 5 分角，4 寸角など)に対し削りしろを付けて製材される習慣となっているのに対し，米国では針葉樹材の指定板厚は生材時の挽立て寸法の目安であり，広葉樹の場合は多少の寸法余裕を持たせた製材がなされているようである。

かつて日本から輸出されていたブナやラワンの 1 インチ乾燥材の製材時寸法は 2.7 cm 厚が標準であったから，1 インチ広葉樹材の挽立て寸法は 2.54 cm より多少大きく 2.6 cm あたりと考えることにする。

あまり耳慣れない樹木名や混乱しやすい名前について多少の説明をしておく。ただし属や樹種，名前が似ていても日本の同属の樹木とは材質の似ていない材も多いから注意しなければならない。

広葉樹材のうちスウィートガム，レッドガム，サップガムなどと呼ばれる樹木はマンサク科のアメリカフウのことで，ときとしてミズキ科のヌマミズキ類のツーペローをブラックガムと呼ぶが，木材としては前者が有名である。

4-5 米国マヂソン林産研究所発表の乾燥スケジュール表

ツーペローの中でウォーターツーペロー(*Nyssa aquatica*)には生材含水率が160%ほどのものがあり，このときは含水率区分のGやFをあてる。

ミズキ科のフラワリングドッグウッドは日本のミズキ材より重硬な乾燥困難な材である。

イエローポプラはモクレン科のユリノキ(ハンテンボク)材のことで，材質はホウノキに良く似ている。ポプラの類とは全く違った樹木である。

運動具に使うヒッコリー材には本ヒッコリーとピカンヒッコリー材とがあり，本ヒッコリー材の方が重く強く価格も高い。

針葉樹材でシーダーと呼ばれるものはヒノキ科樹木の軽い材を指し，その中ではヒノキ類のポートオルフォードシーダー(ベイヒ)とアラスカシーダー(ベイヒバ)，ビャクシン類のイースタンレッドシーダー(エンピツビャクシン)，オニヒバの類では現在鉛筆用材として重要なインセンスシーダー，ネズコ類ではウェスタンレッドシーダー(ベイスギ)材などが有名である。ベイスギの名前はスギとなっているが日本のスギとは科が違いヒノキ科である。

ダグラスファー(ベイマツ)はマツ科ではあるがマツ類やモミ類ではなく日本のトガサワラと同じ属のもので，材は日本のマツよりもカラマツに似ている。この材には年輪幅の狭いマウンテンタイプと広いコーストタイプとがある。顕微鏡で仮道管を見ると，らせん肥厚が観察されるので他の一般針葉樹材とは簡単に区別できる。もちろんイチイ，カヤ，イヌガヤの仮道管にも肥厚はあるが材の品格が全く異なるから現場的には上記のように考えてよい。

スケジュールの組み方は目的の樹種の温度指標Tと，湿度(乾湿球温度差)指標の番号を見て表4-81のように作ればよい。

この例はアップランド産のレッドオーク1インチ材(生材寸法2.6～2.7 cm)のもので，先の一覧表(表4-79)を見ると，レッドオーク1インチ材の温度はT4，湿度はD2となっている。この際レッドオークの生材時の含水率は70～80%で初期含水率区分表(表4-76)によればC区分になるが，レッドオーク材は乾燥が比較的容易なため，含水率区分をDにし，含水率50%から条件変化を与えるようにしたものと判断される。丸太のままで長期間おいてから製材した板や，製材後に短期間天然乾燥したような材に対しては，条件を変化させる含水率を50%より低く大略初期含水率の2/3の時点とすればよ

表 4-81　アップランド産レッドオーク1インチ材の乾燥スケジュール

(試験材：生材寸法2.6〜2.7 cm 厚，乾燥の遅い材)

含水率範囲(%)	乾球温度(°C)	乾湿球温度差(°C)
80〜50	43	2.2
50〜40	43	2.8
40〜35	43	4.5
35〜30	43	7.8
30〜25	50	17
25〜20	55	28
20〜15	60	28
15 以下	80	28

表4-79によるスケジュール符号と番号はT 4, D 2。含水率30%以下の乾湿球温度差の変化が大きく，終末温度が高いように感じられる。スケジュール符号と番号は表4-45, 表4-46, 表4-47参照。

い。含水率の基準は乾燥の遅い方の試験材の平均含水率である。

4-5-3　マヂソン林産研究所発表の乾燥スケジュール表に対する意見

マヂソン林産研究所発表の乾燥スケジュール表を日本産材，あるいは輸入南洋材，さらには北米材に適用するときの問題点は次に示す内容で，これには彼我の木材人工乾燥法や乾燥された材の損傷(特に割れ)発生程度や乾燥時間に対する考え方の違いが大きく影響しているように思われる。

まず乾燥温度について述べる。乾燥初期温度の最低値を38 °C(100 °F)まで準備している点(表4-75)は同感であるが，具体的にこの温度で乾燥開始する例は自動車ハンドル材のヒッコリーを淡い色に仕上げるときと，一部腐朽のあるレッドオーク1・1/2インチ材の乾燥条件だけで，1・1/2インチ(生材寸法3.9 cm)以上の広葉樹材でも43.5 °C(110 °F)が最低となっている。

米国で生産される原木丸太は直径が大きく，材質的に良好であるため，乾燥温度を全体的に高くしていることは想像されるが，国内産の広葉樹厚材では初期温度を40 °C以下に保ちたい樹種が多い。

ただし36 °C以下で関係湿度が85 %以上(乾湿球温度差で2.5 °C以内)になると，桟積み中央部(風向の切り換えのある場合)や風下側(片循環方式)に置かれた辺材にかびが発生する危険がある。こうした意味もあって米国ではあまり乾燥初期の温度を低くしていないのかもしれない。

乾燥温度が日本の同属の樹種と比較して平均的に高いのは米国産の丸太が

が大きく良材が生産されるという理由の他に，挽立て寸法が日本の製材より厚く，乾燥による厚さ減りをあまり気にせず，乾燥割れに対する許容程度がかなり違う点も影響しているようである。

先の表 4-81 のレッドオーク 1 インチ材の乾燥スケジュールの例では含水率 15 % 以下の温度を 80 ℃ としているが，日本では狂いの発生をできるだけ避けようとして，最近では高比重広葉樹材の終末温度を 60～65 ℃ 程度にする例が多い。

乾湿球温度差の開き方について気になる点は，広葉樹材と針葉樹材とをスケジュール的に分けて示してはいるが，それぞれの広葉樹や針葉樹材に対し乾湿球温度差の開き方を一律に定め厚材，割れやすい材，乾燥終了時に板の中心に水が残りやすい材に対応する方法としては，初期含水率が高くても含水率が低く(30 % 近く)なるまで一定条件で乾燥するように指示されている点である。

もちろん，輸入熱帯産広葉樹材の中に針葉樹材用の乾燥スケジュールを適用している樹種も 9 種あって，樹種特性に対する配慮は感じられるが北米産材に対して総合的な基本的考え方の改善は今のところみられない。

樹材種別にさまざまな乾湿球温度差の開き方をするより，乾湿球温度差の開き方を一律にし，条件を変化させる含水率の高低でスケジュールを調節する方が操作面からすれば楽であるが，乾燥時間を短縮するためには高い含水率からゆっくりと小刻みに乾湿球温度差を開いて行った方が効果的であろう。

乾湿球温度差の開き方について乾燥の末期に近い条件変化の際に，広葉樹材では乾湿球温度差を 7.8→17 ℃，10→20 ℃ と一気に開く方式は，1 インチ程度の板でも割れやすい材や板の中心に水の残りやすい樹種に対しては少し過酷のように思われる。

また含水率 15 % 以下で針葉樹材の場合，乾湿球温度差があまり大きくなっていなくても一気に 28 ℃ にするのも少し無理のように感じる。このような形式のスケジュールが製作された原因は，1961 (昭和 36) 年マヂソン林産研究所の乾燥スケジュール表の完成にあたって，1956 年頃から実施していた乾燥応力の測定 (スライスメソード) が強く影響しており，試験対象となった材がレッドオークで，比較的高い平均含水率から板の表層の引っ張り応力が急

速に減少する状態を観察して組み立てられたためではなかろうかと推察される。

研究所の発表スケジュールでは広葉樹材について材の等級を分けていないが，針葉樹材は節や欠点の多いロウアーグレイド材と欠点部の少ないアッパーグレイド材に分けてスケジュールを示しており，その内容はロウアーグレイド材の方が平均乾燥温度を低く，乾湿球温度差を小さくし，終末の乾燥温度も大幅に低く，乾湿球温度差も 20 °C 以内にしている例が多い。

これは割れや抜節を防止する目的であるが，場合によってはロウアーグレイド材の利用目的が雑用材であるとして，逆にアッパーグレイド材より厳しくしている例もポンデローザパインの辺材やシュガーパインの軽い材などマツ類に少し見られる。

先の針葉樹材のスケジュール表 4-80 ではアッパーグレイド材を対象としたスケジュール表を掲示したが，現在輸入されている丸太の様子から見て，また日本での乾燥仕上がり時の損傷許容程度(特に割れ)からすると，条件が厳しすぎるように思われる。温度に対しては 5 °C，乾湿球温度差については一段階ぐらい条件を緩やかにしたほうがよいと思われる。

最後は広葉樹材の板厚指定の問題である。オーク類を除き板厚を 1 インチ (2.6 cm) から 1・1/2 インチ (3.9 cm) まで一括して同一条件としている点 (同時に同じ乾燥室で乾燥できると言う意味ではない) である。

日本産材で言えば少し乾燥に問題のあるナラ，ブナ，ハルニレ(アカダモ)，タブ材などは板厚が 3 cm 厚以上になると急に損傷が発生しやすくなるため，板厚についてはすべての材につき 2.5～2.7 cm と，3～4 cm あたりをはっきり区分けする必要がある。

4-5-4 北米産主要輸入広葉樹材のマヂソン林産研究所発表の乾燥スケジュール表と操作の要点

マヂソン林産研究所発表の乾燥スケジュール表に関する総括的なコメントは以上であるが，現在または将来，北米から日本へ丸太の状態で広葉樹原木が輸入され国内で製材された板材を人工乾燥する例はあろう。このような状況に対応するため特定の樹種と板厚の材について，具体的なマヂソン研究所

方式のスケジュール表をまとめて組んで置けば，現場の忙しい者にとって見やすく簡便であると考え，多少の操作上のコメントを付けて表の形に作り紹介する。

広葉樹の厚材は木口をペンキなどで塗り，木口のさけを防止するとよい。ここで言う試験材の含水率とは乾燥の遅い試験材を全体の試験材の中から半数選出し，その含水率を平均した値(Wetter half)である。

a. オーク類，Fagaceae (ブナ科)

オーク類はレッド系もホワイト系も共に乾燥した板材として輸入されているが，家具用に使うホワイトオーク系の材は乾燥割れのあるものが多い。現地で柾目木取りをするように依頼し乾燥条件もかなり緩やかにしないと割れが多く日本の家具産業の対象になりにくい。

レッドオーク系の材は，道管中にチロースが含まれていないので乾燥は容易であるが，ホワイトオーク系の材は比重も大きくチロースが多く乾燥は困難である。厚材は木口をエンドコートする。

ホワイトまたはレッドオーク材として輸入される丸太や挽板には，それぞれ6～8種の異なった樹種が含まれているから，その都度材質的な違いに遭遇する可能性が大きい。もちろんホワイト系であればホワイトオーク(*Quercus alba*)，オーバカップオーク(*Q. lyrata*)，チェスナットオーク(*Q. prinus*) バーオーク(*Q. macrocarpa*) とかレッド系であればノーザンレッドオーク(*Q. rubra*)，サザンレッドオーク(*Q. falcata*)，ブラックオーク(*Q. velutina*)などと正確な樹種名が付けられている材はこのかぎりではない。

日本のミズナラ材と同様，北の方で生産される材が南の低地に生育する材より良く，ノーザンレッドオークはサザンレッドオークより材質がかなり良好である。

公表されているレッドオーク系ならびにホワイトオーク系のアップランド産材のスケジュールを表4-82に示す。両者とも乾燥条件は同じで，単に条件を変化させはじめる含水率がレッドオーク系材の方が10％高く50％からとなっている。

アップランド産の良質な材に対し，南部のローランド産の材の乾燥スケジュールは温度，湿度共に表4-83のように緩やかにしてある。さきのアップ

表 4-82 オーク類の乾燥スケジュール その1 アップランド産材

(試験材:乾燥の遅い材)

含水率範囲(%)	レッドオーク系					
	1~1・1/4インチ		1・1/2~2インチ		2・1/2~3インチ	
	T4	D2	T3	D1	T3	C1
	乾球温度(°C)	乾湿球温度差(°C)	乾球温度(°C)	乾湿球温度差(°C)	乾球温度(°C)	乾湿球温度差(°C)
~50	43	2.2	43	1.7	43	1.7
50~40	43	2.8	43	2.2	43	1.7
40~35	43	4.5	43	3.3	43	2.2
35~30	43	7.8	43	5.6	43	3.3
30~25	50	17	50	14	50	5.6
25~20	55	28	55	28	55	14
20~15	60	28	60	28	60	28
15以下	80	28	70	28	70	28

含水率範囲(%)	ホワイトオーク系					
	1~1・1/4インチ		1・1/2~2インチ		2・1/2~3インチ	
	T4	C2	T3	C1	T3	B1
	乾球温度(°C)	乾湿球温度差(°C)	乾球温度(°C)	乾湿球温度差(°C)	乾球温度(°C)	乾湿球温度差(°C)
~50	43	2.2	43	1.7	43	1.7
50~40	43	2.2	43	1.7	43	1.7
40~35	43	2.8	43	2.2	43	1.7
35~30	43	4.5	43	3.3	43	2.2
30~25	50	7.8	50	5.6	50	3.3
25~20	55	17	55	14	55	5.6
20~15	60	28	60	28	60	14
15以下	80	28	70	28	70	28

スケジュールの符号と番号は,表4-75,表4-76,表4-77参照。

ランド産材の表4-82やローランド産材の表4-83のスケジュールの中で乾湿球温度差を 2.8 ℃ → 4.5 ℃, 4.5 ℃ → 7.8 ℃, 5.6 ℃ → 14 ℃, 7.8 ℃ → 17 ℃と開くときの条件変化が少し急激なように感じられる。

乾燥末期の温度も先の項で述べたように 60~65 ℃に止めた方が狂い防止や調湿時間の短縮から見てよいのではないかと思われる。その例として,乾燥材として輸入されるホワイトオーク材に割れのトラブルがあり,過乾燥材を調湿するためにかなりの時間を要している点からもそのように考えられる。

表 4-83 オーク類の乾燥スケジュール その2 ローランド産材

（レッド，ホワイト共用，1～1・1/4インチ。生材寸法2.6～3.2cm）（試験材：乾燥の遅い材）

含水率範囲(%)	乾球温度(°C)	乾湿球温度差(°C)
生～40	38	1.7
40～35	38	2.2
35～30	38	3.3
30～25	43	5.6
25～20	50	14
20～15	55	28
15以下	65	28

スケジュール符号と番号はT2，C1。スケジュールの符号と番号は，表4-75，表4-76，表4-77参照。

表 4-84 レッドオークのプリサーフェースド材の乾燥スケジュール

（アップランド産1インチ材，含水率35%までは全試験材の平均，35%以下は高い含水率の試験材）

含水率範囲(%)	乾球温度(°C)	乾湿球温度差(°C)
生～53	46(43)	2.2(2.2)
53～50	46(43)	2.8(2.2)
50～43	46(43)	2.8(2.8)
43～40	46(43)	4.4(2.8)
40～37	46(43)	4.4(4.5)
37～35	46(43)	7.8(4.5)
35～30	50(43)	17(7.8)
30～27	53(50)	19(17)
27～25	55(50)	22(17)
25～21	55	28
21～20	60(55)	28
20～17	60	28
17以下	82	28

（ ）内は旧来の条件，無処理材。　　　　　　　　（マヂソン林産研究所発表（1988））

　レッドオーク系のうち良質のノーザンレッドオーク材の乾燥に際し丸鋸製材後の荒挽き面をプレーナーがけ（プリサーフェース）してから乾燥すると表面割れの発生が少なく乾燥条件が一段階強くでき，収容材積も多く乾燥時間の短縮に有効との研究がなされ，表4-84のスケジュールで約30%の時間短縮が得られるとしている。

　ただしホワイトオーク系材にはあまり効果が無いようである。表4-84の括弧内は旧来のスケジュールである。日本での製材は帯鋸製材で挽肌も良く，

表 4-85 ホワイトアッシュ材の乾燥スケジュール

(試験材:乾燥の遅い材)

含水率範囲(%)	1~1・1/2 インチ		2~2・1/2 インチ		3 インチ		4 インチ	
	T 8	B 4	T 5	B 3	T 3	B 2	T 3	A 1
	乾球温度(℃)	乾湿球温度差(℃)	乾球温度(℃)	乾湿球温度差(℃)	乾球温度(℃)	乾湿球温度差(℃)	乾球温度(℃)	乾湿球温度差(℃)
生~35	55	3.9	50	2.8	43	2.2	43	1.7
35~30	55	5.6	50	3.9	43	2.8	43	1.7
30~25	60	8.3	55	6.1	50	4.5	50	2.2
25~20	65	14	60	10.5	55	7.8	55	3.3
20~15	70	23	65	20	60	17	60	5.6
15~10	80	28	70	28	70	28	70	14
10 以下	80	28	70	28	70	28	70	28

運動具用材は 60 ℃以下。厚材はエンドコートする。スケジュールの符号と番号は,表 4-75,表 4-76,表 4-77 参照。

厚さむらも少ないのでプリサーフェースの効果はないと思う。

b. ホワイトアッシュ(トネリコ類), Oleaceae(モクセイ科)

表 4-85 は運動具(バットなど)材として有名なホワイトアッシュ材の乾燥スケジュールである。

比較的低い含水率 35 % まで一定条件にしているのは,心材の生材含水率が 46 % 程度と低いためであろう。このスケジュールは日本のヤチダモ材の乾燥条件と似ており,同属の多少比重の高いホワイトアッシュ材に対しては,日本流に見るとやや厳しい条件である。強度を要求する場合は終末温度も 60 ℃に留めるよう指示されている。

c. ブラックウオルナット, Juglandaceae(クルミ科)

表 4-86 はブラックウオルナット材の乾燥スケジュールである。初期含水率が 90 % と高いので,乾湿球温度差を変化させる含水率がやや高めとなっている。

日本産のオニグルミ材もときとして特定の場所に落ち込みの生じることがあり,材質的にも厚材では多少高温を避けた方が無難な材であるから,ブラックウオルナット材も乾燥温度を控え目にしているのかもしれない。

d. メープル類, Aceraceae(カエデ科)

表 4-87 は米国産のカエデとしては比重の高いボーリングピンなどに使う

表 4-86 ブラックウォルナット材の乾燥スケジュール

(試験材:乾燥の遅い材)

含水率範囲(%)	1〜1・1/2 インチ		2〜2・1/2 インチ		3 インチ	
	T 6	D 4	T 3	D 3	T 3	C 2
	乾球温度(°C)	乾湿球温度差(°C)	乾球温度(°C)	乾湿球温度差(°C)	乾球温度(°C)	乾湿球温度差(°C)
生〜50	50	3.9	43	2.8	43	2.3
50〜40	50	5.6	43	3.9	43	2.3
40〜35	50	8.3	43	6.1	43	2.8
35〜30	50	14	43	10	43	4.5
30〜25	55	23	50	20	50	7.8
25〜20	60	28	55	28	55	17
20〜15	65	28	60	28	60	28
15 以下	80	28	70	28	70	28

スケジュールの符号と番号は,表 4-75,表 4-76,表 4-77 参照。

表 4-87 ハードメープル材の乾燥スケジュール(シュガーメープル材用)

(試験材:乾燥の遅い材)

含水率範囲(%)	1〜1・1/2 インチ		2 インチ		2・1/2 インチ		3〜4 インチ	
	T 8	C 3	T 5	C 2	T 3	B 2	T 3	A 1
	乾球温度(°C)	乾湿球温度差(°C)	乾球温度(°C)	乾湿球温度差(°C)	乾球温度(°C)	乾湿球温度差(°C)	乾球温度(°C)	乾湿球温度差(°C)
生〜40	55	2.8	50	2.2	43	2.2	43	1.7
40〜35	55	3.9	50	2.8	43	2.2	43	1.7
35〜30	55	6.1	50	4.5	43	2.8	43	1.7
30〜25	60	10	55	7.8	50	4.5	50	2.2
25〜20	65	20	60	17	55	7.8	55	3.3(4)
20〜15	70	28	65	28	60	17	60	5.6(7)
15〜10	80	28	70	28	70	28	70	14(17)
10 以下	80	28	70	28	70	28	70	28

3〜4 インチ材の後半は( )内のようにしてもよい。スケジュールの符号と番号は,表 4-75,表 4-76,表 4-77 参照。

ハードメープル系のシュガーメープル材の乾燥スケジュールである。かなり割れやすい材なので乾湿球温度差は小さくしているが,温度は比較的高いように思われる。

日本に現在輸入されているメープル生材をレッドメープル,シルバーメープルなどソフトメープル系のものと見れば,これらの材の乾燥条件は表 4-88 である。

日本でメープルと呼んでいる材の乾燥条件は,小玉牧夫氏によると表

表 4-88 ソフトメープル材の乾燥スケジュール
(ビッグリーフメープル,シルバーメープル,レッドメープル材など)(試験材:乾燥の遅い材)

含水率範囲(%)	1〜1・1/2インチ		2インチ		2・1/2インチ		3インチ	
	T 8	D 4	T 6	C 3	T 5	C 2	T 3	B 2
	乾球温度(°C)	乾湿球温度差(°C)	乾球温度(°C)	乾湿球温度差(°C)	乾球温度(°C)	乾湿球温度差(°C)	乾球温度(°C)	乾湿球温度差(°C)
生〜50	55	3.9	50	2.8	50	2.2	43	2.2
50〜40	55	5.6	50	2.8	50	2.2	43	2.2
40〜35	55	8.3	50	3.9	50	2.8	43	2.2
35〜30	55	14	50	6.1	50	4.5	43	2.8
30〜25	60	23	55	10.5	55	7.8	50	4.5
25〜20	65	28	60	20	60	17	55	7.8
20〜15	70	28	65	28	65	28	60	17
15以下	80	28	80	28	70	28	70	28

スケジュールの符号と番号は,表4-75,表4-76,表4-77参照。

表 4-89 日本で乾燥しているメープル材の乾燥スケジュール

(試験材:乾燥の遅い柾目材)

含水率範囲(%)	2.4 cm厚		3.0 cm厚	
	乾球温度(°C)	乾湿球温度差(°C)	乾球温度(°C)	乾湿球温度差(°C)
50〜40	50	3	47	3
40〜35	50	4	47	4
35〜30	52	6	50	6
30〜25	55	9	52	9
25〜20	60	13	55	13
20〜15	65	18	60	18
15以下	70	25	65	25

(小玉牧夫氏による)

4-89となっている。両者の樹種関係は明確でないが,共にソフトメープル系と考えれば,日本の乾燥条件は温度で5°C低く乾湿球温度差もやや小さく,乾燥後半で乾湿球温度差を開くときの変化割合がかなり小刻みになっている。日本では乾燥歩留まりを重視するためこのような違いが生じるものと思われる。

e. イエローポプラ(ユリノキ),Magnoliaceae(モクレン科)

表4-90はイエローポプラ材の乾燥スケジュールである。イエローポプラという名前からはポプラの類のように思われるが,モクレン科の植物でホウノキやオガタマと材質や色が似ている。

表 4-90 イエローポプラ材の乾燥スケジュール

(試験材：乾燥の遅い材)

含水率範囲 (%)	1～・1/2インチ		2インチ		2・1/2インチ		3インチ		4インチ	
	T 11	D 4	T 10	D 3	T 9	C 3	T 7	C 2	T 5	C 2
	乾球温度(℃)	乾湿球温度差(℃)	乾球温度(℃)	乾湿球温度差(℃)	乾球温度(℃)	乾湿球温度差(℃)	乾球温度(℃)	乾湿球温度差(℃)	乾球温度(℃)	乾湿球温度差(℃)
生～50	65	3.9	60	2.8	60	2.8	55	2.2	50	2.2
50～40	65	5.6	60	3.9	60	2.8	55	2.2	50	2.2
40～35	65	8.3	60	6.1	60	3.9	55	2.8	50	2.8
35～30	65	14	60	10	60	6.1	55	4.5	50	4.5
30～25	70	23	65	20	65	10	60	7.8	55	7.8
25～20	70	28	70	28	70	20	65	17	60	17
20～15	77	28	70	28	70	28	70	28	65	28
15以下	80	28	80	28	70	28	70	28	70	28

スケジュールの符号と番号は，表 4-75，表 4-76，表 4-77 参照。

表 4-91 北米と日本産との近縁樹種の比較

樹種名	生材含水率(%)		容積密度・比重		全収縮率(%)	
	心材	辺材	R	γ_0	半径方向	接線方向
ノーザンレッドオーク	80	69	0.54	0.63	4.0	8.2
ホワイトオーク	64	78	0.60	0.72	5.3	9.0
ミズナラ	72	79	0.56	0.65	4.3	10.1
ホワイトアッシュ	46	44	0.55	0.65	4.8	7.8
トネリコ	45	51	0.59	0.67	3.9	7.8
ヤチダモ	71	53	0.55	0.66	4.6	11.7
ブラックウォルナット	90	73	0.51	0.59	5.5	7.8
オニグルミ	108	——	0.43	0.51	5.6	8.7
シュガーメープル	65	72	0.56	0.66	4.9	9.5
シルバーメープル	58	97	0.44	0.50	3.0	7.2
イタヤカエデ	74	——	0.53	0.62	5.8	11
イエローポプラ	83	106	0.40	0.45	4.0	7.1
ホウノキ	52	93	0.39	0.43	3.5	6.9

R は容積密度(g/cm³)生材容積に対する全乾重量比，γ_0 は全乾比重。R だけの資料は $\gamma_0 = R/(1-0.28 R)$ により換算。ヤチダモの全乾比重はやや高い比重の材料と思われる。平均は 0.52 程度。

乾燥初期温度が 1 インチ材で 65 ℃ とかなり高く，終末も 80 ℃ としており，乾湿球温度差の開き方も含水率 35～25 ％ あたりで急激になっている。イエローポプラの材質が日本のホウノキに似ているのに乾燥条件が厳しくなっているのは，丸太径級がホウノキよりはるかに大きく材の等級が良いためであろう。

以上，丸太あるいは生の板材として輸入されると考えられる代表的な北米

産広葉樹材の米国式乾燥スケジュール表を厚さ別に示したが，それぞれの材質を一括して表4-91に示す．参考のためにイタヤカエデ，ホウノキなどの材質も加えておく．日本のイタヤカエデの収縮率はかなり大きく比重もハードメープル材に似ており，材の等級が低いので乾燥スケジュールはハードメープル材よりも緩やかなブナ材に近いものとしている．

 f. ポプラ類 Salicaceae（ヤナギ科）（p. 313,【増補 11】p. 726 参照）

4-5-5 北米産主要輸入針葉樹材のマヂソン林産研究所発表の乾燥スケジュール表と操作上の要点

 北米から針葉樹の丸太が輸入された歴史は古く材質も良く知られているが，日本で針葉樹材を人工乾燥した経験は航空機，造船，集成材などを除いてあまり長くない．

 針葉樹材のうちベイスギ（ウェスタンレッドシーダー），インセンスシーダー，レッドウッド（セコイア）材などを除けば乾燥の際に落ち込みの発生する材は少ない．一方，ベイツガ（ヘムロック），ベイモミ（ファーの類）材などはときとして乾燥終了時に高含水率部分（ウォーターポケット）の残る材がある．

 針葉樹材は全体的に見て広葉樹材より乾燥温度を高くしても狂い，落ち込み，割れなどの損傷が出にくいため乾燥温度は各社各様で，高温乾燥を実用的に利用している国内工場すらある．

 また，針葉樹材の利用対象のほとんどが構造用材や内装関係であるため，家具用広葉樹材のような割れに対する厳格な規制は少なく，割れの発生をどの程度まで容認するかによっても設定する乾湿球温度差に大きな幅が生じる．

 このような理由から針葉樹材の平均的乾燥スケジュールを示すことは極めて困難で，それぞれを1つの例として理解してもらうしかない．

 また生材の心材含水率はベイモミ，ベイツガ材などを除き40〜50%のものが多いのに対し辺材含水率は100%を越すため，小径木から薄板を製材すると辺材あるいは心材だけの木取り材が生じ，この中からどのような試験材を採取するかも判断に迷う1つとなる．試験材としては一応，辺心混合材を選出しコントロール材とすればよい例が多い．

 マヂソン林産研究所発表の針葉樹材用乾燥スケジュール表の中にはロウア

ーグレイド材とアッパーグレイド材を区別しているが，ロウアーグレイド材についての資料が少ないので先の表4-80では資料数の多いアッパーグレイド材のみを示している。

　アッパーグレイド材とロウアーグレイド材とのスケジュールの違いは樹種，用途によって異なりパイン(マツの類)の中にはロウアーグレイド材を雑用材として使うため，アッパーグレイド材と同じか逆に厳しい条件としているものもある。

　全体的に見ればロウアーグレイド材は抜け節や狂い，割れなどの防止から1インチ材(2.54 cm)では乾燥温度を5～10℃低く，終末温度も70℃止まりとし乾湿球温度差はアッパーグレイド材とあまり変えずに条件変化の含水率だけを一段低くしているスケジュールが多い。

a. ウェスタンレッドシーダー(ネズコ類)，Cupressaceae(ヒノキ科)

　ベイスギ(ウェスタンレッドシーダー)材の輸入は古い。軽く木理が通直で日本のスギ材のような感じがするので，このような名前が付けられたのであろう。

　1950年頃には喘息を誘発するとしてかなり騒がれたこともあったが，現在では製材現場以外ではあまり問題にされていない。

　収縮率が小さく狂いが少ないので化粧柱の芯材などにも使われ，材面を化学処理して秋田スギ類似の色にするなどの試みもある。

　含水率が低く軽い材の乾燥は楽であるが樹脂分が多く含水率の高い材は極端に落ち込みを起こす場合がある。このような材は数週間天然乾燥してから人工乾燥するとよい。

　アッパーグレイドのベイスギ材の初期含水率の低い軽量材と，含水率の高い重い材とのスケジュールを表4-92に示す。重い材は初期含水率が高いので条件変化の含水率も70％と高くなっており，乾燥温度は落ち込み防止対策として50℃にしている。これに対し軽量材は初期含水率が低いので条件変化の含水率を1インチ材で35％としている。

　また軽量材では板厚が1インチから2インチ材になると，乾湿球温度差を5.6℃から一気に2.8℃にまで縮小しているが，このような大幅な縮少は

表 4-92 ベイスギ(ウェスタンレッドシーダー)材の乾燥スケジュール(アッパーグレイド材)

(試験材:乾燥の遅い材)

含水率範囲(%)	含水率が低く軽い材							含水率が高く重い材			
	1インチ		2インチ		2・1/2〜3インチ		1インチ		2インチ	
	T 10	B 5	T 10	B 3	T 7	A 2	T 5	F 4	T 5	F 3
	乾球温度(℃)	乾湿球温度差(℃)	乾球温度(℃)	乾湿球温度差(℃)	乾球温度(℃)	乾湿球温度差(℃)	乾球温度(℃)	乾湿球温度差(℃)	乾球温度(℃)	乾湿球温度差(℃)
生〜70							50	3.9	50	2.8
70〜60							50	5.6	50	3.9
60〜50							50	8.3	50	6.1
50〜40	60	5.6	60	2.8	55	2.2	50	11	50	8.3
40〜35	60	5.6	60	2.8	55	2.2	50	14	50	11
35〜30	60	7.8	60	3.9	55	2.2	50	17	50	14
30〜25	65	11	65	6.1	60	2.8	55	20	55	17
25〜20	70	14	70	8.3	60	4.5	60	20	60	20
20〜15	77	17	77	11	70	7.8	65	20	65	20
15以下	80	28	80	28	70	28	70	28	70	28

スケジュールの符号と番号は,表 4-75,表 4-76,表 4-78 参照。

針葉樹材ではノーブルファー,パシフィックシルバーファー,シトカスプルース材以外にはない。

この理由はよく解らないがベイスギ材には水分移動の悪い材があり,厚板になると中心部に水が残りやすくなる点を考慮した結果と推察する。

表 4-92 のスケジュールでは厚板の場合乾燥末期の含水率 15 % の時点で,乾湿球温度差を 7.8 ℃ とか 11 ℃ から一気に 28 ℃ に急変させるようになっているが,室内条件が急速には追従しなく,被乾燥材に対してもあまり良い結果とならないので,適当な排気量にして成行きに任せた方が仕上がり含水率の均一化から見てもよいと考える。

b. パイン類(マツ類),Pinaceae(マツ科)

マツ類の材は,伐採後直ちに製材乾燥しないと青変菌に犯されやすく見苦しい姿となる。また乾燥中に褐色に変色することもあるが,これは一種の化学反応で,シュガーパイン,イースタンホワイトパイン,ウェスタンホワイトパイン,ポンテローザパイン材に発生しやすく,その他の樹種ではウェスタンヘムロックやシトカスプルース材に時どき発生する。

人工乾燥による材の褐色変は乾燥初期に高温で乾湿球温度差が小さいとき

4-5 米国マヂソン林産研究所発表の乾燥スケジュール表

表 4-93　ポンテローザパイン材の褐変防止乾燥スケジュール（アッパーグレイド材）

(試験材：乾燥の遅い材)

含水率範囲(%)	1インチ		2インチ		2・1/2〜3インチ	
	T 7	E 6	T 7	E 5	T 7	A 4
	乾球温度(℃)	乾湿球温度差(℃)	乾球温度(℃)	乾湿球温度差(℃)	乾球温度(℃)	乾湿球温度差(℃)
生〜60	55	8.3	55	5.6	55	3.9
60〜50	55	11	55	7.8	55	3.9
50〜40	55	14	55	11	55	3.9
40〜35	55	17	55	14	55	3.9
35〜30	55	20	55	17	55	3.9
30〜25	60	20	60	20	60	5.6
25〜20	65	20	65	20	65	8.3
20〜15	70	20	70	20	70	11
15以下	70	28	70	28	70	28

スケジュールの符号と番号は，表4-75，表4-76，表4-78参照。

表 4-94　ソフトパイン類材の褐変防止乾燥スケジュール

(イースタンホワイトパイン，ウェスタンホワイトパイン，シュガーパイン 1〜1・1/2インチ)

(試験材：主として辺材)

含水率範囲(%)	乾球温度(℃)	乾湿球温度差(℃)
生〜100	50	増湿せず
100〜85	50	8.3
85〜60	50	11
60〜45	55	14
45〜30	55	17
30〜25	60	20
25〜20	65	20
20〜15	70	20
15以下	80	15.5
コンディショニング4時間	67	6.6

(高温多湿時)に発生しやすく，乾球温度を 55 ℃以下とし，湿球温度を 49 ℃以下にすれば防止できる。

　北米には軽量なソフトパイン類材の他に日本の二葉松類に似た比重のやや高いレッドパイン，ロッジポールパインなどを含むハードパイン類材と，さらに比重の高いサザンパイン類とがあるが，割れやすさとか乾燥の難易は比重だけからは決定しかね，樹種的要因が強く影響しているようである。

表 4-95 レッドパイン材の乾燥スケジュール(アッパーグレイド材)

(試験材：乾燥の遅い材)

含水率範囲(%)	1インチ		2インチ		2・1/2～3インチ	
	T 12	B 4	T 11	B 3	T 7	A 3
	乾球温度(°C)	乾湿球温度差(°C)	乾球温度(°C)	乾湿球温度差(°C)	乾球温度(°C)	乾湿球温度差(°C)
生～35	70	3.9	65	2.8	55	2.8
35～30	70	5.6	65	3.9	55	2.8
30～25	77	8.3	70	6.1	60	3.9
25～20	77	11	70	8.3	65	6.1
20～15	80	14	77	11	70	8.3
15以下	80	28	80	28	70	28

スケジュールの符号と番号は，表 4-75，表 4-76，表 4-78 参照。

表 4-96 パイン類の樹種別材質表

樹 種 名 (学 名)	生材含水率(%)		容積密度・比重		全収縮率(%)	
	心材	辺材	R	γ_0	半径方向	接線方向
Eastern white pine (*Pinus strobus*)	68*		0.34	0.38	2.3	6.0
Ponderosa pine (*P. ponderosa*)	40	148	0.38	0.43	3.9	6.3
Red pine (*P. resinosa*)	32	134	0.40	0.45	4.6	7.2
Suger pine (*P. lambertiana*)	98	219	0.35	0.39	2.9	5.6
Western white pine (*P. monticola*)	62	148	0.36	0.40	4.1	7.4
日本のアカマツ (*P. densiflora*)	55	130	0.42	0.48	3.5	8.0

R は容積密度(g/cm³)生材容積に対する全乾重量比，γ_0 は全乾比重。＊は辺心平均

(マジソン林産研究所発表 (1961))

表 4-93 は比重のやや高いポンテローザパインのアッパーグレイド材の褐色変を発生させない乾燥スケジュールで，次の比重の低いイースタンホワイトパイン材などのスケジュールと全く同じ考え方で組み立てられている。

表 4-94 はイースタンホワイトパイン，ウェスタンホワイトパイン，シュガーパインのいずれにも適用される褐色変防止スケジュールで，板厚は 1～1・1/2 インチ材のものである。含水率 15 % 以下で乾湿球温度差を 15.5 °C と小さくしているのは先行乾燥の防止であろう。

乾燥初期条件は先の表4-93のポンテローザパインの乾湿球温度差8.3℃と同一であるが，かなり高い含水率から乾湿球温度差を開きはじめているので辺材部から木取られた試験材がコントロールサンプルとなっているように思われる。

表4-95はレッドパイン材の普通の乾燥スケジュールで乾燥温度は70℃(1インチ材)と高いが，乾湿球温度差は小さくしてある。レッドパイン材は日本のアカマツ材より多少比重は低いが乾燥条件はかなり緩やかである。多分水分移動がアカマツ材より悪いためであろう。

表4-96にスケジュールに引用した樹種の物性を日本のアカマツ材と共に示す。

c. ダグラスファー(ベイマツ, トガサワラ類)，Pinaceae(マツ科)

ベイマツは材質が粗で夏材が硬く，接線方向の収縮率が大きく割れやすい。心材含水率が表4-97のように低いので乾湿球温度差を変化させる含水率も30%と低くなっている(表4-98)。

大別して年輪幅が広く，やや比重の高いコーストタイプと，年輪幅が狭いマウンテンタイプ(インランド)とがあり，ともにロウアーグレイド材では抜け節防止のため乾燥末期の乾湿球温度差を15℃以内に止めるように指示されており，あまり低含水率(15%以下)まで乾燥しない方がよい。

割れやすい材のため厚材になると乾燥初期の乾湿球温度差が小さく，含水率20%の時点でも乾湿球温度差が5.6℃とか8.3℃にしかならないのに対し，含水率15%になった時点で一気に28℃まで乾湿球温度差を開くように指示されているが，このときの操作はある程度成行きに任せた方がよいと思われる。

カラマツ材と似て樹脂分が多く使用中に柾目面から脂を噴き出しやすい。天然乾燥をせず生材から直接人工乾燥するか蒸煮処理をして流動性の樹脂分を熱により固定させる必要がある。

d. ファーの類(モミ類)，Pinaceae(マツ科)

表4-99は各種のモミ類のアッパーグレイド材の乾燥スケジュール表である。1インチ材でバルサム，カリフォルニアレッドファー，グランドファー，ホワイトファー材は条件変化の含水率が60%と高いのに対し，ノーブルフ

表 4-97 ダグラスファー(ベイマツ)材の産地別材質表

産地(type)	生材含水率(%)		容積密度・比重		全収縮率(%)	
	心材	辺材	R	γ_0	半径方向	接線方向
コースト(Cost)	37	115	0.45	0.51	5.0	7.8
インランド(Inland)	34	154	0.41	0.45	4.1	7.6
ロッキーマウンテン (Rocky mountain)	30	112	0.40	0.44	3.6	6.2

R は容積密度(g/cm^3)生材容積に対する全乾重量比，γ_0 は全乾比重．$\gamma_0 = R/(1-0.28R)$ により換算．

(マヂソン林産研究所発表 (1961))

表 4-98 ダグラスファー材の乾燥スケジュール

(試験材：乾燥の遅い材)

含水率範囲(%)	コーストリージョン　ロウアーグレイド				インランドリージョン ロウアーグレイド	
	1インチ		2インチ		1〜2インチ	
	T 7	A 4	T 7	A 4*	T 9	A 4*
	乾球温度 (°C)	乾湿球温度差(°C)	乾球温度 (°C)	乾湿球温度差(°C)	乾球温度 (°C)	乾湿球温度差(°C)
生〜30	55	3.9	55	3.9	60	3.9
30〜25	60	5.6	60	5.6	65	5.6
25〜20	65	8.3	65	8.3	70	8.3
20〜15	70	11	70	11	70	11
15以下	70	28	70	14	70	11

含水率範囲(%)	コーストリージョン　アッパーグレイド					
	1インチ		2インチ		3〜4インチ	
	T 11	A 4	T 10	A 3	T 5	A 1
	乾球温度 (°C)	乾湿球温度差(°C)	乾球温度 (°C)	乾湿球温度差(°C)	乾球温度 (°C)	乾湿球温度差(°C)
生〜30	65	3.9	60	2.8	50	1.7
30〜25	70	5.6	65	3.9	55	2.3
25〜20	70	8.3	70	6.1	60	3.4
20〜15	77	11	77	8.3	65	5.6
15以下	80	28	80	28	70	28

＊終末の乾湿球温度差を大きくしない．スケジュールの符号と番号は，表4-75，表4-76，表4-78参照．

ァー材は30％と低い．これは表4-100の材質表で解るように心材の生材含水率がノーブルファー材は34％と低いためである．

　板厚の増加に対し，ホワイトファー材を含む一団は2インチ厚から2・1/2インチ厚になると，条件変化の含水率を60％から急に30％になるまで下げ

4-5 米国マヂソン林産研究所発表の乾燥スケジュール表

表 4-99 ファー類(モミ類)材の乾燥スケジュール(アッパーグレイド材)

(試験材:乾燥の遅い材)

含水率範囲(%)	バルサム, カリフォルニアレッド, グランド 1インチ T12 乾球温度(°C)	乾湿球温度差(°C) E5	2インチ T10 乾球温度(°C)	乾湿球温度差(°C) E4	バルサム, グランド, ホワイト 2-1/2インチ T8 乾球温度(°C)	乾湿球温度差(°C) A4	バルサム, ホワイト 3インチ T8 乾球温度(°C)	乾湿球温度差(°C) A4
生~60	70	5.6	60	3.9	55	3.9	55	3.9
60~50	70	7.8	60	5.6	55	3.9	55	3.9
50~40	70	11	60	8.3	55	3.9	55	3.9
40~35	70	14	60	11	55	3.9	55	3.9
35~30	77	17	65	14	55	3.9	55	3.9
30~25	77	20	70	17	60	5.6	60	5.6
25~20	80	20	70	20	65	8.3	65	8.3
20~15	80	28	77	28	70	11	70	11
15以下	80	28	80	28	80	28	80	28

含水率範囲(%)	カリフォルニア, レッド, グランド 2-1/2~3インチ T8 乾球温度(°C)	乾湿球温度差(°C) A3	ノーブルファー 1インチ T12 乾球温度(°C)	乾湿球温度差(°C) A5	1-1/2インチ T11 乾球温度(°C)	乾湿球温度差(°C) A4	2インチ T10 乾球温度(°C)	乾湿球温度差(°C) A3	2-1/2~3インチ T5 乾球温度(°C)	乾湿球温度差(°C) A2
生~60	55	2.8	70	5.6	65	3.9	60	2.8	50	2.2
60~50	55	2.8	70	5.6	65	3.9	60	2.8	50	2.2
50~40	55	2.8	70	5.6	65	3.9	60	2.8	50	2.2
40~35	55	2.8	70	5.6	65	3.9	60	2.8	50	2.2
35~30	55	2.8	70	5.6	65	3.9	60	2.8	50	2.2
30~25	60	3.9	77	7.8	70	5.6	65	3.9	55	2.8
25~20	65	6.1	77	11	70	8.3	70	6.1	60	4.5
20~15	70	8.3	80	14	77	11	77	8.3	65	7.8
15以下	80	28	80	28	80	28	80	28	70	28

スケジュールの符号と番号は, 表4-75, 表4-76, 表4-78参照。

表 4-100　ベイモミ材の樹種別材質表

樹　種　名	含水率(%)		容積密度・比重		全収縮率(%)	
	心材	辺材	R	γ_0	半径方向	接線方向
バルサムファー (Abies balsamea)	——	——	0.34	0.37	2.9	6.9
カリフォルニアレッドファー (A. magnifica)	——	——	0.37	0.40	4.0	7.2
グランドファー (A. grandis)	91	136	0.37	0.40	3.4	7.5
ノーブルファー (A. procera)	34	115	0.35	0.38	4.5	8.2
パシフィックシルバーファー (A. amabilis)	55	164	0.35	0.38	4.6	9.8
サブアルペンファー (A. lasiocarpa)	——	——	0.31	0.34	2.6	7.4
ホワイトファー (A. concolor)	98	160	0.35	0.38	3.2	7.1

Rは容積密度(g/cm^3)生材容積に対する全乾重量比。γ_0は全乾比重。$\gamma_0 = R/(1-0.28R)$により換算。
(マヂソン林産研究所発表 (1961))

ているが，ここまで一気に低くしないで乾燥初期の乾湿球温度差を 3～3.5 °C とし，含水率 50％ あたりから緩やかに条件変化させてもよいと思われる。

また厚材になると含水率 20％ までの時点であまり乾湿球温度差が大きくならないのに対し，含水率 15％ から一気に 28°C に開くより 15～20°C 程度に止めた方が抜け節防止からもよいと思われる。

e．ヘムロック類(ツガ類)，Pinaceae(マツ科)

表 4-101 はウェスタンヘムロック(ベイツガ)材の乾燥スケジュールで，表 4-102 はイースタンヘムロック材のものである。日本へ来ている材のほとんどがウェスタンヘムロック材であろう。表 4-103 に両者の材質を示す。平均比重は数字の上で差はないが，収縮率はウェスタンヘムロック材の方が大となっている。しかるに乾湿球温度差はウェスタンヘムロック材の方が大きくしてあるが，その理由はよく解らない。多分材の等級や材質がウェスタンヘムロック材の方が良好であるためではないかと思われる。

ただし，カナダ産のウェスタンヘムロック材に対するタイムスケジュール(後述)はかなり条件が緩やかなものとなっており，日本で扱われている輸入ヘムロック材はマヂソン研究所発表のアッパーグレイド材の乾燥スケジュー

4-5 米国マヂソン林産研究所発表の乾燥スケジュール表

表 4-101 ウェスタンヘムロック材の乾燥スケジュール

(試験材:乾燥の遅い材)

含水率範囲 (%)	ロウアーグレード		アッパーグレード									
	1~2インチ		1インチ		1・1/2インチ		2インチ		2・1/2インチ		3インチ	
	T 11	E 5	T 12	C 5	T 11	C 5	T 11	C 4	T 8	A 4	T 8	A 3
	乾球温度 (°C)	乾湿球温度差 (°C)	乾球温度 (°C)	乾湿球温度差 (°C)	乾球温度 (°C)	乾湿球温度差 (°C)	乾球温度 (°C)	乾湿球温度差 (°C)	乾球温度 (°C)	乾湿球温度差 (°C)	乾球温度 (°C)	乾湿球温度差 (°C)
生~60	65	5.6	70	5.6	65	5.6	65	3.9	55	3.9	55	2.8
60~50	65	7.8	70	5.6	65	5.6	65	3.9	55	3.9	55	2.8
50~40	65	11	70	5.6	65	5.6	65	3.9	55	3.9	55	2.8
40~35	65	14	70	7.8	65	7.8	65	5.6	55	3.9	55	2.8
35~30	65	14	70	11	65	11	65	8.3	55	3.9	55	2.8
30~25	70	14	77	14	70	14	70	11	60	5.6	60	3.9
25~20	70	14	77	17	70	17	70	14	65	8.3	65	6.1
20~15	77	14	80	20	77	20	77	17	70	11	70	8.3
15以下	80	14	80	28	80	28	80	28	80	28	80	28

スケジュールの符号と番号は,表 4-75,表 4-76,表 4-78 参照。

表 4-102 イースタンヘムロック材の乾燥スケジュール(アッパーグレイド材)

(試験材:乾燥の遅い材)

含水率範囲 (%)	1インチ		2インチ		2・1/2インチ		3インチ	
	T 12	C 4	T 11	C 3	T 8	A 3	T 8	A 2
	乾球温度 (°C)	乾湿球温度差 (°C)	乾球温度 (°C)	乾湿球温度差 (°C)	乾球温度 (°C)	乾湿球温度差 (°C)	乾球温度 (°C)	乾湿球温度差 (°C)
生~40	70	3.9	65	2.8	55	2.8	55	2.2
40~35	70	5.6	65	3.9	55	2.8	55	2.2
35~30	70	8.3	65	6.1	55	2.8	55	2.2
30~25	77	11	70	8.3	60	3.9	60	2.8
25~20	77	14	70	11	65	6.1	65	4.5
20~15	80	17	77	14	70	8.3	70	7.8
15以下	80	28	80	28	80	28	80	28

スケジュールの符号と番号は,表 4-75,表 4-76,表 4-78 参照。

ル表より条件を緩やかにしないと割れが発生しやすいのも事実である。
　ヘムロック材は心材含水率が高い点で他の一般針葉樹材と異なり,乾燥終了時の含水率むらを大きくする原因となるばかりでなく,材中に高含水率で水の抜け難いウォーターポケット(水喰い)と称する部分が残り,乾燥終了時

表 4-103 ヘムロック材の樹種別材質表

樹 種 名	含水率(%)		容積密度・比重		全収縮率(%)	
	心材	辺材	R	γ_0	半径方向	接線方向
イースタンヘムロック (*Tuga canadensis*)	97	119	0.38	0.41	3.0	6.8
ウェスタンヘムロック (*T. heterophylla*)	85	170	0.38	0.41	4.3	7.9

心材の含水率が比較的高い。R：容積密度(g/cm^3)生材容積に対する全乾重量比。γ_0：全乾比重。γ_0 = $R/(1-0.28R)$ により換算。

に大きな障害となる。対策は予備的な天然乾燥か気長な乾燥スケジュールによるしかない。

さきのベイモミ材と同じようにウェスタンヘムロック材の場合も，板厚が 2・1/2 インチ以上になると乾湿球温度差を開き始める含水率を 30 % まで急降下させているが，乾燥初期の乾湿球温度差を表 4-101 より小さくし，その分だけ高い含水率から徐々に条件を変化させた方が無理がなく，乾燥時間も多少は短くなろう。

また厚板のウェスタンヘムロック材の場合，表 4-101 のように低い含水率になってから条件を変化させて行くと，含水率 20 % の時点では乾湿球温度差が 8.3 ℃ とか 11 ℃ 程度にしかならないが，含水率 15 % 以下で一気に 28 ℃ まで開くことになってしまう。このような方法は，乾燥室内の条件設定にも無理があり，材に対してもあまり好ましくないように思われる。乾燥初期の乾湿球温度差を表 4-101 より幾分小さくし，含水率 45 % あたりから少しずつ条件を開くような方式が日本の乾燥操作に適していると考える。

ツガの類には材面に小さな斑点状の白い部分が認められるが，これは菌害などによるものではなく，生理的な生成物である。170 ℃ ほどの高温で処理すると多少透明化する。

f．スプルース類(トウヒ類)，Pinaceae(マツ科)

日本で針葉樹材の本格的な人工乾燥を実施したのは，木製航空機用のシトカスプルース材で，すでに 60 年以上も昔のことであろう。

材質的には日本のエゾマツ材と良く似ていて，わずかにエゾマツ材より比重が大きく割れやすい。乾燥は容易であるが乾燥温度を 60 ℃ 以上に上昇さ

表 4-104 シトカスプルース材の乾燥スケジュール(アッパーグレイド材)

(試験材:乾燥の遅い材)

含水率範囲 (%)	1インチ		1・1/2インチ		2インチ		2・1/2～3インチ	
	T 12	B 5	T 12	B 4	T 11	B 3	T 5	B 2
	乾球温度 (°C)	乾湿球温度差 (°C)	乾球温度 (°C)	乾湿球温度差 (°C)	乾球温度 (°C)	乾湿球温度差 (°C)	乾球温度 (°C)	乾湿球温度差 (°C)
生～35	70	5.6	70	3.9	65	2.8	50	2.2
35～30	70	7.8	70	5.6	65	3.9	50	2.8
30～25	77	11	77	8.3	70	6.1	55	4.5
25～20	77	14	77	11	70	8.3	60	7.8
20～15	80	17	80	14	77	11	65	11
15以下	80	28	80	28	80	28	70	28

スケジュールの符号と番号は, 表 4-75, 表 4-76, 表 4-78 参照。

表 4-105 レッドスプルース材の高温乾燥スケジュール

(1～1・1/4インチ材用)

操作内容と含水率範囲(%)	乾球温度(°C)	乾湿球温度差(°C)
室温上昇2時間	20～113	0～19
生～35	113	19.4
35～20	116	28
20以下	118	36
コンディショニング	88	5.6

(マヂソン林産研究所発表 (1988))

せると狂いの増加があると言った話も現場では耳にする。表 4-104 にシトカスプルース材の乾燥スケジュール表を示す。板厚が 1 から 1・1/2, 2, さらに 2・1/2 インチと増加する過程で, 温度を 70 °C から順次 50 °C に低下させている点と, さらには乾湿球温度差を 5.6 °C から 3.9 °C, 2.8 °C, 2.2 °C とかなり大幅に縮小しているあたりが他の乾燥による落ち込みの少ない針葉樹材の中では際だって違っている。板厚の増加で乾燥温度や乾湿球温度差を大幅に変化させているのは, 極めて割れやすいベイマツ(ダグラスファー)材のコーストタイプ以外にはなく, シトカスプルース材に日本的な細かな配慮をしている理由がよく理解できない。木口からの割れや裂けが比較的伸展しやすい材であることを考慮した結果と, 厚材の使用目的が内装用の目につく場所のために割れの発生を避けようとしたものかと推測する。

高温乾燥によるスケジュールも北米産材について発表されているが, 高温

の乾燥室内へ入って試験材を取り出す作業は困難であるから高温乾燥法を採用するときはタイムスケジュールによる方がよいかと思われる。

参考にレッドスプルースの1～1・1/4インチ材の高温乾燥スケジュールを表4-105に示す。乾燥開始から19.4℃も乾湿球温度差を大胆につけるので, 材のようすを見ながら乾燥を進める乾燥スケジュールと言うよりも, ただ木材中の水分を抜く条件と言った方が適当のようである。もちろん高温下では冬の10℃以下の低温度中の天然乾燥より割れの発生が少ない樹種も多い。

4-6 英国林産研究所発表の乾燥スケジュール表
（アフリカその他熱帯産材のみ抜粋）

　ここに示す乾燥スケジュール表は歴史的に古く，板厚についてはマヂソン林産研究所発表の広葉樹材のスケジュール表と同じように 1～1・1/2 インチ材 (2.6～3.9 cm) に適用されるとしているが 2.5～2.8 cm 程度の板厚用と考えた方がよかろう (G. H. Pratt：Timber Drying Manual, Dspt. of Envir. Bldg. Res. Estab., London (1974))。

　スケジュール表の形式は樹種別の代表的乾燥スケジュールを整理統合し，A～M (I は欠番) の 12 種とし (表 4-106)，新しい樹材種については適当なものを 12 種の中から選出しようとしたものである。

　初期含水率や乾燥条件の範囲は米国マヂソン林産研究所の乾燥スケジュール表より狭く，乾燥初期の乾湿球温度差がやや大きく，乾燥途中の乾湿球温度差の開き方を緩やかにしている。

　ここに取り上げたアフリカ産材は全発表資料のうちのごく少数で，丸太のまま日本で輸入し，製材乾燥する価値のある比較的有名なセンダン科やマメ科の材が中心である。

　拾い出した樹種のスケジュール符号 (A～L) や乾燥初期条件を表 4-107 に示す。また米国のマヂソン林産研究所で同一樹種の乾燥試験を実施したり，あるいは実験をせずそのまま自国のスケジュールに読み換えたと思われる米国のスケジュール符号と乾燥初期条件を表に付加する。

　マヂソン林産研究所で読み換えている乾燥初期の乾湿球温度差は英国のスケジュールより乾湿球温度差がかなり小さくなっている。この理由は乾燥進行後の乾湿球温度差の開き方に両者で違いがあり，マヂソン林産研究所で発表しているスケジュールの方が表 4-108 のように急速に乾湿球温度差を大きくしているためであろう。

　また H, J, L を読み換える際に乾湿球温度差の開き方を広葉樹材のものではなく針葉樹材に準じた緩やかな開き方のスケジュールとしている (S 符号付き)。

表 4-106 英国林産研究所発表の乾燥スケジュールの基本型

(1~1・1/2 インチ材(2.6~3.9 cm)用であるが, 2.5~2.8 cm 程度の厚さ範囲と考えた方がよい)

含水率範囲 (%)	A 乾球温度 (℃)	A 乾湿球温度差(℃)	B 乾球温度 (℃)	B 乾湿球温度差(℃)	C 乾球温度 (℃)	C 乾湿球温度差(℃)	D 乾球温度 (℃)	D 乾湿球温度差(℃)
生~60	35	4.5			40	2.5	40	2.5
60	35	7			40	3.5	40	3.5
50	35	7	40	2.5	40	3.5	40	3.5
40	40	9	40	3.5	45	4.5	40	5
35	40	9	40	3.5	45	5.5	45	7.5
30	45	12.5	45	4.5	45	6.5	45	10
25	45	12.5	45	6	50	8	50	13.5
20	50	15	55	9	60	12.5	60	19.5
15	60	20	60	12.5	65	16.5	65	21

含水率範囲 (%)	E 乾球温度 (℃)	E 乾湿球温度差(℃)	F 乾球温度 (℃)	F 乾湿球温度差(℃)	G 乾球温度 (℃)	G 乾湿球温度差(℃)	H 乾球温度 (℃)	H 乾湿球温度差(℃)
生~60	50	3	50	5	50	3		
60	50	4	50	6	50	4	60	4.5
50	50	4	50	6	50	4	60	5.5
40	50	5	50	8	55	4	60	8
35	50	5	50	8	55	4	60	8
30	55	7.5	55	11.5	60	5.5	65	11.5
25	60	11	60	14	70	7.5	65	11.5
20	70	15.5	70	17.5	75	12.5	75	17.5
15	75	17.5	75	17.5	80	19	75	17.5

含水率範囲 (%)	J 乾球温度 (℃)	J 乾湿球温度差(℃)	K 乾球温度 (℃)	K 乾湿球温度差(℃)	L 乾球温度 (℃)	L 乾湿球温度差(℃)	M 乾球温度 (℃)	M 乾湿球温度差(℃)
生~60								
60	60	7	70	5			90	9
50	60	9.5	75	8	80	8	90	17
40	60	12.5	75	8	90	21	90	17
35	60	12.5	75	8	90	21	90	17
30	65	16.5	80	11.5	90	21	90	17
25	65	16.5	80	11.5	90	21	90	17
20	75	23	90	21	90	21	90	17
15	75	23	90	21	90	21	90	17

A~H はスケジュール符号, A は狂いやすい材, B は割れやすい材. C から M にむかい段々きびしい条件となっており, 乾燥の容易な材には J~M である. (英国林産研究所発表 (1974))

表 4-107 代表的アフリカ材の乾燥スケジュール

樹種名	英国林産研究所発表の乾燥スケジュール(1974)			米国林産研究所発表の読み換えスケジュール(1988)						
		1～1・1/2インチ		1～1・1/2インチ			2インチ			
	符号	乾球温度 (℃)	乾湿球温度差 (℃)	符号番号	乾球温度 (℃)	乾湿球温度差 (℃)	符号番号	乾球温度 (℃)	乾湿球温度差 (℃)	
テイアマ (Tiama, Gedu nohor) コシポ (Kosipo, Omu) サペリ (Sapelli, Sapele) シポ (Sipo, Utile) アフリカンマホガニー (Sengegal mahogany) 以上すべてセンダン科	A	35	4.5	T2 D4	38	3.7	T2 D3	38	2.8	
ゼブラウッド (Blackwood african, Dalbergia, マメ科) ゼブラノ (Zebrano, マメ科) ビュヴアンガ (Bubinga, マメ科)	B	40	2.5	T2 C2	38	2.2	T2 C1	38	1.7	
イロンバ (Ilomba, ニクズク科) ミュテニエ (Mytenye, マメ科) アフリカンペンシルオーク (Silkyoak, Grevillea, ヤマモガシ科)	C	40	2.5	T3 C2	43	2.2	T3 C1	43	1.7	
アボディレ (Avodire, センダン科) アフリカンウォルナット (センダン科) オクメ (Okume, Gaboon, カンラン科) イロコ (Iroko, クワ科) ビランガ (Bilinga, Opepe, アカネ科) コティベ (Kotibe, Danta, アオギリ科) エボニー (Ebony, カキノキ科)	E	50	3	T6 D2	50	2.2	T3 D1	43	1.7	
アフリカンマホガニー (African mahogany, khaya ivorensis, センダン科)	F	50	5	T6 D4	50	3.9	T3 D3	43	2.8	
マコレ (Makore, アカテツ科) マンソニア (Mansonia, アオギリ科)	H	60	4.5	T10 D4S	60	3.9	T8 D3S	55	2.8	
パドウク (Padouk, マメ科) アサメラ (Asamela, マメ科) リンバ (Limba, シクシ科)	J	60	7	T10 D5S	60	5.6	T8 D4S	55	3.9	
サンバ (Samba, Obeche, アオギリ科)	L	80	8	T14 C5S	80	5.6	T12 C5S	70	5.6	

乾球温度、乾湿球温度差は乾燥初期条件、米国の読み換えスケジュールのうちS符号は針葉樹材のスケジュールに準ずる。原本では下から℃への換算のとき 1.7→2.0, 2.2→2.5 に切り上げているが、ここでは端数のままとしている。英国のスケジュールの符号 A～L は、表 4-106, 米国のスケジュールの符号と番号は、表 4-75, 表 4-76, 表 4-77, 表 4-78 参照。

表 4-108　英国と米国との乾燥スケジュールの違い

(イロコ, エボニー, ヴァンジェなど 1～1・1/2 インチ広葉樹材)

含水率範囲(%)	英国式 E		米国式 T 6, D 2	
	乾球温度(℃)	乾湿球温度差(℃)	乾球温度(℃)	乾湿球温度差(℃)
生～60	50	3	50	2.2
60	50	4	50	2.2
50	50	4	50	2.8
40	50	5	50	4.5
35	50	5	50	7.8
30	55	7.5	55	17
25	60	11	60	28
20	70	15.5	65	28
15	75	17.5	80	28

ヴァンジェのように初期含水率の低い材は含水率範囲を上にずらす。

英国のスケジュール表では板厚が 1・1/2 インチから 3 インチ(生材厚さ 3.9～7.8 cm)までの材に対し,乾燥経過中の湿度をすべて 5 % 高く(乾湿球温度差で約 1 ℃ 小さく)するよう指示されているが乾燥初期の乾湿球温度差が 2.5 ℃ 程度のものは,乾燥初期条件を 2.0～1.5 ℃ にすれば十分で乾湿球温度差が 5 ℃ 以上になる時点から 1～1.5 ℃ 程度小さくすればよい。

日本ではアフリカ産材の乾燥経験は比較的少ないので内容について十分のコメントはできないが,同属の樹木で同一の名前で取り引きされている材でもアフリカの中では産地により材質はかなり変化するものと思われ,スケジュール表に示されている数字をそのまま鵜呑みにして乾燥操作するのは極めて危険である。

スケジュール A は特に狂いやすい材や,材色が濃くなることを嫌うものに適しており,乾燥温度は低くしてある。割れの発生はあまり無い材が対象であるため,乾燥初期の乾湿球温度差を 4.5 ℃ とかなり大きくしている。

スケジュール A に組み込まれている樹種は総てセンダン科のもので割れの発生は少ないが,比重は中庸なので乾湿球温度差は 4.0 ℃ あたりの方がよいように思われる。これに対し B は割れが発生しやすい材のものである。表 4-107 の中で L に格付けされている樹種はアオギリ科の軽量雑木で,青変菌に犯されやすい乾燥の容易な材であるから,この程度の厳しい乾燥条件でも 1 インチ材に対しては良いと思われる。

Jに格付けされているパドウクとアサメラはソラマメ亜科の気乾比重 0.65〜0.85 の樹木で，アサメラは 1956 年の資料では F に格付けされていたなどのことから，乾燥初期の乾湿球温度差がやや大きすぎるように思われる。ただしこれらの材は収縮率が小さく割れは少ないとされているのでこのような乾燥条件も可能かもしれない。同じくJに格付けされているリンバは *Terminalia* 属で気乾比重は 0.48〜0.65 とそう高くないが，東南アジア産のものは材質変動が大きいので同じような配慮が必要かもしれない。

　日本で良く知られているモアビ(Moabi，アカテツ科)の資料は見当たらない。マコレ(Makore, Douka)とごく近縁であるが，気乾比重が 0.80〜0.90 と高いので，マコレのHよりCとかEと言ったスケジュールが適当かと思われる。

　ことのついでに参考のためアフリカ産以外の熱帯産材(南米，東南アジア)について英国ならびに米国の林産研究所のスケジュール符号と番号，乾燥初期条件とを表 4-109 に示す。

　また南米産の材は今のところ日本ではあまり利用されていないので不明な点が多く，特にチリーなどの材は搬出の問題も含めほとんど知られていない。

　ブラジル材については比較的調査が進んでおり，それなりの文献も探せば見つかると思う。以下の資料は 1967 年 4 月，当時の林業試験場上村武木材部長がブラジル国マラニョン地方で収集した材鑑 104 種(緒方健氏が学名決定)の中から材質や性状を見て利用価値があると判断した 20 種について，米国のマヂソン林産研究所が発表している全世界の主要樹木についてのスケジュール表，Dry kiln schedules for commercial wood temperate and tropical (1988) から探し得た 8 種の材のものである(表 4-110)。このスケジュール集の編集にあたって南米材などは英国林産研究所で決定したものを米国式に読みかえただけのもののようで，属名や科名が同じであっても正しく現地のものに当てはまる可能性は極めて低く，材質や比重から判断して甚だしく不都合と思われるものがあるので著者なりの推定事項を備考に付加した。

　なお Meliaceae(センダン科)や Leguminosae(マメ科)の材は一般に良質の材が多く乾燥も楽である。

表 4-109 熱帯, 東南アジア産の有名材, 英, 米林産研究所のスケジュール区分 (番号)

樹 種 名	英国林産研究所発表の乾燥スケジュール			米国林産研究所発表の読み換えスケジュール					
				1〜1・1/2インチ			2インチ		
	符号番号(1)	乾球温度(°C)	乾湿球温度差(°C)	符号番号(2)	乾球温度(°C)	乾湿球温度差(°C)	符号番号(3)	乾球温度(°C)	乾湿球温度差(°C)
リグナンバイタ (Lignumvitae)	B	40	2.5	T2, C2	38	2.2	T2, C1	38	1.7
コクタン (Ebony, East Indian ebony)	C	40	2.5	T3, C2	43	2.2	T3, C1	43	1.7
パラゴム (Rubber wood) シタン (Eastern Indian rosewood)	E	50	3	T6, D2	50	2.2	—	—	—
マホガニー (True mahogany) カリン (Narra, Pterocarpus)	F	50	5	T6, D4	50	3.9	T3, D3	43	2.8
バルサ (Balsa) チーク (Teak)	H	60	4.5	T10 D4S	60	3.9	T8,D3S	55	2.8
カポック (パンヤ, Ceiba)	J	60	7	T10 D5S	60	5.6	T8,D4S	55	3.9

乾球温度, 乾湿球温度差は乾燥初期条件, S符号は針葉樹材のスケジュールに準ずる。英国のスケジュール符号B〜Jは, 表 4-106, 米国のスケジュール符号と番号は, 表 4-75, 表 4-76, 表 4-77, 表 4-78 参照。

4-6 英国林産研究所発表の乾燥スケジュール

表 4-110 ブラジル国マラニョン地方産材の乾燥スケジュール

現地名	気乾比重	科名	属種名	米国の公表スケジュール表による学名	米国の公表スケジュール集による方式		推定乾燥条件と日数ならびに注意事項				
					英国方式	米国方式	条件		乾燥日数	備考
							英国表示式	米国表示式		
Pau d'arco	0.95	Bignoniaceae	Tabebuia serratifolia	Tabebuia spp.	E	T6 D2	B	T3 B1	20〜25	かなり割れやすい
Andiroba	0.53〜0.57	Meliaceae	Carapa guianensis	Carapa guianensis	C	T3 C2	C	T6 C3	5〜7	普通の材。少し割れやすい
Guanandi	0.83	Leguminosae	Lonchocarpus sp.	Lonchocarpus castilloi	G	T8 B3	G	T4 B2	15〜20	非常に割れ易い
Cutiuba	0.48	Vochysiaceae	Qualea or Vochysia sp.	Qualea spp.	D	T3 D2	H	T6 D4	6〜7	普通の材
Enbira	0.35	Bombacaceae	Ceiba sp.	Ceiba pentandra	J	T10 D5S	J	T10 D5S	2〜3	青かびに注意
Cravo amarelo	0.64	Lauraceae	Ocotea sp.	Ocotea rodiaei	B	T2 C2	B	T3 C3	7〜10	やや割れやすい
Massaranduba vermelha	1.10	Sapotaceae	Manilkara bidentata	Manilkara bidentata	A	T1 B1	適当条件なし	T1 B1	20〜25	相当割れやすい。乾湿球温度差は1.5℃程度から
Cedro	0.44	Meliaceae	Cedrela sp.	Cedrela spp.	H	T10 D4S		T10 D4S	4〜5	問題ない

1 インチ材 (生材寸法 2.7 cm) 用、乾燥日数は 10% までの推定値にすぎない。英国のスケジュール符号 A〜J は、表 4-106、米国のスケジュールの符号と番号引、表 4-75、表 4-76、表 4-77、表 4-78 参照。(1967、4 月当時の林業試験場木材部長上村武が収集した気乾材を見ての推定)

4-7 タイムスケジュール(時間スケジュール)表

　今まで述べてきた乾燥スケジュールについてはいちいちことわり書きをしなかったが，心持ち柱材の一部を除きすべて試験材の含水率の変化を基準とした条件変化の方法を示したもので，正式には木材人工乾燥スケジュールの中の含水率基準乾燥スケジュールと言うべきものである。
　これに対し，乾燥開始後の乾燥時間によって乾燥条件を適当に変化させて木材を乾燥させる方式をタイムスケジュールと呼んでいる。
　木材の初期含水率や乾燥速度は同じ樹種でも伐採季節や径級，立地条件によって変化するため時間の経過だけを頼りにしていたのでは的確な操作が不可能であり，タイムスケジュールの対象となる被乾燥材のほとんどは「一定の時間をかけて乾燥した材」と言った程度の乾燥状態で使える材料が主であり，それらは建築用針葉樹材であった。広葉樹材のタイムスケジュールはよほど乾燥容易な材や，単に乾燥してあれば良いと言った特殊用途の材料以外にはほとんど実施されていなかったが，乾燥操作の単純化による省力の目的と制御器機の発達(プログラムコントローラー)も影響し，最近では一般広葉樹材のタイムスケジュールによる乾燥は国内も含めかなり一般化している。タイムスケジュールの利用に対する不安は意外に大きいが，ある特定の樹種について年間を通じ10回以上の実務乾燥を実施し，その材の最大乾燥時間が掌握され，乾燥時間の10％程度の長短を云々せず，乾燥打ち切りどきの確認さえできて過乾燥が防止できれば，広葉樹材に対するタイムスケジュールの利用も案外安全なものと言える(図4-6，表4-111)。
　含水率スケジュールとタイムスケジュールとの違いは，含水率測定の精度と回数の違いだけである。タイムスケジュールの場合も乾燥開始時に含水率測定を行い，ステンレス製の釘を電極がわりに使い，抵抗式含水率計を利用して，試験材の繊維飽和点(含水率30％付近)が認知され，室温上昇の時期が掌握できて乾燥終了時期を含水率計で確認すれば操作はかなり安全となる。
　また完全なタイムスケジュールにせず，適当に試験材の含水率測定を併用し，既存のタイムスケジュールを修正するとか，比較的短い期間(例えば1日

4-7 タイムスケジュール表

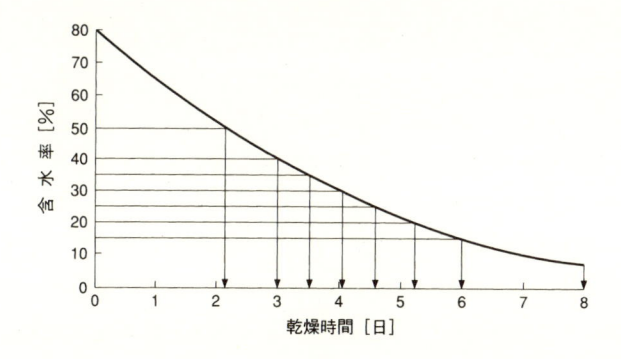

図 4-6 最も乾燥の遅い試験材の乾燥経過例と条件変化の時間(2.7 cm, 広葉樹材)

表 4-111 基本の含水率スケジュールと推定乾燥時間

(試験材：2.7 cm, 広葉樹材)

含水率範囲(%)	乾球温度(℃)	乾湿球温度差(℃)	時間経過(hr)
80～50	45	2.5	0～52
50～40	45	3.5	52～72
40～35	45	4.5	72～84
35～30	50	6.0	84～97
30～25	55	8.5	97～110
25～20	60	12	110～125
20～15	65	17	125～144
15～8	70	25	144～192

図 4-6 より換算。

とか2日間)の範囲で乾燥室内の条件変化を手動によらず，機械的に予定したなだらかな曲線になるように操作し，乾燥条件の段階的変化による表面割れを防止するような使い方も一般広葉樹材ならびに針葉樹の厚材乾燥には有効となる。

　要するに試験材の重量測定(含水率測定)をどの程度重視するかが含水率スケジュールとタイムスケジュールとの区別点となる。含水率を基準にしたスケジュールで同一の材料を1～2回乾燥してみれば大略の乾燥経過は掌握できるから，次回からは試験材の数量，測定回数を大幅に減らしても乾燥条件を変化させる時刻は大略察知できるようになり，経験をつめば順次タイムスケジュール的内容に変化するものである。

含水率スケジュールとタイムスケジュールとの定義上の区別は以上であるが，針葉樹材のタイムスケジュールを含水率スケジュールと比較してみると一般にタイムスケジュールの方が厳しい場合が多い。

理由は，針葉樹材は比較的高い温度で乾燥しても落ち込みや狂いの発生が少なく，ベイスギ，インセンスシーダー，レッドウッド材などを除いて安全であり，利用対象が建築用材で少量の割れは問題にされないからであろう。

タイムスケジュールによる針葉樹材の高温乾燥では乾燥初期から乾湿球温度差を大幅につけた厳しいものもあるが，最近発表されている北米産有用広葉樹材のタイムスケジュールは，一般の含水率スケジュールと比較してやや緩やかに組まれている。

タイムスケジュールは時間の経過につれて乾燥条件を変化させる方式であるため，試験材による含水率測定を必要としない便利さはあるが，仕上げ含水率を的確に掌握するには試験材が必要であり，被乾燥材の条件が突然変化し乾燥の極端に遅い材を一般材と同じように乾燥すると，含水率が降下しないうちに次の厳しい条件に室内条件が変化して行くので極めて危険であり，乾燥室形式が違ったときも操作に十分慣れるまでは含水率測定が必要である。

日本では同一の樹材種を多量に乾燥する例は少ないが，欧米では針葉樹材の生産が多く，米国，カナダではタイムスケジュールは多数発表され，最近では広葉樹材のタイムスケジュールも公表されている。

日本におけるタイムスケジュールの利用は除湿式乾燥室による建築用柱材の乾燥が主体となっているが，将来はより多くの乾燥室でプログラムによる自動制御の方式が利用されるようになろう。

以下に示すタイムスケジュールは材間風速 1.5〜2 m/sec の蒸気加熱式 IF 型乾燥室に適用するもので，乾燥条件は桟積みの風上側で乾燥条件の最も厳しい場所のものである。

4-7-1　米国マヂソン林産研究所発表のタイムスケジュール表

上記研究所で発表された過去のタイムスケジュール表は針葉樹材だけを対象にしたもので，その方式は薄板では 12 時間刻み，厚板で乾燥の遅いものは 48 時間あるいは 96 時間と言った一定間隔の時間経過に対し，乾燥条件を

変化させた組合せ表を含水率スケジュールのように作成しておき，この中から最適な乾燥スケジュールを選出決定する方式であった。しかし乾燥条件を変化させる時間区分が常に一定では初期含水率の違いに対応しにくいこともあってか，現在では広葉樹材を含め，樹種，板厚の違いに応じ，個別の最良タイムスケジュールをまず追求決定し，順次発表する方式に変わっている。

ただし針葉樹材は樹種相互で類似のタイムスケジュールが共用できることもあって，タイムスケジュールを決定した順にA〜Zの順番を付け，さらに多くの新しく開発されたスケジュール表はAA，BB，と言った補足番号を付け，必要に応じこの中から適当なスケジュールを選出する方式がとられている。また通常の乾燥室温度の他に高温乾燥用のタイムスケジュールも作られている。

a. 米国産広葉樹材のタイムスケジュール表

アルダー(ハンノキの類)やアッシュ(ヤチダモの類)，メープル(カエデの類)，オーク(ナラの類)など1インチから1・1/2インチ，あるいは3インチ厚材に対するタイムスケジュールが10種発表されている。

この中から比較的我々に関係のありそうなアルダー，メープル，アッシュ，オークの1〜1・1/2インチ厚材のタイムスケジュールを表4-112に示す。乾燥室内の材間風速は1.5 m/sec程度の蒸気加熱式IF型乾燥室用のものである。

レッドアルダー材は乾燥容易な材であるが乾燥初期の12時間を注意深く乾湿球温度差2.8℃としているのに反し，ビックリーフメープル材の乾燥初期の乾湿球温度差は5.6℃で少し厳しいように感じ，オーク類の終末温度がロウアーグレイド材として，82℃は少し高いように思われるが，全体的に見て含水率スケジュールと大略似ている内容と言えよう。

レッドアルダー，アスペン(ポプラの類)，バスウッド(シナノキの類)材などのタイムスケジュールによる高温乾燥の例もあるが，日本ではほとんど利用価値がないのでレッドアルダー材の一例を表4-113に示すにとどめる。以上は1988年7月に改訂されたForest Prod. Lab., FSUS, Dept. of AgricultureのDry kiln Operator's manualによる。

表 4-112 米国林産研究所発表の広葉樹代表材のタイムスケジュール

(1 インチは 2.54 cm であるが広葉樹の場合は多少厚い挽立てとなる)

レッドアルダー 1〜1・1/2 インチ			オレゴンアッシュ 1〜1・1/2 インチ		
時間経過(hr)	乾球温度(°C)	乾湿球温度差(°C)	時間経過(hr)	乾球温度(°C)	乾湿球温度差(°C)
0〜12	65	2.8	0〜12	65	2.8
12〜24	65	5.6	12〜48	65	5.6
24〜48	68	8.3	48〜84	68	8.3
48〜72	74	14	84〜132	74	14
72〜120	82	22	132〜156	82	22
乾燥終了まで	82	22	乾燥終了まで	82	22
含水率スケジュールの符号と初期条件(°C)	T 12 70	D 4 3.9		T 8 55	B 4 3.9

ビッグリーフメープル 1〜1・1/2 インチ			ロウアーグレイドオーク類 1・1/2 インチ		
時間経過(hr)	乾球温度(°C)	乾湿球温度差(°C)	時間経過(hr)	乾球温度(°C)	乾湿球温度差(°C)
0〜48	54	5.6	0〜360	43	2.2
48〜72	57	8.3	360〜504	43	3.3
72〜96	60	8.3	504〜576	43	5.5
96〜120	63	11	576〜672	46	8.3
120〜144	65	14	672〜816	49	11
144〜168	68	17	816〜980	82	19
168〜192	71	17	乾燥終了まで	82	19
191〜216	74	17			
乾燥終了まで	74	17			
含水率スケジュールの符号と初期条件(°C)	T 8 55	D 4 3.9		T 3 43	B 1 1.7

含水率スケジュールの符号と番号は，表 4-45，表 4-46，表 4-47 参照。(マヂソン林産研究所発表 (1988))

b. 米国産針葉樹材のタイムスケジュール表

通常の温度域(Conventional temperature)を示す符号 C と高温(high temperature)を示す符号 H とに分け，それぞれ 29 と 13 種の基本的タイムスケジュールが作られ，これらを利用した樹種別の一覧表が作られている(1988年)。

輸入材として我々と関係の深いベイマツ(ダグラスファー)，ベイツガ(ヘムロック)，ベイモミ(ファー)，スプルース材のタイムスケジュールを参考まで

表4-113 レッドアルダー材の高温乾燥用タイムスケジュール

(1～1・1/4インチ厚)

時間経過(hr)	乾球温度(℃)	乾湿球温度差(℃)
0～3	102	2.8
3～9	100	0
9～21	110	14
21～36	110	17
36～39	110	20
39～51	102	2.8
51～59	冷却	

3～9時間は蒸煮，39～51時間は調湿。　　　　　　(マヂソン林産研究所発表(1988))

に示す。

　ベイマツ(ダグラスファー)材のタイムスケジュールは表4-114である。

　ベイマツ材の含水率を基準とした乾燥スケジュールの乾燥初期条件と比較するとタイムスケジュールは乾燥温度も高く，乾湿球温度差も大となっており，かなり乾燥条件は厳しい。多分割れなどの損傷発生に対する考え方が違うためであろう。乾燥後のイコーライジング，コンディショニングは必要である。

　ベイツガ(ヘムロック)材のタイムスケジュールを表4-115に示す。ウェスタンヘムロック材のものである。

　アッパーグレイドの柾目材の乾燥条件はかなり厳しく，乾燥時間も短い。また1インチから2インチ材までの乾燥条件を同一としているが1インチ材は板目木取りであり，2インチ材は追柾が中心となっているものと解釈する。

　ベイツガ(ウェスタンヘムロック)材の含水率スケジュールの乾燥初期条件を参考に表4-115に付記しておく。大略タイムスケジュールと似たような値となっている。

　ベイモミ(ファー類)も大体ベイツガ材と同じ条件で乾燥してよいが，乾燥打ち切りの時期は材の含水率を調べて決定しなければならない。

　ことのついでに針葉樹材の高温乾燥によるタイムスケジュールを表4-116に示す。1，1・1/2，2インチ材共通でかなり乱暴なものでスケジュールと言うより木材から水分を抜くための条件と言った感じがある。ベイツガ，スプルース，ベイカラマツ(ラーチ)，ベイモミ(ファー)は樹種に関係なく全部一

表 4-114 ベイマツ（ダグラスファー）材の等級，板厚別タイムスケジュール
(1インチは2.54cmとした挽立寸法)

ロウアーグレイド材					
1インチ			1・1/2～2インチ		
時間経過 (hr)	乾球温度 (°C)	乾湿球温度差(°C)	時間経過 (hr)	乾球温度 (°C)	乾湿球温度差(°C)
0～24	82	8.3	0～12	82	5.5
24～36	82	14	12～36	82	8.3
36～60	82	17	36～48	82	14
乾燥完了まで	82	17	48～72	82	17
			乾燥完了まで	82	17
含水率スケジュールの符号と初期条件(°C)	T7～T9 55～60	A4 3.9		T7～T9 55～60	A4 3.9

アッパーグレイド材					
1～1・1/2～2インチ			4インチ		
時間経過 (hr)	乾球温度 (°C)	乾湿球温度差(°C)	時間経過 (hr)	乾球温度 (°C)	乾湿球温度差(°C)
0～12	77	3.3	0～12	55	2.8
12～24	77	5.5	12～36	58	2.8
24～48	80	8.3	36～84	60	2.8
48～72	82	11	84～132	63	5.6
72～96	82	22	180～228	68	11
乾燥完了まで	82	22	228～276	70	14
			276～324	77	20
			乾燥完了まで	77	20
含水率スケジュールの符号と初期条件(°C)	T10～T11 60～66	A3～A4 2.8～3.9		T5 49	A1 1.7

すべて乾燥後のイコーライジング，コンディショニングは必要．含水率スケジュールの符号と番号は，表4-45，表4-46，表4-47参照．　　　　　　　　　　　　　　　　（マヂソン林産研究所発表(1988)）

括でよいとされている．

4-7-2 西部カナダ林産研究所発表のタイムスケジュール表

このスケジュール表は旧来のマヂソン林産研究所発表のタイムスケジュールのように系統的にはまとめられていないが，かなり具体的に個々の材につ

表 4-115 ベイツガ(ヘムロック)材の等級,板厚別タイムスケジュール

(ウェスタンヘムロック,1インチは2.54 cm)

ロウアーグレイド材

1~1・1/4~1・1/2 インチ			2 インチ		
時間経過 (hr)	乾球温度 (°C)	乾湿球温度差(°C)	時間経過 (hr)	乾球温度 (°C)	乾湿球温度差(°C)
0~12	82	5.6	0~12	82	5.6
12~36	82	8.3	12~36	82	8.3
36~60	82	14	36~60	82	14
60~84	82	17	60~84	82	17
乾燥完了まで	82	17	84~96	82	17
			96~108	82	17
			乾燥完了まで	82	17
含水率スケジュールの符号と初期条件(°C)	T 11 65	E 5 5.6		T 11 65	E 5 5.6

アッパーグレイド材

1~1・1/4 インチ板目材			1~1・1/4 インチ柾目材		
時間経過 (hr)	乾球温度 (°C)	乾湿球温度差(°C)	時間経過 (hr)	乾球温度 (°C)	乾湿球温度差(°C)
0~12	77	3.3	0~12	77	5.6
12~24	77	5.6	12~36	80	8.3
24~48	80	8.3	36~60	82	11
48~72	82	11	60~84	82	22
72~96	82	22	乾燥完了まで	82	22
乾燥完了まで	82	22			
含水率スケジュールの符号と初期条件(°C)	T 12 70	C 5 5.6			

アッパーグレイド材

1・1/2~2 インチ		
時間経過 (hr)	乾球温度 (°C)	乾湿球温度差(°C)
0~12	77	3.3
12~24	77	5.6
24~48	80	8.3
48~72	82	11
72~96	82	22
乾燥完了まで 2インチの重い材は14日かかる	82	22
含水率スケジュールの符号と初期条件(°C)	T 11 65	C 4~C 5 3.9~5.6

すべて乾燥後のイコーライジング,コンディショニングは必要。(マヂソン林産研究所発表 (1988))

表 4-116 ベイツガ材の高温乾燥用タイムスケジュール
(1～2インチ材ならびにラーチ(カラマツ類), ファー(モミ類)など共通)

時間経過(hr)	乾球温度(℃)	乾湿球温度差(℃)
0～12	100	14
12～24	100	17
24～36	100	20

乾燥後のイコーライジング, コンディショニングは必要。　　　(マヂソン林産研究所発表(1988))

いて親切に色々と細かな注意事項が併記されている(G. Bramhall, R. W. Wellwood : Kiln Drying Western Canadian Lumber Western FPL. British Colunbia) (1976)。

もちろん針葉樹材の乾燥スケジュールが主体であるが, 広葉樹材についても乾燥容易な材を選び含水率の測定結果も併記し, タイムスケジュールと含水率スケジュールとの中間的な操作形式がとれるようになっている。輸入材として比較的なじみの深い材を選び以下に示す。

a. カナダ産広葉樹材のタイムスケジュール表

広葉樹材の中で乾燥容易なレッドアルダー(ハンノキの類), ブロードリーフメープル(カエデの類), コットンウッド, アスペン(共にポプラの類)材はタイムスケジュールと含水率スケジュールとの中間的操作も可能であるが, 初期含水率のばらつきが大きいので試験材による生材含水率の測定と室温を上昇しても安全な平均含水率30％の時期を何らかの方法で確認する必要がある。

表 4-117 はブロードリーフメープル(カエデの類)1インチ材のタイムスケジュールである。マヂソン林産研究所発表のビッグリーフ, レッド, シルバーメープルなどの1インチ材の含水率スケジュールの乾燥初期条件は55℃, 3.9℃差で, 材質を考慮しても少し乾燥条件が厳しいようである。

表 4-118 は2インチ材のレッドアルダー(ハンノキの類)のタイムスケジュールで乾燥初期に36時間もの65℃の蒸煮処理をしている点が変わっている。多分この蒸煮期間中には多少(2～3℃)の乾湿球温度差がついていて, 乾燥が進んでいるものと思われる。レッドアルダー2インチ材に対し, マヂソン林産研究所発表の含水率スケジュールでは, 乾燥初期の温度は55℃, 2.8℃の温度差とし, カナダ林産研究所発表では表 4-118 のように温度70℃,

表 4-117 カナダ産ブロードリーフメープル材の乾燥スケジュール(1インチ材)

(タイムスケジュールとの中間型)

含水率(%)	乾球温度(℃)	乾湿球温度(℃)	平衡含水率(%)	必要時間(hr)	時間経過(hr)
40以上	60	6	11.9	48	48
40	60	7	10.9	24	72
35	65	8	9.2	24	96
30	65	9	8.6	24	120
25	65	11	8.0	24	144
20	71	13	7.0	24	168
15	71	15	6.2	24	192
10以下	77	19	5.1	72	264
調湿	77	4	13.9	20	284(11.8日)

生材から含水率7%まで10~12日。　　　　　　　　(西部カナダ林産研究所発表(1976))

表 4-118 カナダ産レッドアルダー材のタイムスケジュール

(2インチ材幅定めなし)

必要時間(hr)	時間経過(hr)	乾球温度(℃)	乾湿球温度差(℃)	平衡含水率(%)
36	36	65	スティーミング	——
36	72	70	5	11.5
48	120	77	12	7.8
192	312(13日)	82	17	5.7

(西部カナダ林産研究所発表(1976))

5℃差と両者でかなり異なっており，温度60℃, 3.5~4℃差程度が頃合の乾燥条件かと思われる。

b. カナダ産針葉樹材のタイムスケジュール表

表4-119，表4-120はウェスタンヘムロック材の1インチならびに2インチ材のタイムスケジュール表で，さきのマヂソン林産研究所発表のウェスタンヘムロック（アッパーグレイド材）のタイムスケジュール表（表4-115）と比較して見ると，乾燥条件も乾燥時間も大略似たような値となっている。

表4-120の2インチ材については極めて微少ではあるが1インチ材と比較して温度，乾湿球温度差共に厳しくしており，乾燥日数も含水率約14％まで7日と，1インチ材の仕上げ含水率約10％までの5日間と比較して，板厚増加の割合から見て短い。

厚材に対して同等か，より厳しい条件を与えている理由は，厚板ほど抜け節の心配が少ないことと，厚材は構造用材に使い，多少の割れが問題にされ

表 4-119 カナダ産ウェスタンヘムロック材のタイムスケジュール その1

(1インチ材幅定めなしクリヤー材)

必要時間(hr)	時間経過(hr)	乾球温度(℃)	乾湿球温度差(℃)	平衡含水率(%)
24	24	70	3	14.2
24	48	74	9	9.1
24	72	77	12	7.3
48	120	82	17	5.7

仕上げ含水率10%, 乾燥日数5～6日。　　　　　　　　　　(西部カナダ林産研究所発表(1976))

表 4-120 カナダ産ウェスタンヘムロック材のタイムスケジュール その2

(2インチ材幅定めなしクリヤー材)

必要時間(hr)	時間経過(hr)	乾球温度(℃)	乾湿球温度差(℃)	平衡含水率(%)
24	24	70	3	14.2
24	48	75	10	8.5
24	72	78	16	6.2
24	96	78	18	5.5
24	120	82	22	4.4
48	168(7日)	88	28	3.3

仕上げ含水率14%, 乾燥日数7～8日。　　　　　　　　　　(西部カナダ林産研究所発表(1976))

表 4-121 カナダ産ウェスタンヘムロック材の高温乾燥用タイムスケジュール

(燃焼ガス加熱方式2×4インチ材)

必要時間(hr)	時間経過(hr)	乾球温度(℃)	乾湿球温度差(℃)	平衡含水率(%)
3	3	115	33	2.2
24	27	115	33～47	1.9

(西部カナダ林産研究所発表(1976))

ないためかと想像される。

　同じような例はマヂソン林産研究所発表のタイムスケジュール表にも各所に見られる。

　表4-121はウェスタンヘムロック2×4インチ材の高温乾燥の例で，乾燥時間は27時間で湿度条件は相当厳しく，乾湿球温度差は最初から30℃以上である。当然のことながら割れは覚悟の上の操作で，燃焼ガスによる直接加熱乾燥室用のタイムスケジュールである。

　表4-122はベイマツ(ダグラスファー)1インチ厚，板幅6～12インチ，クリヤー材のタイムスケジュールで，乾燥初期の乾湿球温度差は5℃とかなり

表 4-122 カナダ産ベイマツ(ダグラスファー)材のタイムスケジュール その1
(1インチ材板幅6〜12インチクリヤー材)

必要時間(hr)	時間経過(hr)	乾球温度(℃)	乾湿球温度差(℃)	平衡含水率(%)
48	48	65	5	11.8
12	60	70	10	8.2
36	96(4日)	75	15	6.4

(西部カナダ林産研究所発表(1976))

表 4-123 カナダ産ベイマツ(ダグラスファー)材のタイムスケジュール その2
(2×4インチ材クリヤー材)

必要時間(hr)	時間経過(hr)	乾球温度(℃)	乾湿球温度差(℃)	平衡含水率(%)
24	24	70	5	11.5
24	48	75	10	7.8
24	72	80	20	5.5
24	96	82	22	4.4
48	144(6日)	88	28	3.3

(西部カナダ林産研究所発表(1976))

表 4-124 カナダ産ベイマツ(ダグラスファー)材のタイムスケジュール その3
(2インチ材ディメンション材, ラーチ(カラマツ類)にもよし)

必要時間(hr)	時間経過(hr)	乾球温度(℃)	乾湿球温度差(℃)	平衡含水率(%)
6	6	76	6	11.3
16	22	85	15	5.5
44	66	85	20	4.4
6	72(3日)	80	5	11.1

6時間の調湿をふくめ3〜3.5日。　　　　　(西部カナダ林産研究所発表(1976))

大きいが, 48時間この状態を保ち割れに対し用心しているようである。しかし次の段階で10℃差にするときの含水率は未だ20%より高いように思われ, 一気に乾湿球温度差を10℃まで付けてよいかは多少気になり, クリヤー材の乾燥としては用途によって割れが心配となる。

表4-123は同じくベイマツ2×4インチ, クリヤー材のタイムスケジュールで, 板幅が狭いため乾燥初期の条件は表4-122の1インチ材と同じような条件で乾燥を進めているが, 終末の仕上げまでの乾燥時間は, 板が厚いだけ長くなっている。

ベイマツ材はカラマツの類と同じく, 針葉樹材の中では割れやすい材であ

表 4-125　カナダ産ベイスギ（ウェスタンレッドシーダー）材のタイムスケジュール　その1

(1×6～12インチ材 12～16％仕上げ抜節防止スケジュール)

必要時間(hr)	時間経過(hr)	乾球温度(℃)	乾湿球温度差(℃)	平衡含水率(％)
24	24	60	4	13.2
96	120(5日)	63	6	11.9

(西部カナダ林産研究所発表 (1976))

表 4-126　カナダ産ベイスギ（ウェスタンレッドシーダー）材のタイムスケジュール　その2

(クリヤー材 1×6～8インチ材)

必要時間(hr)	時間経過(hr)	乾球温度(℃)	乾湿球温度差(℃)	平衡含水率(％)
24	24	78	11	7.8
24	48	82	15	6.0
48	96	88	23	4.4
4	100(4.2日)	88	11	7.4

4時間の調湿をふくめ4～5日。　　　　　　　　　(西部カナダ林産研究所発表 (1976))

り，乾燥初期の乾湿球温度差は1インチ材で3.5～4℃程度が常識となっており，低級材は仕上げ含水率を16％以下にしない方が抜け節の危険も少なくてよい。また板の厚い方が抜け節の心配は少ない。

乾燥初期の乾湿球温度差が厳しければ割れが発生するが，用途によって乾燥割れは問題にされないので，示されたタイムスケジュールの可否は利用対象を明確にしないと論じられない。

先のマヂソン林産研究所発表の乾燥スケジュール表では，ベイマツ材のアッパーグレイド1インチ材に対し，含水率スケジュールでは3.9℃，タイムスケジュールは3.3℃としている。

この乾燥所要時間は約4日で表4-122のカナダ林産研究所発表の4日とほぼ似た値である。両者で乾燥初期の条件が違っていて，乾燥時間が比較的似ているのは，マヂソン林産研究所のタイムスケジュールは乾燥初期の乾湿球温度差を3.3℃としているが，その期間は12時間と極めて短く，その直後に5.5℃差にしているためであろう。

表4-124はベイマツとカラマツ（ラーチ）の2インチ，ディメンション材の一般タイムスケジュールである。建築用材で乾燥後に鉋がけして寸法を揃える材料（ディメンションランバー）の乾燥であるから，一般の板材よりはかなり

表 4-127 カナダ産ベイスギ(ウェスタンレッドシーダー)材のタイムスケジュール その3

(2インチ材,ドアーなどの必要部材の木取れる板(ショップ))

必要時間(hr)	時間経過(hr)	乾球温度(°C)	乾湿球温度差(°C)	平衡含水率(%)
24	24	65	8	9.5
72	96	68	11	7.7
24	120	70	14	6.8
48	168	70	17	5.8
24	192	75	22	4.4
72	264(11日)	78	25	4.1

(西部カナダ林産研究所発表 (1976))

表 4-128 カナダ産ホワイトスプルース材のタイムスケジュール

(2インチ材,ショップ材)

必要時間(hr)	時間経過(hr)	乾球温度(°C)	乾湿球温度差(°C)	平衡含水率(%)
20	20	55	5	12.1
24	44	60	5	11.9
28	72	63	5	11.9
72	144	70	10	8.6
72	216(9日)	70	15	7.0

(西部カナダ林産研究所発表 (1976))

乱暴な乾燥条件であり,仕上げ含水率の規制も19%以下としているため乾燥時間は3日間と短い。表4-125はベイスギ(ウエスタンレッドシーダー)1インチ厚,板幅6〜12インチ材の抜け節防止用のタイムスケジュール表で,仕上げ含水率は12〜16%,かなり丁寧な乾燥条件である。乾燥日数は5日間。

表4-126は同じく1インチ材のものであるが,クリヤー材で先の表4-125よりもかなり乾燥初期条件が厳しく,11°C差としており,4時間の調湿時間を含め100hr(4.2日)と1日乾燥時間を短縮している。

表4-127はベイスギ2インチ材のタイムスケジュールで,乾燥日数は11日,仕上げ含水率は14%程度,材の規格分類はショップであるから,節が多少有っても無欠点部分からドア用長尺材のカッティングが十分できる材である。

表4-128はホワイトスプルース2インチ材,ドア用カッティング材のタイムスケジュールであり,乾燥初期の乾湿球温度差は5°Cとしているが,マヂソン林産研究所発表の含水率スケジュールでは,イースタンスプルース

(ブラック,レッド,ホワイト)2インチ材に対し,乾燥初期条件は60℃,乾湿球温度差2.8℃としている。

4-8　ドイツKeylwerth(カイルウェルス)氏の乾燥スケジュール表

　このスケジュール表はヨーロッパに産する木材を工場で乾燥する際のマニュアルとして作ったと言うより,スケジュールの構成に関する重要な研究の1つとして公表されているもので,繊維飽和点(含水率30%)以下の乾燥に対して,外周空気の平衡含水率(U_e)と被乾燥材の平均含水率(U)との比(U/U_e)を板厚,樹種によって定めた一定値(1.3～3)で乾燥を進めようとするものである。

　繊維飽和点以上の含水率域の条件や乾燥温度についてはマヂソン林産研究所のスケジュールの考え方を引用しているようである。細部については後述の項目8-6,乾燥スケジュールの考え方で述べる。

5

木材乾燥スケジュールの追究

　すでに公表されている乾燥スケジュールを改善したり，新しい樹材種の乾燥スケジュールを推定するには人工乾燥に際して発生しやすい損傷の種類と原因を十分理解し，具体的な乾燥スケジュールの修正方法を身につけ乾燥スケジュール組立の基本的な考え方を学び，最終的に乾燥スケジュールの推定技術を修得する必要がある。

5-1　人工乾燥で発生しやすい損傷の種類と対策

　乾燥スケジュールの改善や損傷の発生を未然に防ぐには，乾燥中に損傷がなぜ発生するのかを学ぶ必要がある。

　人工乾燥によって生じやすい損傷を分類して示すと図5-1となる。これらの損傷のうち，どれが重要でまたどれがあまり重要でないかと言った区別は無く，乾燥材の用途によって損傷に対する考え方は大きく異なっている。

　しかし，割れに関係した損傷は比較的よく目立ち，取り返しの付かない結果となりやすいため人工乾燥操作の中では重要視される損傷の1つと言える。

5 木材乾燥スケジュールの追究

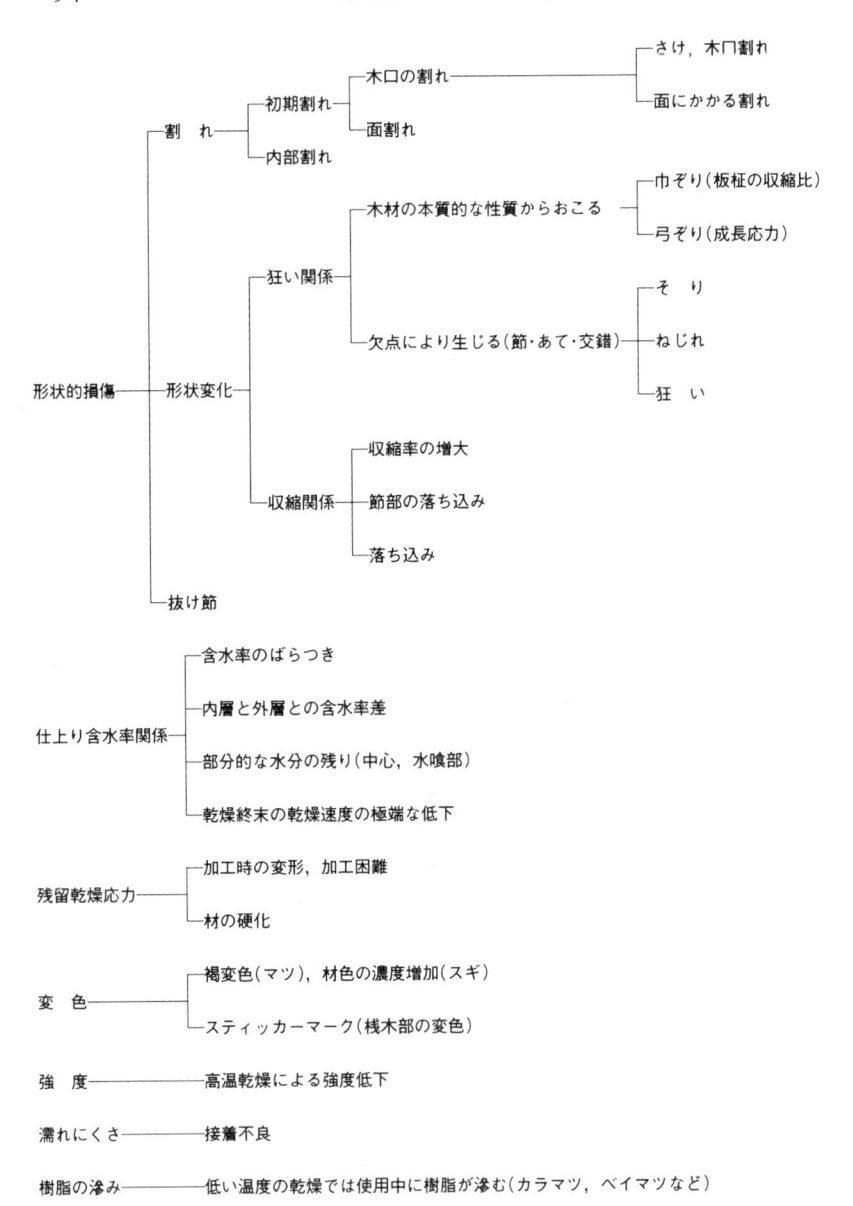

```
                                            ┌─ さけ，木口割れ
                              ┌─ 木口の割れ ─┤
                 ┌─ 初期割れ ──┤              └─ 面にかかる割れ
          ┌─ 割れ ┤             └─ 面割れ
          │      └─ 内部割れ
          │
          │                                         ┌─ 巾ぞり(板柾の収縮比)
          │               ┌─ 木材の本質的な性質からおこる ─┤
          │               │                         └─ 弓ぞり(成長応力)
          │      ┌─ 狂い関係 ┤
          │      │        │                              ┌─ そり
形状的損傷 ─┤      │        └─ 欠点により生じる(節・あて・交錯) ─┤─ ねじれ
          │ ─ 形状変化 ─┤                                  └─ 狂い
          │      │
          │      │        ┌─ 収縮率の増大
          │      └─ 収縮関係 ┤─ 節部の落ち込み
          │               └─ 落ち込み
          │
          └─ 抜け節
```

```
              ┌─ 含水率のばらつき
              │─ 内層と外層との含水率差
仕上り含水率関係 ┤─ 部分的な水分の残り(中心，水喰部)
              └─ 乾燥終末の乾燥速度の極端な低下

           ┌─ 加工時の変形，加工困難
残留乾燥応力 ┤
           └─ 材の硬化

     ┌─ 褐変色(マツ)，材色の濃度増加(スギ)
変 色 ┤
     └─ スティッカーマーク(桟木部の変色)

強 度 ──── 高温乾燥による強度低下

濡れにくさ ──── 接着不良

樹脂の滲み ──── 低い温度の乾燥では使用中に樹脂が滲む(カラマツ，ベイマツなど)
```

図 5-1 損傷の分類

5-1-1 割れ

割れには乾燥初期に発生する初期割れと，乾燥終末になって材内に生じる内部割れとがあり，両者は全く発生原因を異にしている。

a. 乾燥初期割れ

乾燥初期に発生する割れには木口の裂け，木口割れ，木口から材面にかかる割れ，単独に材面に生じる割れなどに分類される(図 5-2)。

いずれの割れも，木口部分や材表面が先行乾燥して縮むために生じるわけであるが発生する場所は樹種，乾燥条件によってかなり異なる。

割れの発生は材自体の収縮率や水分傾斜が大きいことも原因の1つであるが，表層が収縮しようとしたときにその縮みが制約されて細胞が引っ張られた状態になった際，直角方向の組織がその力を吸収するように形を変えてくれれば表面の細胞は破壊しない。別の言葉で言うとポアッソン比や破壊時の最大変形量の大きさの問題である。

木材の強さは，繊維方向≫半径方向＞接線方向と言った順番であるため，強さの面から見ても木口部分に半径方向に伸びる割れが一番出やすい。

また板目材の中央に大きな割れが1～2本発生する条件には，応力の集中と言った問題もあるため，乾燥した層がある程度の厚さになったときでないと大きな割れは発生しない。この危険な時期までに板のごく表層部の細胞が

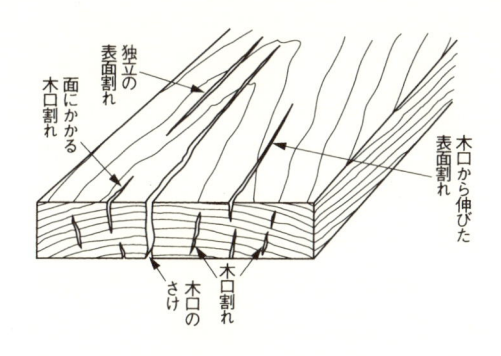

図 5-2 乾燥初期に生じやすい割れ

均一に引き伸ばされたテンションセットを作ってしまうと意外に割れは発生しにくい。ただし，高比重材でごく割れやすい材はこの限りではない。

木口部分は繊維方向への水の移動が良いため，適当な水分傾斜が生じ，木口断面内の一番弱い所に応力が集中し割れが生じやすくなると言える。

また木材の可塑性は，ある程度高温のときの方が大きくなるため，冬の5～15℃の低い温度よりも40～50℃のときの方が割れは生じにくくなる。

ただし成長応力やあてなどによって生じる繊維方向の乾燥応力は，板をそらせたり狂わす力となって，繊維と直角方向の引っ張り強さが弱いと50℃以上の温度で割れが発生する原因となる。

a-1 木口の裂けと木口割れ

人工乾燥で一番問題となり発生しやすいのが木口の裂けであり被害も大きい。原因の多くは丸太のときにすでにあった丸太木口の割れが製材した際に板の裂けとして残っているためで，これが板の乾燥と共に広がり伸びていく。裂けとは木口割れが板の表裏でつながっている状態を言う(図5-2)。

次によく発生するのが木口割れで，これも丸太のときに木口部が乾燥し，細かな割れが製材後の板の木口部に残り，人工乾燥の際に広がり本格的な木口割れや面割れとなる場合が多い。

正式に言うと木口割れは木口断面内に止まる割れを指し，面にかかる割れは表面割れと呼ぶべきものである。

木口部分が板面と比較して割れやすい原因として，木口部分の空気循環が良いためとする説もあるが，繊維方向には水分の移動が良いから特に大きな水分傾斜が付くとは考えられず，測定してみても板面より水分傾斜は小さいことから，これが主な原因とは思われない。

ナラ，ブナのように放射組織の大きい材では，放射組織の断面が木口面に長く現れ，それが割れのきっかけになりやすいと言った事実もあるが，主要な原因は先行乾燥によって木口断面内に生じた収縮に伴なって発生する引っ張り応力に対し，繊維方向に縮まって引張応力を吸収しないからであろう。

天然乾燥で乾燥の少し進んだ木口部分は新しく切断された含水率の高い木口部分よりも割れやすい。

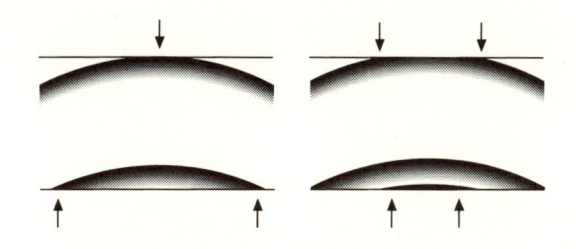

図 5-3 板の表裏で表面割れの出やすい場所の違い(矢印部)

写真 5-1 ナラ材に生じやすい特殊な表面割れ(温度 80 ℃, 乾湿球温度差 5 ℃)

a-2 表面割れ

　一般に板目材の中央付近に発生しやすいが，高比重南洋材になると柾目板にもよく発生する。

　板目材の表裏を比較したとき，辺材部に近い心材は別として割れは針葉樹，広葉樹材ともに木裏側に発生しやすい。この理由はよく解らないが木裏側の方が樹心に近く，年輪の矢高が大きく，正しい板目部分から追柾への移行が急になっていて，横引っ張り強さの弱い板目の中心部分に乾燥応力が集中しやすいためと，年輪の硬い夏材部分から軽軟な春材へ移行する関係が図 5-3 のように異なっていることに原因があるように思われる。

　割れは水分傾斜が厳しいときのみ発生するわけではなく，ナラ生材は 65 ℃ の温度で乾湿球温度差が 6～7 ℃ とか，80 ℃ の温度で乾湿球温度差が 5 ℃ の条件が最も割れやすく，それ以上の乾湿球温度差になると表面割れに限っては発生しない場合が多い(写真 5-1)。表面割れの発生に最も関係の深

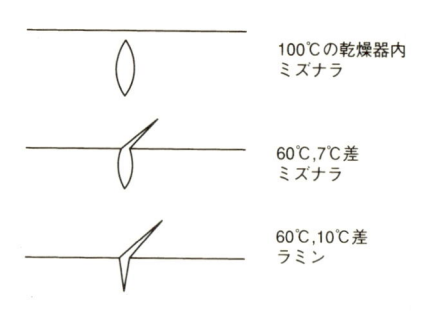

```
                              100℃の乾燥器内
                              ミズナラ

                              60℃,7℃差
                              ミズナラ

                              60℃,10℃差
                              ラミン
```

図 5-4 乾燥初期の表面割れと乾燥条件

い条件は，材の収縮率と応力集中であり，軽軟な材は南洋材を除きほとんど割れが生じない（【増補 22】 p. 735 参照）。

材が軽くなると収縮率は減少し，収縮を制約されたときの細胞自体の変形も容易となり細胞と細胞との境界(細胞間層)から破断される可能性が低くなる。

表面割れの生じやすい条件は関係湿度の低いときであるが乾燥温度との関係については多少複雑な因子がある。

同じ平衡含水率を保つ条件下で乾燥温度が高いときの割れ抑制に有利な点は，表面層の先行乾燥で表層が縮もうとしたとき，細胞の変形は高い温度の方が容易となり，割れずにすむと言う点である。しかし細胞の落ち込みの生じやすいミズナラ材では温度が高くなると細胞の落ち込みによって収縮率が増大し繊維飽和点以上の場所で表面割れが発生する危険が中途半端な湿度(乾湿球温度差5～6℃)のときに生じやすい。

こうしたときの割れ方は表面より内部の割れ幅の方が大きい(図5-4)。これに対し細胞の落ち込みの少ないラミン材などは楔形の割れとなる。

また，あまり細胞の落ち込みのない材も50℃を越すと同じ乾湿球温度差でも割れの生じやすくなる材が高比重材(バンキライなど)や針葉樹材(スロールクラハム)，イエローメランチ材などに認められる。一方心持ち柱材の場合は含水率が低くなるほど半径方向と接線方向との収縮量差が大となるため，

柱面に割れが生じやすくなるが高温乾燥すると中心部(樹心部)が落ち込み,表層の緊張が緩和され表面割れの発生が少なくなる。これは一般の板材乾燥と相違する点である。

木口から伸びた表面割れにしろ,材面に独立して生じた割れにしろ,針葉樹材のように木理の整然とした材は割れが繊維にそって走り被害が大きく,一般広葉樹材は繊維がよれているため割れは蛇行しながらゆっくり進む。

b. 乾燥末期に生じる内部割れと糸巻状変形

心持ち柱材は板材と異なり含水率が低くなるほど面割れが生じやすくなるが,一般の板材では含水率の低下により一時的に発生していた表面割れは閉鎖して見えなくなる。

乾燥後に板を横切りしたときにみられる内部の割れを内部割れ(Honeycombing)と呼ぶ。

この割れは主として板中心部の細胞の落ち込みによって生じるものであるから,細胞の落ち込みの少ない材では極めて細い1～2本の内部割れが発生する程度である。

レンズ状の大きな内部割れが生じやすい材は加熱により細胞の落ち込みが増大する際に時間影響の大きい材に多く,高い温度で乾燥したときに落ち込みが生じるような材でも,加熱時間の長さの影響を受けにくいラワン・メラ

ケヤキ
割れずに糸巻状の変形となる

ミズナラ
レンズ状の内部割れ

バロサピス
すだれ状の内部割れ

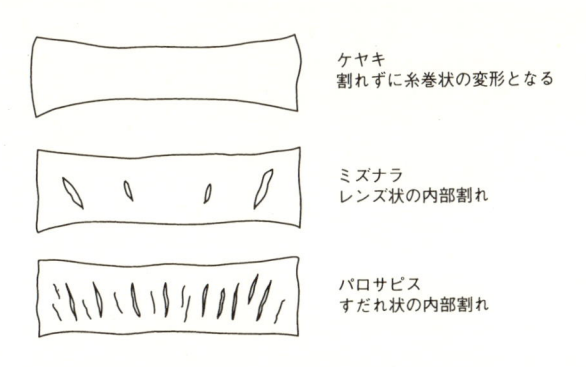

図 5-5 樹種の違いによる乾燥末期の内部割れの差

写真 5-2　甚だしい内部割れ（ミズナラ材の高温低湿乾燥）

ンチ類などでは比較的少ない。

　また材の横引張り強さの大きいケヤキ，ヤチダモ材は落ち込んだ内層が乾燥した表層を引き込んで断面が糸巻状の変形となり内部割れに進展しにくい。

　これとは対象的に南洋材のパロサピス類は細かいすだれ状の連続した割れが図5-5のように発生する。材の横引張り強さが弱いためである。

　乾燥にあたり比較的高い温度でしかも乾湿球温度差が4～5℃程度であると，表層部の1～2mmの範囲は短時間に乾燥し，この間に表層部は収縮しようとするが中心層によって引っ張られているため細胞の落ち込みは比較的少ない状態で含水率が低下する。

　これに対し中心部の乾燥は遅れ，十分長時間加熱されるため板厚2cm以上になると内部割れは生じやすくなる(写真5-2)。

　乾燥初期の温度が高く，乾湿球温度差が小さいゆっくりした乾燥の場合には，材表面も中心部も同じように細胞が落ち込むので内部割れは生じにくく，全体の収縮率が大きくなる。

5-1-2　収縮率の増大と落ち込み

　広葉樹材を生材から高い温度で乾燥すると天然乾燥を経てから人工乾燥した材より収縮率が大となる。

　収縮率の増大は放射組織の落ち込みによる場合が多いので接線方向に大きく現れ，板目材の幅方向や柾目材の厚さ方向の収縮率が増大する。

　板の断面が均一に大きな収縮をしている場合には異常収縮とか収縮率が大きくなったと言い，乾燥初期の湿度が低く断面が撥形に変形する状態を糸巻

```
        収縮率の増大


        糸巻状の変形


        落ち込み
```

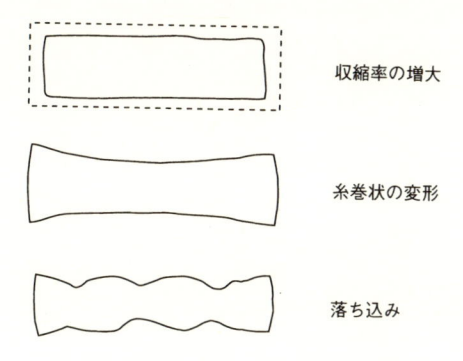

図 5-6 細胞の落ち込みによる各種の変形

状の変形と呼ぶ(図5-6)。

　また樹木の心材化の過程で部分的に細胞の落ち込みやすい年輪層とそうでない部分とがあると柾目木取りの場合に洗濯板のような(wash board like)波状の変形となり，一般にこの状態を板が落ち込んだと言う。

　以上の損傷の原因はすべて細胞の落ち込みによるものであるから甚だしいときは乾燥温度を35℃以下にして乾燥し，平均含水率が25％以下となり板の中心部の含水率が30％以下になってから温度を上昇させなければならない。

　どのような含水率のときから温度上昇させるかは歩留まりと乾燥時間，挽立寸法などによってさまざまに変化する。一般に落ち込みやすい場所は乾燥が遅いため平均含水率が低くなっていても特定の場所の含水率は高い。

　ユーカリ(*Eucaliptus* spp.)，ヒメツバキ(*Shima superba*)，レッドビーチ(*Nothofagus* spp.)材などは天然乾燥中にも落ち込みが生じ，生材から直接人工乾燥するのは危険であり，日数も多くかかる。天然乾燥で含水率が25〜20％になった頃，強い蒸煮を1日ぐらい実施し，落ち込みを復元させるリコンディショニングという操作を行う例がある。一般に樹心部は落ち込みやすい。

5-1-3 狂　　い

　そり，曲がり，ねじれなどを狂いと呼ぶ。このうち板目材が木表側にそる

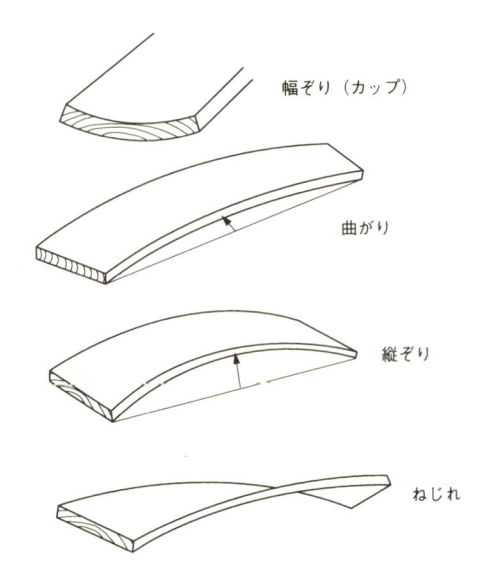

図 5-7 各種の狂い

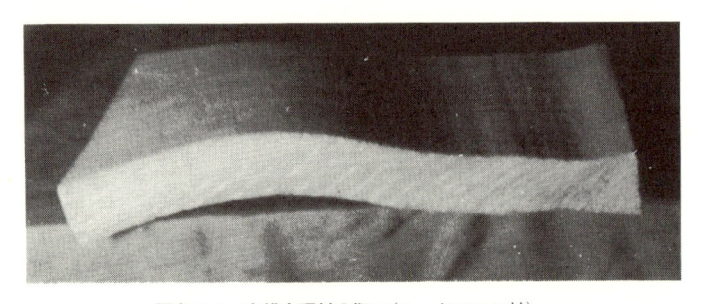

写真 5-3 交錯木理材の狂い(レッドラワン材)

幅ぞり(Cup)だけは木材の半径方向の収縮率と接線方向の収縮率比が6：10程度と異なるために発生する本質的なものであるが，この量も乾燥温度が高くなると，接線方向の収縮率が細胞の落ち込み(特に放射組織)によって大きくなり，幅ぞりも増大する。

柾目木取りの長材が往々にして辺材側を内側にして曲がる曲がり(Crook)は現場で薙刀そりなどとも呼ばれ，成長応力やあてが原因となる場合が多い

(図5-7)。

ねじれ(Twist)を含め狂いのほとんどは交錯木理や旋回木理などの繊維走行の不整による場合が多く(写真5-3)，このうち節の周囲やあてのある部分は乾燥温度が高いと狂いが大きくなる例が広葉樹材には多い。これは，あて部や節の周囲などは細胞の落ち込みが広葉樹材で生じやすいためである。

狂いやすい材は大略低い温度で圧縮を強くして乾燥する以外に救済の道はない。

針葉樹のあて材部は乾燥すると繊維方向に大きく縮み，狂いの原因となるが乾燥前に加熱処理をすると寸法が多少伸びる性質があるため，事前に蒸煮してから人工乾燥するか，含水率30％付近で中間蒸煮をすると多少とも収縮量が減少し，狂い防止上から見て有効な手段となるがすべての針葉樹材に有効であるかは疑問である。

5-1-4 抜け節

針葉樹材の人工乾燥の盛んな米国，カナダでは乾燥によって抜ける死節(Loose knot)や，生き節が甚だしく割れる(Checked knot)のを嫌っている。

あまり温度を高くせず終末の湿度を低くしないことが対策となっている。乾燥温度を60℃以下，終末の乾湿球温度差は15℃程度とすれば安全である。

5-1-5 仕上がり時の含水率むら

初期含水率の違いと水分移動の良否などによって仕上がり時の含水率が不揃いになる例は多い(図5-8)。対策には予備的な天然乾燥が一番よい。

落ち込みの生じやすい場所も乾燥が遅れる。細胞が落ち込むのは，その細胞の含水率が高く(飽水状態)，壁孔が閉鎖しているからで，細胞内の水分はほとんど移動せず周辺の細胞が低含水率になるまでそのままの状態となっている。

ベイツガやトドマツの水喰部は落ち込みとはあまり関係がないようであるが，健全材部の乾燥が終わっていても特定の部分の含水率は30％以上になっている(写真5-4，木材学会誌，vol. 31，金川靖氏(1985年))。

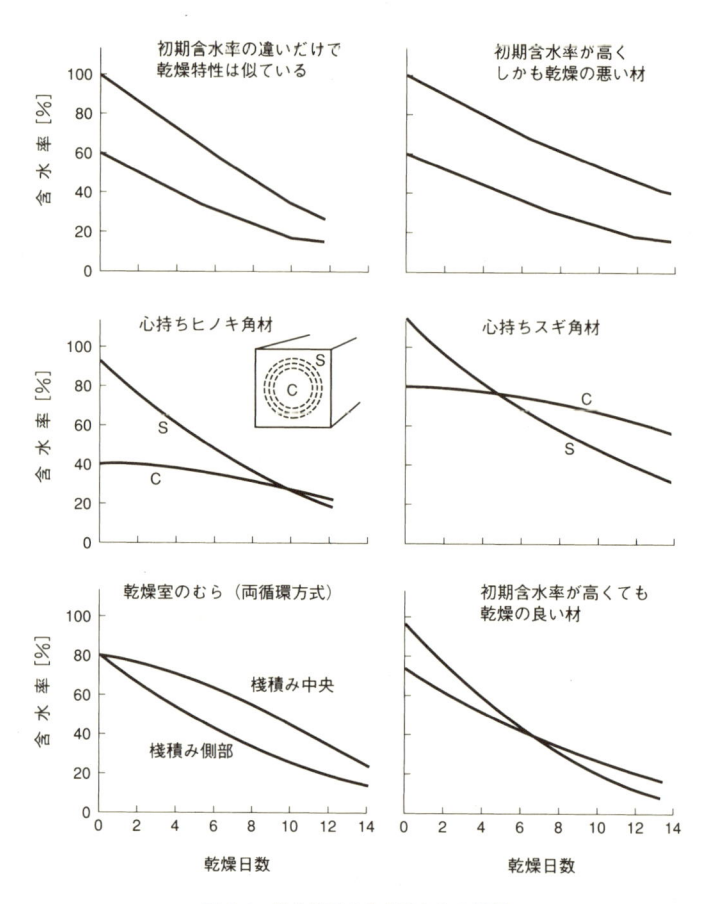

図 5-8 仕上り時の含水率むらの原因

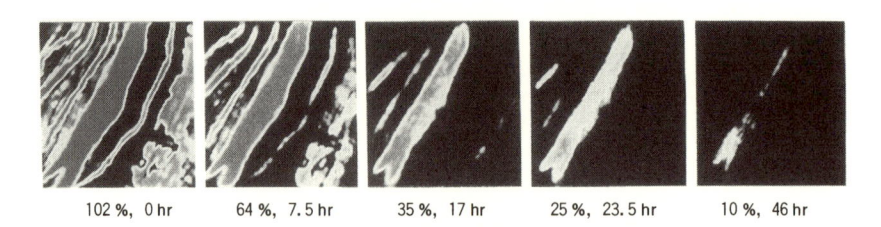

写真 5-4 X線スキャンによるベイツガ材の水喰部分の変化の観察
(10.5 cm 角材，高周波減圧乾燥。金川靖氏 (1985))

この現象に対する物理的な説明は十分できていないが対策としては平均含水率25%頃に蒸煮を実施することである。

5-1-6 乾燥速度の急低下

乾燥末期になって乾燥の進行が急に悪くなる状態がラワン材などによく見られる。この原因は樹種特有の乾燥速度の大小と言う問題よりも木材成分の濡れやすさの影響が大きいように思われる。

イスノキ (*Distylium*) やロンリアン (*Tristania*) などは高比重材であっても低含水率の乾燥速度はあまり低下せず，カバ材も良く水の抜ける材である。乾燥末期に乾燥速度が急低下する原因を正確には説明できないが，乾燥初期に表層部の含水率を急速に低下させ，材の濡れやすさを悪くしたことに原因があるように考えられる。乾燥初期に高温低湿で乾燥させず，中温多湿で蒸すような乾燥がラワン・メランチ類には適している。

乾燥速度の低下を防止するには乾燥途中で毎日蒸煮をするとよいが高比重材は割れを誘発する危険がある。

5-1-7 残留乾燥応力

乾燥初期に高温低湿にしたり，乾燥途中で乾燥を急いで湿度を降下しすぎると表層部に強いテンションセットが形成され，乾燥終了時に板を長さ方向に挽き割ったり，板の厚さを片側だけ余計削ったりするとそりが生じる。

この種の材は鋸を入れたときに鋸を締め付けたり (鋸をかむ)，プレーナーがけのときに高い音がするなどして硬い感じがするので，「表面硬化を起こしている」と言った表現も戦後までは使われていた。

現代的に表面硬化と言う言葉を解釈すれば「強い乾燥応力によってセットされた材」となろう。

表面硬化を起こすような乾燥条件で乾燥すると中心部に水が残ったり乾燥末期になって乾燥が極度に低下する場合が多い。

対策は無理な乾燥をせず，中間蒸煮を実施するか，乾燥終了時に十分調湿を行うかである。

5-1-8 変　色

どのような材も含水率の高いときに乾燥温度を高くすると材色は褐色がかる。

長い期間，水中貯木されたブナ丸太の辺材部は乾燥初期に赤褐色に変色することがあるが，表面層だけなので利用上は問題にならない(写真 5-5)。

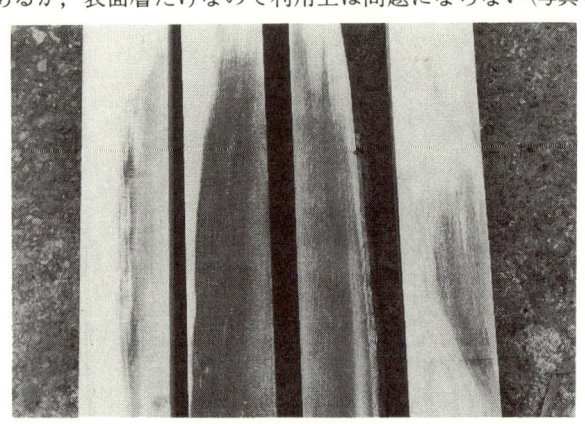

写真 5-5　ブナ辺材部の赤褐色変(白色部は偽心材部)

白色の辺材部は桟木を置いた箇所が黒ずむことがある。製材後半日ぐらい立て掛けておき表面の水気を除去するとかなり防止できる。

スギ材は含水率の高いとき，60℃以上(特に高湿)にすると材が濃赤褐色になり見苦しくなる。

ヒノキ材は40℃以上の温度になると艶が悪くなり，高級材では嫌がられる。

マツ類(米国産)は湿球温度が50℃以上になると褐色になりやすい。

変色は酸化などの化学反応や酵素による作用などさまざまであるが，あまり高い温度にしなければ防止できる。

5-1-9　強度の低下

家具用材ではほとんど問題にしていないが，生材のとき130℃以上の高い温度で乾燥された材は，粘りや強さが減り脆い感じとなる。

したがって材の用途によって制約温度はさまざまとなり，運動具のように強度や靱性を極端に要求する材は 60 ℃ 以上の乾燥温度は不適当である。

一般建築用強度部材では 80～90 ℃ までの乾燥温度では数 % の強度低下であるが，140 ℃ を越すと，強度部材としての耐久性に影響が出るように見られる。圧縮，曲げ強さの低下より，横圧縮強さの低下が大きい。

すべて含水率の高いときの温度影響が大きく，含水率が低下してからの加熱はそれほど強度的性質に影響を与えない。

5-1-10 濡れの変化

乾燥した高い温度の空気中に材を置くと，その材は水に濡れにくくなる。この傾向は材によって異なり，カバ類は影響が少なく，ラワン類は大きい。

水に濡れにくくなった材(単板など)は接着剤が塗付しにくく，接着不良を起こす心配がある。また水分移動も悪くなる。対策は中間蒸煮である。

5-1-11 樹脂の滲み

これは乾燥による損傷と言う内容でないが，除湿式乾燥室のように低い温度で乾燥すると，アカマツ，クロマツ，カラマツ，ベイマツ(ダグラスファー)材などは使用中に材面に樹脂が滲み出す心配がある。

60 ℃ 以上の高温で最初から乾燥すると，揮発性の精油が水と共に蒸発し樹脂の流動性が失われて使用中に樹脂が滲み出ることが少ない。初期蒸煮や加圧蒸煮も有効である。しかし乾燥してから高い温度をかけてもあまり効果はない。マツ類は蒸煮による樹脂固定効果がベイマツ材より劣る。

5-2 既存乾燥スケジュールの修正方法

乾燥が終了した材を乾燥室から搬出し，桟積み状態でゆっくり観察すれば，適用したスケジュールが厳しかったかどうかの判断はある程度付けられる。またさらに乾燥材を横切りしてプレーナーがけする段階になれば結果はより明瞭になる。

乾燥状態を観察するときはまず木口の裂けや割れの程度を見て乾燥初期から中期へかけての乾湿球温度差が適当であったか否かを知り，次に材の狂いと板断面の糸巻状変形の大小により乾燥温度の適否が感じ取られる。

ただし狂いについては被乾燥材の等級が強く影響し，狂いの絶対量だけからでは当てはめたスケジュールの善し悪しは決定できない(図5-9)。

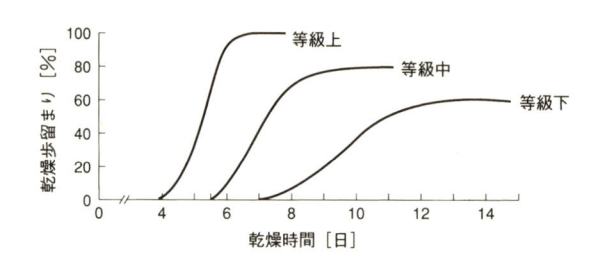

図 5-9 材の等級と乾燥日数と歩留まり

以上のような事情のため，単なる個人的観察だけに終わらず，客観的な方法で適用したスケジュールの良否を判断する必要がある。

5-2-1 乾燥経過中の乾燥応力(ひずみ)の変化による方法

乾燥初期に板表面に発生する繊維と直角方向の乾燥応力は，木口割れや表面割れと極めて関係が深い。

この値や推移が明らかになれば乾燥初期に設定した乾湿球温度差が大き過ぎたか，またどのような含水率から乾湿球温度差を開き始め事後の条件変化をどの程度にしたら良いかの大略が掌握できる。

以下に乾燥応力の推定方法を示すが，乾燥応力は直接測定できないので，乾燥応力を開放したときの変形から板材での応力を推定している．

a. 櫛型試験片による方法

やや長めの試験材(60～100 cm)を準備し，両木口は十分コーティングして他の被乾燥材と共に乾燥室に入れ，乾燥の進行に合わせ適当な時間をおき試験材の一端から約 10 cm 離れた位置から幅 2 cm の試験片を順次鋸断していき，図 5-10 のような切込みを入れ，薄片の反りを観察する．この姿が櫛に似ているのでこのような呼び名となった．薄片は切り離してもよい．

試験片を切断した残りの試験材は木口を銀ニスなどでコーティングして再び乾燥室へ戻す．

薄片が外側に反るときは表層が引張り応力を受けているときで，その量が大きければ割れの危険が大きい．

この方法は表層を切断する厚さによって反り方が違い，薄い方が大きく反るので，自分に慣れた方式によらないと毎回の反りの比較ができない．

乾燥がやや進み，大きかった反りが小さくなり始めたときから乾湿球温度差を開くようにする．

また乾燥終末に近く，含水率が 25% 以下になると，薄片が一時まっすぐになる．これを応力転換時期と呼ぶ(薄片が薄いと早い)．この含水率以降は

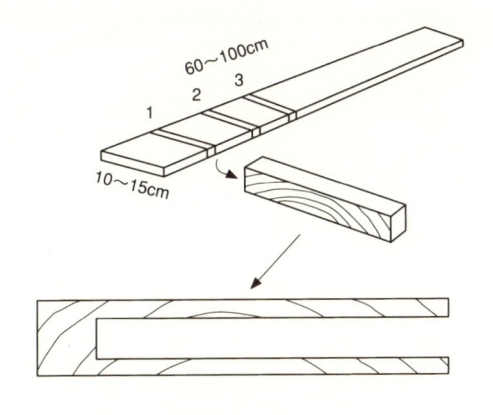

図 5-10 櫛型ひずみ試験片の作り方

どのように条件を強くしても表面割れは発生しない。

応力転換時の含水率が15％以下と言った低い材もあって，この種の材は乾湿球温度差の開き方を小刻みに注意深くゆっくりしなければならない。

乾燥終末になると薄片は内側に反るようになる。乾燥終了時の含水率8〜10％のときに，この残留応力を除去しなければならず，櫛型試験片によって応力除去の程度を調べる（コンディショニング前述）。薄片の変形が無くなり薄片がまっすぐになるか，さらに僅かに外側に反るような状態になれば応力除去の操作は終了してよい。

b．スライスメソードによる方法

長さ1mほどの試験材を準備して乾燥室内に入れ櫛型試験片と同様に乾燥

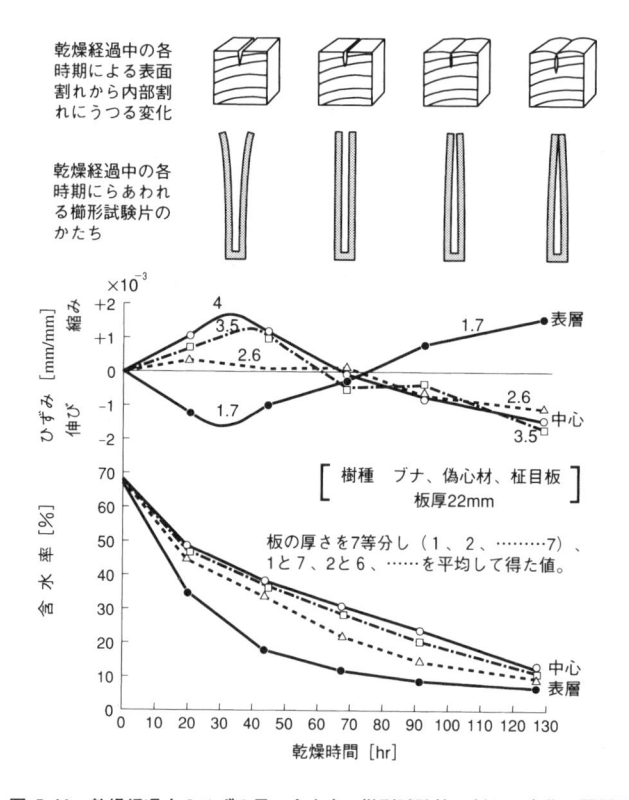

図 5-11　乾燥経過中のひずみ量，含水率，櫛型試験片，割れの変化の関係図

の進行につれて繊維方向に約 2 cm 幅の試験片を順次鋸断し，切り取った試験片は急いで板厚方向に等分線を引き 1〜5(1〜7)の印を付け，各位置の中心で板幅を正確に測定し，次に糸鋸で各層を分断し，直ちに寸法を再測定し，分断後の板幅の変化量(伸び，縮み)を調べる。

　長さが分断前より縮む層は引張り，伸びる層は圧縮の応力を受けていたことになり，ひずみで示せばそれぞれ伸びおよび縮みひずみとなる。この方法は先の櫛型試験より正確な応力(ひずみ)，分布が知れる。しかし作業が面倒なので研究室以外ではほとんど実施されていない(詳細は「8　章木材乾燥の基礎知識」の中の「8-5　乾燥応力」で述べる)。

　乾燥経過中の乾燥応力が間接的にひずみとして測定できれば，どの時点で乾湿球温度差を開き始めたら良いかの樹種特性が明確となり，安心して適切な乾燥スケジュールを組むことが可能となる(図 5-11)。

　ただしスライスメソードは細胞の落ち込みやすいミズナラ材などではあまり良い測定結果が得られない。この種の材については湿度変化の基準を乾燥応力だけに頼るのではなく，水分分布や乾燥速度の面からも湿度低下の方法を考える必要がある。

c．片面の蒸発を阻止した板の反りの量による方法(カップ法)

　考案者の西尾茂氏はカップ法と呼んでいるが，紙などの薄い材料の水分透過性を測定するカップ法と言う方式がすでに存在しているので呼び名には問題がある。

　被乾燥材の中から多少比重の高いと思われる板目材(特に指定はしていない)を選び，繊維方向に 2〜3 cm (3 cm と指定)の試験片を鋸断し，この試験片の板厚を原板の 1/2 に仕上げ，試験片の長さ(元の板の板幅)を 20 cm の定尺とし，木表側(特に指定はないが常に一定の方向にする)を残し他の 5 面には薄いアルミホイール箔(厚さ 15〜20 μm)をゴム系の接着剤で張り付け，試験乾燥機内で準備された含水率スケジュールに準じて乾燥する(図 5-12)。

　乾燥の進行につれ試験片は無被覆面を内側にして反り始め，ある時期が来るとその値は最大となりやがて徐々に減少する。

　試験片の反りが減少すれば材表層の引っ張り応力は小さくなったことになるから，この時点の含水率から乾湿球温度差を大にしても良く，その後の条

1/2の板厚にする

アルミ箔を
ゴム系接着剤で
上面だけ残して
はりつける。

乾燥スケジュールに従って
乾燥する。

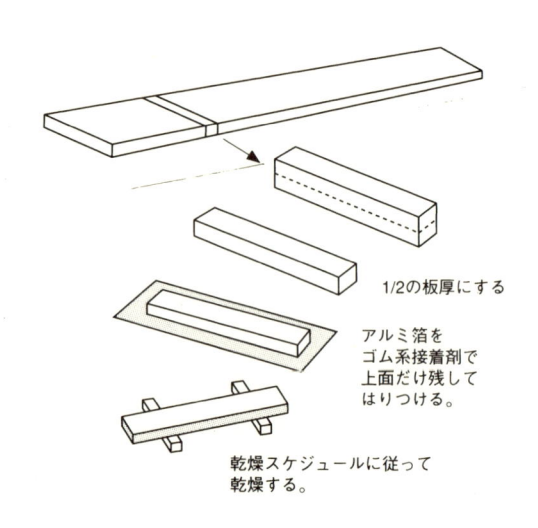

図 5-12 カップ法試験片の作り方

件変化は先の最大変形量を越さない範囲で乾湿球温度差を大にして行けば良い。

ただし一般の広葉樹材は一度最大の変形量を示した後は，かなり厳しい条件を与えても表層の最大引っ張りひずみが先の最大値を越すことはなく，反りだけの判断で条件を急速に厳しくするのは水分拡散の面から見てよろしくない。

試験片の乾燥経過と乾燥室内に置かれた桟積み材の乾燥経過とが大略同じであると，試験片を同一乾燥室内に入れておいて直接乾燥操作の参考となし得るが，一般に試験片の乾燥の方がアルミホイールの接着剤がはがれたりしてはるかに早くなることがあり，この直接方式は熟練を要する。

さらに乾燥が進行すれば乾燥末期の応力転換時期も試験片がまっすぐになることから推定される。そのときの含水率が高ければ被乾燥材は細胞の落ち込みやすい材であり，乾燥温度は終始してあまり高くしてはならない。一方，応力転換時期の含水率が低ければ乾湿球温度差の開き方に注意すべき材との

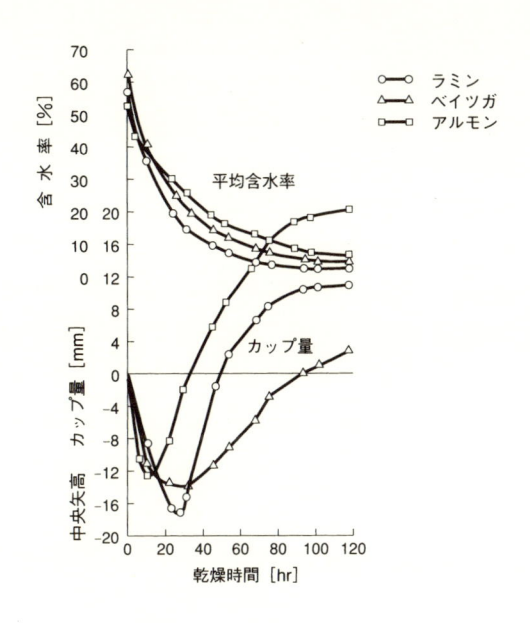

図 5-13 樹種別のカップ量変化(西尾茂氏 (1983))
心材板目. 試験片の厚さ 1.5 cm, 長さ 20 cm, 温度 60 ℃, 乾湿球温度差 20 ℃
(西尾茂：木材乾燥の実際, 日刊木材新聞 (1983))

判決が下せる.

　西尾茂氏の測定結果を図 5-13 に示す. 図の例は乾湿球温度差が 20 ℃ と言った厳しい条件であり, 実際の乾燥条件とかけ離れすぎてはいるが, 細胞の落ち込みの生じやすいアルモン材は最大カップ量(中央矢高)を示すときの含水率が一番高く, カップ量が逆転する含水率も高い. ベイツガ(ヘムロック)材はカップ量が減少する速度が遅く, いつまでも表面割れの発生しやすい樹種であることが解る. ラミン材は自由水の移動が良いためカップ量が最大となる含水率は 20 % と極端に低くなっており, この時期が過ぎるまで乾湿球温度を変化させてはいけないことを示している.

　試験結果の判断は先のスライスメソードと同じであるが, 試験材(試験片)をいちいち切断しなくても良く, 特別の測定計器も不用で, しかも連続的に乾燥応力の経過が推察できるので極めて都合がよい. ただし乾燥応力によって試験片が反るため, 本来の板材の乾燥応力の推移とは多少異なり, 時期的

に少し遅れた変化を示す。

　乾燥経過中の含水率の算出は試験片の重量と初期含水率とから求める。付着しているアルミホイールは薄いので重量増加を無視しても2～3％の含水率誤差にしかならない。

　西尾氏の提案では試験片の厚さを被乾燥材の板厚の1/2とし，長さを20cmとしているが，試験片の長さ（原板の板幅）を15cm，試験片の厚さも1.5cm程度の一定値とした方が樹種間の比較をする上で良い。

　乾燥応力の変化を連続的に求める別の方法として，岐阜大学の井阪三郎氏は西尾氏と同じように片面被覆の試験片を用い，乾燥中に発生する反りを矯正するのに必要な応力を連続的に自動測定し，その値のあまり大きくならないような乾燥スケジュールの追究を行ったが，取り扱いが面倒なため実用化に到らなかった。

5-2-2　乾燥温度の適否を調べる方法

　乾燥温度が終始して高い場合には収縮率の増大が生じ，狂いも多くなり歩留まりは低下する。また温度が高くなると，乾湿球温度差が同じでも，高比重材では割れが発生しやすくなり，細胞の落ち込みやすい広葉樹材は内部割れや断面の糸巻状の変形が発生しやすくなる。人工乾燥における収縮率の増大は，板厚や板幅の実寸の減少問題以外に狂いの増加による歩留まり低下となる。

　乾燥温度の高低による収縮率の違いを明確にするには，スケジュール用試験材を木取る際に，試験材両端から2cm幅の小試験片を，初期含水率測定用の小片と連続して1枚ずつ取り（図5-14），試験材の方は板の中央部，試験片も小片の中央で板幅と板厚を測定し，試験材は乾燥室へ移し，収縮率測定用の試験片は室内で天然乾燥する。試験材両端の含水率測定用試験片は直ちに全乾とする。

　試験材の中央部厚さは板の両側面の厚さの平均値とする。

　乾燥室に入れた試験材はその後，常法にしたがって重量測定を続け，含水率換算して乾燥室内の条件変化の役に供するが，乾燥が終了した時点で重量測定を行った直後に，生材時に寸法を測定した位置を中心にして2cm幅の

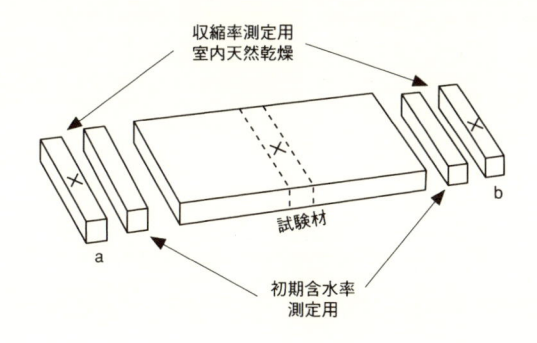

図 5-14 乾燥条件の違いによる収縮率の比較方法

　試験片を鋸断し重量測定後に板厚，板幅を測定し，乾燥器内で全乾とし最終の正確な含水率を求めると同時に寸法測定して全乾時の収縮率を求める。

　一方，室内で天然乾燥をしている小試験片は乾燥が遅いので含水率20％まで乾燥するのに15日程度かかる。

　重量が安定した頃に寸法を測定し，これを60℃の乾燥器内で1日程かけて乾燥し，重量と寸法を測定して100℃に調整した乾燥器内で全乾とし，最終的に全乾時の寸法を測定する。

　収縮率の表示は生材寸法を基準とし，気乾収縮率(含水率15％時)と，全収縮率(全乾時)とがあり次の式で計算される。

$$気乾収縮率 = \frac{生材寸法 - 含水率15\％時の寸法}{生材寸法} \times 100 \ [\％]$$

$$全収縮率 = \frac{生材寸法 - 全乾時寸法}{生材寸法} \times 100 \ [\％]$$

　含水率15％時の寸法を正しく求めるのは困難であるため，全乾収縮率で両者を比較し，その収縮率増加比率が20％以上あるときには乾燥温度を少し下げる必要がある。

　この問題は挽立寸法や乾燥材の横切り長さ，原板価格，1日当たりの乾燥費などによって異なるため，具体的な数値を出すには各工程の代表者と協議しなければならない。

表 5-1 人工乾燥材と天然乾燥材との収縮率の比較

(試験材：板目材)

測定項目 / 測定時	試験材の寸法測定位置					
	重量(g)	含水率(%)	厚さ		幅	
			寸法(mm)	収縮率(%)	寸法(mm)	収縮率(%)
生材時	—	—	27.40	0	156.0	0
人工乾燥後切断時	26.2	9.2	26.20	4.4	144.3	7.5
天然乾燥後	—	—	—	—	—	—
60℃乾燥後	—	—	—	—	—	—
全乾時	24.0	0	25.80	5.8	140.4	10

測定項目 / 測定時	試験片 a*					
	重量(g)	含水率(%)	厚さ		幅	
			寸法(mm)	収縮率(%)	寸法(mm)	収縮率(%)
生材時	38.7	58	27.40	0	155.5	0
人工乾燥後切断時	—	—	—	—	—	—
天然乾燥後	29.4	20	26.95	1.6	151.5	2.6
60℃乾燥後	25.4	3.6	26.25	4.1	144.5	7.2
全乾時	24.5	0	26.15	4.5	142.5	8.4

測定項目 / 測定時	試験片 b*					
	重量(g)	含水率(%)	厚さ		幅	
			寸法(mm)	収縮率(%)	寸法(mm)	収縮率(%)
生材時	40.5	62	27.40	0	156.0	0
人工乾燥後切断時	—	—	—	—	—	—
天然乾燥後	30.5	22	26.85	2.0	152.3	2.4
60℃乾燥後	25.8	3.2	26.15	4.5	145.4	6.8
全乾時	25	0	26.05	4.9	144.2	7.6

測定項目 / 測定時	試験片平均		
	含水率(%)	収縮率(%)	
		厚さ	幅
生材時	60	0	0
人工乾燥後切断時	—	—	—
天然乾燥後	21	1.8	2.5
60℃乾燥後	3.4	4.3	7.0
全乾時	0	4.7	8

全乾時収縮比(人工乾燥／天然乾燥)が厚さで1.23, 幅で1.25倍と少し大きい例。
＊ 図5-14参照。

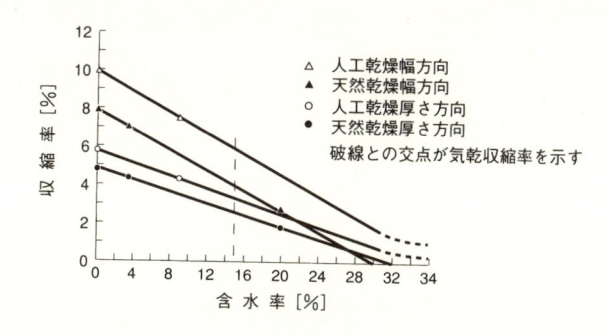

図 5-15　乾燥条件の違いによる収縮経過（板目材）

測定結果を模式的に板目材について示せば，表 5-1 や図 5-15 となる。図 5-15 の破線位置の収縮率が気乾収縮率である。供試材は正確な板目あるいは柾目材の方が他の結果との比較が行えてよい。

5-2-3　乾燥時間の適否を調べる方法

乾燥温度を高め，乾湿球温度差を大とすれば乾燥速度は大きくなり，乾燥時間が短縮するはずであるが歩留まり低下も大きくなる。さらに条件の悪いときには乾燥時間がかえって長引くことすらある。

乾燥末期になって，含水率の降下速度が思わしくないのは，乾燥初期から中期にかけて乾湿球温度差が大きすぎたためで，ラワン・メランチ材や，比重があまり高くないのに乾燥の悪いブナ偽心材などによく起こる現象である（図 5-16）。

このようなときには1時間程の中間蒸煮(80～90℃程度)を実施すると，その後の乾燥速度が上昇する例も多いが基本的には乾燥初期の含水率降下をあまり急がないことである。

また乾燥終了時に乾燥の遅れている材を切断してみると，板の中心部がはっきりと水で濡れているような乾燥の仕方はよろしくない。針葉樹材の中には乾燥温度を 100℃ まで上昇しても，90℃ 程度の温度のときと乾燥時間があまり違わない樹種もあるため，一応こうした事実も頭に入れておく必要がある。

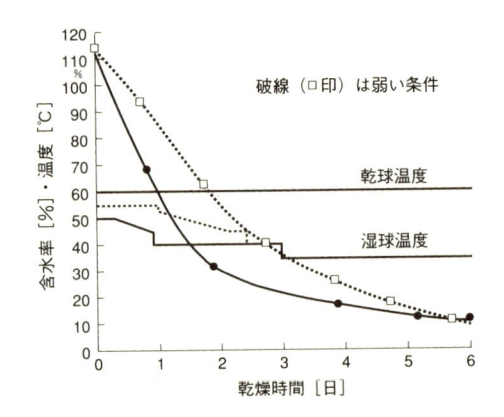

図 5-16 乾燥初期条件(2.4日まで)の違いによる乾燥経過の差(ブナ偽心追柾材 2.3 cm 厚)

　南洋産広葉樹材のグメリナ(Gmelina, クマツヅラ科)材は乾燥末期の温度を80℃以上にすると乾燥速度が急に大となる.含有樹脂の成分に関係しているとも考えられるが,他の樹種ではあまり見られない現象である.

　比重が高いにもかかわらず,含水率25%以下の乾燥速度があまり低下しない材はイスノキ(Distylium),ロンリアン(Tristania)である.

5-3 未知の材に対する乾燥スケジュールの推定方法

乾燥スケジュールの推定とは，すでにでき上がっている温湿度組み合わせ表（例えばマヂソン林産研究所発表のスケジュール組み合わせ表）の中から被乾燥材に適合していると思われる条件を選出する仕事である。

材の比重から表 5-2 を使って乾燥初期条件や終末最高温度を知り，温湿度

表 5-2 乾燥条件と全乾比重や板厚との関係（心材）

厚さ(cm)	温湿度(℃)	全乾比重							
		0.35	0.4	0.45	0.5	0.55	0.6	0.7	0.8
2.0	初期温度 初期温度差 終末温度	72 8.5 80〜90	65 7.0 75〜90	62 5.5 70〜75	58 4.5 70〜75	54 4.0 70〜75	48 3.5 65〜70	45 2.8 60〜65	42 2.5 55〜60
2.5	初期温度 初期温度差 終末温度	69 7.5 75〜90	63 6.0 70〜75	59 5.0 70〜75	56 4.0 70〜75	53 3.6 70〜75	47 3.3 65〜70	44 2.6 60〜65	42 2.3 55〜60
3.0	初期温度 初期温度差 終末温度	67 6.7 75〜90	62 5.5 70〜75	58 4.6 70〜75	54 3.7 70〜75	51 3.3 70〜75	45 3.0 60〜65	43 2.4 60〜65	42 2.1 55〜60
4.0	初期温度 初期温度差 終末温度	63 5.7 70〜75	58 4.5 70〜75	55 4.0 70〜75	52 3.3 70〜75	49 2.9 65〜70	44 2.6 60〜65	42 2.1 55〜60	41 1.9 55〜60
5.0	初期温度 初期温度差 終末温度	61 4.8 70〜75	56 4.0 70〜75	53 3.5 70〜75	51 3.0 70〜75	47 2.7 65〜70	43 2.4 60〜65	42 2.0 55〜60	41 1.8 55〜60
6.0	初期温度 初期温度差 終末温度	59 4.2 70〜75	55 3.5 70〜75	52 3.2 70〜75	49 2.7 65〜70	46 2.5 65〜70	42 2.3 55〜60	41 1.9 55〜60	40 1.7 55〜60
8.0	初期温度 初期温度差 終末温度	55 3.5 70〜75	51 3.1 70〜75	49 2.7 65〜70	47 2.3 65〜70	44 2.2 60〜65	41 2.1 55〜60	40 1.8 55〜60	39 1.6 55〜60
10	初期温度 初期温度差 終末温度	52 3.0 70〜75	49 2.7 65〜70	45 2.5 60〜65	44 2.1 60〜65	42 2.0 55〜60	40 1.9 55〜60	39 1.8 55〜60	38 1.6 55〜60

特に個性の強い材を除いた広葉樹（板・柾混材）の平均的な値で針葉樹材に対しては温度を少し高く，乾湿球温度差は逆に少し小さ目とする。材間風速 1.5 m/sec，風上側の条件

表 5-3 乾燥初期条件と条件変化の違い

材質 乾燥性 板厚(cm)	問題の少ない材			広葉樹材 主として割れの発生に注意する材				板の中心に水分の残りやすい材（自由水の移動性の悪い材） 糸巻状変形の生じやすい材					
	軽軟低比重材 高含水率材	やや比重の低い材	中比重の材	やや比重が低く少し割れやすい材	中比重で多少割れやすい材	比重が高くかなり割れやすい材	高比重で極めて割れやすい材	軽軟で割れ狂いの少ない材	すじ状の落ち込みや断面の糸巻状変形の少ない材	多少割れが生じやすい材	割れの余り生じない材	かなり割れが生じやすい材	相当割れやすい材
1.7～2.3	70～75 A 8～9	60～65 A 5～7	60～65 A 4.5～5	60～65 B 4.5～5	50～55 B 4～4.5	45～50 C 3～3.5	42～45 C 2～2.5	60～65 B 5～6	55～60 B 3.5～4	50～55 C 3～3.5	50～55 B 4～4.5	50～55 B 3.5～4	45～50 B 3～3.5
2.5～2.8	65～70 A 6.5～7.5	55～60 A 4～5	50～60 B 3.5～4	55～60 B 3.5～4	47～50 B 3～3.5	42～45 D 2～2.5	38～42 D 1.8～2.0	55～60 C 4～5	50～55 C 3～3.5	45～50 C 3.5～4	45～50 C 3.5～4	45～50 C 3～3.5	40～45 C 2～2.5
3～5	60～65 B 5～6.5	50～55 B 3.5～4	46～48 C 3～3.5	50～55 C 3～3.5	44～47 C 2.5～3	40～42 D 1.8～2	38～40 D 1.5～1.8	50～55 C 3.5～4	45～50 C 2.5～3	40～45 C 2.5～3	40～45 C 2.5～3	40～45 C 2.5～3	38～40 D 1.8～2
6～8	55～60 C 4～5	45～50 C 3～3.5	42～46 C 2.5～3	45～50 D 2.5～3	40～44 D 2～2.5	38～40 D 1.8～2	38～40 D 1.5～1.8	45～50 D 3～3.5	40～45 C 2～2.5	38～40 C 2～2.5	38～40 C 2～2.5	38～40 C 2～2.5	38～40 D 1.8～2
9～12	50～55 C 3～4	43～45 D 2.5～3	40～42 D 2～2.5	43～48 D 2～2.5	38～40 D 1.8～2	38～40 D 1.8～2	38～40 D 1.5～1.8	43～45 D 2.5～3	40～45 D 1.8～2	38～40 D 1.8～2	38～40 D 1.8～2	38～40 D 1.8～2	38～40 D 1.5～1.8
生材含水率(%) 適用樹種	100～130 サワグルミ、アオハダ、ホオノキ、プラ、ブライ	70～90 セン、トチノキ、ハンノキ、カツラ、ジョンコン	60～80 オニグルミ、マカンバ、ヤチダモ、ホワイトメランチ、（Anthoshorea）	70～90 ホオノキ	50～70 ケヤキ、サクラ、クリ、ホワイトラッシュ	50～60 シラカシ、カブール、クルイン	35～45 イスノキ、バストック、ケラット、（Eugenia）マラス	190～250 （キリ） [増補5] 参照	60～70 ホワイトラン （Pentacme）	50～70 アルモン、アナビス、アピトン	70～90 クルイン、ある種、ブジック、バロサイビス	50～60 クレインのアカガシ

注：心材板が対象、短尺材やコア材のような特殊な乾燥条件でない。但し心材も柱材は柱材は辺材の一部が含まれる。材間風速1.5 m/sec。
上の数字は乾球温度（℃），下の数字は乾湿球温度差（℃）中間のA～Dは乾湿球温度差スケジュール（表5-12～表5-15）。

表5-3 つづき

板厚(cm) / 材質乾燥性	広葉樹材 材の中心に水の残りやすい材(自由水の移動性の悪い材)			広葉樹材 糸巻状変形や筋状の落ち込みや板材に筋かいに高含水率部の残りやすい材					針葉樹材 含水率50%前後の材				針葉樹材 含水率の高い材	
	割れの余り生じない材 中比重余り狂わない材	やや割れやすく、狂うの余りない材		軽くて狂い生じやすい材	割れの余り生じない材	やや割れやすい、狂う材	かなり割れやすい生材	非常に割れやすい材	極めて乾燥容易で、ほとんど割れない材	乾燥容易で余り割れない材	乾燥容易で少し遅く、余り割れは出ない材	かなり割れやすい材	落ち込みや割れやすい材	乾燥容易や辺材部
1.7~2.3	50~55 B 4~5			65~70 A 6~7	50~55 B 3.5~4.5	45~50 B 2.5~3	42~47 B 2~2.5		75~80 B 8~10	70~75 B 6~7	65~70 B 5~6	60~65 B 4~4.5	50~55 C 4~4.5	80~90 B 9~12
2.5~2.8	48~50 C 3.5~4			60~65 B 4~6	45~48 C 3~3.5	45~48 C 2.3~2.5	40~43 C 2~2.3		70~75 C 6~7	65~70 C 5~6	60~65 C 4.5~5	55~60 C 3.5~4	45~50 C 3.5~4	75~80 B 8~10
3~5	43~48 C 3~3.5			55~60 B 3.5~4	40~45 C 2.8~3	40~45 C 2.3~2.5	38~40 C 1.8~2		65~70 C 5~6	60~65 C 4.5~5	55~60 C 3~3.5	50~55 C 2.7~3.3	45~50 C 3~3.5	
6~8	40~43 C 2.5~3			50~55 C 3~3.5	38~40 D 2.3~2.5	38~40 D 2~2.5	38~40 D 1.8~2		60~65 D 3.5~4	55~60 D 3.5~4	50~55 D 2.2~2.7	45~50 D 2~2.5	40~45 D 2.5~3	
9~12	38~40 D 2~2.5			45~50 C 2.5~3	38~40 D 2~2.5	38~40 D 1.8~2	38~40 D 1.5~1.8		55~60 D 3~3.5	50~55 D 3~3.5	45~50 D 2~2.3	38~40 D 1.7~2	38~40 D 2~2.5	
生材含水率(%) 適用樹種	60~90 ニャトー	60~80 イタヤカエデ、ハルニレ、ブナ偽心、タブ、クス	80~110 アカシナ(コア用)		60~80 北海道産ミズナラ		60~80 イチイガシ、ホワイトオーク、本州産ミズナラ、シイ、コナラ、カキ		50~70 アカマツ、クロマツ	40~60 ドドマツ、サワラ、ヒノキ、トドマツ、低比重モミ、低比重ベイスギ	40~60 ベイマツ、スプルース、良質のベイスギ、モミ、オウシュウアカマツ、ウォルナット、レッドパイン	40~60 カラマツ、ベイマツ、硬いベイモミ、オウシュウアカマツ	90~150 高含水率の黒心のスギ	100~200 厚材の木取りはない スギ、ヒノキの日本

注：心材板材が対象。短尺材やコア材のような特殊な乾燥条件ではない。但し持ち柱材は辺材の一部が含まれる。材間風速 1.5 m/sec。建築用材は色艶の点で乾燥初期温度を 40℃以下とする。マツ類は材色の変化を配慮すると 55℃以下とする。中間の A～D は乾湿球温度差のスケジュール(表5-12～表5-15)。
上の数字は乾球温度(℃)、下の数字は乾湿球温度差(℃)。

表 5-3 つづき

材質\乾燥性 板厚(cm)	針葉樹材					建築用心持ち柱材 (11×11cm)	
	合水率が高く、合水率むらも大きく仕上がり合水率のむらが大きい材					低合水率材	高合水率材
	あまり割れない材	やや割れやすい材	割れやすく狂いやすい材				
1.7~2.3	65~70 B 5~6	60~65 B 4~4.5	55~60 B 3.5~4				
2.5~2.8	60~65 B 4~5	55~60 C 3.5~4	50~55 C 3~3.5				
3~5	60~65 C 3.5~4	55~60 C 2.5~3.5	50~55 C 2.5~3				
6~8	55~60 D 3~3.5	50~55 D 2.5~3	45~50 D 2~2.5				
9~12	50~55 D 2.5~3	40~45 D 2~2.5	40~45 D 2~2.5			38~40 C 2.5~3	40~50 D 2~2.5
生材含水率(%)	90~150 スギ	90~100 比重の高いヒイモミ、比重の高いヘイツガ	60~100 ベイツガ低質材			40~50 ヒノキ柱役物 背割りなし	90~150 スギ柱役物 背割りなし
適用樹種							

注) スギ、ヒノキの日本建築用材は色艶の点で乾燥初期温度を 40℃以下とする。マツ類は材色の変化を心配するときは 55℃以下とする。上の数字は乾球温度(℃)、下の数字は乾湿球温度差(℃)中間の A~D は乾湿球温度差のスケジュール(表 5-12~表 5-15)。

の組合せ表の中から適当な値を選出するのも1つの方法であるが，比重が同一であっても割れや細胞の落ち込みが発生しやすかったり乾燥の遅い材がある一方で全くその逆の樹種もある。

樹種別の乾燥特性は同一属内ではある程度似ているから表5-3を見れば比重だけに頼る場合よりははるかに正確な結果が得られる。しかし実際の乾燥操作になると同じ樹種名の材であっても乾燥の容易な材や割れやすく，かつ細胞の落ち込みの生じやすい材があるため，何らかの方法で被乾燥材の乾燥特性を明確に知る必要がある。

以下に説明する内容は主として乾燥初期の温度と乾湿球温度差や乾燥終末の温度を推定しようとするものである。

5-3-1 彫刻刀による推定方法

乾燥初期に発生する割れの程度は，材の収縮率と繊維に直角方向の最大破壊ひずみの大小によって大略決定され，生材面を繊維と直角方向に薄く切削したときの裏割れの程度，すなわち切片の湾曲の大小で判別できる。この方法は簡便であるが精度は高い。

具体的な方法はプレーナーがけした生材の板目面を図5-17のような刃先の彫刻刀で写真5-6のように削ればよい。結果を写真5-7に示す。

切削片の湾曲の程度と乾燥初期条件との関係は表5-4である。

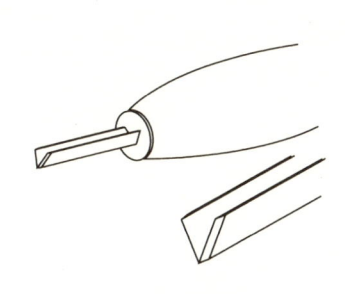

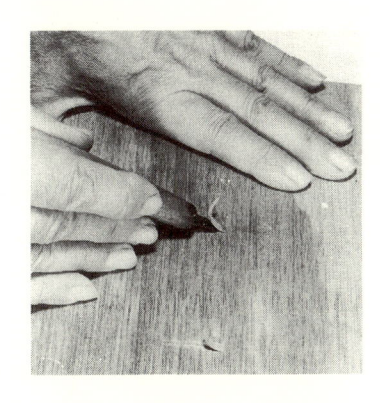

図 5-17 彫刻刀の形   写真 5-6 彫刻刀による切削方法
                                    （板目材使用）

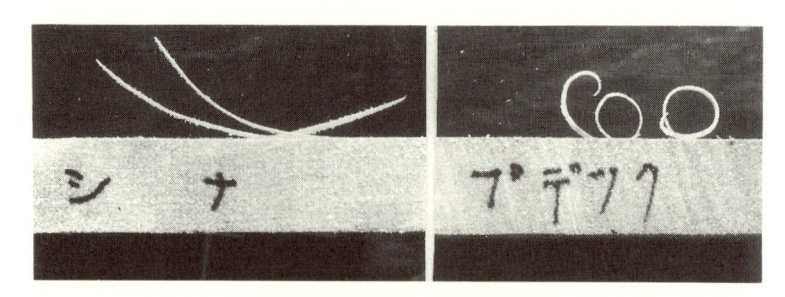

写真 5-7　彫刻刀による試験結果
(左：割れの心配のないシナノキ材(*Tilia*)，右：割れやすいプジック材(*Anisoptera*))

表 5-4　彫刻刀による乾燥初期条件の決定法

(板厚 2.7 cm の板・柾混材用)

板目材面の切削片の直径(cm)	乾燥初期条件	
	乾球温度(℃)	乾湿球温度差(℃)
0.5	43	1.5〜2.0
1	45	2.0〜2.5
2	50	2.5〜3.5
5	55	4〜6
10 以上	65	8〜10

5-3-2　急速乾燥による推定法(100 ℃ 試験法)

木材が乾燥される過程でどのような表情を示すかを知るには，小さな材料でもよいから生材を乾燥してみることが一番手っとり早く確実な方法である。

乾燥する条件も難しく考えれば色々の温湿度と言うことにもなろうが，手元にある器具を使うとすれば恒温乾燥器を 100 ℃ に調整した中で乾燥してみるのが一番簡単である。

乾燥している木材の表情を単に観察するだけならば試験材の初期含水率を測定するときに使う繊維方向 2 cm ほどの小試験片でも不可能ではない。

しかし，こうした不定形な試料では再現性に乏しく数的な表示もできず，経験の浅い者にとっては判断に迷う心配がある。

そこで供試材の木取りや寸法を規定し，測定する項目や測定方法を定めておけば再現性も高く極めて好都合となる。この方法では 2 cm 厚，幅 10 cm 長さ 20 cm の板目生材を用いる。測定に際しては被乾燥材がどの程度に割れ

やすく，加熱乾燥に対し，どのくらい細胞の落ち込みが生じやすく，乾燥後に板の断面が糸巻状に変形し，ときには内部割れが発生したり，柾目板に筋状の落ち込みが認められるのかを過去の経験に照らして等級づけ，1インチ材(生材寸法2.7cm)の乾燥スケジュールを推定しようとするもので約2日間で結果が得られる。

　この試験方法の不備な点は，乾燥条件が100℃の乾燥器内と言う特定の一条件下だけの測定で終わることである。

　乾燥割れや細胞の落ち込みと言った現象は，乾燥条件の厳しさに比例して発生するわけではなく，ある特定の条件を越えると急に発生するものであり，その特定条件も樹種によってさまざまに変化する。

　したがってある材を100℃の乾燥器内で乾燥したときの割れや断面の糸巻状変形，内部割れが極めて甚だしくても乾燥温度を60℃程度に降下させると急に減少する材がある一方で，高温時の損傷が比較的わずかであっても，温度の低いときも同じように現れる例も少なくない。

　針葉樹材の割れは100℃の低湿条件下で多発するが，乾燥条件を少し緩めると急に減少する性質のものである。

　また乾燥時間の推定については，100℃の乾燥器内で試験材の含水率が1％になるまでの所要時間と材の損傷の程度とから算出する仕組みとなっているが，乾燥温度100℃の中で試験材の含水率が1％になるまでの時間と，通常の乾燥温度の下での乾燥時間とが比例関係になっているとは言えない樹種もあるので，上記の損傷発生の温度依存性と合わせ乾燥時間の推定精度を悪くしている。

　今後この方式を改善する人が現れたら，試験材に柾目板を加え，乾燥条件として70℃あたりを1つ追加し，乾燥時間の推定のために試験材の含水率が1％まで乾燥する時間を用いず，含水率3～5％のある含水率にした方が測定精度の点で良いと思う。

a. 試験方法

まず試験材用原板を選出し記入用紙を準備する。

a-1 試験材の大きさと木取り

試験材には板目生材を使うが被乾燥材を代表する平均的な材質と言うより，

多少硬く含水率の高めの材(多くの場合心材)がよい。また含水率がすでに低下し，生材含水率の1/2以下になっているような試験材による生材用スケジュールの推定はよくない。

板目試験材は丸太半径の中間位置ぐらいから製材された板がよく，樹心に近づくほど乾燥による落ち込みや割れの発生率が大となり，推定条件は緩やかになる。

試験材は一応無欠点材の方がよいが，小節などの存在は問題にならず，節の近くの乾燥後の凹凸の程度はスケジュール修正の参考となる。

試験材の寸法は厚さ2 cm，幅10 cm，長さ20 cmとし，板幅や材長は多少小さくてもよいが，板厚は正確に2 cm厚にプレーナー仕上げし，木口は目の細かい鋸で鋸断し，木口割れが発生したときよく見えるようにする。

乾燥中は木口部分の割れの観察が重要であるから，すでに木口部の乾燥しているような試験材や割れのあるものは使ってはならない。試験材ができ上がれば乾燥試験に入るが，6時間ほどの間は一定時間ごとに観察・測定しなければならないので乾燥は午前中から開始した方がよく，それまではビニールシートに包んで涼しい場所に保管しておく。木口部を乾燥させたり水に入れて吸水させてはいけない。

a-2 試験の進め方

試験に先立ち，記録用紙(野帳)を準備する。得られた結果は保管しておく必要があるからノート形式でもよいが，記入するときは1枚の紙の方が使いやすく，ルーズリーフ形式か，測定が終わってから紙を綴れるようにしておくとよい。

記入方法をハルニレ材を例に表5-5に示す。重量測定時に木口部の割れをスケッチするため，図を入れる場所の間隔は十分空けて書き込むと都合がよい。

正確に乾燥温度を100~105 ℃に調整しておいた乾燥器内に試験材を図5-18のように列べる。底の電気ヒーターや側壁にあまり近付けてはいけない。大型の乾燥器では上下2段に入れてもよいが，材の横間隔は3 cm以上の空間を設ける。

最大の割れを示す時期は試験材の初期含水率が低ければ早く(1~2時間)，

表 5-5 乾燥スケジュール推定用野帳例

(樹種ハルニレ,試験材番号 N-1,平成 6 年 5 月 23 日～26 日)

時刻 (日)	時刻 (時)	時間経過(hr)	重量(g)	含水率(%)	備　　考
23	10：00	0	352.8	88.4	
	11：00	1	333.5	78.1	割れなし,木口まだぬれている
	12：30	2.5	289.0	54.5	木口割れ 17 本
	13：30	3.5	267.0	42.6	ややつまる方向
	14：30	4.5	252.7	35.0	かなりつまる
	17：30	7.5	222.4	18.9	割れなし
24	9：30	23.5	188.4	0.6	
	14：30	28.5	187.8	0.3	
25	10：30	48.5	187.3	0.05	
	16：15	54.5	187.2	0.05	
26	10：00	72.0	187.15	0.00	

初期割れ,No.2,内部割れなし,No.1,A：19.64 mm,B：18.10 mm,差 1.54 mm,断面の糸巻状変形 No.5。

含水率が高く乾燥の容易な材でも 3～4 時間以内に到来する。この時刻に雑用が入らない時間帯を選んで乾燥を開始する。

　乾燥開始後 1 時間では割れはほとんど発生しないから手早く重量だけを測定する。

　乾燥開始後の 2 時間たった頃から割れが発生するので,まず重量を測定し木口面の割れと,面にかかる割れ,裂け,材面の割れなど(図 5-19)を区分して素早く数え,試験材は乾燥器に戻し,その後で割れのようすを記憶に基づいて野帳に描き込み,図 5-20 の割れの程度の分類にしたがって割れの段階(No)を記入しておく。割れの観察はどちらか一方の木口面の割れの甚だしい方だけでよい。

　次の 1 時間後には割れの様子は大体増大するが縮小する場合もある。細胞の落ち込みの生じやすい材は,この頃から割れが縮小し始め,割れやすい材や針葉樹材は乾燥開始後 3～4 時間あたりのときの割れが最大となる。

　先回と同様に重量を測定し,割れの数を記入し,割れの様子を描くと同時

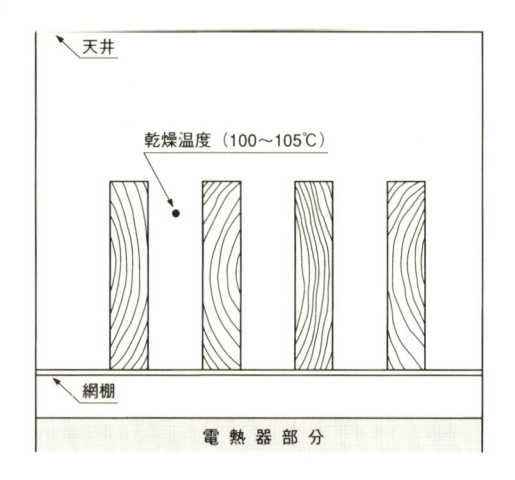

図 5-18 試験材のならべ方

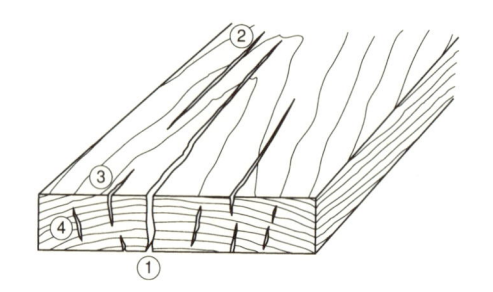

図 5-19 初期割れの種類(割れの甚だしい一方の木口のみでよい)

① 木口のさけ
② 独立した面割れ
③ 木口から伸びた面割れ
④ 木口割れ

に割れの程度のランクも書き込む。

　もし割れが縮小しておれば本数だけ書き込み，図は描かなくてもよい。
　要するに，乾燥初期に現れる木口割れや表面割れの最大値を確認する作業であるから割れが縮小し始めれば後は重量測定のみとなり，測定は3～4時間おきでよく乾燥開始から7時間もすれば退社時刻となるので宿直者に重量測定だけ依頼するか，それが不可能であれば翌朝まで重量測定はしなくてもよい。翌朝は朝，昼，夕の3回重量測定をする。
　3日目の朝には重い材でも全乾となる。全乾重量の確認は重量変化が無く

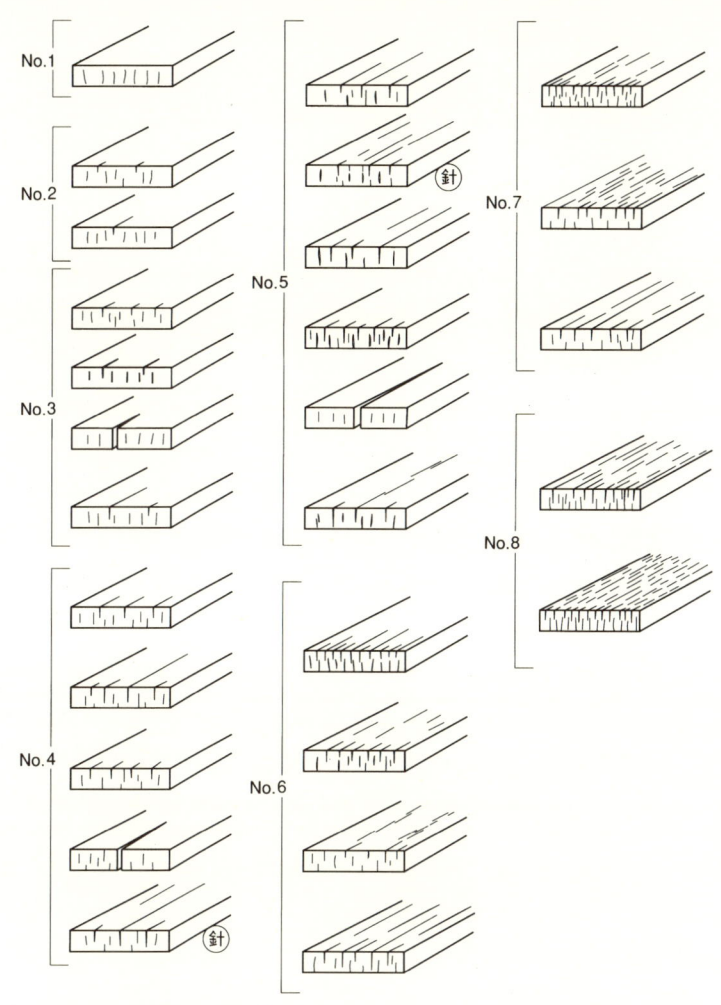

5-3 未知の材に対する乾燥スケジュールの推定方法   399

図 5-20 **初期割れの分類**(⑳は針葉樹材,割れが目立つので一段階低くしてある)
(木材の人工乾燥,寺澤眞・筒本卓造,日本木材加工技術協会 (1976) では全体を
5 段階に収めてある)

なったときとしてもよいが,樹脂分の多い材は長時間にわたり,わずかずつ重量が減少して測定がなかなか打ち切れないので,抵抗式含水率計(針状電極長さ1cm以上)で材温が高いときに測定して,針の振れがわずかに認められる程度になれば全乾とみなしてよい。

図 5-21 断面の糸巻状変形の測定方法(A−B(mm)を求める)

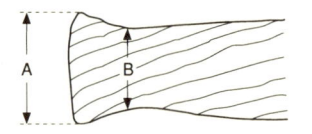

A：厚さの一番大きい部分
B：厚さの一番小さい部分

全乾重量の測定が終わったら試験材の中央付近(中央で厚さ幅の測定をしているときは少しずらす)で切断し，板の角の厚い部分(A)と，少し内側の厚さの薄い部分(B)との厚さの差をキャリパーで求め(図5-21)，糸巻状の変形の程度を数的に表し，内部割れも観察する。

a-3　結果のとりまとめ

乾燥初期割れの最大値を図5-20に照合し，段階を再確認し，断面の糸巻状変形の程度を調べた厚さの違い(mm)は，表5-6により段階を決め，内部割れも図5-22によって段階を決定し，野帳に記入する(表5-5参照)。

最終の重量を全乾重量(W_0)とみなし，各時刻の重量を次の式によって含水率(U)に換算し，

$$U = \frac{W_u - W_0}{W_0} \times 100 = \left(\frac{W_u}{W_0} - 1\right) \times 100 \ [\%]$$

わかりやすいように野帳には朱書する。

得られた3つの損傷の程度を示す段階(No)を表5-7と照合し，それぞれの損傷の段階(No)によって制約される乾燥初期温度と乾湿球温度差，終末温度とを求め，その中から乾燥温度は最も低いもの，乾湿球温度差は最も小さいものを選出する。

先のハルニレ材の測定例で示せば，表5-8となり，1インチ材に対して決定された条件は乾燥初期温度50 ℃，乾湿球温度差3.6 ℃，終末最高温度77 ℃となる。

この3つの値が得られれば，乾燥途中の条件は先の米国マヂソン林産研究所発表の広葉樹材の乾燥スケジュール表(表4-77)の中から，初期含水率が88 %，乾湿球温度差が3.6 ℃であることから，D3とD4の中間を選び，温度は表4-75のT6と言うことになる。組み立てたスケジュールを表5-9に

5-3 未知の材に対する乾燥スケジュールの推定方法　　401

表 5-6　断面の糸巻状変形の段階区分

厚さの差	段　階　(No)							
	1	2	3	4	5	6	7	8
A-B(mm)	0～0.3	0.3～0.5	0.5～0.8	0.8～1.2	1.2～1.8	1.8～2.5	2.5～3.5	3.5 以上

(木材の人工乾燥(1976)では全体を5段階に収めてある。)

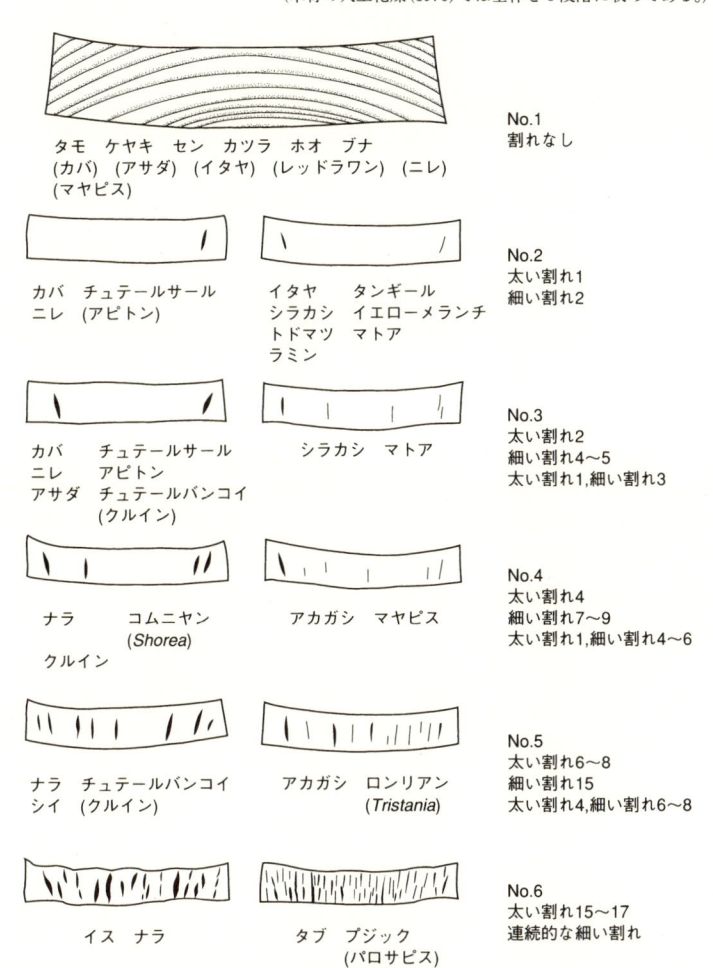

No.1
割れなし

タモ　ケヤキ　セン　カツラ　ホオ　ブナ
(カバ)　(アサダ)　(イタヤ)　(レッドラワン)　(ニレ)
(マヤピス)

No.2
太い割れ1
細い割れ2

カバ　チュテールサール　　イタヤ　　タンギール
ニレ　(アピトン)　　　　シラカシ　イエローメランチ
　　　　　　　　　　　　トドマツ　マトア
　　　　　　　　　　　　ラミン

No.3
太い割れ2
細い割れ4～5
太い割れ1,細い割れ3

カバ　チュテールサール　　シラカシ　マトア
ニレ　アピトン
アサダ　チュテールバンコイ
　　　　(クルイン)

No.4
太い割れ4
細い割れ7～9
太い割れ1,細い割れ4～6

ナラ　コムニヤン　　　　アカガシ　マヤピス
　　　(Shorea)
クルイン

No.5
太い割れ6～8
細い割れ15
太い割れ4,細い割れ6～8

ナラ　チュテールバンコイ　　アカガシ　ロンリアン
シイ　(クルイン)　　　　　　　　　(Tristania)

No.6
太い割れ15～17
連続的な細い割れ

イス　ナラ　　　　　　タブ　ブジック
　　　　　　　　　　　　　(バロサピス)

図 5-22　内部割れの区分
(木材の人工乾燥(1976)では全体を5段階に収めてある)

表 5-7 損傷の種類と段階による乾燥条件

[°C]

損傷の種類	乾燥条件	損傷の段階							
		1	2	3	4	5	6	7	8
初期割れ	初期温度	70	65	60	55	53	50	47	45
	初期温度差	6.5	5.5	4.3	3.6	3.0	2.3	2.0	1.8
	終末温度	95	90	85	83	82	81	80	79
断面の糸巻状変形	初期温度	70	66	58	54	50	49	48	47
	初期温度差	6.5	6.0	4.7	4.0	3.6	3.3	2.8	2.5
	終末温度	95	88	83	80	77	75	73	70
内部割れ	初期温度	70	55	50	49	48	45		
	初期温度差	6.5	4.5	3.8	3.3	3.0	2.5		
	終末温度	95	83	77	73	71	50		

表 5-8 ハルニレ材の測定結果と推定条件

(2.7 cm 厚, 板・柾混材用)

損傷の種類	損傷の段階	乾燥初期		乾燥終末温度(°C)
		温度(°C)	乾湿球温度差(°C)	
初期割れ	2	65	5.5	90
断面の糸巻状変形	5	50	3.6	77
内部割れ	1	70	6.5	95

推定条件は乾燥初期温度 50 °C, 乾湿球温度差 3.6 °C, 終末温度 77 °C。

表 5-9 推定されたハルニレ 2.7 cm 厚材の乾燥スケジュール

含水率範囲(%)	温度(°C)	乾湿球温度差(°C)			
	T 6	D 3	D 4	平均	完成値
88〜50	50	2.8	3.9	3.4	3.5
50〜40	50	3.9	5.6	4.8	5
40〜35	50	6.1	8.3	7.2	7
35〜30	55	10.5	14	12.3	12
30〜25	60	20	23	21.5	20
25〜20	65	28	28	28	28
20〜15	80	28	28	28	28
15 以下	80	28	28	28	28

T 6, D 3, D 4 はマヂソン林産研究所発表スケジュールの番号(表 4-75, 表 4-76, 表 4-77 参照)。

5-3 未知の材に対する乾燥スケジュールの推定方法

表 5-10 日本的乾湿球温度差表によるハルニレ 2.7 cm 材の推定乾湿球温度差スケジュール

含水率範囲(%)	乾湿球温度差(°C)
80～50	3.5
50～43	4.5
43～36	6
36～30	8.5
30～25	12
25～21	15
21～18	18
18～16	23
16～14	23
14～12	23
12以下	23

含水率区分は表 5-11 の初期含水率の違いによる含水率の区分表の(ニ)，乾湿球温度差の開き方は表 5-14 の乾湿球温度差スケジュール C の(e)を利用。

示す．

表 5-9 の結果は一応の目安であり，被乾燥材の等級を見て乾燥温度などは修正する必要がある．また経験を積めば供試材の年輪幅の均一性や木理の様子，試験材の乾燥後の幅ぞり（カップ）や狂いの状態などを見て，実際の乾燥に際し狂いやすい材か否かの判断はある程度付けられるようになる．

実際のハルニレ 2.7 cm 厚材の乾燥条件として，推定された乾燥末期温度の 77 °C は，狂いが発生しやすいので 65 °C 程度の方がよい．

マヂソン林産研究所発表の広葉樹材の乾燥スケジュールは，乾湿球温度差の開き方が一般的に多少急速と考えるならば，後出の 5-4 項の乾湿球温度差の組み合わせ表を利用すれば乾燥条件はかなりゆるやかとなる（表 5-10）．

a-4 乾燥日数の求め方

先に求めた含水率の経過を片対数方眼紙に図 5-23 のように取り，含水率 1% までの乾燥時間を求めると約 20 時間となる．ここで片対数方眼紙を使う理由は乾燥経過がほぼ直線で示され，測点が少なくても含水率 1% までの時間が求めやすいからである．

この乾燥時間は，試験材の水分の抜けやすさの程度を示しているから，実際の乾燥時間（例えば 2.7 cm 厚材）と大体比例関係になってはいるが，現場における乾燥時間はその材の損傷の発生程度によってもかなり左右されるので，

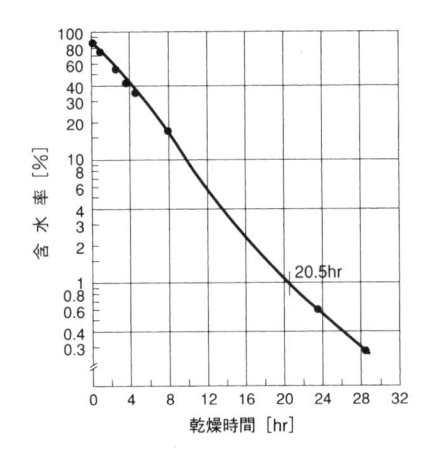

図 5-23 ハルニレ材の乾燥経過(高温急速乾燥)

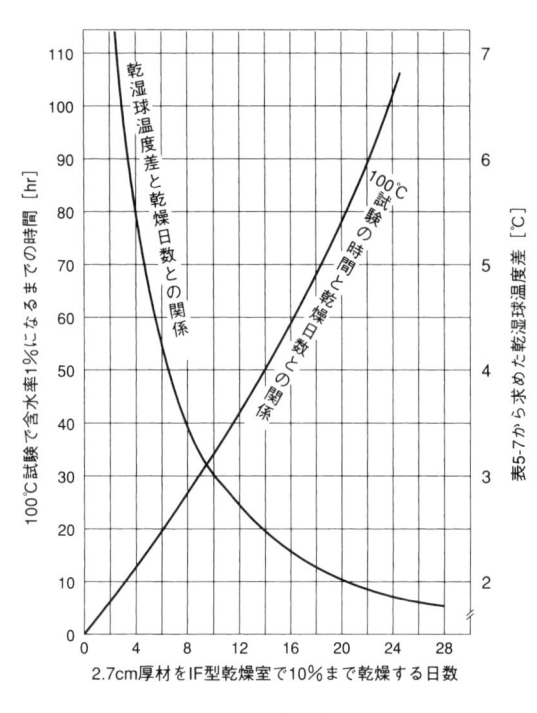

図 5-24 乾燥日数の推定図(2.7 cm 厚生材用)

一方的には決しかねる。実際の乾燥時間の決定は水抜けの良否と損傷発生の程度から総合的に判断しなければならない。被乾燥材の損傷の出やすさは乾燥初期に設定した乾湿球温度差の大小によって大体判断されるから，2.7 cm 厚材の実際の乾燥時間と乾湿球温度差との関係図と，含水率1％までの試験材の乾燥時間と実際の乾燥時間との関係を図5-24のように作り，両者から求めた結果を平均すれば2.7 cm 厚材の大略の乾燥日数となる。

先のハルニレ材の例で説明すれば，含水率1％になるまでの時間が20.5 hr であり，この値から求められた2.7 cm 厚材の乾燥日数は6日となる。一方，乾湿球温度差は3.6℃と推定されているため，この値から図5-24 によって求めた日数は7日となる。両者の平均値6.5日が供試したハルニレ2.7 cm 厚材を含水率10％まで乾燥する推定日数となる。

実際のハルニレ2.7 cm 厚材の乾燥に際し，良材であれば先の推定値でよく，乾燥室の昇温，冷却などを含め乾燥日数は推定値よりも1日ほど長い。

等級の低い材は乾燥初期温度を45℃程度とし終末温度65℃あたりとするため昇温冷却を入れ乾燥日数は9～11日となろう。

以上で一応の試験方法を述べたが，冒頭で説明したように，この推定方法は100℃の乾燥器内で2 cm 厚の板目材を乾燥すると言う特殊事情の乾燥結果を基に，2.7 cm 厚材を乾燥室温度60℃前後で乾燥するときの条件を推定しようとしているため，樹種によっては適合性を欠くものがある。

適合性が比較的良い材は，ラミンのように極端に割れが生じる材を除き，比重が0.4～0.7の範囲で，適当に細胞の落ち込みもあって，板断面に糸巻状の変形や内部割れが生じやすい材である。

乾燥条件の適合性の悪い場合のうち，乾燥条件が実際より穏やかで，乾燥時間が長く推定されるのは一般針葉樹材である。この原因は針葉樹材の割れが厳しい条件下で急増し，割れが長く伸びやすいためと，針葉樹材は高温で乾燥するため人工乾燥時間が短いのに対し，100℃の高温下での乾燥時間はあまり短くならないためである。

逆に乾燥条件が厳しくなり，乾燥時間も短く推定されやすい樹種は，全乾比重が0.8以上の高比重材に多い。この理由は高比重材の初期含水率は一般に低く，高温下で乾燥時間が短く，バラウ材などを除いては割れもあまり甚

① ＼＼＼｜｜｜｜｜／／／　　ミズナラ
　　　　　　　　　　　　　　　　　ハルニレ

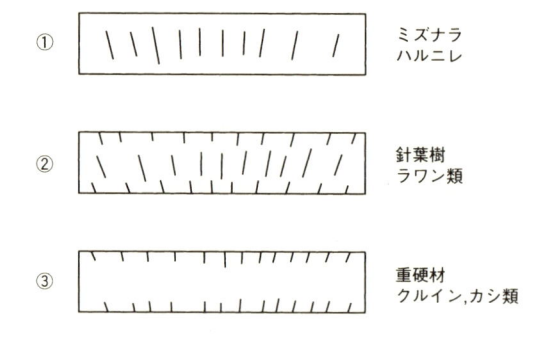

② ＼＼／／｜＼／＼｜｜／＼｜＼｜／／　針葉樹
　　　　　　　　　　　　　　　　　ラワン類

③ ｜｜｜｜｜｜｜｜｜｜｜｜｜｜｜｜　重硬材
　　　　　　　　　　　　　　　　　クルイン,カシ類

図 5-25　乾燥初期の木口割れの特徴

だしくは発生しないためである。また細胞の落ち込みの生じやすい材であっても，細胞内腔が小さいと，外見的な糸巻状の変形や内部割れは，中比重材と比較して小さく測定されてしまうからである。

　この推定方法の不備な点は以上であるが，逆に乾燥初期の木口割れの発生場所の違いや発生した割れ幅の変化と含水率との関係に注意すれば，被乾燥材の乾燥応力型の特性や材質も推定できる。

　即ち，乾燥初期に発生する木口部分の割れは大別して木口中央部に出るものと周辺部に発生するもの，両方の形式を示すものとがあり(図5-25)，図の①の形式を示す材は温度上昇に対し落ち込みの生じやすい材であり，②の形式を示すものはあまり落ち込みがなく，繊維と直角方向の横引っ張り強さの弱い南洋材あるいは針葉樹材に多い形で，③は落ち込みが少なく繊維方向に水の通道性の良い材に生じやすい。

　また割れの最大値と含水率との関係について見たとき，比較的高い含水率から割れの生じる材は水分移動が悪く，低含水率になって割れが拡大する材は自由水の移動性の良いラミンのような材に多い。また発生した割れが縮小し始める含水率より低い含水率の領域では，材表面の引っ張り応力が減少し始めているときであるから，この含水率を目標に第1回目の乾湿球温度差を開き始めればよい。

　ただし，細胞の落ち込みの発生しやすい材では，材表面の引っ張り応力が最大値を示す含水率は，高温のときの方が高く，普通温度で乾燥する際には

5-3 未知の材に対する乾燥スケジュールの推定方法

```
                        乾燥速度
                          ↑
                    ┌─────┼─────┐
                    ↓           ↓
              細胞の落ち込み   木口の割れなど
```

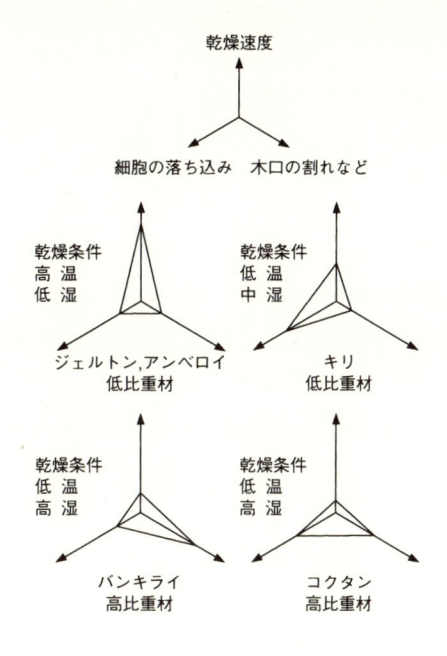

乾燥条件　　　　　　　　乾燥条件
高 温　　　　　　　　　　低 温
低 湿　　　　　　　　　　中 湿

ジェルトン,アンベロイ　　キリ
低比重材　　　　　　　　低比重材

乾燥条件　　　　　　　　乾燥条件
低 温　　　　　　　　　　低 温
高 湿　　　　　　　　　　高 湿

バンキライ　　　　　　　コクタン
高比重材　　　　　　　　高比重材

図 5-26　乾燥特性と乾燥条件

高い温度で乾燥したときより低いことを認識していなければならない。

　発生した割れが縮小し，これが閉鎖するときは材表面の引っ張り応力が0となり(応力転換時期)，その後は応力の方向が逆転し圧縮に変化するため表面割れの心配は全くない時期となる。

　このときの平均含水率が17％以下と低い材は，細胞の落ち込みのほとんど起こらない材であるから，低含水率まで乾湿球温度差を大幅に開いてはならず，針葉樹材に似たスケジュールとする。先のハルニレ材では含水率30％あたりが割れの閉鎖時期である。この値も，材の性質として細胞の落ち込みが大きく乾燥温度が高いほど高含水率側に移動するもので，ハルニレ材の応力転換時期は通常の乾燥室温度では含水率25％あたりになる。

　結局，未知の材の乾燥スケジュールの推定とは，その材がどの程度割れやすいか，細胞の落ち込みが生じやすいか，乾燥速度が速いかなどを認知することである(図5-26)。

5-4 温湿度の組み合わせ表

　未経験の材料について乾燥初期条件と乾燥末期の最高温度とが先の方法によって推定されたとして，次は含水率の降下にしたがってどのように温湿度を変化させるかの問題が残る。

　先のマヂソン林産研究所発表の乾燥スケジュールの組み合わせ表に準じてもよいが，この組み合わせ表の中で温度区分表は一応よいとしても，乾湿球温度差の開き方は針葉樹材と広葉樹材との2種類しか準備されておらず，多くの特徴ある樹材種の乾燥条件を満足させるにはいささか物足りない気がする。

　したがって乾湿球温度差の開き方は板厚の違いや，広葉樹材の中での材質の変動幅を考え，新たに2種類の条件を加え，全体として4種の区分にした。また含水率の区分範囲についてもマヂソン林産研究所発表のスケジュールでは高含水率域では一律に10％刻み，低含水率域では5％刻みとしているのを，高含水率域では20～15％，中含水率域では6～4％，低含水率域では3～2％刻みに修正した(表5-11)。

　4種の乾湿球温度差の開き方は，乾燥の極めて容易なアオシナ，サワグル

表 5-11　初期含水率の違いによる含水率の区分表

段階番号	初期含水率による区分(％)								
	イ	ロ	ハ	ニ	ホ	ヘ	ト	チ	リ
1	40～30	50～35	60～40	80～50	100～60	120～68	140～75	170～90	200～110
2	30～28	35～32	40～35	50～43	60～47	68～55	75～60	90～70	110～80
3	28～26	32～29	35～31	43～36	47～40	55～45	60～45	70～55	80～65
4	26～24	29～26	31～27	36～30	40～34	45～38	45～38	55～45	65～50
5	24～22	26～23	27～24	30～25	34～29	38～32	38～32	45～35	50～40
6	22～20	23～20	24～21	25～21	29～24	32～27	32～27	35～27	40～32
7	20～18	20～18	21～18	21～18	24～20	27～22	27～22	27～22	32～25
8	18～16	18～16	18～16	18～16	20～16	22～18	22～18	22～18	25～20
9	16～14	16～14	16～14	16～14	16～14	18～14	18～14	18～14	20～15
10	14～12	14～12	14～12	14～12	14～12	14～12	14～12	14～12	15～12
11	12以下	12以下	12以下	12以下	12以下	12以下	12以下	12以下	12以下

ラミン材は初期含水率に関係なくイ，ロあるいはハとする。

5-4 温湿度の組み合わせ表

表 5-12 乾湿球温度差スケジュール A

段階番号	乾湿球温度差区分(°C)							
	a	b	c	d	e	f	g	h
1	1.5	2	2.5	3	3.5	4	5	7
2	2	3	3.8	4.5	5	6	8	11
3	3	4.5	6	7	8	9	12	17
4	4.5	7	9	11	12	14	18	21
5	7	11	14	17	18	18	25	25
6	11	21	19	21	25	25	30	30
7	17	25	25	25	30	30	30	30
8	21	30	30	30	30	30	30	30
9	25	30	30	30	30	30	30	30
10	30	30	30	30	30	30	30	30
11	30	30	30	30	30	30	30	30

段階番号 2, 3 への変化はゆっくり。利用例：初期含水率区分(表 5-11)のヘ～トと乾湿球温度差区分(表 5-12)の e～f との組み合わせは，ポプラ 5.5 cm 厚用，同じくヘ～トと g～h との組み合わせはポプラ 2.7 cm 厚用。このグループの材は水分の移動性がよいので a～d に適用される材はほとんどないと思われる。詳細は表 5-3 参照。

表 5-13 乾湿球温度差スケジュール B

段階番号	乾湿球温度差区分(°C)							
	a	b	c	d	e	f	g	h
1	1.5	2	2.5	3	3.5	4	5	7
2	2	3	3.5	4	5	5.5	7.5	10
3	3	4	5	6	7.5	8	11	14
4	4	6	7.5	9	11	13	15	20
5	6	9	11	13	15	17	20	25
6	9	13	15	17	20	21	25	30
7	13	18	20	21	25	25	30	30
8	18	20	25	25	25～30	25～30	30	30
9	20～25	20～25	25～30	25～30	25～30	25～30	30	30
10	20～25	20～30	25～30	25～30	25～30	25～30	30	30
11	20～25	25～30	25～30	25～30	25～30	25～30	30	30

段階番号 2, 3 への変化はゆっくり。利用例：初期含水率区分(表 5-11)のハ～ニと乾湿球温度差区分(表 5-13)の b～c との組み合わせは，マカンバ，ヤチダモ 5 cm 厚用，同じくハ～ニと d～e との組み合わせはマカンバ，ヤチタモ 2.7 cm 厚用，同じくホ～ヘと f～g との組み合わせはセン 2.7 cm 厚用。詳細は表 5-3 参照。

表 5-14 乾湿球温度差スケジュール C

段階番号	乾湿球温度差区分(°C)							
	a	b	c	d	e	f	g	h
1	1.5	2	2.5	3	3.5	4	5	7
2	2	2.5	3	4	4.5	5.5	7	10
3	2.5	3	4	5.5	6	8	10	14
4	3	4	5.5	8	8.5	11	14	18
5	4	5.5	8	11	12	14	18	25
6	5.5	8	11	14	15	17	25	30
7	8	11	14	17	18	20	25	30
8	11	14	17	22	23	25	30	30
9	14	17	20	22~25	23~28	25~30	30	30
10	17	20	20~25	22~25	23~28	25~30	30	30
11	20	20~25	20~25	22~25	23~28	25~30	30	30

段階番号 2, 3 への変化はゆっくり。利用例：初期含水率区分(表 5-11)のロ〜ニと乾湿球温度差区分(表 5-14)の c〜e との組み合わせはラワン類 2.7 cm 厚用、同じくハ〜ニと d〜e との組み合わせはハルニレ 2.7 cm 厚用、同じくニ〜ホと e〜f との組み合わせはスギ、ベイツガ 2〜3 cm 厚用、同じくイ〜ロと g〜h との組み合わせはエゾマツ、トドマツ 2〜3 cm 厚用、同じくハ〜ニと c〜d との組み合わせはブナ、ミズナラ 2.7 cm 厚用。詳細は表 5-3 参照。

表 5-15 乾湿球温度差スケジュール D

段階番号	乾湿球温度差区分(°C)							
	a	b	c	d	e	f	g	h
1	1.5	2	2.5	3	3.5	4	5	7
2	2	2.5	3	3.5	4.5	5.5	6.5	9
3	2.5	3	3.5	4.5	6	7	8.5	11
4	3	3.5	4.5	6	8	9	11	13
5	3.5	4.5	6	8	10	11	13	16
6	4.5	6	8	10	12	13	16	20
7	6	8	10	12	14	16	20	25
8	8	10	13	15	17	20	25	25
9	10	12	18	20	20	20~25	25~30	25~30
10	12	15	20	20	20~25	25~30	25~30	25~30
11	15	20	20~25	20~25	20~25	25~30	25~30	25~30

段階番号 2, 3 への変化はゆっくり。利用例：初期含水率区分(表 5-11)のイ〜ロと乾湿球温度差区分(表 5-15)の a〜b との組み合わせは重硬なバンキライ 2〜3 cm 厚用、同じくホ〜チと c〜d との組み合わせはスギ心持ち 10.5〜12 cm 柱材用、同じくハ〜ニと b〜c との組み合わせは硬い広葉樹材 4〜7 cm 厚用、同じくロと c〜d との組み合わせは一般針葉樹材 5〜7 cm 厚(スギ、ベイツガ、ベイスギを除く)用、同じくニと d〜e との組み合わせは、やや比重の高い広葉樹材 2〜2.7 cm 厚用。詳細は表 5-3 参照。

表 5-16 乾燥初期に設定した温度とその後の温度上昇法

含水率範囲(%)	初期設定温度(°C)								
	35	40	45	50	55	60	65	70	80	85
生〜40	35	40	45	50	55	60	65	70	85	90
40〜35	35	40	45	50	55	60	65	75	90	100
35〜30	35	40	45	50	58	65	70	80	95	110
30〜25	35	43	48	55	63	70	75	85	100	120
25〜20	38	48	53	60	68	75	80	95	110	120
20〜15	40	53	58	65	70	80	85	105	120	120
15〜10	45	60	65	70〜80	70〜80	80〜90	85〜90	105	120	120
10以下	55	60	65	70〜80	70〜80	80〜90	85〜90	105	120	120

終末温度は板厚, 等級によって修正。　　　　　　　　　　　　　　◀──高温乾燥の範囲──▶

表 5-17 温湿度の組合せ表の使用例

含水率範囲(%)	乾燥温度(°C)	乾湿球温度差(°C)
80〜50	55	3.5
50〜43	55	5
43〜36	55	7.5
36〜30	58	11
30〜25	63	15
25〜21	68	20
21〜18	70	25
18〜16	70	30
16〜14	75	30
14〜12	75	30
12以下	75	30

一般の広葉樹 2.7 cm 厚材につき, 初期含水率が 80%, 乾燥初期温度 55°C, 乾湿球温度差 3.5°C, 乾燥末期の温度 75°C, 乾湿球温度差スケジュールは B (表 5-13) と推定されたとき, 表の作成に際して初期含水率区分は表 5-11 の(二), 乾湿球温度差区分は表 5-13 の e, 初期設定温度は表 5-16 の 55°C の 3 者の組み合わせとすればよい。

ミなど 2〜3 cm 厚の広葉樹材を対象とした A (表 5-12) と, マカンバ, ヤチダモなど乾燥にあまり問題の無い 2〜3 cm 厚の広葉樹材用の B (表 5-13) と, 3〜5 cm 厚の一般針葉樹材と, 乾燥に際して問題のあるミズナラ, ブナ偽心材やラワン類に適した C (表 5-14) と, 重硬材や厚材用の D (表 5-15) とである。

A〜D の決定方法は先の樹種, 厚さ, 乾燥特性別の一覧表 (表 5-3) の中に示してある樹材種別の A〜D の区分を参考にして決定するか, 先の急速乾燥によるスケジュールの推定方法の際に割れが発生して閉鎖するまでの様子か

ら乾燥応力の推移を推定して決定するか，西尾氏の開発したカップ法により乾燥応力の経過を調べ，応力の反転する含水率が低い材はゆっくりした乾湿球温度差の開き方を選ぶとかする。乾燥時間の長いものは木材中の水分の抜けが悪いわけであるから C，D を選出する。細かな点は先の 5-2 の既存乾燥スケジュールの修正方法を参考にされたい。

乾燥スケジュールを組み立てる手順は，まず表 5-12～表 5-15 に示した乾湿球温度差スケジュール(A から D)の 1 つを選出し，推定した乾燥初期の乾湿球温度差値(a～h)と表 5-11 の初期含水率の違いによる含水率の区分表の中から被乾燥材の初期含水率に一致するもの(イ～リ)を選び組ませればよい。

乾燥温度の変化方法はマヂソン林産研究所発表の温度スケジュール表で十分であるが，乾燥末期を 100 ℃ 以上に上昇する高温乾燥の場合を含め多少の修正を加え表 5-16 とした。

例題として，初期含水率 80 ％，乾燥初期温度 55 ℃，乾燥初期の乾湿球温度差 3.5 ℃，乾燥末期温度 75 ℃，乾湿球温度差スケジュールは B (表 5-13)と推定された余り問題のない一般広葉樹 2.7 cm 材について示すと表 5-17 となる。含水率区分は初期含水率を 80 ％ とし表 5-11 の(ニ)，乾湿球温度差が 3.5 ℃ であるから乾湿球温度差区分は乾湿球温度差スケジュールは B (表 5-13)の e を選べばよい。

5-5 乾燥時間の推定

乾燥時間の予測は乾燥操作上極めて重要である。乾燥時間は初期含水率や仕上げ含水率によって大きく変動するが，被乾燥材の水分移動性の良否や損傷の出やすさによってもかなりの違いが生じる。したがって被乾燥材の比重の高低だけから乾燥日数を推定してみてもあまり参考にならない。一般的に言って，乾燥時間の推定誤差の割合は低比重材より高比重材の方が小さい。

また一歩前進して，ある特定の低含水率域の樹種別乾燥速度（水分移動係数，拡散係数など）を基準にした乾燥日数の算出方法もあるが，一定乾燥条件のもとでも高含水率域の乾燥速度と低含水率になってからの乾燥速度との比率がすべての樹種に対し常に同一の比例関係になっているとは言えず，乾燥による損傷発生に対する考慮も加えられていないためあまり正確な結果にはならない。

水分拡散係数とか一定含水率のときの乾燥速度など既存の発表資料を利用して乾燥時間を求める際のもう1つの大きな問題点は，この種の資料は一般にあまり乾燥の悪い材のものではなく，どちらかと言えば平均的な材質の値であるため，乾燥実務の原則となっている乾燥の遅い材を基準とする乾燥日数より基本的に短くなることである。

また乾燥日数の推定は色々の厚さの材について求める必要はあるが，特に5 cm以上の厚材については既存の資料が少なく，現場での必要性は高い。厚材の乾燥日数を推定するには，馴染みの深い厚さ（例えば2～2.7 cm厚）の乾燥日数が知れていると精度が高くなる。

以下種々の精度段階の乾燥日数の推定方法を示す。

5-5-1 比重による乾燥日数の推定

木材の比重が高ければ細胞壁は厚いので，一般的にみて水分の移動性が悪く乾燥時間は長くなる。木材の含水率は全乾重量を基準にして算出してい

表 5-18 全乾比重と乾燥時間との関係

(板厚 2.7 cm 厚, 板・柾混材)

全乾比重	乾燥時間(日)	
	含水率10%まで	含水率8%まで
0.35	4	5
0.4	5〜6	6〜7
0.5	8〜10	10〜12
0.6	10〜12	12〜15
0.7	13〜15	16〜18
0.8	18〜20	22〜24
0.9	22〜25	26〜30

注) 短時間のコンディショニングと冷却時間を含む値。

表 5-19 乾燥日数による厚さ係数 n の変化

(2.7 cm 厚材)

板厚の範囲(cm)	2.7 cm 厚材の乾燥時間(日)		
	3〜5	5〜10	10〜20
2〜4	1.6	1.7	1.8
4〜7	1.7	1.8	2.0
7〜12	1.8	2.0	2.0

注) 生材から含水率10%までの乾燥だけの日数を基準とした場合。

るため，比重の高い材は同じ含水率範囲を乾燥させるとき(例えば50→10%)，比重の低い材より多量の水分を除去する必要があり，乾燥時間は水分の移動性の悪さと相まって長くなる。

しかし高比重材は初期含水率が低比重材より低いので，その点だけから見れば乾燥時間が短いと判断されがちである。たとえば単板などの薄板乾燥の場合は，高含水率のシナノキ材は絶対水分量が多いので中庸の比重のブナ材より乾燥時間が長くなる。ただし板厚が大となれば両者の関係は逆転するため乾燥時間を考える際には板厚の大小や乾燥する含水率範囲を重視しなければならない。

表 5-18 は 2.7 cm 厚材の材温上昇から短時間のコンディショニングを含めた全乾燥時間を比重との関係で示したもので，一応比重による初期含水率の違いと，比重増加によって乾燥条件が緩やかになる補正も加味している。

2.7 cm 厚 d の板材の乾燥日数 t を基準にして，それ以外の厚さになった

ときの日数算出は，別の板厚 d_x と乾燥日数 t_x との間に $t_x = t(d_x/d)^n$ の関係があるから，表 5-19 の乾燥日数に見合った厚さ係数 n を使って算出すればよい。ただし，正確な乾燥時間は調湿や冷却時間を含まない値とすべきである。

例示すると，2.7 cm の板材で仕上げ含水率 10％ のとき，乾燥日数 8 日（全乾比重 0.5）の材が 5 cm 厚になったときの乾燥日数は，表 5-19 より厚さ係数 n は 1.8 であるから

$$t_x = t\left(\frac{d_x}{d}\right)^n = 8 \times \left(\frac{5}{2.7}\right)^{1.8} = 24.2 \fallingdotseq 24 \text{［日］}$$

となる。

5-5-2 樹種別乾燥速度からの推定

比重だけから乾燥日数を求めようとしても精度的にあまり高くない。特定の樹種で 2～3 cm 厚の範囲で乾燥経験のある材があれば，この値を基にして板厚が厚くなったときの乾燥日数は精度よく推定できる。

またその樹種と同属で比重や乾燥性が似ていると考えられる材の乾燥日数の予測もある程度可能で理解しやすい。

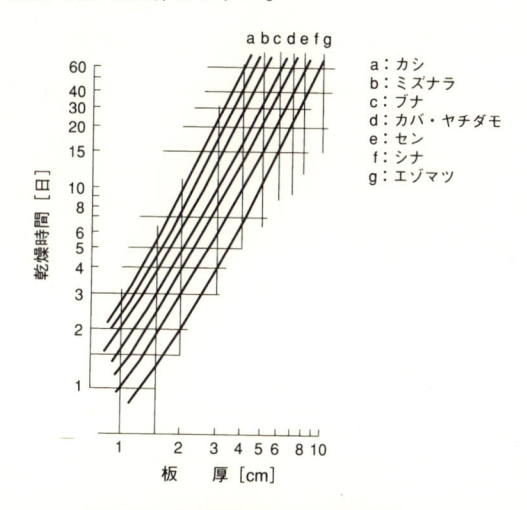

図 5-27　代表樹種の厚さ別乾燥時間（日）
（生材から含水率 10％ まで，昇温と短いコンディショニングならびに冷却時間を含む）

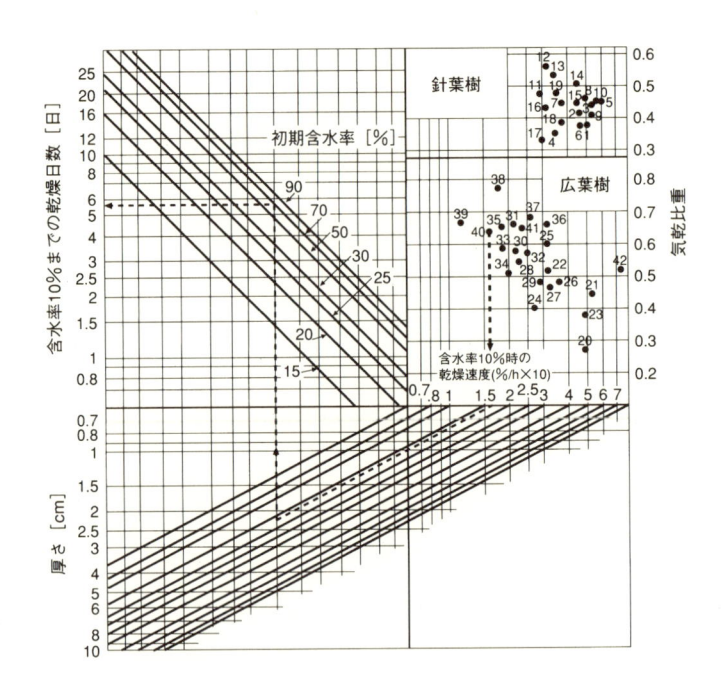

図 5-28 日本産主要樹種の乾燥時間推定図表

表 5-20 樹種別番号表(図 5-28 の付表)

No.	樹種名	No.	樹種名	No.	樹種名
1	トドマツ	15	コウヤマキ	29	ホオノキ
2	モミ	16	ヒノキ	30	シオジ
3	アオモリトドマツ	17	サワラ	31	ヤチダモ
4	ネズコ	18	アスナロ	32	ヤチダモ
5	エゾマツ	19	カラマツ	33	アカダモ(ハルニレ)
6	エゾマツ	20	キリ	34	カツラ
7	イラモミ	21	オオバシナノキ	35	マカンバ
8	アカエゾマツ	22	シナノキ	36	イタヤカエデ(辺材)
9	トウヒ	23	ドロノキ	37	イタヤカエデ
10	ハリモミ	24	バッコヤナギ	38	ミズナラ
11	ヒメコマツ	25	トチノキ	39	ミズナラ
12	アカマツ	26	セン	40	ブナ(偽心材)
13	クロマツ	27	サワグルミ	41	ブナ(辺材)
14	ツガ	28	オニグルミ	42	イヌブナ(辺材)

断わり書きのないものはすべて心材，木取りは板目〜追柾。

5-5 乾燥時間の推定

図 5-27 は馴染みの深い特定の樹種の厚さ別乾燥時間を示したもので仕上げ含水率は 10 % とし，乾燥時間の長い範囲は厚さ係数を n = 2 として計算してある。昇温から炉出しまでの短いコンディショニングを含む日数である。

多くの樹種を網羅し室温上昇やイコーライジング，コンディショニング，冷却などの時間を含まない一枚の板の厚さ別乾燥時間を求める図表を作成した例もある(図 5-28, 表 5-20)。

図の作成方法は次の通りである。まず厚さ 2.1 cm の一定寸法の板目から追柾にかけた材を，温度 60 ℃ 乾湿球温度差 25 ℃ の条件の下で乾燥し，含水率 10 % を中心とした含水率範囲の乾燥経過を求め，1 時間当たりの乾燥速度 $|du/dt|$ に直し，乾燥速度と含水率との関係が直線になる部分から次式の k を求める。

$$\left|\frac{du}{dt}\right| = k\ (U - U_e)$$

k：乾燥速度係数(1/hr)，U：乾燥速度を測定した含水率(10 %)
U_e：温度 60 ℃，乾湿球温度差 25 ℃ におけるそれぞれの樹種の平衡含水率(約 3.5 %)。

この k の値は乾燥速度係数といい，ある含水率 U_a から含水率 10 % までの人工乾燥時間 t は，

$$U - U_e = (U_a - U_e)e^{-kt}$$

$$t = \frac{1}{k} \ln \frac{U_a - U_e}{U - U_e} \quad [hr]$$

U_a：初期含水率 [%]

として求めているが現在の丸太事情の悪化と，実際の乾燥操作では k の平均値と言うより k の小さな乾燥の悪い材(広葉樹では柾目板)を対象とすべきなので，これらを考慮し上式を今回 1.4 倍に訂正した。

$$t = \frac{1.4}{k} \ln \frac{U_a - U_e}{U - U_e} \quad [hr]$$

この式により各樹種の 2.1 cm 厚材 d の乾燥時間 t (生材から 10 % まで)を計算し，違った板厚 d_x の乾燥時間 t_x の算出は，

表 5-21 乾燥室の実際の乾燥時間として加算すべき日数

乾燥時間(日)	初期含水率	
	50 % 以上	30 % 以下
1 日以下	1.0	1.0
1～2	1～1.5	1.0
2～5	1.5～2.0	1.0～1.5
5～10	1.5～2.0	1.0～1.5
10～20	2.0～2.5	1.5～2.0

昇温,乾燥むらの待ち時間,短いコンディショニング冷却などの時間の合計。

$$t_x = t\left(\frac{d_x}{d}\right)^2$$

によればよい。

　具体的な乾燥時間の求め方は,表 5-20 により樹種番号を決定し(ブナ偽心材は 40),図 5-28 の点線にそって下方に進み,求める厚さになるまで斜線で進み(2.2 cm 厚),そこから上方に進み初期含水率との交点(70 %)で左方に進めば 5.6 日がブナ偽心材 2.2 cm 厚材の含水率 70 % から 10 % までの乾燥日数となる。

　求められた乾燥日数は昇温や冷却などを含まない 1 枚の試験材の真の乾燥日数であるから,実際の乾燥室では乾燥の遅れを待つ日数や昇温,短いコンディショニング,冷却の時間を合計した表 5-21 の日数を加算しなければならない。

　なおこの図表の原形は,1957 年 3 月,林業試験場報告 No.97 に木材人工乾燥における乾燥時間の推定図表(寺澤眞,小玉牧夫)として発表したものである。その後時代の経過とともに原木事情が悪くなり歩留まり向上の方向に操作が改善されて乾燥時間が長くなったことと,この種の資料の基本となる乾燥速度(含水率 10 % のとき)は各樹種の平均的な値を選出しており,実際の乾燥操作における乾燥の悪い材を基準にする考え方とに食い違いがあるため,前述したように乾燥日数を 1.4 倍に増加訂正してある。また基本となる乾燥速度は板目ないし追柾材のものであるため,柾目材で特に乾燥の遅い樹種の乾燥時間は短く算出される。

この図表のように一定乾燥条件の下で乾燥速度を樹種別に比較し，その結果から，実際の乾燥日数を求めようとすると，乾燥容易な材に対しては乾燥時間が長く，乾燥の困難な材や材質の悪い材に対しては短めに推定される。

その理由は，実際の乾燥で乾燥容易な材に対しては乾燥困難な材より温湿度の厳しい乾燥条件を与えて乾燥するからである。

したがって高比重材に対しては求めた数字より 1.2 倍ほど乾燥時間を長く，乾燥容易な材には 0.85 倍程度にするとよい。また針葉樹材のうち，ヒノキ，サワラ，ネズゴ，アカマツ，ヒメコマツなどは含水率 10 % 前後の乾燥速度係数が他の材と比較して小さく測定され，推定の乾燥日数が長く計算されているので推定値の 2/3 にする必要がある。

また乾燥経過を指数曲線として計算しているため，70 % 以上の高含水率材に対しては推定乾燥時間が実際の値より多少短く算出される。

5-5-3 乾燥初期の乾湿球温度差による推定

乾燥初期に与える乾燥条件によっても大略の乾燥時間は推定される。方法を簡易にするため乾燥初期の乾湿球温度差を用いる。

この方法によれば損傷の問題が加味されているので比重による方法よりは正確となるが，算出基準となる乾燥条件を決定するには何らかの方法によるか経験を積まないと材を見ただけでは素人には判断できない。図 5-29 に一例を示す。

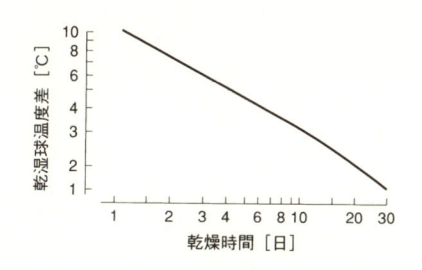

図 5-29 乾燥初期の乾湿球温度差と乾燥時間（日）との関係
（板厚 2.5〜2.7 cm，生材から含水率 10％まで，短時間のコンディショニングと昇温，冷却時間を含む）

板厚は2～3 cmの範囲がよく合い,新しい材の乾燥時間を推定するには,類似した比重と属の共通性などを考えて適当な値を当てはめることになる。

仕上げ含水率を10％とし,短時間のコンディショニングを含む昇温から炉出しまでの総乾燥時間である。

5-5-4 特定の寸法材を急速乾燥して推定する方法

先項5-3,未知の材に対する乾燥スケジュールの推定方法で説明したので詳細は省く。

2 cm厚材を100℃の乾燥器内で急速乾燥したときの乾燥時間や損傷の出やすさは樹種間で違うことはもちろんであるが,このときの値が通常の温度で厚さ2.7 cmの材を乾燥した際の乾燥時間や損傷の出やすさと比例関係になっていない樹種があるので正確な乾燥時間が全樹種について得られるとは言えない。

板厚の違いに対する補正は先の表5-19によればよい。得られた乾燥時間には調湿と冷却時間は含まれていない。

5-5-5 乾燥時間の推定総括

以上の乾燥時間の推定方法は色々の条件を適当にまるめ込んだかなり大雑把なものであるが,実際の乾燥では材温の上昇から始まり,乾燥の一番良い場所に置かれた材の真の乾燥時間,乾燥の遅れる場所に置かれた材の乾燥を待つ時間,乾燥が終了間近になったときに行うイコーライジングやコンディショニング時間,乾燥終了後の冷却時間などを考えなくてはならない。さらに真の乾燥時間については材の等級や初期含水率と仕上げ含水率の違いによる時間の修正も必要となる。

一般の蒸気加熱式IF型乾燥室で常識的な乾燥条件で初期含水率70％から10％まで乾燥するときの全乾燥時間をΣtとすれば,次のように表わせる。

$$\Sigma t = t_1 + t_2 + t_3 + t_4 + t_5 + t_6$$

ここに,

t_1：材温上昇時間[hr],板厚1 cmにつき1～2 hr,凍結材は3～4 hr

t_2：中庸な等級の乾燥の遅い1枚の板の真の乾燥時間[hr]

t_3：乾燥の遅れる場所の待ち時間[hr]，約12～48 hr，イコーライジング時間がこの時間より長ければ無視

t_4：イコーライジング時間[hr]，含水率むらが大きいときは，$t_2/6$，中程度のときは$t_2/10$，含水率むらが小さいときは$t_2/20$

t_5：コンディショニング時間[hr]，乾燥終末頃の乾燥むらの差が6％以内であればイコーライジングなしに直接コンディショニングに入る。このときは板厚1 cm当たり針葉樹材では2 hr，広葉樹材は3～5 hrまたは$t_2/15$，イコーライジングを十分したときは1/2～1/3で可

t_6：冷却時間[hr]，板厚1 cm当たり1.5～3 hr

　1枚の板の真の乾燥時間は比較的馴染みのある2 cm厚，含水率は70％から10％までとし，経験的に比重などを考慮して乾燥の遅い材の時間を推定する。この際，材の等級や割れやすさ，落ち込みやすさなどは大略その比重にみあった中庸のものとする。

　乾燥時間の長いものは当然乾燥条件も緩やかなものとしているため，一定条件の下で得られた乾燥速度係数kや水分拡散係数λ_uなどを基準にして推定した乾燥日数のうちで，乾燥時間が長く査定されたものは乾燥条件を緩やかにする分だけ実際の乾燥時間を長くしなければならず，平均より短く算出された材には，より強い乾燥条件が与えられるとして時間を多少短くする必要がある(減率乾燥の初期段階の乾燥速度を考えると上述のように簡単には論じられない)。

　乾燥速度係数や水分拡散係数から2 cm厚材の乾燥日数を求める式の例を示す。ただしこの種の数字は比較的標準的な材のもので，乾燥室操作のようにかなり乾燥の悪い材を主体にして乾燥時間を決定する場合とは根本的に違いが生じることに注意しなければならない。

　温度60℃乾湿球温度差25℃，板厚2 cmの条件で求めた乾燥速度係数k (1/hr)を基にして含水率70％から10％までの2 cm厚の乾燥時間tを算出するには次式がよい。計算結果を表5-22に示す。

$$t = \frac{0.15}{k} \ [日]$$

表 5-22 乾燥速度係数 k と算出乾燥時間との関係
(算出乾燥時間(日)は 2 cm 厚材,含水率 70%から 10%までの日数)

樹　種	全乾比重 γ_0	乾燥速度係数 k	算出乾燥時間(日)
アカマツ心材板目	0.51	0.053	2.8
アカマツ辺材混追柾	0.38	0.152	1.0
モミ心材板目	0.45	0.077	1.9
ブナ偽心板目	0.62	0.031	4.8
ブナ偽心板目	0.64	0.028	5.4
ブナ偽心板目	0.63	0.064	2.3
ミズナラ心材柾目	0.63	0.018	8.3
ミズナラ心材板目	0.74	0.025	6.0

$t = 0.15/k$ (日)。ブナ,ナラ材は乾燥速度係数が心材柾目板でないと乾燥時間の推定が実際の乾燥時間より短くなる。

ここに定数として 0.15 を用いた理由は先の式

$$t = \frac{1}{k} \ln \frac{U_a - U_e}{U - U_e}$$

に $U_a = 70\%$, $U = 10\%$, $U_e = 3.5\%$ を代入して計算すると $t = \frac{2.33}{k}$ [hr] となり,このままでは適応性が悪いとして 1.4 倍しているものを時間から日に換算すると

$$t = \frac{0.136}{k} \ [日]$$

となる。先の乾燥時間推定の実験では板厚を 2.1 cm に統一しているが,その後の乾燥速度係数の測定では 2.0 cm を基準にしているため,乾燥速度係数が微かに大きく旧来の乾燥速度係数に合わせるために板厚換算に $n = 2.0$ を適用すると,k は 0.907 倍となり

$$t = \frac{0.149}{k} \fallingdotseq \frac{0.15}{k} \ [日] \text{ となる。}$$

この式には乾燥容易な材や乾燥困難な材に対する乾燥条件の違いから生じる乾燥時間の修正が入っていないため,算出された数字の長いものは多少長めに,短いものはより短めにと考えた方がよい。

またブナ材のように偽心材が含まれる程度で乾燥時間が極端に変動する樹種は,乾燥速度係数の小さい柾目偽心材を選ばないと実際の乾燥時間と合わない。材の比重から乾燥時間が求められるのと同じように,全乾比重 γ_0 と

表 5-23 水分拡散係数 λ_u と算出乾燥時間との関係

(算出乾燥時間(日)は2cm厚材,含水率70%から10%までの日数)

樹材種	全乾比重 γ_0	水分拡散係数 $\lambda_u \times 10^5$	算出乾燥時間(日)
アオモリトドマツ追柾	0.35	0.98	1.6
カツラ心材板目	0.50	0.61	3.7
ブナ偽心材板目	0.56	0.56	4.5
ミズナラ心材板目	0.65	0.59	4.9
ミズナラ心材柾目	0.72	0.43	7.5

$t = 0.45 \times 10^{-4} \times (\gamma_0/\lambda_u)$ (日), λ_u : kg/m·hr·%。ブナ,ナラ材は水分拡散係数が心材柾目でないと乾燥時間の推定が実際の乾燥時間より短くなる。

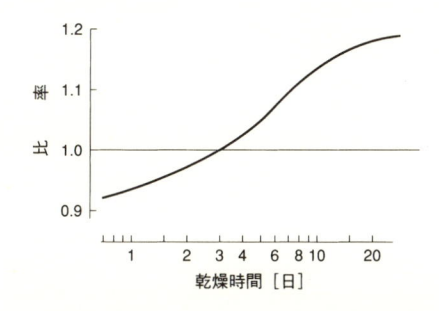

図 5-30 乾燥条件の違いによる乾燥時間の修正比率
(2 cm 厚,含水率70%から10%までの乾燥日数が3日を標準とする)

乾燥速度係数 k との間にはあまり良い相関がないものの,無理をすれば次式で示せる。

$$k = 2.3 \times \gamma_0^{-1.5} \times 10^{-2}$$

小倉武夫氏らの測定した温度 50 ℃,含水率 15 % 時の水分拡散係数 λ_u [kg/m·hr·%] と全乾比重 γ_0 との関係から,2 cm 厚材の含水率 70 % から 10 % までの乾燥時間は大略次式で示され,結果は表 5-23 となる。

$$t = 0.45 \times 10^{-4} \times \frac{\gamma_0}{\lambda_u} \quad [日]$$

この場合もブナ偽心柾目材の資料が無く板目材で計算すると乾燥時間は短く算出される。

λ_u と全乾比重との関係は求めにくいが一応次式で示せる。

$$\lambda_u = 5 \times 10^{-6} \times \gamma_0^{-0.5} \; [\text{kg/m·hr·\%}]$$

水分拡散係数や乾燥速度係数から求められた2cm厚材の乾燥時間(含水率70%から10%)には乾燥条件の修正ができていないため，2cm厚材の乾燥時間が3日間のものを基準として，これより短く算出された材はより短く，長く算出されたものはより長くなるよう図5-30のような修正を施す必要がある。

このようにして2cm厚の乾燥日数が決定されれば次は板厚増加に対する時間換算となる。この場合も一定条件の下で厚さ別乾燥時間を比較した資料を基準にして算出しただけでは不完全で，板厚が増加したときに，乾燥条件を緩やかにした分についても考慮する必要がある。

板厚と乾燥時間との関係は，

$$t_x = t \left(\frac{d_x}{d} \right)^n$$

の式で一般に示されているが，板厚や含水率範囲，被乾燥材の水分拡散係数の大小などによってnは変化するため，あまり適切な表示方法ではなく，多くの制約因子を付記しないと独立した式として一人歩きはできない。

ここに示す板厚換算の方式では乾燥する含水率範囲を70から10%とし，基準となる板厚は特に指定せず，各種の板厚材の乾燥日数を一括横軸として，図5-31のようにnの値を決定している。この時点では板厚増加による乾燥条件の修正は考えていない。

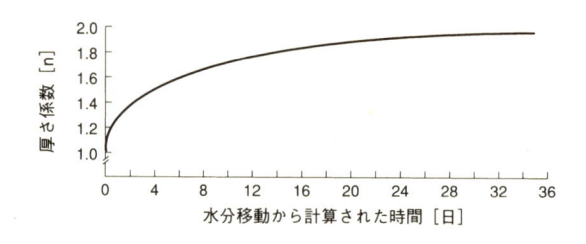

図 5-31 乾燥時間と厚さ係数 n との関係 $t_x = t(d_x/d)^n$
(水分移動から計算した値には乾燥条件の違いは含まれていない。
含水率70%から10%までの時間)

5-5 乾燥時間の推定

表 5-24 板厚と乾燥時間(中央)ならびに厚さ係数(上段)と条件補正倍数(下段)

2.0		2.5		5.0		7.5		10.0
板の厚さ (cm)								
乾燥時間(日)								
0.7	1.4 | 1.2	1.1	1.4 | 1.1	3.2	1.4 | 1.1	6.2	1.5 | 1.0	9.5
1.2	1.4 | 1.1	1.8	1.5 | 1.1	5.6	1.6 | 1.0	11	1.7 | 1.0	17
2.0	1.4 | 1.0	2.7	1.5 | 1.1	8.4	1.7 | 1.0	17	1.8 | 1.0	28
3.0	1.5 | 1.0	4.2	1.6 | 1.1	14	1.7 | 1.0	28	1.9 | 1.0	48
4.0	1.5 | 1.0	5.6	1.7 | 1.1	20	1.8 | 1.0	41	2.0 | 1.0	73
5.0	1.5 | 1.0	7.0	1.7 | 1.1	25	1.8 | 1.0	52	2.0 | 1.0	91
6.0	1.5 | 1.0	8.4	1.7 | 1.1	30	1.9 | 1.0	65	2.0 | 1.0	114
8.0	1.6 | 1.0	11	1.8 | 1.1	44	2.0 | 1.0	98	2.0 | 1.0	174
10.0	1.6 | 1.0	14	1.8 | 1.1	55	2.0 | 1.0	123	2.0 | 1.0	218
13.0	1.7 | 1.1	21	1.8 | 1.0	72	2.0 | 1.0	163	2.0 | 1.0	288

含水率 70% から 10% までの乾燥時間(日)。

　次に板厚が大となったときの乾燥条件の変化に対する時間修正は厚材長時間乾燥域では比較的小さくほとんど無修正でよく，板厚が 2 cm から 5 cm の範囲で変化する際には乾燥条件を大きく変化するため時間倍率は大となる。

　表 5-24 に 2 cm 厚材を原点にして種々の乾燥時間の違う材の板厚修正と条件補正を行った結果を示す。

　各板厚間に書き込まれた小さい数字の上段は厚さ係数 n であり，下の数字は条件補正に対する倍率である。計算方法は厚さ比を n 乗し乾燥日数を求めてから条件補正倍率を乗じる。

　表 5-24 の結果を図示すると図 5-32 となる。

　以上のように板厚換算は可能であるから，乾燥速度係数や比重などによっ

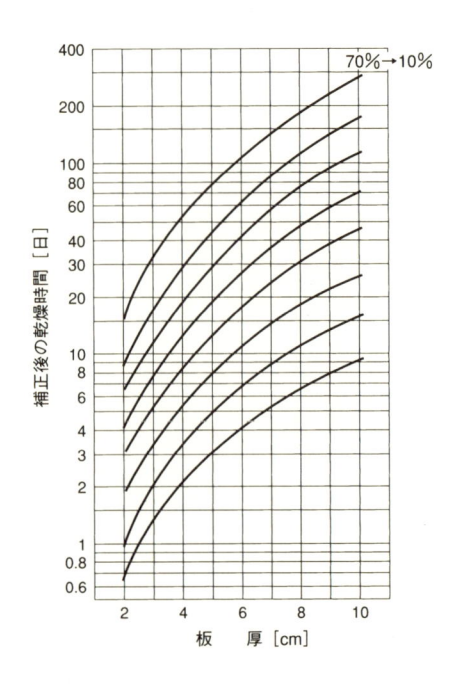

図 5-32 乾燥条件補正を加えた厚さ別乾燥時間

て 2 cm 厚中庸材の乾燥日数が決定できれば各種板厚に対する真の乾燥日数は求められる。

ただし材質が特殊に割れやすいとか，落ち込みやすいものや異なった含水率の材についてはこの段階ではまだ考慮されていない。

次の作業は被乾燥材の材質がナラ材のように高い温度では落ち込みが発生しやすい材に対しては温度を低くするとか，ベイマツ，カラマツ材では割れやすいため，乾湿球温度差を小さく，ゆっくり乾燥させなければならないと言った材質による修正である。

損傷が落ち込みのときは温度を低く，割れのときは乾湿球温度差を小さくするため，両方の損傷の出やすさがあると修正量は大となる。

修正量を図 5-33 に示す。板厚が大きく乾燥しにくい材では，基本的に乾燥温度を低く乾湿球温度差は小さくしているのでこの修正は小さくてよい。

スギ材のように用途により材色の変化を問題にして低い温度で乾燥する際

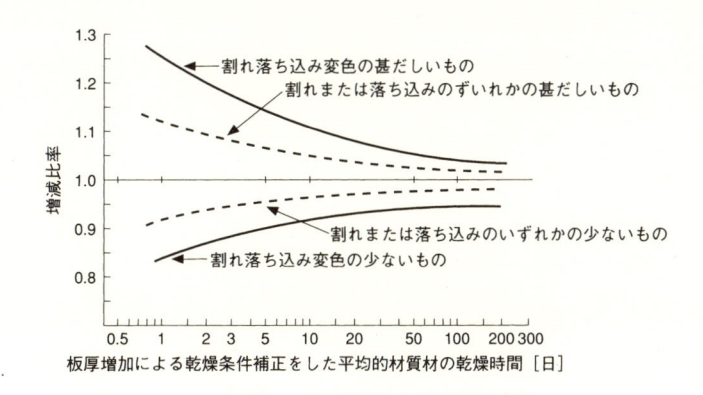

図 5-33　材質による修正比率

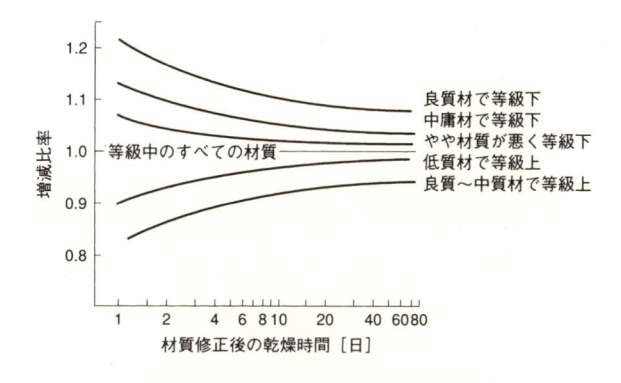

図 5-34　材の等級(節,あて)による補正比率

も同じ考え方をすればよい。

　最後の修正はあて,節,繊維のよれなど主として材の等級の違いによって乾燥条件を変化させたときに生じる時間の修正である。

　乾燥日数の長い厚材や材質的に問題の多い材は,すでにこれまでに乾燥条件を緩くして乾燥時間が延長されているので板の等級の低下による修正は微少ですみ,乾燥時間の短い乾燥容易な材で乾燥条件の厳しかった材ほど等級の違いによる修正量が大となる。結果を図5-34に示す。

　以上の材質,等級の修正を全部終了すれば含水率70％から10％までの1

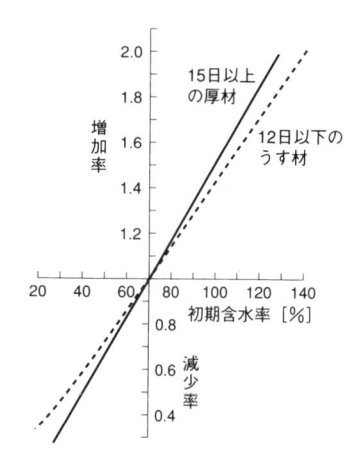

図 5-35 初期含水率の違いによる乾燥時間の増減比(70% 基準, 10% 仕上げ)

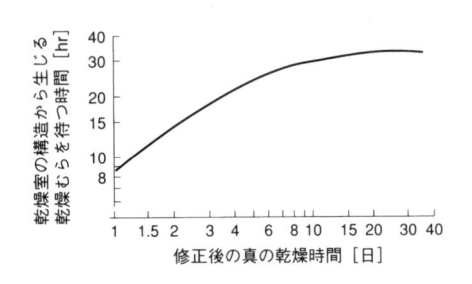

図 5-36 乾燥室内の温度むらによる延長時間
(IF 型乾燥室, 材間風速 1 m/sec, 桟積み幅 2 m, 生材から含水率 10% まで)

枚の板の真の乾燥日数は求められる。

初期含水率の違いによる乾燥時間の修正は,初期含水率 70%,仕上げ含水率 10% を基準にすれば,初期含水率が変化したときの時間比率は,乾燥経過を厚材では直線的と考え,薄材のときは曲線的として作図すると図 5-35 のような関係となる。

乾燥の悪い桟積み中央部の乾燥が終了するまでの時間延長と真の乾燥時間との関係は大略図 5-36 となる。

以後はイコーライジングとコンディショニングならびに冷却時間を加算す

ればよい。

　具体例を表5-25に示す。この種の計算にあたって乾燥速度係数や水分拡散係数は被乾燥材の中で遅いもの(例えば柾目板)にしないと実際の乾燥室操作の時間より短くなる。実際の乾燥で広葉樹材は乾燥の遅い柾目材に条件を合わせて操作するからである。

　表の中で乾燥速度係数 $k = 0.064$ のブナ偽心材は乾燥が良好な材らしく k の値が大きすぎるため，乾燥時間が極端に短く計算されている。$k = 0.031$ のブナ板目偽心材は板目材による k であるが大略実際の乾燥日数に近い。また，ミズナラ材は柾目材の乾燥速度係数から求めたので適当な日数を算出している。

　ミズナラ柾目材の k は $0.018 \sim 0.025$ と幅があり，板目材は $k = 0.025 \sim 0.035$ ほどであるから，何を標準に計算するのか注意しなければならない。

　針葉樹材の乾燥時間は一般に長く推定されやすいが，アカマツ材は乾燥速度係数 k の値の大きい材(辺心混)を選んでいるので適当な日数となっている。乾燥温度の低い(40℃前後)除湿式乾燥室の乾燥時間を蒸気加熱式IF型乾燥室の乾燥時間と比較する際には，蒸気加熱式IF型乾燥室で適用している乾燥温度を樹材種によって考える必要がある。

　蒸気加熱式IF型乾燥室では針葉樹薄板には高温を，重硬な広葉樹材には低い温度をあてはめているため，除湿式乾燥室との時間比は材によって変化する。表5-26に概略の時間比を樹材種別に示す。

　乾燥時間を短縮する色々な方法については，乾燥時間の短縮方法総括として【増補12】(p. 727 参照) に示す。

表 5-25 乾燥時間推定結果例

(仕上げ含水率 10%)

樹種条件	厚さ(cm)	全乾比重 γ_0	乾燥速度係数 k	時間(日)	乾燥条件修正	修正後の時間(日)	材質修正	修正後の時間(日)	等級修正	修正後の時間(日)
アカマツ中級辺心混迫柾含水率90%	2.0	0.38	0.152	1.0	0.93	0.93	0.84	0.78	1.0	0.78
	2.7					1.5	0.86	1.29	1.0	1.29
	5.0					4.4	0.90	3.96	1.0	3.96
	10					14	0.93	13.02	1.0	13.02
モミ下級心材板目含水率70%	2.0	0.45	0.077	1.9	0.97	1.84	0.86	1.58	1.18	1.86
	2.7					2.7	0.88	2.38	1.16	2.76
	5.0					6.1	0.91	5.55	1.13	6.27
ブナ中級偽心材板目含水率80%	2.0	0.62	0.031	4.8	1.05	5.04	1.06	5.34	1.0	5.34
	2.7					7.0	1.05	7.35	1.0	7.35
	5.0					23	1.03	23.69	1.0	23.69
ブナ下級偽心材板目含水率80%	2.0	0.63	0.064	2.3	0.98	2.25	1.09	2.45	1.04	2.55
	2.7					3.2	1.08	3.46	1.03	3.56
	5.0					9.2	1.05	9.66	1.02	9.85
ミズナラ上級心材柾目含水率80%	2.0	0.74	0.025	6.0	1.07	6.42	1.12	7.19	0.96	6.90
	2.7					9.0	1.11	9.99	0.97	9.69
	5.0					29	1.07	31.03	0.98	30.40

表 5-26 除湿式と蒸気式との乾燥時間比

蒸気式乾燥室		樹　　種 材　　質	厚さ(cm)				
初期温度(℃)	末期温度(℃)		2	2.5	5	7.5	10
55〜60	75〜80	針葉樹	1.4 2.0	1.6 2.2	1.7 2.0	1.9 2.1	1.9 2.1
52〜58	70〜76	軽い広葉樹	1.4 1.8	1.5 2.0	1.5 1.7	1.6 1.7	1.6 1.7
48〜53	65〜71	中庸の広葉樹	1.4 1.8	1.5 1.9	1.4 1.6	1.4 1.6	1.4 1.6
45〜50	60〜66	重い広葉樹	1.3 1.6	1.3 1.5	1.3 1.4	1.3 1.4	1.3 1.4
42〜47	59〜60	重硬な広葉樹	1.3 1.6	1.4 1.6	1.1 1.4	1.1 1.4	1.1 1.4

比率＝除湿式／蒸気式，上段 20% まで，下段 10% まで．

5-5 乾燥時間の推定

(表 5-25 つづき)

初期含水率修正	修正後の時間(日)	乾燥むら加算時間(hr)	コンディショニング加算時間(hr)	昇温,冷却時間(hr)	加算時間合計(hr)	加算時間合計(日)	総合計時間(日)
1.30	1.01	9	4	4+4	21	0.88	1.89
1.30	1.68	12	6	5.5+5.5	29	1.21	2.89
1.30	5.15	24	10	8+10	52	2.17	7.32
1.30	16.93	31	20	10+15	73	3.04	19.97
1.00	1.86	14	4	4+4	26	1.08	2.94
1.00	2.76	18	6	5.5+5.5	35	1.46	4.22
1.00	6.27	26	10	8+10	54	2.25	8.52
1.15	6.14	25	10	4+4	43	1.79	7.93
1.15	8.45	28	15	5.5+5.5	54	2.25	10.70
1.18	27.95	32	25	8+10	75	3.13	31.08
1.15	2.93	18	10	4+4	36	1.50	4.43
1.15	4.09	22	15	5.5+5.5	48	2.00	6.09
1.15	11.33	30	25	8+10	73	3.04	14.37
1.15	7.94	28	10	4+4	46	1.92	9.86
1.15	11.14	30	15	5.5+5.5	56	2.33	13.47
1.17	35.57	32	25	8+10	75	3.13	38.70

ブナ偽心材の乾燥時間を求める際,乾燥の悪い偽心柾目材の乾燥速度係数が発表されておらず,偽心板目材の乾燥速度係数で算出したので実際の乾燥時間より短く計算されやすい。

6

天然乾燥と貯木

6-1 天然乾燥

　細い丸太，製材した板および角材を屋外の自然の状態で乾燥したり，半加工品を割れないように倉庫内で徐々に乾燥する方法などを一括して天然乾燥と呼んでいる。したがってその内容や目的は次のようにさまざまである。

　1) 針葉樹(ときとしてアピトン床材)の薄板を 7～20 日間屋外で乾燥し，含水率を 20 % 程度にしたものを通常天然乾燥材と呼び，そのまま一般の建築用材として利用する。

　2) 広葉樹の 2～5 cm 厚材を 30～150 日かけて，含水率を 20～35 % まで降下させ，含水率の低い場合はそのまま一般の造作材として利用したり，さらに人工乾燥室に入れ含水率を 8～13 % までおろし，家具や高級内装用材に使う。

　3) 含水率の高い針葉樹柱材(特にスギ材)を 20～40 日間程天然乾燥し，含水率を 60～80 % に低下させ，その後は人工乾燥室へ入れて含水率を 20～25 % まで降ろし建築用柱材に利用する。

　4) 椀，盆などの刳り物の素地を割れないように数ケ月以上かけて作業所や倉庫内で天然乾燥し，さらに人工乾燥した後に加工し製品とする。

　5) 輸送のときの重量減少と板表面にかびが生じないように広葉樹の 2～3 cm 厚材を 20 日間ほど短期の天然乾燥をする。

以上のようなそれぞれの目的に応じて，乾燥の仕方や桟積み方法，注意事

項，乾燥期間などが違っている．

6-1-1 天然乾燥の有利さ

含水率の高い木材から水分を蒸発除去させるには基本的に 30 ℃ で580 kcal/kg $_{water}$ ほどの蒸発潜熱が必要とされ，除湿式乾燥室のように水蒸気を凝結回収しても，それ相応のエネルギーが消費される．

また人工乾燥室では乾燥時間を短縮する目的から室温を上昇させるが，加熱された空気が排気孔から放出され壁体からは熱が外部に放散されて無駄となる．乾燥初期の材温上昇にも多量の熱が必要でこれも回収できない．

一方，乾燥室内に桟積みされている材は通風がよくないと桟積み中央部の乾燥が遅れ，かびが発生する危険もあるので，乾燥室内ではわざわざ電力を使って送風機を回転させている．屋外では常時 2～3 m/sec の風が吹いており，室内で使われる送風用の電力費も馬鹿にならない．

人工乾燥の経費を高めているのは主に設備償却費であるが，天然乾燥では桟木の償却費と土地ならびに原木代金の金利だけとなる．

天然乾燥は必然的に乾燥温度が 20～35 ℃ 以下であるため極めて温度の低い人工乾燥法とも言え，細胞の落ち込みやすい材の乾燥には最適である．また含水率の高い針葉樹薄板の乾燥はかなり急速に行える．

乾燥終了時の含水率のばらつきがやかましく言われている家具用材を天然乾燥なしに生材から直接人工乾燥すると，乾燥終了時に極めて長時間のイコーライジング(調湿)を実施しなければならないが，天然乾燥で含水率を 20～25 % にしてから人工乾燥を行えば，仕上がり含水率の均一化は簡単にできて人工乾燥の経費も大きく節約できる．ブナ，ミズナラ，ハルニレ，イタヤカエデ，タブノキ材などは予備的な天然乾燥が極めて有効である．

6-1-2 天然乾燥の問題点

天然乾燥の短所は乾燥速度が遅く急場に間に合わず，すべて天候任せで予定が立てにくいことと 6 月の梅雨期や降雪地帯の冬期にはほとんど乾燥が進行しない点である．

また天然乾燥では乾燥開始から含水率 45 % あたりまではかなり急速に乾

写真 6-1 冬期の天然乾燥中の木口部の割れ
(フィリピン産アピトン 2.8 cm 厚板目材, 平均含水率約 36 % の時)

燥するが, それ以降の乾燥は遅くなり終末の仕上がり含水率も 17〜25 % のため, 使用目的によっては, 含水率が高すぎて仕上げの人工乾燥が必要となる。

　天然乾燥について一般の人は低温で穏やかな乾燥法と思っているが, 針葉樹ではベイマツ材, 広葉樹では高比重の南洋材や, ミズナラ, クルイン, ラミン材なども板の厚さが 3〜5 cm 程度になると, 冬期の天然乾燥中にかなり割れる心配がある(写真 6-1)。

　除湿式乾燥室でスギ心持ち柱材やミズナラのインチ材(2.7 cm 厚)を乾燥するときの乾燥初期の関係湿度は 80〜85 % である。一方湿度の高い夏でさえ屋外の湿度が 80 % を越すときは希で, 冬期の太平洋側では湿度が 30 % を切ることはそう珍しくない。

　もちろんこれらの数字は昼間の条件で, 夜間に温度が降下したときには湿度が上昇し, 昼夜平均で年間 75 % あたりが日本の平均値である。以上の理由から天然乾燥中に厚材に割れが生じても不思議ではない。

　このため屋外で安心して乾燥できる樹材種には制約があって, 極端に割れの生じやすいものには, 適当な風除けや日射を避ける覆いなどが乾燥初期に必要となる。

天然乾燥も少量の手持ち材を乾燥しているときにはあまり気にならないが，多量の木材を天然乾燥すると敷地や材料の長期間金利，桟木の消耗などが無視できなくなる。

以上の天然乾燥の長所と短所をよく考え，個々の被乾燥材の性質に合った対策を講ずる必要がある。

6-1-3　天然乾燥法

日本国内で広い敷地を持って多量の材を天然乾燥できる場所は年々少なくなっているが，常時一定量の製品を出荷している家具工場では天然乾燥が絶対必要である。

天然乾燥場は通風が良くて風の強い場所がよい。天然乾燥の終了した材は桟積みのままフォークリフトで乾燥室や台車上に移動する例がほとんどであるから，天然乾燥場はコンクリート舗装して置く必要がある(写真6-2)。

桟積みする場所には，桟木位置に合わせて高さ30 cm程のコンクリート台を設け，その上に太い台木(防腐処理した15 cm角)を渡し，桟木の置かれた箇所には台木が常にあるような設計とする(写真6-3)。桟木位置に土台の受け木が無いと桟積み下部の板に反りや狂いが生じやすい。

桟積みの具体的方法は，先の木材人工乾燥室の乾燥方法の中の桟積み作業(3-3-1)で述べたので詳細は省く。

桟積みの方法は被乾燥材を天然乾燥だけで良しとして利用するのか，天然乾燥後に人工乾燥するかで多少異なる。

天然乾燥だけで終了する場合はできるだけ通風を良くし，桟積み中央部の乾燥の遅れやかびの発生を防止するために板と板との横間隔を十分あけ，桟積み内の上下気流がよく流れるようにしなければならない。天然乾燥後に人工乾燥をする際には収容材積の都合もあって，桟木はやや薄く板の横間隔を多少狭くすることが多い。

桟積み最上段の板は狂いやすいので，最上段に乗せるパッケージの一番下と上の桟木を厚くしておき，針金で締め付けるなどの方法も行われるが乾燥すると緩むのであまり有効でない。

桟積みが完了したら最上段には傾斜のある屋根を設け，これを桟積みにしっ

6-1 天然乾燥

写真 6-2 コンクリートで舗装された天然乾燥場

写真 6-3 桟木の下には常に受け台木が必要（土台が少し低く不安定な例）

写真 6-4 桟積み最上部の屋根

写真 6-5　短尺材のエンドコート（座卓の足材料）

写真 6-6　鉛筆用材（鉛材）の天然乾燥風景（北海道）

写真 6-7　はざかけ乾燥法（針葉樹薄板用）

6-1 天然乾燥

写真 6-8 ヒノキ鴨居材の天然乾燥

写真 6-9 乱雑な天然乾燥場

写真 6-10 木口割れの防止方法

かり結び付け風で飛ばされないようにする(写真 6-4)。

　作業の終わった桟積みには乾燥開始日と終了予定日や樹種名を書いた札を付けておく。木口部分の割れ防止のために桟積み木口面全体を薄板で被うこともある。

　短尺材は木口をコーティングする(写真 6-5)。特殊な材料は写真 6-6 の方式で天然乾燥した時代もあった。丸びき材の天然乾燥法は【増補 13】(p.728)参照。

　針葉樹板材は乾燥が速く，乾燥中に板は狂いにくく，桟木を置いた場所が変色しやすいので，はざかけで乾燥する(写真 6-7)。また高級建築用ヒノキ鴨居材などを美濃地方では写真 6-8 の方式で天然乾燥している。

　桟積み周辺は常に整理して置かないと通風が妨げられ，かびや腐朽菌が桟積み中央部に発生する。乱雑な天然乾燥場の例を写真 6-9 に示す。青変菌や腐朽菌の入りやすい材(マツ，ブナ辺材)は天候の悪い季節に天然乾燥を開始するのは好ましくなく直接人工乾燥した方が安全である。桟積み前に防かび液につけてから乾燥する例も多い。

　比重の高いクルイン材は蒸煮してから天然乾燥すると空気の乾燥している冬期に発生しやすい割れが防止できる。また乾燥時間が 20〜30 % 短縮できる。針葉樹材は写真 6-10 のように波型のプラスチックを打ち込んで木口割れを防止する。

　ラミン板材やベイマツ柱材は通常の季節にも割れが出やすく，スギ心持ち柱材も天候の良いときにはかなり面割れが発生する。高級材は乾燥速度を低めるための風除けや蒸発防止用の覆いを乾燥初期に設けた方が良い。

　広葉樹家具用材の含水率むらを均一化し，人工乾燥後の仕上げ含水率のばらつきを小さくしようとするならば，天然乾燥によって平均含水率を 25 % 程度までおろして置かないと，その効果は十分達せられない。15〜20 日程度の短い天然乾燥は桟積み周辺部の板だけを先行乾燥させ，かえって桟積み内の乾燥むらを大きくする恐れもある。

6-1-4　天然乾燥時間

　天然乾燥が終了するまでの期間は初期含水率と仕上げ含水率によって当然異なるが，その年の天候や乾燥開始の月によって相当変化する。

6-1 天然乾燥

表 6-1 地区別天然乾燥日数

(ブナ偽心材, 含水率 30% まで)

測定場所	板厚(cm)	開始月											
		1	2	3	4	5	6	7	8	9	10	11	12
岐阜県 高山市	2.0	33	35	30	21	10	19	20	12	23	12	75	56
	4.0	70	64	38	34	17	56	38	40	64	53	114	110
岐阜県 美濃市	2.0	8	13	9	10	6	21	10	7	18	9	10	18
	4.0	28	27	18	25	24	21	20	13	33	23	20	34
鳥取県 鳥取市	3.0	24	34	19	23	19	17	18	10	28	20	22	35
	4.5	69	55	54	42	47	48	29	27	34	54	65	69
岩手県 岩手郡	2.0				7		6			20			15
	3.6				13		12			31			56

(野原正人氏ら (1978))

表 6-1 は正確な月別の比較値を得るため，近似したブナ偽心材を月毎に 1〜2 枚ずつ乾燥して比較した例である。

岩手県林業試験場中野正志氏，鳥取県工業試験場西尾茂氏らの測定資料を岐阜県林業試験場野原正人氏らが自分の測定した資料と合わせ一括整理したもので（木材工業, vol. 33 (1978)），鳥取市の例はブナ柾目偽心材を用い，岐阜県の場合は木取りが示されていないがおそらく追柾材であろう。岩手県の例は月別試験に用いたブナ材の材質に多少変動があるように思われる。

この表を見ると岩手県や高山市のような降雪地帯では，冬期の乾燥日数が，春から夏の頃の 3 倍程度になっており，美濃市や鳥取市では 1.5〜2 倍の違いのように見受けられる。

先に述べたように，この表の値は 1〜2 枚の板を通風の良い場所で乾燥したときのものであるから，同一の材を桟積み状態で乾燥すれば，中央部は図 6-1 のようになるので，桟積み中央部の板が含水率 30% になるには風の強い月は 1.3 倍，風の少ない月は 2 倍となり年平均で 1.6 倍であろう（図 6-1）。

表 6-2 は各地の林業，林産試験場，営林署で測定した天然乾燥の実例である。

乾燥日数の推定は困難であるが一応の目安として，東海地区の天然乾燥の推定日数を板厚と仕上げ含水率との関係で示すと図 6-2 となる。

冬期は夏期の 2 倍として計算しているが，降雪地域では冬期は夏の 3 倍と

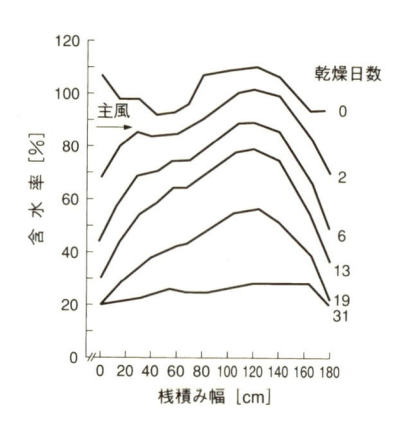

図 6-1 桟積み内の含水率分布(風の少ない月)
(ブナ床板原板(2.2 cm 厚), 辺材, 8 月乾燥開始平積み, 板間隔 3 cm,
桟木厚 2.4 cm, 野原正人氏 (1978))

表 6-2 樹材種別天然乾燥日数

樹種, 材種	厚さ (cm)	初期含水率(%)	終末含水率(%)	日数	乾燥した時期と場所
ナラ	2.5	81.7	19.3	74	5～ 8月 北海道砂川
ナラ	3.8	85.2	24.5	74	5～ 8月 北海道砂川
ブナ偽心材	2.3	90.0	20.0	50	3～ 4月 北海道東瀬棚
ブナ辺材柾目	2.0	59.2	18.7	38	11～12月 徳島
ブナ偽心材柾目	2.0	77.6	22.6	38	11～12月 徳島
ナラ心材板目	2.5	76.5	21.1	29	7～ 8月 徳島
カツラ心材板目	1.4	49.4	18.7	16	5～ 6月 徳島
シナ	3.3	110.0	30.0	30	9～11月 横浜
シナ	2.5	110.0	30.0	18	9～11月 横浜
ブナだらびき	6.0	70.1	27.0	174	12～ 6月 鳥取
ブナだらびき	3.0	92.2	18.2	68	12～ 2月 鳥取
ミズメだらびき	6.0	41.6	17.8	183	12～ 6月 鳥取
ミズメだらびき	3.6	33.3	16.8	168	12～ 5月 鳥取

見るべきであろう。

次に建築用柱材の天然乾燥の例を示す。心持ち柱材のうち, ヒノキ柱材は初期含水率が低く価格が高いため, 除湿式乾燥室で直接生材から乾燥する方向に進んでおり, スギ心持ち並柱材は蒸気加熱式 IF 型乾燥室で乾燥する方が能率的である。

しかしあまり含水率の高いスギ柱材は, 80～90 % まで予備的に天然乾燥

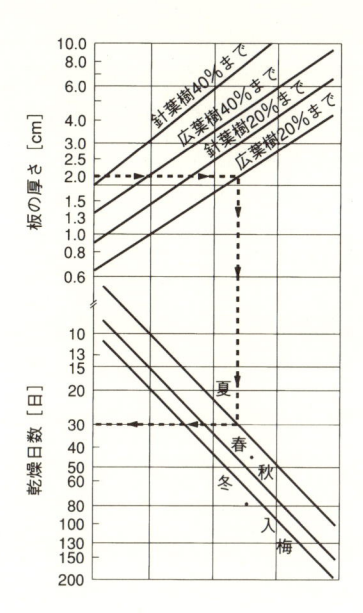

図 6-2 季節と厚さ別の天然乾燥日数(桟積み材,東海地区)
(例:2 cm 厚広葉樹材を含水率 20% まで夏期に乾燥するには 30 日を要する。)

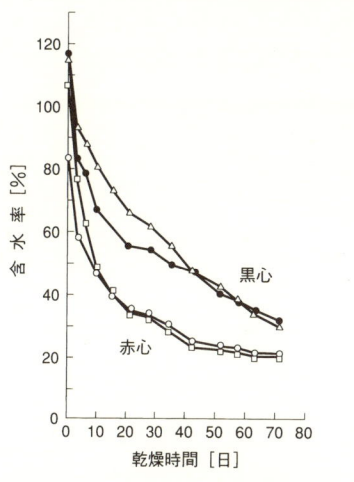

図 6-3 スギ心持ち柱材の乾燥経過 その 1
(10.5 cm(生材寸法 11.5 cm)角,4 月 21 日開始)
(松田敏明氏 (1987))

図 6-4 スギ心持ち柱材の乾燥経過 その 2
(10.5 cm 角,7 月 14 日開始)
(松田敏明氏 (1987))

した方が乾燥日数と経費の節約から見て合理的である。

一方，スギ並柱材を天然乾燥だけで含水率25〜35％まで乾燥すると相当表面割れが発生するが，柱を壁下に使う場合には割れの存在は問題とならず利用対象によって乾燥方法も乾燥日数も違って来る。

図6-3，図6-4はスギ心持ち柱材10.5 cm角を愛知県新城市で乾燥した例で，昭和62年林業研究現地適応化事業による林務課の松田敏明氏の測定による。

乾燥の悪い黒心材と普通の赤心材とを比較乾燥しており，4月には赤心材の含水率は35日間で30％になっているが面割れが甚だしかったため，夏の7月の例では桟積みに覆いをして割れを防止し，乾燥日数は気温の高い夏の方が長く70日ほどかかっている(図6-4)。

表6-3はスギ(気乾比重0.41〜0.45)，ヒノキ(0.54〜0.55)，アカマツ(0.49〜0.53)，心持ち柱材10.5 cm背割りなし角材と，心去り平割り，正割り材の季節別乾燥日数であり，試験材数は2〜5本ずつを毎回用い，桟積みをしていない状態の結果である。スギ心持ち柱材の乾燥日数は，ばらつきが大きい。

仕上げ含水率は25％と30％で，実験場所は美濃市曽代の林業試験場構内，測定は野原氏らによる(岐阜県林業センター研究報告，No. 52 (1977))。

岐阜県下で美濃市は高山市などと比較して風が強く，年間を通じ，乾燥の

表 6-3 乾燥開始の時期別天然乾燥所要日数

(柱材は背割りなし美濃市曽代)

樹種	材種(cm)	5月29日		8月30日		11月15日		1月17日	
		30%	25%	30%	25%	30%	25%	30%	25%
スギ	10.5 × 10.5	52	72	15	24	26	48	72	88
	10.5 × 10.5	43	52	33	58			53	66
	10.5 × 4.5	16	26			13	24	73	88
	4.5 × 4.5	7	10	5	12	14	28	7	15
ヒノキ	10.5 × 10.5	7	37					21	79
	10.5 × 4.5							10	15
	4.5 × 4.5							10	15
アカマツ	10.5 × 10.5	5	7					16	33
	10.5 × 4.5	6	7	12	14			15	20
	4.5 × 4.5			11	14			14	17

(野原，岩田，山本氏ら (1977))

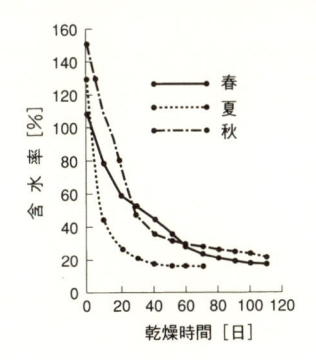

図 6-5 スギ心持ち柱材の季節別乾燥経過(10.5 cm 角。岐阜県郡上産, 野原氏ら (1977))

表 6-4 スギ 10.5×10.5 心持ち柱材の推定天然乾燥日数

初期平均含水率(%)		80			100			140			180		
辺材率	心材の乾燥性	良	中	悪	良	中	悪	良	中	悪	良	中	悪
大		30	36	46	36	46	54	52	65	78	65	78	110
		46	54	66	54	66	78	85	98	117	98	117	143
中		36	48	60	42	58	72	65	88	110	78	104	130
		54	66	76	64	78	90	98	117	130	110	143	156
小		42	54	72	52	66	84	78	104	136	98	123	156
		66	78	96	78	90	115	117	156	162	143	169	208

全乾法で 35%, 性能認定含水率計で約 25% の仕上げ。上段は日本各地の春乾燥開始, 下段は太平洋側で秋乾燥開始。

良好な地区である。8月は極端に乾燥が良い。

単材の実験であるから桟積み状態とすれば乾燥日数の短いもので 1.5～2.0 倍, 柱材で乾燥日数の長いときには 1.2～1.5 倍ほどの日数を見込む必要がある。

図 6-5 は表 6-3 のスギ 10.5 cm 角材のうち 5, 8, 11 月に開始した材の乾燥経過を示したものである。気乾比重は 0.4～0.45 と少し高く黒心に近い乾燥の多少悪い材である。8月の乾燥ではかなり面割れが生じていると思われる。

スギ柱材の天然乾燥の所要日数は，心持ち材の場合，柱に含まれている辺材の量や心材の水分の移動性の良否などによって，乾燥しやすいものと悪いものとでは 2.5 倍程度の違いがあり，それに加えて心材の初期含水率が 60～180% とばらついているため初期含水率の違いによる乾燥時間比率も 2～2.5 倍あり，両者を合わせると乾燥時間比が 5 倍以上にもなり必要乾燥時間を推定することは極めて困難である。柱に含まれる辺材率と心材の乾燥の良否 (赤心か黒心か) と初期平均含水率との組み合わせで考えれば表 6-4 のように整理できよう。太平洋側の降雪の無い地方の条件を考え全乾法で含水率 35% (性能認定含水率計で約 25%) までの乾燥日数である。

上段は春に乾燥を開始した場合で，下段は秋に乾燥を開始した場合の値である。冬期に天候の悪い地方で晩秋に乾燥を開始すれば下段の数字を 1.5 倍するか，下段の数字に総て 40～70 日を加算する必要があろう。

表 6-5 は皮付きスギ丸太を乾燥したときの含水率と日数とを示し，表 6-6 ははく皮スギ丸太の経過を示す。ともに郡上八幡産の材で林産試験場構内に一列に列べて乾燥した野原氏の測定による。単材のため乾燥日数は短い。また供試丸太内の乾燥特性のばらつきはかなり大きいと感じられる。

スギ，ヒノキ材を林内で葉枯らしするのも一種の天然乾燥である。樹皮はそのままとし枝葉を着けた葉枯らしによる含水率の降下は，スギ，ヒノキ材とも心材部の含水率にはほとんど変化が無く辺材部の含水率は急速に低下する。乾燥を夏期 (8 月) に開始したときの有効な乾燥日数は 30～40 日，秋期 (9 月) に開始すると 60 日かけても辺材部の含水率はあまり降下せず，夏期に 40 日かけたときの丸太断面平均含水率 (70～90%) まで降下しない。葉枯らしは昔から言われていたように夏までの期間に開始すると良い。葉枯らしについては森林総合研究所鷲見氏らの調査がある。

以上で天然乾燥についての説明を一応終わるが，天然乾燥を終了した材を人工乾燥する際には，高含水率の生材を乾燥するときのように乾湿球温度差を 5°C 程度からはじめ，含水率が 3～4% 低下するごとに次の条件に変化させれば割れの発生する危険はない。

また乾燥初期の材温上昇のための強い蒸煮は表面割れの発生原因となるため絶対に行ってはならない。

表 6-5　スギ皮つき丸太の伐採後経過日数別含水率　[％]

伐期	末口径(cm)	伐採後の経過日数						
		0	30	60	90	120	160	200
春	10	160	125	85	40	30	20	
	15	155	135	110	80	60	45	
	20	175	150	120	90	75	65	
夏	10	240	190	155	120	100	80	55
	15	200	170	155	125	115	100	85
	20	180	155	135	120	110	100	85
秋	10	220	195	175	155	130	80	60
	15	220	205	190	175	160	125	100
	20	180	160	150	140	125	95	70
冬	10	215	200	180	150	115	90	45
	15	215	205	190	170	140	110	90
	20	180	165	155	130	120	85	70

(野原正人氏ら(1977))

表 6-6　スギはく皮丸太の伐採後経過日数別含水率　[％]

伐期	末口径(cm)	伐採後の経過日数					
		0	20	40	60	80	100
春	10	120	50	30	20	20	20
	15	155	90	65	40	30	25
	20	170	120	100	80	65	55
夏	10	245	70	20	20	20	20
	15	200	100	50	30	25	20
	20	180	90	45	25	20	20
秋	10	190	95	40	25	20	
	15	170	95	50	35	30	25
	20	175	100	60	40	35	30
冬	10	250	180	105	35	20	20
	15	220	170	100	45	30	25
	20	170	135	80	40	30	25

(野原正人氏ら(1977))

　天然乾燥材の乾燥スケジュールは，4章の中の天然乾燥材の乾燥スケジュール(4-4-2)を参照されたい．

6-2 貯　　木

　一部の輸入材は海面へ丸太を降ろしそのまま水中貯木する例もあり，水面の使用できない箇所では陸土場が使われている。

　水中貯木の際，海水濃度が高いと，フナクイムシの害を受けやすい。またラミン，ベイモミ材は海水を吸収しやすく，乾燥後に抵抗式含水率計で含水率を測定すると高い値を示し，測定値に間違いの起こる例がある。さらに吸収したニガリは空気中の水分を吸収し，梅雨期に乾燥材の含水率を上昇させたり，材面を湿らせるなどの障害を起こすこともある。貯木池の水が汚いと酪酸菌が繁殖し，材のpHを低下させ，乾燥後に揮発性の酪酸を放出して輸送用箱材に使用した場合は中の鉄材を錆びさせる危険がある。

　陸土場に丸太を長期間置くときは材の割れや虫害，腐朽防止のためスプリンクラーによる散水を行うと良いが適当な水源が無いと経費がかさむ。

　陸土場に長期間置かれていた丸太は，木口部分が乾燥しているため，試験材を採取する際に木口を長く切り捨てるようにする。また人工乾燥に際しては，先行乾燥している木口部分に割れが生じやすいので入室して割れ発生の状況を良く観察する。

7

木材乾燥装置の基礎知識

　木材乾燥室の設計に関する基礎的な考え方，乾燥操作の基本となる乾燥スケジュールの原則，乾燥時間の推定などは工学的な色彩の強い分野である一方，木材というソフトな面とのかかわりも大きく簡単に割り切れない部分が多い。

　乾燥装置を設計する際には耐久性の向上，設備価格の低減と言った重要な問題も当然考えなければならないが，ここでは木材乾燥という専門の立場から見た問題だけを取り上げ，一般工学で論じられている範囲は除いておく。

7-1　乾燥室内の乾燥むら

　天井部に送風機を設けた一般の蒸気加熱式 IF 型乾燥室の中にも，設計が間違っていて桟積み中央部や，扉側の桟積み下部の乾燥が遅れる乾燥室がある。

　乾燥室の材搬入扉側の乾燥が遅れるのは，大扉の断熱不良が主原因であり，次に加熱管の配管が正しくなかったときで，桟積み中央部の乾燥遅れは，桟積み幅が大きすぎるか，材間風速の不足や桟木厚が小さいためである。

7-1-1 乾燥室内の風速と風圧

桟積み内の風速を均一にすれば乾燥むらの防止に役立つ。そのためには乾燥室内の各所の風速や風圧，送風機能力などを知る必要がある。

a. 乾燥室内の風速分布

対象乾燥室の形式を天井部に加熱管と送風機を設けた蒸気加熱式 IF 型乾燥室として話を進める。

桟積み内の材間風速を上下方向で均一にするには桟積みと壁面との間隔を 40 cm 以上にする必要があり，桟積み高さが 3 m になれば 60 cm に拡大するとよい。

壁と桟積みとの間隔が狭いと送風機から吹き降ろして来る風の速さは，通路の断面積が縮小されただけ速くなり，桟積み最上段付近の静圧が減少し条件の悪いときには桟積み内の風が逆に流れたりする。

さらに壁と桟積みとの間隔が 30 cm 以下になると入室して桟積み材のようすを見たり試験材を取り出すのが不便となり，わずかな桟積みの凹凸によっても材間風速は大きく乱れる。

蒸気加熱式 IF 型乾燥室の中には壁自体に傾斜を付けた構造や，適当な傾斜板を取り付けているものがある。

壁面に図 7-1 のような傾斜を付ける目的は桟積み下部の材間風速が強くなるのを制御し，桟積み上下に均一な風速分布を得ようとするものであるが，壁面に傾斜を付けると入室用の通路が細くなる欠点と，桟積みと壁面との間隔が下部ほど狭くなり，桟積み下部の材に凹凸があるとその部分に甚だしい材間風速の乱れが生じやすくなる。

壁面に傾斜を付けた方が良いとする考え方は，空調などで連続したスリットから均一な風を吹き出させるときのダクト形状の問題で，乾燥室内に置かれた桟積み内の材間風速を均一化するときには適用されない。

桟積み内の材間風速は送風機から桟積みへ風が吹き込む側の問題と同時に，送風機の吸引側の力が送風機に近い桟積み上部に強く影響していることも考えなければならない。

材間風速が 1.5～2 m/sec で壁面と桟積みとの間隔が 40 cm ほどあれば，

7-1 乾燥室内の乾燥むら

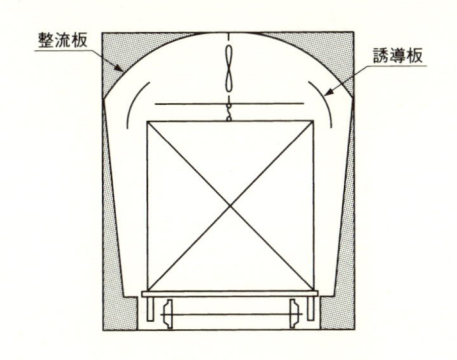

図 7-1　IF 型乾燥室内の風向調整板

特に壁面に傾斜を付けなくても桟積み上下の材間風速はそれほど違わず，多少下部が大きい程度である。

桟積み下部の材間風速を多少大きくしておくと桟積み下部の乾燥遅れを防止する上で好都合となる。

その理由は送風機から吹き出されて来る熱風は，桟積み横の空間を通って吹き降りて来るため，桟積み側面の水分蒸発と壁面からの放熱によって，桟積み下部に到達するまでに 0.5～1 ℃ 程度の温度降下が起こるからである。

天井に送風機を置いた IF 型乾燥室では，桟積みの上部数段の材間風速が小さい場合が多い。この位置は送風機から出た風が壁にぶつかり方向を変え，下方に吹き降りて来る場所であるため，風の流れは乱れ，流速も速いので大きな静圧が得にくく桟積みへ風が吹き込みにくくなる。

しかしその障害はあまり大きくなく乾燥むらを起こすほどの問題ではないので無視していても心配はない。

桟積み上部の風速が小さくなるその他の原因は，つり天井が桟積み幅より広く突き出した場合と桟積み上部とつり天井との間隔が狭く，つり天井と桟積み上部との間に風を止める遮断板が無いなどである。

送風機から出た風が壁にぶつかる箇所の整流板は桟積み上部の材間風速の均一化に大きく役立つが，桟積みへ吹き込む箇所に置く湾曲した整流板（誘導板）は曲面の形や取り付け位置の調整が意外に難しく，取り付け効果を十分発揮しにくく，送風機用モーターを点検する際の邪魔となるから取り付け

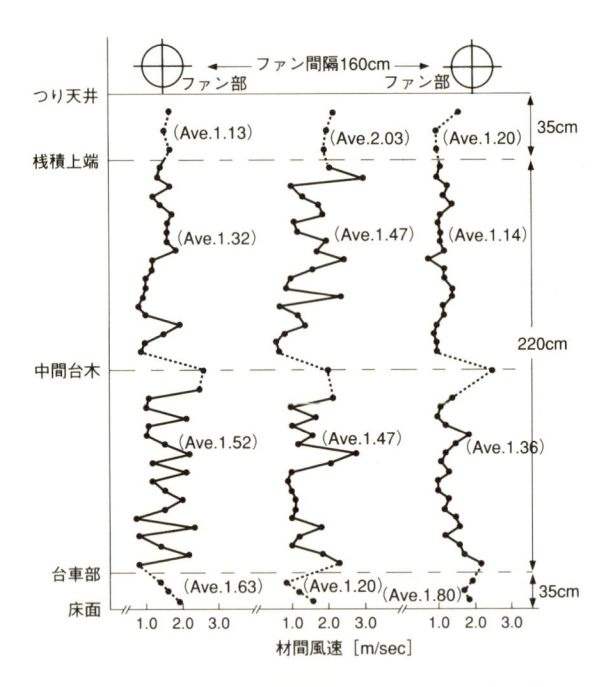

図 7-2 桟積み上下方向の材間風速分布(小玉牧夫氏 (1989))

なくてもよい。

　図 7-2 は 1.6 m 間隔に 0.75 kw 送風機を設置した乾燥室内の材間風速分布を示している。送風機と送風機の中間あたりの平均風速が一番大きく 1.5 m/sec ほどであり，特別に整流板や壁面の傾斜は設けていないが桟積み上下の風速むらはほとんど無い(中部電力開発研究報告書 (1989))。

　桟積みが 2 列にならぶダブルトラック乾燥室の場合には，両桟積み間に広い空間があるため，各桟積みは送風機の吹き出し側と吸い込み側の影響を独自に受け，風が吹き込む側の桟積みの材間風速は桟積み下部が大きく，送風機へ風が吸い込まれる側の桟積みは上部だけが大となる。

　図 7-3 は送風機を地下に取り付けためずらしい乾燥室の風速測定例であるが送風機位置と桟積み内の風速分布との関係は一般の IF 型乾燥室と同じである(複列台車)。

　この際，壁面に傾斜を付ければ吹き込み側桟積みの材間風速は均一となる

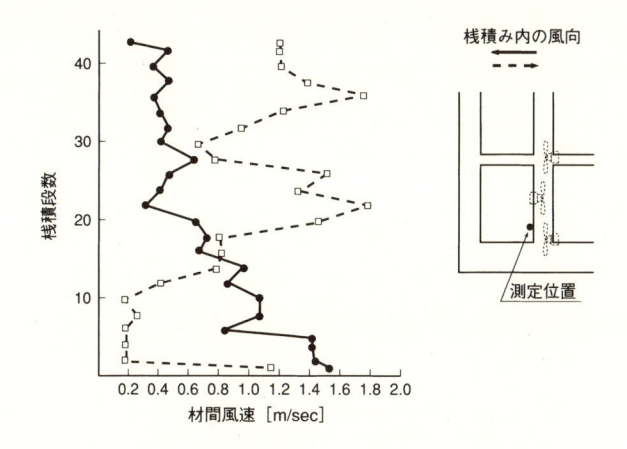

図 7-3 地下部に送風機を設けた IF 型乾燥室内の材間風速分布

が，送風機の吸い込み側にある桟積みの風速分布は傾斜を付けていないときより悪くなるため，風向切換えを行う限り壁面は垂直にしておいた方が無難である。

b. 乾燥室内の圧力損失

乾燥室内の空気循環回路は各所に湾曲，広がり，狭まりがあるため圧力損失が生じる。

風が通過する桟積み内の空間は，断面積が小さく材面が毛羽立っているので圧力損失が大きいように思われるが，実際は意外に小さく，材間風速が 1 m/sec のとき，桟積み幅 1.5 m に対し，0.5 mmAq 程度である。(mmAq とは水柱高さで圧力を示す符号である。)

乾燥室内で圧力損失の大きい場所は，つり天井より上の部分で，特に送風機から風が吹き出して広がる場所や送風機へ風が吸い込まれる場所，風が衝突する加熱管での圧力損失が大きい。

乾燥室内の風が通過する各場所の圧力損失 $\Delta P [\text{kgf}/\text{m}^2]$ は次式で示される。

$$\Delta P = \xi \frac{v^2}{2g} \gamma = \xi \left(\frac{v}{4.05} \right)^2$$

(標準状態の空気の密度は $\gamma = 1.2 \text{ kg}/\text{m}^3$)

$$\frac{v^2}{2g}\gamma = \frac{v^2 \times 1.20}{2 \times 9.80} \fallingdotseq \frac{v^2}{16.4}$$

ここに、

ΔP：損失圧力　kgf/m^2 [$\fallingdotseq$ mmAq]

$\left(1\,\text{mmAq} = \frac{0.09991}{1,000}\,\text{kgf/cm}^2 \fallingdotseq \frac{1}{10,000}\,\text{kgf/cm}^2 = 1\,\text{kgf/m}^2\right)$

ξ：局部抵抗係数，g：重力加速度 9.8 m/sec²

v：風速 [m/sec]，γ：空気密度 [kg/m³]

　各部位の具体的な圧力損失を求めるには，風が広がる場所や縮小する箇所の風速変化に対する損失係数や広がる角度による損失を図表から求めて計算するが，専門的になりすぎることと実測値がなく計算値だけから求めても，実際の数字とあまり良く合わない結果となるので説明は省略する。

　詳細は林業試験場報告，No.150(1963)，寺澤眞他2名による"乾燥室内の風速及び風圧分布について"を参照されたい。

　標準的な蒸気加熱式 IF 型乾燥室について各位置の寸法と風速を図7-4に，表7-1にはそれぞれの場所の損失圧力の実測値を示す。材間風速は1.5 m/sec、桟積み幅は1.8 m、送風機間隔1.5 mの乾燥室についてのものである。各々の損失圧力の合計は少し大きいようであるが 6.39 mmAq と集計される。

　いま材間風速を 2 m/sec に増加したときを考えると，圧力損失は風速の自乗に比例するという法則から，

$$\left(\frac{2}{1.5}\right)^2 \times 6.35 = 11.29\,[\text{mmAq}]$$

と計算されるように思われるが，風速増加は一般に送風機台数や羽根の長さの増加で行うため，一番圧力損失の大きい送風機を出てから風が広がる場所の圧力損失は送風機台数の増加によって増加する性質のものでないから，実際の圧力損失の増加分は，つり天井から下の部分の風速増加による増加割合を考えればよく大体合計で 8～9 mmAq となる。

　損失圧力の合計が決定されれば，送風機直径が 60 cm 程度で要求する風圧のもとで 160 m³/min (2.67 m³/sec) 程度の風量の出る送風機を選定する。

7-1 乾燥室内の乾燥むら

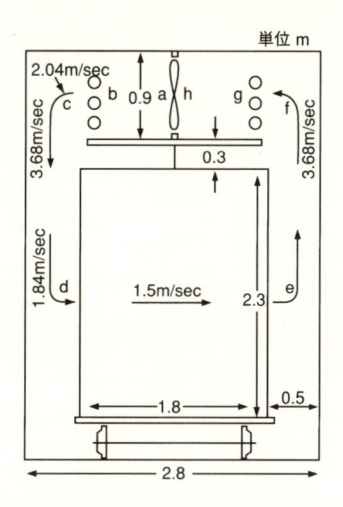

図 7-4 標準的な IF 型乾燥室の寸法と風速分布（表 7-1 圧力損失参照）

表 7-1 乾燥室内の損失圧力

位　置	損失圧力　mmAq
a～b と g～h との合計	3.60
b～c と f～g との合計	1.66
c～d と d～e と e～f との合計	1.13
合　計	6.39

a～h の符号は図 7-4 参照，材間風速 1.5 m/sec。

　必要圧力のもとでの送風機 1 台当たりの風量が定まれば，送風機台数は板厚，桟木厚，桟積み高さ，桟積み総長さと材間風速から次式によって求められる。

$$\frac{桟木厚[m]}{板厚[m] + 桟木厚[m]} \times 桟積み高さ[m] \times 桟積み総長さ[m]$$

$$\times 材間風速[m/sec] \times 1.2$$

$$\times \frac{1}{必要風圧のもとにおける送風機1台の送風量[m^3/sec]}$$

$$= 必要送風機台数$$

表 7-2 モーター極数と周波数と回転数

極　数	サイクル	
	50	60
4	1380	1656
6	920	1104

負荷時は8%のすべりがあるとして計算。

なお 1.2 は桟積み以外の不必要な空間を無駄に流れる風量である。奥行き 10 m で 15 m³ 実材積の乾燥室で材間風速 1.5 m / sec のとき，0.75 kw の送風用モーター5台である。モーターの出力に対する入力の効率は約 75 % であるから 0.75 kw のモーターの入力は約 1 kw である。

送風機用モーターは一般に 0.75 kw のものが使われ，ダブルトラックのときは風速，風圧がやや大きくなるので 1.5 kw のモーターが使われている。

送風機の回転数や直径，風量，風圧などについては次の比例関係がある。

風量 ∞ 回転数　　　風速 ∞ 回転数　　　風圧 ∞ (回転数)^2
馬力 ∞ (回転数)^3　　風圧 ∞ (風量)^2　　馬力 ∞ (風量)^3
風速 ∞ 風量　　　　風量 ∞ (直径)^2　　馬力 ∞ (直径)^2

乾燥室で使用するモーターは4極か6極であるから，50サイクル地区か60サイクル地区かによって送風機の回転数が異なり同一のプロペラファンを使うと風量や負荷が異なるから注意しなければならない。負荷時の回転数のすべり低下を8%とすれば地区による回転数は表7-2となる。

7-1-2 乾燥むらと材間風速ならびに桟木厚

桟積み内を加熱された風が吹き抜ける際，木材から水分が蒸発して空気温度は降下し，風下側の空気の関係湿度は上昇する。このため風下側の乾燥速度は風上側と比較して低下する。

風向の切換えを行う普通の乾燥室では桟積み両側の乾燥が促進され中央部の乾燥が遅れる。

乾燥むらの程度は板厚と初期含水率や乾燥打ち切り時期によって異なり，

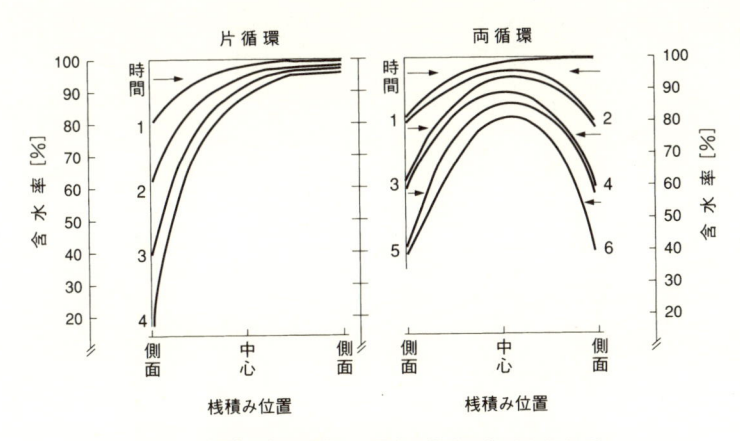

図 7-5　桟積み内の乾燥むら発生の模式図(恒率乾燥領域)

同一の材間風速であれば板厚が薄いほど乾燥むらは大きくなる。

　乾燥むらの大小を決定する因子は全乾燥過程に含まれている恒率乾燥期間(恒率乾燥に近い減率乾燥期間も含め)の割合である。

　恒率乾燥時の乾燥速度は風速一定であれば乾湿球温度差に比例するため風向を切り換えないときの風下側や，風向を切り換えたときの桟積み中央部の乾燥遅れは時間の経過とともに大きくなる(図7-5)。

　恒率乾燥とは木材表面の含水率が高く，あたかも水面から水が蒸発するときのような状態を言い，減率乾燥とは材の表面の一部が繊維飽和点より低くなって蒸発速度が低下しはじめてからの状態を言う。

　桟積み内の乾燥むらの増大が弱まる条件は風上側の材の乾燥が進み材表面が乾燥して恒率乾燥の領域から遠ざかり乾燥速度が低下し始めたときで，この状態になると風上側での温度降下量は減り，風下側の蒸発は促進されて来る。さらに乾燥が進むと乾燥室内の乾湿球温度差を大とするため，桟積み内の蒸発速度(乾燥速度)は，片循環方式であれば，風上から風下に向かいほぼ一定速度となる。

　乾燥が終末に近づくと風上側の材の乾燥速度は低下し，風下側の蒸発だけが盛んとなり乾燥むらは急速に縮小されて行く。

　片循環方式の桟積み内の乾燥むらの時間経過を 2.2 cm 厚のブナ辺材を乾燥した例で示す。材間風速 0.7 m/sec、桟木厚 2.5 cm である(図7-6)。この

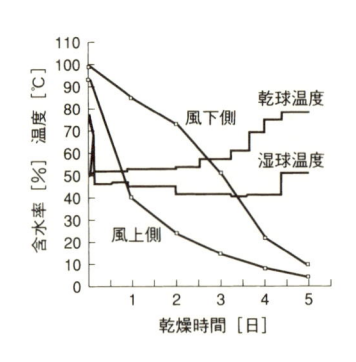

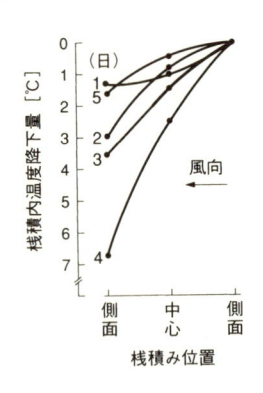

図 7-6 桟積み内の乾燥むら
(片循環, ブナ 2.2 cm 厚辺材, 桟木厚 2.5 cm, 材間風速 0.7 m/sec, 桟積み幅 1.6 m)

図 7-7 桟積み内の温度降下量と乾燥日数
(ブナ辺材 2.2 cm 厚, 桟木厚 2.5 cm, 風速 0.7 m/sec, 桟積み幅 1.6 m)

間の温度降下を図 7-7 に示す。乾燥初期は設定した乾湿球温度差が小さいので通過する熱風はすぐに飽和状態となり風上側だけしか乾燥しないため温度降下量の絶対量は小さく、乾燥 4 日目は乾湿球温度差を大きくしており桟積み全体が乾燥するので温度降下量は大となる。

桟積み内の板材含水率や温度経過の測定をうまく行うには、板を桟積みする途中で図 7-8 のような場所を作り、この空間に均一な試験材を列べ、乾燥途中で押し出せば容易にできる。

次に桟木厚や材間風速を違えたときの桟積み内の乾燥むらの経緯を図 7-9 〜図 7-11 に示す。桟積み幅は 1.6 m で乾燥条件は常識的乾燥スケジュールによっている。

風速が同じなら板厚が薄く乾燥時間の短い材 (乾燥の良好な材) ほど乾燥むらは生じやすい。

図 7-9 は片循環方式にしたときの桟積み内の乾燥むらの状況を示すもので、桟積み幅 1.6 m (No.5 のみ 0.9 m)、桟木厚は 1.9 cm と 2.5 cm、試験材はブナ 2.2 cm 厚、乾燥速度の違いを見るために辺材と偽心材とを用い材間風速は 0.7〜6 m/sec まで変化させている。

乾燥速度の大きい辺材では乾燥初期に風速をいかに増加しても桟積み内の乾燥むらを減少させることは不可能であるが、風速が大きいときは乾燥途中

7-1 乾燥室内の乾燥むら

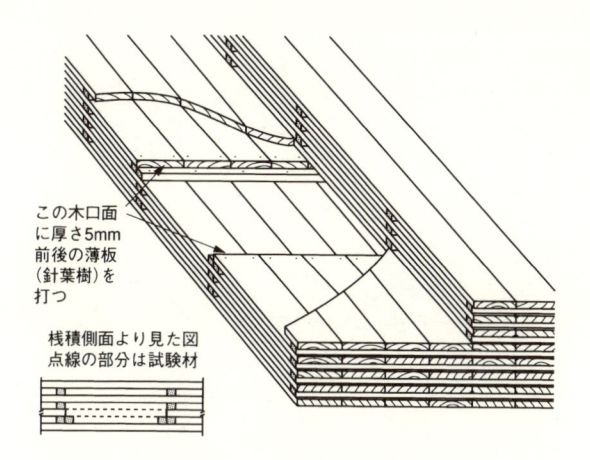

図 7-8 桟積み内に試験材を列べる場所を作る方法

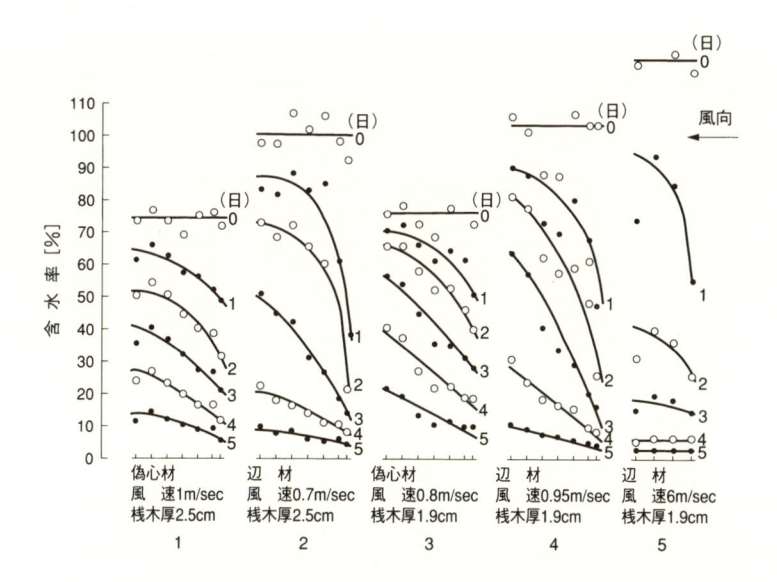

図 7-9 片循環送風における桟積み内の乾燥むら
（ブナ床板原板 2.2 cm 厚, 1, 2, 3, 4 は桟積み幅 1.6 m, 5 は 0.9 m）

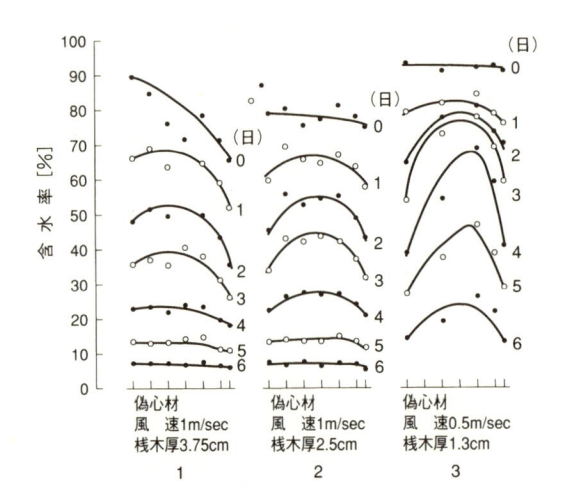

図 7-10 両循環送風における桟積み内の乾燥むら
（ブナ床板原板 2.2 cm 厚，偽心材，桟積み幅 1.6 m）

で乾燥の遅れた部分が急速に追い付いて行く様子が認められる（図 7-9 の 5）。

図 7-10 は乾燥の遅いブナ 2.2 cm 厚偽心材を用い，桟木厚を 1.3〜3.75 cm まで変化させたときの両循環方式による試験結果である。

材間風速 1 m/sec のとき，桟木厚が 2.5 cm と 3.75 cm とでは，ほとんど乾燥むらに差は認められないが，桟木厚を 1.3 cm とし風速が 0.5 m/sec になると甚だしい乾燥むらが発生する。桟積み幅は同じく 1.6 m である。桟木厚と風速とが小さすぎるためであろう。

図 7-11 は板の横間隔を開けたとき（風速 0.5 m/sec）と開けないとき（風速 0.9 m/sec）との比較である。

板間隔を開けると桟積みされる板数も減少するが，材間風速が小さくても明らかに中央部の乾燥の遅れは減少している。理由は通過する風に乱れが生じ材との熱交換が良くなるためと推測される。

図 7-11 の右端の結果は辺材を偽心材と同じ桟木厚と風速で乾燥したときの乾燥途中の甚だしい乾燥むらの発生を示す。桟積み幅は同じく 1.6 m である。

乾燥むらは初期含水率の違いで大きく変化し，天然乾燥を終了した材は材

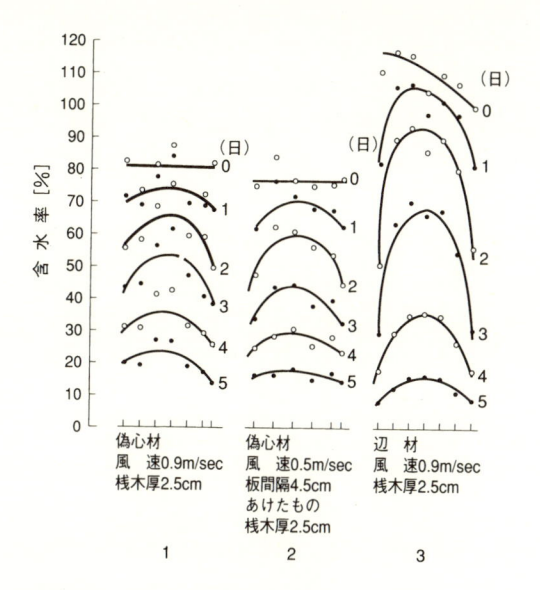

図 7-11 板間隔を設けたときの乾燥むらの比較(ブナ床板原板2.2 cm 厚，桟積み幅1.6 m)

間風速の小さい乾燥室で乾燥してもむらが生じにくい。

　乾燥むらと初期含水率との関係を図7-12に示す。また，図の乾燥むらとは，乾燥の最も進んでいる桟積み両側の平均含水率と，乾燥の最も遅れている桟積み中央部の材との含水率差で，いずれの初期含水率のときも乾燥開始とともに増大しやがて減少して行く。

　含水率32％まで天然乾燥した材を乾燥すれば桟積み内の乾燥むらはほとんど生じない。

　測定に供した乾燥室の桟積み幅は2 m、材間風速0.9 m/sec、桟木厚は2.5 cm，両循環方式で，被乾燥材はブナ偽心床板用原板2.2 cm 厚材である。

　桟木厚と材間風速ならびにそれらと乾燥むらとの関係を考察する場合には，材間を通過する空気層の問題も考える必要がある。

　桟積み幅の違いにもよるが，桟木厚を先の図7-10のように極端に大きく3.75 cmにしたり，風速を必要以上に増加しても，通過する加熱空気の中心部分は被乾燥材の水分蒸発とはあまり関係がなく，温度降下せずに通り過ぎるため無駄な空気循環となってしまう。図7-13の境界層の測定結果から，

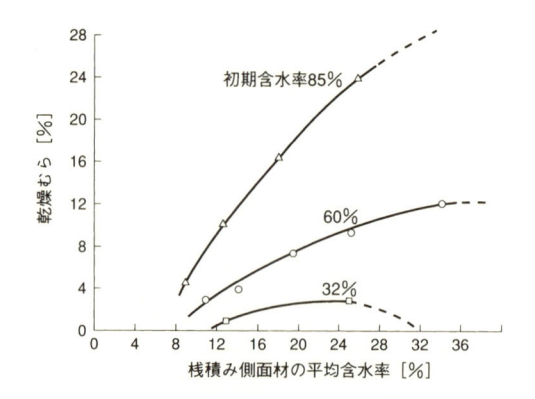

図 7-12 初期含水率の違いによる乾燥経過中の乾燥むら
(ブナ偽心材 2.2 cm 厚, 桟積み幅 2 m, 桟木厚 2.5 cm, 材間風速 0.9 m/sec)

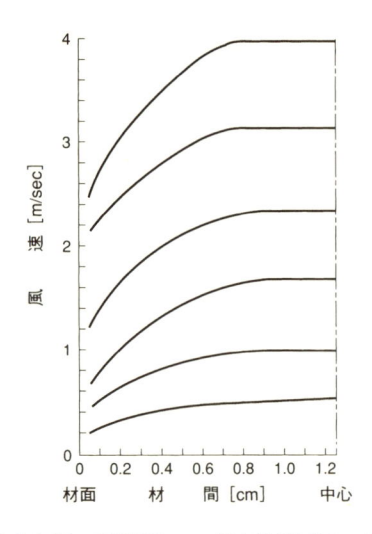

図 7-13 材間の風速分布(風の通過距離 2 m, 測定部は桟積みの中央, 桟木厚 2.5 cm)

桟木厚 2.3 cm 程度であれば材間風速は 1.0〜1.5 m/sec が必要であり, 風速が 4 m/sec と極端に早い場合は桟木厚 1.5 cm 程度でもよいことがうかがわれる。

桟木厚があまり大きくなく, 桟積みされた板と板との横間隔が多少空けてあると, 通過する空気は乱れて流れ, 熱が有効に利用されるが圧力損失もそ

7-1 乾燥室内の乾燥むら

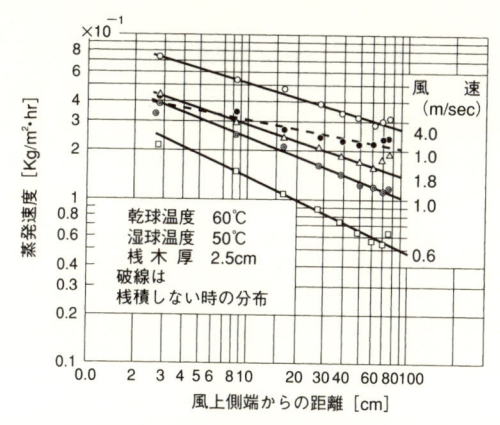

図 7-14 ソフトテックスによる恒率乾燥期間中の乾燥むら (筒本卓造氏ら (1962))
(桟木厚 2.5 cm 一定で風速を変化)

　れだけ大きくなる。

　恒率乾燥の際，通過空気と材面との間に作られる境界層は風速増加によって薄くはなるが，これを取り除くわけにはいかず，蒸発潜熱によって冷やされた空気は風下側の材面に密着しながら流れるため，風速を増大しても風上と風下との乾燥速度比はあまり小さくならない。図 7-14 は乾燥むらの発生しやすい材料として恒率乾燥期間が長くなるように水を多量に含ませたソフトテックス板を使った筒本卓造氏による実験結果である。

　桟木厚は 2.5 cm 一定とし，材間風速を変化させて測定したもので，蒸発速度は風下に向かい双曲線的に低下し，風速を 4 m/sec に増大すると，風上から風下へかけて蒸発速度は増加するが，風上と風下との乾燥速度比は材間風速 0.6 m/sec のときと比較してあまり改善されず，風速増加とともに破線で書かれた桟積みなしの 1 列に板を列べた風速 1 m/sec のときの条件に近付くだけである。

　この実験により桟木の厚さも変化させて有効な桟木厚と材間風速とを求めると被乾燥材が極めて乾燥良好な材のとき，桟木厚は 2～3 cm，材間風速は 1 m/sec と言うことになる。ただし桟積み幅 1 m の条件である。

　もちろんこの数字は恒率乾燥時の乾燥むら発生状態から見たものである。ただし乾燥室内で発生した乾燥むらが縮小されて行く過程では材間風速が高

表 7-3　同一の乾燥むらにするための材間風速，桟積み幅，桟木厚の関係

桟積み条件と時間延長		風速(m/sec)		
		1.0	1.5	2.0
桟積み幅(m)		1.5	1.5〜2.0	2.0〜2.5
桟木厚(cm)		2.3	2.3	2.2〜2.3
乾燥時間の延長割合(%)	生材	15〜20	15〜20	15〜20
	天乾材	5	5	5

2.7 cm 厚広葉樹材に適用，同じ厚さの針葉樹材では時間延長が5%程大きくなるため，風速を一段大とする．

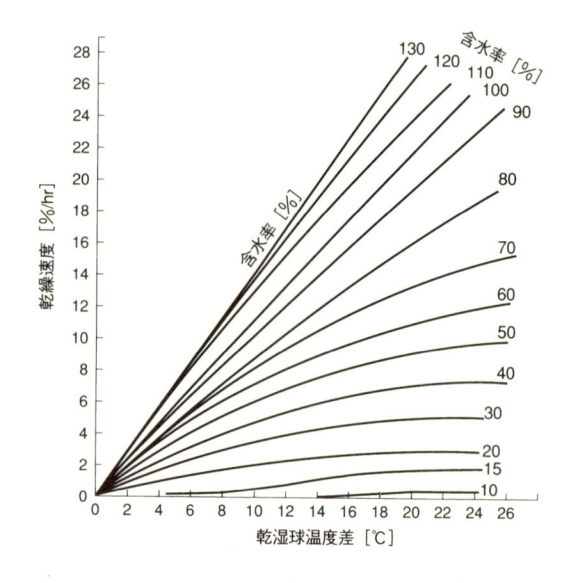

図 7-15　スギ 1.4 cm 厚材の乾燥特性曲線(温度 60 ℃，全乾比重 0.37，風速 0.7 m/sec)

いと有効である(図7-9の5)．

　現在一般に使われている条件は桟積み幅 2 m、桟木厚 2.2 cm のとき，乾燥時間の短い針葉樹材で材間風速 1.5〜2 m/sec、乾燥日数 10 日以上の材では 1.0 m/sec あたりである．高温乾燥と材間風速は【増補 14】(p. 729) 参照．

　桟積み幅と桟木厚，材間風速などの組合せで許容できる乾燥終了時の乾燥むらを考えると表7-3となる．桟積み内の場所による乾燥おくれを待つ時間は厚材でも 1 日以内に納める必要がある．

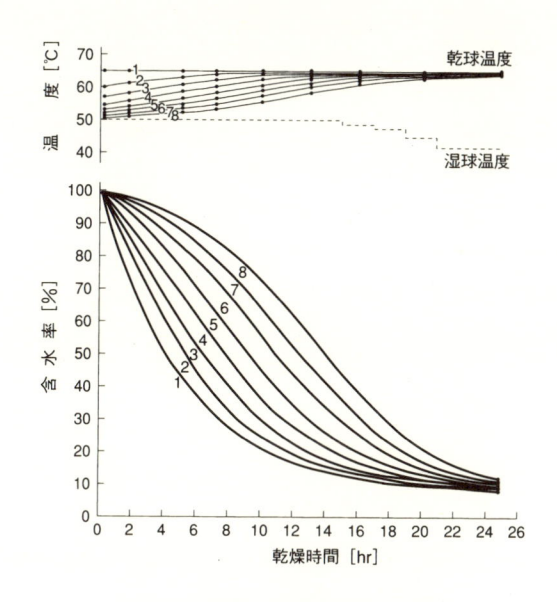

図 7-16 桟積み内の乾燥むらの計算例
(スギ1.4 cm 厚，桟木厚2.5 cm，桟積み幅1.2 m，材間風速0.7m/sec)

　桟積み内の乾燥むらの発生機構は，乾燥スケジュールの強弱とはほとんど関係なく，どのようなスケジュールで乾燥しても乾燥途中では同じ程度の乾燥むらが発生している．

　ただし乾燥終末になって緩やかな乾燥条件を長時間保てば桟積み内の乾燥むらは当然縮小されて行く．

　桟積み内の乾燥むらの経過を推定する方法の1つとして，あまり正しい考え方とは言えないが，桟積み内を通過する空気が完全に混合して進むと仮定し，被乾燥材のある温度(60℃)での蒸発速度(乾燥速度)と乾湿球温度差との関係図(図7-15)が実験により得られれば，桟積み内の各位置を通過する空気の温度降下量が計算され，面倒な作業ではあるが図7-16が作図できる．小玉牧夫氏の労作で作図例はスギ1.4 cm 厚，板幅15 cm，材間風速0.7 m/sec、桟木厚2.5 cm，桟積み幅は8枚の板として1.2 m である．

　以上の乾燥むらに関する資料は寺澤眞他2名による，インターナルファン型乾燥室における桟積み内の乾燥むらについて，林業試験場報告，No.143

(1962)よりの引用である。

かつて東欧で考案された遠心乾燥機は桟積み全体を回転するもので，桟積み内の空気は板に近い部分ほど板と同一の速度で回転し，大きな遠心力を受けて外方へ放出され，板と空気との境界層が薄くなり乾燥速度の上昇と乾燥むらの減少に役立つとしていたが，被乾燥材に送風機で風を送るより被乾燥材を回転さす動力の方がはるかに大きいため実用化されなかった。

風下の乾燥遅れを防止する対策として，ベニアドライアーでは板面全体に直角の強い熱風をスリットから吹き付けている(ジェットドライアー)。

7-1-3 加熱管の配置

現在の蒸気加熱式IF型乾燥室はほとんどフィン付きの加熱管を使用し，加熱管の総長さは概略全桟積み長さ(乾燥室奥行)の5～7倍と言った量で，これを適当に2分して，送風機の両側に設け，互いに反対方向から蒸気を送り込むようにしている。

配管方法は1本の長い管を乾燥室の長さ方向に往復させるUベント(スネークタイプ)である。

普通に設計された乾燥室で一般的な材を乾燥しているときは問題があまり起きないが，長い乾燥室で広葉樹厚材を乾燥する際に室内温度を低くすると，加熱管容量が大きすぎ，自動弁がonになって水蒸気が管内を流れ進み，乾燥室末端へ到達しない前に感温部が温度上昇を感知して自動弁をoffにしてしまい乾燥室の奥半分の温度が上昇しにくいことが起こりやすい。

乾燥室が長いときは長さ方向に加熱管を2分して，各々別々の温湿度制御を実施するか(ツーゾーンコントロール)，被乾燥材に合った長さの加熱管にバルブ操作で分割使用ができるような配管方法が必要である。

寒冷地では材料搬入口の大扉側の室温が降下しやすいので，大扉の内側にカーテンを吊るすとか入口近くの床を掘り下げ，補助加熱管を設置するなどの対策を行う。

7-2 乾燥室の省エネルギー対策

乾燥室で消費される熱エネルギーを削減する方法としては単位時間当たりの消費熱量を減少させることと乾燥時間の短縮とである。

この種の問題はあくまで乾燥歩留まりを考慮してのことで，乱暴な乾燥をして乾燥費を節約するのとは根本的に異なる。

また天然のエネルギーを使いエネルギー消費量が節約できたとしても多額の設備費が必要となったのでは意味がない。

7-2-1 吸排気筒の位置など

天井に送風機を置いた標準型の蒸気加熱式 IF 型乾燥室では吸排気筒を送風機からあまり離して設けると吸気が困難となり，大扉の下側の隙間などから吸気して乾燥むらの原因となる。

加熱管を送風機両側に分割して設け，吸排気筒を送風機と加熱管との間に設けた一般的な設計であると，吸気側の加熱管で加熱された空気の一部はそのまま排気筒から排出されてしまい熱の無駄となる。

吸排気筒を送風機から遠く離し加熱管より外側に設けると，送風機両側の加熱管で加熱されたばかりの空気の一部が排気筒から放出されるため熱の無駄はさらに大となる。

この問題を熱経済的に解決するには，従来の設計のままで，送風方向を変換する際に，加熱管への蒸気供給を送風機の吹き出し側だけにすればよい。

具体的な方法としては，回路途中に遠隔作動式の三方弁を取り付け，送風機の回転方向の切り換えと同調させればよいが，この方式では片側だけで乾燥室を加熱できる容量の加熱管を送風機の両側にそれぞれ設ける必要がある。旧来の方式で排気筒から加熱されたばかりの空気が直接放出されるとしても加熱された空気のごく一部であるため，この新方式による熱の節約はそう大きくない。

加熱されたばかりの空気が排気筒から放出されやすい条件は，ごく小型乾燥室を電気加熱機で加熱する際にコンパクトな電熱器を送風機の直前に置い

たときで，部分的に高温に加熱された空気は排気筒から直接放出されやすくなる。

　乾燥初期の乾湿球温度差が5℃以内のときは大略生蒸気を噴出させて乾燥室内の湿度を保持するのが一般的であるため，吸排気筒ダンパーの気密性が良くできていないと，排気筒から湿り空気が流出し補給する蒸気量が増大し蒸気の無駄となる。

　水蒸気を含む高温の空気をそのまま排気筒から放出する無駄を少しでも減らすには，排気と吸気との間で熱交換を行えばよい。金属製の熱交換器を使えば50～60％の熱が回収可能である。強制排気するには小型の送風機が必要となる。また熱交換器内に溜る凝結水の処理対策を考えて設計しなければならない。

　熱交換器を取り付けたときの問題点は乾燥終了後に室温を冷却する際に，そのままの回路状態では室内がなかなか冷えないことである。熱交換器を取り付ける他の利点は，寒冷地で極端に冷たい空気を乾燥室へ入れると，その付近の温度が冷やされ水蒸気が凝結するが，この防止策となることである。

　天井の外へ出ている金属製吸排気筒自体からの熱の放散も無視できないが，今のところ良い対策はない。

7-2-2　壁体の断熱

　人工乾燥室で消費される熱量の1/3以上は壁面からの放熱量である。特に除湿式乾燥室では，除湿機や室内送風機用モーターから放出される熱量を上手に利用して室温を保持しているため，壁体の断熱が悪いと冬期の外気温度の低いときには室温が保てず，多量の補助電力を消費し乾燥費を急増させる。

　壁体ならびに床面の断熱をどの程度にするかは，断熱に要する工事費の増加分と耐久年数，金利などから計算される金額と，その間に節約できる燃料ならびに電力費との対比から判断されるもので，冷蔵庫や冷凍倉庫などで断熱経済厚さが論じられ，最低の断熱材の基準厚さが示されているのと考え方は同じである。

　したがって除湿式乾燥室などで加熱用に電力を使う可能性のあるときには，一般の蒸気式乾燥室より断熱を良くしないと採算が取れない。また寒冷地ほ

ど断熱の効果を重視しなければならない。

　壁体の断熱を良くするための増加金額はパネル構造とブロック積みとで多少の違いはあるが, 断熱による壁体の放熱量が 1/2〜2/3 になる程度の経費増加は収容材積 15 m^3 の乾燥室で大略 100〜150 万円と言った数字である。

　自家用の廃材をボイラー燃料としたときの蒸気代は最低で 3 円/kg, 35 円/ℓ の重油を貫流ボイラーで焚いたときには設備償却費や人件費を入れて 5 円/kg 程度である。

　収容材積 15 m^3 の乾燥室で床を除く全表面積は大略 130 m^2 である。

　壁体の構造を空洞コンクリートブロック 19 cm 厚一列積みとし, 天井に鉄筋入り発泡コンクリート板(シポレックスの類)を乗せたときの床を除く平均熱貫流率は 2 kcal/m^2・hr・℃ 程度である。

　一方, 壁体を空洞コンクリートブロック 15 cm 厚 2 列積みとし, 中間に 10 cm の空間を設け, 天井の断熱を厚くしたときの平均熱貫流率は約 1.0 kcal/m^2・hr・℃ となる。

　両者の熱貫流率の差は 1.0 kcal/m^2・hr・℃ であるから, 外気温度を 15 ℃, 室内温度 60 ℃ とすれば 1 時間の消費熱量の差は,

$$(60 - 15) \times 1.0 \times 130 = 5{,}850 \; [\text{kcal/hr}]$$

となる。蒸気 1 kg の発熱量を 500 kcal/kg, 蒸気 1 kg の価格を 5 円/kg とすれば, 1 時間に節約できる金額は 58.5 円/hr となり, 1 日に 1,404 円/日, 1 年間に節約できる蒸気代金は 500,000 円/年となり, 先の断熱に要した増加金額 150 万円を償却するには年平均温度 10 ℃ 以下の寒冷地で約 2.5 年, 温暖な地で 3 年という略算になる。

　また見方をかえ単位材積の被乾燥材に対する壁面からの放熱量を比較すると, 同一壁体の熱貫流率であっても大型乾燥室になるほど乾燥材積に対する乾燥室表面積の比率が小さくなるため, 単位材積当たりの燃料費は少しですむ。したがって 10 m^3 以下の小型乾燥室では, 大型乾燥室と比較してより十分な断熱工事をしなければならない。

　同一構造の乾燥室で乾燥温度を高くすれば, 壁体から放熱する時間当たりの熱量は大きくなるが乾燥時間の方が大幅に縮小され, 排気空気中に含まれ

る水蒸気重量も増加するため，排気効率が良くなり乾燥終結までの総消費熱量はやや減少する。

　乾燥室の床面から放散する熱量は意外に大きく，結露障害にもなる。蒸気式乾燥室では床面の断熱はほとんど実施されていないが，除湿式乾燥室を寒冷地に設置する場合には電力節約の目的からも絶対に必要である。

　フォークリフトで材を室内に搬入する方式の乾燥室の床は，断熱材の上を鉄筋コンクリートで覆う必要があり経費の増大となる。一方台車による搬入方式であれば床面の断熱工事はかなり容易となる。壁面の断熱材は乾燥室の内側に取り付けるべきで，外側に付けると室温を上昇あるいは降下させる際に時間を要し熱の無駄となる。

　天井部は断熱材が取り付けにくいので上面に付けるが，天井には鉄筋入りの発泡コンクリート板を使う例が多い。

　乾燥室で使用する断熱材は，吸水性が無く，取り付け工事が楽で熱や吸湿によって剥離しない耐久性の良いものでなければ実用的でない。

　旧来は発泡コンクリート系のものを乾燥室内側に取り付ける方式が多かったが手間がかかる上，職人不足のため，発泡剤を吹き付けるとか，空洞コンクリートブロックを2列に積んで中間に空気層を設けるなどの構造に変化しており，全体の趨勢として発泡ウレタン入りのパネル構造が一般化している。

　断熱材料は，いかに高性能のものでも輻射熱を除外した静止空気以上に優秀なものは作れず，基本的には5～10 cmの厚さが必要となる。

7-3　蒸気加熱式乾燥室の熱量計算

　木材乾燥で必要とされる熱量は被乾燥材の温度上昇に始まり，水分蒸発に要する熱量(潜熱)，乾燥室壁体から放散する熱量，乾燥途中で順次室温(材温)を上昇させるための熱量，排気で放散する熱量などで，これらを合計すれば乾燥に要する熱量の概略が求められる。

　また計算にあたり最も熱量を必要とするときの条件からは加熱管やボイラーの容量が，排気量が最大となる時点の値からは排気筒の大きさが算出される。

　ただし，計算にあたって壁体に使用されている材料の公称熱伝導率を基準にして壁体の熱貫流率を決定すると，壁体からの放熱量は実際より過小となる。排気筒の隙間から不必要に排気される計算されていない放熱などを含め，多くの場合消費熱量の計算値はかなり実際の値より小さく算出される。したがって苦労して計算してみてもあまり役に立つ結果は得られない。加熱管の容量(長さ)や排気筒直径などはすでに経験的に確定しているので，あえて説明する必要もないと思うが，設計書類を整える必要のあるときとか，学生に講義するときのために一応要点と注意事項を述べてみる。

　計算例とした乾燥室は高さ4 m，間口3 m，奥行10 mの蒸気加熱式 IF 型乾燥室で，収容材積は15 m^3，被乾燥材はブナ2.7 cm厚，初期含水率80 %，仕上げ含水率8 %，乾燥日数12日間，乾燥後の調湿は含まれていない。

　室内の初期温度は45 ℃，終末温度は65 ℃とし外気条件は一応温度15 ℃で関東以西の太平洋側の年平均気温を想定したものである。

7-3-1　材温の上昇に必要な熱量

　この計算では木材中に含まれている水分と木材質とを冷えた状態から乾燥スケジュールの初期温度まで上昇させるための熱量を求めるものである。乾燥室内の機材や壁体は前回の使用で加熱されているとして考えない。また桟木も材積として少量なので無視する。

　必要な総熱量が算出されれば，この熱量を何時間で供給するかの問題とな

るが，大略2〜3時間と言った範囲が操作上都合がよい。

夏は材温が高く，広葉樹厚材の場合は乾燥初期温度が低いので昇温は楽であるが，マイナス10℃以下となるような厳寒の地方では木材中の水分(自由水)が凍り，材面に氷雪が凍り付いている状態になると，氷の融解熱79.7 kcal/kg が繊維飽和点(含水率30％)以上の水分に対して加算され，気温が低いという悪条件と重なって，本州太平洋側の冬の条件と比較し倍以上の時間と熱量が必要となる。

乾燥初期に必要となる熱量 H_1(kcal)は，木材質の昇温に必要な熱量 H_{1a} と，木材中の水分を昇温する熱量 H_{1b} とに分けて計算する。式の中に1,000倍および10倍してあるのは，1 m^3 の水の重量が1,000 kg であり，含水率は百分率で示されているからである。

$$H_{1a} = V \gamma_0 C (\theta_2 - \theta_1) \times 1,000 \ [\text{kcal}]$$

$$H_{1b} = W(\theta_2 - \theta_1) = V \gamma_0 U_a (\theta_2 - \theta_1) \times 10 \ [\text{kcal}]$$

V：材積 [m^3], γ_0：木材の全乾比重，U_a：木材の初期含水率 [％]

W：木材中の水分 [kg], θ_2：スケジュールの初期温度 [℃]

θ_1：外気温度 [℃]

C：木材比熱 = $0.266 + 0.00116 \theta \fallingdotseq 0.28$ [kcal/kg・℃], θ：温度 [℃]

計算にあたり全乾比重 γ_0 を使う理由は，数値が得られやすいためで，正確に言えば生材容積に対する全乾木材重量で示される容積密度 R[g/cm^3, kg/m^3]を使うべきである。

具体的な計算例としてブナ2.7 cm厚の材につき V = 15 m^3, $\gamma_0 = 0.6$, $U_a = 80\%$, $\theta_2 = 45$ ℃, $\theta_1 = 15$ ℃ を先の式に代入し算出する。

$$H_{1a} = 15 \times 0.6 \times 0.28 \times (45 - 15) \times 1,000 = 75,600 \ [\text{kcal}]$$

$$H_{1b} = 15 \times 0.6 \times 80(45 - 15) \times 10 = 216,000 \ [\text{kcal}]$$

$$H_{1a} + H_{1b} = 291,600 \ [\text{kcal}]$$

この必要熱量を生蒸気で賄うとすれば，ゲージ圧3 kgf/cm^2 の蒸気は温度50℃に低下するまでに約550 kcal/kg の熱を放出するから，530 kg の蒸気が必要となり，これを2時間で供給するには1時間当たり265 kg/hr の蒸発

能力のあるボイラーが必要となる。

後で述べるが、一般に乾燥室の蒸気消費量は平常時には $3\sim 4\ \mathrm{kg/m^3 \cdot hr}$ であるから、$15\ \mathrm{m^3}$ の木材では $45\sim 60\ \mathrm{kg/hr}$ の蒸気消費となり、昇温時に消費蒸気量の少ないこの例でも平常時の $4.5\sim 6$ 倍の蒸気が必要となる。ただし、多数の乾燥室がある場合には、一室が蒸煮をしていてもたいして大きな負担にはならない。

冬期に材中の水が氷結しているときは自由水だけの融解熱を加算しておけばよく、氷が昇温するときの比熱などを細かく分離計算する必要はない。材中の繊維飽和点(含水率 30 %)以上の水が氷結しているときの温度上昇に必要な熱量 H'_1 の計算では、H_{1a} 式はそのままの形として、θ_1 のみを氷点下にして計算する。H_{1b} 式は氷の融解熱を加え H'_{1b} 式とし、θ_1 は氷点下とする。

$$H_{1a} = V\gamma_0 C(\theta_2 - \theta_1) \times 1{,}000 \quad [\mathrm{kcal}]$$

$$H'_{1b} = V\gamma_0 \{(U_a - 30) \times 79.7 + U_a(\theta_2 - \theta_1)\} \times 10 \quad [\mathrm{kcal}]$$

θ_1 を $-15\ °\mathrm{C}$ として計算すると、$H'_1 = H_{1a} + H'_{1b} = 151{,}200 + 790{,}650 = 941{,}850\ [\mathrm{kcal}]$ となり先の $291{,}600\ \mathrm{kcal}$ の約 3.2 倍となる。昇温時間はボイラー容量との兼ね合いもあって、$6\sim 9$ 時間以上を要するようになる。

7-3-2　乾燥経過中に必要な熱量

乾燥経過中に必要な熱量は木材中の水分の蒸発潜熱、排気熱量と壁体からの放熱と乾燥スケジュールに準じて室温(材温)を上昇させるための熱量などである。

計算の目的は乾燥経過中にどの程度の熱量が必要であるかを知ることと、加熱管の容量を設計するための 1 時間当たりの最大消費熱量や排気筒の太さを定めるための 1 時間当たりの最大排気量の算出などである。

a. 木材中の水分蒸発に必要な熱量

木材中の含まれている水分のうち含水率 30 % 以下の水分を蒸発させるには通常の蒸発潜熱の他に分離熱(微分吸着熱)を加算する必要がある。

この値は含水率 30 % から 8 % までの平均値として $25\ \mathrm{kcal/kg\ water}$ 程度で十分である。自由水の蒸発潜熱は通常の乾燥平均温度を $60\ °\mathrm{C}$ とみなし、

560 kcal/kg water と定めて計算すればよい。

乾燥経過中に必要となる熱量 H_2 のうち，木材中の水分を蒸発させるのに必要な熱量 H_{2a} は次である。

$$H_{2a} = V\gamma_0 \{(U_a - 30)q + (30 - U_b)(q + 25)\} \times 10 \quad [kcal]$$

U_b：仕上げ含水率 [%]，q：蒸発潜熱 [560 kcal/kg]
25：平均分離熱 [kcal/kg]

先のブナ材の条件に従い仕上げ含水率 U_b を 8 % として計算すると，

$$H_{2a} = 15 \times 0.6\{(80 - 30) \times 560 + (30 - 8) \times (560 + 25)\} \times 10$$
$$= 3,678,300 \quad [kcal]$$

平均の消費熱量を求めるには乾燥時間で除せばよく，乾燥日数が 12 日であれば 1 時間当たり 12,772 kcal/hr となり，最大値は乾燥中頃の桟積み内の風上も風下も一斉に乾燥しているときで，平均値の 20 % 増しの 15,326 kcal/hr とすればよい。

b. 排気空気の加熱に必要な熱量

乾燥室内の空気の関係湿度を低下させるには，乾燥室内からは含有水分量の多い空気を排出し，絶対水分量の少ない空気を乾燥室内へ入れればよい。

しかし空気は温度によって容積を変えるため，計算にあたって容積を基準にした数値を使うと処理が面倒になる。

そこで空調などの分野では混合比と言う湿度表示を使っている。

これはある関係湿度の空気を考えたとき，その空気から水蒸気を取り除いた乾燥空気 1 kg に対し，どれだけの水蒸気が含まれていたかと言う表示であり，図 7-17 のように水蒸気は外付きとなる。

この方法によれば吸気される乾燥空気 1 kg は乾燥室から出るときも同じ 1 kg であるから，室内から取り出される水蒸気量は図 7-17 の網掛け部分となる。

各温湿度における混合比(空調分野では通常これを絶対湿度と言いならわしている)は図 7-18 のように作図されているから外気と室内の温湿度が定まれば，

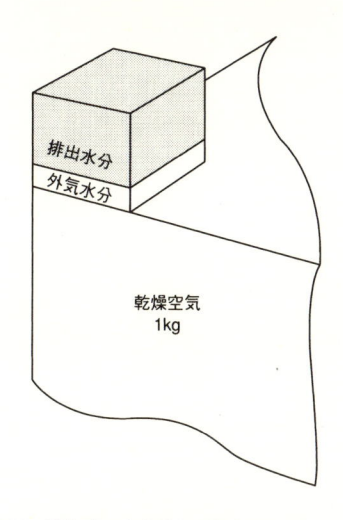

7-3 蒸気加熱式乾燥室の熱量計算

図 7-17 排気中の水分量と吸気中の水分量との関係

　乾燥空気1kgを吸入して放出したときに，どれだけの水蒸気が排出されるかは容易に求められる。

　1時間当たりの平均水分蒸発量が定まれば，何kgの乾燥空気を入れ替えればよいかが判明し，空気の比熱と内外の温度差をこれに乗ずれば排気のための必要熱量は簡単に計算される。

　この際外気に含まれている水蒸気量は少ないので，これが乾燥室内で温められそのまま無駄に放出される熱量は計算に入れなくてもよい。

　混合比(絶対湿度)を正確に求めるには次の「8-1 蒸発と乾燥」を参照のこと。

　乾燥室内の空気条件は乾燥初期には温度が低く高湿であり，乾燥後半は高温低湿となるため何を平均温度や平均湿度として良いのか判断に迷う。

　また木材から蒸発する水分量も常に一定しているわけではなく，乾燥が少し進んだ中頃は，桟積みの風上側も桟積み中央部も一律に乾燥し，桟積み全体として最も蒸発量の大きいときである。

　しかし乾燥過程の各段階で排気熱量を計算してみると，温度や関係湿度の組合せがうまく調和されていて，各段階ともたいして違いが無く，強いて言えば蒸発量の多い乾燥中頃の条件が一番排気熱量が大きいときと言える。

　したがって乾燥中頃の温湿度を平均値とし蒸発量も全体の平均値を使って

7 木材乾燥装置の基礎知識

θ_d : 乾球温度 [℃]
θ_w : 湿球温度 [℃]
x : 絶対湿度 [kg / kg $_{Dry\ air}$]
ϕ : 関係湿度 [%]
C_w : 湿り空気の比熱 [kcal / kg $_{Dry\ air}$]
L : 水の蒸発潜熱 [kcal / kg $_{Water}$]
p_s : θ_d における飽和蒸気圧 [mmHg]

$$x = \frac{0.622 \cdot p_s \cdot \phi / 100}{760 - p_s \cdot \phi / 100}$$

$$\phi = \frac{p}{p_s} \times 100 \ [\%]$$

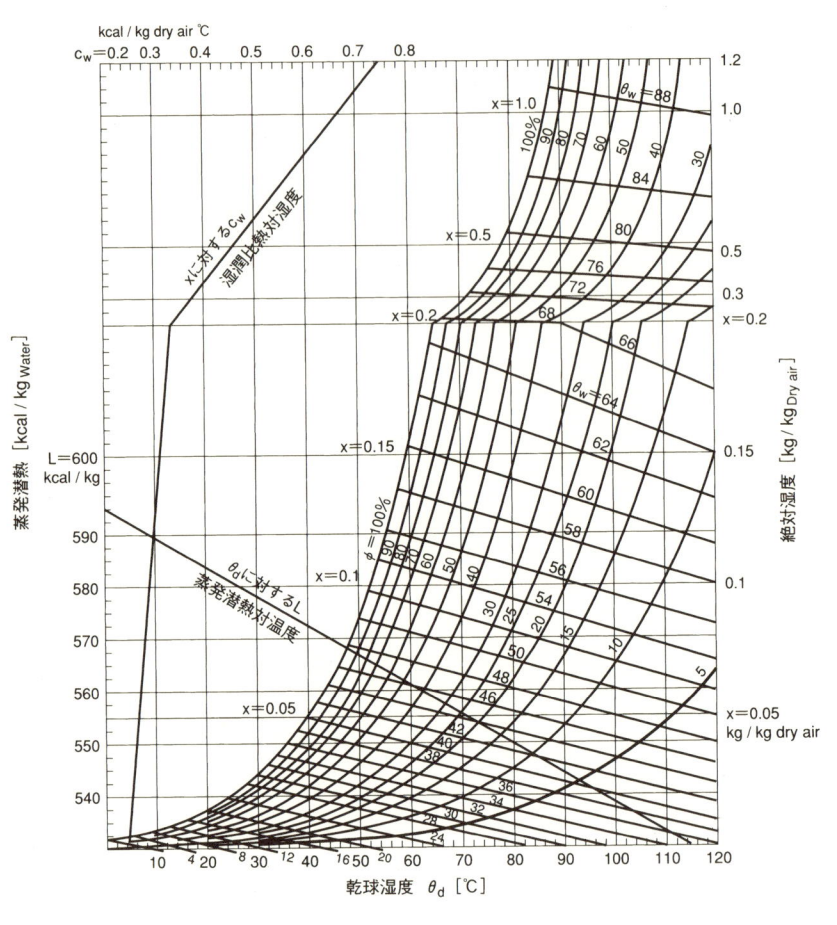

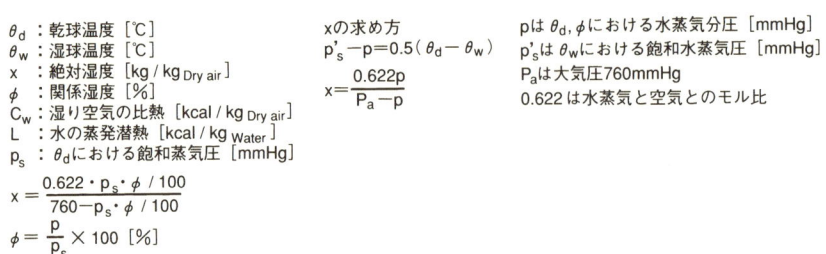

x の求め方
$p'_s - p = 0.5(\theta_d - \theta_w)$

$$x = \frac{0.622 p}{P_a - p}$$

p は θ_d, ϕ における水蒸気分圧 [mmHg]
p'_s は θ_w における飽和水蒸気圧 [mmHg]
P_a は大気圧760mmHg
0.622は水蒸気と空気とのモル比

図 7-18 湿度，湿潤比熱，蒸発潜熱図表

計算し，その値を 1.2 倍すれば最大値が求められ，無難な結果が得られる。

計算にあたり条件設定で注意する点は，
1) 夏期は取り入れる空気の絶対湿度が高いこと
2) 乾燥はそれほど悪くはないが狂いやすく比較的低い温度で乾燥しなければならないブナ材のようなものは，排気空気中の絶対湿度が小さいため，多量の換気をしないと必要量の水蒸気が排出されないこと
3) 逆に高い温度になると同じ関係湿度でも絶対湿度が急に大きくなり排気量が少なくてもよい

などである。

乾燥中の換気に必要な全空気量 $M[kg_{Dry\ air}]$ は次式により求める。

$$M = m'\frac{1}{x_2 - x_1} = V\gamma_0(U_a - U_b)\frac{1}{x_2 - x_1} \times 10 \quad [kg]$$

x_2：排気される空気中に含まれる平均水蒸気量 [kg/kg$_{Dry\ air}$]
x_1：吸気する空気中に含まれる平均水蒸気量 [kg/kg$_{Dry\ air}$]
m'：木材中の水分のうちの乾燥させる水分量 [kg]

排気に必要な熱量 H_{2b} は，

$$H_{2b} = M(0.24 + 0.46 x_1)(\theta_3 - \theta_1)$$
$$\fallingdotseq M \times 0.24(\theta_3 - \theta_1) \quad [kcal]$$

θ_1：外気温度, θ_3：乾燥経過中の平均温度,
0.24：空気の定圧比熱 [kcal/kg・℃]
0.46：水蒸気の定圧比熱 [kcal/kg・℃]

具体例を先の条件設定に下記の条件を加え計算する。

初期含水率(U_a)：80%，仕上げ含水率(U_b)：8%，室内平均温度(θ_3)：50℃，外気温度(θ_1)：15℃，室内関係湿度：60%，屋外関係湿度：60%，室内の絶対湿度(x_2)：0.049 kg/kg$_{Dry\ air}$，屋外の絶対湿度(x_1)：0.0063 kg/kg$_{Dry\ air}$，乾燥時間：12日間とすると，木材中に含まれている水分のうち除去すべき水分量 m' は

$$m' = V\gamma_0(U_a - U_b) \times 10$$
$$= 15 \times 0.6(80 - 8) \times 10$$
$$= 6{,}480 \ [kg]$$

室内の水蒸気除去に要する乾燥空気重量 M は，

$$M = m' \frac{1}{x_2 - x_1} = \frac{6{,}480}{0.0490 - 0.0063} = \frac{6{,}480}{0.0427}$$

$$= 151{,}756 \ [kg_{Dry\ air}]$$

乾燥空気外付きとなっている水蒸気を加熱するのに必要な熱量は，

$$H_{2b} = 151{,}756(0.24 + 0.46 \times 0.0063) \times (50 - 15)$$
$$= 1{,}290{,}143 \ [kcal]$$

乾燥日数は 12 日間であるから 1 時間当たりの平均必要熱量は 4479.7 kcal/hr となる。

ゲージ圧力 3 kgf/cm^2（ゲージ圧力は絶対圧力より 1 kgf/cm^2 小さいので注意）の蒸気が 100 ℃ の熱水になるまでに放出する熱量を 500 kcal/kg とすれば換気には平均 8.96 kg/hr の蒸気が消費される。

計算に際し外気の空気中に含まれている水蒸気の量は少ないので熱量計算で無視しても 2 ％ 程度の誤差にしかならない。

時間当たりの最大消費量は平均値の 1.2 倍と考えればよい。

c. 壁体からの放熱量

乾燥室内で消費される熱量のうち最も大きいのが床や壁体からの放熱である。放熱される熱量は壁の表面積，室内外の温度差と熱貫流率とに比例する。

壁体を介し熱が放散する量を示す単位は熱貫流率 K [kcal/m^2・hr・℃] である。

この値を求めるためには，壁材料の熱の伝わりやすさを示す熱伝導率 λ [kcal/m・hr・℃] と，壁の両面の空気との接触条件（風速，面のあらさ）で定まる熱伝達率 α [kcal/m^2・hr・℃] から次式によって計算する。

$$K = \frac{1}{1/\alpha_1 + d_1/\lambda_1 + d_2/\lambda_2 + d_3/\lambda_3 + 1/\alpha_2}$$

α_1：壁の一方の側の熱伝達率 [kcal/m²·hr·°C]

α_2：壁の他面の側の熱伝達率 [kcal/m²·hr·°C]

λ_1：壁体材料のうちの1つ目の材料の熱伝導率 [kcal/m·hr·°C]

λ_2：壁体材料のうちの2つ目の材料の熱伝導率 [kcal/m·hr·°C]

λ_3：壁体材料のうちの3つ目の材料の熱伝導率 [kcal/m·hr·°C]

d_1：壁体材料のうち熱伝導率 λ_1 を示す材料の厚さ [m]

d_2：壁体材料のうち熱伝導率 λ_2 を示す材料の厚さ [m]

d_3：壁体材料のう.ち熱伝導率 λ_3 の熱伝導率を示す材料の厚さ [m]

d_1〜d_3の寸法はcmでなくm単位で示す値であるから，計算の際に十分注意する。

α_1，α_2をそれぞれ壁の内壁面と外壁面の熱伝達率とし，室内の壁面の循環風速が4 m/sec，屋外を2 m/secとすれば，$\alpha_1 = 20$ kcal/m²·hr·°C，$\alpha_2 = 15$ kcal/m²·hr·°C となる。

風速と熱伝達率との関係は図7-19である。風速の小さいときは表面の粗さなどをあまり気にかけなくてもよい。

一般に壁体内部に空間を設けると断熱性が非常に向上するように思われている。実際に静止空気の熱伝導率は大略0.02 kcal/m·hr·°Cとされ非常に小さいが，壁体内に空間を設けた場合の断熱効果は対流と輻射による熱の伝達があるため，それほど良くはならない。

輻射は空間の広さには影響されず，表面の色が影響する。冷凍庫などで空間の輻射を防ぐときのアルミ箔が1枚であれば低温側の壁面に張ると効果があるとされている。

対流は空間幅が大となるほど盛んとなりその影響は，天井＞壁＞床の順である。効果的な空間の広さは8 cm〜6 cmでこれ以上広げても対流が増加するので断熱性は向上しない。空間を設ける際の工事は壁の場合，間柱を入れる関係から15 cm厚の空洞コンクリートブロックの間を10 cm空ける。空洞コンクリートブロックの熱伝導率は0.45 kcal/m·hr·°Cと示されているが通気性があり吸湿したときのことを考えると0.6 kcal/m·hr·°Cあたりが妥当

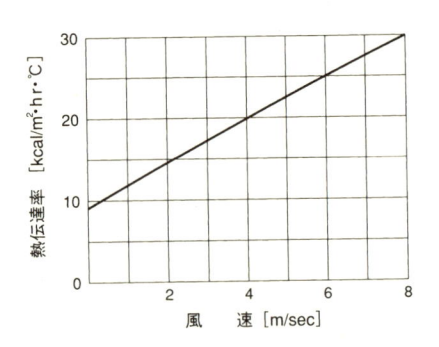

図 7-19 乾燥室壁面の熱伝達率と風速との関係

な値であろう。空気層を 6 cm 以上広くしても (d/λ) の関係はほぼ一定である。6 cm の空間のとき $d/\lambda = 0.2 \, [m^2 \cdot hr \cdot ℃/kcal]$ 程度であるから 10 cm 空間のときも空間層にこの値を引用して熱貫流率 K_{bs} は,

$$K_{bs} = \frac{1}{1/20 + 0.15/0.6 + 0.2 + 0.15/0.6 + 1/15}$$

$$\fallingdotseq 1.2 \; [kcal/m^2 \cdot hr \cdot ℃]$$

となる。

空洞コンクリートブロック 19 cm 1 枚だけの熱貫流率 K_b は,

$$K_b = \frac{1}{1/20 + 0.19/0.6 + 1/15} = 2.3 \; [kcal/m^2 \cdot hr \cdot ℃]$$

となる。

7.5 cm の発泡ウレタンを入れたパネル構造を考えてみる。発泡ウレタンの熱伝導率は $0.03 \sim 0.04 \, kcal/m \cdot hr \cdot ℃$ と発表されているが,実際の値は $0.06 \, kcal/m \cdot hr \cdot ℃$ がせいぜいのように測定される。発泡ウレタン 7.5 cm 厚のパネルの熱貫流率 K_p は,

$$K_p = \frac{1}{1/20 + 0.075/0.06 + 1/15} = 0.73 \; [kcal/m^2 \cdot hr \cdot ℃]$$

となる。

発泡ウレタンパネルの厚さと熱貫流率との関係は図 7-20 である。ここに,

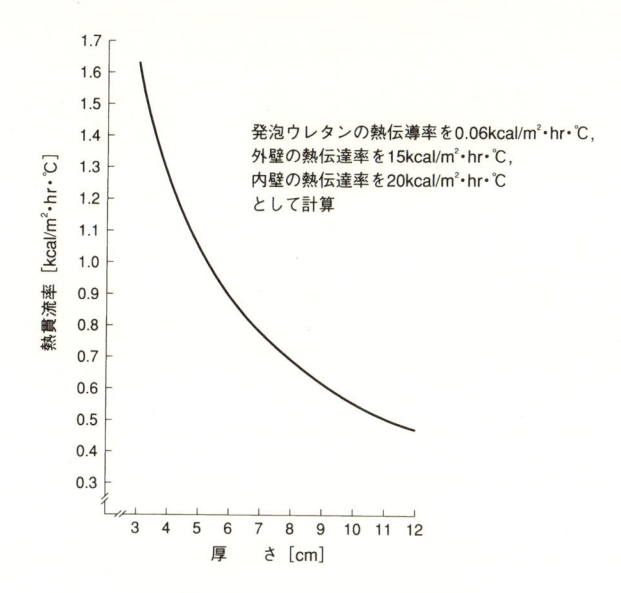

図 7-20　発泡ウレタンパネルの熱貫流率

$\alpha_1 = 20\ \text{kcal/m}^2 \cdot \text{hr} \cdot {}^\circ\text{C}$，$\alpha_2 = 15\ \text{kcal/m}^2 \cdot \text{hr} \cdot {}^\circ\text{C}$，発泡ウレタンの熱伝導率 $\lambda = 0.06\ \text{kcal/m} \cdot \text{hr} \cdot {}^\circ\text{C}$ として計算している．

12 cm 厚シポレックス類似品の天井部分の熱貫流率 K_{sp} は，熱伝導率を $0.15\ \text{kcal/m} \cdot \text{hr} \cdot {}^\circ\text{C}$ とすれば，

$$K_{sp} = \frac{1}{1/20 + 0.12/0.15 + 1/15} = 1.09 \fallingdotseq 1.1\ [\text{kcal/m}^2 \cdot \text{hr} \cdot {}^\circ\text{C}]$$

と計算されるが，吸湿したときは1.4ぐらいの値となろう．

　各種材料の熱伝導率を表 7-4 に示す．これらの値で熱貫流率を計算し，実際に使って見ると熱の放散が計算値よりかなり大きいように感じられる．

　その主な理由は，パネル構造のときは断熱材を包んでいる金属や，パネルの中に入れてある内外を貫く金属の支柱が熱を逃がし，発泡材料をパネルに流し込むときは発泡が十分でないなどである．コンクリート系の材料では吸湿による断熱の低下が考えられる．

　壁体の断熱をよくするには，熱伝導率 λ の小さい材料を厚く利用すべきである．熱の遮断は電気の絶縁とは異なり，特殊に断熱性の良い材料はなく，

表 7-4　各種物質の熱伝導率

物　質	容積重(g/cm³)	熱伝導率(Kcal/m·hr·°C)
コンクリート	2~2.4	0.7~1.4
れんが	1.6~1.9	0.6~0.75
土	──	0.5~1.0
シンダーコンクリート	1.6	0.5
木　材	0.5	0.13
鋸　屑	──	0.05
水	1.0	0.54
空　気	──	0.022
ロックウール保温材	0.38 以下	0.039~0.048
グラスウール保温材	0.08~0.096	0.036~0.054
パーライト保温材	0.3 以下	0.063 以下
硬質ウレタン	0.04	0.024

　大略比重(容積重)に逆比例しているもので,特殊に良好という断熱材料でもその厚さを 7 cm 以上にしないと冬期は十分な効果が得られない。

　断熱材を付けていないコンクリート床の熱貫流率 K_f は,材料の熱伝導率からは計算しにくいが,実測によると大略 $K_f = 2.5 \, kcal/m^2 \cdot hr \cdot °C$ 程度となる(温度差は外気温度と室温との差として)。

　床,天井ならびに壁体からの総放熱量 H_{2C} は次の合計になる。

$$H_{2c} = (A_c \times K_c + A_w \times K_w + A_f \times K_f)(\theta_3 - \theta_1) \quad [kcal]$$

　　A_c：天井面積 $[m^2]$,　A_w：壁面積 $[m^2]$,　A_f：床面積 $[m^2]$

　　K_c：天井の熱貫流率 $[kcal/m^2 \cdot hr \cdot °C]$

　　K_w：壁体の熱貫流率 $[kcal/m^2 \cdot hr \cdot °C]$

　　K_f：床の熱貫流率 $[kcal/m^2 \cdot hr \cdot °C]$,　θ_3：室内平均温度 $[°C]$

　　θ_1：屋外の平均温度 $[°C]$

　この方式に先のブナ 2.7 cm 厚材を乾燥するときの乾燥室条件を入れて計算する。ただし壁は空洞コンクリート 15 cm 厚,空気層 10 cm,天井は 12 cm 厚シポレックス,床は断熱なしの条件とする。

　　A_c：30 m², A_w：104 m², A_f：30 m², K_c：1.1 kcal/m²·hr·°C

$K_w : 1.2 \text{ kcal/m}^2 \cdot \text{hr} \cdot \text{°C}$, $K_f : 2.5 \text{ kcal/m}^2 \cdot \text{hr} \cdot \text{°C}$, $\theta_3 : 50\text{°C}$ $\theta_1 : 15\text{°C}$ であるから,

$$H_{2c} = (30 \times 1.1 + 104 \times 1.2 + 30 \times 2.5) \times (50 - 15) \times 12 \times 24$$
$$= 2,346,624 \text{ [kcal]}$$

この熱量を蒸気量に換算すると, 4,693 kg, 1時間当たり 16.3 kg/hr とかなり大きな値である。

乾燥室で必要とされる熱量のうち壁体からの放熱は大きいので, この値を小さくするには断熱材を良くすると同時に, 乾燥室を大型化することも大切である。

今, 25 m³ の乾燥室と 7 m³ の乾燥室を考えたとき, それぞれの表面積は 200 m² と 90 m² となるため, 実材積に対する表面積の比率は 1.6 倍となる。材積 1 m³ 当たりの壁面からの放熱量を大きい容量の乾燥室と同じようにするには, 熱貫流率を 1/1.6 にしなければならない。

d. スケジュールによる室温上昇に要する熱量

乾燥開始から乾燥終末にかけて乾燥室温度を上昇するため, これに要する熱量 H_3 を附加しなければならない。

室温上昇は含水率が 35% 以下になってからであるから必要熱量はそう大きくない。考え方は乾燥初期の材温上昇のときと同じである。乾燥室壁体や機材の温度上昇は無視する。

$$H_{3a} = V\gamma_0 C(\theta_4 - \theta_2) \times 1,000 \text{ [kcal]}$$
$$H_{3b} = V\gamma_0(\theta_4 - \theta_2) \times 22 \times 10 \text{ [kcal]}$$

θ_4: 乾燥終末温度 [°C], θ_2: 乾燥初期温度 [°C]
C: 木材比熱 0.28 kcal/kg·°C
22: 含水率 35% と仕上げ含水率 8% との中間含水率 [%]

先の例にしたがって終末温度を 65°C とし計算すれば

$$H_{3a} = 15 \times 0.6 \times 0.28 \times (65 - 45) \times 1,000 = 50,400 \text{ [kcal]}$$

$H_{3b} = 15 \times 0.6 \times (65 - 45) \times 22 \times 10 = 39,600$ [kcal]

$H_3 = H_{3a} + H_{3b} = 90,000$ [kcal]

となる。

今までに計算したそれぞれの消費熱量を合計すれば 1 回分の年間を通した平均消費蒸気量が算出される。ただし 15 m^3 の乾燥室でブナ 2.7 cm 厚材, 初期含水率 80 %, 仕上げ含水率 8 %, 乾燥日数 12 日であまり寒くない地方の例である。

室温上昇に必要な熱量 $H_1 = 291,600$ [kcal]

乾燥経過中に必要な全熱量 $H_2 = 7,315,067$ [kcal]

水分蒸発に要する熱量 $H_{2a} = 3,678,300$ [kcal]

換気に要する熱量 $H_{2b} = 1,290,143$ [kcal]

壁体からの放熱量 $H_{2c} = 2,346,624$ [kcal]

スケジュールによる温度上昇に要する熱量 $H_3 = 90,000$ [kcal]

全消費熱量 H は,

$H = 291,600 + 7,315,067 + 90,000 = 7,696,667$ [kcal]

蒸気消費量で示せば 15,393 kg, 5 円/kg として 76,966 円となり, 1 m^3 当たり 5,131 円となる。

以上の熱量価格計算はすべての消費熱量を蒸気で賄うとしたものであるが, 15 m^3 の乾燥室には出力 0.75 kw の送風機 5 台が設置してあるので, この入力発熱量がインバーターを使用しても 1 時間当たり 5 kwh ほどあるとして, 全乾燥期間中に,

$H_e = 860 \times 5 \times 12 \times 24 = 1,238,400$ [kcal]

の熱量が蒸気消費量から削減されることになり, 実際の蒸気消費量は

$$H_s = \frac{7,696,667 - 1,238,400}{500} = 12,916 \text{ [kg]}$$

となり, 蒸気代金は 64,582 円となる。これに約 18 円/kwh の電力代

$5 \times 12 \times 24 \times 18 = 25,920$ [円]

を加え90,502円が15 m³の乾燥代金で1 m³当たり6,033円となる。

実際の乾燥費としてはこれに蒸気移送中の配管中のドレン水量や調湿用の熱量と電力，設備償却ならびに人件費が加算される。

7-3-3 加熱管容量の決定

1つの乾燥室で乾燥する材は1種類ではなく，色々の樹材種を乾燥するので加熱管容量はそれらの必要最大量のものを予定した設計でなければならない。

加熱管容量は時間当たりの蒸発量にも影響されるが，蒸気温度が120～145 ℃であるため，乾燥室内温度が90 ℃以上の高い温度の設計になると放熱効率が低下し管の長さは急に増大する。

したがって一般には1時間当たりの平均必要熱量の1.2倍程度の値を室温85 ℃の数値で計算すればよい。

加熱管からの放熱量は壁面の熱伝達率と全く同じように示され，放熱係数 [kcal/m²·hr·℃] とも呼び，フィン付き放熱管部の平均風速を3 m/sec 程度と考え，30 kcal/m²·hr·℃ とすればよい。必要とされる放熱管の表面積を A_h とすれば

$$A_h = \frac{Q_{av}}{\alpha_h(\theta_h - \theta_m)} \times 1.2 \quad [m^2]$$

A_h：加熱管の必要面積 [m²]，Q_{av}：1時間当りの平均消費熱量 [kcal]

α_h：放熱係数 [kcal/m²·hr·℃]，θ_h：加熱管温度 [℃]

θ_m：室内最高温度 [℃]

となる。先のブナ2.7 cm厚の乾燥条件から求めた値は乾燥日数が長く，カバ，タモ，センの類を乾燥すると3/5程度の時間で終了するため時間当たり1.5倍の熱量が必要となる。色々な広葉樹材を乾燥するとすれば先の2.7 cm厚ブナ材の乾燥経過中の平均消費熱量を1.5倍し，乾燥の最も盛んなときの条件を考え，その値を1.2倍したものを最大消費熱量とし，室温を85 ℃とすればよい。

先の例ではスケジュールによる乾燥末期の温度上昇に要する熱量が少ないので無視し，乾燥経過中の熱量総計を7,315,067 kcal とし，この値を1.5×

1.2 倍し 12 日間で除すと 45,719 kcal/hr となり，ゲージ圧 2 kgf/cm^2 の蒸気温度を $\theta_h = 132$ °C とすれば,

$$A_h = \frac{45719}{30(132-85)} = 32.42 \ [\text{m}^2]$$

と計算され，フィン付き加熱管 1 m の実効表面積は 0.9 m^2 程度であるから 36 m の長さが必要となる。

乾燥室の長さが 10 m とすれば 9 m の長さで折り返し 4 列と言うことになる。針葉樹薄材の乾燥や冬期のごく寒い地方のことを考えると約 6 本と言う数字になる。加熱管の長さが同じでも，蒸気圧力や断熱材の厚さ，外気温度によって室温は変化する (p. 75, 図 2-21 参照)。

7-3-4 吸排気筒の直径決定

吸排気筒の設計も加熱管と同じように，被乾燥材の時間当たりの蒸発量が最も多いときを対象として考える。

先のブナ材の場合は 1 時間当たりの水分蒸発量の平均値 W' は,

$$W' = \frac{15 \times 0.6 \times (80-8)}{12 \times 24} \times 10 = 22.5 \ [\text{kg/hr}]$$

である。乾燥経過中の最大蒸発量はこの 1.2 倍と考える。カバ，センの 2.7 cm 材を乾燥する場合を考慮すれば蒸発量は約 1.5 倍とすればよく，1 時間当たりの水分蒸発量は 40.5 kg/hr となる。

乾燥空気 1 kg によって排出される水分量を 0.0427 kg/kg $_{\text{Dry air}}$ とすれば 948 kg/hr の乾燥空気の入れ換えが必要となる。

1 m^3 の空気は 80 °C で約 1 kg であるから，1 秒当たり 0.263 m^3/sec となる。15 m^3 の乾燥室で吸排気筒対は 5 組，筒内流速は 5 m/sec 以上あるので吸排気筒 1 本当たりの断面積 a は,

$$a = \frac{0.263}{5 \times 5} = 0.0105 \ [\text{m}^2] = 105 \ [\text{cm}^2]$$

よって直径 12 cm の吸排気筒 5 組で十分となる。一般には直径 15 cm ほどの吸排気筒が使われている。図 7-21 に筒の高さと風速との関係を示す。

針葉樹材は乾燥時間が短いので時間当たりの水分蒸発量は多いが乾燥温度

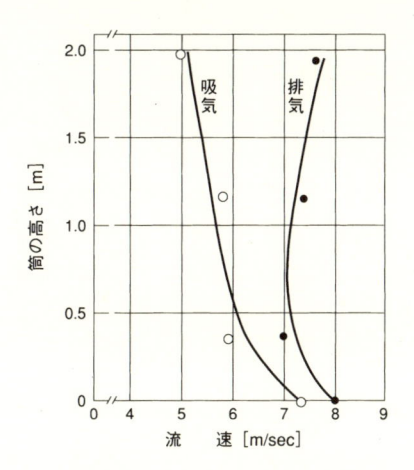

図 7-21　筒の高さを変化させたときの吸排気筒内の流速
(室内温度 72 ℃, 外気 20 ℃, 直径 14 cm, 材間風速 1 m/sec の乾燥室)

が高いので排気空気中に含まれる水分量が多く，特に大型の吸排気筒を設ける必要はない．排気量が大となる条件はブナ材のように低い温度で乾燥していて外気湿度の高い夏期である．

7-4 木材人工乾燥室の分類

木材人工乾燥室(機，法)は送風方式や熱源，乾燥温度などによってそれぞれ適当な呼び名がつけられているため，これらを系統的に整理して置くと理解しやすいが，熱源や送風方式などが複雑に入り組んでいるため，一覧表としては示しにくい。

7-4-1 被乾燥材を移動させるか否かによる分類

前進式乾燥機は単板やチップの乾燥以外には日本で使われていないが，欧米では被乾燥材を一方の入口から押し込み，反対側の出口から引き出す前進式乾燥室(Progressive kiln)が針葉樹材の一部に使われている。一般に使用されている1室ずつ区切られた乾燥室を Compartment kiln と呼んでいる。

7-4-2 桟積みの仕方や搬入方法の違いと桟積み列数などによる分類

台車上に1段ずつ桟積みして行くか，他の場所で小桟積み(パッケージ，Package)を作り，台車上に4〜6パッケージをフォークリフトで積み，台車ごと乾燥室へ押し込む方式を，台車による搬入形式(Track-boaded kiln)と呼び，パッケージを直接乾燥室へフォークリフトで搬入する乾燥室形式を Package-boaded kiln と呼ぶ。

風の通路に対し桟積みが1列の場合を単列台車(桟積み)，Single track，2列のものを複列台車(Double track)と言う。

7-4-3 送風方式による分類

まず全く送風機を使わない自然対流式乾燥室(Natural-circulation kiln)と送風機を使った強制循環式乾燥室(Forced-circulation kiln)とに分類される。

強制循環式には乾燥室の外部に送風機(シロッコファン)と加熱管とを設け，ダクトによって加熱空気を乾燥室へ循環させる外部送風式(External-blower type)と，プロペラ型の送風機を乾燥室内に置き風を循環させる内部送風式(Internal-fan type)とに分類される。

写真 7-1　ロングシャフト式乾燥室
地下部に送風機を設けた例。北海道立林業指導所(現／北海道立林産試験場)，
高砂熱学施工(1952年頃)

　内部送風式(IF型)乾燥室は，現在日本だけでなく世界でも広く利用されている。送風機とモーターとを直結させた方式(direct-connected fan)と，耐熱モーターが開発されるまでは広く使われていた乾燥室の外へモーターを置き短いシャフトで室内送風機を回転させる方式(Short shaft)とがあり，この他に特別の形として長いシャフトにいくつもの送風機を取り付け，屋外のモーターで回転させる Line shaft(Long shaft)方式とに分類される(写真7-1)。

　送風機の取り付け位置は，モーター直結式も，ショートシャフト式，ロングシャフト方式とも，乾燥室の地下でも天井部でもよい。

　モーター直結の場合やショートシャフト方式の場合では，送風機を桟積みの側面へ置く方式として，桟積み内の空気循環を水平方向に行わせるヒルデブランド社式と，桟積みを上下に2分して上下方向に循環させるキーファ社式などがある(図7-22)。

　ロングシャフト式は乾燥室長軸方向にシャフトを通しているのに対し，ショートシャフト式は乾燥室の長軸に対し直角に短いシャフトを入れているため Cross shaft とも呼ぶ。

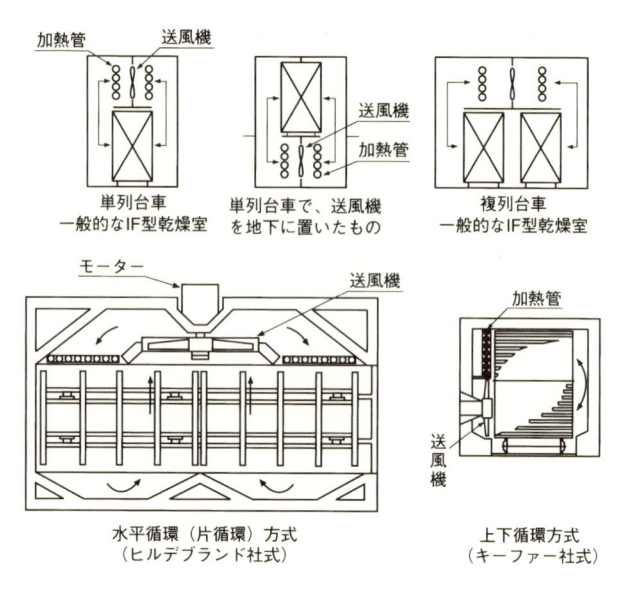

図 7-22 各種のIF型送風方式

　内部送風式乾燥室はもちろんのこと，外部送風式乾燥室の場合も，乾燥経過中に送風方向を変化できるが(両循環方式)，熱源に燃焼ガスを使った乾燥室では，高温ガスの取り入れ口が固定されている関係から，風向を変化することが設計上困難となり，常に一定方向から送風する片循環方式なので風速が少ないと風下の乾燥が遅れやすい。

　除湿式乾燥室も多くの場合片循環方式で多列の台車を風が一方向から通過するため，風下側の乾燥が遅れるのは当然である。

7-4-4 乾燥温度による分類

　日本では除湿式乾燥室(Dehumidification kiln)のうち，フロン R-22 を使用する乾燥室は室温が 40 ℃ 前後なので低温除湿式乾燥室と呼び，フロン R-12 を冷媒とする乾燥室は室温が 60 ℃ 程度なので高温除湿式乾燥室と呼んでいるが，一般の乾燥室や乾燥方式と比較するときにはフロン R-22 を使う除湿式乾燥室は，低い温度の乾燥法と呼ぶべきであろう。乾燥終末になって電熱で室温を 50 ℃ 程度にするときは別として，大体 40 ℃ 以下の温度が

使われている。

普通温度の乾燥室と言えば日本では蒸気加熱による乾燥室を連想し，温度 40～90 ℃ あたりを考えている。

米国では通常の乾燥温度(Conventional temperature)と言えば 38～82 ℃ (100～180 °F)の範囲を指している。

乾燥初期温度を 60～80 ℃ から開始し，終末を 82～100 ℃(180～212 °F) まで上昇する高い温度の乾燥スケジュールを Elevated temperature schedule と呼び，終始して 100 ℃(212 °F)以上の高温乾燥法を High-temperature drying とし，実際の使用温度は 110～140 ℃(230～285 °F)と言ったものである。

乾燥初期の湿球温度を 100 ℃ 近くまで上昇する本格的な高温乾燥を行うには，特別に断熱がよく，耐水性と蒸気の漏れの無い乾燥室を使わなければならない。送風機用耐熱モーターの能力にも限界がある。

廃ガスや利用済みの蒸気などを使う予備乾燥室(Predryer)は，乾燥温度を外気温度より 10～20 ℃ 程度高く保つのが普通である。

7-4-5 熱源による分類

熱源による区分方法は系統的に整理しにくい。

燃料の種類から分類すれば，廃材など木材関係と，化石燃料としての石炭，重油，灯油や天然ガスと言うことになる。

燃料の使い方から分類すると，燃焼ガスを直接乾燥室へ導入する直接燃焼ガス方式(Direct-fired kiln)と熱交換器を使った煙道式乾燥室(Furnace type kiln)とに分類される。

さらに燃料の発熱を蒸気に変えてから利用する蒸気加熱式乾燥室(Steam-heated kiln)や，100 ℃ 以上の加圧熱湯(High-boiling point liquid)を放熱管に通す方法や，常圧下の熱湯を循環させる加熱方式などがある。

燃料を焚いて蒸気を作る場合，横置の煙管式ボイラー，大型の自動焚き水管式ボイラーや，小型の貫流式ボイラーなどが乾燥室容量によって使い分けられている。

熱源の違いという立場から見ると，燃料以外に温泉や地熱を直接利用したり，外気や河川の熱をヒートポンプで昇温させて利用する方式があり，太陽

熱を直接利用する乾燥室(Solar kiln)もある。

また電力という区分からすれば，直接電熱による加熱方式と，高周波による加熱方法，除湿機を働かせたときの圧縮機(コンプレッサー)の発熱を利用する方法などがある。

7-4-6 木材へ熱を伝達する方法による分類

一般に乾燥室と呼ばれる装置は，昇温させた空気で木材を加熱し乾燥させるもので，加熱媒体は空気である。

薬品乾燥の中でトリクロールエチレン，テトラクロールエタンなどの溶剤中で木材を加熱する方式は溶剤を媒体とした加熱方法である。即席ラーメンを作るとき，食用油の中で生めんを乾燥させるのと似ている。特殊な例として湿球温度が100℃以上の加圧高温乾燥室では水蒸気が加熱媒体となっている。溶剤蒸気(ジクロールメチレン)で加熱する例もある。

以上は液体または気体が熱の媒体となっているが，遠赤外線や高周波，マイクロ波によっても木材は昇温できる。

熱板乾燥は接触加熱方式ということになる。熱の伝達は非常に良くなるが乾燥が進み材表面の含水率が低下すれば同じ温度の空気乾燥との差はほとんど無くなる。

7-4-7 湿気の除去方法による分類

木材から蒸発した水分を排気孔から加熱空気と共に屋外に放出させる排気方式と，乾燥室内に設けた冷却コイルで水蒸気を凝結除去させる除湿方式と，さらにヒートポンプ(冷凍機)を使い，水蒸気を冷却除去したときの潜熱を回収する除湿式乾燥室(Dehumidification kiln)とが主要なもので，一部に化学薬品による吸湿方式もあるが，吸湿薬剤を乾燥する熱量が必要となり一般性を欠く。

7-4-8 乾燥機内の気圧による分類

一般の乾燥方式は常圧のもとで乾燥するが，1気圧以下の減圧状態で乾燥する方式や，更に加圧下での過熱蒸気乾燥法もある。減圧乾燥は減圧の程度

7-4 木材人工乾燥室の分類

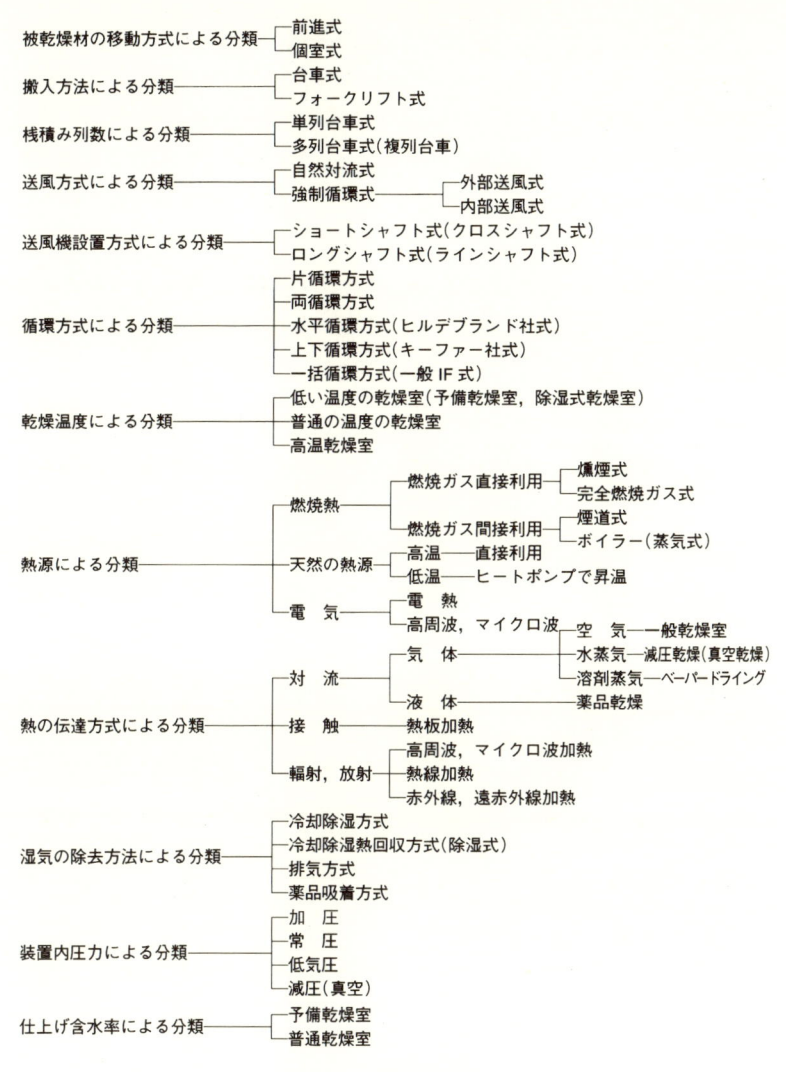

- 被乾燥材の移動方式による分類
  - 前進式
  - 個室式
- 搬入方法による分類
  - 台車式
  - フォークリフト式
- 桟積み列数による分類
  - 単列台車式
  - 多列台車式(複列台車)
- 送風方式による分類
  - 自然対流式
  - 強制循環式
    - 外部送風式
    - 内部送風式
- 送風機設置方式による分類
  - ショートシャフト式(クロスシャフト式)
  - ロングシャフト式(ラインシャフト式)
- 循環方式による分類
  - 片循環方式
  - 両循環方式
  - 水平循環方式(ヒルデブランド社式)
  - 上下循環方式(キーファー社式)
  - 一括循環方式(一般IF式)
- 乾燥温度による分類
  - 低い温度の乾燥室(予備乾燥室,除湿式乾燥室)
  - 普通の温度の乾燥室
  - 高温乾燥室
- 熱源による分類
  - 燃焼熱
    - 燃焼ガス直接利用
      - 燻煙式
      - 完全燃焼ガス式
    - 燃焼ガス間接利用
      - 煙道式
      - ボイラー(蒸気式)
  - 天然の熱源
    - 高温 — 直接利用
    - 低温 — ヒートポンプで昇温
  - 電気
    - 電熱
    - 高周波,マイクロ波
- 熱の伝達方式による分類
  - 対流
    - 気体
      - 空気 — 一般乾燥室
      - 水蒸気 — 減圧乾燥(真空乾燥)
      - 溶剤蒸気 — ペーパードライング
    - 液体 — 薬品乾燥
  - 接触 — 熱板加熱
  - 輻射,放射
    - 高周波,マイクロ波加熱
    - 熱線加熱
    - 赤外線,遠赤外線加熱
- 湿気の除去方法による分類
  - 冷却除湿方式
  - 冷却除湿熱回収方式(除湿式)
  - 排気方式
  - 薬品吸着方式
- 装置内圧力による分類
  - 加圧
  - 常圧
  - 低気圧
  - 減圧(真空)
- 仕上げ含水率による分類
  - 予備乾燥室
  - 普通乾燥室

図 7-23 乾燥室の分類

により区分され,送風機による吸引で 730 mmHg 程度の減圧状態のものと,本格的に真空ポンプで 40~60 mmHg まで減圧できる方式とがあって後者が一般的で,通常これを真空乾燥装置と呼び,前者を減圧乾燥装置と業界では区分して呼んだこともある(【増補15】p.729 参照)。

7-4-9 仕上げ含水率の程度による分類

本格的な仕上げ乾燥までやれない乾燥室を予備乾燥室(Predryer)と呼び，温帯地以北で利用される太陽熱利用乾燥室(Solar kiln)も大略この中に含まれる。太陽熱利用乾燥室は最高温度が長時間保てないため有効な最低仕上げ含水率は15％程度までとなる。

フロンR-22使用の除湿式乾燥室で広葉樹材を乾燥する際も一種の予備乾燥室と言える。

以上述べた内容を整理すると図7-23となる。

8

木材乾燥の基礎知識

　木材乾燥技術の向上に必要となる基礎知識は工学，物理学，植物学などほとんどすべての分野が含まれているが，ここで取り上げるものは特に蒸発，水分移動，水分拡散，割れ，細胞の落ち込みなどの単独な問題と，総合的な現象として乾燥応力やスケジュールの組み立て方の原則などについて述べ，収縮率，強さ，電気的な性質などは次の「9　木材の物性」の章で説明する。

8-1　蒸発と乾燥

　蒸発とは液体がその表面から気体となって揮散する現象を言う。一般的に蒸発は液面で行われるが，砂のような物体に水が含まれている場合には，砂の表面の水膜が無くなると，蒸発面は順次内層に移動して行く。
　木材のように吸湿性の物体の場合には，含まれている水分が無くなるまで材の表面からも蒸発(気化)が続く。
　乾燥とは蒸発に伴う被乾燥物体の含水率低下であるから同じ量の蒸発があっても薄板では含水率変化が大きく，厚板では小さい。

8-2 乾燥速度

　木材の含水率が高く,材表面が薄い水膜で被われているようなときの蒸発速度は,水面から水が蒸発するときと似ており,材表面の水が蒸発し終わる短時間(10～30分)の乾燥速度は外周空気条件が変化しない限り一定である。
　この期間は乾燥速度が一定であるため恒率乾燥期間と呼ぶ。単板のように数mmの材では含水率40%近くまで恒率乾燥に似た乾燥経過をたどるが,2cm程度の板になると乾燥初期の含水率5%程度が低下する期間でしかない。乾燥がさらに進むと,板の周辺部など蒸発のしやすい場所が先行乾燥し,水の薄膜が無くなり材表面の木材質がむき出しになって来る。
　材の表面の水が失われると,その場所の含水率は繊維飽和点以下になる。材表面の一部が繊維飽和点以下になると,蒸発しようとする力(蒸気圧差)が減るので水膜で被われていたときより蒸発量は減少し,板全体の平均乾燥速度は低下する。
　乾燥が進行すればこのような場所が広くなり,材表面の含水率も低下し乾燥速度はどんどん低下する。この状態を減率乾燥期間と呼んでいる。

8-2-1　恒率乾燥期間

　板材乾燥の場合,恒率乾燥期間は極めて短く,全乾燥期間から見ると取るに足らないが,乾燥速度が乾湿球温度差に比例し,風速の影響を受けやすいなど乾燥速度の基本を考える上では極めて重要である。
　恒率乾燥期間中の木材は,濡れたガーゼで包まれた湿球と同じ温度を示している。
　この意味で乾湿球湿度計の理論について多少の知識を持つ必要がある。

a　乾湿球湿度計ならびに空気中の湿度表示

　乾湿球湿度計とは,温度指示に差のない(誤差の±の方向が同一で量が似たもの)2本の温度計の一方の感温部をガーゼで包み,ガーゼの末端を水中に入れ,感温部に十分水が補給できるようにしたもので,感温部は水面からは3cm程離れている。

湿球に外周の空気から伝達される単位面積と単位時間当たりの熱量 Q [kcal/m^2·hr] は熱伝達率を α [kcal/m^2·hr·℃] とすれば

$$Q = \alpha (\theta_d - \theta_w) \quad [kcal/m^2 \cdot hr]$$

θ_d：乾球温度[℃], θ_w：湿球温度[℃]
となり，濡れたガーゼの面から蒸発する水分量 W[kg/m^2·hr) は，

$$W = k_1(P_s' - P)$$

P_s'：湿球温度 θ_w における飽和蒸気圧 [mmHg]
P：外気の水蒸気分圧 [mmHg], k_1：蒸発係数 [kg/m^2·hr·mmHg]
となる。

蒸発係数は蒸発している物体の大きさによって異なり，板のように大きな物の平均蒸発係数は小さく，1 cm^2 程度のときは風速 1 m/sec で約 10×10^{-2} [kg/m^2·hr·mmHg] となる。式の意味は，濡れたガーゼの表面が湿球温度を示し，水膜に極く近接した部分の空気は飽和状態となっており，その蒸気圧と外気の蒸気圧との差に比例して，水分が蒸発することを示している。

ガーゼ表面から入って来る単位時間当たりの熱量 Q は，蒸発水分量に蒸発潜熱を乗じた値と等しくなる。

$$W \cdot q = \alpha (\theta_d - \theta_w) = k_1 \cdot q (P_s' - P)$$
$$W = \frac{\alpha}{q} (\theta_d - \theta_w) = k_1 (P_s' - P)$$

ここに，q は蒸発潜熱 [kcal/kg] で 60℃ のときで約 560 kcal/kg である。

$$\frac{\alpha}{q} = k_2 \text{ と置くと上式は}$$

$$W = k_2(\theta_d - \theta_w) = k_1(P_s' - P)$$

となる。この式から

$$\frac{k_2}{k_1}(\theta_d - \theta_w) = (P_s' - P)$$

が得られ，さらに $k_2/k_1 = k_3$ と置くと

$$k_3(\theta_d - \theta_w) = P_s' - P$$
$$P = P_s' - k_3(\theta_d - \theta_w)$$

となる。一方関係湿度(相対湿度 Relative humidity) ψ は，

$$\psi = \frac{P}{P_s} \times 100 \quad [\%]$$

である。P_s は乾球温度 θ_d における飽和蒸気圧であるから

$$\psi = \frac{P_s' - k_3(\theta_d - \theta_w)}{P_s} \times 100 \quad [\%]$$

と書き表せる。この際，k_3 は1気圧のもとで，風速が 2.5 m/sec 以上であれば $k_3 \fallingdotseq 0.5$ とされており，風速が大になっても蒸発量が多くなれば熱の伝達も大きくなるのでこの関係は大略同じに保たれる。ただし，風速が 1 m/sec 以下の無風状態になると，輻射熱の影響が無視できなくなり $k_3 = 0.6$ を用い関係湿度を算出する。一般の関係湿度表は $k_3 = 0.5$ で求められているが，市販されている簡易な湿度計には $k_3 = 0.6$ で計算した表が印刷されている。

湿球温度は飽和空気以外の条件では蒸発潜熱のため乾球温度より低くなる。乾球温度が 100 ℃ 以上でも水の補給があれば，湿球温度は 100 ℃ 以下を保つものである。

大気をそのまま加熱すると湿球温度も比例して上昇するが，その量は極めてわずかなので，乾湿球温度差は大略図 8-1 のようにほぼ直線的に増大する。風速の大きい方が乾湿球温度差は多少大きい。

空気中に全く湿気の無い関係湿度 0 % のときの湿球温度は，

$$\psi = \frac{P_s' - k_3(\theta_d - \theta_w)}{P_s} = 0$$

したがって

$$P_s' = \frac{1}{2}(\theta_d - \theta_w)$$

として求めればよい。具体例として温度 $\theta_d = 50$ ℃ とすれば，

$$P_s' = 25 - \frac{\theta_w}{2}$$

8-2 乾燥速度

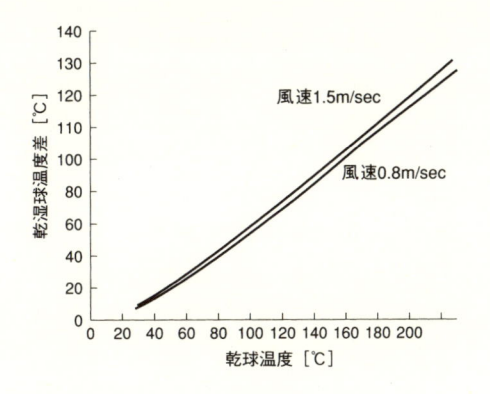

図 8-1 大気を加熱したときの乾湿球温度差の変化（大気温度 22 ℃）

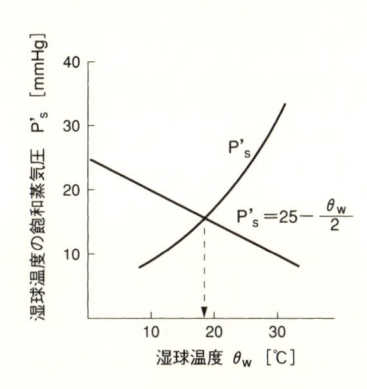

図 8-2 関係湿度 0 % のときの湿球温度の求め方（乾球温度 50 ℃ の例）

となる。以下は図上計算による。ある湿球温度 θ_w の飽和蒸気圧 P_s' と，$25 - \theta_w/2$ とが等しくなる点を図 8-2 のようにして求めれば，18.5 ℃ となる。

表 8-1 に温度と飽和蒸気圧との関係を示しておく。

露点と湿球温度とはよく混同される。露点は大気中に置いた鏡を徐々に冷していったとき，鏡が曇り始める，つまり結露し始める鏡の温度のことで，大気中の水蒸気圧が飽和蒸気圧になる温度を意味している。

図 8-3 に乾球温度から見た露点と湿球温度との差を色々の関係湿度について示す。乾球温度は 50 ℃ である。

空気中の水蒸気量を示す言葉として容量基準の絶対湿度（Absolute

表 8-1　温度と飽和水蒸気圧 10～95 ℃

温度 (℃)	飽和水蒸気圧 (mmHg)	温度 (℃)	飽和水蒸気圧 (mmHg)	温度 (℃)	飽和水蒸気圧 (mmHg)
10	9.2	30	31.8	50	92.5
12	10.5	32	35.7	55	118.1
14	12.0	34	39.9	60	149.4
16	13.6	36	44.6	65	187.6
18	15.5	38	49.7	70	233.7
20	17.5	40	55.3	75	289.2
22	19.8	42	61.1	80	355.3
24	22.4	44	68.3	85	433.6
26	25.2	46	75.6	90	525.9
28	28.3	48	83.7	95	634.0

100 ℃以上は p. 703 資料-12 参照

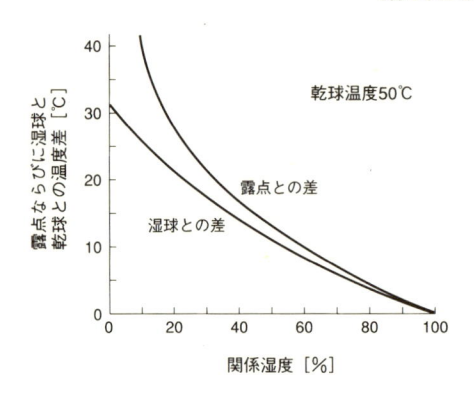

図 8-3　関係湿度と乾球温度からみた露点ならびに湿球との温度差

humidity)がある。単位体積の空気中に含まれている水蒸気量を言い，g/m^3 または kg/m^3 で示される。

　しかし，この表現方法は温度によって空気の体積が変化するため，乾燥室の排気計算などには不適当である。そこで，水蒸気を含んだ空気について，空気だけ(かわき空気)の 1 kg に対して水蒸気がどれだけ含まれていたかと言う表現方法を用いている。これを重量基準の絶対湿度(混合比，Humidity mixing ratio)と言うが，空調関係の工業部門では通常これを絶対湿度と呼びならわされている (p. 475，図 7-17 参照)。

　容量基準の絶対湿度 $D\,[g/m^3]$ の求め方は

$$D = \frac{m}{V} = \frac{P}{P_a}(0.622 \times 1,293) \times \frac{1}{1 + 0.00366\,\theta}$$

$$= \frac{804 \cdot P}{P_a(1 + 0.00366\,\theta)} = \frac{1.058 \cdot P}{1 + 0.00366\,\theta} \quad [\text{g/m}^3]$$

V：空気の体積[m³]，m：水蒸気の質量[g]，P：水蒸気分圧[mmHg]
P_a：標準1気圧[760 mmHg]，θ：温度[℃]

式の中で0.622は水蒸気と空気との質量比，1,293は体積1 m³に対する0℃のときの空気の質量[g]，0.00366＝1/273は温度1℃上昇したときの気体の体積増である。

ちなみに空気1 m³の重量がちょうど1 kgになる温度は

$$1.293 \times \frac{1}{1 + 0.00366\,\theta} = 1.000$$

とおき $\theta \fallingdotseq 80$ [℃]が得られる。

混合比 x [kg/kg $_{Dry\,air}$]は

$$x = 0.622\frac{P}{P_a - P}$$

$$\psi = \frac{P}{P_s} \times 100 \quad , \quad P = P_s\frac{\psi}{100}$$

$$x = \frac{0.622\,(\psi/100)\,P_s}{760 - (\psi/100)\,P_s}$$

P：水蒸気分圧[mmHg]，ψ：関係湿度[％]
P_s：乾球温度における飽和蒸気圧[mmHg]

空調などに使用する本格的な湿度図表には水の蒸発潜熱や混合比など色々の内容と温度との関係が示されている(図7-18参照)。

b 恒率乾燥期間中の乾燥速度

温度が一定のときの恒率乾燥期間中の乾燥速度は乾湿球温度差に比例し，風速の影響は受けやすいが，温度の高低にはほとんど影響されないと考えられている。

b-1 恒率期間中の乾湿球温度差の影響

恒率乾燥期間中の蒸発速度は，温度ならびに風速が一定のとき乾湿球温度

差に比例する。

この場合注意しなければならない点は、一般の温度計は温度を示しているキャピラリーの先端まで同一温度にしたときに正しい指度になるため、温度の低いときには問題にならないが高温で乾湿球温度差が大きいときに棒状温度計で湿球温度を測定すると、感温部以外のキャピラリー部分は外周温度の影響を受け膨張し、熱電対などで正確に湿球温度を測定したときより僅かに高く示され、乾湿球温度差が30～40℃もあるときには、0.5～1.0℃小さく測定される可能性がある。

乾燥操作では棒状の乾湿球温度計の指示温度差を基準にしているため、同一の方法で測定されている場合は問題はないが、特別な湿度計などの読みに換算する際には多少の注意が必要となる。L型や長足の途中に没の印のある温度計を使うときは誤差が大きい。

b-2　恒率乾燥期間中の風速と風向の影響

恒率乾燥期間中は風速の影響が大きい。乾湿球温度差が一定で風速が大となれば、蒸発面に与えられる熱量が増加するので、水の補給が十分であれば蒸発速度は当然大きくなる。

被乾燥物体がごく微少な寸法であれば、物体に衝突する空気量は風速に比例するため、蒸発量は風速に比例して大きくなるはずであるが、木材乾燥のように風が板面と平行に流れる場合には、風上側の先端部数mmの蒸発速度は風速に比例するが、それ以下の風下部分は風上側の蒸発で冷却された関係湿度の高い(乾湿球温度差の小さい)空気が層状になって流れて来るため、蒸発速度は風速の増加に比例しなくなる。

また、風下側の蒸発速度が小さいので、一枚の板で考えると大型の板は小型の板より平均蒸発速度は当然小さな値となる。

木材乾燥で考えられる常識的な板幅の材に、風が板面と平行に吹いているときの平均蒸発速度 $W[kg/m^2 \cdot hr]$ と風速との関係は

$$W = k_2' v^n (\theta_d - \theta_w)$$

k_2'：風速の違いを考慮した蒸発係数$[kg/m^2 \cdot hr \cdot ℃]$, v：風速$[m/sec]$

と便宜的に示すことができ、係数 n は1より小となり我々が考える風速1～

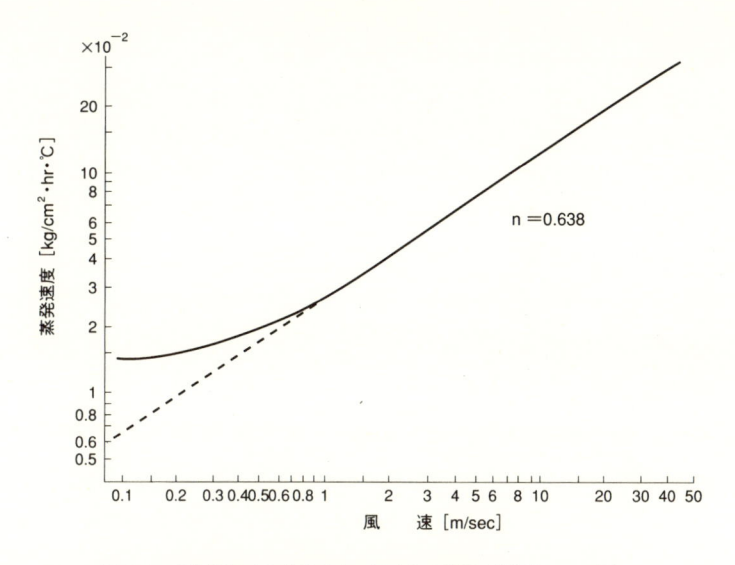

図 8-4 恒率乾燥時の蒸発速度と風速との関係(試験材 15 cm 幅)

10 m/sec の範囲で風向に沿う試料の長さが 15〜20 cm のとき, n＝0.638 程度であるが(図 8-4), 測定者によって多少の差がある。

k_2' の平均は, 試料幅が 15〜20 cm のとき, 風速 1 m/sec を基準にすれば $k_2'=2.7〜3\times 10^{-2}$ kg/m²・hr・℃ となり, 先に乾湿球湿度計(p. 497)で説明した蒸発面積の小さい湿球部に対する値 k_1 の 10×10^{-2} kg/m²・hr・mmHg (換算値 5×10^{-2} kg/m²・hr・℃)より小さくなる。

外周条件が同じでもこのように試験材の幅が違うと平均蒸発速度が変化し, 試料の幅が 3 cm 以下のチップの乾燥の際には 1 cm あたりの乾燥速度の変化が問題となる。

図 8-5 は試料に 0.17 mm 厚の濾紙を用い, 長さを変えて乾燥を行ったときの含水率 180 ％ から 10 ％ までの乾燥時間[min]の測定結果であり, 長さ 1〜2 cm の所に変化点が見られる。乾燥条件は風速 1.5 m/sec, 外気を 60 ℃ と 120 ℃ に温度上昇したものである。

以上は桟積みされた状態ではなく, 一枚の板が風の中に置かれたときのもので, 風下側の乾燥はかなり遅れ, 恒率乾燥期間が長ければそれだけ風上, 風下の乾燥むらが時間と共に増大することを示している。したがって単板の

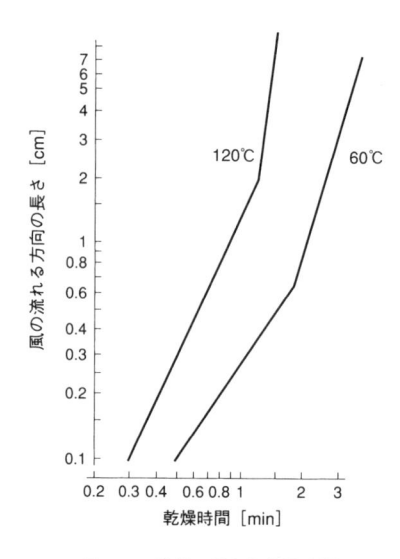

図 8-5 濾紙の長さと乾燥時間
(風速 1.5 m/sec, 濾紙の厚さ 0.17 mm, 含水率 180 % から 10 % まで)

ように全乾燥期間に対し恒率期間の含める割合が大きい材料では乾燥むらは大きく現れる。

桟積みされた場合は桟木厚が 2.5 cm より薄くなり，風速が 1.5 m/sec 以下になると，風下側の乾燥むらは急増するが(図 7-14 参照)，これはあくまで恒率乾燥に近い乾燥状態のときのことで，実際の乾燥室では桟積み幅 2 m に対し，桟木厚 2.2 cm 程度，風速は 1～2 m/sec にすれば，一時的に生じる乾燥むらも乾燥終了時までにはほとんど消滅する。

b-3 恒率乾燥期間中の乾燥温度の影響

風速と乾湿球温度差を一定とし，乾燥温度だけを変化させたときの蒸発量の違いについては温度を変化させたとき，測定装置が同一風速を正確に保てるかどうかの問題と，先に説明した湿球温度の指示誤差や恒率乾燥を長時間保つ良好な材料が無いなどにより，精度の高い測定は不可能であるが，今のところ一応温度の影響はあまり無いとされている。

ただし恒率乾燥が終了した直後の減率乾燥前期には温度影響がはっきり認められる。

小倉武夫氏らは，恒率乾燥における蒸発速度の実験式を求めて温度影響がかなりあると発表しているが(小倉氏ら(1955))，風速を同一とするために送風機の回転数を一定にしたときの実験結果で，風速を直接測定し温度別に一定とした再度の実験からは明確な温度の影響は認められていない。

温度を上昇したときの蒸発速度の変化に影響する因子として考えられるものは，空気の粘度の減少や水の蒸発潜熱の低下と空気の熱伝導度や比熱を大とする空気中の絶対湿度の増大などが温度上昇による蒸発速度の増大に関与し，空気の膨張による密度の低下は負に働くものと見られ，全体として，一定の乾湿球温度差のもとでは高温ほど蒸発量が大きくなるように思われるが定かなことは確認していない。

8-2-2 減率乾燥期間

恒率乾燥期間が終わると乾燥速度は急に低下するが，このときの乾燥速度と材の平均含水率との関係は複雑な因子が介在するため，樹材種別に特異な姿となりそれらを正確に推定算出することは不可能である。

図 8-6 はイヌブナ辺材 2.1 cm 厚の材を 60 ℃ 一定，乾湿球温度差を 3〜25 ℃ で乾燥したときのもので，乾燥経過を各含水率段階で図上微分して求めると図 8-7 となる。図 8-7 の含水率 90〜80 % の範囲の乾燥速度は一定でこの期間が恒率乾燥期間であり，その後は 1〜2 の変化点を示しながら乾燥速度は低下して行く。これを減率乾燥期間と呼ぶ。

恒率乾燥期間から減率乾燥期間に入った当座は材表面で繊維飽和点以下になっている部分は少ないが，その後繊維飽和点以下の部分は急速に拡がり，板のすべての表面が繊維飽和点以下になったときに減率乾燥第一段の前半が終了する。図 8-7 では乾湿球温度差 5 ℃ と 10 ℃ のときにこれが明確に認められ，このときの平均含水率は 60〜50 % である。

木材以外の材料では平均含水率と乾燥速度とが凹形の曲線の範囲を減率乾燥第一段，平均含水率が 30 % 程度の低含水率域になって乾燥速度が直線的に減少する範囲を減率乾燥第二段と二分類しているが，木材乾燥の場合には明確に両者を区別できないときや，逆に減率乾燥第一段が明確に前半と後半に区分される例もある(図 8-7 の乾湿球温度差 5 ℃)。その主たる原因は自由水

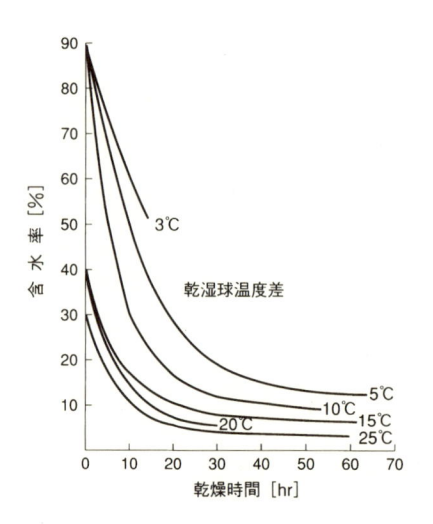

図 8-6 イヌブナ床板辺材の乾燥経過曲線
(板目材,板厚 2.1 cm,気乾比重 0.52,温度 60 ℃,風速 0.7 m/sec)

の移動の仕方が複雑なためと考えられる。

　減率乾燥第一段の期間中,表面含水率は低下し続けるが,減率乾燥第一段の末期(平均含水率で 30 % 前後)になると表面含水率は外周空気の平衡含水率に近付き,ほとんど安定した状態になり,減率乾燥第二段に入るものと考えられている。

　木材乾燥で特に目立つ例は,比較的乾燥容易な材で,あまり乾湿球温度差を大きくしない常識的な乾燥条件のとき,減率乾燥第一段の中頃に,平均含水率が低下しても乾燥速度があまり変化しない一時期が認められ,減率乾燥第一段が前後にはっきり分割されることである。このときの乾燥速度は恒率乾燥期間の 2/3 程度であり,図 8-7 の乾湿球温度差 10 ℃ の線上にはっきり現れている。この時期には平均含水率が低下しても材表面の含水率が一定に保たれていると考えられ,表面平均含水率は 19 % 程度と推定される。

　発生原因は不明であるが,おそらく板面に現れている放射組織の細かい開孔部にメニスカス(毛細管現象による湾曲した水面)が残り,太い道管部分の水が吸いよせられ平均含水率が低下しても材表面の含水率状態がほぼ一定に保

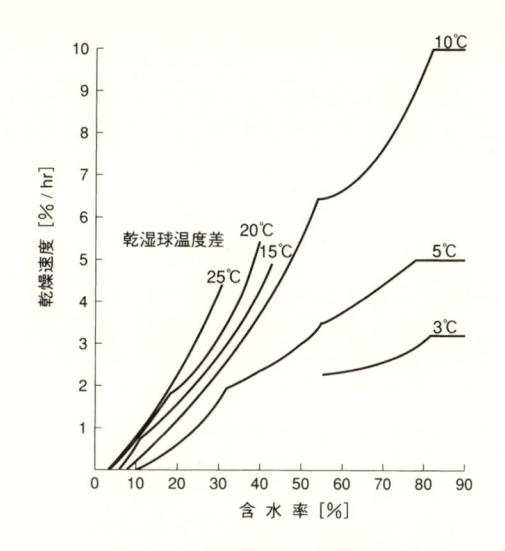

図 8-7　イヌブナ床板辺材の乾燥速度曲線
(板目材，板厚 2.1 cm，気乾比重 0.52，温度 60 ℃，風速 0.7 m/sec)

たれているためと思われる。

a．減率乾燥期間中の乾燥速度

　減率乾燥期間中の蒸発速度は材表面の水蒸気分圧と外周空気の水蒸気分圧との差によって決定される。

　材表面含水率と平均含水率との関係は図 8-8 のようになるため両者の関係を理論的に算出することは不可能である。

　いま極めて薄い材料として濾紙を使い，その蒸発速度を測定した結果を平均含水率と表面含水率とが等しいとしてまとめると，蒸発速度比率(恒率乾燥時を 100 % とする)と含水率との関係は上にやや凸の曲線となる(図 8-9)。

　板厚が大きくなると平均含水率と表面含水率とが先の図 8-8 のようにずれて来るため，平均含水率と蒸発速度との関係は右方へ引き伸ばされ，我々がよく目にする上にやや凹(先の図 8-7)の形状に変化する。したがってこの曲線の形状は表面含水率と平均含水率とがどのような関係になっているかで決定される。

　減率乾燥中の表面含水率は材面からの蒸発量と材内からの水分移動量によ

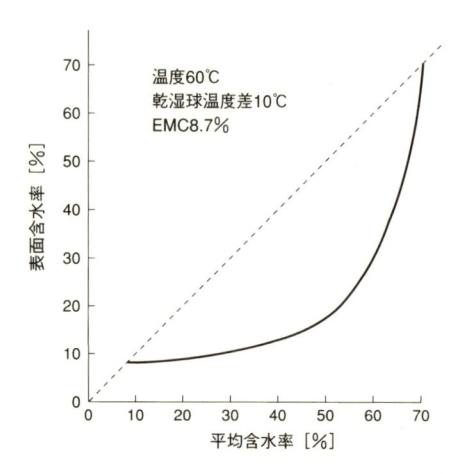

図 8-8　表面含水率と平均含水率との関係模式図

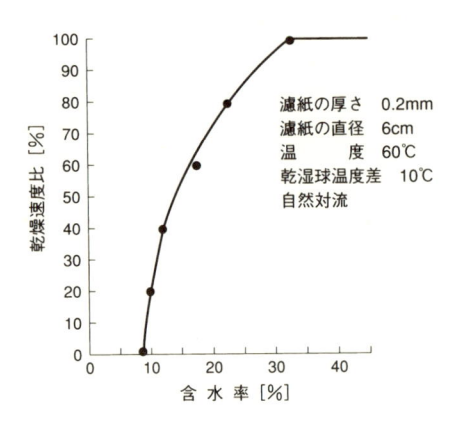

図 8-9　濾紙の乾燥速度比と含水率との関係

って決定されるため，風速や乾湿球温度差を大きくすれば表面含水率が低くなり，蒸気圧が低下し蒸発量が減少することになるので恒率乾燥期間中に風速や乾湿球温度差を大にしたときのような効果は得られない。

　また，これらの関係は樹材種と含水率域とによってさまざまに変化するため，1〜2の断片的な例を示してもあまり参考にならない。

a-1 減率乾燥期間中の乾湿球温度差の影響

乾燥の各段階で乾湿球温度差と乾燥速度との関係が明確になれば，どの程度の乾湿球温度差にしたら乾燥速度が増大し経済的に有効であるかが明らかとなる。また特定の乾燥経過を想定したとき，各含水率段階で乾湿球温度差をいくらにしたら良いかも明らかになる。

こうした目的のために，含水率別の乾湿球温度差と乾燥速度との関係を整理して示したものが乾燥特性曲線で，乾燥温度は 60 °C，風速 0.7 m/sec 一定として求めている。図の中の細線で示した曲線については後述する。

現場で比較的よく乾燥される樹材種の例を示す。図 8-10 はブナ辺材板目 2.2 cm 材，図 8-11 はイヌブナ偽心板目 2.3 cm 材，図 8-12 はイヌブナ偽心 2.6 cm 材のものである。

一般にブナ辺材は極めて乾燥がよい。先に乾燥経過を図 8-6 に示したイヌブナ板目辺材 2.1 cm 厚は図 8-10 のブナ辺材より 1.3～1.4 倍ほど乾燥速度が大きい。また偽心材と辺材との比率は全体的にみて 1.5～3.0 倍ほど辺材が大きい。

図 8-13 はミズナラ板目 2.8 cm 材の乾燥特性曲線でブナ材と比較して比重が高く，乾燥速度も同じ厚さのブナ材の 60 % 程度である。乾燥速度の大きなブナ辺材などは別として，板厚が 2.6 cm 以上の硬材は乾燥末期の含水

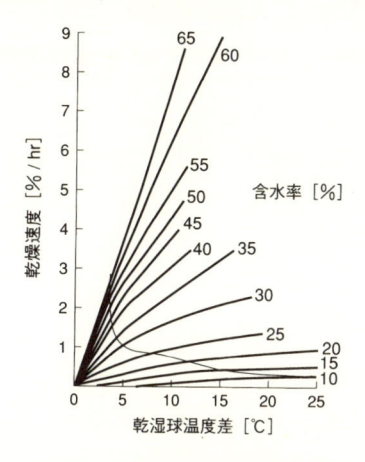

図 8-10　ブナ床板辺材の乾燥特性曲線
(板目材，板厚 2.2 cm，気乾比重 0.65，温度 60 °C，風速 0.7 m/sec)

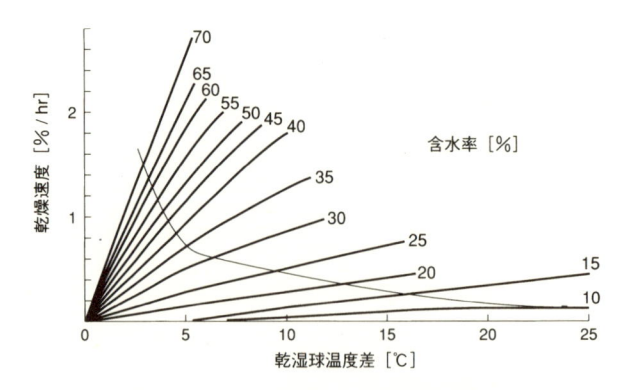

図 8-11 イヌブナ床板偽心材の乾燥特性曲線
（板目材，板厚 2.3 cm，気乾比重 0.63，温度 60 ℃，風速 0.7 m/sec）

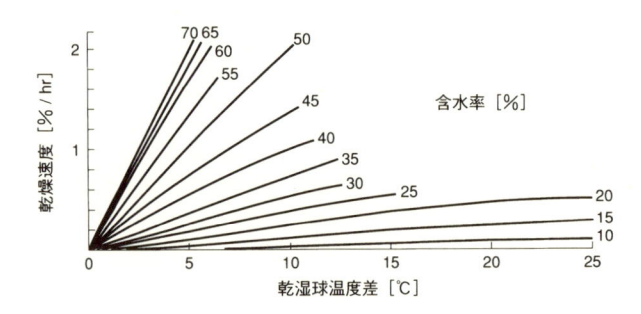

図 8-12 イヌブナ1インチ偽心材の乾燥特性曲線
（板目材，板厚 2.6 cm，気乾比重 0.59，温度 60 ℃，風速 0.7 m/sec）

率 20 % 以下で，乾湿球温度差を 20 ℃ 以上にしてもあまり乾燥速度が上昇しないことが図の含水率 20 % や 15 % の曲線からよく解る。

　図 8-14 はレッドラワン 2.3 cm 厚，柾目材の乾燥特性曲線である。比重がやや高いがブナ，ミズナラ材と比較して乾湿球温度差の増加に対する乾燥速度の増加割合が少ないように感じられる。

　こうした点に，レッドラワン材のスケジュールでは乾湿球温度差の開き方をあまり急速にしない意味があると見られる。

　図 8-15 はエゾマツ 2.3 cm 厚のもので乾燥の良好なことがよく示されてはいるが，含水率 40 % や 35 % の線で乾湿球温度差を 5〜7 ℃ 以上大きくして

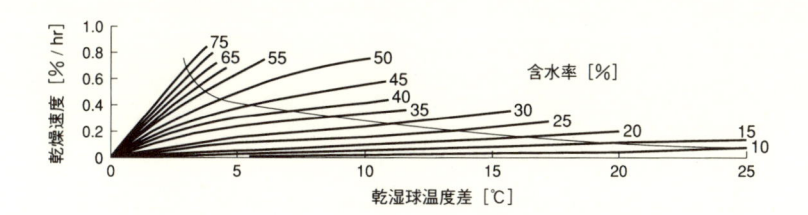

図 8-13 ミズナラ1インチ材の乾燥特性曲線
(心材板目, 板厚 2.8 cm, 気乾比重 0.66, 温度 60 °C, 風速 0.7 m/sec)

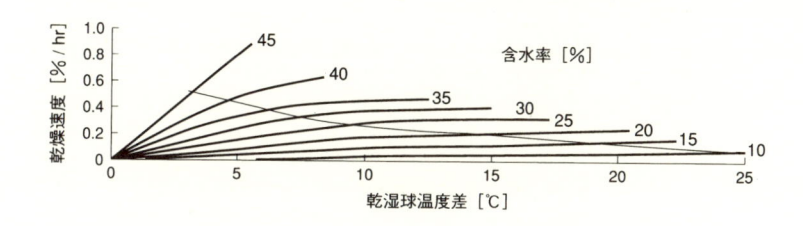

図 8-14 レッドラワン床板材の乾燥特性曲線
(柾目心材, 板厚 2.3 cm, 気乾比重 0.67, 温度 60 °C, 風速 0.7 m/sec)

も乾燥速度があまり増大しない点が広葉樹材と大きく違い、操作上の留意点と思われる。

図の中にいくつかの含水率一定の曲線を横切って示されている細い曲線は、乾燥温度 60 °C, 乾湿球温度差 25 °C の条件下で、乾燥速度 du/dt が次式のように含水率が 10 % を中心とする ± 5 % の範囲内で、測定時の含水率 U と平衡含水率 U_e (約 3.5 %) との差に比例関係であるとみなし、

$$\left|\frac{du}{dt}\right| = k(U - U_e)$$

比例定数 k を求め、この値を用い、乾球温度 60 °C 一定のもとで全乾燥経過が次式で示す1本の指数曲線になるように各含水率域の乾湿球温度差の値を示したものである。なおこの k を乾燥速度係数という。

$$U - U_e = (U_a - U_e)e^{-kt}$$

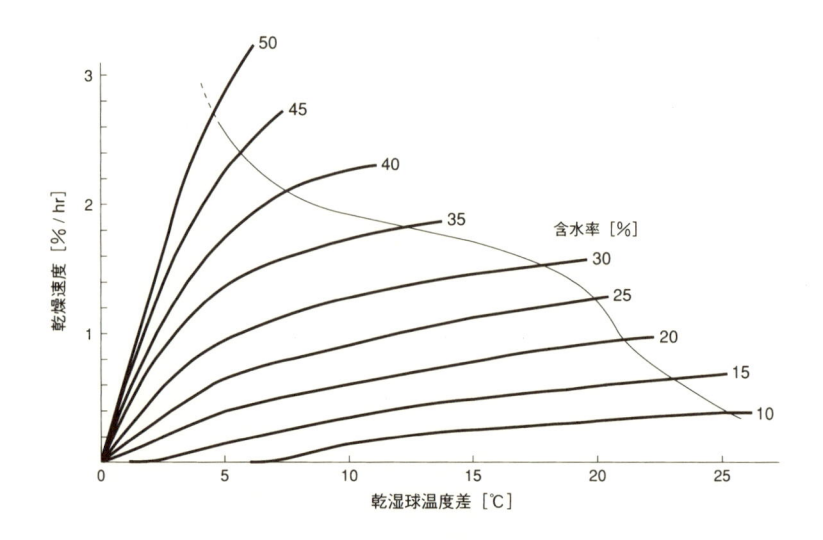

図 8-15 エゾマツ床板材の乾燥特性曲線
(心材板目, 板厚 2.3 cm, 気乾比重 0.38, 温度 60 ℃, 風速 0.7 m/sec)

$$t = \frac{1}{k} \ln \frac{U_a - U_e}{U - U_e}$$

U_a：初期含水率, U：t時間後の含水率[%], t：乾燥時間[hr]

　各含水率段階の乾湿球温度差を示す細い曲線を見ると乾燥経過を1本の指数曲線にするには，含水率の降下につれ乾湿球温度差をかなり開いて行かなければならないことが明らかであり，一定条件の中で材を乾燥したときには指数曲線より傾斜の緩い曲線になることが容易に理解できる。

　乾燥特性曲線を自由水の移動性の良好なラミン材や，軽比重材で乾燥の悪いキリ，現在問題となっているスギ心材などについて作成してみると大きな違いが明らかとなり，スケジュールを考える上で参考となろう。

　乾燥試験をする際には，何らかの方法でその材の比重以外の乾燥特性が示されていないと心もとない。

a-2 減率乾燥期間中の乾燥温度の影響

　減率乾燥期間中の乾燥温度の影響は大きい。恒率乾燥期間中は同じ乾湿球

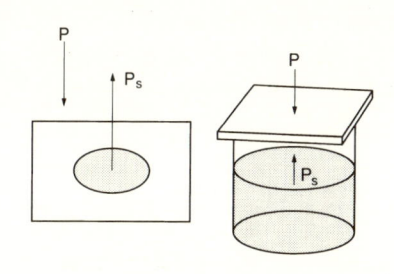

P_s: 板の中心部の蒸気圧で乾球温度の飽和蒸気圧に近い
P : 外気の蒸気圧

図 8-16 板の中心部の蒸気圧と外周蒸気圧との関係

温度差を保ちながら,温度だけを上昇させても乾燥速度の増大は明確に現れない。この理由の一つは温度を上昇させると,材面から蒸発する水の蒸発潜熱は減少する一方,材面に熱を与える空気の密度も小さくなるためかと思われる。

減率乾燥期間中も,含水率の高い範囲では温度の影響は少ないが 2 cm 以上の板材で平均含水率が 30 % 以下になると,温度の影響は大きくなる。

板材の含水率が低くなると,板表面の含水率はほとんど外気の湿度に平衡しており,蒸発量も少ないので材温は乾球温度に近付いている。この時点で板の中心部の含水率が 30 % 以上であれば,板の中心部の蒸気圧は乾球温度の飽和蒸気圧になっているものとみなせば,板中心部の水分が木質層を通して外へ出ようとする力は,板中心部の蒸気圧 P_s と外周空気の蒸気圧 P との差である(図 8-16)。

この関係を使い乾湿球温度差を 5 °C 一定とし温度だけを変化させると表 8-2 となる。図示すれば図 8-17 である。大略 20 °C で約 2 倍の乾燥速度の違いが生じる。

図 8-17 の関係は乾湿球温度差が違っていても理論上は変化せず,数種の材については実測結果とよく合っている。しかし実際問題となると,乾湿球温度差が大きいほど表面含水率は低くなり,高温中ではぬれ角が変化する樹種もあるので,すべての材に共通するとは言い切れない。

このように乾燥温度の効果は低含水率域で顕著に現れるため,実際のスケジュールにあっても細胞の落ち込みの心配のなくなる平均含水率 35〜25 %

表 8-2 材内外の蒸気圧差と乾燥条件との関係

(低含水率域，乾湿球温度差 5℃ の条件)

乾球温度 (℃)	湿球温度 (℃)	乾球温度の飽和水 蒸気圧 P_s(mmHg)	湿球温度の飽和 水蒸気圧(mmHg)	外周空気の蒸気 圧 P (mmHg)	材内外の蒸気圧 差 P_s-P(mmHg)
10	5	9.21	6.53	4.03	5.18
20	15	17.5	12.79	10.29	7.21
35	30	42.2	31.80	29.30	12.90
45	40	71.9	55.30	52.80	19.10
60	55	149.5	118.0	115.50	34.00
80	75	355	289.0	286.5	68.5
100	95	760	634.0	631.5	128.5

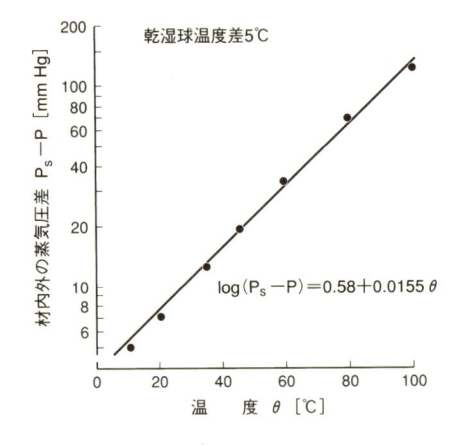

図 8-17 材内外の蒸気圧差と温度との関係
(乾湿球温度差が変化しても直線の傾斜は変化しない)

グラフ中の式: $\log(P_s - P) = 0.58 + 0.0155\,\theta$

の時点から乾燥温度を上昇させる。図 8-18 はレッドオーク 2 インチ材(生材寸法 5.2 cm)の温度別乾燥時間の比較で，乾燥条件は各含水率に対する外周条件の平衡含水率の変化を同一にしたときのものである。小倉武夫氏がマヂソン林産研究所で測定した結果である(林試研報 77 (1955))。

a-3 減率乾燥期間中の風速の影響

前述のように恒率乾燥期間中は風速を大にすると乾燥速度は増大する。この理由は，どのように強い風を与えても水分が十分そこにあって多量の水分

8-2 乾燥速度

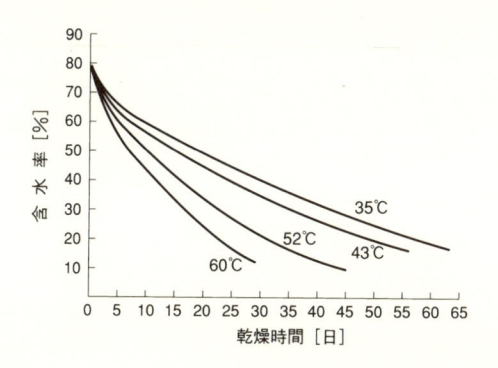

図 8-18 レッドオーク2インチ材による温度と乾燥時間との関係
(板目, 5.2cm厚, 各含水率段階に対して外周条件の平衡含水率が各温度とも同じになるようにして乾燥。高温条件ほど乾湿球温度差は少し大となる。小倉武夫氏(1955))

蒸発に応じられるからである。

材表面が乾燥して来ると, 表面から蒸発する水分の補給には, 内部からの水分移動が必要となるが, 一般的には水分の移動速度に制約があり, 風速や乾湿球温度差を大にしても乾燥速度はあまり上昇しない。

したがって乾燥初期は比較的風速の影響を受けるが, 含水率が低下して来ると材内の水分傾斜も小さくなり, 材表面にほとんど水分が移動して来ないので風速の影響は小さくなる。

身近な例としては, 薄着のときよりも厚着しているときの方が屋外で感じる風の冷たさが弱まるのに似ている。

風速と各含水率段階の乾燥速度を測定した例はほとんどない。スギ1.4cm厚, 乾燥温度60℃, 乾湿球温度差5℃と10℃との例を図8-19に示す。

このような薄板であっても, 含水率30%以下では風速増加によって際立った乾燥速度の上昇は認められず, より板厚の大きい重硬な材ではさらに高い含水率域から風速の影響は少なくなるであろう。大略, 材の含水率が低下し乾燥速度が恒率乾燥時の1/4以下になれば風速の影響は小さくなり, 1/6程度になるとほとんど影響がなくなる。

板材乾燥の場合は風速増加によって乾燥速度を増大させる必要はなく, 乾燥速度を増大させたいときには乾湿球温度差を大にすればよい。乾燥室内で風速を増大させる目的は主として乾燥むらを防止するためである。

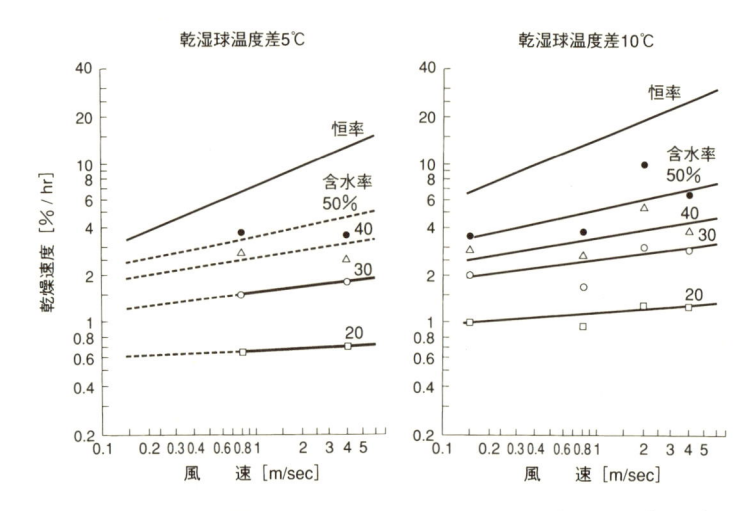

図 8-19 風速と乾燥速度との関係(スギ1.4 cm 厚, 全乾比重 0.37, 温度 60 ℃)

ただし単板乾燥の場合は,全乾燥期間に含まれる恒率乾燥期間(減率第一段前期も含め)が大きいので乾燥むらの防止もかねてかなり風速を大としている。

a-4 減率乾燥期間中の樹種,材種の影響

減率乾燥期間中の乾燥速度は板厚や比重の大きな材では小さく,心材は辺材よりも小さい。

一定の厚さ(2 cm)の試験材を用い乾燥温度 60 ℃,乾湿球温度差 25 ℃,風速 1 m/sec のもとで,含水率 10 % を中心とした各樹種の乾燥速度係数 k を表 8-3 に示す。

広葉樹材の多くは,板目材の乾燥速度係数が柾目材より 1.2~1.4 倍大きく,低比重材や針葉樹材では 0.8~1.3 倍と比率が小さくなる。

比重により板目と柾目材との乾燥速度係数の比率が違う理由は,放射組織内を拡散する水蒸気の移動速度が比重の大小によってあまり変化せず,細胞壁を通過して拡散する水蒸気量がほぼ比重に逆比例するためと推測される。

タブ材は比重が高いにもかかわらず,板目材の乾燥速度が柾目材よりわずかに小さく特殊な例である。

低含水率域の乾燥速度係数は板厚に対し次の関係となる。

8-2 乾燥速度

表 8-3 樹種別乾燥速度係数

(乾球温度 60 ℃, 乾湿球温度差 25 ℃, 風速 1 m/sec, 板厚 2 cm)

樹 種 名 (辺材・心材)	全乾比重		乾燥速度係数(k × 10²)			備 考 営林局支局, 産地, 属名など
	板目	柾目	板目	柾目	板/柾,比	
(その1) 日本産針葉樹材						
ヒノキ(心)	0.35	0.34	4.22	4.14	1.02	長野(Chamaecyparis)
アスナロ(心)	0.41	0.39	4.92	4.84	1.02	長野(Thujopsis)
コウヤマキ(心)	0.28	0.29	8.04	7.29	1.10	長野(Sciadopitys)
サワラ(心)	0.30	0.30	6.30	5.86	1.07	長野(Chamaecyparis)
スギ(心)	0.36	0.37	6.11	4.73	1.29	熊本(Cryptomeria)
クロマツ(心)	0.47	0.46	12.28	9.62	1.28	熊本(Pinus)
カヤ(心)	0.49		4.70			熊本(Torreya)
モミ(心)	0.45	0.36	7.71	10.77	0.72	高知, 比率小(Abies)
ツガ(辺)	0.49		9.50			高知(Tsuga)
ツガ(心)	0.51	0.50	6.79	8.37	0.81	高知(Tsuga)
トガサワラ(心)	0.44		5.69			高知(Pseudotsuga)
クサマキ(心)	0.48		14.62			高知(Podocarpus)
クサマキ(辺)		0.51		6.86		高知(Podocarpus)
ヒノキアスナロ(心)	0.48	0.47	3.68	3.01	1.22	青森(Thujopsis)
アオモリトドマツ(心)	0.41		9.01			青森(Abies)
ネズコ(心)	0.36	0.31	4.92	5.48	0.89	長野(Thuja)
アカマツ(心)	0.51		5.27			大阪(Pinus)
カラマツ(心)	0.51	0.53	4.80	3.58	1.34	長野(Pinus)
(その2) 南洋産針葉樹材						
スロールクラハム(心)	0.45	0.48	5.70	5.70	1.00	カンボジア産(Dacrydium)
(その3) 日本産広葉樹材						
クリ(心)	0.59	0.58	4.85	1.96	2.47	青森(Castanea)
クス(心)	0.47	0.48	3.52	3.04	1.16	熊本(Cinnamomum)
ベニタブ(心)	0.66	0.65	0.83	0.99	0.84	熊本(Machilus)
シラカシ(心)	0.82	0.87	5.60	1.91	2.93	熊本(Quercus), 柾は辺心混
コジイ(心)	0.46	0.46	5.52	3.11	1.77	熊本(Castanopsis)
アカガシ(心)	0.88	0.91	3.16	1.53	2.07	熊本(Quercus), 柾は辺材
ミズナラ(心)	0.74	0.71	2.48	1.68	1.48	青森(Quercus)
ミズナラ(心)	0.70	0.67	2.55	1.80	1.42	名古屋(Quercus)
ブナ(辺)	0.57	0.54	11.01	8.76	1.26	大阪(Fagus)
ブナ(偽心)	0.63		4.09			大阪(Fagus)
ブナ(辺)	0.57	0.62	9.71	5.79	1.68	青森(Fagus)
ブナ(偽心)	0.65	0.63	4.28	2.88	1.49	青森(Fagus)

樹 種 名 (辺材・心材)	全乾比重		乾燥速度係数($k \times 10^2$)			備　考 営林局支局, 産地, 属名など
	板目	柾目	板目	柾目	板/柾比	
ブナ(辺)	0.60	0.59	5.89	5.02	1.17	名古屋(*Fagus*)
ブナ(偽心)	0.64	0.64	3.17	2.73	1.16	名古屋(*Fagus*)
ヒメシャラ(辺)	0.80		5.20			高知(*Stewartia*)

(その4)　南洋産広葉樹材(すべて心材)

(乾球温度 60 °C, 乾湿球温度差 25 °C, 風速 1 m/sec, 板厚 2 cm)

ジェルトン	0.40		7.27			カリマンタン(*Dyera*)
カラス	0.41	0.41	10.77	17.87	0.61	カリマンタン(*Aquilaria*)
テラリン	0.83	0.79	3.10	2.57	1.21	カリマンタン(*Tarrietia*)
チャンバカ	0.50	0.47	5.27	4.47	1.18	カリマンタン(*Michelia*)
ギアム	0.93	0.94	3.93	1.87	2.10	カリマンタン(*Cotylelobium*)
レサク	0.77	0.75	4.64	2.07	2.26	カリマンタン(*Vatica*)
ライトレッドメランチ	0.47	0.40	4.47	2.41	1.86	カリマンタン(*Shorea*)
バラウ(1)	0.85	0.78	2.99	1.00	2.99	カリマンタン(*Shorea*)
バラウ(2)	0.97	0.98	2.50	0.50	5.00	カリマンタン(*Shorea*)
バラウ(3)	1.02	0.99	2.93	0.97	3.02	カリマンタン(*Shorea*)
ボルネオオーク	1.00	1.03	3.00	1.00	3.00	カリマンタン(*Quercus*)
ケレダン	0.51	0.49	9.60	4.71	2.04	カリマンタン(*Artocarpus*)
ケラット	0.66	0.73	2.83	0.82	3.45	カリマンタン(*Eugenia*), 板, 柾比重大
バンキライ(1)	0.83	0.96	2.46	0.78	3.15	カリマンタン(*Shorea*)
バンキライ(3)	0.87	0.90	3.11	0.98	3.17	カリマンタン(*Shorea*)
バンキライ(8)	0.84	0.84	3.22	1.21	2.66	カリマンタン(*Shorea*)
ホワイトメランチ	0.51	0.36	2.97	2.43	1.22	カリマンタン(*Shorea*)
アピトン(1)	0.65	0.67	3.00	1.80	1.67	フィリピン(*Dipterocarpus*)
アピトン(7)	0.71	0.74	2.70	1.60	1.72	フィリピン(*Dipterocarpus*)
アピトン(9)	0.72	0.72	2.70	1.40	1.93	フィリピン(*Dipterocarpus*)
クルイン(2)	0.83	0.74	2.28	1.85	1.23	カリマンタン(*Dipterocarpus*)
カプール(1)	0.72	0.69	2.90	1.80	1.60	北ボルネオ(*Dryobalanops*)
カプール(2)	0.62	0.64	4.70	2.78	1.69	北ボルネオ(*Dryobalanops*)
レッドメランチ(C')	0.45	0.45	4.20	2.65	1.59	サラワク(*Shorea*)
レッドメランチ(D)	0.46	0.54	3.41	2.45	1.39	サラワク(*Shorea*)
イエローメランチ	0.38	0.43	3.33	2.82	1.18	サラワク(*Shorea*)
チュテールバンコイ	0.73	0.71	3.87	1.66	2.27	カンボジア(*Dipterocarpus*)
チュテールサール	0.79	0.72	3.40	1.65	2.06	カンボジア(*Dipterocarpus*)
コムニヤン	0.80	0.79	4.01	2.42	1.66	カンボジア(*Shorea*)
プジック	0.67	0.66	1.15	0.70	1.64	カンボジア(*Anisoptera*)
ロヨン	0.57	0.56	13.38	4.29	3.12	カンボジア(*Parkia*)
コキークサイ	0.84	0.91	8.13	1.69	4.81	カンボジア(*Hopea*)
ロンリアン	1.11	1.15	1.50	1.25	1.20	カンボジア(*Tristania*)

日本産主要樹種の性質, 乾燥性(I), (II)。林業試験場報告 153, 163(1963, 1964)。
南洋材の性質 1~12, 林業試験場報告 190~218(1966~1968)。

8-2 乾燥速度

$$k_x = k(2/d_x)^2$$

k：板厚 2 cm のときの乾燥速度係数[1/hr]

k_x：板厚 d_x cm のときの乾燥速度係数[1/hr]

　乾燥速度係数が板の厚さ比の逆数の 2 乗に比例する理由は，乾燥末期になると材の表面含水率が外周空気の温湿度に平衡しており，材内の水分傾斜は同一含水率のとき，板厚に逆比例し，厚材ほど水分傾斜は小さく，また一定の重量減少に対する含水率変化の割合も板厚に逆比例するからである。

　ただし，この関係は限られた低含水率域だけのもので，生材から低含水率までの全乾燥期間についての乾燥速度の平均値は板厚の逆数の 1.5〜1.9 乗に比例する。

　この理由は，乾燥初期の恒率乾燥期間や減率乾燥第一段の期間では，乾燥速度が板厚の逆数にほぼ比例しているからである。

　全乾燥期間についてみると板目と柾目材との乾燥速度比は高比重材であっても 1.3 倍程度で低含水率域だけの比率よりかなり小さくなる (【増補 19】p.733 参照)。

8-3 水分移動

木材の乾燥方法を考える際には材内の水分移動について的確な知識を持つ必要がある。

木材中の水分移動には，繊維飽和点以上の領域で見られる自由水の移動と，含水率が30％以下になった部分で行われている結合水の拡散とを考えなければならない。

しかるに旧来の研究のほとんどは結合水の拡散だけを扱ったものである。その理由は，実験の際に生材が得にくい点と，自由水の移動を上手く測定する方法が無く，精度のよい測定がやりにくいことと，自由水の移動も結合水の拡散と似たようなものであろうとする安易な思いからである。

確かに多くの樹種の乾燥経過を検討してみると，その平均的な値として自由水の移動と，結合水の拡散とが類似している場合が多いように感じられるが，実際の乾燥操作で問題を引き起こすのは，平均的な材ではなく，特別におかしな乾燥特性を備えた樹種である。

木材のように樹種や丸太によって材質の変動幅の大きい材料を対象にする際には，その最低値とか，特別に材質の違う材について十分な検討をしなければ本当の意味の基礎知識を修得したとは言えない。

8-3-1 自由水の移動

含有水分が繊維飽和点より高い領域の細胞内には自由水が存在するため，この水分が何等かの力で外方に吸引または押し出されて行かなければ乾燥は進行しない。

細胞内腔が水で充満されているときの水分移動は，材表面近くにできている細胞内腔あるいは細胞壁孔のメニスカス部分の引張力による。

この引張力は細胞内腔の小さい場所にあるメニスカスほど大きいため，水は太い管から細い管へと移動する (図8-20)。引張力 P_m は

$$P_m = \frac{2\pi r \sigma \cos\theta}{\pi r^2} = \frac{2\sigma \cos\theta}{r} \quad [\text{dyne/cm}^2]$$

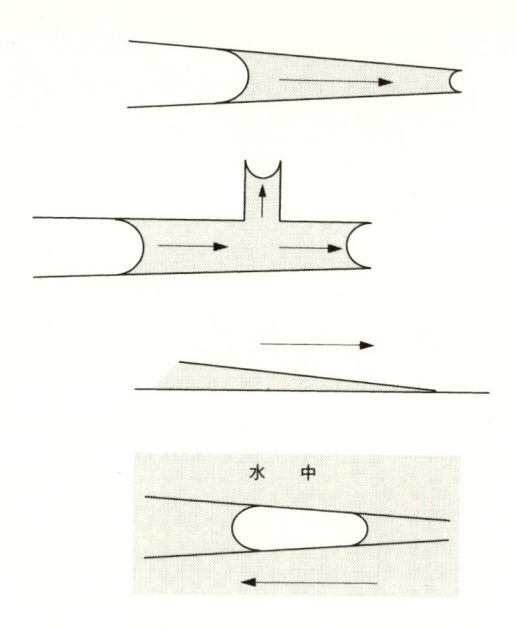

図 8-20 水の移動方向(水にぬれやすい物体でできた管内)

σ：水の表面張力[72 dyne/cm]，θ：壁面と水との接触角[度]

r：半径[cm]

で表され，例えば半径 0.001 mm (1 μm) の細胞内腔に作られたメニスカスの引張力は接触角 θ を 0 とすれば，

$$P_m = \frac{2\sigma\cos\theta}{r} = \frac{2 \times 72}{0.0001} = 1,440,000 \quad [\text{dyne/cm}^2]$$

$$= 1,469 \text{ gf/cm}^2 \fallingdotseq 1.5 \text{ kgf/cm}^2$$

となる。

含水率があまり高くなく，自由水が細胞内腔の所々に空気を介して点在するようなときの移動方法は複雑になると思われるが，水膜の厚い方から薄い方向へ移動すると簡単に考えれば，次のように含水率 U から 30％ を引き，全乾比重 γ_0 を乗じ総ての細胞内腔の面積で割った細胞内腔での平均的な水膜の厚さに関係する問題であろう。

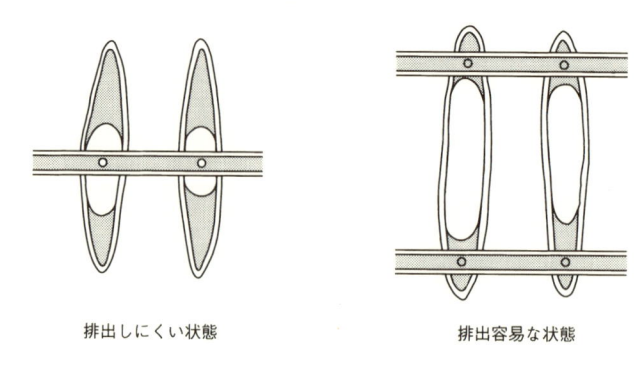

排出しにくい状態　　　　　　排出容易な状態

図 8-21　細胞内の水の移動の良否模式図(古山安之氏ら (1992))

$$\frac{(U-30)\,\gamma_0}{\Sigma 2\pi r \times 100}$$

しかし水分が移動する際には，壁孔部分の小孔や，取り残された水が小孔部分でメニスカスを作るなどして水分の流れを阻止し，細胞の先端部分の細い場所には一部の水が取り残されたりするため自由水の移動が水分傾斜だけに依存すると言う考え方は正しくない(図 8-21)。

また壁孔が完全に樹脂などで閉鎖されていると自由水は移動できない。乾燥に際して水が自由に通過できる壁孔の有効半径は $0.3\,\mu m$ 以上と思われる。

広葉樹材の道管は繊維方向に連なる太い管であるため水の移動には極めて好都合であるが，心材化する際にチロースが道管内に形成されて水の移動を悪くする樹種が多い。このチロースの量は全乾燥期間に対し乾燥の良否を決定する大きな因子である。

道管のように繊維方向に連なる組織が，繊維と直角方向(板厚方向)の水分移動に大きく影響する点は不思議に思われるが，木材の繊維走行は直線ではなく，かなり湾曲しているため，道管の断面が容易に材面に現れ，板厚方向の乾燥に役立つからである。

今までの話は木材中の水分が外へ引き出される条件を中心に進めて来たが，乾燥した木材を水中に沈めたときには図 8-20 のようにして細胞の細い孔から水が入り太い孔から空気が押し出されることになる。

細胞内腔の途中に閉じ込められた気泡は長年月の間に少しずつ水に溶解し

て消えるものと考えられるが，煮沸冷却を繰り返すとか，水中に入れて減圧，加圧を繰り返せば短時間に消滅して飽水材となる。

　生材と水との接触角は一般に0度と考えている研究者が多いが，心材化して樹脂分で内腔が覆われている場合の接触角は20～30度になる例もある。この種の現象はラワン，メランチなどフタバガキ科の材に多く，自由水の移動を悪くしているが初期蒸煮により接触角が小さくなり，事後の乾燥が促進される。

　乾燥初期の高含水率時に100℃近い温度で蒸煮すれば細胞内の空気は膨張し，水は加熱温度に見合った飽和蒸気圧を示すため，細胞内の圧力は高まり水は押し出される。材の含水率が飽和状態であれば，温度上昇による水の膨張の範囲しか水は押し出されない。

　自由水の移動速度を正確に測定することは困難であるが，単に水が抜けやすいか否かとか，被乾燥材が減圧乾燥に適しているか否かの判断は，通気性や防腐薬剤の注入試験結果からも類推できる。

　また結合水の拡散と自由水の移動速度とを樹種別に比較するだけなら，かなり正確な測定結果が得られる。

　以下に自由水の移動に関係した色々な測定結果や，気体の通気性などについて述べる。

a．乾燥木材の通気性から自由水の移動性を類推する方法

　生材木材の木口に水圧を加え，道管内の水の通導性を測定する方法は特別に通導性の良好な材を除き不可能である。また通導性の極めて良好な材をわざわざ測定してみても，乾燥の際の参考にはならない。

　自由水が存在する木材の木口から加圧空気を押し込もうとしても回路途中の細い開孔部分に水が付着しているため，空気は通りにくく，通過したとすれば水は低圧側に移動し，不安定な含水率分布となって測定結果の再現性が乏しくなる。

　このような事情のため，木材の通気性の測定は乾燥した木材で繊維方向が中心となっている。繊維と直角方向の通気性は，抵抗が大きすぎて正確な測定は不可能であるが，大略繊維方向の500～1000倍と名古屋大学の金川靖氏は推定している。

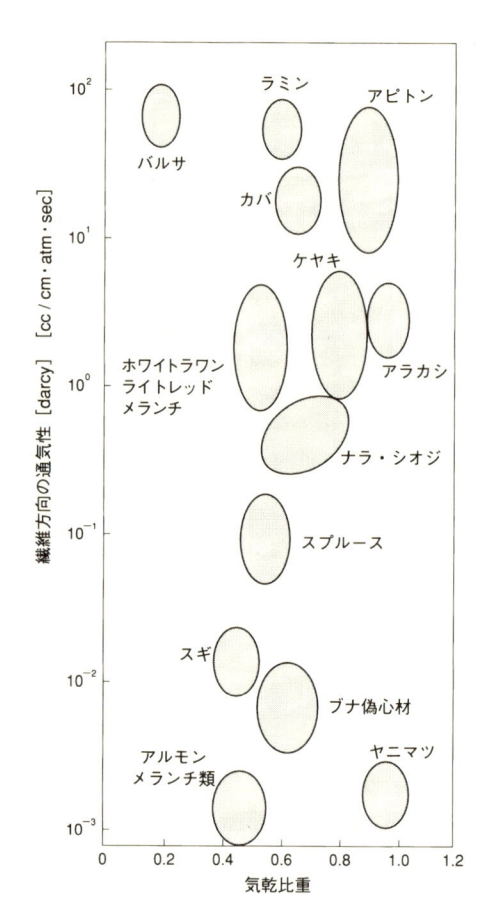

図 8-22 樹種別心材の通気性比較(金川靖氏測定作図 (1992))

　気乾状態の木材の通気性の測定で一番問題となる点は，針葉樹材の場合に仮道管の有縁壁孔部分に壁孔閉鎖が起きていると，生材状態の水の移動とは違った結果になることである。

　金川靖氏は特性の異なった多くの樹種の繊維方向の通気性を測定し，高周波減圧乾燥に際し，蒸気式乾燥法と比較してどの程度の時間短縮が可能になるかの判断資料としている (図 8-22)。

　木材の比重や強度など一般的な材質の違いは，最小と最大でせいぜい 10

8-3 水分移動

表 8-4 樹種別防腐剤の浸透性の比較

(心材,防腐薬剤はクレオソートなど)

産地	良好	やや良好	困難	きわめて困難
国産材	ヒバ, エノキ, カエデ, シデ, チシャノキ, ツバキ, トネリコ, ハンノキ, ミズキ	アカマツ, クロマツ, スギ, ツガ, ヒメコマツ, モミ, アサダ, カバ, シオジ, ニレ, ユズリハ	エゾマツ, トドマツ, トウヒ, ヒノキ, イスノキ, クルミ, ケヤキ, コジイ, ダケカンバ, ブナ, ネム, ミズメ	カラマツ, カシワ, カツラ, キハダ, クリ, クヌギ, クス, コナラ, サクラ, センダン, セン, タブノキ, ミズナラ
米国産材	ポンデローサパイン, レッドウッド, ブラックガム, グリーンアッシュ, レッドオーク, エルム, バーチ	バルドサイプレス, ジャックパイン, ロブロリーパイン, ホワイトパイン, ダグラスファー(コースト), ウェスタンヘムロック, チェスナット, オーク, コットンウッド, シュガーメープル, イエローバーチ	イースタンヘムロック, ロッジポールパイン, シトカスプルース, ノーブルファー, ホワイトファー, ロックエルム, イエローポプラ	ダグラスファー(ロッキー), ノーザンホワイトシーダー, タマラック, ウェスタンレッドシーダー, アメリカンビーチ, チェスナット, レッドガム, ホワイトオーク
南洋材	アピトン, バクチカン, バルサ, ドリアン, ゲロンガン, ジェルトン, ケンパス, クルイン, マチャン, マンガシノロ, パラゴム, ラミン, ホワイトラワン, ホワイトメランチ	アルマシガ, ダンゴン, ダンカラン, マヤピス, メラワン, テレンタン, イエローメランチ	バラウ, チェンガル, カプール	アルモン, バンキライ, ダガン, ダークレッドメランチ, イピール, マホガニー, メダン, メルサワ, モラベ, コキ, パロサピス, レッドラワン, レッドメランチ, タンギール, セランガンバツ, ジャラ

旧国鉄ならびにフィリピン研究所の資料を林業試験場(現森林総合研究所)の防腐研究室で集録したもの(木材工業ハンドブック(1973))。

倍以内であるが,木材の通気性は千倍から1万倍の違いが樹種間にある。

b.染料を含んだ溶液の浸透性から推察する方法

ダイレクトスカイブルー,赤インクなど木材細胞内に入りやすい染料を水に溶かして加圧浸透させればその浸透長さによって水の移動性の良否は判断される。

防腐処理分野では長年の経験により,防腐剤の浸透性の良否を樹種別に分類しており,自由水の移動性の良否を考える上で参考になる(表8-4)。

c.定常乾燥状態の水分傾斜から推定する方法

繊維と直角方向に木取られた棒状の生材試験片の上下面を残し,周囲をパ

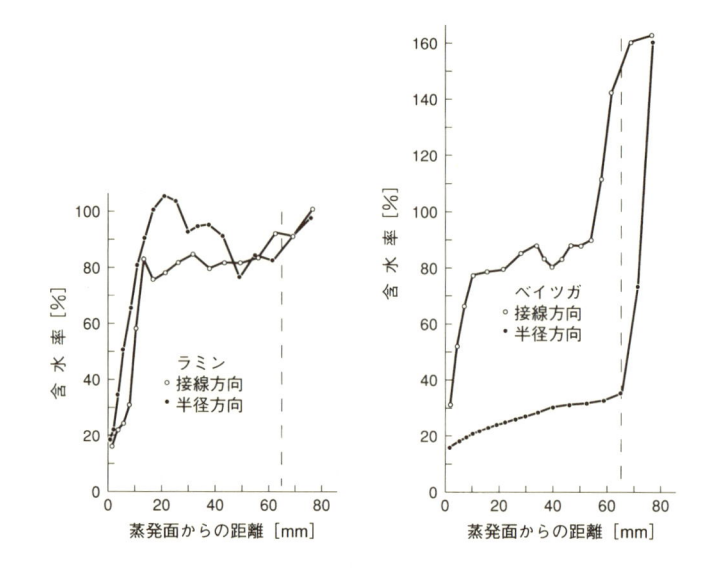

図 8-23 棒状試験材の水分分布図(温度 17 ℃, 関係湿度 50％で乾燥, 点線位置は水面)

ラフィンでシールして下端を水中に入れ, 一定条件のもとで 1～2 カ月間上面から乾燥し, 試験片の重量変化が無くなった時点で試験片を 3 mm 程度の厚さに分断して各片の含水率を測定し水分傾斜を見る。

ベイツガ(ヘムロック)材につき, 半径方向と接線方向との水分分布を図 8-23 に示す。点線位置は水面を示す。

針葉樹材は接線方向の細胞壁に有縁壁孔が少ししか存在しないので半径方向の水の移動性が悪く, 水面以上の場所へは自由水がほとんど移動して来ていない。これに反し接線方向はかなり上部まで水が上昇している状態が認められる。

ラミン材は接線, 半径両方向ともほとんど類似している。ラミン材の場合は水面から 4 cm ほどの高さまで自由水が上昇していて, そこから急峻な傾斜で表面含水率まで直線的に含水率は降下している(【増補 16】p. 730 参照)。

自由水の移動性の良さに比較して結合水の拡散の悪さが水分分布の傾斜ではっきり示されている。

ラミン材の半径方向の測定点で, 蒸発面から 2 cm の場所に, 水面付近よ

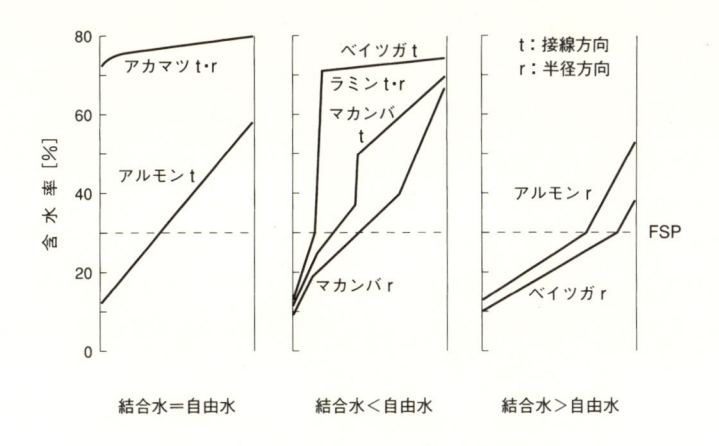

図 8-24 自由水と結合水の移動の良し悪しの比較模式図(温度 17 ℃)

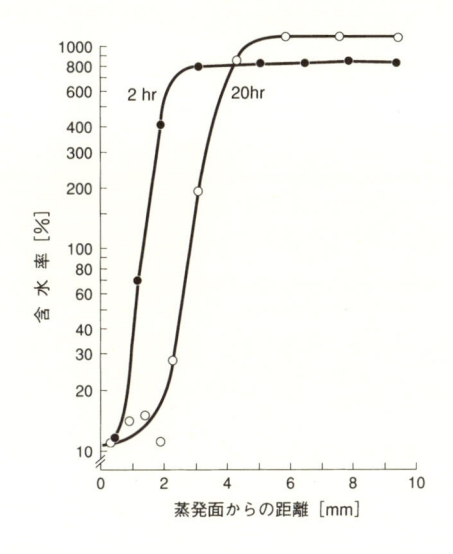

図 8-25 バルサ飽水材の乾燥時の含水率分布(常温，柾目面より蒸発，林和男氏 (1974))

り含水率の高い部分が存在しているが，この理由は不明である．測定誤差ではないと判断されるのは，東京大学の岡野健氏の類似実験にもこのような結果が認められているからである．

木材が乾燥する過程の自由水の移動の仕方と，この実験のように定常化した乾燥状態の中での水分移動とには根本的に何か違った問題が針葉樹を含めありそうな気もする。

数種の樹種につき測定した結果を模式的に要約し，自由水の移動性と結合水の拡散とを比較して図8-24に示す。

実際の人工乾燥の際には温度がこの実験(17℃)より高いため，ラワン材ではぬれ角が低含水率域では大きくなりやすいので，図8-24のアルモン材と同じ傾向になるかどうかは不明である。また温度が上昇すると結合水の拡散速度が急増するため，傾斜角の比率は変化するであろう。

全含水率領域で水分傾斜が直線であれば，自由水の移動も結合水の拡散も同じ程度ということになり，板材乾燥で測定される材内の水分傾斜はなだらかな放物線となるはずであるが，自由水の移動が結合水の拡散と比較して悪いと図8-25のようなベル型の水分分布となり，乾燥終了時に板の中心に水が残りやすくなる。

この種の研究は今後さらに進めてほしいと痛感する。

d．自由水の移動速度と乾燥温度

自由水の移動速度が，温度を高めたときどのようになるかは測定されていないが，温度によって変化すると考えられる因子は液体側では水の粘性と表面張力の減少であり，木材について考えると加熱による水との接触角の減少である。

接触角が元々小さいマカンバ材のような樹種については問題にならないがラワン・メランチなどフタバガキ科の樹種のように乾燥初期に蒸煮すると乾

表 8-5 毛管内の水の移動速度と温度との関係に関与すると考えられる因子の温度による変化

温度 (℃)	表面張力 (dyn/cm)	粘度 (Pa·s)	表面張力/粘度	60℃を1と した時の比率	比率の逆数
0	75.62	1.792	42.2	0.29	3.35
20	72.75	1.002	72.6	0.51	1.95
40	69.55	0.653	106.5	0.75	1.33
60	66.17	0.467	141.7	1.00	1.00
80	62.60	0.355	176.3	1.24	0.80
100	58.84	0.282	208.7	1.47	0.68

燥が促進される材では無視できない問題である。

　温度と表面張力や粘度の変化は表8-5で，水の移動を支配する粘度と表面張力の比率を温度別に比較して見ると60℃を1としたときに20℃の変化で20～30％増減し，高い温度の方が移動速度は大になるはずである。

8-3-2　結合水の拡散

　木材人工乾燥で要求している乾燥速度に見合うような速さの自由水の移動速度が材内で行われるためには，細胞壁にかなり大きな孔(例えば，半径 $0.3\mu m$ 以上)がなければならない。

　これにひきかえ，繊維飽和点以下の領域では水は細胞壁や壁孔を自由に拡散して行く。

　この際材内外に絶対圧力の差が生じるような高周波加熱減圧乾燥法や大気中で材温を100℃以上に加熱する熱板乾燥法などでは，水蒸気が壁孔部を圧力差によって流動する。

　水蒸気の移動方向と平行に連なる細胞壁内の水分拡散は量的に小さく，軽い材では全移動量の約1/40である。このとき，水は結合水の状態で細胞壁内を拡散しているものと考えられる(図8-26)。また静止空気中の水蒸気の拡散は，ヒノキのように軽い材の約26倍と簡単な実験から想像される (p.531参照)。但し木材含水率が15～17％，温度50～60℃の時。結合水の拡散方法に関しては色々のモデルが考えられており，特定樹種の水分拡散係数の測定も実施されてはいるが，実際の樹種別の乾燥特性と結びつけられるまでに整理追求された報告はなく，樹種別の測定例も比較的乏しい。

　また水分の拡散については，熱の拡散をモデルとしている関係から，用語

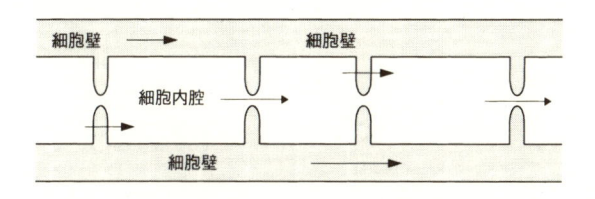

図 8-26　細胞内の水分(水蒸気)拡散模式図

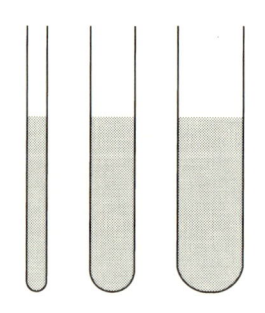

図 8-27 管径が異なったときの水面の降下速度比較(但し硝子面からの熱伝達はないとしたとき)

の使い方が研究者によって異なり、水分移動の原動力を含水率[%]，蒸気圧[mmHg]，水分の濃度[kg/m^3]，化学ポテンシャル差などとするため、内容を理解することが一層複雑困難になる。

拡散と流動との違いをこの際はっきりさせておく必要があろう。流動は2点間の絶対圧力差によって物質が移動する現象である。拡散は一定圧力の中で、ある物質が気体とか液体の中を濃度などを均一にする方向に移動する現象で、例えて言うならば、満員電車の中を1人の人間が扉へ向かって多くの人々と入れ替わりながら進む姿である。

したがって直径の異なる試験管状の硝子管の中へ水を半分ほど入れたときの蒸発による液面の低下速度を比較してみると、硝子管径には関係なく時間当たりの液面の低下量はすべて同じとなる(図8-27)。これは拡散現象であるからで、液体の流動のときはまた別である。

液面の降下速度は硝子の縁から水面までの長さに逆比例する。もちろん実験に際しては硝子壁面から伝達される熱を遮断して置かないと小径の管の方が蒸発速度が大となる。

a．木材中の水分拡散についての考え方

木材中の水分拡散は自由水の移動とは異なり比較的簡単にモデル化して考えられる。色々の考え方や、それを裏付けするための実験がなされている。

a-1 拡散抵抗を電気抵抗に置き換えた考え方

Stamm 氏は針葉樹材につき図8-28のような模型を考え、水蒸気の移動抵

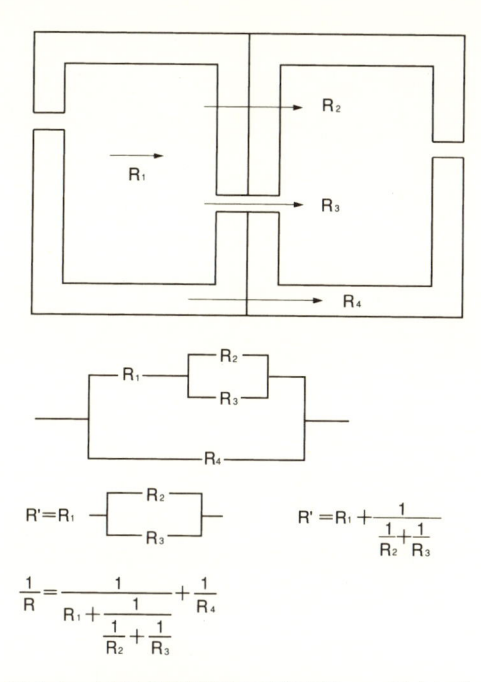

$$R' = R_1 \begin{array}{c} R_2 \\ R_3 \end{array}\qquad R' = R_1 + \dfrac{1}{\dfrac{1}{R_2}+\dfrac{1}{R_3}}$$

$$\dfrac{1}{R} = \dfrac{1}{R_1 + \dfrac{1}{\dfrac{1}{R_2}+\dfrac{1}{R_3}}} + \dfrac{1}{R_4}$$

図 8-28 水蒸気の移動抵抗のモデル図 (Stamm 氏 (1946))

抗を電気抵抗とみなし抵抗の直列，並列の組合せで考えをまとめている。

図中の記号はそれぞれの場所の持つ抵抗値である。

横田徳郎氏は木材質自体の水の拡散抵抗を測定するため，パラフィンで細胞内腔を完全に充塡した試料を用いている。

空気中で水蒸気が拡散する速度(拡散係数)は先の硝子管の水位低下速度と，水面の漸近到達温度を外気温度に近いとして略算すると，1.1×10^{-4} [kg/m・hr・mmHg] 程度であり，小倉武夫氏の測定したヒノキ材含水率 15% のときの，繊維と直角方向の水分拡散係数は 0.42×10^{-5} [kg/m・hr・mmHg] と計算されるから (p. 544)，空気と軽い材との拡散係数比は 26:1 となる。また木材質だけの拡散抵抗は，ヒノキ材の比重と壁孔の存在を考慮し，ヒノキ材の 6 倍とすると空気の 150 倍ぐらいと想像される(【増補 17】p. 730 参照)。

a-2 水分拡散の表示方法の違い

木材中の水蒸気や結合水の拡散は一般に熱の伝導と対比させて論じられて

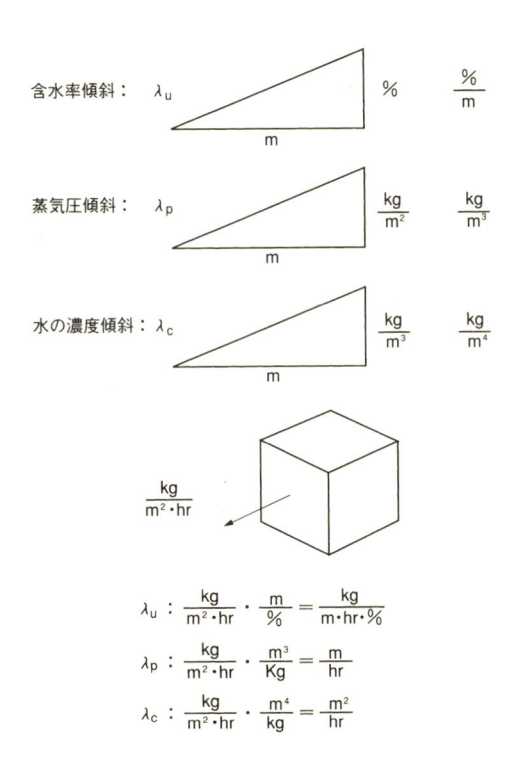

図 8-29 水分移動の原動力の違いによるディメンションの変化

いる。

　熱の伝わり方を示す言葉に熱伝導率 kcal/m・hr・°C がある。木材中の水分移動にこれを当てはめれば水分伝導率(水蒸気伝導率)となるが，拡散現象として水分拡散係数 kg/m・hr・% と言った表現が無難となる。

　ところが木材中の2点間の水分状態を示す際に，含水率とせず蒸気圧差 [mmHg] や水分濃度 [kg/m^3] を使う研究者もあるため，水分拡散係数のディメンジョンが含水率差では kg/m・hr・%，蒸気圧差では m/hr，水の濃度差では m^2/hr と変化する(図8-29)。

　さらに熱については熱が移動してある場所の温度が上昇する速さを示す言葉に熱拡散率 α (温度伝導度，温度伝播率)があり，熱伝導率 λ を比熱 C と，熱伝導率を測定した物体の密度 R [kg/m^3] で除した値,

8-3 水分移動

$$\alpha = \frac{\lambda}{CR} : \left[\frac{kcal}{m \cdot hr \cdot °C} \cdot \frac{kg \cdot °C}{kcal} \cdot \frac{m^3}{kg}\right] = \left[\frac{m^2}{hr}\right]$$

で表している。熱拡散率という言葉は熱伝導率と間違えやすいので，温度伝導度とか温度伝播率と呼ぶ方が間違いは防止できそうに思われる。

木材の場合は材内の水分が水分拡散係数に比例して移動し，その場所の含水率が減少することが乾燥であるから，含水率変化を示すには2点間の水分傾斜を含水率で示した水分拡散係数 λ_u をそのときの含水率に見合った容積密度 $R_u [kg/m^3]$ で除した

$$\frac{\lambda_u}{R_u} : \left[\frac{kg/m \cdot hr \cdot \%}{kg/m^3}\right] = \left[\frac{m^2}{hr \cdot \%}\right]$$

が考えられる。この呼び名をどうするかである。熱の場合は熱と温度との区別があるから都合がよいが，木材にこれをあてはめると含水率伝導度とか水分濃度伝導度，蒸気圧伝導度となるが，水分，蒸気等は熱と対応する言葉であるから，温度に対応する言葉は含水率として含水率伝導度や含水率伝播率が一番筋が通っていることになる。

しかし学問分野では，水分の移動に伴う条件変化を総て含水率で表示しているわけではないのでこの言葉も適当とは言えない。

旧来からこの方面の研究を行っている満久崇麿氏，小倉武夫氏らの報文中

表 8-6 水分拡散についての呼び名の違い

		熱伝導率 λ (Kcal/m·hr·°C)	熱拡散率，温度伝導度，温度伝播率 α (m²/hr)
熱		熱伝導率 λ (Kcal/m·hr·°C)	熱拡散率，温度伝導度，温度伝播率 α (m²/hr)
水分	FSP 以上	水分通導係数(満久) $\frac{kg}{m \cdot hr \cdot \%}$ 水分伝導係数 kf(北原)	余り高含水率については考えていない
水分	FSP 以下	拡散係数 k，λ(満久・小倉) $\frac{kg}{m \cdot hr \cdot \%}$	水分拡散係数 K(満久) $\frac{\lambda}{\gamma_0} = \frac{kg}{m \cdot hr \cdot \%} \cdot \frac{m^3}{kg} = \frac{m^2}{hr \cdot \%}$ 水分伝導度 K(小倉)
水分	全体	水分移動係数 kf(満久)	

注）γ_0 は全乾比重ではなく全乾容積重として使っている。

の呼び名を表8-6に示す。佐道健氏，横田徳郎氏らは常に水分濃度を単位として論じているため共に拡散係数と呼んでいて問題がない。これ以降では，繊維飽和点以下の水分の拡散については水蒸気の移動原動力が含水率であっても，また水分濃度や蒸気圧差であっても総て水分拡散係数と呼ぶことにする。

結局水分拡散の問題を完全に物理的に扱うには水分濃度 kg/m^3 を用いるべきであろう(【増補17】 p.730 参照)。

米国ではこれを Diffusion coefficient と呼び含水率で示すときは Conductivity coefficient と呼ぶようである。

以上の拡散問題は乾燥の基礎学としてかなり研究され，論じられてはいるが，具体的な乾燥技術とを結び付ける樹種別の測定例も少なく，誘導式も難解の部分が多いため，現場作業者は無理をして理解しようと努力する必要はない。

b．水分拡散係数の測定方法

木材の水分拡散係数の測定は結構面倒で時間を要するが，実際の乾燥操作で気の付いた特異な現象を解明するには是非とも必要なことである。

測定方法には基本的に2種類あって，一つは試験材を薄くし，これを境板とし，異なった関係湿度を保つ塩の飽和溶液の重量変化から求める含水率一定の条件(定常状態)のもとでの測定方法(図8-30)と，乾燥過程の板材の含水率降下速度から求める水分非定常下で測定する方法とがある。

実際の乾燥時間を推定するには後者の方が理にかなっており，乾燥時の特異現象を究明するには前者の方が明確な結果が得られる。

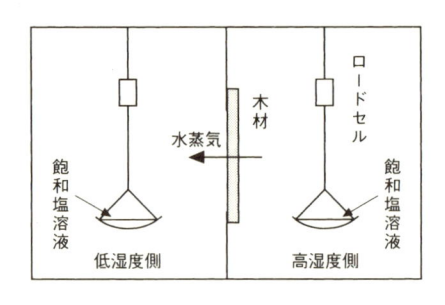

図 8-30 水分拡散の測定方法の一例

b-1 含水率一定状態での水分拡散係数

　この測定方法は使用する塩の種類の組み合わせにより任意の含水率状態で試験が行えるため，板厚を一定として温度や含水率の違いを樹種や熱処理材別に比較するには良い方法である。

　試験材を作るときや，結果について理論的な追求をする際には次のような2～3の問題点がある。

1) 散孔材のように均一な材質の場合には，板厚が薄くなってもあまり問題にならないが，針葉樹材や環孔材の板目材では，比重の高い夏材層が上手く板の中に全部収まらず夏材層が途中で切られるため，実際の板材より拡散係数が大きく測定される心配がある。

2) 板表面両側の含水率は，それぞれの関係湿度の空気に平衡しているわけではなく，吸湿側ではやや低く放湿側ではやや高くなっているため(図8-31)，測定に供した板厚と通過水蒸気量との積が一定とならない。よって板厚が薄いほど水分拡散係数が小さく計算される結果となる。

3) この対策には，板厚を3～4段階に変化させて測定し，境界条件を入れた熱貫流率類似の式を用いて解けば一応解決するが，板厚が2 cmほどに厚くなると水蒸気移動量が小さくなり測定誤差が入るので好ましくない。

4) 測定される板材の平均含水率は一定であるが，一方の側では水蒸気の凝結による発熱があり，他の面では結合水が蒸発する際の潜熱吸収があって材温が低くなっており材表面の含水率(平衡含水率)は求めにくい(図8-31)。

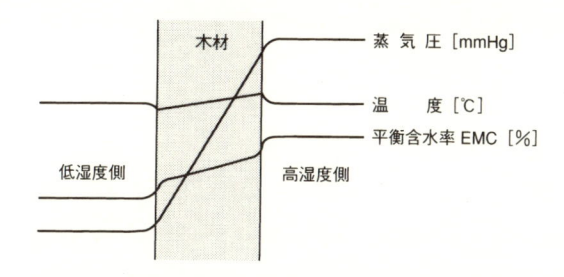

図 8-31　板面の含水率(EMC)や温度，蒸気圧分布の模式図

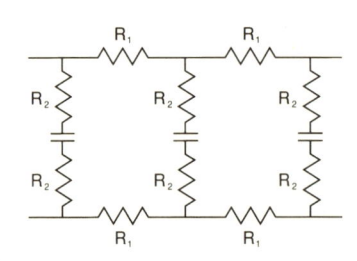

図 8-32 木材内の水分拡散抵抗の模式図
(含水率一定の定常状態の拡散係数は R_1 の抵抗で定まり，乾燥過程から求めた拡散係数は R_1, R_2 によって定まる)

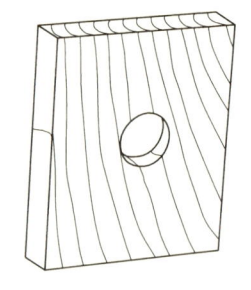

図 8-33 板の中央に穴のある材

5）最後に残された一番大きな問題は，含水率一定状態(定常状態)で求めた水分拡散係数を使って実際の乾燥時間を推定する場合である。

木材乾燥は材内の水分移動の他に繊維飽和点以下の領域では水分蒸発による潜熱補給をする必要があり，木材中の熱伝導率の大小も乾燥速度を制約する重要因子となっている。

また乾燥速度は材中の水蒸気の透過性の大小だけで決まるものではなく，透過しにくい場所に残された水分も乾燥速度に大きく関与している。

例示すれば小倉武夫氏らによるヒノキ材の繊維直角方向と繊維方向との水分拡散係数の比率は約1：10の違いである(図8-40参照)。しかし木口木取り材と普通の板材との乾燥時間比は1：3～4である(【増補17, 18】p.730, 732参照)。

乾燥時間を制約する因子には材内部へ伝達される熱量の問題もあるが，熱伝導率は繊維方向と繊維直角方向とでたかだか2～2.5倍の違いでしかない。

木材乾燥の場合は図8-32のようなコンデンサーの放電を考えた2種の抵抗をもつ回路を想定した方が適当と思われる。

図8-33のように板中央に穴のある板を隔壁として水蒸気の拡散を測定すれば，移動する水分量は無穴材の数10倍となるが，有穴材の乾燥時間は普通材の95～90％程度にしか短縮しない。

木口木取り材はこのような穴が極めて微細に分散された状態と考えられ，1本の道管が受け持って排出する道管周囲の木材質中の水分除去能力が木口木取り材乾燥の機構と考えられる。

以上のような理由から木材の乾燥時間を推定する手段として水分拡散係数

を利用する際には，含水率一定の状態で測定された値ではなく，乾燥過程の水分分布から算出した水分拡散係数でないと役に立たないことになる。

問題をここまで考究して来ると，木材のように個別の特性の強い材料に対し，無理矢理に理論的算出方法を押しつけるより，簡単に特定条件で乾燥したときの樹種別乾燥時間比(乾燥速度比)を用いて，厚さや乾燥条件の異なった乾燥時間を推定した方が簡便となる。

b-2 乾燥過程での水分拡散係数

板材を乾燥する過程で材内の水分分布を一定時間ごとに切断して測定すると図 8-34 のような曲線が得られる。

中心から 1 cm の点を時刻 $t_2 \sim t_3$ の間に通過した水分量は，網掛け部分の含水率変化に全乾比重を乗ずれば求まり，水分傾斜は du/dx となるから，各含水率段階の水分拡散係数を図上から求めることができる。

問題は切断して含水率を求める際，切断位置によって，初期含水率や乾燥特性が多少異なるため，時間経過ごとの含水率分布曲線に乱れが生じ，かなり測定曲線を修正しないと図上計算が行えない。

この対策として実施されている方法は，材内の水分分布曲線を放物線と定め，材表面は外周空気の平衡含水率になっているものとして，材中心部の乾燥経過を算出する方法がある。

両方法とも乾燥の容易な材や低含水率領域については比較的良い計算結果が得られるが，材内の水分傾斜が異常になりやすい乾燥困難な材では，含水率の比較的低い 25％ あたりの領域ですら精度が悪くなる。

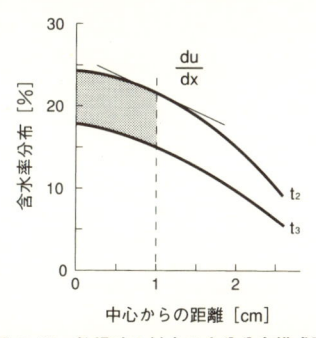

図 8-34 乾燥時の材内の水分分布模式図
(t_2 から t_3 の間に斜線部分の水分が中心から 1 cm の部分を通過したとき)

538   8 木材乾燥の基礎知識

c. 温度，含水率の違いによる水分拡散係数の変化

水分拡散係数は材の含水率，温度によって変化すると考えられているが，2点間のエネルギー差を含水率で示すか蒸気圧で示すかによって大きく変化するので注意しなければならない。

c-1 含水率と水分拡散係数

木材の含水率が低くなれば木材中を水分が拡散するのは困難になるように感じられる。事実，含水率が低下すれば水分拡散係数は小さくなる。

問題は2点間のエネルギー傾斜を含水率差で示すか[%/m]，蒸気圧差で示すか[mmHg/m]，水分濃度で示すか[$kg/m^3/m$]によってかなり様子が変化する。

繊維飽和点以下の領域で木材中の水分が拡散する原動力については，化学ポテンシャルの差とする説もあるが，比較的理解されやすい対象は蒸気圧差と思われる。

図8-35左はヒノキ板目材を使い隔壁の薄板両側の平衡含水率の差がほぼ一定になるようにして，含水率を色々変化させた温度50℃のときの水分拡散係数λ_uで，エネルギー傾斜は含水率を基準にしている（小倉武夫氏ら(1952)）。含水率16～17％以上では水分拡散係数λ_uが少し低下すると言う結果もある。板材乾燥中の水分傾斜曲線が含水率20％あたりでかなり急傾斜になっていることから推察してこの結果は正しいようにも思われる。

ただし全含水率領域で水分拡散係数がほぼ一定だとする説は，かなり問題があるように感じられる。理由は厚材の乾燥末期の材内水分分布や，含水率一定の定常状態の水分移動で測定される材内の水分傾斜が，10％以下の領域でやや急峻になっているからである。

図8-35左の結果を，含水率が1％変化したときの蒸気圧差の違いに読み換え，蒸気圧傾斜[mmHg/m]λ_pで示したのが図8-35右で小倉氏自身の作図である。

図8-35の左と比較し，曲線の形状が極端に異なって見えるが，木材含水率が低くなると含水率を1％変化させるための蒸気圧差が急に大となるため（図8-36），このような結果となる。実際の木材乾燥に際して材内の水分傾斜をマカンバ心材，ブナ辺材など乾燥の比較的容易な材について測定してみる

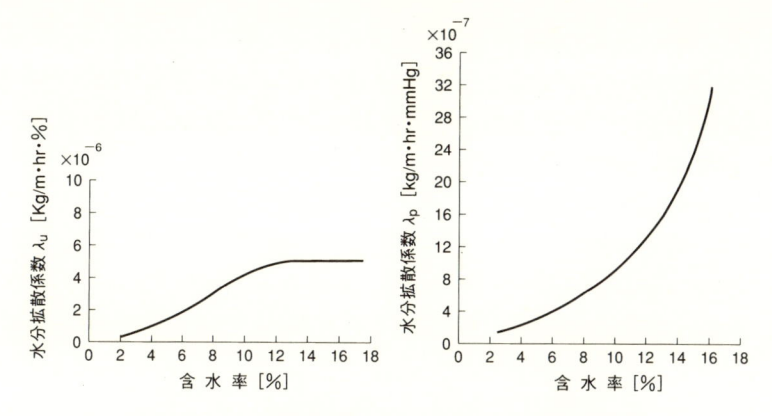

図 8-35 水分拡散係数の標示方法の違いによる曲線の変化
(温度 50 ℃, ヒノキ板目 0.25 cm, 小倉武夫氏ら, 林試研報 (1952))

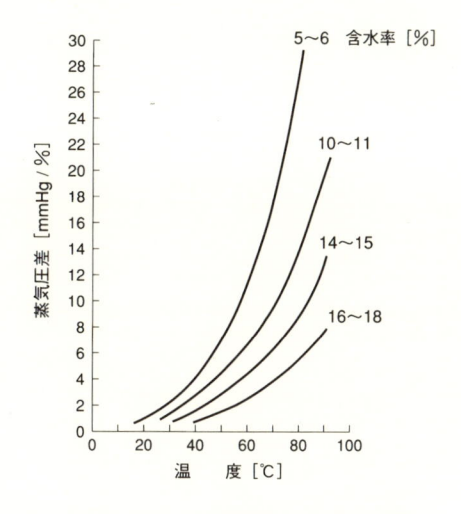

図 8-36 含水率1%当たりの蒸気圧差と温度との関係

と, 平均含水率 30 % 以下の乾燥末期の水分傾斜は, なだらかな頂点をもち, 材表面近くでやや急峻な傾斜を示す放物線状である事から, 図 8-35 の左図の含水率 4～6 % 付近では, もう少し水分拡散 λ_u が大きく, 含水率 14 % 以上では緩やかに曲線が上昇する必要があるものと思われる(【増補 17】 p. 730 参照)。

c-2 温度と水分拡散係数の変化

木材の性質から考え,温度が高くなったときに木材中の水分の通りが良くなるとは思われないが,実際の乾燥では温度 20 °C の変化で乾燥速度は低含水率域では 2 倍程度違う。

ヒノキ 1 cm 厚柾目板平均含水率 15％の水分拡散係数 λ_u と温度との関係は図 8-37 となり飽和蒸気圧の温度による変化に似ているとしている(小倉武夫氏ら,木材誌 (1957))。

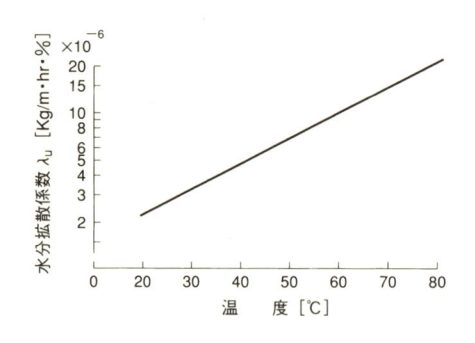

図 8-37 水分拡散係数と温度との関係
(ヒノキ柾目板 1.0 cm,含水率 14〜16％,小倉武夫氏ら,木材誌 (1957))

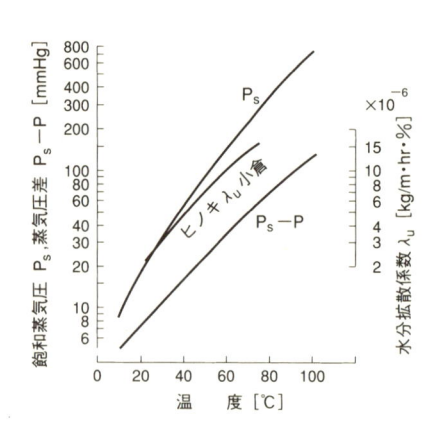

P : 含水率15％を保つ蒸気圧
P_s : θ_d における飽和蒸気圧

図 8-38 飽和蒸気圧 P_s,$P_s - P$,水分拡散係数 λ_u と温度との関係

8-3 水分移動

　先の図 8-36 に示したように，含水率を 1 % 変化させるに必要な蒸気圧差と温度との関係は，高温ほど大となるためこの結果は当然のことである。
　参考のために各温度の飽和蒸気圧 P_s と，平衡含水率 15 % を保つための各温度の蒸気圧 P との差を図 8-38 に示す。
　小倉氏の測定結果は飽和蒸気圧と温度との関係と言うよりも，乾燥末期の条件として考えられる P_s-P と温度との関係に似ている(図 8-17 参照)。したがって水分拡散係数を蒸気圧差で示した λ_p では，温度との関係がほとんど平坦になる。

d．比重と水分拡散係数

　先に乾燥時間の算出で比重と乾燥速度との関係は述べているので，特に水分拡散係数について再び説明するまでのこともないが，乾燥速度は水分移動量(重量減少量)を全乾重量で除しているため大略 $1/\gamma_0^{1.5}$ に比例し，水分拡散係数は $1/\gamma_0^{0.5}$ に比例する(但し心材，板目材)。
　木材中を水蒸気が拡散するときの移動抵抗は，空気層を無視すれば細胞壁の厚さと数の積に比例すると考えられ，細胞壁の厚さは比重に比例するため，水分の拡散速度は $1/\gamma_0$ に比例してもよいように思われるが，これが $1/\gamma_0^{0.5}$ に比例するのは，細胞壁に存在する小孔や放射組織が水分拡散にかなり影響しているためと考えられる。いまこの壁孔の水蒸気拡散抵抗が比重の違いに関係なく常に一定であるとし，全乾比重 0.5 の材で壁孔部を水蒸気が拡散通過

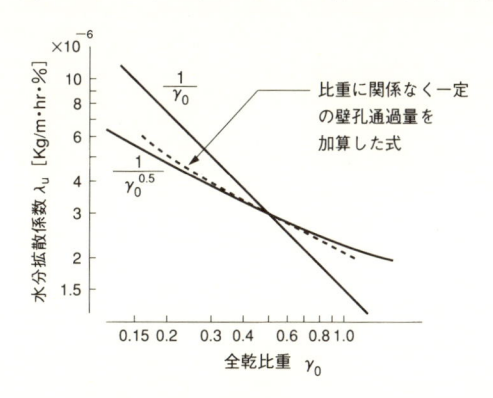

図 8-39　比重と水分拡散係数との関係模式図(板目材，温度 20 ℃，含水率 15 %)

する量と,細胞壁を通過する水蒸気量とが等しいとすれば,図8-39に示す曲線(破線)が描け,全乾比重0.3～0.8の板目通常材ではほとんど$1/\gamma_0^{0.5}$と等しくなる(【増補 17, 19】p. 730, p. 733 参照)。

e．木取りと水分拡散係数

あまり測定例がないので明らかでないが,含水率一定のもとで測定した板目と柾目との水分拡散係数の違いは,ヒノキ材の小倉氏による測定結果を見ると,板材乾燥の場合と似ており,その他の樹種についても板柾の比率は乾燥速度係数と似ていると考えられる。

ただしヒノキ材の繊維方向の水分拡散係数は板目や柾目材の約10倍の違いがある(図8-40)。先にも少しふれているように,水蒸気の透過性の良否と乾燥時間の長短とは逆比例的関係になっているとは言えないので含水率一定のもとで求められた水分拡散係数から乾燥時間を安易に求められるとの考えは危険である。

乾燥過程にある材を切断して求めた水分拡散係数の実測例は少ないので内容について検討しかねるが,低含水率材の乾燥過程から材内の水分分布を想定して求めた数字であれば,その値を使って類似の板材の乾燥時間を算出すれば合うのが当然であろう。

f．板厚や乾燥条件と水分拡散係数

水分拡散係数[kg/m・hr・%, kg/m・hr・mmHg]や,これを全乾比重(容積重)

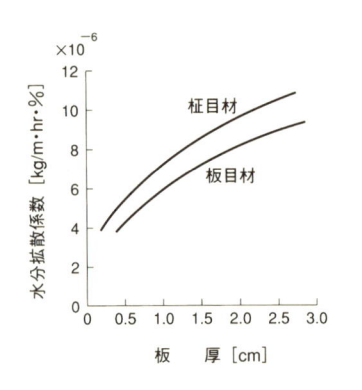

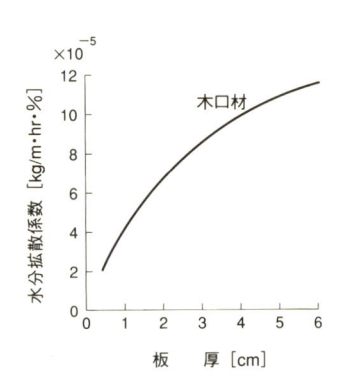

図 8-40 木取りと水分拡散係数
(ヒノキ心材 50℃,平均含水率 15%,小倉武夫氏ら,木材誌(1957))

8-3 水分移動

表 8-7 ヒノキ板目材の水分拡散係数と板厚との関係

(平均含水率 15％,温度 50 ℃)

	板厚 d (m)			
	0.005	0.01	0.015	0.02
水分拡散係数 $\lambda_u \times 10^6 (\frac{kg}{m \cdot hr \cdot \%})$	4.3	6.0	7.3	8.2
$\frac{d}{\lambda_u} \times 10^{-4} (\frac{m^2 \cdot hr \cdot \%}{kg})$	0.116	0.166	0.205	0.244

で除した水分伝導度[$m^2/hr \cdot \%$]などの測定結果においては，しばしば板厚，風速，乾湿球温度差などの違いによって測定値が異なっている例がある(図 8-40 など)。

水分拡散係数は熱で言う熱伝導率のようなものであるから，2 点間のエネルギー差(含水率など)が正確に測定されていればこのような結果にはならないが，材表面の含水率が外周条件に平衡しているとして計算するために混乱が生じる。

材表面で水蒸気の吸放湿があれば外気の示す平衡含水率との間に境界層ができるため，予期している含水率よりも吸湿側では低く放湿側では高くなり，これに潜熱による材温変化も加わり問題を複雑にしている。

小倉武夫氏らの測定したヒノキ板目板(半径方向)の水分拡散係数と板厚との関係を図 8-40 から求めると，表 8-7 となる。測定温度は 50 ℃，平均含水率は 15 ％ 前後である。

表で明らかなように，試験材の板厚から直接算出された水分拡散係数は板厚が大きいほど大となっている。板厚が小さいときより大きいときの方が境界層の蒸気圧差が小さいためであろう。

板厚が増加すると透過水蒸気量の重量測定に誤差が生じやすいが，水分拡散係数を算出するには板厚の大きい方が正しい値が求められる。図 8-40 の板目材の線を延長すると大体 10×10^{-6}[$kg/m \cdot hr \cdot \%$]あたりとなる。

正しい水分拡散係数は熱貫流率の算出式

$$K = \frac{1}{(1/\alpha_1) + (d/\lambda) + (1/\alpha_3)} \quad [kcal/m^2 \cdot hr \cdot ℃]$$

を用い，表面の熱伝達抵抗 $1/\alpha_1 + 1/\alpha_3$ を水分透過の際の境界条件とみなし，

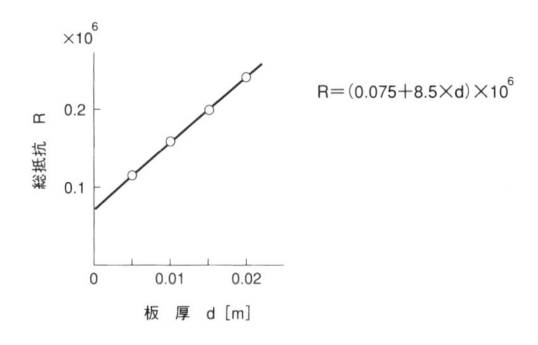

図 8-41 表面抵抗 R_s と直線の傾斜の求め方

より正しい水分拡散係数 λ_u を求めることができる。熱貫流率を求める式は直列電気抵抗の式から導かれているため，

$$R = R_1 + R_2 + R_3$$

R_1+R_3 を空気と材面との表面抵抗 R_s とすれば

$$R = R_s + R_2 \quad , \quad R_2 = d/\lambda \quad , \quad K = 1/R \quad , \quad R = R_s + d/\lambda$$

この式を満足させる R_s と $1/\lambda$ は表 8-7 の値を用い図 8-41 の縦軸との交点から R_s，直線傾斜などが求められる。

$$R_s = 0.075 \times 10^6 \quad [m^2 \cdot hr \cdot \%/kg]$$

$$\frac{1}{\lambda_u} = 0.085 \times 10^6 \quad [m \cdot hr \cdot \%/kg]$$

$$\lambda_u = 11.76 \times 10^{-6} \quad [kg/m \cdot hr \cdot \%]$$

$\begin{pmatrix} \lambda_p = 4.2 \times 10^{-6} \quad [kg/m \cdot hr \cdot mmHg] \\ \text{図 8-36 を使って } \lambda_u \text{ を } \lambda_p \text{ に換算するとこのようになる。} \end{pmatrix}$

図 8-40 では，板厚と拡散係数との関係を延長した値が大略 10×10^{-6} kg/m・hr・% になっているが，これと比較して少し計算式が大きな値となってしまった理由はよく分からない。板の表面は細胞が切断されているため板厚が薄くなると板としてかなり違った性質になるものと考えられる。

8-4 細胞の落ち込み

木材が乾燥する過程で，特定の細胞や組織は含水率が繊維飽和点以上の領域で含水率の低下につれてつぶれる場合がある。これを細胞の落ち込みと呼ぶ。

こうした状態が特定の場所に集団的に発生すれば，板に凹みが生じる。この状態を落ち込みが生じたと言う。

細胞の落ち込みが板全体に平均的に発生すると収縮率が大きくなるので異常収縮などと呼ぶ。

細胞の落ち込みの発生原因は水の引張力であり，温度が高いと発生しやすい。

8-4-1 細胞の落ち込みが発生しやすい樹種や樹幹内の位置

細胞の落ち込みは一般に見てあて材部，節の周辺部，辺心材の境，樹心に近い場所に発生しやすい。多くの樹種は辺心材の境に落ち込みが発生する。

広葉樹材は道管内にチロースの多い材や節の周辺部，あて材部，樹心近くに細胞の落ち込みが特に発生しやすく，その場所は材色が濃く，板目材の場合は狂いの原因となる。

針葉樹材は多脂材のスギ，ベイスギ，インセンスシーダー，レッドウッド材を除き細胞の落ち込みはあまり発生しないが，節の周辺部，樹心近くの材や根際部分などは多少落ち込む場合もある。

広葉樹材で落ち込みの生じやすい樹種はミズナラ，シイ，クス，ユーカリ，レッドビーチなどである。

8-4-2 細胞の落ち込みが発生する原因

細胞が落ち込みを起こす原動力は水の引張力であるから，細胞内腔が水で完全に充満していなければ細胞は落ち込まない。細胞内に気泡があれば細胞内の水の減少によって気泡が膨張し飽和蒸気圧以下の減圧状態にはならないからである。

次に細胞壁に外から空気が容易に流入するような大きな壁孔(半径 $0.3\,\mu m$)があれば細胞の落ち込みは発生しない。

細胞が落ち込みを起こす際には，特に壁孔の存在は必要条件ではなく，飽水状態の無孔の細胞に接触する隣の細胞が繊維飽和点以下になって，細胞壁を介して水が拡散除去されるときにも落ち込みは発生する。

細胞壁孔が存在したときの細胞内腔に発生する最大引張力 P_{max} は壁孔部のメニスカスによるものとして次式で計算される。

$$P_{max} = \frac{2\pi r \sigma \cos\theta}{\pi r^2} = \frac{2\sigma \cos\theta}{r} \quad [\text{dyne/cm}^2]$$

σ：水の表面張力[72 dyne/cm]，r：半径[cm]，θ：壁面と水との接触角

いま半径 $r = 0.05\,\mu m = 5 \times 10^{-6}$ cm，壁面と水との接触角 $\theta = 0$ とすれば

$$P_{max} = \frac{2\sigma \cos\theta}{r} = \frac{2 \times 72}{5 \times 10^{-6}} = 28.8 \times 10^6 \quad [\text{dyne/cm}^2]$$

$$\fallingdotseq 29.4 \quad [\text{kgf/cm}^2]$$

となる。この力は軽量な材で常温生材時の横圧縮強さ程度であるから細胞は落ち込む。

我々が細胞の落ち込みとして顕微鏡で見る細胞の変形状態は，細胞腔内の自由水の減少につれて細胞の落ち込みが進行し，その後細胞腔内の自由水が消滅した後で細胞が自力で多少復元したときの状態であって，細胞が水の引張力によって最大に変形したときの姿ではない。

写真 8-1 は飽水バルサ材の落ち込みの進行と復元を示したもので，乾燥温度は 20℃，写真左端が蒸発面で A 部は既に乾燥の終了した部分，A 部と B 部との境が繊維飽和点で，ここで細胞の落ち込みが最大となっている姿がよく観察できる。

したがって落ち込みを起こした細胞が復元する際に，何らかの条件で引張力が外から加われば復元が大となり，落ち込みが少ししか起きていなかったことになり，圧縮力が加われば復元は小さく，落ち込みとして大きく観察される。

8-4 細胞の落ち込み

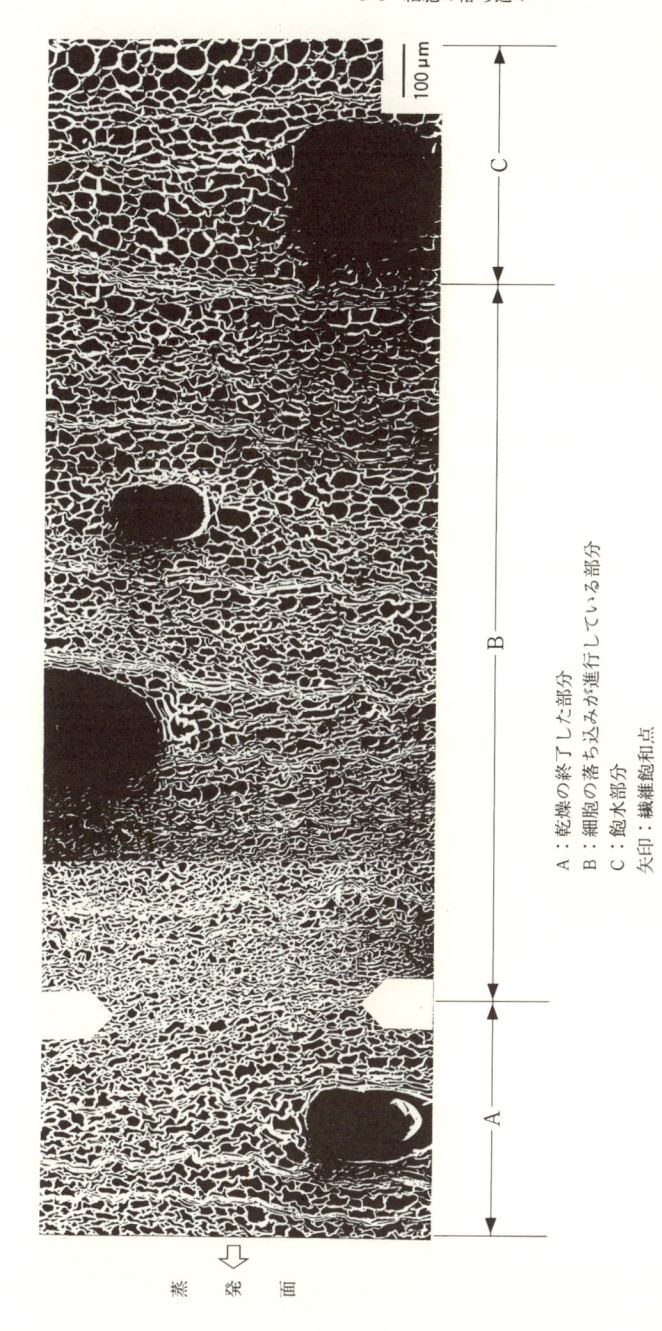

A：乾燥の終了した部分
B：細胞の落ち込みが進行している部分
C：飽水部分
矢印：繊維飽和点

写真 8-1　柾目面から乾燥したときの飽水バルサ材の細胞の落ち込み (林利男氏撮影 (1975))

8-4-3 細胞の落ち込みが発生しやすくなる条件

生材のとき，細胞壁孔や細胞腔内の自由水の状態が先の条件を満たしていないときであっても，乾燥前処理や乾燥条件(特に温度と時間)によって細胞の落ち込みは発生するようになる。

また細胞が落ち込みを起こした際に，極端に高比重材では内腔が小さいため，あまり目立った形状の変化が見られず，全乾比重 0.3～0.6 程度の材の細胞に落ち込みが発生すると外観的に目立つ結果となる。

a．初期含水率の増加と細胞の落ち込み

伐採後の丸太を長期間水中に貯木すると細胞内の自由水は少しずつ増加するため落ち込みが生じやすくなるが，落ち込みの発生するような細胞は壁孔が極めて小さいので，それほど大きな影響は急には受けない。生材を煮沸し，そのまま液中で冷却するような染色や防腐剤注入操作をすると落ち込みやすくなる。乾燥初期含水率の違いと収縮率の差を【増補 20】(p. 734) に示す。

b．乾燥温度や乾燥時間と細胞の落ち込み

乾燥温度を高くすれば材は軟化するため同程度の水の引張力であっても細胞は落ち込みやすくなる。

乾燥前に材を蒸煮すると，材は軟化するが，冷却後は無処理材とそれほどヤング率は変化していない。

煮沸の場合は含水率の増加を伴うが，蒸煮処理でも細胞の落ち込みはかなり増大する。この理由は，加熱処理によって細胞内腔に充満している水の中にあった小気泡が水の膨張圧力で水中に溶解消滅するためと，加熱処理よって水と細胞壁との接触角が小さくなり，引張力が働いたときに水と壁面との間に気泡ができにくくなって大きな引張力が壁面に伝達されるようになるからである。

飽水バルサ材を蒸煮したときの落ち込み増加量から見て，細胞内の小気泡が消滅する蒸煮温度は 50 ℃ 以上であり(図 8-42)，外圧により同じような影響を与える気圧はバルサ材では 8 kgf/cm^2 である。

生材時の蒸煮によって細胞内腔と水との接触角が大幅に変化する材の中ではラワン・メランチ類木材が顕著である(写真 8-2)。

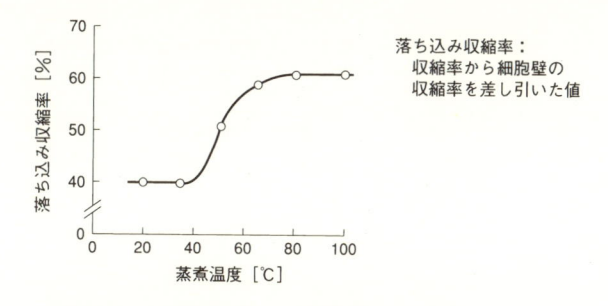

図 8-42 蒸煮温度と細胞の落ち込み収縮率の増大(林和男氏 (1975))

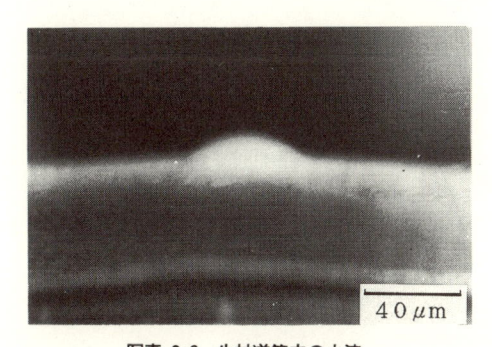

写真 8-2 生材道管内の水滴
(レッドメランチ材,蒸煮すると接触角が0となり撮影ができない。服部芳明氏撮影 (1983))

　この種の材は乾燥前に100 ℃の温度で蒸煮をすると乾燥時間が短縮される。ミズナラ材などは元来乾燥時間が比較的長く,蒸煮による時間短縮の大きい材であるが蒸煮による収縮率の増大も大きい。

　大略的に見て比重の大きさと比較して乾燥の遅い材は,道管中にチロースが多く,落ち込みも発生しやすい。また樹脂類似の物質が細胞壁孔部の通導性を妨害している場合もある。

　乾燥前の蒸煮で事後の乾燥時間は短縮されるが,接線方向では短縮時間を百分率[%]で示したときの1/10ほどの絶対収縮率の増大を覚悟する必要がある(20%の時間短縮があれば接線方向の収縮率は絶対値として約2%加算される)。

　乾燥温度が高いときに発生しやすい収縮率の増大は,同じ乾燥温度であっても板厚が大となって乾燥時間が長くなったときや,煮沸や蒸煮をするとき

表 8-8 煮沸による全収縮率の増大比率

樹　種	年輪幅 (mm)	接線方向				半径方向			
		無処理材 (%)	処理材 (%)	差(%) (処−無)	比 (処/無)	無処理材 (%)	処理材 (%)	差(%) (処−無)	比 (処/無)
イヌエンジュ	4.6	7.0	19.5	12.5	2.79	2.9	8.6	5.7	2.97
ミズナラ(樹心)	1.5	13.4	23.0	9.6	1.72	6.4	11.1	4.7	1.73
マカンバ	1.1	6.9	14.9	8.0	2.16	─	─	─	─
スダジイ	5.0	9.8	17.3	7.5	1.77	6.1	11.4	5.3	1.90
ブジック	─	12.8	20.1	7.3	1.57	6.1	9.0	2.9	1.48
キリ	18.0	4.7	10.6	5.9	2.26	2.8	8.3	5.5	2.96
クリ	2.0	8.7	14.2	5.5	1.63	4.8	8.9	4.1	1.85
ヤチダモ	0.9	7.7	13.1	5.4	1.70	3.5	6.0	2.5	1.71
オニグルミ	─	7.1	12.2	5.1	1.72	4.6	9.4	4.8	2.04
チュテール	─	9.9	14.9	5.0	1.51	4.4	6.4	2.0	1.45
オニグルミ	2.0	11.2	15.4	4.2	1.38	7.0	10.7	3.7	1.53
センノキ	1.6	8.2	12.0	3.8	1.46	6.7	8.7	2.0	1.30
ブナ	3.1	11.3	15.0	3.7	1.33	4.1	6.6	2.5	1.61
アピトン	─	10.5	14.0	3.5	1.33	4.5	6.0	1.5	1.33
マヤピス	─	10.0	13.1	3.1	1.31	3.5	4.8	1.3	1.37
ケヤキ(ヌカメ)	0.8	7.4	10.2	2.8	1.38	3.8	5.4	1.6	1.42
イスノキ	2.1	9.7	12.4	2.7	1.28	6.3	8.4	2.1	1.33
カツラ	─	5.5	8.2	2.7	1.49	4.7	6.5	1.8	1.38
ベイスギ*	1.0	7.0	9.5	2.5	1.36	2.9	4.0	1.1	1.38
アスナロ*	0.9	8.7	11.2	2.5	1.29	3.2	4.2	1.0	1.31
タンギール	─	7.5	10.0	2.5	1.33	3.6	5.0	1.4	1.39
イタヤカエデ	2.3	8.9	11.3	2.4	1.27	6.4	8.2	1.8	1.28
ヒノキ*	0.9	5.9	8.0	2.1	1.36	2.7	3.3	0.6	1.22
サワグルミ	2.9	9.8	11.8	2.0	1.15	6.5	8.0	1.5	1.23
アオモリトドマツ*	1.6	8.1	10.0	1.9	1.23	3.3	3.9	0.6	1.18
ホオノキ	1.6	6.6	8.5	1.9	1.29	5.5	6.7	1.2	1.22
アカマツ*	1.2	7.8	9.1	1.3	1.17	4.8	5.6	0.8	1.17
ラミン	─	10.2	11.3	1.1	1.11	4.8	5.3	0.5	1.10
アカダモ	1.6	10.6	11.5	0.9	1.08	8.2	9.0	0.8	1.10
ドロノキ	5.5	6.3	6.9	0.6	1.10	6.8	7.3	0.5	1.07
シナノキ	─	8.2	8.5	0.3	1.04	6.9	7.4	0.5	1.07
コキー	─	5.7	5.7	0.0	1.00	3.1	3.7	0.6	1.19

1) *は針葉樹材。 2) 煮沸時間 100 °C, 72 hr, 試験片 30(r)×30(t)×5(l)mm。大略的に比率の高いものから順番。

8-4 細胞の落ち込み

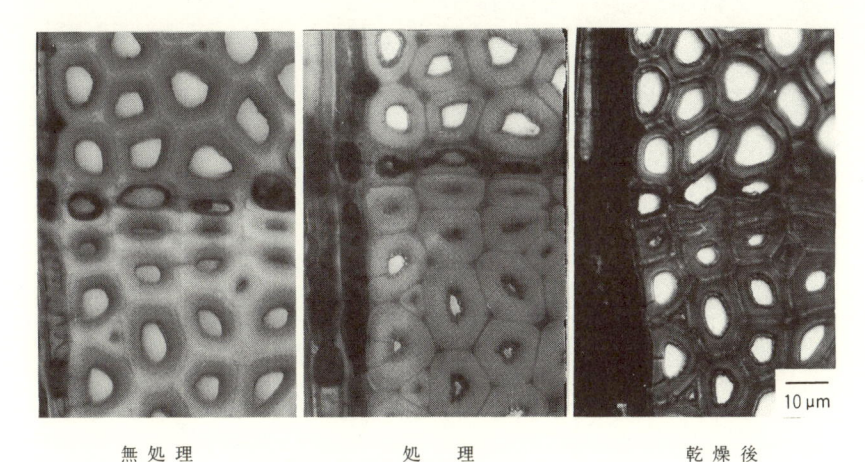

|無処理|処理|乾燥後|

写真 8-3 苛性ソーダ処理による細胞内腔の膨潤（樹種マカンバ材，NaOH 2％処理常温 30 分）

の処理時間にも大きく影響される場合がある。

　ラワン・メランチ類を含め南洋材や針葉樹材では加熱されている時間の影響はほとんど感じられないが，カバノキ科，ブナ科の材では加熱時間が 70 時間以上（100 ℃）になると，細胞内壁面が甚だしく膨潤する樹種が多く，この状態になると当然細胞壁孔の部分も狭まると考えられ，普通では全く落ち込みの生じないようなマカンバ材も甚だしく細胞の落ち込みを起こすようになる。

　表 8-8 は 72 時間煮沸した後に乾燥したときの収縮率の増加割合を樹種別に示したものであり，ミズナラ，マカンバ，オニグルミ，イヌエンジュ材などが大きい。

　写真 8-3 はマカンバ材を弱アルカリ溶液で処理したときの細胞内壁面の膨潤による内腔の狭まりである。熱水によっても 70 時間以上処理すると同じ形状となる。

　カバノキ科に属すシデ材にもこのような性質があるため高温加熱圧縮木材の製作が接着剤なしに可能になると考えられる。マカンバ材を苛性ソーダ溶液で煮沸し，洗浄後に乾燥して大量の落ち込みを生じさせ，硬化木材を製造した例もある。

　細胞内壁のこの種の性質のある材に対しては板厚が増大したときの乾燥ス

ケジュールの対策として温度を十分低める必要がある。

板厚が大となれば，材中心部が乾燥するまでに長時間を要し，この期間中に内部の細胞は熱により細胞内壁面が膨潤し，落ち込みの発生しやすい状況に変化するからである。

c．細胞の落ち込み復元能の大小と落ち込み

先にも述べたように細胞の落ち込みは，細胞の落ち込みの進行と，落ち込みの復元を経て乾燥固定化されるものである。

したがって落ち込みを発生させる原動力となる水が細胞内に無くなった時点で，細胞が本来の形に完全に復元したとすれば外見的な落ち込みはなかったものと判断される。

復元の良否は先ず外気圧の大小に関係する。細胞が完全につぶれている状態から復元するには外圧に耐えるだけの復元力がないと十分な復元は得られない。復元するときの細胞内部は多少減圧状態になるため，外気圧の低い減圧乾燥の元では，常圧下で同一温度で乾燥したときの収縮率より小さくなる。

しかし細胞の落ち込みが復元するときの問題は，そう簡単なものではなく，復元途中で乾燥を一時中止して置いても復元は起こらず，乾燥進行中の水分

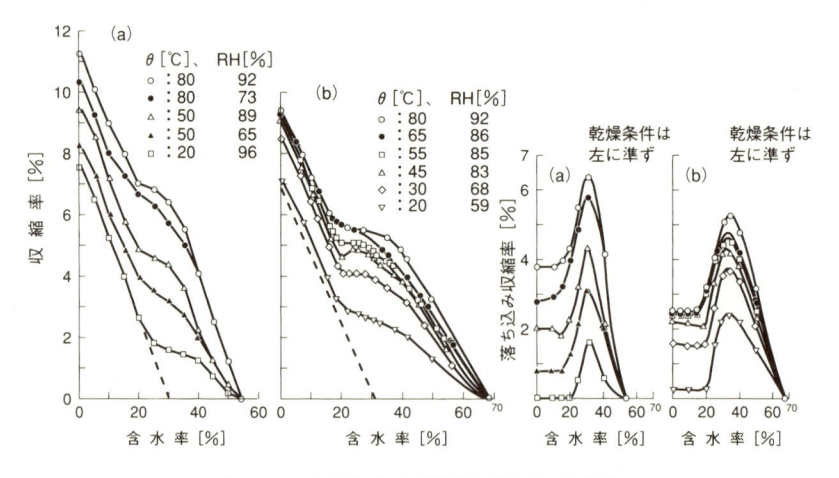

図 8-43　温湿度別の収縮経過と落ち込み収縮率
　　a：アルモン，b：レッドメランチ，θ：乾燥温度[℃]，RH：関係湿度[%]
　　落ち込み収縮率：収縮率から細胞壁の収縮率を差し引いた値（金川靖氏（1977））

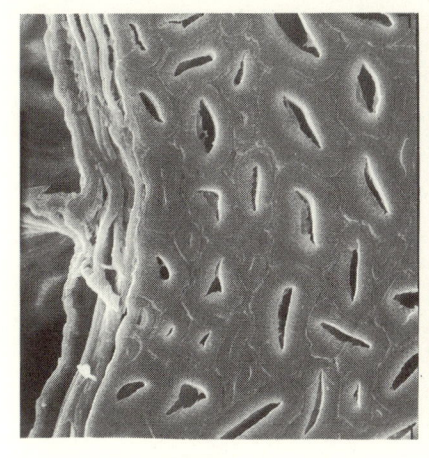

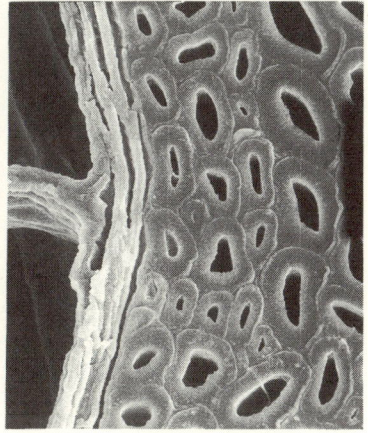

| 落ち込み | 復元後 |

写真 8-4　マカンバ苛性ソーダ処理材の落ち込みと復元像

非定常下でないと細胞の復元はほとんど起こらない。

　細胞の復元で一番問題となるのは，細胞内壁面の親和性（接着性）の問題のように感じられる。このあたりの観察は金川靖氏による落ち込みだけの収縮を示した落ち込み収縮率の資料が公表（図8-43など）されており，樹種的に細胞内壁面の性質がかなり違っているように思われる。

　ナラ・カバ材などでは一度落ち込んで互いに密着した内壁面は簡単にはがれないようである（写真8-4左）。

　結局乾燥途中で大きく落ち込んでも，多くの南洋材は最終段階の繊維飽和点付近で大きく復元するため，あまり落ち込まない材として見過ごされている。

8-4-4　細胞の落ち込み防止対策

　細胞の落ち込みを防止する対策には，乾燥前処理と，乾燥条件への配慮と，最終的には落ち込みを起こした材の救済とがある。

a．前処理としての細胞の落ち込み防止対策

　一番よく知られている方法は，材の凍結である。細胞内自由水の氷結の際には水中に溶解している空気が気泡として分離し，一度分離した気泡は氷の

融解後も気泡として存在するため，細胞の落ち込みはかなり防止できる。

また氷結の際に細胞壁に亀裂が生じることもあって，この点からも細胞の落ち込みは軽減できるが，材を凍結させるには周囲温度を－10℃以下にする必要があり，実用的な方法ではない。

b．乾燥経過中の細胞の落ち込み防止対策

いずれの面から見ても，乾燥温度を低くすることが細胞の落ち込みを防止する上から一番効果的である。

そのためには天然乾燥で含水率を30％あたりまで降下させるのが一番安全である。

人工乾燥で一般に使われている温度域で細胞の落ち込みを防止できると考えている最低温度は37～43℃で，問題のある多くの樹種は50℃を越えると細胞の落ち込みによる表面割れや内部割れが極端に生じやすくなる。

c．蒸煮による落ち込みの復元（リコンディショニング）

落ち込みの発生した材は含水率が20～23％になった時点で100℃の蒸煮を板厚により8～24時間実施するとかなり復元する。処理中には吸湿して含水率が5～6％上昇するが処理後には再乾燥する。

低い温度で乾燥した材の方がよく復元し，含水率が20％以下の材や高い温度で人工乾燥した材はあまり復元しない。

落ち込んだ細胞が蒸煮でよく復元するのは，木材が高温，高含水率になると柔軟になり，容易に変形しやすい状態であることと，吸湿過程では細胞が本来の姿に復元しようとする力（復元能）が自由に働けるようになるからであろう。

8-4-5　細胞の落ち込みの特性

細胞の落ち込みは一つの組織集団にそって発生する場合が多く，広葉樹材の放射組織には比較的よく発生し接線方向の収縮率の増大となる。

また飽水化したバルサ材を板目面から乾燥させると放射組織部分の水分が先に減少し，この部分が先行乾燥して一連の放射組織細胞が先に落ち込む（写真8-5）。放射組織は比較的通水性の良い壁孔膜で互いに連絡されているためであろう。

8-4 細胞の落ち込み

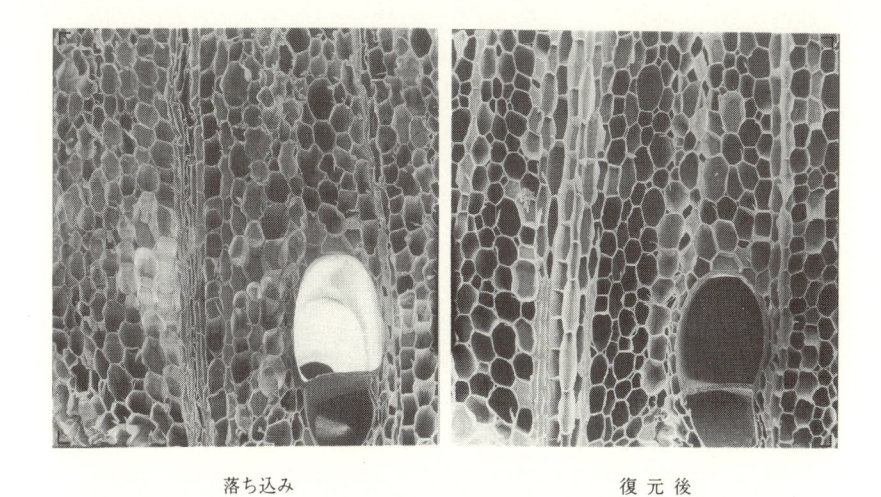

落ち込み　　　　　　　　　復元後

写真 8-5　飽水バルサ材の放射組織部分の先行乾燥による落ち込み(板目面より乾燥)

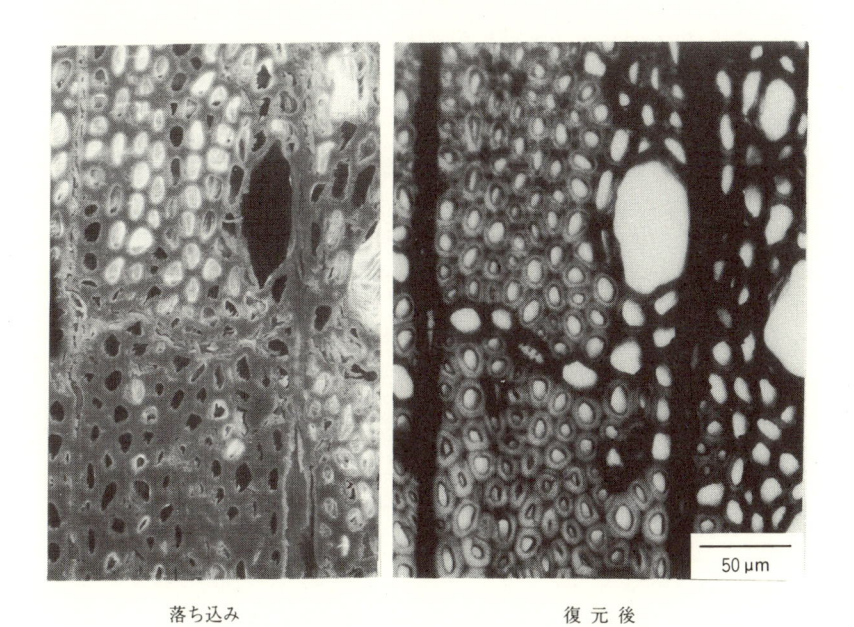

落ち込み　　　　　　　　　復元後

写真 8-6　周囲の細胞の落ち込みによるミズナラ道管の変形

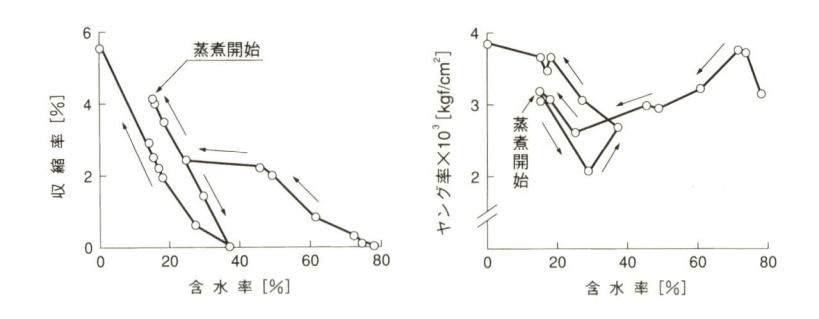

図 8-44 含水率と収縮率ならびにヤング率との関係
(レッドメランチ,常温,繊維と直角曲げ。乾燥して含水率15%になったときに蒸煮して含水率を38%まで上昇して再乾燥)

　ラワン・メランチ類木材では道管周囲の柔細胞部にも細胞の落ち込みがよく発生する。
　道管のように自分では落ち込みを起こさない細胞も周囲の細胞が落ち込むとその影響でつぶされることがある(写真8-6)。
　細胞の落ち込みが甚だしくなると接線方向だけでなく,いずれの方向にでも細胞はつぶされる。【増補21】ベイスギ材の落ち込み(p.735)参照。
　乾燥途中で落ち込んだ細胞の含水率が25%頃のときに一時乾燥を停止させておいても復元はおこらず,乾燥を進行させたときに細胞壁の収縮と同時に落ち込みの復元は多少進行する。
　落ち込みの発生した材は,細胞壁がベローズのようにしわがよっているため,繊維と直角方向のヤング率は健全材より低下する。図8-44はメランチ材を使い曲げヤング率を各段階で測定したもので蒸煮後に落ち込みが復元しヤング率が再び大となっている様子がうかがえる。小林拓治郎氏と共に測定したものである。
　細胞の落ち込みの研究ならびに測定資料は,林和男氏らによる飽水バルサ材の細胞の落ち込み,1～5,木材学会誌 **20**(1974),**21**(1975),**23**(1977),があり,服部芳明氏らによる高分子濃厚溶液中における細胞の落ち込み,木材学会誌 **27**,(1981)と最近の落ち込み情報,木材工業 **38**(1983),金川靖氏らによる木材の収縮経過1～3,木材学会誌 **24**(1978),**25**(1979),など名古屋大学で実施した多くの研究成果がある。

8-5 乾燥による木材の破壊

木材人工乾燥で問題となる破壊は乾裂と落ち込みの際の座屈変形とである。

8-5-1 乾燥初期割れの機構

乾燥初期に発生する表面割れは材表面の含水率が繊維飽和点以下になり，細胞壁が収縮しようとした際，内層の未乾燥部分に収縮を阻止され，その程度が大きいときに繊維間の結合が切れて割れとなる。

このときの破壊は含水率が降下している際の水分非定常状態の破壊であるから，比較的大きなひずみが細胞に発生していてもなかなか破壊しない。

含水率が17％とか10％と言った一定の状態で木材の横引っ張り試験を行うと破壊ひずみは水分非定常下での破壊ひずみの1/2～1/3程度となる。

乾燥初期割れがすべてこの形式のものであれば対応の仕方が多少は楽になるが，細胞の落ち込みの発生しやすい材を乾燥温度50℃以上で乾燥すると細胞の落ち込みが繊維飽和点以上の高含水率域から起こり，表層部の収縮が増大し割れが発生しやすい条件となる。

繊維飽和点以上の含水率状態で表層部に大きな縮みが発生すると，このときの破断ひずみは生材の横引っ張りのときと同じになり，先の繊維飽和点以下では耐えられた変形量の1/2程度で破断が発生する結果となる。

もちろんこのとき，乾燥速度があまり速くなければ，板の中心部にも細胞の落ち込みが及んでいるから表層の引張力は多少は緩和することになる。

以上のように細胞の落ち込みの発生しやすい樹種にあっては，乾燥温度と乾燥割れの発生状況が複雑に入り組み，実際の板材乾燥の際に発生する奇怪な割れの現象を理解説明することがはなはだ困難となっている。

この問題を簡易化して実験室的に明確にするには，乾燥割れの最も発生しやすい接線方向の収縮を拘束した木口木取りの小試験片によって温湿度別の破断時含水率を求めればよい。

乾燥初期に材表面の含水率が破断時含水率以下にならぬような温湿度条件にしておけば割れに対しては安全である。

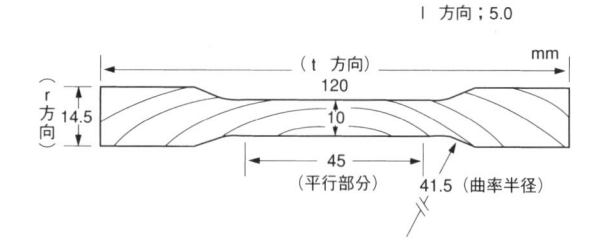

図 8-45 収縮を拘束して乾燥するときの木口試験片の形状

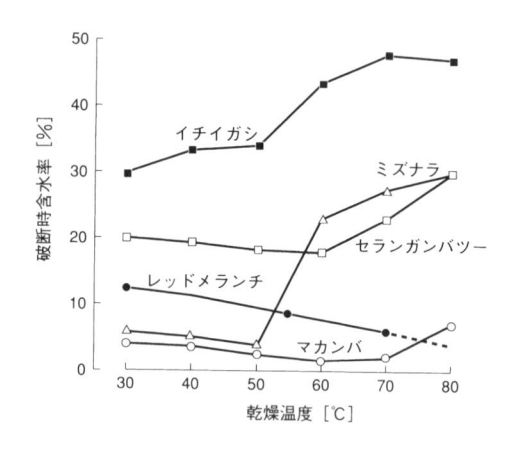

図 8-46 樹種別の破断時含水率と温度との関係

　図8-45は破断時含水率を求めるための試験片の形状および寸法である。
　この試験方法は試験片自体の形状にも多少問題があり，圧縮部分から破断しやすいなどで再現性にやや乏しく測定技術を必要とし，一般性を多少欠くが樹種別の測定結果は乾燥スケジュールを作成する際の良い参考となる。
　図8-46は細胞の落ち込みやすいミズナラ材を含め特徴ある4種の材につき温度別に乾湿球温度差を少しずつ増大しながら1日以上の時間をかけて乾燥したときの，破断時含水率と温度との関係を示したものである。
　ミズナラ材は乾燥温度50〜60℃以上で破断時含水率が急上昇しており，温度を高くすると非常に割れやすくなることを示している。
　またイチイガシ材の破断時含水率が全温度域で高く，温度30℃のときで

8-5 乾燥による木材の破壊

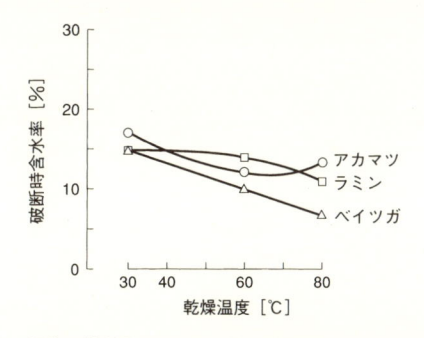

図 8-47 細胞の落ち込みの少ない材の破断時含水率と温度との関係

表 8-9 温度別破断時含水率と自由収縮率

条件		樹種		
		アカマツ	ラミン	ベイツガ
30 ℃	破断時含水率(%)	17.6(2.0)	14.7(3.5)	14.8(3.5)
	自由収縮率(%)	3.0	4.4	4.3
80 ℃	破断時含水率(%)	13.4(3.5)	10.9(6.0)	6.0(16)
	自由収縮率(%)	4.0	5.7	6.1

自由収縮率は常温乾燥の値。( )内は破断時含水率にみあう EMC をとるための乾湿球温度差(℃)。

すら含水率 30 % で割れている理由は，薄い木口試験片を横断して走る大型の広放射組織の落ち込みが試験片の裂断を促進させたためかと想像する。

図 8-47 は細胞の落ち込みの少ない樹種の例で高い温度ほど破断時含水率が低くなり，割れに対して安全であることが明らかである。ただしベイツガ（ヘムロック）材は 80 ℃ で破断時含水率が 6 % となっているが，この値は低すぎるように思われる。これとは逆にアカマツ材の破断時含水率は実際の乾燥操作から考えて少し高いようである。

細胞の落ち込みの少ない材につき破断時含水率と，その含水率まで無拘束状態で乾燥したときの試験片の自由収縮率や，破断時含水率に見合った外周条件を保つための乾湿球温度差を表 8-9 に示す。

この試験の結果を見る限り，温度の高いときほど乾湿球温度差を大にしても細胞の落ち込みの少ない材に限っては安全と言える。

また実際の乾燥にあたってもラミン，ベイツガ材をやや厳しい乾燥条件

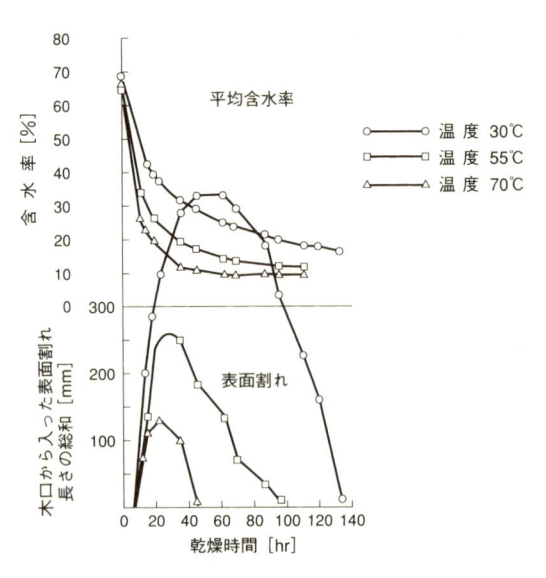

図 8-48 乾燥温度を変化させたときの表面割れの経過
(ラミン板目材, 3 cm 厚, 乾湿球温度差 6 ℃, 西尾茂氏測定 (1983))

表 8-10 ベイツガ板目材の表面割れ総長さと温度との関係

[mm]

乾燥条件 試験材番号	乾燥温度(℃)			
	5	40	60	80
欠点材(No.1)	174	375	92	55
欠点材(No.2)	109	104	49	19
良 材(No.1)	305	10	0	0

板厚 2.7 cm, 板目材材長 60 cm, 乾湿球温度差 6 ℃, 但し乾燥温度 5 ℃のときは 3 ℃差。

(乾湿球温度差の大きい)で乾燥すると，高い温度ほど乾燥割れは少ない。図 8-48(西尾茂，木材乾燥の実際，日刊木材新聞 (1983))にラミン材を，表 8-10 にベイツガ材の例を示す。乾湿球温度差のやや大きな乾燥時間の短い実験のときに高温ほど割れの発生が少ないとする報告は他にもある。

ただし実際の乾燥にあたって落ち込みの少ない南洋産針葉樹材 (*Dacrydium*) や重硬なコキー材 (*Hopea*) は，温度 50 ℃あたりで 10 ℃上昇すると，乾湿球温度差が同一でも割れの発生が明確に認められている。

このように細胞の落ち込みの少ない材で，しかも節やあての無い良質材の

試験結果で温度と割れの発生傾向が逆になったことの理由説明は現段階では十分できない。

おそらく，実際の板材乾燥では乾湿球温度差を小さくしており，比較的長い期間，表層部が高含水率状態で加熱されているため熱による組織の劣化が生じたためではないかと想像される。

心持ち柱材が高温乾燥で表面割れが少なくなる理由は，ここで述べている板材乾燥とは別の問題も含まれており，柱中心部の落ち込みによる表層部の引っ張り応力の緩和による影響が大きい。

細胞の落ち込みの少ない材に対して，高温ほど割れ発生が少ないという結果は，水分非定常下の最大破壊ひずみが温度の影響を受けるという結果になるはずであるが，従来のレオロジー研究の報告ではこの点をあまり明確に結論づけていない。

ラワン・メランチ類木材(特に $Shorea$ 属の $Rubroshorea$ 亜属の木材)の材質は樹種により差が大きいことを示したのが図 8-49 で，アルモン材とレッドメランチ材を例として選んでいる。

このアルモン材は乾燥温度を上昇させると細胞の落ち込みによって割れやすくなる材であり，一方ここに供試したレッドメランチ材は温度上昇に対して安全な材である。

ただしこれらは特定丸太から採材した一例であり，このアルモン材は特に温度影響の大きい丸太を選んでおり，レッドメランチ材は落ち込みの極めて少ない丸太から採材している。

アルモン材が 50～60 ℃ の間で急に破断時含水率が上昇する理由は，細胞の落ち込みが発生し，繊維飽和点以上から収縮が始まるからで，先の図 8-46 のミズナラ材もこのアルモン材と同じ形式である。繊維飽和点以上での最大変形量は，繊維飽和点以下の水分非定常下での最大変形量と比較して，はるかに小さい。

細胞の落ち込みやすい材をやや高い温度で乾燥したときに表面割れが繊維飽和点以上の領域で発生してしまうか，割れずになんとか耐えて繊維飽和点以下まで持ち込んで来られるかは乾燥温度と乾湿球温度差の微妙な組合せで決定されることになる。

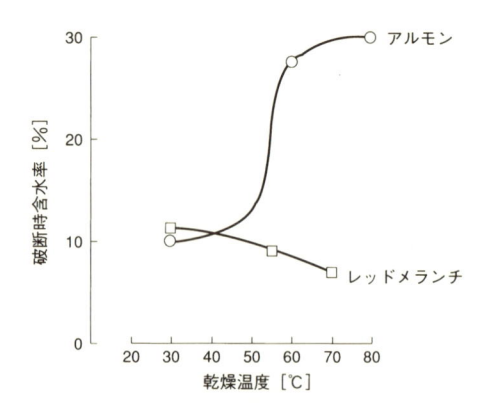

図 8-49 *Shorea* 属内の材質の差（破断時含水率と温度）

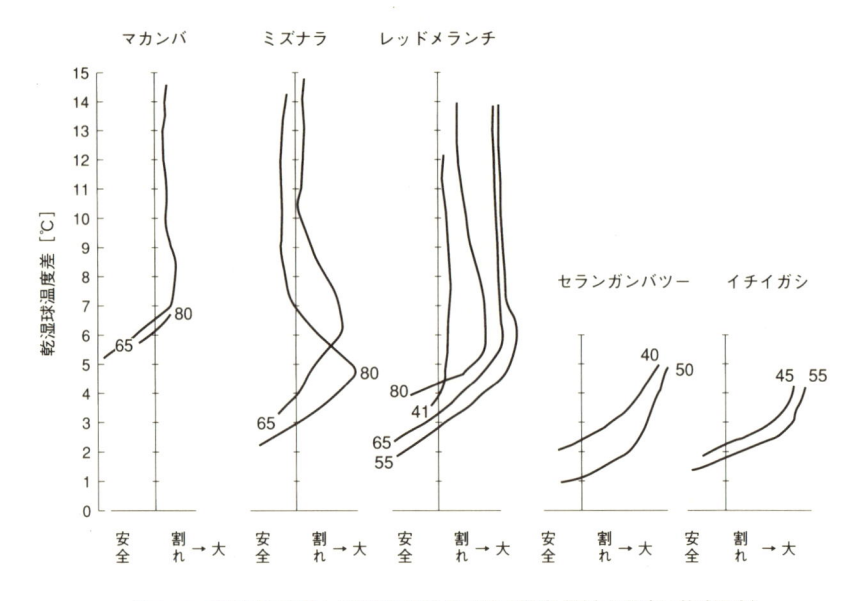

図 8-50 乾湿球温度差と温度別の割れやすさの程度（図中の数字は乾球温度）

具体的に温湿度別の板材乾燥をやってみると，ミズナラ材や，先のレッドメランチ材（図8-49）とは別の細胞の落ち込みやすいレッドメランチ材は極めて奇妙な割れやすい条件域が認められる（図8-50）。

一見簡単そうに見える表面割れの問題も，このように複雑な因子を秘めて

いるため気乾材の強度特性だけから樹種別の適当な乾燥初期条件を推定しようとしても無理である。もちろん乾燥容易な材についてはこの限りでなく，すでに対応の仕方は明確になっていてあまり研究の必要性は高くない。割れ発生には応力集中も無視できない(【増補 22】p. 735 参照)。

8-5-2　細胞の落ち込みによる細胞壁の座屈変形と温度

生の木材を繊維と直角方向に引っ張り試験をすると，細胞壁または細胞間層から裂断してしまいあまり大きな細胞の変形は起こらない。これに対し，細胞が落ち込むときは，空間が無くなるまで座屈変形が進行する可能性が高く，変形するときの含水率域も繊維飽和点以上の高含水率であるから，高い温度の方がわずかな力で大きく変形する。

生材試験片による比例限度内での変形について温度と変形量との関係は図 8-51 のように 45 ℃ あたりを境として高温側では急に大となる。このため、細胞の落ち込み防止対策としては乾燥温度を 45 ℃ 以下とする。

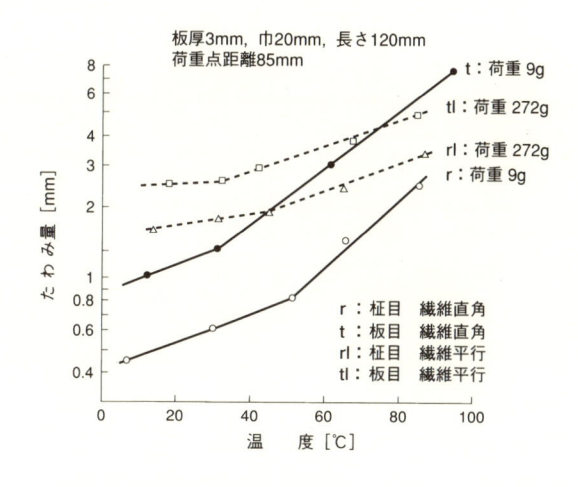

図 8-51　温度と変形量との関係(片持ち曲げ，ミズナラ生材)

8-5-3　木材の破壊面

繊維と直角方向の力が木材に加わって破壊する際の最大変形量は温度と含

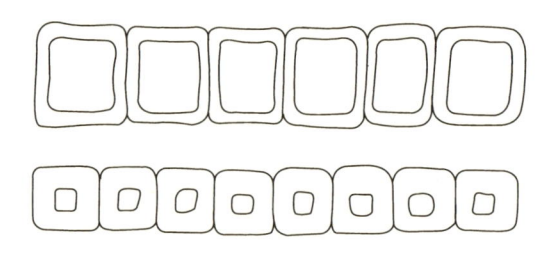

図 8-52 高比重材と低比重材との模式図

水率が高く比重が小さければ大きく，割れ面の位置は温度，含水率，比重によってさまざまに変化する。

　一般に低比重材で含水率が低ければ細胞壁部の裂断が多くなり，含水率と温度が高ければ細胞と細胞との間の細胞間層付近から分離する確率が高い。細胞間層を構成している成分は細胞壁と似ているが，構成成分の比率が大きく異なり，リグニン・ヘミセルロースが多く非結晶成分であるため温度や水分の影響を受けやすい。細胞間層自体の強さも当然樹種によって違うものと考えられ，横引っ張り強さの弱い南洋材や針葉樹材は亜寒帯産広葉樹材と比較し細胞間層が弱いものと想像される。

　一方，細胞間層の性質があまり違わず，比重だけが異なる樹種を集め，高温時に生材の横引っ張り試験をすれば，破断箇所が細胞間層になるため，比重の違いによる強度の差は高温域ほど小さくなるものと考えられる(図8-52)。

　図 8-53 はねじり試験による最大破壊強さと温度との関係をブナとベイヒ生材について示したもので，ブナ材は温度 50 ℃付近に，ベイヒ材は 60 ℃あたりに変化点が認められる。この変化点は破断箇所がセルロースの多い細胞壁から熱に敏感な細胞間層へ移行するときで，この関係を模式的に示すと図 8-54 となる。最大破壊ひずみと温度との関係は p. 629 図 9-19 参照。

　図 8-55 はベイヒ生材を半径方向に引っ張ったときの破断箇所と温度との関係を示したもので，50 ℃付近で細胞間層と細胞壁との破断出現率がほぼ等しくなっており，70 ℃になると細胞間層の破断が 80 % 以上になる。パルプ製造で高温下で木材を蒸解する目的はこれである。含水率が低くなると細胞間層の強さが増加するので高温下でも破断面は細胞壁で発生するものと考えられる。

8-5 乾燥による木材の破壊

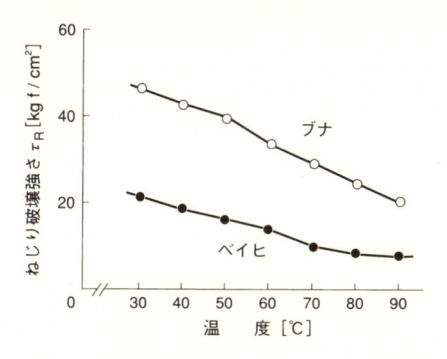

図 8-53 ねじり破壊強さと温度との関係(生材, 林和男氏 (1973))

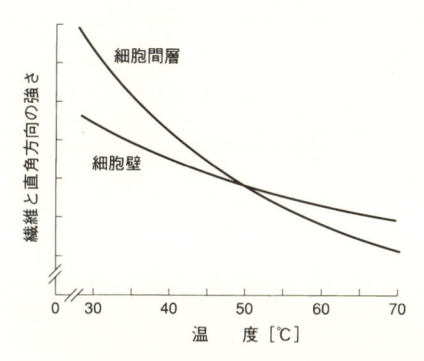

図 8-54 生材の横引っ張り強さと温度との関係模式図
(温度 50 ℃ で裂断面は細胞間層に移行する)

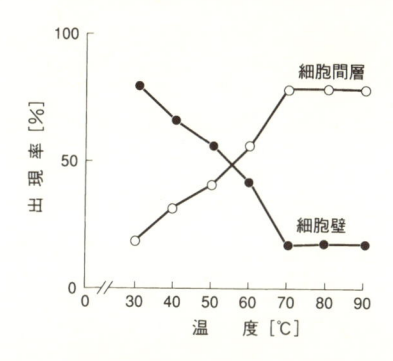

図 8-55 細胞壁破断と細胞間層破断の出現率と温度との関係
(半径方向の引っ張り, 林和男氏, 木材工業 (1973))

8-6　乾燥応力

乾燥操作にあたり，最初に乾湿球温度差を開き始める時期の予測と，その後の乾湿球温度差の開き方の指針を得るために，乾燥応力の時間経過を正確に知ることは極めて重要である。

8-6-1　乾燥応力の発生機構

木材を乾燥するとまず板の両面や側面，木口面が先に乾燥し収縮しようとする。このとき板の中心部の水分はほとんど移動していない。

この時点では板の表面から少し中に入った部分の含水率は高いので，表層が縮もうとする量だけは縮まず，表層は少し引っ張られた状態となり，広い範囲の内層部は縮もうとする表層によって多少は圧縮された形となる。

乾燥がさらに進むと表層の含水率は低下し，縮もうとする力も増大するが，内層の含水率がそれ程低下しないので表層と内層との間で生じる応力は増大方向へ進む。

このときに乾燥条件が厳しいと割れの生じやすいラミン材や収縮率の大きな高比重材には表面割れが発生する。

乾燥の初期，注意して乾燥していても材内の水分傾斜はかなり大きく表層の収縮しようとする力は増大し続けるように思われるが，木材は都合の良いことに乾燥する過程（繊維飽和点以下）で生じた縮みや，外からの力に対して非常に馴染みやすく，意外に割れの心配は少ない。

しかしこの結果，材表面の細胞は引っ張られて伸びた形で乾燥固定化し，いわゆるテンションセット(Tension set)材となる(図8-56)。

そのまま乾燥がさらに進むと表層の含水率はあまり低下せず，中心の含水率が低下し始める。中心部に細胞の落ち込みがあれば板の中心が大きく収縮するため，表層の引っ張り緊張はより急速に緩和され始める。

この頃になれば乾湿球温度差を開いてもよいわけで，水分分布の方から説明すると，乾燥開始と同時に増大してきた水分傾斜もここまで来ると，表層の含水率があまり降下しなくなり，中心部の含水率が低下し始めるために水

8-6 乾燥応力

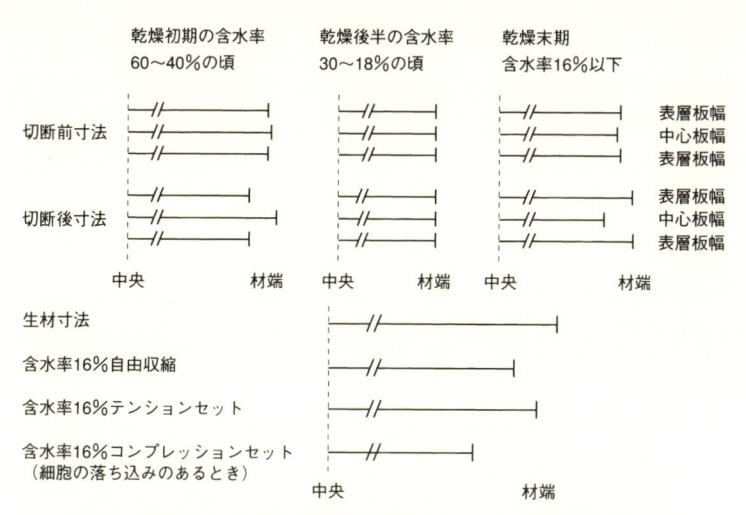

図 8-56 板の中心と表層との板幅の寸法差やセット材の寸法比較模式図

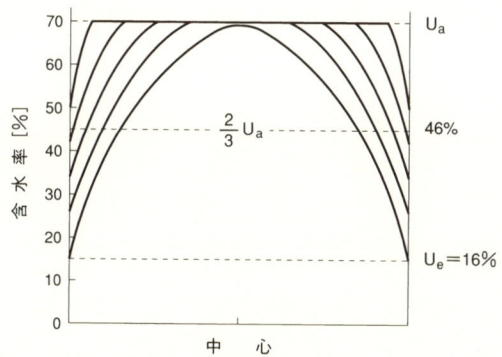

材表面の引っ張り応力が減少しはじめる正確な平均含水率は $(U_a - U_e)\dfrac{2}{3} + U_e = 52$ (%)
U_a：初期含水率　　U_e：外周空気の平衡含水率

図 8-57 材内の含水率分布の模式図(乾球温度 50 ℃,乾湿球温度差 3 ℃ で乾燥したとき)

分傾斜が緩やかな方向へ転じるときで，材内の水分分布がパラボラ型であるとすれば，安全を見て大略初期含水率の 2/3 に平均含水率が到達したときとなる(図 8-57)。

ただし，このようになだらかな材内の水分分布を示す樹種は，自由水と結合水との移動速度が等しい場合に限られる。

ラミン材のように自由水の移動の極めて速いものはこの時点では材内の水分傾斜がほとんどできておらず、逆に自由水の移動の極めて悪い材は中心部の含水率が全く降下していないため、条件変化の時期は両樹種ともさらに平均含水率が降下してからとなる。

乾湿球温度差を開き始める時期が一応決定されたとして、次は乾湿球温度差の開き方と乾燥応力形との関係となる。

針葉樹類や南洋材のバラウ、マラスと言った材は細胞の落ち込みやすい樹種とは違い、板の中心部の縮みが繊維飽和点以下になるまで起こらず、表層の引っ張り応力は緩やかにしか低下しない。

このため乾湿球温度差の開き方は細胞の落ち込みやすい材よりゆっくりにする。この種の材では乾燥がさらに進み、中心部の含水率が繊維飽和点以下になってから表層の縮みによる圧縮力を受けながら中心部の収縮が始まる。繊維飽和点以下の含水率で外力を受けて乾燥するため、細胞は容易に変形し表層の引っ張り応力はこの段階になってからやっと消滅する。板の中心部が落ち込みやすい材と比較してかなり遅い時期になる。

板の表層の引っ張り応力が完全に消えたときを応力転換時期と言い、これを境として表層の引っ張り応力が消え、中心部の含水率降下による収縮で表層は圧縮応力を受けることになる。

細胞の落ち込みやすい材は中心部が繊維飽和点以上のときから細胞の落ち込みによる収縮が起こるため、応力転換時期は細胞の落ち込みの少ない材よりはるかに高い平均含水率のときとなり、乾燥終末には板中心部の縮みが極限に達し内部割れが発生する。

一般に材中心部は通常の収縮率より大となっているため、表層のテンションセットに対しコンプレッションセット (Compression set) と呼びならわされている。

8-6-2 乾燥ひずみ(応力)の測定方法と適用範囲

乾燥初期の板材に発生する割れが乾燥応力と深い関係にあることは人工乾燥が実施されると同時に確認され、乾燥途中の板の一部を切断し鋸目を入れ、薄片の反り具合いによって乾燥応力を調べる櫛形試験法が実施されていた。

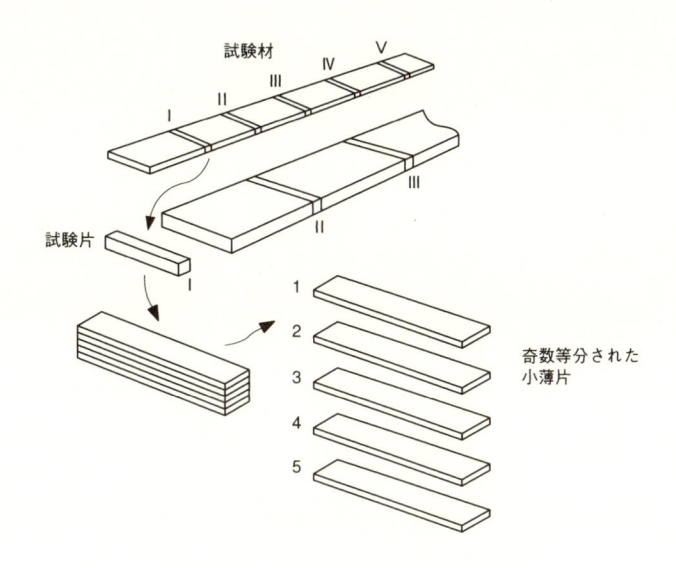

図 8-58 スライスメソードの試験片の作り方

　1945 年頃よりマヂソン林産研究所の Torgeson 氏は乾燥経過中の板材(スゥィートガム)から鋸断した小片を 10 等分して，切断前と後との板巾の寸法変化を測定し，乾燥ひずみ(応力)の変化を求めている．その後 1950 年頃より McMillen 氏も乾燥経過中の板から順次小片を切り取り板厚を 5 または 7 の奇数等分に鋸断し，鋸断前の寸法と鋸断後の寸法との差を求め，板材内のひずみ(応力)分布と経過を測定し，スライスメソード(Slice method)と名付けた(McMillen (1955) 図 8-58，写真 8-7)．

　米国で乾燥技術を研修していた小倉武夫氏は，この方法を用い，McMillen 氏の指導のもとに温度別のレッドオーク(Red oak)材の乾燥ひずみを測定した(小倉氏 (1955))．その後日本でもこの方法が普及し，各種の特徴ある樹種の乾燥ひずみが測定検討され，乾燥スケジュールの改善発展に大いに貢献した．ひずみの示し方については p. 380〜381, 図 5-11 を参照されたい．

　一般には乾燥応力と乾燥ひずみが混同されているが，鋸断後に縮んだ(伸びた)寸法を元の鋸断前の寸法まで引き伸ばす(押し縮める)力が応力であるか

写真 8-7　乾燥ひずみ測定方法

ら，板中心部の含水率が高くてヤング率の低い部分は応力に直すとひずみ量より小さめに，材表面が乾燥してヤング率の高い部分はひずみ量から見た感じより大きめな応力になる。

　こうした基本的な考え方に基づき，鋸断直後の小薄片を機械にかけて元の寸法に引き伸ばしたときの応力を求めた実験報告も見かけたがスライスメソード自体は測定誤差が入りやすくかなり測定には熟練を要し，2人1組になって迅速に測定しないとよい測定結果が得にくいことなどがあり，あまり深追いしてみても得る所は大きくない。

　細胞の落ち込みの大きなミズナラ材類似の材をスライスメソードで測定すると，板中心部の細胞の落ち込んでいる場所は，鋸断などの操作で細胞内に空気が入り，落ち込みが回復する心配があったり，水自体は大きな応力を受けていても容積はほとんど変化しない性質があるため，表層部の引っ張りひずみと中心部の圧縮ひずみとのバランスが目茶苦茶になって応力推定の資料にならない。

　スライスメソードにより乾燥ひずみの全貌がほぼ明確となった現在，樹種別に乾燥前期の表層部の引っ張り(伸び)ひずみが最大になるときや，乾燥中期以後の乾燥ひずみの入れ換わるときの含水率値さえ推定されればよく，櫛型試験法や西尾氏の提案したカップ法でも十分役に立つと言える。

8-6-3 樹種別の乾燥ひずみ(応力)型の比較

乾燥過程で引っ張られ，あるいは圧縮されて(落ち込んで)乾燥した木材は乾燥後に含水率が均一になっても本来の含水率に見合った収縮をせず，引っ張られて乾燥した部分は幾分長く，落ち込んだり圧縮されて乾燥した部分は本来の収縮寸法より短く仕上がってしまう(図8-56)。

今，木材にこうした可塑的性質がなく，いつの時点でも外力を除くとばねのように，含水率にみあった本来の寸法に復するとすれば，乾燥ひずみ経過は図8-59となる。この場合，表層部は終始して表面割れの危険にさらされることになる。

乾燥特性の異なった材のひずみ型を測定してみると材の可塑性の良否や，細胞の落ち込みやすさなどによってさまざまな乾燥ひずみ経過図が求められ，可塑性が少なく細胞の落ち込みのほとんど無い材は図8-60のA型，細胞の落ち込みが大きく可塑性も大きな材はC型となる。

また自由水の移動性が極端によいラミン材にあっては図8-61のDのようなひずみ経過となる。

応力(ひずみ)転換時期の遅い材は乾湿球温度差をゆっくりと開き，表面割れに注意しなければならず，早い時期に応力転換時期を迎える材は，初期割れの発生は少ないが温度を低めにし，乾湿球温度差を小さくして乾燥しないと内部割れが出やすい(図8-60のC)。

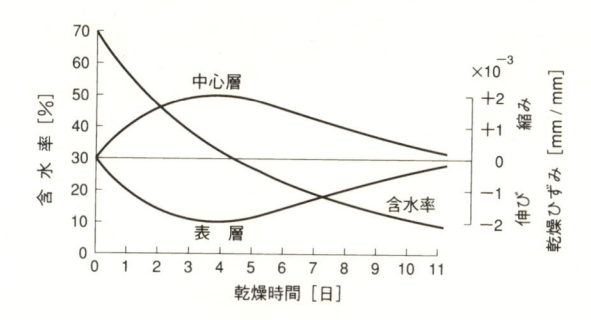

図 8-59 可塑的性質の無い木材を想定した乾燥ひずみ模式図

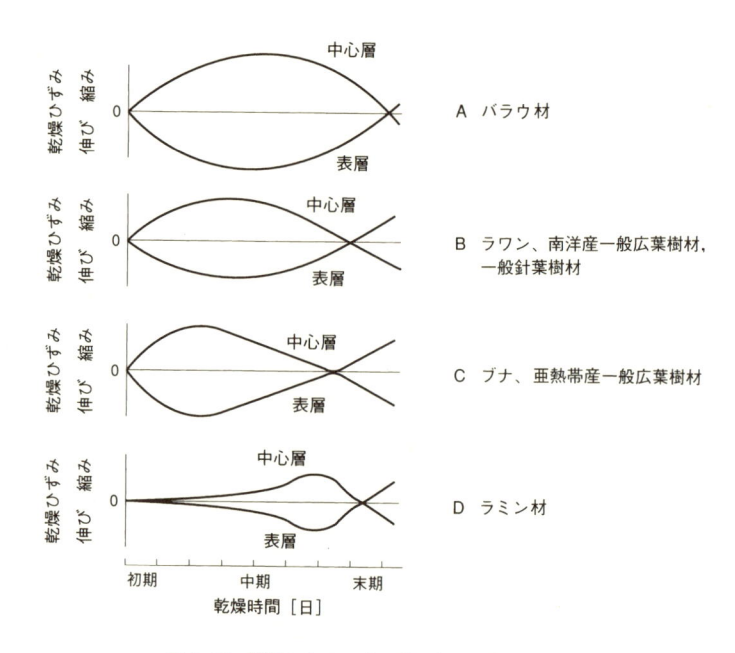

図 8-60 樹種によるひずみ型の違い模式図
(板厚 2〜2.5 cm, 乾燥条件はそれぞれの材に合ったスケジュール)

　ラミン材のように自由水の移動性の良好な材は平均含水率40％前後まで材内の水分傾斜が生じないため，乾燥応力はこの時点から発生する。この種の材は平均含水率が40％以下になってから乾湿球温度差をゆっくり開き始めなければならない。

　代表的な南洋材について応力転換時期を表 8-11 に示す。応力転換時期が20％以下の材は乾燥条件の変化によほど注意していないと乾湿球温度差を開いた直後に割れが発生しやすい。

　応力転換時含水率が判明し，初期含水率が50％以下の材であれば，乾湿球温度差の開き方は図 8-61 のように，応力転換時期の含水率を経験的に配置よく縦軸上に設定して乾湿球温度差を開き始める含水率とを結べば直線の傾斜の違いにより，含水率と乾湿球温度差の開き方との大略の関係が求められる。細かい条件変化の仕方は先の「5-4　温湿度の組み合わせ表」の項を参照されたい。

8-6 乾燥応力

表 8-11 樹種別の 2.7 cm 厚材の応力転換時含水率

科および属名	樹 種 名	応力転換時含水率(%)
キョウチクトウ科(*Dyera*)	ジェルトン	15.0
ジンチョウゲ科(*Aquilaria*)	カラス	15.2
アオギリ科(*Tarrietia*)	テラリン	17.2
モクレン科(*Michelia*)	チャンパカ	19.1
ブ ナ 科(*Quercus*)	ボルネオオーク	17.2
ク ワ 科(*Artocarpus*)	ケレダン	13.9
フトモモ科(*Eugenia*)	ケラット	25.7
フタバガキ科(*Vatica*)	レサク	20.8
フタバガキ科(*Shorea*)	ライトレッドメランチ	16.4
フタバガキ科(*Shorea*)	バラウ	14〜14.8
フタバガキ科(*Shorea*)	バンキライ	12.4
フタバガキ科(*Shorea*)	ホワイトメランチ	14.2
フタバガキ科(*Dipterocarpus*)	クルイン	15.8

カリマンタン産材, 各樹種の適当したスケジュールに準じたとき。南洋産材は応力転換時含水率の低いものが多い。

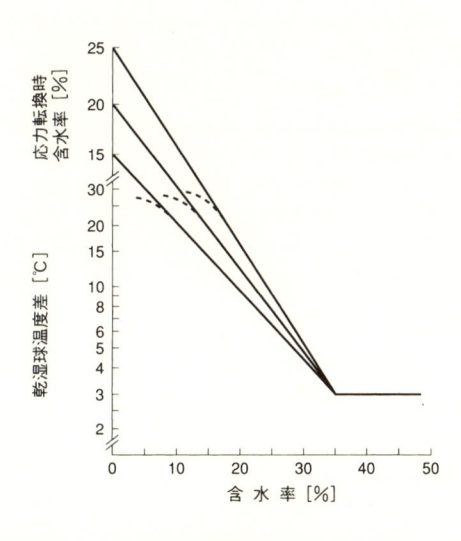

図 8-61 応力転換時含水率による乾湿球温度差の組み方(初期含水率 50%, 板厚 2.7 cm)

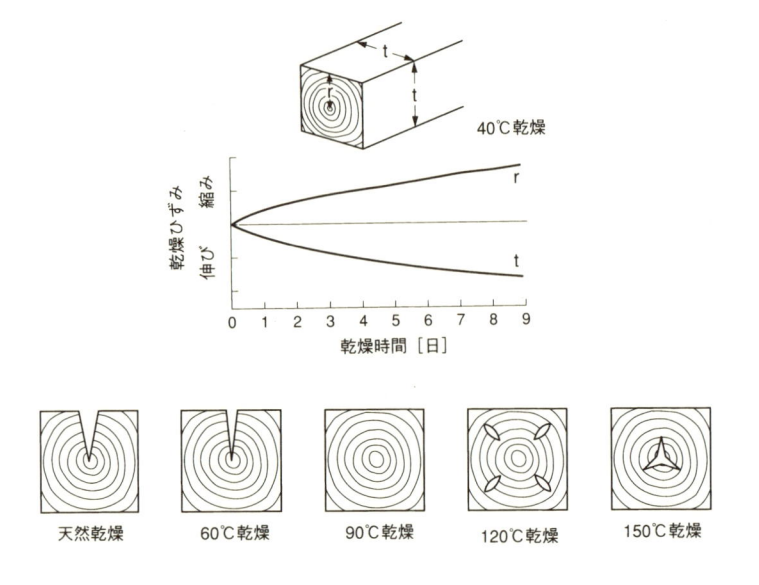

図 8-62　心持ち柱材の乾燥ひずみ模式図

　一般的な話として出てくる乾燥ひずみ（応力）図は板材のもので心持ち柱材は乾燥のごく初期は別として後半になると木材の持つ宿命的な接線方向と半径方向との収縮率差によって，角材表面の引っ張り乾燥応力（伸びひずみ）は乾燥の進行と共に増大する方向となり，操作的にこれを防止することは不可能である（図8-62）。心持ち柱材を割らずに乾燥できる条件は，仕上げ含水率を高くするかヒノキ良質材のような横引っ張り破壊ひずみの大きな材であるか，柱中心に大きな穴を通すか，芯を貫く深い背割りをするか，極端に高い80℃以上の温度で乾燥し，比較的落ち込みの生じやすい樹心部分を高い含水率域から収縮させるか，乾燥初期に低湿とし，均一な引張りセットを表面に作る以外に方法はない（図8-62）（【増補8】p.724，【増補22】p.735 参照）。

8-6-4　乾燥応力の緩和とセット

　乾燥の終了した板材の表層部は強くテンションセットされているので，コンプレションセットされた中心部によって圧縮応力を受けている。この応力を

主として表層部のテンションセットを減少させることによって緩和させる必要がある。

木材の乾燥過程で生じた応力は，細胞の含水率が変化する過程では，容易に緩和する。

乾燥過程で作られた板材の表層部の甚だしい残留圧縮応力は，表層部の再吸湿で一時的にさらに増大されるが，この吸湿過程でテンションセットされていた細胞は圧縮され本来の姿に復元するか，中心部に大きな落ち込みのある板では本来の細胞の姿よりさらに圧縮された状態になって材内の応力は減少する。わずかに残る表面層の圧縮応力は中心部の吸湿による微少な含水率上昇から生ずる伸びによって完全に消滅される。

コンディショニング処理はこの吸湿過程の水分非定常下における応力緩和を上手く利用したもので，操作する含水率時期を誤るとか，乾燥が終末に近づいたときの含水率がばらばらでコンディショニングするには不適当な含水率の材があれば，応力緩和の操作は上手く行かない。

極端な過乾燥材に急激な高湿度を与えると，表層部は吸湿して急に伸びようとするが中心部は低含水率になって縮んでいるため，表層部は強い圧縮力を受けコンプレッションセットの状態にまで変化し，その後に中心部が吸湿して伸びたときには寸法が不足し，逆に引張力を受ける形になる。

この状態を逆表面硬化と呼ぶ。材内の含水率分布は既に均一化し，含水率の変化がないため，新たに生じた逆応力は簡単にとれない。

一般に残留応力は高温多湿の雰囲気中では簡単に緩和されるものと考えられているが，含水率20％以上の範囲は別として，仕上げ含水率である8～13％の含水率を保つ湿度条件の中では，含水率変化がないかぎり温度を高くして5～6日間置いても材内の残留応力は簡単には消滅しない。

乾燥応力は繊維と直角方向だけでなく板の長さ方向にも発生しており，この残留応力の除去は繊維と直角方向より多くの時間を要するもののようであり，逆表面硬化も発生しやすい。

板材の表層部分は乾燥終了時に圧縮応力があり，中心部は引っ張り応力を有しているため，乾燥分野では安易に，表層はテンションセットで中心部はコンプレッションセットと言いならわされている。

中心部に大きな内部割れが発生するような状態のとき，この発生原因は外からの圧縮応力ではなく，水の引張力による落ち込み(座屈)であるため圧縮と言う言葉は不適当である。

また表層部をテンションセットと称するが，いかなる温度で乾燥したときの木材収縮率と比較して，どの程度寸法が長くなっているかも十分考えてみる必要がある。

McMillen氏はその都度の乾燥のときに，板の表層から2番目の薄片の収縮率を基準にしているが，高い温度の乾燥ではこの部分の収縮率も細胞の落ち込みによってかなり収縮率が大きくなっていることを認識しておく必要がある。

8-7 乾燥スケジュールの考え方

乾燥スケジュールの基本は温度と乾湿球温度差(関係湿度)との組み合わせとその変化方法であるが，乾燥温度については一度決定してしまえば含水率35～30％までは変化させないのが常識とされ，その理由も明確にされている。

したがって乾燥スケジュールで一番問題となることはどのような含水率から，どの程度ずつ乾湿球温度差を開いて行くかが主要な問題となるため，ここではこの点について話を進める。

新たな材の乾燥スケジュールを作成したり改善するには理論的な追究の仕方もあるが，乾燥室内の湿度条件が乾燥の進行につれ自然に変化する点をうまく利用したり，操作上の簡易さなどを総合して無理の無い操作方法にすることも大切である。

以下乾燥スケジュールのうち乾湿球温度差の変化方法についての色々な考え方を述べる。板厚は一応2～3 cmの材を想定している。

8-7-1 乾燥経過曲線を重視する考え方

　一定の温湿度条件の中で板材を乾燥すると，含水率はその温湿度条件によって定まる平衡含水率へ向かって指数曲線類似の曲線を示しながら降下して行く。

　熱の放散の例として，熱せられた金属球が大気中で冷却して行くときの温度降下曲線は時間の経過に対し指数曲線となる。

　この事例にならい木材の乾燥にあたっても，一定条件で乾燥したときの乾燥経過が基本的に1本の指数曲線になるものと考えている研究者は多い。

　山本考氏らは，1964年の日本木材学会大会で乾燥曲線は1本の指数曲線ではなく，数本の指数曲線の重ね合わせであることを口頭発表している。このように木材の乾燥経過は後半で1本の指数曲線からはずれ，より傾斜の緩やかな曲線に変化するものである。このため乾燥経過を1本の指数曲線にそって降下させようとするには，含水率の降下にしたがって乾湿球温度差を開いて行かなければならない。

　実際の乾燥操作にあたって乾燥経過を1本の指数曲線に乗せることが損傷の発生防止や乾燥時間の短縮に有利であるか否かの判断は樹種や板厚によって違えるべき問題であるが，板厚が2～3 cmであまり乾燥の難しくない材には良い方法と考えられているため，乾燥実務にあたっては方眼紙上に指数曲線に近い予定乾燥曲線を描き，この曲線と試験材重量測定から求めた推定含水率とを対比させながら次に変化させる乾燥条件や時刻を検討するのが一般の方法である。

　実験室的に乾燥経過が1本の指数曲線になるような乾湿球温度差の与え方は，前述の乾燥特性曲線を利用すれば可能であるが，そのような面倒なことをしなくても2～3回同じ材料を乾燥してみれば，どういう乾燥条件にすればよいのかが掌握できる。

　こうした操作方法に対し板厚が5 cm以上の板や特別に割れやすい2.7 cm厚程度の板，あるいは水抜けのあまり良くないラワン・メランチ類の2.7 cm厚材などでは，含水率30％あたりまでの乾燥経過をほぼ直線とするか，乾燥初期の含水率45％あたりまでをわずかに上に凸の曲線とする例も多い。

操作方法としては乾燥初期の乾湿球温度差を小さくし(2.5~3℃),低い含水率(45~40%)になるまで条件を変化させないか,変化させても僅かしか(1.2倍程度)乾湿球温度差を開かないようにする。

このような操作方法にすれば,乾燥終了時に板の中心に含水率の高い部分が残ることは少なく,乾燥経過は初期含水率65%から含水率35%までを乾燥する時間と,含水率35%から10%になるまでの時間とが大略等しい線となる。

8-7-2 蒸発能に主体を置いた考え方

一定の乾湿球温度差条件で乾燥した材の含水率経過は時間の経過と共になだらかになる。これは木材の平均含水率と周囲の空気条件が示す平衡含水率との差が小さくなるためであるから,乾燥の進行につれて外周空気の平衡含水率を適当に低下させれば含水率経過はより直線的となる。

この際,木材の平均含水率と外周空気の平衡含水率との差を常に一定にすると言う考え方と,両者の比率を一定にする方法とがある。

あまり高い含水率域を考えると計算上の平衡含水率が30%を越え,話がややこしくなるが,熱放散の例にならえば木材の平均含水率と外周空気の平衡含水率との差を常に一定に保てば,乾燥経過は直線で降下するように思われる。しかし乾燥特性曲線(前出)上にこの条件を当てはめてみると条件変化が急すぎて実際の乾燥条件に合わない。

木材の含水率と周辺空気の平衡含水率との比率を一定にする方式にすれば乾燥経過は大略1本の指数曲線となろう。

ドイツのKeylwerth氏は平均含水率30%以下について,材の平均含水率Uと外周空気の平衡含水率U_eとの比,U/U_eを樹材種別に適当に選べば良好な乾燥ができるものと考え,この比率を乾燥困難な樹種では1.3~1.5,中庸の樹材種で2~2.5,針葉樹の3cm厚以下の材で,多少急ぐときは3~4などと定めている(Keylwerth氏(1950))。

表8-12に乾燥特性の似た日本産材に読みかえたときのU/U_eの関係を示す。

Keylwerth氏がU/U_eの比率を一定にする乾燥法がよいと考えた理由はさ

8-7 乾燥スケジュールの考え方

表 8-12 Keylwerlh 氏による樹種別の U/U_e 値

U/U_e	1.6	1.8	2.0	2.5	3	3.5
樹　種	本州産ミズナラコナラ	北海道産ミズナラ一般ブナ材	イタヤカエデハルニレ	マカンバヤチダモ	ハンノキセンドロノキ	クロマツアカマツエゾマツ

板厚は3cm以下，日本産材に読み変え。

だかではないが，多分乾燥末期の条件をあまり厳しくせずに含水率の均一化を目的としていたのではないかと想像される。

彼の乾燥方式とマヂソン林産研究所で発表した乾燥スケジュール表とはあまり関係が無いように見えるが，木材の平均含水率に対する平衡含水率の変化を乾湿球温度差に換算してみると，乾湿球温度差の開き方がマヂソン林産研究所発表のスケジュールと非常に良く似ている。

マヂソン林産研究所で作られた針葉樹材の乾燥スケジュールの乾湿球温度差の値を片対数方眼紙の縦軸にとり，含水率との関係を見ると高含水率部分は別として，あまり初期含水率の高くない材では図 8-63 のようにほぼ直線関係となる。

一方，乾湿球温度差の対数と平衡含水率との関係もほぼ直線となっているため(図 8-64)，Torgeson 氏等が往年にその根幹を作ったマヂソン林産研究所のスケジュールと Keylwerth 氏のスケジュールとは基本的によく似ているものと言える。この点は Keylwerth 氏自身が既に 1970 年頃に指摘している。

Keylwerth 氏は具体的なスケジュール作成にあたって，高含水率部分や，平衡含水率の低下の仕方(乾湿球温度差の開き方)をマヂソン林産研究所発表のスケジュールに近付けており，彼のまとめた樹種別スケジュール表の乾湿球温度差の開き方は，彼本来の U/U_e を一定にすると言う方式ではなく，U から一定量 $\triangle U (5\sim10\%)$ を差し引いた値との比$((U-\triangle U)/U_e)$ とか，低含水率域を $U-U_e$ 一定とするような直線へ移行させている(図 8-65)。

結果的に図 8-65 において，U と U_e との関係が直線になっていれば，比率(U/U_e)であろうが U から一定量を差し引いた値との比率$((U-\triangle U)/U_e)$ であろうが両者の差$(U-U_e)$であろうが原点通過の問題にかかわりなく，図 8-66 の片対数方眼紙上で乾湿球温度差と含水率との関係はほぼ直線となる。

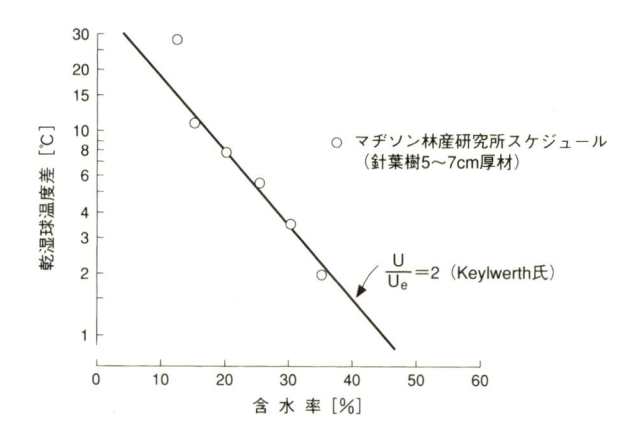

図 8-63　Keylwerth氏とマヂソン林産研究所スケジュール（Torgeson氏）の類似性（温度 50 ℃）

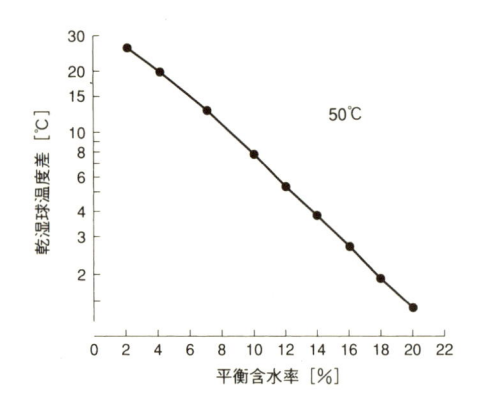

図 8-64　乾湿球温度差と平衡含水率との関係（温度 50 ℃）

　図8-66では平衡含水率から乾湿球温度差への変換は，50 ℃の条件で行っている。
　ここで留意しなければならない点は，U/U_e一定の原点0を通る直線であれば，U/U_eの比率を大とした急速乾燥用の$U/U_e=3～4$のスケジュールは乾燥初期の条件設定を厳しくしただけで，その後の乾湿球温度差の開き方（平衡含水率の降下の仕方）は$U/U_e=2$のときより同一含水率ではゆるやかな変

8-7 乾燥スケジュールの考え方

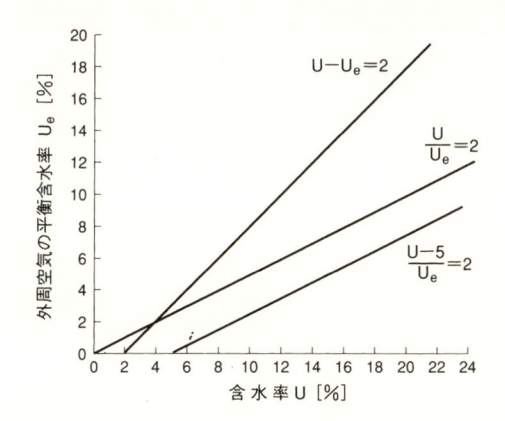

図 8-65 平均含水率 U と外周空気の平衡含水率 U_e とのいろいろな組み合わせ

化となっていることである．別の見方をすれば，同一の樹材種で初期含水率の高い材には $U/U_e=3$ を，低い材には $U/U_e=2$ を適用すれば都合よく乾燥できるということにもなる．

今後 Keylwerth 氏のスケジュールを改良して行くとした場合は，U/U_e の比率だけにこだわらず $(U-\triangle U)/U_e$ とか，低い含水率範囲を $U-U_e$ とするなどの方向に進むべきであろう．

ただし木材人工乾燥スケジュールを1つの基本パターンで処理することはいささか困難のように思われる．

次はマヂソン林産研究所発表の乾湿球温度差スケジュールであるが，これは時代の経過と共に変化改善されているので説明がやや複雑となる．

Torgeson 氏が40年以上も前に乾湿球温度差と含水率との関係の一覧表を作った当時の考え方は，Keylwerth 氏と同じように乾燥後半の乾燥過程をあまり遅くせず，しかも乾燥操作上から見て室内条件を変化させる際にあまり無理しないですむ範囲のものであったと想像され，特に乾燥経過を直線で降下させるとか指数曲線にするなどの考え方は無かったと思われる．

その後 McMillen 氏が乾燥経過中の応力(ひずみ)測定(Slice method)を実施し，数学の堪能な Stamm 氏などの助言を受け入れ，より直線的な乾燥経過が追究されて今日のスケジュール表に改訂されている．

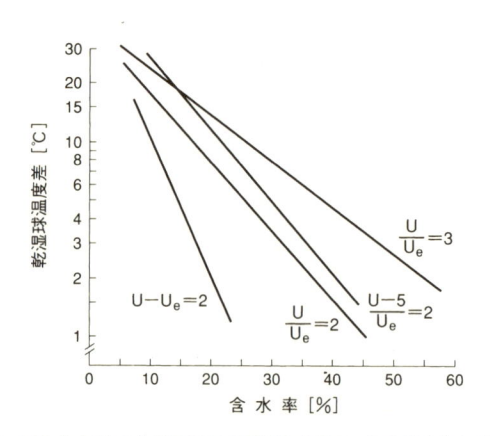

図 8-66 平均含水率 U と外周空気の平衡含水率 U_e との組み合わせの違いによる乾湿球温度差と含水率との関係（温度 50 ℃）

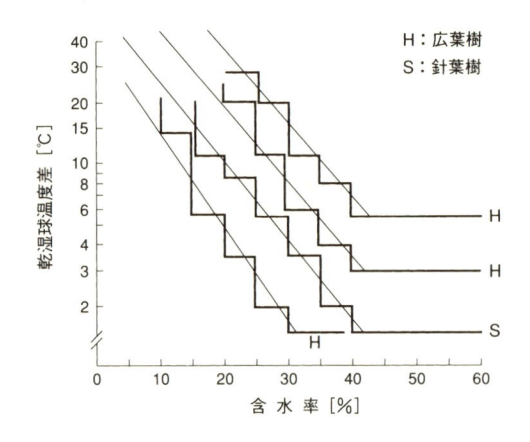

図 8-67 マヂソン林産研究所発表スケジュールの乾湿球温度差の開き方
（比較的低い初期含水率の例）

　したがって旧来のスケジュール表はあまり初期含水率の高くない材料に限って，乾湿球温度差の対数と含水率との関係がほぼ直線的であったが，針葉樹材と広葉樹材とを明確に分離した現在の多様化スケジュールに対しては，直線の傾斜を材の割れやすさや水抜けの良否によって図 8-67 のように色々適合させようとしてみても1本の直線で示すことが困難となっている。
　また基本的に初期含水率の高い材に対しては図 8-67 の方式では対処の仕

8-7 乾燥スケジュールの考え方

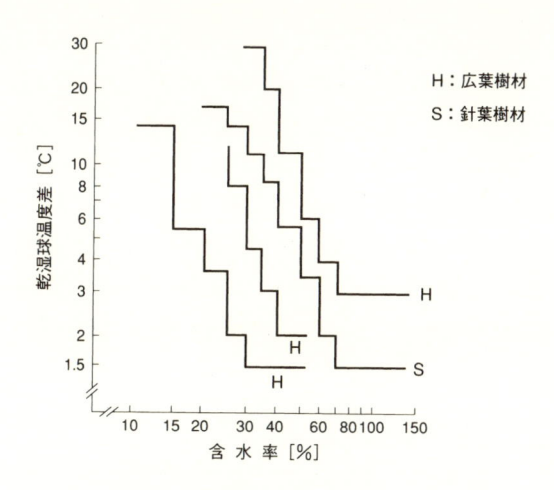

図 8-68 広葉樹材と針葉樹材との湿度スケジュールの違い
(マヂソン林産研究所発表, 初期含水率の高い例を含む)

方がなく，乾湿球温度差と含水率との関係を両対数方眼紙上で示した方がより適合性が広く広葉樹材の方が針葉樹材より直線的である(図8-68)。

以上のスケジュール型は理論が先行してできたものではなく，経験的にスケジュールの形式がある程度整備された後に種々の考案がそれに加えられただけのものである。

木材乾燥の場合は，乾燥条件を厳しくすれば表面の含水率が低下し，水分傾斜は大となるが，同時にその場所の水分拡散抵抗も大きくなるため，むやみに乾燥条件を厳しくしても乾燥速度は増加されず，かえって乾燥速度が低下したり割れなどの損傷が発生する危険がある。ここらあたりに熱の拡散理論を，そのまま乾燥スケジュール作成の理論的手段として利用できない難しい問題がひそんでいる。

原木事情が悪くなった現在，乾燥スケジュールも多様化されてはいるが，一番目につく点は乾燥による狂い防止の対策とか，針葉樹材の乾燥では平均含水率45％あたりから発生すると思われる材表面部の壁孔閉鎖による水分傾斜の急増や割れの防止対策，乾燥困難な材については割れと乾燥終了時に板中心部に残る高含水率部分の軽減などの諸条件を考え，乾湿球温度差8〜

15 ℃, 平衡含水率で言えば 10〜6 %, 関係湿度なら 62〜38 %（共に温度 50 ℃）の範囲で, 乾湿球温度差を比例的に開かず, 含水率が 5 % 降下するごとに 2 ℃ 程度の一定量の温度差を上乗せするような操作法に変化していることであろう。

このような操作方法がスケジュールの中に組み込まれると, 先の方式でスケジュールの総括をすることはいよいよ不可能となり, 旧来のマヂソン林産研究所発表のスケジュール表のように, 含水率と乾湿球温度差とで示す表形式で, より多くの樹材種に対応できる表を加えて行く以外によい方法はないようである。

8-7-3 乾燥ひずみを主体にした考え方

乾燥スケジュールの改善で乾燥応力（ひずみ）に着目した歴史は古く, 櫛型試験片による応力の間接的測定が割れ防止対策として実施され, 自然対流式乾燥室では乾燥初期に櫛型試験片の表層薄片が強く外側へ反るときは 1 時間ほどの蒸煮をするように指示されていた。

乾燥応力（ひずみ）が乾燥スケジュール決定の主流となったのは米国の Torgeson 氏や McMillen 氏らによるスライスメソード（Slice method）の開発以降で, この方法により表層の最大引っ張りひずみ（応力）が発生した後は, 乾湿球温度差をかなり大きくしても前以上の大きな表面の引っ張りひずみ（応力）にはならず, 割れの心配がないことが判明し, Stamm 氏などの助言によって乾燥条件を変化させはじめる含水率を初期含水率 Ua の 2/3 とするなどの考え方も確立した。

スライスメソードで得られた結果の演繹で問題となる点は, この試験がレッドオーク（Red oak）と言う特定の材で進められている点である。

材としてそれほど甚だしい割れも発生せず乾燥温度が高いと細胞の落ち込みもあり, 乾燥もたいして悪くなく, 乾燥終了時に板の中心に水が残るようなことの少ない代表的な亜寒帯産広葉樹材に対してはこの考え方でもよいが, 世界中のすべての材について考えると, 割れに着目した乾燥応力だけで乾燥を進行させる方法は極めて危険である。

すなわち低比重の材で水の抜けの悪いキリ材や, 中比重材のパロサピス材

などは割れの心配はあまりないが，割れないからと言って乾湿球温度差を次々に開いていくと乾燥終了時に板の中心に水の残る心配がある。

また針葉樹材では表層の最大引っ張り応力の時期がすでに経過しているはずの含水率 25 % 付近ですら，無理をすれば割れが発生し，ラミン材に到っては乾燥初期の含水率にはかかわりなく，35 % あたりまで一定条件で乾燥しなければ割れてしまい (2/3)U_a と言った考え方は全く通用しない。

レッドオーク材や亜寒帯広葉樹材に対し，乾燥条件を最初に変化させる時期を (2/3)U_a としたり，その後は急速な乾湿球温度差の増大が可能にしているのは，板中心部の細胞が落ち込み，高い含水率から板の中心部も収縮し，表層の引っ張り応力を急速に緩和させるからである。

乾燥スケジュールを考えるときには何が損傷の限界条件になっているかを明らかにし，その条件を満足する乾燥スケジュールを樹立しなければならない。

しかしスライスメソードにより樹種別の乾燥の経過が種々測定され，その違いの原因が主として細胞の落ち込みによるものであることも現在では明らかとなり，乾燥応力の違いから見たそれぞれの材に対する乾湿球温度差の開き方や，限界乾燥温度の決め方なども確立されつつある。

樹種や乾燥温度の違いによるひずみ経過の特性は先の西尾氏の開発したカップ法によっても明確に示されている。また未知の材に対するスケジュールの推定方法で行う 100 °C 乾燥試験のときの木口割れの閉鎖の仕方によっても大略の傾向は掌握できる (項目 5-3-2 参照)。

8-7-4 乾燥温度に対する考え方

乾燥温度は乾燥時間と直接関係をもつが，高い温度の乾燥は色々な損傷を起こす。

種々の損傷発生に対し，乾燥温度は乾湿球温度差の大小と密接な関係を持ちながら影響するため，両者を完全に分離して論ずる訳には行かない。

すなわち乾燥温度が高く細胞の落ち込みが原因となって発生する種々の損傷は，乾湿球温度差が比較的小さいときには収縮率の増大であり，乾湿球温度差がやや大きいときには乾燥初期の表面割れであり，乾湿球温度差がかな

表 8-13 表面割れの有無と乾燥初期条件

樹　種	乾球温度(°C)	乾湿球温度差(°C)	割れの有無
コキー (Hopea)	50	2.0	無
	55	1.8	有
スロールクラハム (Dacrydium)	60	5.0	無
	70	5.0	有
ロンリアン (Tristania)	45	2.0	無
	55	1.8	有

温度を高めると割れやすくなる例。

表 8-14 マヂソン林産研究所発表の温度スケジュールの一部

含水率範囲(%)	温度区分(°C)					
	T 3	T 4	T 5	T 6	T 7	T 8
生〜30	45	45	50	50	55	55
30〜25	50	50	55	55	50	60
25〜20	55	55	60	60	65	65
20〜15	60	60	65	65	70	70
15 以下	70	80	70	80	70	80

(マヂソン林産研究所 (1961))

り大きいときには断面の糸巻状の変形や内部割れである。

　これに対し細胞の落ち込みがあまりない材の乾燥初期の割れは問題がやや複雑である。多くの材が冬期の5〜7°C以下の低温で極めて割れやすい点は共通しているが，60〜80°Cと温度を上昇した方が同じ乾湿球温度差では割れにくいことが多い一方で，45〜47°Cの温度で割れない材が，同じ乾湿球温度差であっても50°Cを越すと割れやすくなる例がある(表8-13)。

　狂いについては，乾燥初期の高温が細胞の落ち込みを生じさせ，狂いやすくなるとされており，含水率20%以下になれば高温にしても一応安全と考えられているが，針葉樹材の低級材にあっては終末の高温が狂いや割れを増大するとされている。

　この原因が高温と言う温度だけの問題であるのか，高温による乾燥速度の増加による含水率むらの拡大が原因となっているのかは理論的に明らかにされていない。

8-7 乾燥スケジュールの考え方

しかし具体的なスケジュール例としては，表 8-14 の温度スケジュールがマヂソン林産研究所から発表されており，この中で乾燥初期温度は同一であっても乾燥末期温度を 2 種類に分岐させており，終末温度が低級材の狂いや割れに影響することをはっきり認識した組み方となっている。終末の乾燥温度をあまり高くしない理由としては，抜け節や生き節の割れ，運動具材の強度低下などを防止する目的も含まれている。

乾燥初期温度は細胞の落ち込みやすい材に対しては一応 50 ℃ 以下が常識となっており，甚だしいときは 43～38 ℃ にすべきであるが，これは板厚や乾燥時間，材質，等級とのかかわりで決定しなければならない。

落ち込みの生じやすいベイスギやレッドウッドのような針葉樹材や，ラワン・メランチ類で細胞の落ち込みやすい材は温度の影響は受けるが，加熱時間の長短はあまり問題とされないため 2 cm から 5 cm 厚に変化した際，5 ℃ ほど温度を降下させればよい。これに対し亜寒帯産のブナ科，カバノキ科，モクセイ科などに含まれるシイ，ミズナラ，ブナ，マカンバ，シデ，ヤチダモと言った樹種は乾燥時間の長短によって細胞の落ち込みの程度が変化するため，厚材の場合や比重が高く乾燥時間が長くなる樹材種で材質の悪いものは乾燥温度を大幅に低下し，40 ℃ 以下にしなければならない。

細胞の落ち込みやすい材は乾燥温度を終始して低くしているため，乾湿球温度差スケジュールと組み合わせて操作してみると乾燥中頃に外気湿度の高い夏では多量の排気をしても希望の乾湿球温度差が得にくい例がある。このときは成行きに任せるか多少室温を上昇してみるしかない。

先の表 8-13 にみられるように，乾燥温度の影響があまり細胞の落ち込みに関係しないと思われる材であっても高い温度で割れが出やすくなる原因はさだかではないが，ここに含まれている樹種は，わずかな温度上昇や加熱時間が長くなると細胞間層が軟弱化しやすい性質の材ではなかろうかと推察する。

狂いと温度との関係については，繊維方向と繊維と直角方向との強度異方性が高温ほど大きくなるため，板の長さ方向の場所による収縮率の違いが接線方向や半径方向の変形に直接影響して来るのではないかと想像される。

最近は，建築用針葉樹材の乾燥で 100 ℃ 以上の高温が一般化している。短時間で乾燥が終了する板材は問題がすくないが，柱材などの構造用材では，狂いの増加以外に長時間の高温加熱による変色，焦げ臭さ，横圧縮強さの比較的大きな低下などを認識する必要がある。

9

木材の物性

　木材の物性には色々あるが木材乾燥で必要な知識は含有水分，収縮，繊維と直角方向の強さや最大破壊ひずみ，乾燥過程のクリープやセット，濡れ，熱伝導，電気的性質などである。細胞の落ち込みによる収縮や割れなどは前章の木材乾燥の基礎知識で述べた。

9-1 含有水分

9-1-1 含水率の示し方

　木材の含水率は全乾重量を基準にしているため，湿潤重量を基準にした値と比較して高い含水率では大きな差が生じる。

$$U = \frac{W_u - W_0}{W_0} \times 100 \quad [\%]$$

　　U：含水率，W_u：測定しようとする試験材の重量[g]
　　W_0：100～105 ℃の乾燥器内で恒量となった重量(全乾重量)[g]

　木材の含水率は JIS-Z-2101 で規定され 0.5 % まで算出する。ただし実験室では 0.1 % までの精度で測定することも多い。

　湿潤基準による含水率 U_x は，

$$U_x = \frac{W_u - W_0}{W_u} \times 100 \quad [\%]$$

であるから，

$$U = \frac{100\,U_x}{100 - U_x}, \qquad U_x = \frac{100\,U}{100 + U}$$

含水率の測定法は JIS で全乾法が規定されているが,揮発性の樹脂分を含んだスギ,ヒノキ,サクラ,アピトン材などは,実際の水分量より 1~3 % 高く測定されやすい。

現場では含水率測定に電気式含水率計を一般に使用するが,抵抗式含水率計は電極や針の接触した範囲の含水率しか測定できないし,精度よく測定できる含水率範囲は 6~18 % である。

高周波式含水率計は機種による差が大きい。理論的には高含水率まで測定可能で,押し当て式電極のものでも深さ 0.5~1 cm あたりまでの水分に反応するとされているが,材を狭む方式のような精度は得られない。

9-1-2 木材中の水分状態

木材中に含まれている水分は自由水(Free water)と結合水(Bound water)に大別される。

a. 自由水

細胞内腔,細胞間隙にある普通の水で極く微量の塩や有機物を含む。含水率で言えば 30 % 以上の水分である。

b. 結合水

結合水は細胞壁内に吸収されている水分を言い,吸着水と細胞壁内毛管凝結水とに大別される。含水率で言えば 30 % 以下の水分に相当する。

b-1 毛管凝結水

細胞壁内の非結晶領域部分が吸水し膨潤してできた極めて小さい直径 $1/10^6 \sim 1/10^7$ cm = $1/100\,\mu$m ~ $1/1000\,\mu$m = 100 Å ~ 10 Å の隙間に吸着されている水分で含水率 30 % から 15 % あたりの範囲で存在すると考えられている。

関係湿度 100 % 以下の空気中の水蒸気を毛管内に吸着できる理由は,毛細管の径が極めて小さくなると,そこに吸着される水のメニスカス(細管内の水が空気と接している部分)の曲率半径は極めて小さくなり,外気の関係湿度が 100 % 以下でもメニスカス上の水蒸気分子は湾曲した周囲の水面から強く引かれ凝縮するからである。

表 9-1　毛細管半径と平衡するメニスカス上の関係湿度との関係

毛細管半径(cm)	関係湿度(%)	平衡含水率(%)
∞(平面)	100	30
1.06×10^{-5}	99	29
2.06×10^{-6}	95	24
1.01×10^{-6}	90	21
4.78×10^{-7}	80	16
3.05×10^{-7}	70	13
2.08×10^{-7}	60	10.9
1.54×10^{-7}	50	9.2
1.16×10^{-7}	40	7.7
8.85×10^{-8}	30	6.0

ケルビン式による，温度20℃。

　毛管の半径とその中に水として存在できる外気の関係湿度との関係を20℃につきKelvin式により算出した例を表9-1に示す。
　含水率が30%付近になると自由水と毛管凝結水との区別は明確でなくなる。

b-2　吸着水

　木材の細胞壁を構成しているセルロース，ヘミセルロース，リグニンなどに吸着されている水分であるが，セルロースの結晶領域には吸着されない。すべて非結晶のセルロースやリグニン，ヘミセルロースなどと結び付いている水である。
　含水率0～6%の範囲ではセルロースの分子と水とが直接結び付いており，このときの水分子の比重は1.3程度に圧縮された状態と言われている。
　含水率が高くなると，吸着された水の先にまた水分子が吸着されると言った多分子層吸着となって非結晶のセルロースやヘミセルロースの分子間を広げる結果となる。
　水の吸着機構については模式的に図9-1のような考え方もあり，膨潤した木材の状態でないと，ポリエチレングリコール(PEG)が木材に良く吸着されないとか，生材と煮沸した非親水性溶剤の極く一部が100℃で乾燥した後も材中に残るときの理由説明にされている。

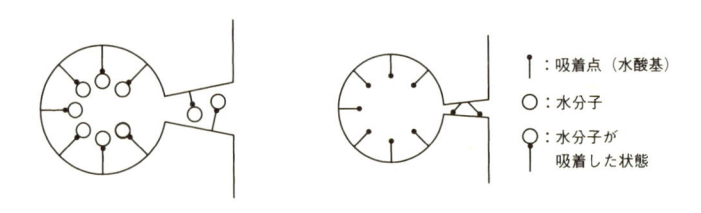

図 9-1　吸着機構の１つのモデル図

（左：水分吸着時　右：乾燥状態）

｜：吸着点（水酸基）
○：水分子
♀：水分子が吸着した状態

9-1-3　含水率の違いによる呼び名の変化

木材中に含まれている水分量によって含水率は次のように呼ばれる。

a．飽水含水率（Maximum moisture content）

細胞内腔が完全に水で充満された状態の含水率を言い，分裂したばかりの生活現象の盛んな辺材外周部はこの状態であろう。

長期間丸太を水中に入れて置くと辺材部は吸水して飽水含水率になる。

飽水状態になると材内の空隙が完全に水で充満されているので，飽水含水率は全乾時の空隙率 S を全乾比重 γ_0 で除し，繊維飽和点の含水率 30％ を加えれば求められる。この際細胞の内腔は含水率の変化で伸縮がないと考えている。

$$S = \left(1 - \frac{\gamma_0}{1.5}\right) \times 100 \quad [\%]$$

$$U_{max} = \frac{S}{\gamma_0} + 30 = \frac{1.5 - \gamma_0}{1.5\gamma_0} \times 100 + 30 \quad [\%]$$

S：空隙率[％]，γ_0：全乾比重，1.5：木材の真比重
U_{max}：飽水含水率[％]

全乾比重と飽水含水率との関係は図 9-2 となる。

b．生材含水率（Green moisture content）

丸太の辺材部分の含水率は伐採時期によって大きく変動する。

針葉樹材の辺材含水率は高いが心材含水率はスギ，モミ，ツガ，マツ類材

$$U_{max} = \frac{1.5 - \gamma_0}{1.5\,\gamma_0} \times 100 + 30 \;(\%)$$

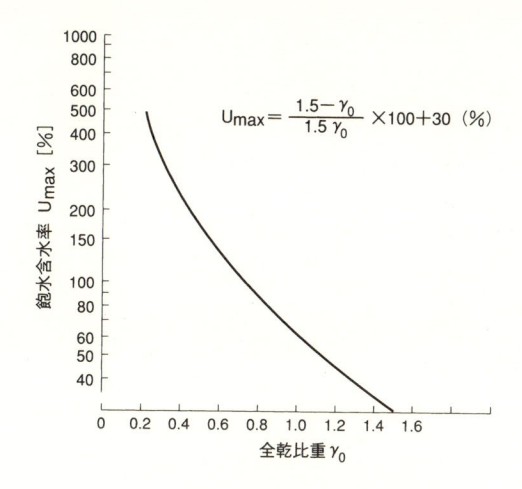

図 9-2　全乾比重と飽水含水率との関係

を除き 50% 前後とかなり低い。

　これに対し広葉樹材の心材は高含水率のものが多い。広葉樹材は大径材を利用するため辺材部分の利用価値は低く，この部分の含水率はあまり問題にされない。

　高比重材は細胞内腔が小さく，自由水の絶対量が少ないうえ，含水率を求める際に大きな全乾重量で除すため生材含水率は低い。

　広葉樹材の心材含水率の平均値を計算する際に，内腔の 60% が水で満たされているとすれば，全乾比重と含水率との関係は図 9-3 となる。

　スギ材については辺材含水率が 5〜6 月に最も高く 250% 前後，年平均で 200%，心材はばらつきが大きく 60〜180% の幅がある。これに対しヒノキ心材は 30〜45% である。

　広葉樹の心材含水率は軽量のシナノキ，ジョンコン材で 120〜130%，やや比重の低いセン，ターミナリア材で 90% 前後，中程度からやや重いカバ，ブナ，ナラ材などの一般造作材や家具材は 60〜80% の範囲と考えればよい。全乾比重が 0.9 以上のイスイキ，バンキライ材などは 45% 前後である。

　輸入広葉樹材は丸太状態で置かれる期間が長いのでかなり含水率は低下している。

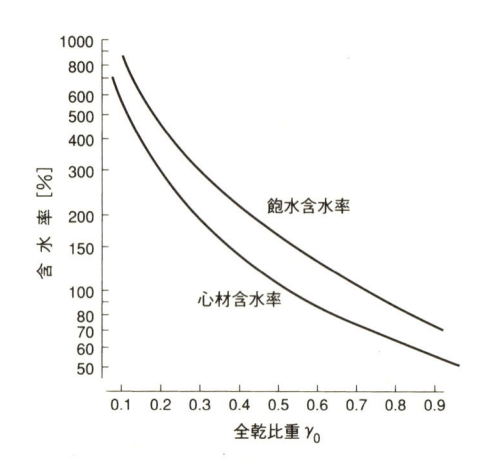

図 9-3 飽水含水率ならびに広葉樹心材の生材含水率と全乾比重との関係
（広葉樹心材は内腔の約 60％が自由水で満たされているとして計算）

表 9-2 に生材含水率の具体例を示す。測定選木や立地条件によりさまざまであるから目安にすぎない。

c．繊維飽和点（Fiber saturation point）

木材中に自由水が全くなく，しかも結合水が最大限度量存在する状態の木材含水率を繊維飽和点と言い，含水率としては 25～35％の範囲と考えられ，便宜上ドイツの Kollmann 氏らは 28％，日本では 30％（湿潤ベースで 23％）としている。乾燥の対象となるほとんどの材の繊維飽和点は 30％前後である。

広葉樹材は針葉樹材よりヘミセルロースが多量に含まれているため結合水が多くなり，繊維飽和点が 1～2％高いと言われているがあまり実感はない。

繊維飽和点を境として，結合水が減少すると（含水率 30％以下になると），細胞壁は縮みはじめ強さは増大して電気抵抗も増加するため，これらを測定すれば繊維飽和点の概略は推定できる。

木材を細粉化して超遠心分離器にかけて自由水を飛ばして繊維飽和点を知る方法などもある。

繊維飽和点は通常 FSP と呼ばれ，この含水率になるまでは木材が収縮しないように思われるが，実際に板材を乾燥すれば平均含水率が 30％であっ

表 9-2 樹種別生材含水率

含水率範囲(%)	広葉樹心材			針葉樹材	
	日本産材	南洋産材	米国産材	辺材	心材
30〜40		ロンリアン			ダグラスファー
40〜45	イスノキ	バンキライ	ロックエルム		ヒノキ, カラマツ, アカマツ, サワラ
45〜50	アカガシ, イチイガシ	セプターバヤ, ウリン	ホワイトアッシュ		エゾマツ
50〜60	ミズメ, ホウノキ, ヒメシャラ	ホワイトメランチ, レッドメランチ, マラス	シルバーメープル, ブラックチェリー		グイマツ, ネズコ, スギ, エゾマツ, トドマツ, ベイスギ
60〜75	ミズナラ, コナラ, マカンバ, シオジ, ヤチダモ, ミズキ, カツラ, ケヤキ	レッドラワン, カプール, アピトン, クルイン, マトア, セルティス	イエローバーチ, ヒッコリー, ホワイトオーク		スギ, ベイスギ, ヘムロック
75〜90	タブノキ, ブナ, ハリギリ, シラカバ	ラミン, レッドメランチ, スポンジアス, ゲロンガン	ノーザンレッドオーク, イエローポプラ, ブラックウォルナット	カラマツ	スギ, モミ, トドマツ, ベイスギ, ヘムロック
90〜120	ハリギリ, シナノキ, ヤマナラシ	グメリナ, リッエア, イエローメランチ	チェスナット	グイマツ, ノーブルファー	スギ, ホワイトファー
120〜150	シイノキ, シナノキ	プライ, ジョンコン	ウォーターテュペロー	ダグラスファー, スギ, ロッジポールパイン, ヒノキ, ラーチ, ヘムロック	スギ
150〜200	キリ, トチノキ, ドロノキ	ジェルトン	コットンウッド	トドマツ, アカマツ, エゾマツ, サワラ, スギ, ネズコ, モミ, シトカスプルース, シュガーパイン	スギ

針葉樹の辺材は大体100%以上である。

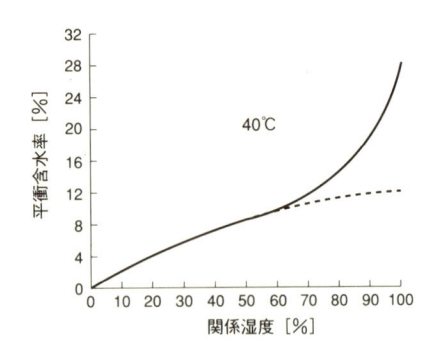

図 9-4 関係湿度と平衡含水率との関係(スタム，ハリス氏ら (1953))

ても，表層は 15 % あるいは 10 % 以下になっているのでこの時点で板はかなり収縮している。また細胞の落ち込みがあれば繊維飽和点以上でも収縮する。

d．気乾含水率(Air-dry moisture content)

大気中で木材の含水率は年間を通じ一定の範囲で上下している。このときの年平均含水率を気乾含水率と言う。

日本では，雨のあたらない屋外に置かれた木材の気乾含水率は 15 % としており，米国では空気が乾燥しているため 12 % が標準となっている。

工場や実験室内に置かれた木材の気乾含水率は大略 11～14 % である。

日本で季節別の気乾含水率を見ると，降雪地帯の冬は 16～18 %，太平洋側の地域の冬は 11～13 %，春から夏にかけては入梅を除き，全国的に 14～16 % 程度である。

e．平衡含水率(Equilibrium moisture content)

一定の温湿度条件の中に置かれた木材の重量が恒量となったときの含水率を平衡含水率と言う。木材の平衡含水率と関係湿度との関係は特異な逆 S 字形曲線を描く(図 9-4)。

この理由は木材の水分吸着機構が各含水率域で異なるためであり，もし単一な水分吸着機構であれば吸湿曲線は図 9-4 の破線のようになるはずである。

高含水率域で関係湿度の増加に対し含水率変化が急峻になるのは，毛管凝縮水の影響である。

木材の平衡含水率は樹種により 1～2 % の違いがある(表 9-3，葉石猛夫・蕪木

表 9-3 樹種別の平衡含水率の違い

平衡含水率の高低	樹 種 名
高い樹種	エゾマツ,アオダモ,ヤチダモ,スギ,モミ
平均的な樹種	マカンバ,ミズナラ,ブナ,アカマツ,ツガ
低い樹種	カツラ,シラカシ,シナノキ,アカガシ,サワグルミ

気乾材,含水率15%付近の比較。 (葉石猛夫,蕪木自輔氏 (1968))

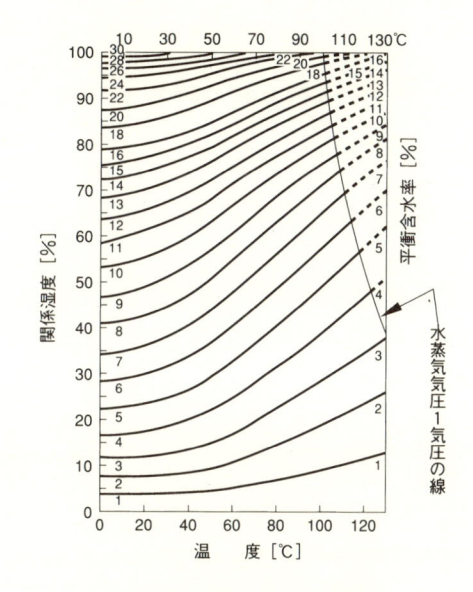

図 9-5 温湿度と平衡含水率との関係図
(スプルース材を放湿過程で多少の湿度変動を与えたときの値,
ハウレイ,カイルウエルス,コルマン氏ら (1931~1968))

自輔,木材工業 vol.23 (1968))。一般には図9-5により,温湿度から平衡含水率を求めている。高含水率の材が乾燥して含水率が平衡するときと,3~4%まで乾燥された材が吸湿して平衡する含水率とでは2~3%の違いがある(図9-6)。これをヒステリシスと呼ぶ。先の図9-5は試験材としてスプルースの薄板を用い放湿過程で測定したものであるが,多少の湿度変動を与えているので完全に放湿過程で測定した値より1~2%低い。大略日本のブナ辺材がこの値に近い。

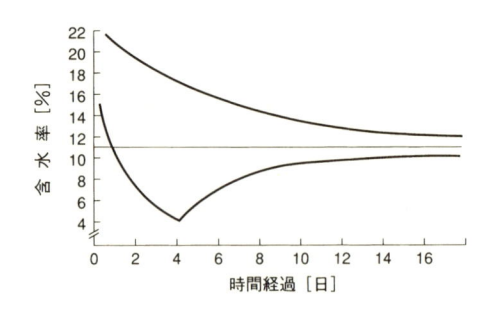

図 9-6 吸湿と放湿による平衡含水率の違い
(外周条件の温度は 40 ℃,関係湿度 65%,ブナ辺材 2 cm 厚,コルマン氏表では平衡含水率約 11% の条件)

表 9-4 各地の年平均含水率

[%]

地名	平衡含水率	地名	平衡含水率	地名	平衡含水率	地名	平衡含水率
稚内	15.1	秋田	15.6	松本	14.1	岡山	14.6
旭川	16.2	山形	15.7	高山	16.0	広島	14.6
羽幌	16.5	福島	14.6	岐阜	14.6	呉	13.8
留萌	15.7	水戸	15.6	静岡	14.0	下関	14.2
札幌	15.1	宇都宮	15.2	浜松	13.8	徳島	14.6
小樽	14.2	前橋	13.0	名古屋	14.9	高松	15.2
網走	16.1	銚子	15.1	津	14.6	松山	14.2
根室	16.5	東京	13.5	尾鷲	15.1	高知	14.8
釧路	17.0	横浜	14.2	彦根	15.9	福岡	14.9
帯広	15.5	新潟	15.2	京都	14.2	佐賀	14.9
室蘭	15.0	富山	16.2	大阪	13.8	長崎	14.2
函館	15.7	金沢	15.1	姫路	14.6	熊本	14.9
青森	16.4	福井	16.3	神戸	13.0	人吉	16.2
八戸	15.3	敦賀	15.2	和歌山	14.0	大分	15.1
盛岡	15.0	甲府	14.3	鳥取	15.2	宮崎	15.4
石巻	16.0	長野	15.0	米子	15.6	鹿児島	15.7
仙台	15.0	軽井沢	17.3	松江	16.0	名瀬	14.7

ブナ辺材天然乾燥材として換算。

　また高温で熱処理した木材は 1～2% 平衡含水率が低くなる。セルロースの結晶化が進むためとも言われている。

　日本では屋外に置かれたブナ辺材天然乾燥材(雨のかからない場所)の年平均含水率の全国平均は 15.2% 程度である。このため,屋外の年平均平衡含水

率を15％と見なしている。

　代表都市の年平均の屋外の平衡含水率を表9-4に示す。

　木造建築物内の年平均平衡含水率は暖房の盛んな北海道地区で12.5％，暖かい佐賀で15.3％程度である。住宅内の木材の年平均含水率を場所的に示すと関東以西の太平洋側では床下の部材は約20％，一階の床材や敷居で15～16％，柱材は12～14％となり寒冷地では床組み部材は20～25％，柱は15～20％，内装材8～12％，小屋組み材15～20％と言った例もあるが，この結果は寒冷地のため屋根裏に多少の結露の生じやすい条件だったと思われる。

f．適正含水率(Recommended moisture content)

　木材は用途によって適正仕上げ含水率を定めており，造作用針葉樹材は用途により13～15，15～17％などとし，家具用広葉樹材はかなり低く，8～10％の含水率となっている。

　木質材料を加工する際の適正含水率は，その材料が製品となってから使用される場所の温湿度に合った値がよいが，針葉樹材は乾燥費の増大と，狂い発生の問題，釘打ちの際の割れなどを勘案し，柱材は20％，一般の建築用鴨居材などは15～17％としているが，冷暖房の整った場所で使用する材料は8～12％に乾燥する必要がある。

　強度試験をする際の含水率は12％±1.5を標準含水率とし，気乾状態の強度試験は11～17％の範囲と定められている。

　北米では南の海岸地区の内装用材は11％，極く乾燥した西南部では6～8％を仕上げ含水率としている。

9-2 含水率変化に伴う収縮, 膨潤

高含水率の木材は乾燥すると縮むが, 水分が失われただけ縮むわけではなく, ある含水率(繊維飽和点)以下になってから本格的に縮み始める。

この理由は, 木材中にある多量の水分が移動減少する際, $1\,\mathrm{kgf/cm^2}$ 程度の水の引っ張り力(減圧)では細胞壁が硬いため根菜類のように簡単にはつぶれ(しなび)ないからである。

しかし木材細胞の中で柔細胞などは, 細胞が飽水状態になっていて, 細胞間の壁孔部分が心材化の過程で樹脂で覆われると細胞に落ち込みが起こり, 高い含水率から含水率の降下につれて収縮する例も多い。

9-2-1 繊維飽和点以上の含水率域での収縮, 膨潤

木材は繊維飽和点以上の含水率域でも細胞の落ち込みがあれば収縮し, 落ち込みを起こした細胞は煮沸すれば原形に復する。

a. 繊維飽和点以上の含水率域での収縮

収縮と言うと繊維飽和点以下の細胞壁の縮みばかりを重視しているが, 実際の乾燥業務では繊維飽和点以上の含水率域の細胞の落ち込みによる繊維と直角方向の収縮を十分意識しなければならない。

細胞の落ち込みの原因その他は, 前項で述べているから省略するが, 細胞の落ち込みが原因となる損傷の中に, 表面割れのあることを忘れてはならない。

b. 繊維飽和点以上の含水率域での膨潤

木材の膨潤は有限膨潤であり, 繊維飽和点以上の含水率域では一定の寸法を保つはずであるが, 木材の細胞が分裂してできるとき, 細胞周囲から受けた力によって生じたひずみ(成長残留ひずみ)や, 細胞の落ち込みによる細胞のつぶれ, 繊維飽和点以下で外圧を受けて乾燥したときの細胞の変形などは, 永久ひずみの形として残っており, 細胞形成時に受けたひずみは生材を $100\,°C$ 程度に上昇しなければ開放されず, 細胞の落ち込みのように細胞が完成された後で受けた大きなひずみも, 開放するには水中に入れ温度上昇が

必要である。乾燥過程で受けた少量のひずみは水中に入れるだけで大略復元する。樹幹の外周部は成長過程で接線方向に圧縮を受けながら細胞が肥大しているため，この部分から製材した生材を 100 ℃ 程度に加熱すると接線方向に伸び，半径方向は逆に縮む。水中に放置して置いたり 60 ℃ 程度の温度では復元しない。

ナラ，カバ材は 70 時間以上煮沸すると細胞壁が内側に膨潤し内腔を狭めるが，外見的に材の寸法が膨潤する量は極めて小さい。

9-2-2　繊維飽和点以下の含水率域での収縮，膨潤

木材の収縮率と言えば繊維飽和点以下の収縮が主体で，測定方法も JIS で規定され多くの研究がなされている。

木材が繊維飽和点以下の含水率域で収縮する際には特異な特性がある。

繊維方向の収縮は極めて小さくしかも比重による差も少なく，含水率 30 % から全乾までで約 0.2 % である。一方，繊維と直角方向は比重によって大きく変化し 3〜10 % とかなり大きい。

繊維と直角方向の収縮率は大略比重に比例して大となり，接線方向(板目材)は半径方向(柾目材)の約 1.7 倍ほどの大きさである。

a．繊維と直角方向の収縮，膨潤の特性

木材の細胞壁の大部分を占める 2 次壁(細胞分裂後付加的に沈着形成された壁)は 3 層構造となっていて，一番外側の層は，縄で巻いた花火の打上げ筒のように渦巻き構造で，セルロース繊維の走行は木材の細胞の長さ方向と直角に近い向きになっており，細胞壁が吸湿して伸びようとする力の方向を制約する作用がある。

このため金属リングが熱によって膨張するときのように円周方向に自由には伸びられず，内腔方向にも多少は膨張する。

この影響を受け，含水率変化に対し細胞内腔の容積はあまり変化せず，細胞の見かけの大きさは吸放湿した水分の容積だけ変化する仕組みとなっている。

したがって収縮膨潤は単位体積中に含まれている木材質の量に大略比例する。言い換えれば全乾比重に比例することになる (図 9-7)。細胞内腔が含水

生細胞　　　　　　　全乾細胞

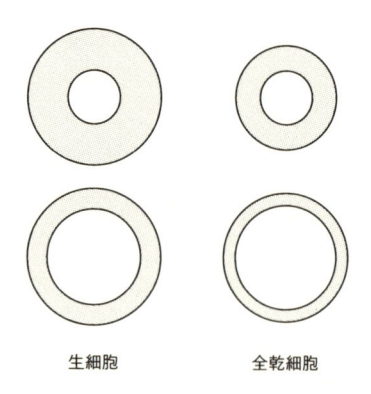

図 9-7　乾燥による細胞収縮の模式図(細胞壁は全乾時に約 2/3 に縮む)

率の変化に対し常に一定であるという考え方は，すべての材に当てはまるとは考えられず，バルサ材のような低比重材は，含水率変化による収縮膨潤が比重の低い割には大きく，含水率変化に伴って内腔の変化があるものと想像される。

これに対しチーク材は含水率変化に対する収縮膨潤が極端に小さいことから推察し，吸放湿に際して細胞が外方へ変形する量がかなり制約され，ほとんどが内方へ向けて変形しているのではないかと想像される。もちろん含有樹脂による何らかの影響も大きいと見られる。

b．収縮，膨潤率の表示方法

一般的に見て膨潤(張)率はあまり現場では使用していない。膨潤率の測定は主として全乾時の寸法を基準としているがときとして含水率12％あたりの寸法を基準とする場合もあって一定の決まりがない。膨潤率は主として学問的な研究に良く利用され，化学処理(修飾)材では処理直後に安定した基準寸法が得にくいため，全乾時の寸法を基準にした膨潤率が使われる。

収縮率については生材時の寸法を基準とし，含水率15％までの気乾収縮率，全乾までの全収縮率があり，その他では含水率15％時の寸法を基準とし，含水率が1％減少するときの収縮率を示した平均収縮率等が正式にJIS 2103-57によって次のように定められている。

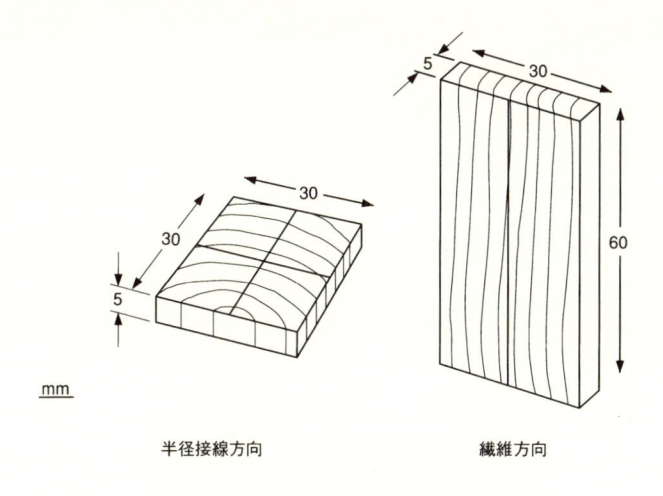

図 9-8　収縮率測定用試験片(JIS による)

b-1　JIS による試験片の形状

大型の試験材であると表面と中心との含水率差が大となることや，細胞の落ち込みを伴う欠点があるため，繊維と直角方向の収縮率を求めるには，繊維方向を 5 mm 厚とし，繊維方向の収縮率を求めるものは長さ 60 mm の生材としている(図 9-8)。

繊維方向の収縮率は全乾までで約 0.2 % と非常に小さいため，わずかな繊維方向の木取り違いがあっても収縮率の測定結果は常に大きくなる心配がある。

試験材は樹心にあまり近い場所やあて材などは，特殊目的以外の一般測定では避けた方がよい。

測定には年輪幅，比重の他に，木口試験片では年輪矢高も測定することになっているが，試験材の木取り位置を推定させる年輪矢高などは樹種別一覧表の中では表示不可能となり，実際には印刷のときに削除されてしまう。

b-2　測定と取りまとめ

先ず生材時の重量を測定し，寸法は測定位置にそい 1/50 mm 精度で測定する。

次に室内で天然乾燥し，重量が一定になるまで 2～3 回重量と寸法を測定

する。つづいて，60 °C の乾燥器内で一昼夜乾燥し重量と寸法を測定し最後に 100～105 °C の乾燥器内で全乾とし重量と寸法を測定する。

収縮率の表示は気乾までの収縮率と全乾までの収縮率，ならびに含水率 15 % 時の寸法を基準にしたときの含水率 1 % 減少に際しての平均収縮率の測定があり，このためには含水率 15 % 時の寸法を求める必要がある。

室内乾燥の過程で運よく含水率 15 % のときの寸法を測定する機会は少ないため，含水率 15 % 時の寸法は，含水率 15 % 付近で測定した値 l_u と全乾時の寸法 l_0 とから次式で求める。

$$l_{15} = l_0 + 15 \times \frac{l_u - l_0}{U} \times 100 \quad [\text{mm}]$$

l_{15}：含水率 15 % ときの推定寸法 [mm]

l_u：含水率 15 % 付近の含水率 U のときの寸法 [mm]

l_0：全乾時寸法 [mm]，U：l_u を測定したときの含水率 [%]

気乾収縮率ならびに全収縮率，平均収縮率は次式による。

$$\alpha_{15} = \frac{l_g - l_{15}}{l_g} \times 100 \quad [\%]$$

$$\alpha_0 = \frac{l_g - l_0}{l_g} \times 100 \quad [\%]$$

$$\alpha_\delta = \frac{l_{15} - l_0}{15 \times l_{15}} \times 100 \quad [\%]$$

α_{15}：含水率 15 % までの気乾収縮率，α_0：全乾までの全収縮率

α_δ：含水率 15 % の材が含水率を 1 % 変化したときの平均収縮率

l_g：生材時寸法

気乾収縮率は大略全収縮率の 1/2 程度であるから，米国の実務的な収縮率表には気乾収縮率を全収縮率の 1/2 としている例もある。

平均収縮率は含水率 15 % のときの寸法を基準にしているため，全収縮率を 1/30 にした値よりはわずかに大きくなる。

理由は含水率が 15 % になるまでには木材は 6～7 % 程体積収縮しており，この縮んで比重の高くなった材の寸法を基準にして全乾までの収縮量を除すからである。

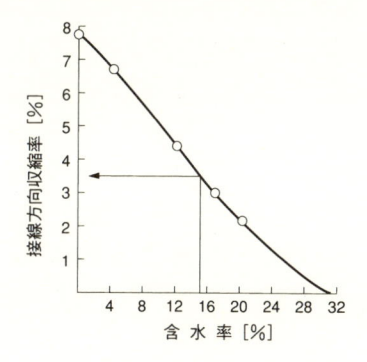

図 9-9 気乾収縮率を図上で求める方法

なお平均収縮率の JIS による正式の指定は次の通りである。

$$\alpha_\delta = \frac{l_u - l_0}{U \cdot l_{15}} \times 100 \quad [\%]$$

含水率 15 % までの気乾収縮率は測定点が多ければ図 9-9 のように図上で求められる。

b-3　樹種別収縮率値と利用方法

木材の物性の中でも，収縮率は樹種別に多量に測定され，比重との対比で示されている例が多い。

しかし特定の樹種を対象にしても，収縮率は比重の変化でかなり変動し，1 本の丸太の中でも位置により収縮率は異なっている(図 9-10)。したがって樹幹内の平均と言っても直径線上の平均値か，利用面積率を乗じた値かの違いも考えなくてはならない。

よって標準として表示されている収縮率値が本当にその樹種の平均的なものであるのか，また実際に乾燥の対象としようとする材の収縮率が，表示されている平均値でよいのか，最大値が必要であるかの疑問は常に残る。

次の大きな問題は，接線，半径方向の収縮率は比較的細胞の落ち込みの含まれていない状態のものであるから，人工乾燥したときの値と比較して一般に小さいと言える。

表 9-5 は温度 60 °C で人工乾燥し，含水率 10 % 以下を 100 °C で乾燥した

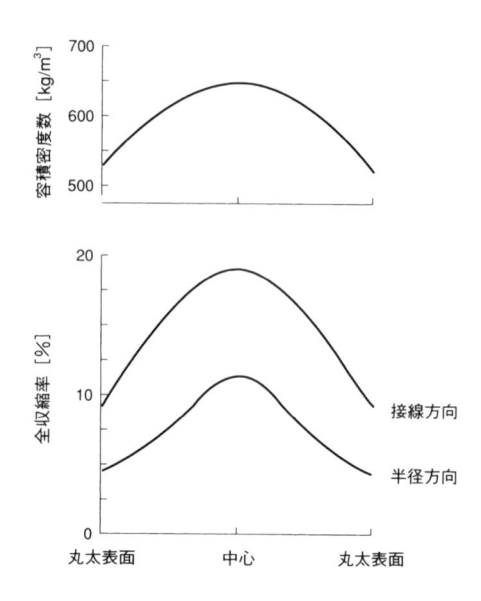

図 9-10　樹幹内の比重と収縮率分布（カリマンタン産クルイン材，蕪木自輔氏ら，木材工業 (1967)）

表 9-5　人工乾燥による全収縮率の増大比率

樹　種	板目材		柾目材	
	幅	厚さ	幅	厚さ
ミズナラ	1.17	1.89	1.16	1.56
イタジイ	1.44	3.73		
コジイ	1.21	3.07		
タブノキ	1.15	2.01		
ブ ナ	1.11	1.50	0.97	1.49
マカンバ	1.10	1.16	1.04	1.16
カラマツ	0.96	1.09	0.75	0.80

JIS による収縮率との比。乾燥温度 60℃ の板材乾燥と比較。

ときの全収縮率と JIS 規格による収縮率との比率で，広葉樹板材の人工乾燥では厚さ方向の収縮率の増大が目立っている。

　細胞に落ち込みが生じる場合は，大略接線方向の収縮率が大となるが，板材乾燥では，乾燥過程で常に板幅方向に収縮の制約が生じ，細胞の落ち込み

9-2 含水率変化に伴う収縮，膨潤

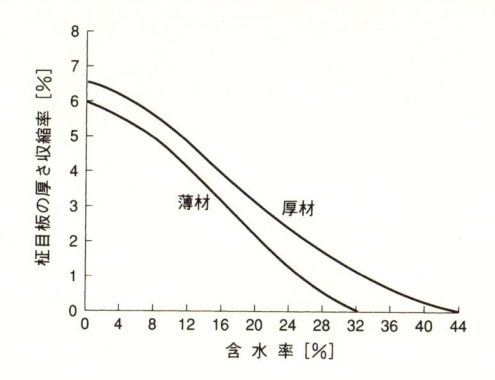

図 9-11 厚さの違いによる収縮経過の模式図（含水率12％まで室内乾燥，その後全乾）

による変形が板厚方向へ働く結果となる。

　繊維方向の全収縮率の平均は比重とは無関係に0.2％と述べたが，繊維の交錯しているラワン類や，一般の広葉樹材は採材によほど注意しないと常に大きめの値に測定される心配がある。しかし利用上から見たときにはこのような測定結果の方がより真実性があるのかもしれない。

　実際問題として節やあてのある針葉樹材は繊維方向の収縮率が2～4％と大きくなる例もあるから注意しなければならない。

　また正常材であっても木材は繊維方向に長く利用するため，含水率15％までに0.1％の収縮があれば，4m材では4mm収縮することを忘れてはならない。

　接線方向の収縮率は，小試験材で正確に接線方向の収縮率の一番大きな場所を測定しているため，実際に幅のある板目材の平均的な収縮率と比較すれば大きめになっているが，広葉樹板材では乾燥温度によって細胞の落ち込みの影響が入るので一概には言えない。

　接線，半径両方向のJISによる収縮率は極めて薄い試験片で測定しているため，含水率むらはほとんど無いが，厚材の乾燥では平均含水率が30％の時点でも，表面の含水率はかなり低下し，繊維飽和点以下に乾燥した部分は収縮するが，板幅方向が拘束されるため板厚方向の厚さ減りが生じやすい。したがって仕上げ含水率25～35％と言ったときの挽立寸法に対しても1～2

9 木材の物性

表 9-6 日本産樹種の比重と収縮率

(1) 針葉樹材

樹種と樹種番号	生産営林局名 (支局名)	辺材・心材の別	比重 R	γ₀	γ₁₅	収縮率 含水率1%当たり t	r	l	含水率15%まで t	r	l	含水率0%まで t	r	l
イチイ (1J)	長野	心材	452	0.49	0.54	0.237	0.125	0.010	1.85	0.84	0.06	5.35	2.71	0.20
アカマツ (15F)	青森	心材	345	0.38	0.42	0.248	0.109	0.014	4.11	1.39	0.03	7.68	2.92	0.23
アカマツ (15I)	東京	心材	448	0.52	0.55	0.314	0.154	0.013	4.40	1.86	0.03	8.90	4.13	0.20
アカマツ (15L)	大阪	心材	418	0.47	0.52	0.288	0.142	0.011	4.34	1.91	0.03	8.45	3.95	0.20
クロマツ (17N)	熊本	心材	474	0.55	0.58	0.268	0.128	0.012	4.17	1.67	0.04	8.01	3.55	0.22
ヒメコマツ (16K)	名古屋	心材	353	0.39	0.42	0.245	0.115	0.012	2.74	0.94	0.03	6.32	2.65	0.20
カラマツ (9J)	長野	心材	434	0.50	0.53	0.310	0.143	0.011	4.13	1.73	0.01	8.61	3.85	0.18
エゾマツ (10C)	帯広	心材	348	0.40	0.43	0.372	0.171	0.010	4.17	1.59	0.04	9.51	4.11	0.18
トウヒ (12J)	長野	心材	373	0.43	0.46	0.327	0.196	0.010	3.81	1.87	0.05	8.52	4.78	0.19
ツガ (14M)	高知	心材	448	0.51	0.54	0.295	0.165	0.010	2.94	1.57	0.02	7.24	4.03	0.16
モミ (4M)	高知	心材	365	0.40	0.44	0.242	0.115	0.017	2.60	1.31	0.05	6.09	2.99	0.29
トドマツ (7D)	札幌	心材	338	0.39	0.41	0.375	0.120	0.010	4.14	0.96	0.03	9.53	2.75	0.19
スギ (18G)	秋田	心材	299	0.33	0.36	0.259	0.093	0.011	3.46	1.07	0.03	7.19	2.44	0.19
スギ (18I)	東京	心材	340	0.38	0.41	0.269	0.102	0.010	2.86	0.99	0.02	6.76	2.50	0.14
スギ (18N)	熊本	心材	332	0.36	0.40	0.239	0.092	0.009	3.03	1.11	0.02	6.50	2.48	0.15
コウヤマキ (19J)	長野	心材	262	0.29	0.32	0.155	0.045	0.008	3.28	1.13	0.07	5.55	1.82	0.21
ヒノキ (20J)	長野	心材	330	0.37	0.41	0.205	0.106	0.013	3.45	1.49	0.05	6.43	3.07	0.25
サワラ (21J)	長野	心材	291	0.33	0.36	0.211	0.074	0.005	3.77	1.75	0.01	6.82	2.85	0.09
ネズコ (22J)	長野	心材	281	0.31	0.34	0.193	0.056	0.009	3.04	1.13	0.15	5.85	1.97	0.29
ヒノキアスナロ (24F)	青森	心材	347	0.39	0.42	0.287	0.122	0.009	3.13	1.05	-0.04	7.30	2.89	0.08
アスナロ (23J)	長野	心材	354	0.40	0.43	0.235	0.110	0.007	3.59	1.77	0.04	7.01	3.40	0.15

R：容積密度数 (kg/m³), γ_0：全乾比重, γ_{15}：気乾比重, t：接線方向, r：半径方向, l：繊維方向

9-2 含水率変化に伴う収縮,膨潤

(2) 広葉樹材

樹種と樹種番号	生産営林局名(支局名)	辺材・心材の別	R	比重 γ_0	比重 γ_{15}	含水率1%当たり t	含水率1%当たり r	含水率1%当たり l	収縮率 含水率15%まで t	収縮率 含水率15%まで r	収縮率 含水率15%まで l	収縮率 含水率0%まで t	収縮率 含水率0%まで r	収縮率 含水率0%まで l
ドロノキ (25 C)	帯広	心材	278	0.35	0.34	0.281	0.117	0.019	4.27	1.38	0.12	8.27	3.11	0.39
ヤマナラシ (26 C)	帯広	心材	365	0.41	0.45	0.259	0.108	0.020	4.29	1.41	0.19	8.00	3.01	0.49
オオバヤナギ (71 C)	帯広	心材	329	0.37	0.39	0.287	0.097	0.018	3.00	0.93	0.14	7.18	2.37	0.42
オニグルミ (28 F)	青森	辺材	432	0.51	0.54	0.256	0.182	0.006	5.11	2.96	0.02	8.75	5.63	0.17
サワグルミ (29 H)	前橋	辺材	269	0.32	0.34	0.354	0.135	0.016	6.11	2.99	0.08	11.09	4.95	0.32
ミズメ (31 H)	前橋	心材	578	0.66	0.70	0.268	0.226	0.014	2.87	1.76	0.16	6.77	5.08	0.38
シラカンバ (32 B)	前橋	辺材	474	0.57	0.60	0.321	0.247	0.015	5.77	2.49	0.14	10.30	6.11	0.36
マカンバ (33 D)	札幌	心材	531	0.61	0.65	0.255	0.205	0.016	3.91	2.25	0.20	7.58	5.24	0.44
アサダ (35 D)	札幌	心材	581	0.68	0.72	0.308	0.202	0.015	5.16	2.27	0.15	9.54	5.23	0.38
ヤマハンノキ (74 I)	東京	心材	382	0.45	0.48	0.259	0.156	0.017	6.52	3.01	0.12	10.15	5.28	0.37
クリ (36 F)	青森	心材	445	0.52	0.56	0.279	0.159	0.009	5.33	2.43	-0.01	9.34	4.76	0.14
スダジイ (37 N)	熊本	心材	497	0.57	0.61	0.262	0.152	0.012	4.51	1.79	0.06	8.25	4.02	0.24
コジイ (70 N)	熊本	心材	384	0.44	0.47	0.273	0.121	0.016	5.31	1.42	0.05	9.19	3.21	0.28
ブナ (38 E)	函館	心材	533	0.64	0.68	0.330	0.179	0.017	6.85	2.39	0.11	11.50	5.02	0.37
ブナ (38 F)	青森	心材	504	0.60	0.64	0.299	0.172	0.020	7.58	2.51	0.12	11.78	4.87	0.42
ブナ (38 H)	前橋	心材	527	0.63	0.66	0.339	0.187	0.019	6.00	2.22	0.17	10.77	4.97	0.45
ブナ (38 K)	名古屋	心材	527	0.64	0.66	0.324	0.212	0.023	6.54	2.22	0.02	11.09	5.23	0.37
ブナ (38 L)	大阪	心材	521	0.62	0.66	0.304	0.164	0.015	7.23	2.38	0.09	11.45	4.78	0.31
アカガシ (40 N)	熊本	心材	721	0.87	0.92	0.378	0.202	0.013	6.78	2.62	0.09	12.07	5.58	0.27
シラカシ (41 N)	熊本	心材	696	0.83	0.88	0.378	0.182	0.011	6.93	2.03	0.04	12.21	4.70	0.19
イチイガシ (43 N)	熊本	心材	625	0.74	0.78	0.350	0.187	0.014	5.78	2.27	0.05	10.27	5.00	0.25

(3) 広葉樹材

樹種と樹種番号	生産営林局名(支局名)	辺材・心材の別	比重			収縮率								
			R	γ_0	γ_{15}	含水率1%当たり			含水率15%まで			含水率0%まで		
						t	r	l	t	r	l	t	r	l
ミズナラ (45 C)	帯広	心材	555	0.65	0.69	0.326	0.177	0.013	5.59	2.00	0.14	10.20	4.59	0.33
ミズナラ (45 D)	札幌	心材	557	0.65	0.70	0.298	0.161	0.016	5.94	1.96	0.24	10.14	4.34	0.48
ミズナラ (45 F)	青森	心材	523	0.61	0.65	0.269	0.149	0.013	5.79	2.04	0.07	9.47	4.21	0.30
ミズナラ (45 K)	名古屋	心材	562	0.68	0.72	0.308	0.199	0.020	6.33	2.45	0.08	10.69	5.38	0.38
コナラ (46 H)	前橋	心材	643	0.77	0.81	0.359	0.193	0.018	6.45	1.84	0.41	11.46	4.68	0.67
ハルニレ (47 C)	帯広	心材	495	0.57	0.61	0.350	0.165	0.015	4.38	1.40	0.11	9.39	3.84	0.32
ケヤキ (48 H)	東京	心材	516	0.58	0.62	0.257	0.157	0.021	2.54	1.38	0.34	6.29	3.70	0.65
カツラ (50 D)	札幌	心材	403	0.45	0.49	0.241	0.145	0.020	4.07	1.90	0.15	7.53	4.03	0.44
ホオノキ (51 D)	札幌	心材	389	0.43	0.47	0.241	0.143	0.012	3.39	1.45	0.09	6.88	3.55	0.27
クス (52 N)	熊本	心材	407	0.46	0.50	0.243	0.133	0.007	3.89	1.50	0.01	7.39	3.46	0.12
タブノキ (53 N)	熊本	心材	555	0.63	0.68	0.280	0.163	0.012	4.06	1.57	0.06	8.09	3.97	0.23
イスノキ (54 N)	熊本	心材	703	0.88	0.92	0.371	0.224	0.012	9.14	3.62	0.11	14.20	6.86	0.29
ヤマザクラ (55 I)	東京	心材	478	0.56	0.60	0.310	0.169	0.011	6.18	2.14	0.06	10.55	4.62	0.22
イヌエンジュ (56 F)	青森	心材	527	0.58	0.63	0.285	0.130	0.028	2.74	0.87	0.19	6.93	2.78	0.39
キハダ (57 H)	前橋	心材	376	0.43	0.46	0.243	0.152	0.013	3.82	1.85	0.13	7.33	4.08	0.30
イタヤカエデ (59 D)	札幌	心材	528	0.63	0.67	0.301	0.197	0.019	6.92	2.89	0.13	11.12	5.76	0.42
トチノキ (60 I)	東京	心材	431	0.50	0.53	0.266	0.162	0.018	4.82	2.18	0.05	8.11	4.60	0.31
シナノキ (61 C)	帯広	心材	383	0.46	0.49	0.275	0.212	0.012	5.66	3.66	0.08	9.55	6.72	0.25
オオバボダイジュ (62 C)	帯広	心材	319	0.38	0.41	0.259	0.197	0.016	6.69	3.92	0.12	10.32	6.75	0.36
セン (64 D)	札幌	心材	403	0.46	0.50	0.278	0.174	0.018	4.07	2.03	0.25	8.06	4.59	0.53
シオジ (66 H)	前橋	心材	468	0.53	0.57	0.281	0.161	0.020	3.24	1.67	0.08	7.32	4.04	0.38
ヤチダモ (67 D)	札幌	心材	553	0.66	0.70	0.370	0.179	0.017	6.57	1.93	0.17	11.71	4.56	0.43
アオダモ (68 C)	帯広	心材	591	0.67	0.72	0.303	0.169	0.027	3.46	1.33	0.28	7.84	3.86	0.70
キリ (69 H)	前橋	心材	245	0.26	0.29	0.201	0.063	0.010	2.22	0.49	0.02	5.16	1.43	0.17

(林業試験場木材部資料, 61-6 (1986) よりの抜粋)

％の収縮を見込まなければならない(図 9-11)。

接線方向と半径方向の収縮率比は Keylwerth 氏によれば

$$\alpha_t = 1.65\ \alpha_r$$

α_t：接線方向収縮率，α_r：半径方向収縮率

で表せるとし，約 1.7 倍としている。

また生材体積に対する全乾重量比である容積密度 $R[g/cm^3]$ との関係で示すと，接線，半径方向の全収縮率は

$$\alpha_{0t} = (16.5 \sim 17.0)R$$
$$\alpha_{0r} = (9.5 \sim 10.3)R$$

α_{0t}：接線方向全収縮率，α_{0r}：半径方向全収縮率

R：容積密度，生材容積に対する全乾重量比 $[g/cm^3]$

が公表されている。

色々の物性を考える資料として，現場では全乾比重の資料が手に入りやすいので全乾比重との関係で示した方が都合は良いが，収縮率のような縮みの問題を論ずるときには全乾比重の中にすでに収縮の因子が含まれているので理論的にはあまり良い方法とは言えず，生材体積に対する全乾重量の比である容積密度を基準として用いる例が研究者の中には多い。

全乾比重 γ_0 と容積密度 $R[g/cm^3]$ とは次の関係にあるとされている。

$$R = \frac{\gamma_0}{1 + 0.28\gamma_0}, \quad \gamma_0 = \frac{R}{1 - 0.28R}$$

表 9-6 に日本産代表樹種の収縮率を示す。供試材は中庸な材質であるから木材乾燥のように低質材に注目して操作するときには，その点を十分認識して参考にしなければならない。中野達夫氏が整理を担当した林業試験場木材部資料 61-1 からの抜粋である。

収縮率について特異な性質を示す材は，マカンバ，オニグルミ材であり接線方向と半径方向との収縮率比があまり大きくない，さらにミズナラ，ケヤキ材が比重の高い割には収縮率が小さく測定される例が多いなどである。

輸入南洋材ではチーク材の収縮率が極めて小さい(表 9-7)。

表 9-7 南洋産材の比重と収縮率

樹種名 (属名)	全乾比重	収縮率								
		含水率1%当たり			含水率15%まで			含水率0%まで		
		t	r	l	t	r	l	t	r	l
カプール (Dryobalanops)	0.61	0.349	0.160	0.013	4.95	1.55	0.04	9.91	3.92	0.24
アピトン (Dipterocarpus)	0.67	0.335	0.197	0.013	6.00	2.52	0.01	10.76	5.33	0.21
クルイン (Dipterocarpus)	0.80	0.372	0.250	0.015	7.83	3.44	0.06	12.95	7.06	0.28
チュテールバンコイ (Dipterocarpus)	0.75	0.336	0.207	0.011	5.99	2.58	0.02	10.61	5.52	0.18
バンキライ (Shorea)	0.86	0.399	0.216	0.009	3.24	1.39	0.03	9.03	4.75	0.16
ホワイトメランチ (Shorea)	0.55	0.317	0.155	0.013	2.94	1.11	0.07	7.56	3.39	0.26
ライトレッドメランチ (Shorea)	0.42	0.261	0.122	0.016	3.05	0.85	0.01	6.84	2.67	0.26
レッドラワン (Shorea)	0.48	0.280	0.143	0.013	4.00	1.42	0.04	8.03	3.54	0.23
エリマ (Octomeles)	0.33	0.237	0.146	0.011	3.42	1.96	0.03	6.68	3.79	0.19
タウン(マトア) (Pometia)	0.51	0.268	0.209	0.004	4.96	2.65	0.00	8.64	5.22	0.06
ターミナリア (Terminalia)	0.44	0.239	0.169	0.006	2.47	1.30	0.02	5.81	3.58	0.11
ナトー (Palaquium)	0.64	0.302	0.203	0.011	6.27	2.66	0.09	10.29	5.67	0.25
ラミン (Gonystylus)	0.62	0.388	0.207	0.011	5.31	1.71	0.03	10.83	4.77	0.16
ジョンコン (Dactylocladus)	0.47	0.278	0.157	0.011	4.08	1.77	0.02	8.08	4.08	0.18
セルティス (Celtis)	0.59	0.291	0.164	0.016	3.83	1.41	0.13	8.03	3.83	0.37
ニュージーランドビーチ (Nothofagus)	0.61	0.339	0.175	0.011	7.90	2.65	0.12	12.59	5.20	0.28
チーク (Tectona)	0.51	0.202	0.120	0.011	1.38	0.74	0.09	4.36	2.52	0.25
アンペロイ (Pterocymbium)	0.34	0.269	0.178	0.009	5.79	1.71	0.05	9.15	4.34	0.17
アガチス (Agathis)	0.43	0.300	0.155	0.011	4.21	1.83	0.02	8.57	4.11	0.165

t：接線方向，r：半径方向，l：繊維方向。　　　　　　　　　(林試報，南洋材の性質 (1966～1975))

表 9-8 米国産材の比重と収縮率

(針葉樹材)

樹種名			密度(g/cm³)		全収縮率(%)	
日本名	米国名	属名	容積密度	全乾比重換算値	接線方向	半径方向
ベイスギ	Western redcedar	*Thuja*	0.31	0.34	5.0	2.4
ベイマツ(コーストタイプ)	Douglas fir	*Pseudotsuga*	0.45	0.50	7.8	5.0
ベイマツ(中間タイプ)	Douglus fir	*Pseudotsuga*	0.41	0.46	7.6	4.1
ベイマツ(ロッキータイプ)	Douglas fir	*Pseudotsuga*	0.40	0.45	6.2	3.6
ベイモミ	Noble fir	*Abies*	0.35	0.38	8.2	4.5
ベイモミ	White fir	*Abies*	0.35	0.38	7.1	3.2
ベイツガ	Western hemlock	*Tsuga*	0.38	0.42	8.1	4.2
シトカスプルース	Sitka spruce	*Picea*	0.37	0.41	7.5	4.3

(広葉樹材)

アメリカハンノキ	Red alder	*Alnus*	0.37	0.41	7.3	4.4
アッシュ	White ash	*Fraxinus*	0.55	0.65	7.8	4.8
メープル	Silver maple	*Acer*	0.44	0.49	7.2	3.0
ホワイトオーク	White oak	*Quercus*	0.60	0.71	9.0	5.3
レッドオーク	Red oak	*Quercus*	0.54	0.63	8.5	4.3
イエローポプラ	Yellow-poplar	*Liriodendron*	0.40	0.45	7.1	4.0

(マヂソン林産研究所, Dry kiln operators mauual (1961))

　北米産材のうち,比較的馴染みの深い材につき容積密度[g/cm³]とこれを全乾比重に換算した値と収縮率とを表9-8に示す.

　木材の接線,半径,繊維方向の収縮率についてはしばしば10:5:1~0.5と言った表示がなされているが,繊維方向の全収縮率は正常材であれば0.2%程度の一定であるため,利用樹種の幅が広くなった現在では,あまり良い表現方法ではない.

b-4 収縮経過の考察

　JISの収縮率測定用試験片のように,繊維方向5mmの木口試験片を用い,乾燥温度が15~25℃の条件であっても,細胞の落ち込みやすい樹種では含水率30%の時点までに細胞の落ち込みによる収縮がかなり発生する.この落ち込みはJIS試験片のように薄い場合には含水率が25%あたりまで乾燥する間に,樹種によっては相当復元するが,その後は固定されたままとなり,

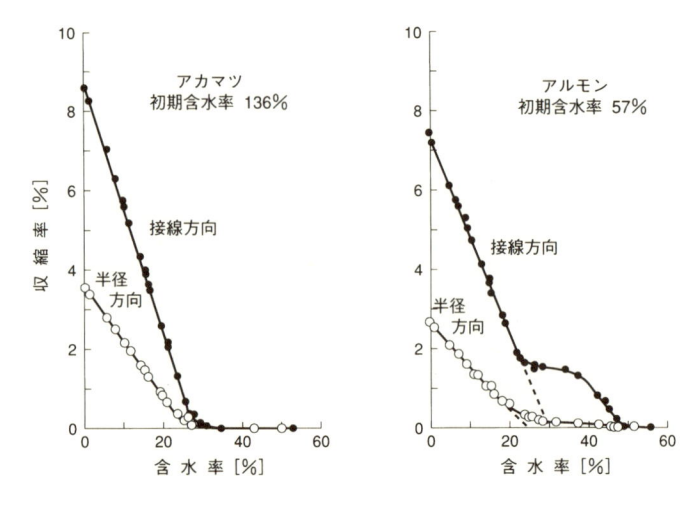

図 9-12 含水率と収縮率との関係(20 ℃。金川靖氏 (1982))

細胞壁の収縮が進行する。

　図 9-12 に細胞の落ち込みのないアカマツと乾燥経過中に落ち込みの甚だしいアルモン材との接線方向と半径方向の収縮経過を示す。JIS による木口試験片による測定結果である。

　アルモン材の収縮経過を逆方向に延長すると含水率を示す横軸との交点は含水率 30 % 付近となり，細胞壁の落ち込みの回復が含水率 25 % までにかなりあったことが明らかとなる。しかしアルモン材は細胞の落ち込みがさらに大きくなるような温度で乾燥すると，残留する落ち込みによる収縮率は大となる。

　オーストラリアで発表している収縮率の資料では普通に乾燥したときの収縮率と，含水率 20 % あたりで一度蒸煮して細胞の落ち込みを復元させてから再乾燥したときの収縮率との両方を示している。

　図 9-13 は 3 方向の収縮率経過を模式的に示したもので，繊維方向の収縮経過は 30 % から 24 % にかけて少し伸びる傾向があり，接線方向は直線か上に凸，半径方向は直線か凹の場合が多い。

　含水率 15 % までの接線方向の収縮率が全収縮の 1/2 以上になる材は，材の利用上から考えあまり良い特性とは言えない。

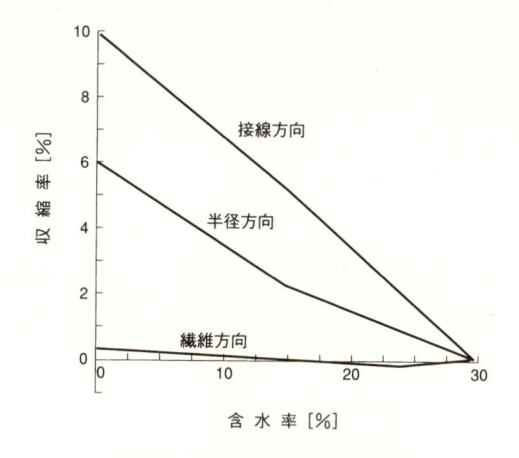

図 9-13 収縮経過の違いの模式図

　理由は未乾燥で使った場合，含水率が低下して 12〜14 % になったときの収縮率が大きく，狂いの原因になるからである．

　モミの類 (*Abies*) にはこの傾向の強い樹種が多い．チーク材は含水率 7 % 以下になってから収縮率がやっと大きくなる．

　接線，半径両方向の収縮率比は樹種によりさまざまであるが，木材の体積収縮率は高比重材を除き全乾比重にほぼ比例し，収縮量は大略脱水された水分の量に比例する．

　ただし含水率 6 % 以下では脱水水分量の 1/1.3 程度の収縮量となる．

　木材の比重が高くなると接線と半径方向との収縮率比は小さくなり，収縮率自体も比重の増加ほどには大きくならない．

　収縮率の測定は生材時の寸法を基準とするが，丸太周辺部から採材した板は成長応力の影響を受け，接線方向に圧縮ひずみを持っているため，蒸煮後に寸法を再測定してみるとわずかながら伸びており，基準寸法をいずれにすべきかの問題が実験室では発生する．

　熱による木材の膨張を測定する際は，あらかじめ一度材を加熱して成長応力を十分開放してからでないといけない．

　乾燥と吸湿を繰り返すと，含水率変化による収縮膨張が減少するように考えられているが，60 回程度の吸放湿では無処理材との有意差は認められない．

9-3 比重(Specific gravity)

　木材の気乾比重は樹種によりさまざまであるばかりでなく，1本の丸太の中でも，幼齢期には成長が良いため環孔材では樹心部の比重が高く，ラワン類のように脆心材（ブリットルハート）のある材では樹心の比重が低く，樹種により樹幹内の比重分布もまたさまざまである。1年間の成長過程で比重分布を比較すれば，伸長成長の盛んな春に作られた樹幹部分の比重は低く，肥大成長の遅くなる夏から秋へかけては比重が高くなり，夏材率の大きい材は比重が高くなる。

　木材質だけの無水物の比重を真比重と呼ぶ。木材質のうちセルロース質の比重は1.58，リグニン質は1.38～1.41程度であり，この配合割合で，若干の違いはあるが，木材の真比重は大体1.5とされている。測定方法によっては1.45～1.60と変化する。

　樹種別の全乾比重の違いは一定容積中に含まれている木材実質の容積によって定まる。言い換えると空隙の量が大きければ比重が低くなる。

　全乾時の空隙率Sは次となり

$$S = \left(1 - \frac{\gamma_0}{1.5}\right) \times 100 \quad [\%]$$

全乾比重γ_0との関係は図9-14である。

　世界で一番全乾比重の低い樹種はバルサ材の0.05～0.17，最高はリグナムバイタ材の0.95～1.31であり，日本ではキリ材の0.17～0.37が最低で，イスノキの0.71～1.00が最高とされている。代表的な日本産主要樹種の全乾比重の範囲を表9-9に示す。

　熱帯材は別として年間の気候変化の大きい地域の樹木は明瞭な年輪があり，針葉樹では春材部の全乾比重が平均比重の低い材で0.28～0.30，平均比重の高いカラマツの類で0.40程度に対し，夏材部はカラマツの類で0.88～0.91，比重の低いマツ類でも0.7程度はある。

　針葉樹材の夏材と春材との比重比の平均は2.0～2.8の範囲にあり，春，夏材の比重比率の小さい材ほど加工上都合がよい。広葉樹材はナラ，タモ類

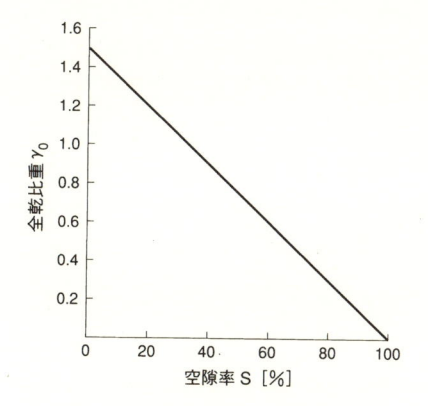

図 9-14 全乾時の空隙率と全乾比重との関係

の環孔材で夏材と春材との比重比率が1.5～2.8，ブナ，カバのような散孔材では1.2～1.5倍の比率である。

針葉樹材は春材部の大小が平均比重を決定する最大因子となっており，年輪幅が1mm程度のときが最高比重を示すという説もある。

広葉樹のうち環孔材は夏材が多いほど比重が高くなり，年輪幅3～4mmあたりで一定化するのに対し，散孔材はあまり顕著な変化がなく，年輪幅2mmあたりに最高値を示すポプラの類もある。

木材のような多孔質材料は比重と言うより容積重$[g/cm^3]$と言った方がよいと思うが，習慣的に比重を容積重のように使っているので，比重の正式の定義(同容積の水との重量比)にはこだわらないで説明する。

9-3-1 含水率の違いによる比重の示し方

木材の比重は含水率によって異なる。繊維飽和点以下の木材は含水率変化によって体積も重量も変わるため木材比重を考える際には両方の因子を計算に入れなければならない。

a．全乾比重(Specific gravity in oven dry)

全乾木材の体積に対する重量比で，一般にはr_0で示すがrは半径と混乱するので本著ではγ_0を使った。

表 9-9 日本産主要樹種の全乾比重範囲

樹種名	属名	全乾比重	樹種名	属名	全乾比重
イチイ	Taxus	0.41~0.48~0.59	ドロノキ	Populus	0.31~0.40~0.54
カヤ	Torreya	0.41~0.49~0.59	オニグルミ	Juglans	0.39~0.50~0.67
イヌマキ	Podocarpus	0.41~0.50~0.61	サワグルミ	Pterocarya	0.27~0.42~0.61
モミ	Abies	0.32~0.40~0.48	ハンノキ	Alnus	0.43~0.49~0.55
トドマツ	Abies	0.30~0.37~0.45	ミズメ	Betula	0.56~0.68~0.80
カラマツ	Larix	0.37~0.48~0.56	マカンバ	Betula	0.46~0.63~0.74
エゾマツ	Picea	0.32~0.40~0.48	アサダ	Ostrya	0.60~0.69~0.84
アカマツ	Pinus	0.39~0.48~0.58	クリ	Castanea	0.41~0.57~0.76
クロマツ	Pinus	0.41~0.51~0.64	シイノキ	Shiia (castanopsis)	0.47~0.58~0.76
ヒメコマツ	Pinus	0.33~0.42~0.53	ブナ	Fagus	0.47~0.62~0.73
トガサワラ	Pseudotsuga	0.37~0.46~0.56	ミズナラ	Quercus	0.41~0.64~0.88
ツガ	Tsuga	0.42~0.47~0.56	アカガシ	Quercus	0.77~0.84~1.04
スギ	Cryptomeria	0.27~0.35~0.41	シラカシ	Quercus	0.70~0.79~1.00
コウヤマキ	Sciadopitys	0.32~0.39~0.47	ハルニレ	Ulmus	0.39~0.61~0.69
ヒノキ	Chamaecyparis	0.31~0.40~0.49	ケヤキ	Zelkova	0.43~0.64~0.79
サワラ	Chamaecyparis	0.25~0.31~0.37	カツラ	Cercidiphyllum	0.37~0.47~0.63
ネズコ	Thuja	0.27~0.33~0.39	ホオノキ	Magnolia	0.37~0.45~0.57
ヒバ	Thujopsis	0.34~0.42~0.51	クス	Cinnamomum	0.39~0.49~0.67
ハリギリ	Kalopanax	0.37~0.49~0.67	タブノキ	Machilus	0.51~0.61~0.74
ヤチダモ	Fraxinus	0.40~0.52~0.71	イスノキ	Distylium	0.71~0.87~1.00
アオダモ	Fraxinus	0.57~0.66~0.79	ヤマザクラ	Prunus	0.44~0.58~0.71
シオジ	Fraxinus	0.37~0.49~0.75	ヒロハノキハダ	Phellodendron	0.34~0.45~0.53
キリ	Paulownia	0.17~0.27~0.37	イタヤカエデ	Acer	0.54~0.61~0.73
			トチノキ	Aesculus	0.37~0.48~0.59
			シナノキ	Tilia	0.34~0.47~0.59

(日本産主要木材,木材工業編集委員会,木材加工技術協会 (1960) より抜粋)

$$\gamma_0 = \frac{W_0}{V_0}$$

W_0：全乾重量[g], V_0：全乾容積[cm^3]

細胞の落ち込みの大きい部位から採材した材は全乾比重が高くなる。高温乾燥した広葉樹材は細胞の落ち込みにより比重が増加しやすく，平衡含水率も低くなるため，強度試験をすると破壊強さが天然乾燥材より大となる場合が多い。この結果を見て熱処理による強度の低下は無いとした報告がしばしば見られる。

全乾にする際，重量の減少が無くなった時点でも，体積の縮小の見られることがあるから，収縮率の測定には自分なりの一定の時間規準を設けた方がよい。

b．気乾比重（Specific gravity in air dry）

天然乾燥された木材の比重を総称して気乾比重と言う場合が多い。

全乾比重が 1.1 程度以下の木材は含水率の低下による収縮率の減少より重量減少率の方が大きいので含水率が低くなるほど比重は低くなるが，含水率 10～20 % の範囲では 0.03 ほどの比重変化でしかないので，見過ごされている。

正確には気乾状態とは含水率 11～17 % の範囲であり，物性を示すときは含水率 15 % に換算する場合が多い。

$$\gamma_{15} = \frac{W_{15}}{V_{15}}$$

W_{15}：含水率 15 % 時の重量[g], V_{15}：含水率 15 % 時の容積[cm^3]

γ_{15}：含水率 15 % 時の比重(容積重)

米国では気乾状態は含水率 12 % である。

c．生材比重（Specific gravity at green condition）

生材の比重であるからほとんどの場合は繊維飽和点以上の含水率で，しかも飽水含水率以下の含水率範囲である。

$$\gamma_g = \frac{W_g}{V_g}$$

W_g：生材重量[g], V_g：生材容積[cm^3], γ_g：生材比重(容積重)

生材比重は含水率によって変化するので比重測定時の含水率を記録する。

d．容積密度数（容積密度）

古くから樹木の重量成長を求めるときなどに用いた単位で生材体積[m³]に対する全乾重量[kg]で示す。Bulk-density のことでよいと思う。

$$R = \frac{W_0}{V_g}$$

R：容積密度数[kg/m³]，W_0：全乾重量[kg]，V_g：生材容積[m³]

これに対し木材物理学の研究者の中には容積密度の名(Basic density, conventional density)で，単位を g/cm³ にして使う例が多く，米国でも Specific gravity としてこの生材体積に対する全乾重量比をよく使っており，ときとして含水率 12％時の容積に対する全乾重量比も使う。

$$R_{12} = \frac{W_0}{V_{12}}$$

R_{12}：含水率 12％時の容積を基準にした容積密度[g/cm³]

W_0：全乾重量[g]，V_{12}：含水率 12％時の容積[cm³]

容積密度数と容積密度との違いは明確に区別されていないので単位に注意する必要がある。

9-3-2 比重の換算式

木材の比重は含水率によって変化するため乾燥状態によって比重修正をする必要がある。ただし，数値は平均的なもので樹種による差はある。

a．繊維飽和点以下の比重換算

含水率 U％時の比重 γ_u を全乾比重 γ_0 から求めるには次式による。

$$\gamma_u = \gamma_0 \frac{100 + U}{100 + 0.84\gamma_0 U}$$

γ_u：含水率 U％時の比重，γ_0：全乾比重，U：ある含水率[％]

$0.84\gamma_0$：含水率 0～25％の範囲では含水率 1％あたりの膨潤率が $0.84\gamma_0$ であるとしている。

含水率 30％時の比重は上式より次式がよい。

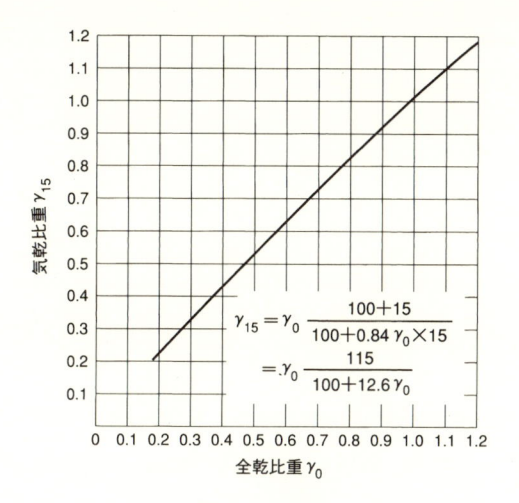

図 9-15 比重換算図

$$\gamma_{30} = \gamma_0 \frac{100 + 30}{100 + 28\gamma_0}$$

γ_{30}：含水率 30％時の比重

a-1　全乾比重から気乾比重への換算

先の換算式，$\gamma_u = (100+U)/(100+0.84\gamma_0 U)$ を用い，$U = 15\%$ として計算すれば図 9-15 となる。

$$\gamma_{15} = \gamma_0 \frac{115}{100 + 0.84\gamma_0 \times 15} = \gamma_0 \frac{115}{100 + 12.6\gamma_0} \qquad \gamma_0 = \frac{100\gamma_{15}}{115 - 12.6\gamma_{15}}$$

a-2　全乾比重から容積密度への換算

木材は全乾から繊維飽和点までに大略 $1 + 0.28\gamma_0$ 膨潤するため容積密度 $R[g/cm^3]$ は

$$R = \frac{W_0}{V_0} \times \frac{1}{1 + 0.28\gamma_0} = \frac{\gamma_0}{1 + 0.28\gamma_0}$$

W_0：全乾重量[g]，V_0：全乾容積[cm^3]

　$0.28\gamma_0$：木材の全乾から含水率 30％ までの膨潤量

全乾比重 γ_0 から容積密度への変換は下記となる。

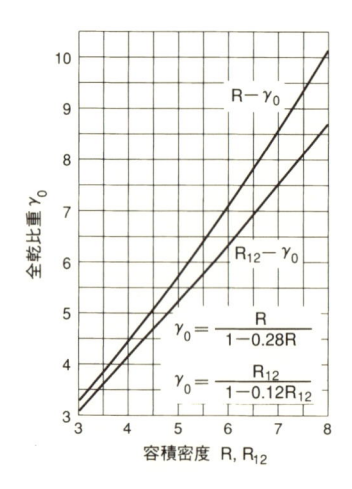

$$\gamma_0 = \frac{R}{1 - 0.28\,R}$$

米国の含水率12％の容積密度 R_{12} から全乾比重への変換は全乾容積から含水率12％までの膨潤を考え下記となる。

$$\gamma_0 = \frac{R_{12}}{1 - 0.12\,R_{12}} \qquad R_{12} = \frac{\gamma_0}{1 + 0.12\,\gamma_0}$$

この関係を作図すれば図9-16となる。

b．繊維飽和点以上の比重への換算

繊維飽和点以上の含水率範囲になると，細胞の体積膨潤はなくなり水分は細胞空隙を満たすようになる。

全乾体積を1としたときの繊維飽和点での体積は，$1+0.28\gamma_0$ であるから，繊維飽和点以上のある含水率の比重 γ_g は

$$\gamma_g = \gamma_0 \frac{100 + U_g}{100 + 28\,\gamma_0}$$

γ_g：繊維飽和点以上の含水率 U_g の木材比重

U_g：繊維飽和点以上のある含水率[％]，γ_0：全乾比重

また飽水含水率のときの比重 γ_s は

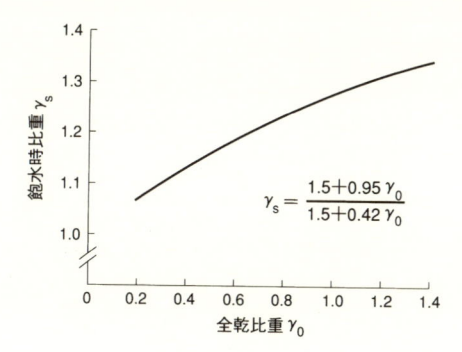

図 9-17 飽水時の比重と全乾比重との関係

$$U_{max} = 30 + \frac{S}{\gamma_0} = 30 + \frac{(1 - \gamma_0/1.5) \times 100}{\gamma_0}$$

$$= 30 + \frac{150 - 100\gamma_0}{1.5\gamma_0} \quad [\%]$$

U_{max}：飽水含水率[%]，S：全乾時空隙率[%]，γ_0：全乾比重
1.5：木材の真比重

$$\gamma_s = \left\{\gamma_0 + \frac{\gamma_0}{100}\left(30 + \frac{150 - 100\gamma_0}{1.5\gamma_0}\right)\right\}\frac{1}{1 + 0.28\gamma_0}$$

$$= \frac{1.5 + 0.95\gamma_0}{1.5 + 0.42\gamma_0}$$

γ_s：飽水含水率時の比重

となり図 9-17 の関係となる。

以上の含水率別の比重換算を一括図表にしたものが図 9-18 で Kollmann 氏の作製したものである。

作図にあたり，飽水含水率を求めるには繊維飽和点を 30～33 % に選んでいる。

含水率 0～25 % の範囲の比重は

$$\gamma_u = \gamma_0 \frac{100 + U}{100 + 0.84\gamma_0 U}$$

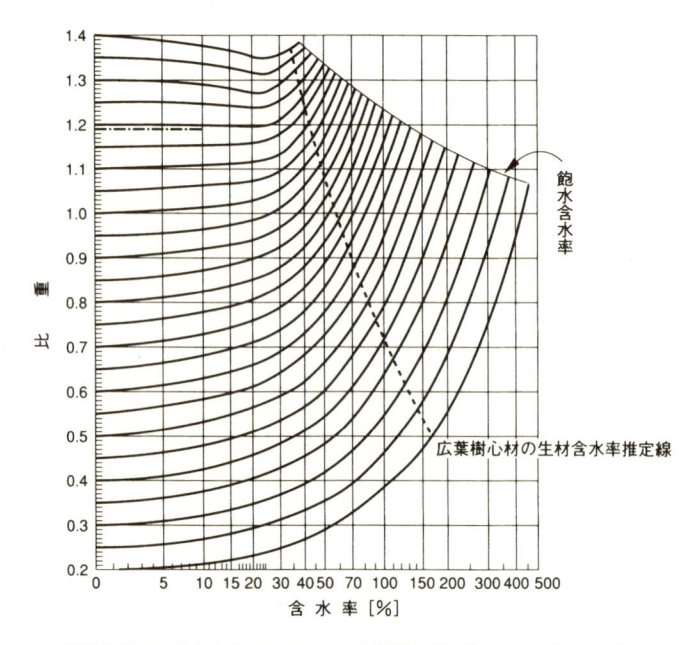

図 9-18 全乾比重別に見た含水率の違いによる比重の変化(コルマン氏, 1956)
点線の比重 1.19 の材は含水率変化に対して含水率 0〜28% の間で比重変化が無い

で計算し，全乾比重 γ_0 が 0.4 以下の材は計算値より 0.01〜0.005 ほど比重を高くしている。

含水率 25〜30% の範囲では吸湿による体積膨張があまり無いとして，この範囲だけ容積変化を次式としている。

$$V' = V_0 \left(1 + 0.8\gamma_0 \frac{U}{100}\right)$$

V'：含水率 25〜30% の範囲の木材容積

式の違いによる段違いは含水率 30〜50% の範囲で適当に修正し，全乾比重 1.19 の材は吸湿による比重変化がないとしている(図 9-18。一点鎖線)。

破線は広葉樹心材の概略の生材含水率と考え，私が加筆したものである。考え方の基準は，広葉樹心材の生材は細胞内腔の約 60% が自由水で充満されている例が多いからで，これをもとにして生材含水率を算出している(図 9-3 参照)。

吸湿による含水率変化に伴う膨潤に対して $0.84\gamma_0$ を使用している理由は，木材の膨潤が含水率 0 % から 25 % の間で全膨潤率の約 75 % となるためと，最大膨潤率が $28\gamma_0$ であることから，含水率 1 % の増加に対する膨潤率 $\delta\beta_v$ は

$$\delta\beta_v = 28\gamma_0 \frac{75}{100} \cdot \frac{1}{25} = 0.84\gamma_0$$

となるからで，全乾比重が 0.84 の逆数 1.19 であると繊維飽和点以下で含水率変化による比重の変化がない。

9-4 木材の機械的性質

木材の強度測定は主として木材を強度部材として使用するためのもので、ほとんどが繊維方向である。

木材乾燥操作で割れに関係する強度資料は繊維と直角方向の性質を示したものに関心が持たれ、含水率や温度が乾燥途中で変化しているときの値も必要となろう。

しかし現段階では繊維と直角方向の木材の強度特性に関した資料は含水率一定の状態のものですら極めて少ない。またこれを利用する側もどのような測定資料があれば乾燥割れの難易が示せるかの具体的な考え方もまとまっていない。

色々模索した結果では、含水率一定条件の繊維と直角方向の性質よりも、乾燥過程における粘弾性的な性質の方がより割れと密接な関係にあると判断されている。

9-4-1 一定含水率の木材の横引っ張り(曲げ)特性

繊維と直角方向の引っ張り最大破壊ひずみの大小と乾燥時の割れとの関係は非常に大きい。接線方向と半径方向(繊維方向も含め)との引っ張りのヤング率比は接線方向に力が加わったときの変形のしやすさを支配しているかもしれない。

a．試験時温度が常温のときの強度特性

木材の含水率が一定のとき、生材と気乾材とでいずれの横引っ張り試験の値がより割れに関係が深いかについては、乾燥割れが発生する含水率範囲を考えてみれば気乾状態の方が適当と思われるが、割れ発生のときは水分非定常状態であり、破断面を見ると細胞間層からの裂断が多いので生材時の資料の方がより適切かとも考えられる。

気乾材の横引っ張り試験で技術的に問題となる点は、試験材用原板の乾燥過程で発生しやすい乾裂と、細胞の落ち込みによる組織の座屈や細胞のしわがヤング率や強さに影響して生材より小さな値となったり、最大破壊ひずみが思いの外に大きく、あるいはときとしては小さくなるなどの予測しない測

9-4 木材の機械的性質

表 9-10 3軸方向の引っ張り最大破壊ひずみの比率(スラウエシー産材)

科名(属名)	気乾比重	気乾材				生材				気乾材/生材の比		
		l	r	t	r/t	l	r	t	r/t	l	r	t
Anacardiaceae (*Koordersiodendron*)	0.69	100	123	219	0.56	100	169	153	1.11	0.81	0.59	1.16
Burseraceae (*Canarium*)	0.57	100	210	167	1.26	100	138	245	0.56	0.82	1.23	0.55
Burseraceae (*Santiria*)	0.62	100	106	205	0.75	100	126	149	0.84	1.10	0.89	1.40
Celastraceae (*Lophopetalum*)	0.48	100	246	153	1.61	100	190	132	1.44	0.91	1.18	0.59
Combretaceae (*Terminalia*)	0.42	100	74	125	0.29	100	135	316	0.43	1.20	0.68	0.49
Combretaceae (*Terminalia*)	0.70	100	160	140	0.81	100	240	193	1.25	0.98	0.65	0.72
Combretaceae (*Terminalia*)	0.65	100	90	210	0.43	100	142	242	0.59	0.86	0.55	0.75
Datiscaceae (*Octomeles*)	0.34	100	169	311	0.54	100	246	246	0.90	0.94	0.85	0.54
Gonystylaceae (*Gonystylus*)	0.57	100	104	116	0.90	100	115	229	0.50	0.90	0.81	0.45
Guttiferae (*Calophyllum*)	0.46	100	139	204	0.68	100	140	290	0.48	0.85	1.01	0.59
Lauraceae (*Litsea*)	0.49	100	84	136	0.63	100	134	166	0.81	1.30	0.78	1.00
Lauraceae (*Litsea*)	0.48	100	166	167	0.99	100	158	252	0.62	0.64	0.67	0.42
Meliaceae (*Dysoxylum*)	0.54	100	210	167	1.26	100	138	245	0.56	0.82	1.23	0.55
Meliaceae (*Sandoricum*)	0.45	100	170	330	0.33	100	150	305	0.49	0.60	0.68	0.64
Moraceae (*Artocarpus*)	0.72	100	212	267	0.79	100	177	437	0.41	1.21	1.46	0.74
Moraceae (*Ficus*)	0.38	100	97	224	0.43	100	150	230	0.66	0.90	0.58	0.88
Myristicaceae	0.50	100	127	280	0.45	100	238	225	1.06	1.04	0.56	1.29
Myrtaceae (*Eugenia*)	0.27	100	132	135	0.98	100	181	249	0.73	1.15	0.83	0.62
Podocarpaceae (*Podocarpus*)	0.52	100	83	58	1.43	100	92	102	0.90	0.94	0.85	0.54
Sapindaceae (*Pometia*)	0.66	100	188	98	1.92	100	222	320	0.70	1.37	0.86	0.42
Sapotaceae (*Madhuca*)	1.08	100	57	60	0.94	100	86	104	0.83	1.03	0.68	0.60
Sapotaceae (*Palaquium*)	0.51	100	140	146	0.47	100	140	280	0.49	0.92	0.96	0.48
Sapotaceae (*Palaquium*)	0.54	100	180	203	0.88	100	134	261	0.51	0.91	1.22	0.70
Simarubaceae (*Ailanthus*)	0.42	100	93	87	0.52	100	190	210	0.89	1.20	1.30	0.49
Simarubaceae (*Ailanthus*)	0.43	100	90	132	0.69	100	173	324	0.53	1.35	0.70	0.55
Sonneratiaceae (*Duabanga*)	0.43	100	70	83	0.46	100	92	205	0.45	1.4	1.00	0.42
Sterculiaceae (*Heritiera*)	0.56	100	160	176	0.94	100	155	177	0.87	1.10	1.10	1.00
Sterculiaceae (*Heritiera*)	0.56	100	123	219	0.56	100	169	153	1.11	0.81	0.59	1.16
Sterculiaceae (*Sterculia*)	0.36	100	106	108	0.46	—	—	—	—	1.20	0.70	0.47
平 均	0.54	100	133	175	0.77	100	158	227	0.76	1.02	0.86	0.77

l:繊維方向, r:半径方向, t:接線方向, l方向のひずみ量を 100 としている。r, t方向は 100 以上が常識的。

(奥山剛氏ら (1984))

定誤差が入ることである。

表 9-10 はスラウエシー産材の横引っ張り試験の最大破壊ひずみの繊維方向を 100 として示したもので，一般常識としては t, r 方向が 100 以上の数字を示すはずである。割れやすい材であるポドカルプス(*Podocarpus*)の繊維と直角方向の気乾時破壊ひずみは繊維方向より小さな数字となっている。多分，乾燥中に小割れが生じたためであろう。またあまり比重が高くなく，しかも割れない材で数値の小さいものが散見される。かなり割れやすいラミン

材 (*Gonystylus*) の数値は気乾,生材共に少しではあるが繊維方向より大きくなっていて,実際の割れやすさとは異なる。

Sapotaceae 科の *Madhuca* は気乾比重が 1.08 と高く,乾燥中に小割れが生じたために気乾材の繊維と直角方向の破壊ひずみが小さな値になったと想像される。

気乾材と生材とで最大破壊ひずみの数値を全樹種について比較してみると,2,3 の異例はあるが,気乾材の方がより実際の割れと関係があるように思われる。気乾材と生材との接線方向の最大破壊ひずみの比は割れとは無関係のようである。この種の資料から乾燥割れ発生の難易を決断する段階には到っていない。

表 9-10 は名古屋大学農学部演習林報告第 8 号スラウエシー産材の材質 (1984) の一部である。

b. 種々の温度での強度特性

試験時の温度や木取り角度を色々変化させた代表的な測定例に Red oak 材を用いた Youngs 氏 (1957) の報告がある。しかし測定点が少なく,木材乾燥のように細かな温度比較を検討する資料としてはやや不満である。

b-1 短時間加熱による強さ,ヤング率と破壊ひずみの変化

生材を用い試験片の温度が上昇するまでの短時間だけ加熱したときの横ねじり試験の剛性率と温度との関係は先の図 8-53 に示した (林和男氏ら (1973))。

ブナ材は 45 ℃,ベイヒ材は 60 ℃ あたりに変化点が認められる。変化点温度を境として,破断面は高温側で細胞間層が多くなる。

試験片の大きさは断面 10×10 mm,長さ 70 mm (固定点間の間隔),木口木取りの半径方向である。

図 9-19 は板目生材の繊維と直角方向の短冊型試片によるねじり試験の結果で破断角度と温度との関係を示し,70~80 ℃ あたりが多くの広葉樹材では最大値となる。

先の 8 章で示した図 8-51 は温度と曲げ変形量との関係でほとんどの樹種は 45~50 ℃ に変化点が現れ,それ以上の温度帯で変形量が大きくなる。

b-2 加熱時間の違いによるヤング率の変化

一般の亜寒帯産広葉樹材は長時間煮沸し続けると冷却した時点でもヤング

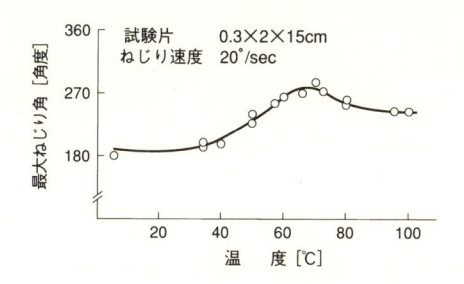

図 9-19 最大ねじり角と温度との関係(ミズナラ飽水材。繊維と直角,板目試片)

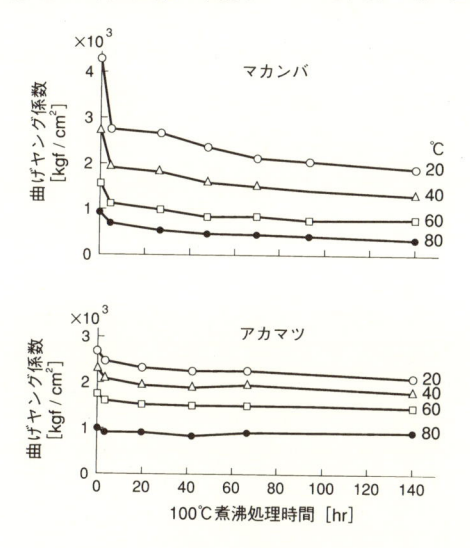

図 9-20 100℃煮沸処理時間と曲げヤング係数との関係
(各測定時間ごとに材温を一時的に冷却して測定。高含水率板目材,繊維直角,
図中の温度は測定時温度,試験寸法 3(r)×20(l)×120(t) mm,片持ち曲げ)

率が低下するが,針葉樹材は煮沸時間の影響が少なく,南洋産材の中には一時的ではあるがヤング率が増大する材もある。

図 9-20 はマカンバとアカマツ材とを 100℃で煮沸し続け一時的に取り出し,各温度まで材温を降下させて曲げヤング係数を測定したものである。

アカマツ材は煮沸時間の影響が少なく,マカンバ材は煮沸時間の影響が材を 20℃あたりまで冷却したときに,よく現れるようである。

9-4-2 含水率が変化している木材に負荷したときの変形(水分非定常状態の変形)

木材人工乾燥で最も関心のある資料は,乾燥過程における繊維と直角方向の外力による最大変形量の樹種別比較値と,外力によって変形した永久ひずみ材が吸湿時に復元するレオロジー的性質とである。この分野の樹種別資料はほとんど発表されていないため解説が主体となる。

a. 乾燥過程の負荷による変形と復元

繊維飽和点以下の乾燥過程(水分非定常状態)で木材は非常にわずかな外力によって容易に変形する。含水率10%あたりまでの変形量は非常に大きく,破断するまでの変形量は生材状態のまま変形させたときよりも数倍大きい。

乾燥過程で含水率が20%になるまでに荷重を除去すると復元量は大きいが,含水率が12%以下になるまで負荷したままで乾燥させると,除荷したときの含水率が低いため材のヤング率が高く,除荷しても復元量は小さく,

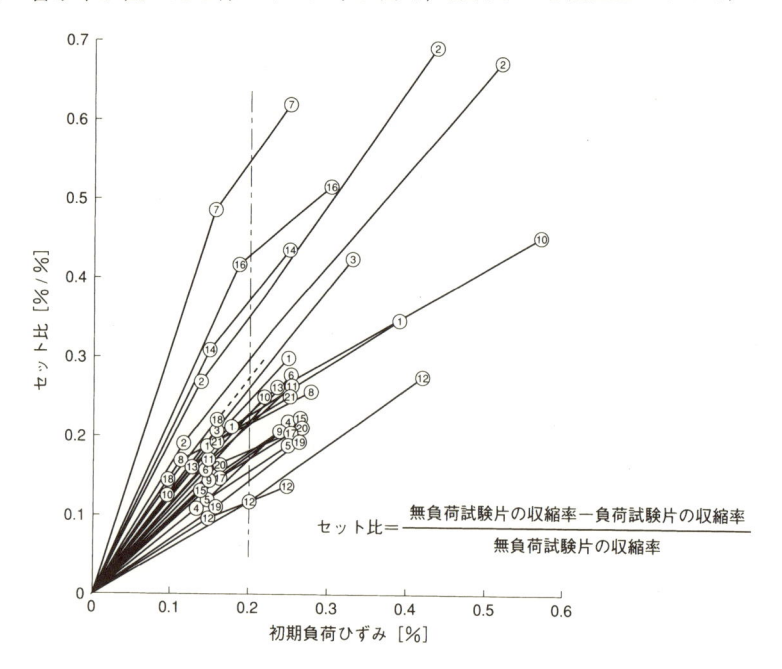

$$セット比 = \frac{無負荷試験片の収縮率 - 負荷試験片の収縮率}{無負荷試験片の収縮率}$$

図 9-21 　負荷時のひずみ量とセット比との関係
(乾燥中の横引っ張り,板目材,樹種名は表 9-11 参照のこと,久田卓興氏 (1986))

表 9-11 セット比を示した図 9-21 の樹種名と番号

番号	樹種名	属名	科名
1	ヒノキ	Chamaecyparis	Cupressaceae
2	マカンバ	Betula	Betulaceae
3	ミズナラ	Quercus	Fagaceae
4	キャンプノスパルマ	Campnosperma	Anacardiaceae
5	カナリウム	Canarium	Burseraceae
6	ターミナリア	Terminalia	Combretaceae
7	エリマ	Octomeles	Datiscaceae
8	アピトン	Dipterocarpus	Dipterocarpaceae
9	クルイン	Dipterocarpus	Dipterucarpaceae
10	レッドラワン	Shorea	Dipterocarpaceae
11	ニューギニアバスウッド	Endospermum	Euphorbiaceae
12	ラミン	Gonystylus	Gonystylaceae
13	カロフィルム	Calophyllum	Guttiferae
14	リツェア	Litsea	Lauraceae
15	インツィア	Intsia	Leguminosae
16	セプターパヤ	Pseudosindora	Leguminosae
17	ジョンコン	Dactylocladus	Melastomaceae
18	タウン	Pometia	Sapindaceae
19	ニヤトー	Palaquium	Sapotaceae
20	ホワイトシリス	Ailanthus	Simaroubaceae
21	グメリナ	Gmelina	Verbenaceae

負荷中の変形量のほとんどが永久ひずみとなる。図 9-21 は生材時の横引っ張りの初期ひずみとセット比との関係を示したものでセット比は次式である。

$$セット比 = \frac{\alpha_n - \alpha_p}{\alpha_n} = 1 - \frac{\alpha_p}{\alpha_n}$$

$$収縮率比 = \frac{\alpha_p}{\alpha_n}$$

α_p：負荷時の収縮率，α_n：無負荷時の収縮率

樹種名の番号を表 9-11 に示す。このうち⑦エリマ材が極端に大きく，⑯セプターパヤ，⑭リツェア，②マカンバがやや大きく，③ミズナラがそれに続く。その他は似ており④キャンプノスパルマ，⑤カナリウム，⑲ニヤトーが小さく⑫ラミン材が最小であり，一応材質としての割れやすさの傾向は示されており，実際の乾燥のときの割れ発生とも良い相関にある。

セット比の大きい材の中にミズナラ材があるが，ミズナラ材は実際の乾燥

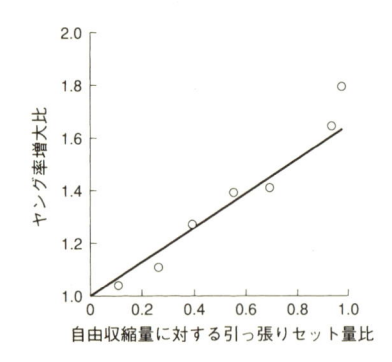

図 9-22 横引っ張りセット量比とヤング率との関係(久田卓興氏 (1986))
(乾燥温度 20 ℃,関係湿度 55％,マカンバ材,マカンバ材は
全く収縮しない状態まで引っ張り乾燥が可能である)

操作では割れやすい材とされてる。しかしコナラ系の硬い材を除き,温度を 50 ℃以上に上昇しなければ,そう割れる材ではない。曲木にも使われる材である。

引っ張られて乾燥した材のヤング率は図 9-22 のように増大し,残留乾燥応力の大きな材をプレーナー加工すると切削音が硬く感じる理由の説明となる。

以上は林業試験場(現・森林総合研究所)の久田卓興氏(林試報 335 (1986))による測定結果である。

繊維飽和点以上の含水率域で変形した細胞の落ち込みのような大きなひずみは,含水率が繊維飽和点から 20 ％ あたりまで乾燥する過程で一部復元する。その程度は樹種によって大きく異なる。

b．吸湿過程における負荷による変形と復元

乾燥された木材に負荷し,吸湿させれば放湿過程と同じように小さな荷重で大きな変形が起こる。また吸湿過程で変形した永久ひずみは除荷後のさらなる吸湿でかなり復元する。したがって吸湿過程で負荷したまま 20 ％ 以上の含水率にすると一度最大に変形した値より変形量が減少する。木材が原形の細胞形に戻ろうとする復元能は含水率 20 ％ 以上の域で大きい。

信州大学徳本守彦氏は,放湿過程のある含水率域で負荷されたときのひずみは,除荷後の吸湿過程の同じ含水率域で大きく復元することを明らかにしている(木材誌 vol 35, 3 号 (1989))。

含水率が変化している際に木材の変形が容易となり，変形が永久ひずみになる性質は曲木で広く利用されている。変形が容易になる理由は，木材成分から水分子が抜け出したときの分子構造の一時的な緩みが変形を容易にしていると説明されている。

乾燥過程にあっては木材に外部から特定の力を与えなくても，細胞壁を構成している 3 層構造の間に，また少し大きく見れば細胞相互の間にかなり大きな乾燥応力が生じ，互いにバランスを取りながら変形し続けている。

この状態のときに外部から力が与えられると比較的容易にその力の方向に変形できるようにも考えられ，そのときの変形は特定の含水率域でしか復元できないとも考えられる。

水分非定常状態下の荷重による最大変形量には温度の影響が少ないように言われているが，乾燥過程の最大破壊ひずみや乾燥割れの様子などからみると温度影響がかなりあるように感じられる。

木材は乾燥過程で一定の負荷を与えておくと変形し続けるが，このような性質は木材自体が含水率低下に対してあまりヤング率を増大させないためである。膠（にかわ）や澱粉（マカロニなど）類は含水率が数 % 変化してもヤング率が大きく変化するので，木材に見られるような一定荷重のもとでの広い含水率範囲の非定常クリープ現象は測定できない。ボール紙などは繊維飽和点以上の含水率 40〜30 % あたりで，自由水の減少に伴う厚さ収縮の際に，大きな曲げクリープが測定される。もちろん，厚さの減少による断面係数の変化は計算しての結果である。

9-4-3 熱処理材の乾燥後の強度変化

以上の内容は主として繊維と直角方向の木材の機械的性質についてであるが，構造材料などで問題とされる高温乾燥による強度低下は繊維方向が主である。

生材時に 1〜2 時間の 100 ℃ の加熱処理を行っても乾燥後の材料の強度低下にはあまり影響がなく，逆に圧縮強度などの増大する例が多い。この理由はセルロースの結晶化が進むためと，平衡含水率が 0.5〜1.0 % 低下し，試験時含水率が無処理材より低くなるからと説明されている。ただし処理温度

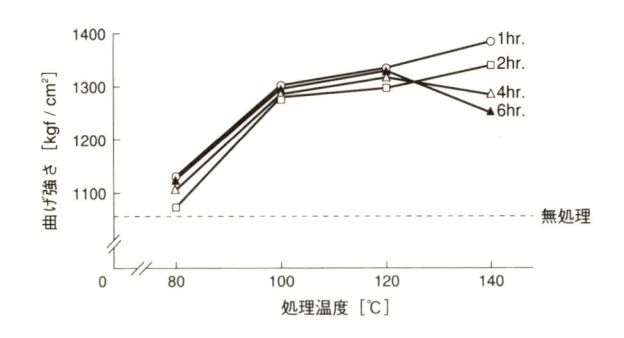

図 9-23　生材時熱処理材の曲げ強さと処理温度との関係（気乾時の強さ，アピトン）

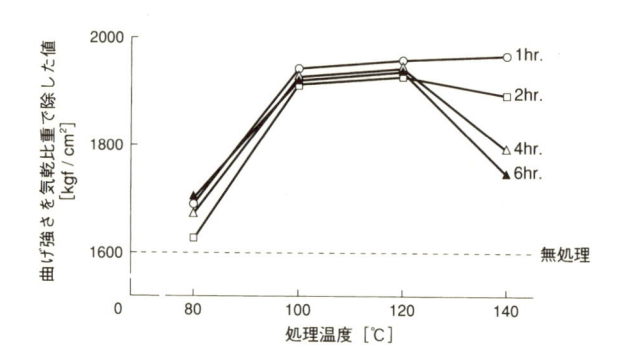

図 9-24　試験材の比重を勘案したときの処理温度と曲げ強さとの関係

が140℃，処理時間2hrを越すと強度は低下する方向へ進むようである。

　一般に広葉樹材は加熱処理によって事後の乾燥経過中に細胞の落ち込みが発生しやすくなり，比重が増加し強度測定値が全体的に大きくなるが，比重で除した値で比較すると熱処理の影響が明らかになる。図9-23はアピトン生材を各温度で熱処理した後に乾燥して曲げ試験をした結果で図9-24は試験時の比重で除した値である。熱処理による横圧縮強さの低下は大きい。

　乾燥に関係した強度試験の結果は以上であるが，熱処理材や高温乾燥材が乾燥後に吸水したり乾湿繰り返し試験をしたときの強度低下がどのようであるかはあまり明らかにされていない。トラックボデー用アピトン材の熱処理材（140℃）が使用中の短期間に破損した例はある。

9-5 木材の熱的性質

木材乾燥では，熱の移動はあまり重要ではなく，乾燥初期に冷えている木材の中心まで加熱するのに必要な時間を決定するときと，乾燥末期になり板材中心部が30％以下に乾燥したときの条件として，材中心部で消費する蒸発潜熱を補給する際の熱伝導率などが多少関係する程度である。

また繊維飽和点以下の木材から水分を蒸発させるときの潜熱を考える際に，水の蒸発潜熱だけでなく結合水を分離させるのに必要な微分吸着熱の問題などもある。

9-5-1 微分吸着熱

これはある含水率の無限量の木材が1 kgの水を吸着するときに発生する熱量[kcal]，と定義されている[kcal/kg water]。各含水率段階で測定すれば図9-25となる(K.E.Kelsey氏ら(1956))。温度による違いは小さい。

木材乾燥の場合は仕上げ含水率が10％ほどなので，繊維飽和点以下の領域で水の蒸発潜熱に20 kcal/kg程度の余分の熱エネルギーを加えれば十分である。微分吸着熱の含水率に対する変化率と，蒸気圧差で示した時の水分拡散抵抗の変化率とは比例しているようである。

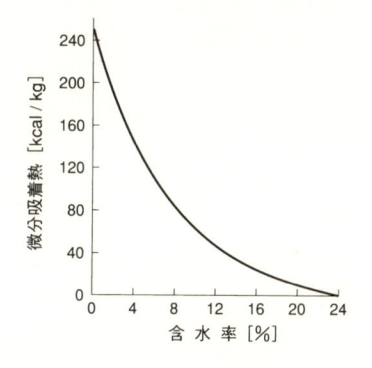

図 9-25 微分吸着熱と含水率との関係(ケルセイ氏ら(1956))

9-5-2　木材の熱膨張

木材の熱による膨張は無視できるほど小さいが，繊維飽和点以上の含水率状態で成長応力（ひずみ）や乾燥応力（ひずみ）を持った材は，加熱することにより応力（ひずみ）が開放されかなり寸法が変化する。また全収縮率を求める際に100 °Cの加熱状態で寸法測定すると，熱膨張により繊維と直角方向では0.3 %ほど収縮率が小さく測定される。

Stamm氏ら(1964)の測定では繊維方向の熱膨張率は共通的に小さく$3.5 \sim 4.5 \times 10^{-6}$/°C，接線方向は比重が高いほど大となり$35 \sim 43 \times 10^{-6}$/°C程度である。

9-5-3　木材の比熱

木材は金属に較べ比熱が大きい。温度によって異なり全乾状態の木材の比熱CはDunlap氏(1912)によって

$$C = 0.266 + 0.00116\,\theta \qquad \theta：温度[°C]$$

とされている。

水の比熱は木材質より大きいので含水率が高くなると木材の比熱は大となる。計算式は次である。

$$C_u = \frac{1}{100}\left\{\frac{100\,U}{100+U} \cdot C_w + \left(100 - \frac{100\,U}{100+U}\right)C\right\}$$

$$= \frac{U \cdot C_w + 100\,C}{100+U}$$

C_u：含水率Uのときの比熱[kcal/kg]，C_w：水の比熱=1[kcal/kg]
C：真の木材質の比熱≒0.32 kcal/kg·°C[50 °C]，U：含水率[%]

上式により含水率50 %，50 °Cのときの木材比熱は，約0.55 kcal/kg·°Cである。

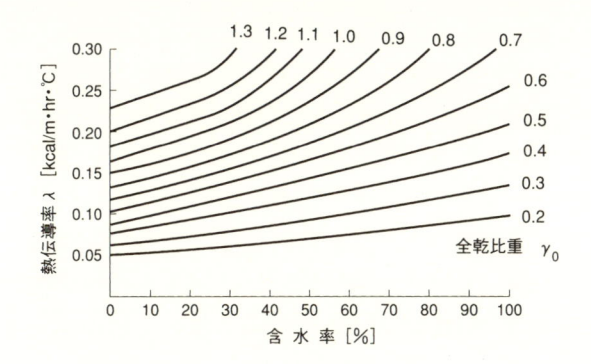

図 9-26 木材の熱伝導率と含水率との関係(繊維と直角方向，常温，コルマン氏ら(1956))

9-5-4 木材中の熱の移動

a．熱伝導率

熱伝導率は熱の伝わり方の遅速を表す値である。

木材の熱伝導率は繊維方向が大きく，繊維と直角方向の 2.25〜2.75 倍で，半径方向は接線方向より 5〜10 % 大きいと言われている。当然比重と含水率や温度の影響を受ける。

熱伝導の研究者には満久崇麿氏，Kollmann 氏らやその他多くの人がいるが乾燥ではあまり必要としないので概要を記すだけにとどめる。図 9-26 は Kollmann 氏ら (1956) が作図したもので繊維と直角方向である。

板材が乾燥する過程で中心部の含水率が繊維飽和点以下になると水分蒸発に要する熱量補給が必要となる。板の中心部近くから外へ拡散して来る水分量に見合った蒸発潜熱と，材表面から木材内部へ伝達される熱量との平衡によって乾燥が進むため，いずれかが極端に小さいとその値に蒸発速度は制約される。

一般の熱気乾燥の際には乾燥速度があまり速くなく材内の熱伝導の大小は問題にされないが，通気性の良好な材を減圧乾燥する際には，木材の熱伝導率が乾燥速度を制約する。

この事実は，熱板加熱より高周波加熱が優位にある点や，熱板加熱の際に真四角な短尺材を木口方向から加熱すれば乾燥時間が短くなることからも理

解できる。

　材中の水分拡散速度と比較して熱伝導率が小さいと，材中心部温度が材表面温度より数度も低くなり材の中心部の蒸気圧があまり高くならず，材内外の蒸気圧差が小さくなるため乾燥速度は水分拡散の大きさと比較してあまり大きくならない。一般的に言えば水分拡散速度は低比重材ほど大きく，熱伝導率は高比重材の方が大きく，含水率1%を低下させるための除去水分量は比重に比例するため，低比重材の初期含水率が高くても乾燥時間は短い。

b．熱拡散率(温度伝播率)

　熱拡散率は熱伝導率を比熱と密度で除した値で，例えば木材の一端を加熱したとき，他端の温度上昇速度の大小を示した値である。

$$\alpha = \frac{\lambda}{CR} \quad [\text{m}^2/\text{hr}]$$

　α：熱拡散率$[\text{m}^2/\text{hr}]$，C：比熱$[\text{kcal/kg}\cdot°\text{C}]$，R：密度$[\text{kg/m}^3]$
　λ：熱伝導率$[\text{kcal/m}\cdot\text{hr}\cdot°\text{C}]$

　含水率の高い木材と低い木材とで，板の中心温度が上昇する速さを比較すると，含水率の高い方が熱伝導率は大きいが，含水率が高いと材の比熱と比重(密度)が大きくなるため，乾燥した木材の方が中心部の温度上昇は少し速くなる。

　板の中心や丸太の中心温度が目的の温度に上昇するまでの時間は厚さや直径の自乗に比例する。スギ心持ち柱材 (生材寸法 11.5 cm 角) の初期蒸煮 (温度 90〜95℃) で，柱の中心温度を 90℃ 以上にするには室温上昇の時間を含め 6〜9 時間を要する。

9-6 木材の電気的性質

木材乾燥で木材の電気的性質が重視される分野は電気式含水率計の設計と誘電加熱である。

含水率計には電極の接触した位置の含水率だけが測定できる抵抗式含水率計と，木材の誘電率を測定して含水率を算出する高周波式含水率計とがあり，後者は電極から離れた場所の水分にも反応する性質があり，高含水率材の測定も可能である。

9-6-1 木材の直流抵抗

a．含水率と直流抵抗

木材の直流抵抗(比抵抗)と含水率との関係は，含水率の低下と共に急増する(図9-27)。

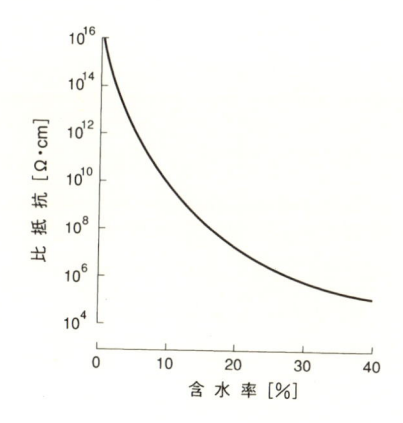

図 9-27 含水率と比抵抗との関係略図(温度 20 ℃)

含水率 15 % 付近で含水率が 5 % 変化すると抵抗は 10 倍以上変化する。ただし含水率 30 % 以上では電気抵抗の変化は微小となり含水率計としての利用には正確さを欠く。

b．比重と直流抵抗

同一含水率で比重の高い材と低い材とを比較すれば比重の低い材は電極との接触点も少なく電流通路の断面積も小さいため，当然電気抵抗は大となり電気抵抗は全乾比重の逆数になるべきである。

しかし，電気抵抗を含水率に変換する際，比重の高低による電気抵抗の2倍以内の違いは，含水率の変化にすると1％以下の誤差にしかならないので含水率計としての比重補正は非常にわずかですむ。しかし樹種間での違いは含水率にして1～2％ある。

c．繊維の方向と直流抵抗

木材の構造からみて，繊維方向は電気通路が直線的に連なっているため，繊維と直角方向と比較して抵抗が小さい。

また半径方向(r)は接線方向(t)より10％ほど小さいと言われている。Stamm 氏は含水率14％の材につき，それぞれの比抵抗を $l:r:t=9\,M\Omega\cdot cm:22\,M\Omega\cdot cm:24\,M\Omega\cdot cm$ としている(1927)。このため含水率計を使う際には，電極のあて方を計器の指示通りにしないと多少(1％以内)の誤差が生じる。

d．温度と直流抵抗

温度と電気抵抗との関係は含水率15％あたりで20℃を中心として10℃上昇すれば約1/2に，10℃低ければ2倍となる。金属の場合は一般に温度が上昇すると電気抵抗は増大するが有機質は低下する例が多い。

したがって含水率計として利用する際には含水率15％あたりを測定したとして，材温が標準温度20℃から±10℃違うと，含水率は±1％ほど変化し，その量だけを温度が高ければ差し引き，低ければ加算する必要がある。測定場所の気温の変化を補正した機器はある。

e．木材中の塩類と直流抵抗

海中貯木した材で吸水性の大きいラミン材やモミ類は，海水を吸水しているため電気抵抗が小さくなり，含水率計の読みを狂わせる。蒸留水で木片から樹液を抽出し，硝酸銀溶液を1滴加えれば白濁するから原因はすぐ判明する。明確ではないがアピトン類木材は比重が高い割に電気抵抗が大きい。材内の樹脂分が電気抵抗に影響しているように感じられる。

以上の木材と直流抵抗との関係から考え,含水率計に直流抵抗を利用する際の長所と短所は次となる.

長所:取扱が簡単で比重の影響は少なく補正も容易である.

短所:含水率20%以上の測定結果は不正確になる.電極が接触した位置の含水率しか測定できなく,針状電極を使うと材に針穴が残る.温度影響を多少受ける.海水を吸った材の含水率は高く表示される.

9-6-2　木材の高周波抵抗

一般の 50〜60 Hz(サイクル)の交流であれば直流抵抗とあまり違わないが周波数が大となると繊維飽和点の存在が不明確になり,抵抗値の変化割合も小さく,含水率計として使ったときの低含水率域の精度が悪くなる(図9-28,竹田政民,科学18, 1, 21 (1948)).

適当な周波数の電源と直流とを切り換えて測定し,より高い含水率範囲までの測定を可能にする抵抗式含水率計の試作案もある.

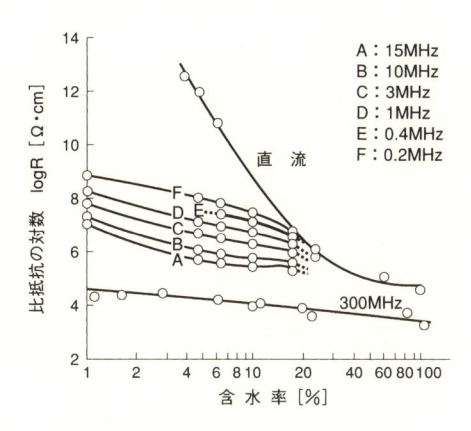

図 9-28　含水率と電気抵抗との関係
(周波数の違い,シナ材,15 ℃,竹田政民氏 (1948))

9-6-3　木材の誘電率

誘電率は平板電極間の静電容量とその間に絶縁体を入れたときの静電容量の増加割合を言うもので,最低値は何も入れないとき(本来は真空)の値で1

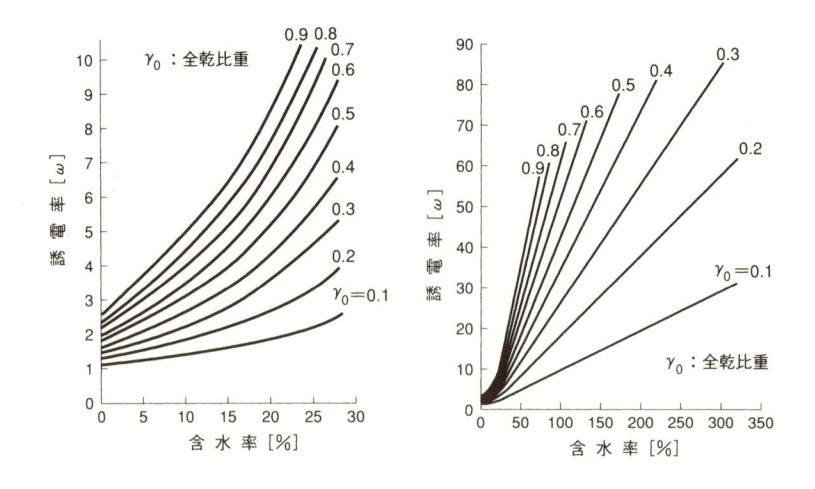

図 9-29 比重と誘電率と含水率との関係その1
(低含水率域，1 MHz，上村武氏 (1960))

図 9-30 比重と誘電率と含水率との関係その2
(高含水率域，1 MHz，上村武氏 (1960))

となる。

　誘電率を含水率計として利用する際の周波数は1～20 MHz の高周波であり，木材の誘電率は比重1.5の真の木材質で4程度，比重の低い木材ほど誘電率は小さくなる。

　含水率の影響については純水の誘電率が81.0と極めて大きいため，含水率が大となれば誘電率は増大するが，直流電気抵抗のような繊維飽和点での明確な変化点はない。

　繊維飽和点以下では含水率の増加に伴う誘電率の増加割合は，図9-29のように低い含水率域では曲線的に増加し，高比重域や含水率15％以上の含水率域では増加比率が大となり，最後に直線的となる（図9-30：上村武，林試研報 119，95 (1960)）。

　高比重材は同一含水率であっても誘電率の大きい水の含有量が多いために誘電率は大きくなる。低含水率ほど結合水は木材と強固に結び付いていて自由に振動できないため誘電率は小さくなる。

　繊維飽和点以上の含水率域で誘電率は直線的に増大するため，誘電率を含水率計に応用すれば高い含水率域までの測定は理論的に可能となる。

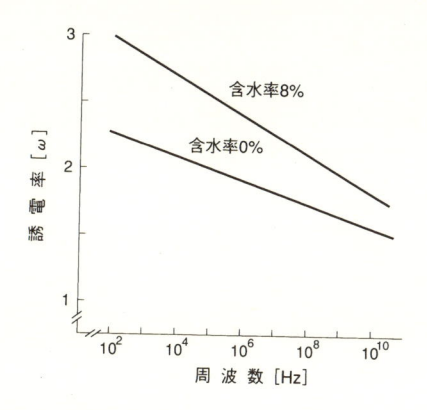

図 9-31 周波数と誘電率との関係(ヨーロッパブナ材,クレーネル氏 (1944))

a．繊維の方向と誘電率

誘電率と繊維走行との関係は，繊維と直角方向が繊維方向より 30～40％ほど小さく，接線，半径方向にはほとんど差がない。よって十分乾燥した柱断面の含水率を鋸断面（木口面）から高周波式含水率計で測定すると含水率が高く測定される。

b．温度と誘電率

温度の影響は少ないとされている。

c．周波数と誘電率

周波数の影響は純水の場合にはなく，木材も周波数が高くなっても誘電率はわずかに小さくなるがほとんど変化しない（図 9-31，Kröner 氏 (1944))。

以上の誘電率の特性から考え，誘電率を応用した含水率計の長所と短所は次となる。

長所：温度影響が少なく比較的高い含水率まで測定でき，極板で板を挟む方式であれば平均含水率が測定できる。

短所：操作が多少複雑となり，やや安定性を欠き比重の影響は大略比重に比例した誤差となる。木口方向から測定すると誤差が生じる。押し当て式の電極では材の表面から 1 cm 以上離れた深部の含水率の影響は極めて小さくなり厚材の平均含水率が正確に求められない。

9-6-4　木材の誘電体損失

木材自体もまた木材中に含まれている水も高周波に対して完全な絶縁体ではないため，高周波の電界内に含水率の高い木材を入れると発熱する。このような現象を誘電体損失と呼ぶ。

誘電体損失の程度を示すには誘電体正接 $\tan\delta$ が使われる。含水率が高く海水が浸み込んでいたりすると発熱しやすい。$\tan\delta$ が大きいとよく発熱し，$\tan\delta$ が小さいと発熱は少ない。

a．含水率，比重，温度と $\tan\delta$

含水率の増加につれて $\tan\delta$ は曲線的に上昇する。また温度の高い方が大きい（図9-32：篠原卯吉，山本勇編，最新の高周波応用Ⅰ，CQ社 (1949)）。

木材の高周波乾燥の際には含水率の高い部分に高周波は集中し，よく発熱し平均的な乾燥結果が得られると説明されているが，高周波が高含水率部分に集中すると，その部分の温度が急上昇するため他の含水率の高い部分には高周波が印加されにくく，先に温度上昇した部分が過乾燥になり焼ける例も多い。

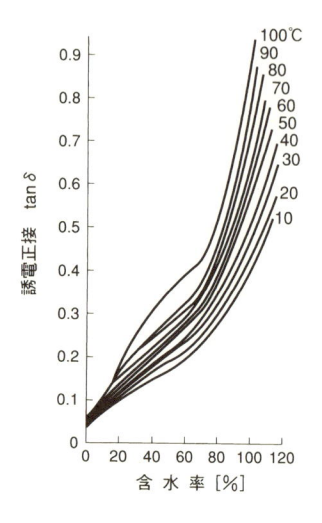

図9-32　$\tan\delta$ と温度，含水率との関係，スギ材（5 MHz，篠原卯吉氏 (1949)）

しかし図9-32から見ると温度の影響は，10℃から100℃までの間で2倍程度とあまり大きくない。

比重の影響は含水率30%以下では少ないように報告されているが，実際に高周波乾燥を行うと，低比重材は含水率が15%以下になると消費電力が急激に低下し電極間電圧が急上昇して放電する危険が多い。

b．周波数と tan δ

木材は5 MHzあたりの周波帯に tan δ の大きい場所がある。

実際の木材加熱や乾燥に使う周波数は電波障害の問題と，許可周波数との関係から13.56 MHzが主体で，マイクロ波の場合は2450 MHzが利用されている。しかし，減圧高周波乾燥はアースされた罐体内で高周波を利用するため，周波数に対する配慮は不要となり，5～6 MHzが使われている。

9-6-5 含水率計

含水率計には抵抗式と高周波誘電率式とがあり，価格も15,000～120,000円と幅があり，選択に迷う。

含水率計を選択する際の注意事項は，使用目的を明確にし，その目的に合った計器を求めることである。

万能的な計器は，価格も高く，ある限られた測定対象に対しては，精度があまり良くなく使いにくい場合が多い。

研究所や大学で使う場合は別として，現場では使用上の細かな注意が払えず，多量の材を測定する例が多いため取り扱いが簡単で丈夫で安定した計器が要求される(写真9-1)。

コードが無く落としても壊れず，異形の電池を使わず電池が長持ちし，軽く，丈夫で安いことが大切である。

乾燥した板の表面は平坦でないため，高周波式の押しあて電極方式であると，材面と電極とのなじみが意外に悪く，わずかな傾きの違いで測定値に変化が生じる。一方針状電極の抵抗式含水率計は電極を打ち込む深さが不足したり，傾いて打ち込んだりする例が現場作業では意外に発生しやすい。このような理由と，含水率計を使うときは最高含水率を認知しようとする場合が多いため，電極を押しあて(針をさし)，位置をずらして，最も高い含水率値

写真 9-1 電気式含水率計
手前は誘電率を応用した高周波式含水率計(押し当て式),向うは抵抗式の含水率計(針状電極)

や平均値を針の振れを見ながら確認することが理に叶っている。

　デジタル表示式含水率計は表示まで時間がかかり,使っていてどこの位置の値が表示されたのか不安を感じる場合が多い。

　含水率計はそう精度の良いものでないから,時折全乾法と対比させ,修正値をはっきりさせておく必要がある。特に高周波式含水率計は,比重の設定を間違えたり調整が悪いと測定精度が低くなる。

　抵抗式含水率計は含水率 6〜18％ の範囲を直接電極で接触するか,針を打ち込んで測定する場合は精度が良く価格も安い。しかし電極から離れた場所の含水率は全く測定できない。また含水率 20％ 以上の範囲も信頼性は低い。

　3 cm 厚までの材で,電極の針の長さが 1 cm 以上あれば,乾燥終了時の平均含水率はかなり正しく求められる。問題は,厚材や高含水率材の測定には不適当で,針穴が残ることである。温度影響は少しあるが材の比重の影響は少なく使いやすい。

　高周波式含水率計は深部の含水率に反応すると言われているが,押し当て式電極では材面から 1 cm 以上の内部の含水率にはほとんど反応しない。

　また電極と乾燥材面とが全面で正しく密着しないと含水率が低めに測定される。

　材を両面から挟む方式であれば,平均含水率は求められるが,この作業は

9-6 木材の電気的性質

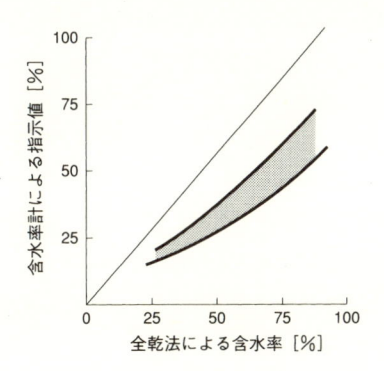

図 9-33　含水率計による測定誤差模式図
（心持ちスギ12 cm 角, 高周波式押当て電極, 心材の初期含水率の高低による差がある。一般の認定品でない含水率計)

現場では非常に面倒である。

　高周波式含水率計は繊維飽和点以上の高い含水率も測定可能であるが，押しあて式電極の含水率計で3 cm 厚以上の乾燥途中の材を測定すると精度が良くないので時折全乾法と対比させながら使うようにしないと危険である。

　柱材の含水率を高周波式含水率計で測定する例は多いが，含水率傾斜の大きいスギ心持ち材の測定精度は極めて悪い(図9-33)。現在では測定値をずらすなどの方法により測定精度を高めた機器が販売されている(日本住宅・木材技術センター認定機種)。

　高周波式含水率計は比重設定を正確にしないと，大略比重の比率だけの誤差が読みに現れる。例えば全乾比重0.5の材を，0.6に目盛りを設定して測定すると，実際の含水率が20％あっても大略16％と測定される。

　乾燥経過ならびに乾燥終了後の平均含水率を電気式含水率計で測定した場合には，全乾法との対比が無いと研究資料としての価値は認められない。

　また電気式含水率計で測定した含水率には全乾法でないことをはっきりと明記しておく必要がある。材中に浸み込んだ海水(塩類)による測定誤差は高周波式含水率計よりも抵抗式含水率計の方が大きい。

　重量から柱材の含水率を求める方法もあるが比重設定が正確に出来ないので誤差が大きい（p. 226〜227 参照)。

9-7 濡　　れ

　乾燥された木材はもちろんのこと，生材の細胞内壁面も，ときとして水に濡れにくい性質を持つことがある。
　心材化した広葉樹材や，樹脂分が沈着した針葉樹類は細胞内腔面の水との接触角は0以上と考えるべきである。
　ラワン・メランチ材は特にこの傾向が強いとみられる(写真8-2参照)。
　細胞内壁面と水との接触角が大きくなると，自由水の移動の際にメニスカス部分にできる水の吸引力が弱まり水の移動を悪くする。
　水との接触角は生材を蒸気などで加熱すれば小さくなり，材の乾燥時間は短縮される。
　平均含水率が40％程度に降下した時点であっても蒸煮による乾燥促進の効果が認められる点から考え，毛管凝縮水の移動や細胞壁内の結合水の移動にも，濡れ角の影響があるのではないかと推察される。
　ラワン・メランチ材は含水率の低い状態で高温加熱すると水との接触角は極めて大きくなり水に濡れにくくなる。
　この性質のためラワン・メランチ材は乾燥初期に乾湿球温度差を大きく，温度を上昇し過ぎると乾燥時間が延長しやすい。

10

木材の組織

　木材の組織構造を研究する学問に木材組織学があり，小片の木材を顕微鏡で観察すれば植物分類的な科はもちろんのこと，属までは何とか確認できる。ただし植物分類学上の種名までの確認は，属によって容易なものと不可能なものとがある。

　木材人工乾燥で必要となる木材組織の知識は木材の成長に関する事項と針葉樹と広葉樹との違いや，特定の樹種だけにある材内の組織や，時として成長過程に発生するあて，節，やにつぼ，入皮など木材を利用する側で欠点と称する部分などである。

10-1　樹木の分類と成長

10-1-1　樹木の分類

　竹材も一応樹木の中に入れてあるが，春に筍が伸び上がればその翌年は竹幹が太くならない。

　木材は大きく分類して針葉樹材と広葉樹材とに分けられる。針葉樹と言えば葉がマツやスギのように針状で，やに気のある球果植物類を想像するが，葉の大きな，やに気の全くないイチョウも裸子植物で針葉樹(球果植物)類と近縁にあり，生産される木材は針葉樹材と呼ばれる。

　その他にもナギや南洋産のアガチスの葉は広く，一見すると広葉樹のように見える針葉樹がある。

10-1-2　樹木の成長

樹木は草や竹と違い，形成層を持っていて年々樹幹が太くなる。形成層は師部(樹皮)と木部との間にある数層の細胞で，春には盛んに分裂し，この季節に樹皮を剝すと容易に形成層部分から剝がれる。

形成層部では細胞分裂によって，外に向かい樹皮を，内方に向かっては木部を形成する。形成層は旺盛な生活力を持っているため，果樹などの接木の際には，穂木と台木の形成層を密着させておくと容易に癒着される。

また外傷によって形成層部分が損傷を受けると，その周囲から新たな組織が増殖して来るが，その傷が無くなるまで損傷部分の成長が止まり，樹幹内に入皮やくされ部分を残す。

樹幹横断面を見ると，樹心近くの成長がよいため，樹木は中心の方も年々成長しているものと考えている人もあるが，形成層で分裂形成された細胞は，その後，経年的に肥大することはない。

10-1-3　年輪と成長輪

亜寒帯から暖帯地区の樹木は形成層の活動が春から夏にかけて盛んとなり，晩夏には衰え，秋にはほとんど停止する。

この周期的な変化が細胞の大きさや内容に変化を与え，1年周期の年輪を形成する。南洋地区の材は乾季とか雨季，またはその年の気候条件などによって成長を変化させて樹幹横断面内に特殊な縞紋様が認められる場合もあるが，1年周期とは違うため，年輪とは呼ばず成長輪と呼んでいる。1年周期の年輪を作る樹種にあっても虫害によって葉が無くなるとか成長期に植えかえなどをすると不明確な年輪状の部分ができ，これを偽年輪と言う。裁判に関係した証拠の樹齢決定のときなどでは注意が必要である。

年輪のはっきりしている材は，広葉樹も針葉樹材も春材部(早材部)は軽軟で夏材部(晩材部)は硬く比重が高い。

10-2　挽材面の呼び名

材木については材面や丸太載断面の位置により木口面，柾目面，板目面，辺材，心材などの区別をする(図10-1)。柾目面から木取られた板を柾目材 Edge-grained lumber, Vertical-grain lumber, Quartersawn lumber と言い、板目面から木取られた板を板目材 Flatsawn lumber, Plainsawn lumber, Flat-grained lumber, Slash-grained lumber と言い、柾目板と板目材との中間的な木取りを追柾材 Bastard Sawn lumber と呼ぶ。

辺材の樹皮に近い部分は生活現象が盛んで水を吸い上げているが，心材に近付くと放射組織を除いて生活現象はなくなる。

針葉樹(スギ，ヒノキなど)は辺材と心材との境に含水率の低い部分があり，白っぽく見えるので白線帯と呼ぶ。

心材と辺材部との境は，どのような樹種も乾燥の際に細胞の落ち込みが発生しやすいがその原因は明らかにされていない。

心材と辺材とは材色の違いで容易に区別できるが，トウヒ，モミ，ツガの

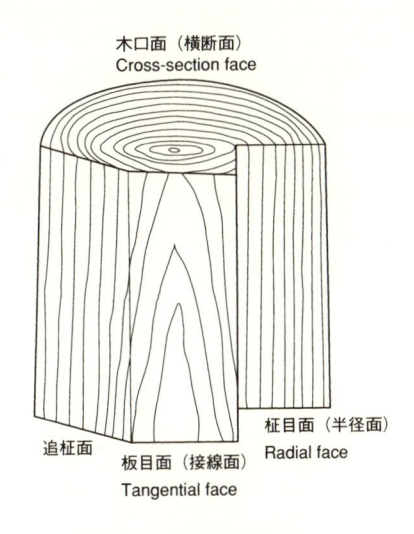

図 10-1　丸太裁断面の名称

類と，広葉樹材ではヤナギの類や白色の南洋材では区別しにくい材も多い。またブナ材のように不規則な心材(偽心材)を作る樹種もある。

　心材化は辺材のすべての細胞が生理現象を失った後の腐朽に対する生理的対策と見られる。

　心材は温水抽出物が多く，フェノール系の物質が多くなっている。針葉樹材では樹脂(やに)が細胞内に充満している例も多い。コクタンのように重くて色の濃い材は，細胞内に樹脂が詰まっている。

　人工乾燥の対象となる広葉樹材の多くは心材化すると道管内にチロースが作られ，水の移動を悪くする。一般に辺材部の乾燥は容易であるが心材部は2～3倍の時間を要し，樹種や丸太による乾燥時間のばらつきが辺材部よりはるかに大きい。

10-3 木材の細胞構造

木材の細胞構造は針葉樹も広葉樹材も，大雑把に見れば似たようなもので，繊維方向を形成する細胞と繊維と直角方向に列ぶ細胞とからできている。

針葉樹材の繊維方向細胞の主要部分は仮道管で，この細胞が辺材部の若いときには水(樹液)の上昇と木の支えとなり，心材化してからも樹木の支えとなっている。長さは 1〜6 mm 程度で平均すると 2.5〜4 mm のものが多い。

これに対し広葉樹材は樹液の上昇を道管によって行い，樹木の支持は真正木繊維や繊維状仮道管によってなされている。この両者を一括して木部繊維と呼びその長さは針葉樹仮道管と比較して短く 1.0 mm 前後のものが多い。

繊維と直角方向に列ぶ組織(細胞群)を放射組織と呼び樹心から放射状に走っており針葉樹材では単列のものが普通で，広葉樹材には多列で大型のものが多い。ナラ材の放射組織は大きく柾目木取り材でははっきり観察され，虎斑と呼ばれる。天然乾燥材はこの部分の艶が生材から直接人工乾燥したものよりよい。

放射組織は主として放射柔細胞から成り立っていて，広葉樹材の多くは，人工乾燥の際にこの部分が落ち込みやすく，接線方向の収縮率増大の原因となっている。

以上の主要な構成細胞の他に，針葉樹材では樹脂道とか傷害樹脂道，樹脂細胞，広葉樹材には軸方向柔細胞，孔跡，樹脂道などさまざまな組織や細胞があり，これらが材の識別を可能にしているが木材乾燥とのかかわりはあまりない。

10-3-1 針葉樹材の構造

写真 10-1 はアカマツ材，写真 10-2 はエゾマツ材の走査電子顕微鏡写真で京都大学の佐伯浩氏が撮影したものである。

上面木口面に見える 2 つの孔は樹脂道で，これは細胞ではなく管状の細胞間隙である。

この細胞間隙の周囲にある小細胞をエピセリウム細胞と呼び，この細胞か

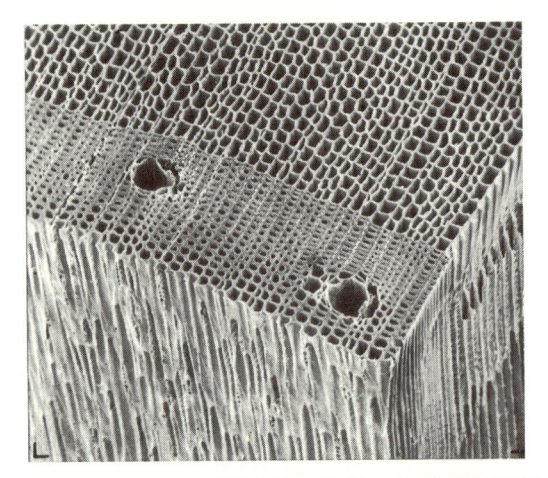

写真 10-1 アカマツ材の走査電子顕微鏡写真 ×40(佐伯浩氏撮影)

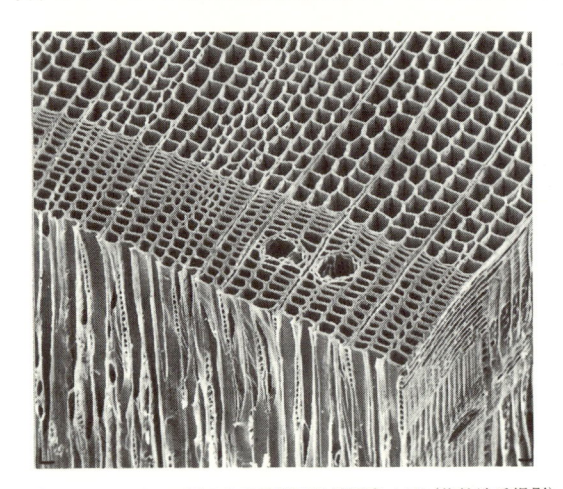

写真 10-2 エゾマツ材の走査電子顕微鏡写真 ×65(佐伯浩氏撮影)

ら樹脂が分泌されて細胞間隙を満たしている。

　写真に見えている樹脂道は垂直樹脂道である。水平方向にも樹脂道は存在するが小さいので，この写真では確認しにくい。

　樹脂道の存在する主要な樹種はマツ科のマツ属(*Pinus*)，トウヒ属(*Picea*)，カラマツ属(*Larix*)，トガサワラ属(*Pseudotsuga*)であり，日本で利用されているモミ属(*Abies*)，ヒノキ属(*Chamaecyparis*)やその他の針葉樹材にはない

10-3 木材の細胞構造

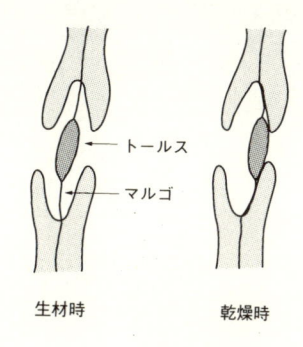

　　　　　トールス
　　　　　マルゴ

　　生材時　　　乾燥時

図 10-2　壁孔閉鎖の模式図

と思っていてよい。

　垂直樹脂道は肉眼かルーペで十分確認できるが，水平樹脂道は小さくルーペでも観察できない。

　写真 10-2 エゾマツ材の手前の断面（板目面）に点状に 10 個ほど上下に細胞が一列に列んでいる部分が放射組織である。

　木材を構成している細胞のほとんどは仮道管である。仮道管と仮道管との間には有縁壁孔があり，この孔を通して樹液の移動が行われる。針葉樹材は乾燥に際して有縁壁孔部分のトールスが一方に吸着され水の通路を閉鎖し，乾燥を悪くすることもある。これを壁孔閉鎖と呼んでいる（図 10-2）。

　仮道管の有縁壁孔は細胞の半径面に多いため，針葉樹材の水分（自由水）の移動は，これと直角の接線方向がよく，壁孔閉鎖が生じていると思われる繊維飽和点以下の含水率域でも柾目材が板目材より乾燥が多少良い。

10-3-2　広葉樹材の構造

　写真 10-3 はブナ材，写真 10-4 はマカンバ材の走査電子顕微鏡写真で先と同じ佐伯浩氏の撮影である。

　共に散孔材であるため，木口面の道管の径はあまり変化せず均一に分布し，年輪位置があまり明確でない。

　写真 10-5 はケヤキ，写真 10-6 はクリ，写真 10-7 はヤチダモ材でそれぞれ大きな道管が春材部分に集まっており，年輪がはっきりしている。

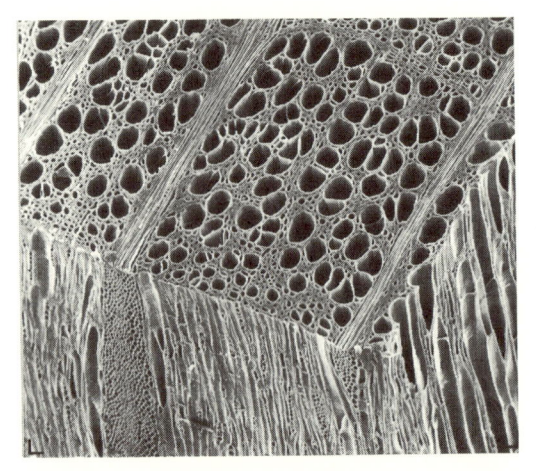

写真 10-3　ブナ材の走査電子顕微鏡写真　×55（佐伯浩氏撮影）

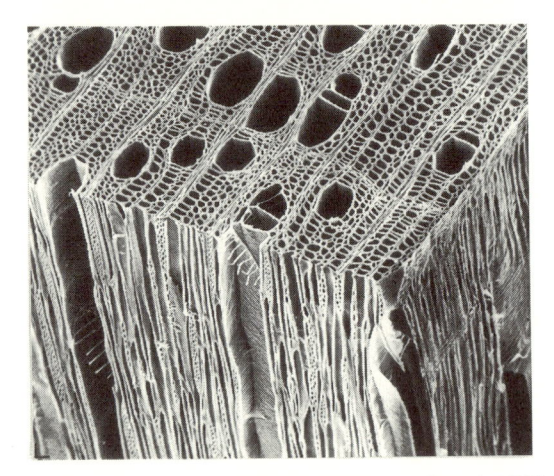

写真 10-4　マカンバ材の走査電子顕微鏡写真　×55（佐伯浩氏撮影）

　この種の材を先の散孔材に対し，環孔材と呼んでいる。成長が悪い材は春材の太い道管部分の割合が多くなり比重が低い。

　広葉樹材の人工乾燥では道管の役割が大きく，心材化したときに道管内にチロースが多量に形成されると乾燥は極端に悪くなる。写真 10-8 はクスノキ科(Lauraceae)のリツェア(*Litsea*)材の道管内を走査電子顕微鏡で見たときのチロースの状態で林和男氏撮影である。

10-3 木材の細胞構造

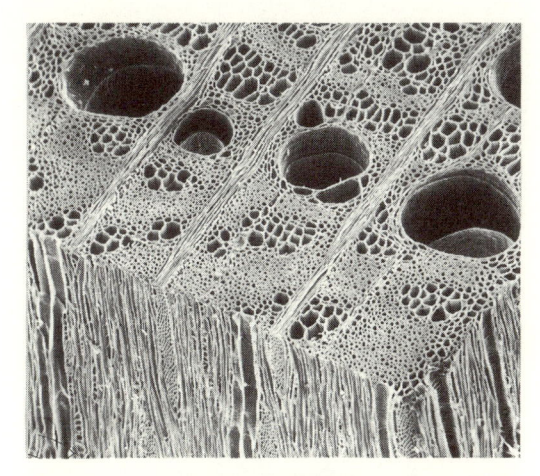

写真 10-5 ケヤキ材の走査電子顕微鏡写真 ×40 (佐伯浩氏撮影)

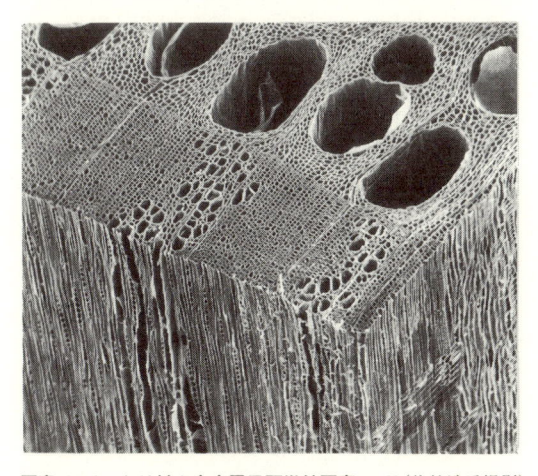

写真 10-6 クリ材の走査電子顕微鏡写真 ×40 (佐伯浩氏撮影)

　木材の構造をさらに深く理解するには，走査電子顕微鏡写真をもとに説明した，佐伯浩：木材の構造，日本林業技術協会(1982)や，島地謙，伊東隆夫：図説木材組織，地球社(1982)が参考となる。

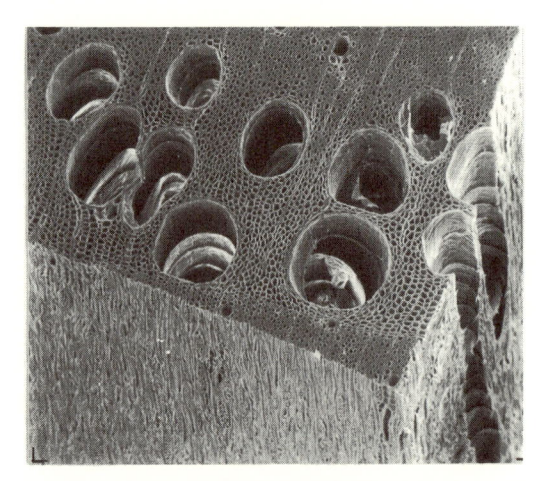

写真 10-7　ヤチダモ材の走査電子顕微鏡写真　×35（佐伯浩氏撮影）

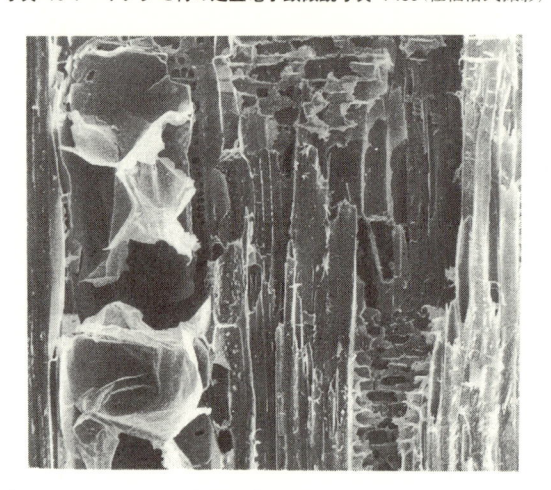

写真 10-8　リツェア材の柾目面道管内のチロース　×70（林和男氏撮影）

10-4　木材の特異な組織や構造

樹木は成長する過程で，植物の生育から見て都合の良い組織を持つ場合があるが，木材を利用する側から見ると，これが不都合になるときもある。

また，樹木の成長過程で外傷や外力によって樹幹が痛められたときにできる組織もある。

10-4-1　樹木本来の性質や組織であるが利用上の欠点となるもの

a．成長応力

形成層部で分裂した細胞は，その細胞が木化（リグニン化）し完成されるときに肥大する。この木化の力で細胞は外方へ押し出され，樹幹表面の細胞は上下方向に引張られた形となり，樹幹の円周上の細胞は圧縮された状態となる。

このような力が細胞の分裂と並行して樹幹表面に次々に形成され，樹幹中心部の上下方向では大きな圧縮力となり，半径方向では引張力となる。

樹幹内応力は丸太を縦挽きしたときに図10-3のような狂いとなって現れ，製材時の挽曲がりや歩留まりを低下させる。

この応力は樹木にとっては必要なものである。樹幹が風圧で曲げの力を受けたとき，圧縮に弱い木材の損傷を防ぐには，予め樹幹表面を常に引張り状態にしておけば安全となる（生材時の縦圧縮強さは縦引張り強さの1/3～1/2）。

丸太内の残留応力は丸太木口部の裂けや，幅広の板目材を製材したとき，板中央部の裂けを作り，乾燥時の狂いや割れの原因となり，ラワン・メラン

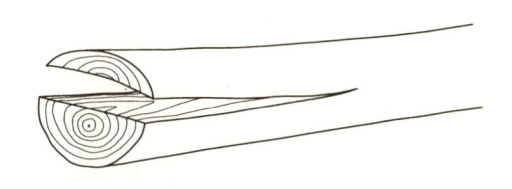

図10-3　成長応力の解放による狂いの模式図

チ類では丸太中央部の脆心材部に圧縮座屈線を作るなど，木材を利用する上で多くの障害の原因となる。

この防止対策には，丸太状態のときに3～4日間，100℃以上の温度で丸太を加熱し，残留応力を緩和させる方法が有効で，具体的な氏家式加熱調質炉も考案されている。

b．節

節は大別して死節と生き節とに分かれ，死節は枯枝を樹幹が巻き込んだもので，幹と節との間には繊維のつながりが無い。生き節は樹幹から生きた枝が伸びた状態で樹幹が生育しているため節と幹との間に繊維のつながりがある。

節の存在は大きな力枝を持つ広葉樹材やモミ，ツガのような針葉樹材では乾燥の際に狂いの原因となる。またマツ類は春1回だけ四方に枝を張るため，節が1カ所に集中し(車節)製材したときに柱が折れやすくなる。

c．あ　て

あては樹幹が傾斜したときに，それを直すための組織と言われ，針葉樹材は傾斜の下側の幹を押し上げる位置に圧縮あて材(Compression wood)を，広葉樹材は上面の樹幹を引き上げる位置に引っ張りあて材(Tension wood)を形成する。

あての形成や性質は樹種によってさまざまで，ヒノキは特に目立った樹幹の傾斜が無くても強いあてが形成されやすく，マツ類はかなり幹が傾斜しても強いあてが作られず，乾燥のときの狂いの障害が少ない。針葉樹のあては乾燥によって繊維方向に甚だしく縮むが，広葉樹のあてはあまり大きく収縮しない。

あての部分は年輪幅が広く，多少白っぽく，あるいは色が濃く見え，硬いので区別できるが，ケヤキやナラ材はこうした年輪の不整は当たり前で，これをあてと言えるか否かは問題である。

節の近くにはあてが作られ，広葉樹材ではこの部分に落ち込みが生じやすく乾燥時の狂いの原因となる。

あての部分は煮沸すると針葉樹材の場合は繊維方向に伸び，広葉樹材は縮むため，加熱処理をしてから乾燥すれば針葉樹材は長さ方向の狂いの減少に

効果があるように考えられるが，広葉樹材は前処理が乾燥の際にどのように作用するかは明確でない。

d．特殊な成分や組織と細胞

フタバガキ科(Dipterocarpaceae)のうち，アピトン・クルイン類やカプール類，ラワン・メランチ類の中ではマンガシノロ，ホワイトメランチ，その他ではメルサワの類などには，材内にシリカの結晶があり，製材やプレーナ加工の障害となるがシリカの存在は乾燥障害とは無関係である。

ラワン・メランチ類や，フタバガキ科以外の南洋材にも脆心材のある丸太があり，樹心部の比重が低く，この場所は時として大きく落ち込みが発生する心配がある。また製材品には圧縮破壊線がよく見られ，強度部材には適さない。

ウルシ科(Anacardiaceae)樹木の生材は人により，かぶれることがある。テレンタンなどには水平細胞間道が存在するが小さく肉眼では見にくいので利用上の障害にはならない。

ノボタン科(Melastomaceae)のジョンコン材には濃褐色のかなり大型の目立つ孔が板目面に見える。これは水平樹脂道とか材内師部と言われている。

キョウチクトウ科(Apocynaceae)の軽軟材のプライやジェルトンには大型の乳跡があるが，表材に使われないのであまり問題にされない。

ジンチョウゲ科(Thymelaeaceae)の *Aquilaria* は材内師部があり，この部分から乾燥割れが起こりやすい。クワ科(Moraceae)の *Ficus* の属にも時としてこの種の軽軟部分があって乾燥割れの原因となる。

10-4-2 傷害による異常や欠点

a．やにつぼと入皮

針葉樹は外傷を受けるとやにつぼや入皮を作る。広葉樹も入皮を作るが，このような場所は，広葉樹材では乾燥のときに落ち込みが生じやすい。

アオギリ科のアンベロイ材には軸方向細胞間道がときとして認められる(写真 10-9)。

b．風 も め

針葉樹のトドマツ材などで風圧により樹幹が曲げられ樹幹表面が座屈し，

写真 10-9 アンペロイ単板に現れた細胞間道

細い座屈線が丸太表面に残る。

　破壊箇所の上はそれを補強するため細胞の増殖が盛んとなり，部分的に樹幹がふくれている例がある。

c．くされ

　枯枝や虫孔から菌が入ったもので，時として乾燥を遅らせたり落ち込みが発生するので注意しなければならない。カツラ材はこうしたことが起こりやすい。

d．凍裂（霜裂）

　北海道などの寒冷地域で樹幹が縦に裂ける損傷を言い，トドマツの水喰部分に発生しやすいとされている。製材歩留まりを低下させる。詳しい内容を知るためには，北海道大学の石田茂雄氏の退官記念誌『トドマツの凍裂』(1986)がよい。

e．水喰い（水食い，みなくい）

　ポプラやベイツガ（ヘムロック）材，日本ではトドマツ材に見られる材内の高含水率部分で，乾燥に際して広葉樹材では落ち込みが生じやすく，一般に乾燥終了時に水が残ったりする。その程度はポプラ，ベイツガ材で甚だしい。

　トドマツ材の場合はベイツガ材と比較して，それほど甚だしくはないが，先の凍裂と関係があるらしく，造林木には水喰いの出現率が多いと言われている。北海道林産試験場の信田聡氏らによるトドマツ人工林材の乾燥試験の報告がある（林産試験場月報5月 (1985)）。

11

木材人工乾燥の歴史

　日本に初めて乾燥装置が輸入されたのは1909(明治42)年頃で，その3年後の1912(明治45，大正元年)年には宮城県玉造り温泉村に林業試験場所属の鍛冶谷沢木工場に蒸気加熱の外部送風式乾燥室が設置されている。
　この装置がどのように使われたかは明らかでないが，数人の関係職員だけで10数日間に及ぶ連続乾燥操作をするには，ボイラーの管理や燃料薪の準備が容易でなかったろうと思われる。結局数年でこの木工場自体は廃止されている。

11-1　第2次世界大戦までの木材人工乾燥の歴史

　木材の人工乾燥装置が一般の民間企業に設置されるようになったのは，1921(大正10)年以降とみられる。当時使われた形式は蒸気加熱による自然対流(循環)方式が主流であり，被乾燥材は造船，車両，兵器，家具に関係した広葉樹材の厚材が主体であったろうと思われる。
　当時の参考書はH. D. Tieman 氏の"The Kiln Drying" 1921年が唯一だったと想像される。陸軍が愛知県の熱田に大砲を乗せる車両用のカシ材の乾燥工場を設けたのもこの頃ではなかろうか。
　限定された用途ではあったが，本格的に人工乾燥が行われるようになったのは，1923(大正12)年の関東大震災以降から昭和の初めにかけてであろう。深川に乾燥専門の会社である木材乾燥工業が1927(昭和2)年に設立されてい

る。

　当時の木材人工乾燥に関する図書には日本における木材人工乾燥の第一人者と言うべき大阪市大林組の松本文三氏の「木材乾燥法」，1941(昭和16)年や，熊本営林局の中原正虎氏の「実用木材乾燥法」，1941年，H. L. Henderson 氏の "The Air Seasoning and Kiln Drying of Wood" (1936)，や Rolf Thelen 氏の "Kiln Drying Hand book, Department of Agriculture, U. S. A." (1937)などがあった。

　また乾燥技術の直接指導には，若き日に米国で乾燥技術の研修を受けた林業試験場の泉岩太氏や，秋田営林局の大島懿郎氏，大学では小出重治氏などの活躍が大きかった。

　一方，国有林にあっても，ミズナラ，マカンバ，カツラ，シオジと言った優良広葉樹材以外のブナ，タブ，クス材などの利用開発に力を入れ始め，1931(昭和6)年群馬県後閑営林署管内に法師製材所を新設，全国数10カ所に製材と乾燥設備を置き直営生産に踏み切っている。

　国は生産事業と並行して木材乾燥技術の向上にも力を入れ，東京目黒の林業試験場(現・森林総合研究所)に蒸気加熱式乾燥室3室と煙道式乾燥室1室，減圧乾燥機一式や，北海道の野幌支場にも若き小倉武夫氏設計による自然対流式乾燥室などがこの頃に設置されている。

　このようにして日本の木材人工乾燥の方向付けも十分備わり，研究報告は急増し，内容も単なる現場実験からより科学的追究に重点が置かれる方向に変化し始めた。

　小倉武夫氏の蒸煮中における生材含水率の脱水効果の報告は，1940(昭和15)年である。

　かくして日本の広葉樹乾燥の技術は急速に向上するやに見えた頃，折しも1941(昭和16)年第2次世界大戦に突入し，軍の要望による乾燥材生産のため，一時的には乾燥技術も向上したが，1945(昭和20)年には敗戦となり人材と施設の多くを失う結果となった。

11-2 敗戦後の木材人工乾燥の歴史

戦後の木材乾燥技術は進駐軍から要求される乾燥材の納入と住宅復興に必要な建具，家具あるいは床板用材の乾燥が中心でありブナ床板材と輸出用ミズナラインチ材の乾燥や，車両，船舶用の厚材乾燥に多くの苦心が払われ，技術向上には目覚ましいものがあった。

その後被乾燥材は輸入南洋材へと移行しアピトン，ラワン・メランチ類の時代となって行く。

敗戦直後に利用されていた乾燥室は被害を受けなかった自然対流式乾燥室と，戦後に作られた外部送風式のスタートバント社方式の乾燥室が主流で，一部に戦前に作られていた送風量の小さい外部送風式乾燥室も使われた。

11-2-1 敗戦後の木材人工乾燥装置(法)

1950(昭和25)年頃から現在に到る間の乾燥装置(乾燥法)や乾燥研究の動向を見ると，1949(昭和24)年～1954(昭和29)年はスタートバント方式から耐熱モーター直結方式のIF型乾燥室に到る開発研究の時代と言えよう(表11-1)。

IF型乾燥室の設計案がほぼ固まった1955(昭和30)年以降は，旧式の自然対流式乾燥室の改良とか，必要材間風速や乾燥むらについての研究が進められ，1960(昭和35)年頃には現在の日本式IF型乾燥室の設計基準が確立された。

戦後小型の既成乾燥室で3,000台以上の売上をみたのは1955(昭和30)年に輸入されたドイツのヒルデブランド社HD 74型，$1.2 m^3$入り装置である(日本のヒルデブラント社が製造販売)。乾燥装置は極めて小さいが，鋸屑を燃料とし，移動可能で手ごろなため，戦後の木材乾燥の普及に大いに役立ったと言える(写真11-1)。

鋸屑を完全燃焼させ，燃焼ガスを乾燥室へ送り込む二葉熱科学研究所によるSG式装置は，湿度調節も理論的に裏付けされており，戦後の物不足の時代に大いに貢献したが，ボイラーが自由に設置できるようになってからは蒸気式乾燥室に押され新設されていない。

表 11-1 IF型乾燥室の建設史

建造年月	設立場所	設計者	施工者	備考
1949年	木材乾燥工業(深川)	杉下卯兵衛, 赤林孝	理研機械	IF型1号機, 下部ロングシャフト送風式
1950年12月	北海道林業指導所	丹波恒夫, 高砂熱学工業	高砂熱学工業	下部ロングシャフト送風式
1951年 7月	岩倉組(苫小牧)	二葉熱科学研究所	二葉熱科学研究所	上部送風式1号機
1951年10月	斉藤木材(富良野)	二葉熱科学研究所	二葉熱科学研究所	上部送風式
1952年 3月	名古屋木材(名古屋)	小倉武夫, 高砂熱学工業	高砂熱学工業	上部送風式
1952年 3月	日立製作所(笠戸)	二葉熱科学研究所	二葉熱科学研究所	上部送風式
1953年 6月	古川営林署	寺澤眞, 高砂熱学工業	高砂熱学工業	上部送風機空冷式モーター直結
1954年11月	徳島県林業指導所	寺澤眞, 高砂熱学工業	高砂熱学工業	上部送風機耐熱モーター直結式1号機

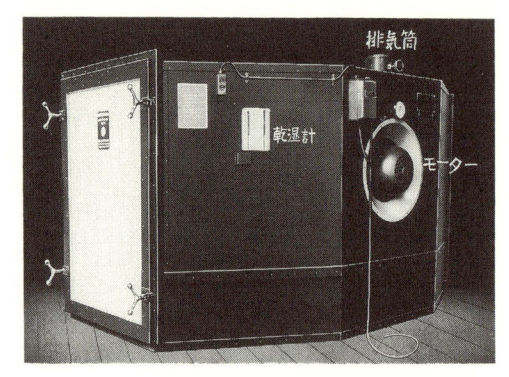

写真 11-1 ヒルデブランド社 HD 74型乾燥室
(容量 1.2 m^3, 加熱は炉筒式。同型式で電気加熱式もある)

特殊乾燥法としては 1950(昭和 25)年にテトラクロールエタン溶剤中で木材を煮沸する能登の菅式薬品乾燥法が紹介され,その後も 1965(昭和 40)年に徳島県の富士ファニチュアーでトリクロールエチレンを使った方式が発表されているが,溶剤の回収と熱効率が十分に高められず溶剤の洗浄の経費が高く実用化に到らなかった。溶融パラフィン中で高温加熱する方式もある(2003)。

高周波による木材加熱の研究は 1941(昭和 16)年頃から東京帝国大学の山本孝氏によって少しずつ進められていた。敗戦後は軍の通信機や電波兵器の

写真 11-2　高周波発振機(出力 20 KW。1952 年頃)

一部を利用した実用規模の発振機が電機メーカーによって作られ，当時進駐軍から要望された乾燥厚材の短期納入と完全乾燥の目的のために 1955(昭和 30) 年頃までよく利用された。

　奈良法隆寺が火災を起こしたとき，1952(昭和 27) 年頃その再建用大径ヒノキ生柱材を高周波乾燥によって短期に仕上げた。そのときの現場責任者は山本孝氏であった。写真 11-2 は当時使用した発振機の内部である。

　高周波加熱による木材乾燥法はその後林業試験場の岩下睦氏らによってかなり進められたが，電波障害の問題と，取り扱いの不便さがあって 1955(昭和 30)年頃からほとんど顧みられなくなった。当時の高周波乾燥法は大気圧のもとで高周波を印加している。

　しかるに 1975(昭和 50) 年の名古屋国際木工機械展に米国製の高周波乾燥装置が展示され，ゴルフクラブヘッドを 30 分以内で乾燥させると言うデモンストレーションにより再認識され，適応樹種を正しく選択し，減圧装置との組合せにより限られた用途ではあるが現在では安定した利用範囲を確保している。

　電圧や波長の調整が自動化した点と，シールドなしに利用可能な周波数帯が決定されたことと，減圧高周波乾燥のように罐体内で高周波を使う際には電波の漏洩問題が無く，自由な周波帯が利用できるようになったことなどが大きく寄与している。

　減圧乾燥法は，日本の木材人工乾燥の草分けである松本文三氏が昭和の初めに実施しており，その後はあまり大きな成果を得ない状態であったが，熱板や高周波加熱との併用により現在では特殊用途材の乾燥に使われている。

松本文三氏の著書『木材乾燥法』に見られる真空乾燥法のくだりは50年後の今日見ても決して時代の古さを感じさせない。
　戦後の人工乾燥の普及に伴い中小企業が強く要望したものは簡易な煙道式乾燥室であった。
　旧来の煙道式乾燥室は火災の危険と乾燥むらが大きかったため，米国マヂソン林産研究所で開発した送風機付きの煙道式乾燥室を参考とし山梨県の木材工業指導所の宮田隆行氏や岐阜県林業試験場の野原正人氏らは送風機付きの煙道式乾燥室を設計している。
　また太陽熱利用乾燥室は1962(昭和37)年頃から目黒の林業試験場で，その後は10数年後に奈良県林業試験場の小林好紀氏らが，さらに降っては1983(昭和58)年に北海道林産試験場の奈良直哉氏などによって種々試みられ，ごく最近では1990(平成2)年住友金属が本格的な装置を浜松の天竜プレカット工場に設置している。
　高温乾燥法は1955(昭和30)年にドイツヒルデブランド社製の装置が北海道の林業指導所に入り，中川宏氏らによって実験されたが，特に大きな成果を得ないままに終わっている。その後は一般の蒸気式乾燥室の操作が乾燥温度を上昇する方向へ変化したため，高温乾燥と一般の乾燥法との区別はやや不明確になっている。1975(昭和50)年に米国マヂソン林産研究所で乾燥の研修をした林業試験場(現・森林総合研究所)の鷲見博史氏は，現地で針葉樹材の高温乾燥スケジュールの実験を行っている。日本においても現在では乾燥材が現場で急に必要になった場合などは，針葉樹建築用材の乾燥をかなり高い温度で実施し，急場に間に合わせている。
　日本に除湿式乾燥機が初めて輸入されたのは1971(昭和46)年で，その後1978年頃から岐阜県下でヒノキ心持ち柱材の乾燥に利用され，それ以降は同県下はもちろんのこと，ヒノキ，スギ，ベイツガ(ヘムロック)材などの針葉樹材乾燥に広く日本各地で利用された。
　しかし1989(平成元)年ころから，その利用対象も順次ヒノキ材に限定される方向へ進み，一般針葉樹材の乾燥には蒸気加熱式IF型乾燥室が使われるようになりつつある。この主な理由は，電力料金が高く，除湿機の耐久性が低いのに対し，小型の重油自動焚貫流ボイラーが手軽に利用されるようにな

ったからである。

　木材を乾燥する前に加熱処理し，乾燥経過中の狂いの発生を減少させ乾燥速度の向上を期待する技術として，1970(昭和45)年に製材品を120℃程度の蒸気で加熱し，その後に減圧脱水乾燥する方式が泉兵五氏によって紹介されスピドラ乾燥法と命名されている。

　また丸太状態で120～140℃の温度で燻煙加熱する氏家式調質炉が1984(昭和59)年頃から話題となっている。この方法は樹幹内の成長応力を熱により緩和させ製材時の狂いを減少させ，製材歩留まりの向上と乾燥時の狂いや割れも減らそうとするものである。

　予備乾燥装置については電子顕微鏡を専門とする原田浩氏が戦後オーストラリアへ研修に行き，現地の事情を帰国後日本に紹介したときから関心が持たれ，1963(昭和38)年から色々の試みが日本各地でなされている。室内温度が低いために乾燥が長期化し，消費熱量や電力費が意外に多くかかり，特殊事情のある家具工場以外は効果的な成果を収めるに到っていない。

　天然乾燥の促進法として送風機による強制通風を岐阜県林業試験場の野原正人氏は実験しているがこれも実用化されていない。

11-2-2　敗戦後の木材人工乾燥操作技術

　戦後の木材乾燥についての研究のあり方や普及事業，民間での乾燥操作技術の進展などを整理分析する際には，時代と共に変化した被乾燥材の種類とその利用の仕方などをよりどころにして回想してみるのも1つの方法と言える。

a．戦後の被乾燥材の変遷

　敗戦直後は輸入外材などは全く考えられず，専ら北海道産広葉樹材に需要が向けられ，その他は東北，中部，中国などの山岳地帯のブナ，ナラ材や九州地方の常緑広葉樹材(タブノキ，シイノキ，カシ類)が唯一の原料丸太であったため，主要な被乾燥材はミズナラ1～2インチ材とブナ床板原板の乾燥となり，研究対象もこの2樹種に焦点が置かれた。一方材質の均一なマカンバやヒノキ材は強度関係の実験によく使われていた。

　その後フィリピンからアピトン，ラワン，パロサピス類などが輸入され，

順次輸入先は南洋地区に広がり、マトア(タウン)、ラミン、カプール、メランチ、クルイン材などが中心となり、アフリカ産材も加わり最終的にはパプアニューギニア、南米産の広葉樹材まで被乾燥材の範囲は広がっている。

このように多様な樹種を乾燥対象としている国は世界にも例が無く、このために日本の広葉樹材の乾燥技術は世界の最高水準にあると言える。

広葉樹材の躍進的な乾燥技術の向上に対し、針葉樹材の乾燥技術の進歩はかなり遅れている。これには針葉樹材を主体とする日本の建築構造と工法が大きく影響している。

旧来の現場施工から順次工場でのプレカットやツーバイフォー様式が採用される時代になってからは、針葉樹材の乾燥も次第に重視されている。

針葉樹材の人工乾燥は戦前から極めて少なく、特殊用途として航空機用スプルース材の人工乾燥が行われていた程度であった。

戦後のボーリング用床材のハードパインや家具用アガチス材など特殊用途材は別として、本格的には1965(昭和40)年頃から建築用のベイツガ(ヘムロック)、ベイモミ材の人工乾燥が行われるようになり、これと前後してカラマツ間伐材の乾燥研究も実施されている。現在ではベイマツ(ダグラスファー)材の乾燥が多くなっている。

1980(昭和55)年頃には除湿式乾燥装置の輸入や国内製造も多くなり、プレカット工法の普及と相まってヒノキ、スギ、ベイツガ、カラマツ、トドマツ材などの人工乾燥が一気に普及している。

以上のような時代の背景の中で研究者や工場生産者がどのような方向に目を向け努力していたかを述べてみる。

b．戦後の木材人工乾燥の研究と普及

過去を振り返って見て木材乾燥に貢献した人は多いと思われる。しかしある人が工場の現場に居て企業のために乾燥技術の向上と生産に努力したとしても、ごく親しい人を除いてはほとんど認識されず時代の経過と共に忘れ去られてしまう。また、乾燥室製造業に携わる技術者も利潤追求者として疎んぜられる場合が多い。

このような人と比較して大学とか国公立の試験機関に在籍する者は、研究の成果や技術普及の指導書を作成発表する責任と義務があるため何らかの印

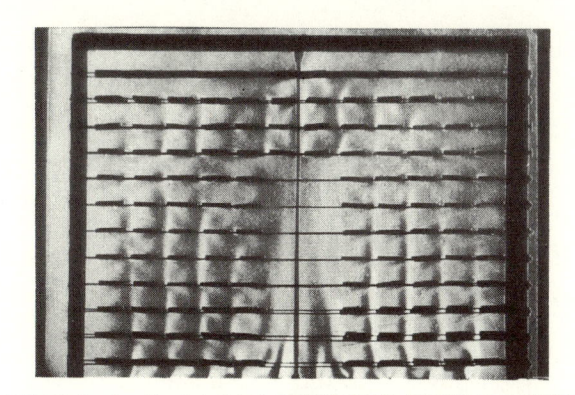

写真 11-3　シュリーレン法による模型自然対流式乾燥室内の気流観察
(林業試験場杉下卯兵衛氏撮影 (1949))

刷物を残している。

　以上の理由から一般の木材業界にある方の業績は明らかでなく立派な仕事をされていても気付かない失礼さを犯す心配は多い。

b-1　戦後の木材乾燥の研究

　敗戦直後はただひたすらに乾燥木材を生産することに追われたが，一応世の中が安定し始めた1948(昭和23)年頃からは基礎研究が開始されている。

　シュリーレン法による模型自然対流式乾燥室内の気流観察が林業試験場の杉下卯兵衛氏によってなされたのも1949(昭和24)年頃で，今から考えると食糧事情の極めて悪い時代によく努力したものと思われる(写真11-3，杉下卯兵衛氏(1949))。

　この頃の研究の特徴は，水分移動に焦点が向けられ，満久崇麿，小倉武夫氏らは結合水の水分拡散係数に注目し，温度や比重などの関係を求め，乾燥時間の算出に苦労している。

　また1953(昭和28)年〜1954(昭和29)年の1年間米国マヂソン林産研究所に乾燥技術の研修に行った小倉武夫氏は，膨大な研究所の資料を持ち帰り，これが戦後の我が国乾燥技術の基礎となっている。米国のTorgeson氏やMcMillen氏などの乾燥研究者の名もこのときから日本の研究者の間で馴染み深いものとなり米国との研究交流も盛んとなった。

　この当時は水分移動のメカニズムに研究の中心が置かれていたが，1955

(昭和30)年頃からブナ材の辺材ならびに偽心材の乾燥速度の違いに直面し，木材比重だけから水分拡散速度の難易を推定できないことに気付き，樹種別の乾燥特性を実測する必要性に迫られ，板材の乾燥速度の測定がかなり実施されるようになった。当時は電源の電圧や周波数が不安定であり，温度制御装置も悪かったため，今では考えられないような苦労があった。

北海道産材については北海道林業指導所の中川宏氏，日本産有用樹種は目黒の林業試験場小玉牧夫，佐藤庄一氏らの測定結果が色々の形で公表されている。

また1953(昭和28)年頃はIF型乾燥室の設計基準もかなり進み，桟積み内の乾燥むらの発生機構が明らかにされており，旧来の亀井三郎氏による乾燥理論には全く見られなかった乾燥むらの問題が，林業試験場の筒本卓造氏らによって明確にされている。

また当時は北海道を始め各地の試験場で旧来の自然対流式乾燥室をIF型へ改良する試みが行われている。

このような研究内容の変化により，大先輩であった小出重治，斉藤美鶯氏らが重視していた乾燥経過中のひずみ(応力)を調べる櫛型試験はやや軽視されたときもあった。

1955(昭和30)年以降，米国のスライスメソードが小倉武夫氏によって紹介されてからは，再び乾燥経過中のひずみ(応力)測定が各県の研究機関でも実施されるようになり，鳥取県工業試験場西尾茂氏はカップ法によるひずみ(応力)経過の測定方法を1968(昭和43)年頃に発表している。

スライスメソードは従来の櫛型試験法とは異なり，乾燥経過中の含水率分布とひずみ(応力)分布とが同時に明らかとなるため，樹種別の乾燥ひずみ(応力)の経過が正確に分類仕分けられ，特殊材であるラミン材の乾燥スケジュールも小玉牧夫氏らの測定により明確に設定されるようになった。

色々の面から見て1960(昭和35)年～1970(昭和45)年は木材乾燥界にとって最も活気のある時代であった。

林業試験場による南洋材の性質の研究結果も1966(昭和41)年から公表され，1975(昭和50)年に21報を数えて要約を終わり，さらに1977(昭和52)年からはパプアニューギニア産材の加工的性質として第9報(1978年)までを公

表し，それらの中には各樹種の乾燥スケジュールが示されている。南洋材の板材乾燥のスケジュールの決定に携わったのは佐藤庄一，鷲見博史氏らである。

現在の進歩した建築ならびに生活様式から見ると多少問題はあるが，日本各地の屋外や屋内に置かれた木材の含水率の年間変動の測定を開始したのは1966(昭和41)年であり，代表地区の林業試験場ならびに工業試験場の乾燥担当者が2年間に及ぶ測定を担当し，この結果は林業試験場報告227(1969年)に発表されている。平衡含水率の測定はその後も3〜4の地区で実施されている。

一方，各国から輸入される未経験材の乾燥に対応するため，乾燥スケジュールの簡易決定法を寺澤は1965(昭和40)年に木材工業誌に発表している。

内部割れの発生と大きな関係を持つ細胞の落ち込みの研究はTiemann(1951)，浅野(1955)，Kauman(1958)氏と続けられてきたが1972〜1983(昭和47〜58)年，寺澤のもとで林和男，金川靖，小林拓治郎，服部芳明氏らによって再び進められ大きな成果を収め，その後は奈良県林業試験場の小林好紀氏がベイスギ材を用い独自の落ち込み理論を提案している。

かくの如くして，今までは経験的に定められていた木材乾燥スケジュールも，現在では明確な理論的裏付けにより温度，乾湿球温度差の適正値が決定されるようになっている。

針葉樹材の人工乾燥については戦後に植栽されたカラマツ間伐材の利用問題が1965(昭和40)年頃よりとり上げられ，心持ち柱材の高温乾燥やねじれ防止のための圧締治具の開発がなされている(北海道林産試験場，テクニカルノートNo 4 (1978))。また1980年頃からは一般針葉樹材の乾燥も重視され，北海道林産試験場ではトドマツ水喰材の乾燥試験を信田聡，奈良直哉氏らが行い，本州ではスギ柱材の乾燥スケジュールを森林総合研究所が中心となり各地の県の林産関係の試験場がそれに協力して実施している。この一連の研究の中で葉枯らしの効果が再認識され「サンドライ」材のマークが1987(昭和62)年に誕生している。

乾燥中の表面割れや乾燥後の応力除去を考える上で重要な基礎となる水分非定常下での粘弾性的性質の研究は，多くの人により戦後から続けられてい

るが，粘弾性モデルの組み合わせ方に中心が置かれ，具体的な樹種別測定例に乏しいか，逆に実測例だけに終わり，その総括的理論説明に欠ける状態の報告ばかりで未だ明快な説明のできる域に達していない。

乾燥割れを予知するアコースティックエミッションの研究もこの10年ばかり報告されているが，実用の域からはかなり遠いようである。

天然乾燥についての測定は戦前から北海道，東北，神奈川，中国，九州と地域的に色々発表されているが，季節と厚さ別に分類されている例が少ないため，他の地方で参考にするには甚だ不便であった。

1970(昭和45)年頃から岐阜県林業試験場の野原正人氏や鳥取県工業試験場西尾茂氏がブナ材の厚さ別乾燥経過を季節別に測定し，両地区や岩手地方との比較を野原氏は行っている。

現在天然乾燥の研究で中心になっているものは，ヒノキ，スギ柱材であり，森林総合研究所の鷲見博史，久田卓興氏らが窓口となり，各地の試験研究機関と相提携して実測を行い総括が発表されている。

木材乾燥について海外の研究者を見たとき，日本の場合と同様，実務型の研究者と，研究室に閉じこもったいわゆる学研型研究者とに分類され，その研究態度も刹那的なものと永続かつ総括的なものとに分類される。

学研型研究者の報告内容は，実際の木材乾燥の実務を経験していないためと，断片的で実測例が少なく，広範囲の樹種特性を考えたときにはあまり参考にならず，実務型の研究者の多くは，ただひたすら実測することに終始し理論的考察を行わないため，異なった条件や樹種に適用することが困難となっている。

以上の観点から見て，一時代昔の研究者ではあるが，米国のTorgeson氏やドイツのKeylwerth氏は極めて優秀な乾燥研究者であったと言えよう。

有名なドイツのKollmann氏は乾燥の研究者と言うより木材全体のまとめ役と言った人であろう。米国のRiets氏は乾燥の実務を良く理解した物理学者で，Simpson氏は乱雑な資料の統計処理が得意のようである。

McMillen氏は実務型の研究者で終始スライスメソードとプリサーフェースによりレッドオーク材の乾燥スケジュールの改善に貢献している。Stamm氏は優秀な理論家でMcMillen氏は彼の影響をかなり受けている。

米国の Rasmussen 氏はかなり実務的なことに関心があったようだが，カナダの Bramhall 氏は実務家と言うより理論面を好んでいたように思われる。

b-2 戦後の木材乾燥の普及

戦後の木材乾燥の技術向上は，国立林業試験場(現・森林総合研究所)，産業工芸試験場(現・製品科学研究所)，北海道立林業指導所(現・林産試験場)や各地の工業試験場，林業試験場や営林署の直営生産事業部，県の乾燥組合と民間企業の床板やインチ材，家具用材の乾燥部門ならびに乾燥室メーカーと，これに林業改良普及員制度(1951)や乾燥技術士資格検定制度(1966)などの総合力によってなされたものと思われる。

(イ) 公的機関の活動

国立林業試験場，北海道林業指導所，産業工芸試験場や秋田，山梨，岐阜，広島各県の試験研究機関は，戦後の10数年間木材人工乾燥の普及に大いに成果を収め，その間には鳥取，島根，岡山，徳島，奈良，富山などの研究機関も加わり地道な成果を収めて来た。もちろんこの間には行政的な意味で人員が削減され十分な研究のできなくなった地区もある。

1951(昭和26)年に発足した林業改良普及員(加工部門)は都道府県にある林産関係の指導研究機関と相提携し製材，乾燥，加工の面で大いに成果を収めている。

1951年以降年1回各地から林業試験場の研修会に集まった普及員の中で一際目立った乾燥の専門家は秋田県林業試験場の長岐義蔵，大阪府農林水産部の山本昭夫，広島県林業試験場中村德孫氏らであった。

山本昭夫氏はその後民間企業に入社するまで種々のIF型乾燥室を試作指導し，1955(昭和30)年を中心に大いに活躍している。

戦後から現在に到るまでに各都道府県の研究機関の果たした役割を見ると，北海道林業指導所は戦後の混乱期の研究と指導に大きく貢献し，学研的には丹羽恒夫氏，技術指導の面では北沢暢夫氏，秋田県ではブナ材の乾燥技術者として長岐義蔵氏の名が印象に残っている。産業工芸試験場(現・製品科学研究所)の石渡喜久治氏も地味な性格であったが，乾燥技術の普及に努力していた。

1960(昭和35)年以降になると戦後に乾燥技術を修得した次の世代と入れ替

写真 11-4　ブナ床板原板の天然乾燥作業(名古屋木材,桟木を使わないともざん方式,1950年頃)

わり, 北海道林業指導所では学研的な面では中川宏氏, 現場指導では大山幸夫氏などと順次世代は交代し, 岐阜県林業試験場ではブナ床板材と家具材の乾燥ならびに乾燥室設計などの面で野原正人氏が, 鳥取県工業試験場では西尾茂氏が簡易乾燥室による家具材乾燥や間けつ運転, 応力測定用のカップ法などを, 奈良県林業試験場の小林好紀氏はベイスギ材の乾燥や太陽熱利用の簡易乾燥室による柱材の乾燥研究を行っている。

戦後の国有林の活動を見ると, 戦前から進められていた全国的な広葉樹材利用の事業は, やがてブナ材利用が中心となり道南(東瀬棚), 東北(青森運輸営林署, 古川営林署)が主流として最後まで存在していたが, これらも民営圧迫などの問題を含め民間事業の発展と共に消滅している。

県の共同乾燥施設も戦後函館, 会津など各地に作られたが十分の成果を見ないままに終わっている。

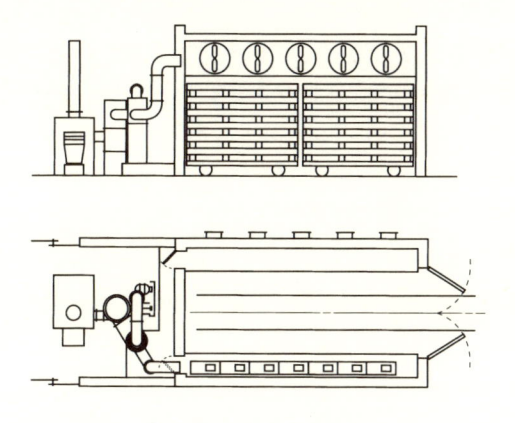

図 11-1 完全燃焼ガス方式乾燥室(S.G式)

(ロ) 民間企業の活動

　民間人で木材人工乾燥の発展に貢献した人は多いと思われるが，企業人は公的な場で社内の技術業績を発表する機会が少ないので，優秀な研究者が居られても気付かずに終わってしまう。

　戦後の被乾燥材の中心は北海道材であったため，三井砂川工場，苫小牧の岩倉組，小樽の湯浅貿易，銭函の新宮商工(片岡哲蔵氏)などがナラ，シナ材の乾燥を行い，本州では長野県の山崎工業，愛知県の名古屋木材がブナ床板材の乾燥技術を競っていた(写真11-4)。

　この時代には進駐軍の要求や国民生活に必要な乾燥材を生産するため，ひたすら古い文献を頼りに乾燥実務に毎日を過ごし，操作について深く考究するいとまは少なかった。

　その後自然対流式からスタートバント式乾燥室へ移行するにつれ，従来の自然対流式乾燥室の操作とは少し違った乾燥方式に着目するようになり，ラワン材を乾燥していた深川の笹野木材の布村記一，日本ビクターの七沢喜男氏らは乾燥温度の限界や，湿度の降下の仕方を色々と検討していた。

　スタートバント方式からIF型乾燥室へ移行する時代には，高砂熱学や木村工業などが室内送風機を外部から回転させる設計上の苦労を重ね，林業試験場や北海道林業指導所と共同研究して成果を収めている。

また，二葉熱科学研究所は独自の鋸屑完全燃焼炉による SG 式乾燥室を開発し，1951(昭和26)年に片循環方式ではあったが IF 型送風方式にまで改善し，桟積み内の乾燥むらや乾燥時の温湿度条件に対する新たな考え方を打ち出した(図11-1)。宮城孝，田中大八氏らは蒸気加熱式乾燥室で従来からの伝統的に守って居た日毎の短時間蒸煮の不必要性を主張し，当時の林業試験場の斉藤木材部長から強い反論をかう結果ともなった。

　その後 IF 型乾燥室の普及に際しても泉岩太氏らは旧来からの考え方が捨てきれず，材間風速を 30 cm/sec 以下にすべきとの考え方を堅持し乾燥室設計者との間に考え方の違いが生じたが，時の流れによりすべては解決している。

　木材人工乾燥の技術水準を見るとき，民間の企業にあっては楽器製造業者と委託乾燥業者，家具生産工場などが先端的技術を持っており，最も精度の高い仕上げ乾燥を目標に努力したのは日本楽器浜松工場であろう。1956(昭和31)年に独自の設計になる IF 型乾燥室を新設公開している。

　家具生産工場では呉船木材がフィリピン材をコアーにした学童机の流れ生産を率先して始め，飛騨産業の小島班司氏は足物家具材料の乾燥に努力し，マルニ木工の平田英史氏はマトア材を中心とする家具用輸入広葉樹材の乾燥技術の向上に努力している。

　この他天童木工，カリモク，コスガなど多くの有名企業は企業内に優秀な乾燥技術者を抱えて生産に努力していると思われるが，発表資料もなく専属技術者との直接の面識が少ないので紹介ができず残念である。

　珍しい例としては深川木場の大手委託乾燥業者による乾燥研究会である。発足は 1959(昭和34)年 5 月，会長は木材乾燥工業の佐藤峻氏で当時の会員は 8 社であった。発足直後の 1 年間は深川で月例研究会を林業試験場と共催で開きお互いの乾燥技術の向上に努め，現在も会は存続し世話役を細田木材工業の政本卓次氏が担当している。今は故人となっているが笹野木材の斉藤徳蔵氏，阿部製材の福原清一郎氏らは乾燥技術の面で新しい試みをしている。

　名古屋地区もこの例にならって乾燥組合を作ってはいるが団結力は前者より劣っているように見られる。

　青年時代を林業試験場の木材乾燥研究室で勉学した小玉牧夫氏は 1963(昭

和38)年民間企業に転職し,北海道地区の人工乾燥の普及と指導に専念し現在では永年の経験を生かし,乾燥室の販売と操作指導と同時に,公的な講習会や乾燥技術の相談に応じている。

11-2-3 敗戦後に出版された木材人工乾燥の指導書

1950(昭和25)年～1965(昭和40)年にかけて発刊された木材乾燥新技術に関する単行本や資料や一部掲載の本は次である。

1) 小倉武夫:木材の乾燥,林野庁編,林業技術シリーズ第19集(1951)
2) 林業試験場木材部編:木材工業便覧,日本木材加工技術協会(1951)(一部)
3) 丹羽恒夫:わかり易い木材人工乾燥法,北海道立林業指導所(1954)
4) J. H. Jenkins, F. W. GUERNSEY, The Kiln-Drying of British, Columbia Lumber, FPL Canada (1954)
5) Kollmann, F.:Technologie des Holzes und der Holz-Werkstoffe II, Springer-Verlag(1955) (一部)
6) Kiln-Drying Schedules. FPRL, England (1956)
7) 木工便覧編集委員会編:木工便覧,日刊工業新聞(1958) (一部)
8) 林業試験場:木材工業ハンドブック,丸善(1958) (一部)
9) 梶田茂編:木材工学,養賢堂(1961) (一部)
10) E. F., Rasmussen:Dry Kiln Operator's Manual. FPL, USA (1961)
11) 満久崇麿:木材の乾燥,森北出版(1962)
12) 木材乾燥編集委員会(委員長小倉武夫):木材乾燥,木材乾燥(実務編),木材乾燥(実務編下),中小企業団体中央会(1962, 1963, 1964)
13) 中川宏:木材の乾燥,北海道立林産試験場技術講座1～6(1966)

第二次世界大戦直後の5年間(1950年)頃に出版された印刷物は,外国文献の引用を主体に日本の研究者の実験結果を加えた程度で,紙も悪いが当時の混乱した世情の中から立ち上がろうとする研究者の意欲は読み取れる。1955(昭和30)年以降の印刷物の内容はかなり充実している。

1965(昭和40)年以降に日本独自の研究を主体にして取りまとめられた著書と海外のものは,

1) 林業試験場編：新版木材工業ハンドブック，丸善(1973)(一部)
2) 大山幸夫他4：木材乾燥(基礎編)北海道林産試験場テクニカルノート (1975)
3) G. H. Pratt：Timber Drying Manual, Dept. of Envir. Bldg. Res. Estab.(London) (1974)
4) G. Bramhall, R. W. Wellwood：Kiln Drying of Western Canadian Lumber, Western FPL, British Columbia(1976)
5) 寺澤眞，筒本卓造：木材の人工乾燥，日本木材加工技術協会(1976) (1986 改訂)
6) 大山幸夫，奈良直哉，米田昌世，千葉宗昭：木材乾燥(実務編)北海道林産試験場テクニカルノート(4) (1978)
7) 西尾茂：木材乾燥の実際，日刊木材新聞(1983)
8) 北海道立林産試験場木材乾燥科奈良直哉，他3：特集木材乾燥，ウッディエイジ第32巻(1984)
9) 中戸莞二編：新編木材工学，養賢堂(1985)(一部)
10) R. Sidney Boone, et al.：Dry Kiln Schedules for Commercial Woods, FPL, USA(1988)
11) FPL, USA：Dry Kiln Operator's Manual(Revised 1988)
12) 寺澤眞：木材乾燥の概説，ウッドミック(1989)
13) 全国林業改良普及協会編：葉枯らし乾燥，林業改良普及双書104 (1990)
14) 鷲見博史編：産地の木材乾燥，林業改良普及双書109(1992)

などである。

以上の中で米国林産研究所から発刊されている10番の乾燥スケジュールの集録はほとんど全世界の樹種を取り上げており，非常に参考となるが，発展途上国のものの中には，特定丸太の単一結果と感じられるものも多い。

有名なOperater's Manualの改訂版は，タイムスケジュールを大幅変更している。木材の物性から加工問題までを集録した日本のハンドブックや便覧形式のものは色々のデーターの集録に重点が置かれ現場技術者の参考書と言うよりは大学の講義用資料と言ったものである。

木材乾燥の現場指導の本としては、スケジュールに関する操作部分が一番大切で、この点から見ると大山幸夫氏らによる『木材乾燥(実務編)』や西尾茂氏の『木材乾燥の実際』は、現場作業を長年経験した者のみが書き記せる細かい心遣いが感じられる。

本書『木材乾燥のすべて』が出版された1994年頃以降、人工乾燥の主流は建築用針葉樹材の高温乾燥であったが、その基礎研究を包括した現場技術の解説書は今迄のところ日本では出版されていない。

過去10年ほどの間に出版されている乾燥に関する単行本やスケジュール集を下記する。

1) William T. Simpson, et al.: Relative Drying Times of 650 Tropical Woods, FPL, USA (1991)
2) William T. Simpson, John A. Sagoe: Method to Estimate Dry-kiln Schedules and Species Groupings, FPL, USA (1996)
3) 河崎弥生：──建築用針葉樹材のための──人工乾燥材生産技術入門、岡山県木材加工技術センター (1996)
4) 寺澤眞・金川靖・林和男・安島稔：木材の高周波真空乾燥、海青社 (1998)
5) 全国木材組合連合会：わかりやすい乾燥材生産の技術マニュアル (2000)
6) Larry Culpepper: Softwood Drying Enhancing Kiln Operations, FPS, USA (2000)

以上のうち1)、2)は温帯から熱帯にかけて生産される樹木の乾燥スケジュールや乾燥時間を、初期含水率、比重、生材重量などを基準にして統計的に分類位置付けしたものであり、3)は岡山県下の製材ならびに建築業者に針葉樹建築用材の乾燥の必要性とその技術とを説明している。4)は「木材乾燥のすべて」の初版本では不十分と思われた高周波減圧乾燥の部分を補充しており、5)のマニュアルは100頁の簡単な小冊であるが、質疑応答の形式で建築用材の乾燥について書かれていて、よく整理されている。

6)のLarry Culpepperは1990年にHigh Temperature Dryingを出版しているので、おそらく建築用針葉樹材総てについて、乾燥室構造、経済性、最

終製品など全域にわたり総括したものと，カタログから判断される。

木材乾燥について口頭で相談されたい方は下記に連絡するとよい。
 1．独立行政法人　森林総合研究所　木材乾燥研究室
　　〒305-8687 つくば市松の里1
　　Tel. 029-873-3211，Fax. 029-874-3720
　　http://ss.ffpri.affrc.go.jp/
 2．財団法人　日本木材総合情報センター　木のなんでも相談室
　　〒135-0016 江東区東陽6-2-11 ウッディランド東京内
　　Tel. 03-3615-2816，Fax. 03-3615-3563
　　http://www.jawic.or.jp/
 3．社団法人　日本木材加工技術協会
　　〒112-0004 文京区後楽1-7-12 林友ビル
　　Tel. 03-3816-8081，Fax. 03-3816-7880
　　http://www.jwta.or.jp/
 4．財団法人　日本住宅・木材技術センター
　　〒107-0052 港区赤坂2-2-19 アドレスビル4階
　　Tel. 03-3589-1792，Fax. 03-3589-1766
　　http://www.howtec.or.jp/

索　引

（1）樹種の乾燥特性とスケジュール　　（50音順）

ア　行

アオシナ………………………………244, 390
アオダモ………………………………241
アカガシ………………………231, 390, 517
アカシナ………………………………244, 391
アカダモ（ハルニレ）…………………241, 391
アガチス………………………………291
アカマツ………………284, 333, 444, 517
アサメラ………………………………343
アスペン………………………………313
アップランド産オーク…………………318, 322
アップランドレッドオーク……………322
アピトン………………………207, 261, 518
アピトン・クルイン……………………261
アフリカンウォルナット………………343
アフリカンペンシルオーオク…………343
アフリカンマホガニー…………………343
アボディレ……………………………343
アメリカンエルム………………………313
アラスカカバノキ………………………240
アラスカシーダ………………………314
アルストニア…………………………276
アルダー………………………………313
アルビジア……………………………276
アルモン………………………………209
アンディロバ…………………………347
アンベロイ……………………………278

イースタンヘムロック…………………315, 337
イースタンホワイトパイン……………314, 331
イースタンレッドシーダー……………314
イエマネ………………………………280
イエローバーチ………………………313
イエローバックアイ……………………312
イエローポプラ………………………312, 327
イエローメランチ………………………252, 518

イエローラワン…………………………249
イゲム…………………………………291
イシナラ………………………………231
イスノキ………………………………375, 726
イタジイ………………………………234
イタヤカエデ…………………………243, 327
イチイ…………………………………283
イチイガシ……………………………231
イチョウ………………………………283
イヌブナ………………………………510
イロコ…………………………………343
イロンバ………………………………343
インセンスシーダー……………………314

ヴァンジェ……………………………344
ウェスタンヘムロック…………………315, 338
ウェスタンホワイトパイン……………314, 331
ウェスタンラーチ………………………314
ウェスタンレッドシーダー……314, 329, 330
ウォーターツーペロ……………………312

エゾマツ………………………………283, 338
エボニー………………………………343
エリマ…………………………………276, 631
エルム…………………………………313
エンゲルマンスプルース………………315
エンビラ………………………………347

オウシウアカマツ………………………285
オーク…………………………………313
オーバーカップオーク…………………321
オオバボダイジュ………………………245
オガタマ………………………………272, 326
オクメ…………………………………343
オニグルミ……………………324, 326, 390
オレゴンアッシュ………………………312, 352

カ 行

カキ ････････････････････････････････････ 391, 721, 725
カシ ･･ 230
カツラ ･･････････････････････････････････ 390, 416
カナリウム ･･････････････････････････････ 276, 631
カバ ･･････････････････････････････････････ 240, 524
カプール(カポール) ･････････････････････ 261, 518
カポック ･･････････････････････････････････････ 346
カヤ ･･ 723
カラス ････････････････････････････････････ 276, 573
カラマツ ･･････････････････････････････ 288, 296, 517
カランチ ･･････････････････････････････････････ 258
カランパヤン ･･････････････････････････････････ 276
カリフォルニアブラックオーク ･････ 313, 335
カリフォルニアレッドファー ･･････････････ 335
カリン ･･ 346
カロフィルム ･･････････････････････････ 276, 631

ギアム ･･････････････････････････････････ 262, 518
キャンプノスパーマ ･････････････････････ 276, 631
キリ ････････････････････････････････ 390, 416, 723

グアナンディー ･････････････････････････････ 347
クス ･･････････････････････････････････ 246, 391, 517
クチウバ ･･････････････････････････････････････ 347
グメリナ ･･････････････････････････････････ 281, 631
クラブウッド(アンディロバ) ･･････････････ 347
グランドファー ･･････････････････････････ 315, 335
クリ ･･････････････････････････････････････ 390, 517
グリンアッシュ ･･････････････････････････････ 312
クルイン ････････････････････ 261, 518, 573, 631
クレーボアマレロ ･･･････････････････････････ 347
クロマツ ･･････････････････････････････････ 284, 517

ケヤキ ････････････････････････････････ 241, 370, 524
ケラット ････････････････････････････････ 390, 518, 573
ケレダン ･･････････････････････････････ 276, 518, 573

コイゲ ･･ 237
コキークサイ(コキー) ･･･････････････ 264, 518, 586
コクタン ･･････････････････････････････････････ 346
コジイ ･･････････････････････････････････ 234, 517
コシボ ･･ 343
コットンウッド ･･････････････････････････････ 313

コティベ ･･････････････････････････････････････ 343
コナラ ･･ 232

サ 行

サウスアメリカンシーダー(セドロ) ･･････ 347
サクラ ････････････････････････････････ 303, 390, 517
サザンパイン ･･････････････････････････････････ 314
サザンレッドオーク ･･････････････････････ 234, 321
サザンローランドオーク ･････････････････････ 313
サップガム ･･････････････････････････････････ 312
サブアルペンファー ･･･････････････････････････ 336
サペリ ･･ 343
サワグルミ ････････････････････････････････ 390, 416
サワラ ････････････････････････････････････ 283, 391
サンバ ･･ 343

シイノキ ･･････････････････････････････････ 234, 391
ジェルトン ･･････････････････････ 276, 279, 518, 573
シオジ ･･ 240
シカモアー ････････････････････････････････････ 312
シタン ･･ 346
シデ ･･ 302
シトカスプルース ･･････････････････････ 315, 339
シナノキ ･･････････････････････････････････････ 244
シボ ･･ 343
シュガーパイン ･･････････････････････････ 314, 331
シュガーメープル ･･････････････････ 303, 312, 325
ジョンコン ･･････････････････････････ 276, 279, 631
シラカシ ･･････････････････････････････ 231, 390, 517
シルバービーチ ･････････････････････････････ 238
シルバーメープル ･･････････････････････ 312, 326

スウィートガム ･･････････････････････････････ 312
スギ ･･････････････････････ 219, 220, 221, 289, 290, 298,
　　　299, 444, 517, 724
スダジイ ･･････････････････････････････････････ 234
ストローブ ････････････････････････････････････ 314
スプルース ････････････････････････････････････ 315
スポンジアス ･･････････････････････････････････ 276
スロールクラハム ･･････････････････････ 292, 586
スワンプツーペロ ･･･････････････････････････ 312

セコイア ･･････････････････････････････････････ 314
セセンドック ･･････････････････････････････････ 276
セドロ ･･ 347

（1） 樹種の乾燥特性とスケジュール

セプター	273
セプターパヤ	273, 631
ゼブラ	343
セラヤ	257
セラヤ・メランチ	257
セランガンバツー	262
セルチス	276
セン	390, 416
センダン科	344
センゲガルマホガニー	343
ソフトパイン	314, 331
ソフトメープル	243, 312, 326

タ 行

ターミナリア	269, 276, 631
タウン	271, 631
ダグラスファー	288, 315, 334
タケ	307
タブ	246, 391
タマラック	315
タンオーク	313
タンギール	256
チーク	270, 346
チェスナット	313
チェスナットオーク	321
チャンパカ	273, 517, 573
チュテール	261
ツーペロー	312
ツガ	391, 416, 517
ティアマ	343
テラリン	271, 518, 573
テレンタン	276
トチノキ	390, 416
ドックウッド	303, 312
トドマツ	286, 296
トネリコ	241

ナ 行

ナトー(ニヤトー)	267, 631
ナラ	64, 222, 232, 391
ナラガシワ	231
ナンヨウスギ科	290
ニヤトー	267, 631
ニューギニアバスウッド	276
ニュージーランドビーチ	238
ニレ(ハルニレ)	241
ヌマミズキ	312
ノーザンレッドオーク	234, 321
ノーブルファー	315, 335
ノソファグス	237

ハ 行

ハードパイン	314
ハードメープル	303, 325
バーオーク	321
パーシモン	312
パウ・ドアルコ	347
バクチカン	255
パシフィックシルバーファー	336
バスウッド	312
バターナット	313
ハックベリー	313
パドウク	343
バラウ	262, 518, 573
パラゴム	274, 346
パラピ	272
バルサ	346, 524
バルサムファー	315, 335
ハルニレ(アカダモ)	242, 391
パロサピス	258, 370
バンキライ	263, 518, 573
ハンノキ	239, 390
パンヤ	346
ピーチ	313
ピカンヒッコリー	313
ビックリーフメープル	312, 326, 352
ヒッコリー	313
ビヌアン	276, 631
ヒノキ	218, 283, 294, 444, 517, 542, 631
ヒバ	283
ヒメコマツ	416
ヒメツバキ	371

ビュヴアンガ･･････････････････････343
ビランガ･･････････････････････････343
ビンタンゴール･･･････････････････276

ファー･･････････････････････315, 335
ブジック･･････････････････････206, 257
フタバガキ科･････････････････････249
ブヂック(ブジック)････････206, 259, 518
ブナ･･････････････････････････238, 517
ブライ･･･････････････････････････276
ブラックアッシュ･･････････････････312
ブラックウォルナット･･････････313, 325
ブラックウッド･･･････････････････343
ブラックオーク･･･････････････････321
ブラックガム･････････････････････316
ブラックチェリー･････････････････312
ブラックパイン･･･････････････････291
ブラックローカスト･･･････････････312
フラワリングドッグウッド･････････317
フランスグルミ･･･････････････････302
ブランチョネラ･･･････････････････276
ブロードリーフメープル･･･････････357

ベイスギ･･･････････････314, 329, 330, 360
ベイツガ･･151, 287, 296, 315, 337, 355, 355, 391
ベイヒ･･･････････････････････････314
ベイヒバ･････････････････････････314
ベイマツ･･････････････288, 334, 354, 359, 724
ベイモミ･･････････････････････315, 333
ペーパーバーチ･･･････････････････313
ベニタブ(タブ)･････････････････245, 517
ヘムロック 151, 287, 296, 315, 337, 355, 358, 391

ホウノキ･･････････････････････326, 390
ポートオーホードシーダー･････････314
ホップホンビーム･････････････････313
ポド･････････････････････････････291
ポプラ･････････････････････････313, 726
ホワイトアッシュ･････････････312, 324, 390
ホワイトオーク････････････････313, 322
ホワイトシリス････････････････276, 631
ホワイトスプルース･･･････････････361
ホワイトセラヤ･･･････････････････206
ホワイトファー･･･････････････315, 335
ホワイトメランチ･･･････253, 258, 518, 573

ホワイトラワン････････････････255, 524
ポンテローザパイン････････････314, 331
ホンヒッコリー･･･････････････････313

マ 行

マウンテンビーチ･････････････････239
マカンバ････････････････････240, 390, 631
マグノリア･･･････････････････････312
マコレ･･･････････････････････････343
マサランドバフェルメルハ･････････347
マダケ･･･････････････････････････307
マトア･･･････････････････････････271
マホガニー･･･････････････････････346
マヤピス････････････････････････206, 256
マラス･･･････････････････････････390
マンガンノロ･････････････････････258
マンソニア･･･････････････････････343

ミズナラ･･･････････186, 232, 233, 517, 631
ミュテニエ･･･････････････････････343

メープル････････････････････････312, 326
メラピ･･･････････････････････････206
メラワン･････････････････････････263
メランチ･･･････････････････････256, 257
メルサワ･････････････････････････258

モアビ･･･････････････････････････345
モウソウチク･････････････････････307
モ ミ･････････････････････････287, 517

ヤ 行

ヤカール･････････････････････････262
ヤチダモ････････････････････････241, 390

ユーカリ･････････････････････････371
ユリノキ･････････････････････････317

ラ 行

ラーチ･･･････････････････････････314
ライトレッドメランチ･･･････252, 256, 573
ラバーウッド･････････････････････272
ラブラ･･･････････････････････････276
ラミン･･････････････266, 524, 572, 631, 730, 735
ラワン･･･････････････････････････253

(1) 樹種の乾燥特性とスケジュール

ラワン・メランチ……………………252, 253

リグナムバイタ………………………346
リツェア………………………284, 631
リンバ…………………………343

レサック………………………264, 573
レッドアルダー……………313, 352, 353, 357
レッドウッド……………………314
レッドオーク……………………313, 322
レッドスプルース………………315, 339
レッドパイン……………………314, 332
レッドビーチ……………………237, 371
レッドメープル…………………312, 326
レッドメランチ……………162, 253, 518
レッドラワン……………………253, 631

ローランド産オーク……………313, 323
ロキナイ…………………………292
ロックエルム……………………313
ロッジポールパイン……………314
ロヨン……………………………276
ロングリーフパイン……………314
ロンリアン…………………375, 518, 586

索 引

(2) 事 項 索 引　　　(50音順)

欧　文

Basic density	620
Bastard sawn lumber	651
Bulk density	620
Compartment kiln	488
Compression wood	660
Conductivity coefficient	534
conventional density	620
Conventional temperature	491
COPc	104
COPh	104
DBT	81, 144
Diffusion coefficient	534
Double-track	488
Edge-grained lumber	651
Elevated temperature schedule	491
Flat sawn lumber	651
FSP	146, 594
Furnace type kiln	491
High-boiling point liquid	491
Package-boaded kiln	488
Progressive kiln	488
Quarter sawn lumber	651
Single track	488
tan δ	644
Tension wood	660
Track-boaded kiln	488
Wash board like	371
WBT	81, 145

あ

アコースティックエミッション	674
厚さ係数	415
圧縮あて材	660
圧縮機	99
圧縮セット	148
圧縮矯正効果	159, 293
アッパーグレイド材	320
アップランド産	321
圧力損失	453
あて	372, 660
アフリカ産材	341
アルミフィン	74

い

生き節	373, 660
イコーライジング	149
異常収縮	370, 545
異常組織	189
板厚修正	425
依託乾燥費	123, 125
板目面	651
1インチ材	229
糸巻状変形	369
入　皮	661
インバーター	72, 108, 153

う

ウォーターポケット	150
氏家式調質加熱炉	59, 669
運動具用材	241

え

英国林産研究所発表の乾燥スケジュール	341
H種モーター	71, 106
SG式装置	45, 665
エバポレーター	56, 99
エピセリウム細胞	653
煙管式ボイラー	42, 89
遠心乾燥機	466
煙道式乾燥室	42
エンドコート	170

お

追柾面	651
オイルバーナー	46
応力試験	203
応力転換	568
応力転換時期	379
落ち込み	148, 175, 370
——収縮率	553
——の復元	58, 208, 552
on-off 制御	85
温湿度の組み合わせ表	408
温湿度分布	135
温水熱板加熱式	114
温度降下	458

か

加圧熱湯	491
外部送風式	488
——乾燥室	663
カイルウェルス氏の乾燥スケジュール	362
過乾燥	42, 194
拡散	530
家具用材	123, 235
加湿装置	223
風もめ	661
片循環方式	96, 104
褐色変防止スケジュール	332
カップ法	381
仮道管	653
カナダ産広葉樹材	356
カナダ産針葉樹材	357
過熱	78
加熱管	73, 466, 485
加熱器	99
かび	60
壁の断熱効果	70
鴨居材	127, 220
皮付きスギ丸太	446
乾球温度	81, 144
関係湿度	145, 498
間けつ運転法	209
環孔材	656
乾湿球温度差	145, 393, 499
——の変化	153

乾湿球湿度計	131, 145, 496
感湿体	83
含水率	35, 145
——計	645
——降下曲線	183
——自主規準	227
——スケジュール	87, 150, 229
——分布	196
——むら	373
完全燃焼ガス	45
乾燥	495
乾燥応力	148, 195, 378, 566
——の緩和	574
乾燥温度	585
乾燥経過曲線	175, 577
乾燥経費	118
乾燥時間を左右する因子	62
乾燥時間の推定	413
乾燥室設備費	116
乾燥室の償却年数	120
乾燥室の性能試験	130
乾燥終末の温度	393
乾燥状況の観察	180
乾燥初期条件	174, 393
乾燥初期割れ	365, 557
乾燥スケジュール	144, 161, 229, 282, 576
——の簡易決定法	673
——の決定	118
——の修正	378
——の推定方法	389
乾燥促進効果	207
乾燥速度	496
——係数	417, 511
——促進	205
乾燥特性	62
乾燥日数	164, 403
乾燥むら	212, 449, 456
含有水分	589
貫流ボイラー	42, 119

き

機械的性質	626
気乾含水率	596
気乾収縮率	147, 604
気乾状態	619

気乾比重・・・・・・・・・・・・・・・・・・・・・・・147, 619
木屑焚きボイラー・・・・・・・・・・・・・・・・・・・89
素　地・・・・・・・・・・・・・・・・・・・・・・・・・・・114
偽心材・・・・・・・・・・・・・・・・・・154, 235, 652
偽年輪・・・・・・・・・・・・・・・・・・・・・・・・・・650
揮発性の精油・・・・・・・・・・・・・・・・・・・・377
逆応力・・・・・・・・・・・・・・・・・・・・・・・・・・199
逆表面硬化・・・・・・・・・・・・・・・・・・199, 575
吸湿性・・・・・・・・・・・・・・・・・・・・・・・・・・495
急速乾燥法・・・・・・・・・・・・・・・・・・・・・・・39
吸着機構・・・・・・・・・・・・・・・・・・・・・・・・591
吸着水・・・・・・・・・・・・・・・・・・・・・・・・・・591
吸排気筒・・・・・・・・・・・・・・・・・・・・80, 467
境界層・・・・・・・・・・・・・・・・・・・・・・・・・・463
凝結水・・・・・・・・・・・・・・・・・・・・・・・77, 80
凝縮器・・・・・・・・・・・・・・・・・・・・・・・・・・・56
強制循環式乾燥室・・・・・・・・・・・・・・・・488
強度の低下・・・・・・・・・・・・・・・・・・・・・・376
銀ニス・・・・・・・・・・・・・・・・・・・・・・・・・・170

く

空隙率・・・・・・・・・・・・・・・・・・・・・・592, 616
空洞コンクリートブロック・・・・・・・・・・・69
櫛型試験片・・・・・・・・・・・・・・・・・・・・・・379
刳り盆・・・・・・・・・・・・・・・・・・・・・・・・・・175
狂　い・・・・・・・・・・・・・・・・175, 189, 371
狂いの増大・・・・・・・・・・・・・・・・・・・・・・207
狂いやすい材・・・・・・・・・・・・・・・・・・・・164
車　節・・・・・・・・・・・・・・・・・・・・・・・・・・660
黒心材・・・・・・・・・・・・・・・・・・・・・63, 288
燻煙式乾燥室・・・・・・・・・・・・・・・・・・・・・44

け

傾斜板・・・・・・・・・・・・・・・・・・・・・・・・・・450
形成層・・・・・・・・・・・・・・・・・・・・・・・・・・650
KD材・・・・・・・・・・・・・・・・・・・・・・・・・・・59
軽量発泡コンクリート板・・・・・・・・・・・・69
軽量発泡断熱材・・・・・・・・・・・・・・・・・・・98
ゲージ圧・・・・・・・・・・・・・・・・・・・・・・・・・40
削りしろ・・・・・・・・・・・・・・・・・・・・・・・・316
結合水・・・・・・・・・・・・・・・・・・・・・146, 590
　──の拡散・・・・・・・・・・・・・・・・・・176
結　露・・・・・・・・・・・・・・・・・・・・・・80, 101
結露障害・・・・・・・・・・・・・・・・・・・・・・・・470
減圧乾燥装置・・・・・・・・・・・・・55, 113, 130
減圧乾燥の制御・・・・・・・・・・・・・・・・・・116
減圧乾燥法・・・・・・・・・・・・・・・・・・・・・・667
減率乾燥期間・・・・・・・・・・・・・・・457, 505
減率乾燥第一段・・・・・・・・・・・・・・・・・・505
減率乾燥第二段・・・・・・・・・・・・・・・・・・505

こ

コアー材・・・・・・・・・・・・・・・・・・・245, 275
高圧ボイラー・・・・・・・・・・・・・・・・・・・・・46
恒温乾燥器・・・・・・・・・・・・・・・・・・・・・・165
高温乾燥装置・・・・・・・・・・・・・・・・・・・・・50
高温乾燥法・・・・・・・・・・・・・・39, 491, 668
高温蒸煮・・・・・・・・・・・・・・・・・・・・・・・・251
高温熱処理・・・・・・・・・・・・・・・・・・・・・・・59
交錯木理・・・・・・・・・・・・・・・189, 250, 373
高周波加熱乾燥装置（法）・・・・・・・53, 114
高周波加熱減圧乾燥法・・・・・・・・・・・・128
高周波乾燥装置・・・・・・・・・・・・・・・・・・667
高周波式含水率計・・・・・・・・・・・・・・・・・96
高周波抵抗・・・・・・・・・・・・・・・・・・・・・・641
広葉樹材・・・・・・・・・・・・・・・・・・・・・・・・649
恒率乾燥期間・・・・・・・・・・・・・・・457, 496
コーストタイプ・・・・・・・・・・・・・・・・・・287
国産針葉樹材・・・・・・・・・・・・・・・・・・・・282
木口木取り材・・・・・・・・・・・・・・・536, 732
木口の裂け・・・・・・・・・・・・・・・・・181, 366
木口面・・・・・・・・・・・・・・・・・・・・・・・・・・651
木口割れ・・・・・・・・・・・・・・・181, 366, 397
ゴルフクラブ・・・・・・・・・・・・・・・・175, 667
混合比・・・・・・・・・・・・・・・・・・・・・・・・・・500
コンディショニング・・・・・・・・・・・・・・149
コンデンサー・・・・・・・・・・・・・・・・・56, 99
コントロールサンプル・・・・・・・・・・・・311
コンピュータ制御方式・・・・・・・・・・・・・87
コンプレッションセット・・・・・・148, 568

さ

サービスタンク・・・・・・・・・・・・・・・・・・・90
再乾燥・・・・・・・・・・・・・・・・・・・・・・・・・・194
材間風速・・・・・・・・・・・・・・・・42, 450, 456
材質による修正・・・・・・・・・・・・・・・・・・427
材質判断（観察）・・・・・・・・・・・・・・・・・118
最大破壊強さ・・・・・・・・・・・・・・・・・・・・564
最大破壊ひずみ・・・・・・・・・・・・・・・・・・626
材内篩部・・・・・・・・・・・・・・・・・・・・・・・・661

材のばらつき	231
サイフォン型	79
細胞間隙	653
細胞間層	564
細胞構造	653
細胞内壁面の膨潤	551
細胞の落ち込み	148, 189, 545, 673
細胞壁	564
材面の凹凸	189
三位置式制御	178
桟木厚	456
桟木間隔	140
散孔材	655
桟積み	154, 159
――解体費	120
――作業	118, 119
――の解体作業	118, 119
――費	120
――用定規	159
――容積	65
サンドライ	673
残留乾燥応力	149, 375

し

仕上げ含水率	95, 191
シーズ管ヒーター	46
ジェットドライヤー	466
時間修正	425
時間スケジュール	87, 150, 229, 348
時間短縮の割合	117
自記温湿度記録計	111
軸方向柔細胞	653
試験材	144
――の選出	118
――用原板の選出	163
自然換気式	40
自然対流式	40, 663
――乾燥室	488, 665
湿気の除去方法	492
湿球温度	81, 144
自動温湿度制御装置	174
自動桟積機	141, 159
自動車ハンドル材	318
自動焚き	42
死節	373, 660

師部	650
シャトル	301, 304
遮蔽板	88
自由収縮率	559
収縮経過	613
収縮率	147
収縮率の増大	175
銑床材	302
自由水	145, 590
――の移動	520
――の移動性	176
――の移動速度	523
重油焚き貫流ボイラー	46
樹脂道	653
樹脂の滲み	377
樹種別乾燥速度	415
樹心部	371
出炉	61
省エネルギー対策	467
蒸気加熱式 IF 型乾燥室	61
――内の電気配線	89
――に設置する送風機	71
――の温湿度測定	81
――の温湿度定値制御	85
――の乾燥日数	61
――の吸排気筒	80
――の遮蔽板	88
――の壁体	67
――の容量	61, 665
――用のボイラーと蒸気消費量	89
蒸気加熱式 IF 型木材人工乾燥法	150
蒸気加熱式乾燥室	40, 491
蒸気加熱式乾燥室の熱量計算	471
蒸気消費量	91, 120
蒸気噴射	77
償却費	118, 434
小径木	63
上下逆循環方式	73
条件補正	425
小桟積み	488
蒸煮管	76
蒸煮室	58
蒸煮処理	259
蒸発	495
蒸発器	56

蒸発係数 …………………………… 497
蒸発潜熱 ………………… 144, 463, 473
常緑広葉樹材 ……………………… 669
ショートシャフト式 ……………… 489
初期条件の設定 …………………… 178
初期蒸煮 ………………… 178, 205, 258
除湿機 ………………………………… 93
　──の出力 ………………………… 102
　──の耐久性 …………………… 130
　──容量 ………………………… 101
除湿式乾燥室 ………… 56, 93, 212, 668
　──内の空気循環用送風機 …… 104
　──の温湿度測定ならびに制御 … 111
　──の加熱器 …………………… 106
　──の乾燥スケジュール ……… 214
　──の乾燥日数 ………………… 95
　──の吸排気孔 ………………… 109
　──の除湿機 …………………… 99
　──の増湿器 …………………… 108
　──の壁体 ……………………… 98
　──の容量 ……………………… 96
ショップ …………………………… 361
シリカ ……………………… 258, 661
シロッコファン …………… 104, 488
真空乾燥装置 …………… 55, 113, 494
シングルトラック ………………… 71
心去り材 …………………………… 292
真正木繊維 ………………………… 653
浸透性 ……………………………… 525
真比重 ……………………………… 616
心持ち柱材 ……………… 292, 368, 574
深夜電力 …………………………… 48
針葉樹材 …………………………… 649
針葉樹内装材 ……………………… 123
針葉樹柱材 ………………………… 292

す

水中貯木 …………………………… 448
推定含水率 ………………… 152, 153
推定全乾重量 ……………………… 152
推定容積密度 ……………………… 226
水分移動 …………………… 520, 671
水分拡散係数 …………… 421, 532, 730
水分伝導率 ………………………… 532
水分非定常状態 …………………… 630

水平細胞間道 ……………… 275, 661
水平循環方式 ……………………… 40, 73
スーパーヒート …………………… 78
菅式薬品乾燥法 …………………… 666
すじ状の未乾燥部 ………………… 235
スティッカーマーク ……………… 236
スネークタイプ …………… 76, 466
スピドラ乾燥法 …………… 59, 669
スプリンクラー …………………… 448
スライスメソード ………… 380, 569

せ

脆心材 ……………………… 250, 660
成績係数 …………………………… 103
成長応力 …………………… 372, 659
成長輪 ……………………………… 650
赤外線乾燥機 ……………………… 53
赤外線ランプ ……………………… 53
積算電力計 ………………………… 129
積層単板 …………………………… 114
接触角 ……………………… 521, 548
接線方向収縮率 …………………… 611
絶対湿度 …………………… 474, 499
セット比 …………………………… 631
設備償却費 ………………………… 434
セラミック ………………………… 53
背割り ……………………………… 218
　──幅の開度 …………………… 226
繊維状仮道管 ……………………… 653
繊維飽和点 ………………… 146, 594
旋回木理 …………………… 293, 373
全乾比重 ………………… 145, 592, 617
先行乾燥 …………………………… 554
全収縮率 …………………… 147, 604
前進式乾燥室 ……………………… 39, 488

そ

増湿管 ……………………………… 76
相対湿度 …………………… 145, 498
送風機電力 ………………………… 120
霜裂 ………………………………… 662
ソレノイド式電磁弁 ……………… 85
損傷の種類 ………………………… 363
損傷の段階 ………………………… 400

（2）事項索引　　　　　　　　693

た

台木	436
耐熱湿モーター	89
台秤	165
タイムスケジュール	229
太陽熱	47
太陽熱利用乾燥室	47, 494, 668
脱脂	59, 205
脱水効果	58, 205
ダブルトラック	72
多翼式送風機	104
短尺材	130
断熱経済厚さ	468
ダンパー	468
単板ドライヤー	46
単列台車	71

ち

竹材	306
中間蒸煮	205, 254, 264
調湿	148, 195
——期間	38
——時間	129
——室	59
——処理	124
直示天秤	165
直流抵抗	639
貯木	448
チロース	114, 233, 656

つ

通気性	114, 205, 523
通常の乾燥温度	491
ツーゾーンコントロール	85, 466
ツーバイフォー	670

て

定圧比熱	477
定常状態	536
定値制御	85, 111
ディメンション材	360
テーブルトップ	163
適正含水率	599
手焚き煙管ボイラー	92

テトラクロールエタン	39, 56
電気加熱式乾燥室	46
電気式自動直示天秤	61
電気式の関係湿度計	81
電気抵抗式温度計	83
電気的性質	639
テンションセット	148, 366, 566
電動弁	86
天然ガス	45
天然乾燥	218, 433, 436
天然乾燥時間	440
電波障害	667
電力の節約	190

と

ドアキャリアー	71
道管	653
凍裂	662
トールス	655
特殊乾燥法	666
ドライヤー	51
トリクロールエチレン	56
ドレン	77

な

内部送風式	40, 488
内部割れ	148, 369, 568
長足の棒状温度計	82
生材含水率	592
生材比重	147, 619
南米産材	345
南洋産広葉樹材	247

に

ニガリ	448
二度挽き	295
乳跡	661
入炉	61

ぬ

糠目	232, 241
抜け節	373
抜け節防止	336
濡れ	377

ね

- ねじれ・・・・・・・・・・・・・・・・・・・・・・・・・・ 373
- 熱圧硬化法・・・・・・・・・・・・・・・・・・・・・・ 301
- 熱拡散率・・・・・・・・・・・・・・・・・・・・・・・・ 638
- 熱貫流率・・・・・・・・・・・・・・・・・・ 71, 99, 471
- 熱処理材・・・・・・・・・・・・・・・・・・・・・・・・ 633
- 熱線風速計・・・・・・・・・・・・・・・・・・・・・・ 136
- 熱的性質・・・・・・・・・・・・・・・・・・・・・・・・ 635
- 熱伝達率・・・・・・・・・・・・・・・・・・・・・・・・ 478
- 熱伝導率・・・・・・・・・・・・・・・・・・ 70, 98, 637
- 熱板温度・・・・・・・・・・・・・・・・・・・・・・・・・ 52
- 熱板加熱減圧乾燥法・・・・・・・・・・・・・・ 128
- 熱板加熱式・・・・・・・・・・・・・・・・・・・・・・ 114
- 熱板乾燥機・・・・・・・・・・・・・・・・・・・・・・・ 52
- 熱膨張・・・・・・・・・・・・・・・・・・・・・・・・・・ 636
- 熱量価格計算・・・・・・・・・・・・・・・・・・・・ 484
- ねり芯材・・・・・・・・・・・・・・・・・・・・・・・・ 275
- 燃焼ガス・・・・・・・・・・・・・・・・・・・・・ 39, 45
- 粘弾性的性質・・・・・・・・・・・・・・・・・・・・ 673
- 年平均含水率・・・・・・・・・・・・・・・・・・・・ 147
- 燃料中の塩分・・・・・・・・・・・・・・・・・・・・・ 45
- 年輪・・・・・・・・・・・・・・・・・・・・・・・・・・・・ 650
- 年輪の矢高・・・・・・・・・・・・・・・・・・・・・・ 367

の

- のべ寸・・・・・・・・・・・・・・・・・・・・・・・・・・ 188

は

- 排気熱量・・・・・・・・・・・・・・・・・・・・・・・・ 475
- 配電盤・・・・・・・・・・・・・・・・・・・・・・・・・・ 113
- 排熱用吸排気孔・・・・・・・・・・・・・・・・・・ 110
- 破壊面・・・・・・・・・・・・・・・・・・・・・・・・・・ 563
- 葉枯らし・・・・・・・・・・・・・・・・ 218, 446, 673
- 白線帯・・・・・・・・・・・・・・・・・・・・・・・・・・ 651
- はく皮スギ丸太・・・・・・・・・・・・・・・・・・ 446
- 破断時含水率・・・・・・・・・・・・・・・・・・・・ 557
- 撥型の変形・・・・・・・・・・・・・・・・・・ 188, 204
- 白金抵抗式温度計・・・・・・・・・・・・・・・・・ 83
- パッケージ・・・・・・・・・・・・・・・・・・・・・・ 488
- ──パイリング・・・・・・・・・・・・・・・・・・ 152
- 発泡ウレタン・・・・・・・・・・・・・・・・・ 70, 98
- 発泡コンクリート・・・・・・・・・・・・・・・・・ 69
- 発泡スチロール・・・・・・・・・・・・・・・・・・・ 98
- パネル構造・・・・・・・・・・・・・・・・・・・ 69, 98
- 幅ぞり・・・・・・・・・・・・・・・・・・・・・・・・・・ 371
- 半径方向収縮率・・・・・・・・・・・・・・・・・・ 611

ひ

- ヒートポンプ・・・・・・・・・・・・・・・・・・ 39, 107
- 挽立て寸法・・・・・・・・・・・・・・・・・・・・・・ 319
- 挽肌・・・・・・・・・・・・・・・・・・・・・・・・・・・・ 247
- 比重・・・・・・・・・・・・・・・・・・・・ 147, 413, 616
- ヒステリシス・・・・・・・・・・・・・・・・ 147, 597
- 肥大成長・・・・・・・・・・・・・・・・・・・・・・・・ 616
- 引っ張りあて材・・・・・・・・・・・・・・・・・・ 660
- 引っ張りセット・・・・・・・・・・・・・・・・・・ 148
- 比抵抗・・・・・・・・・・・・・・・・・・・・・・・・・・ 640
- 比熱・・・・・・・・・・・・・・・・・・・・・・・・・・・・ 636
- 微分吸着熱・・・・・・・・・・・・・・・・・・ 473, 635
- 100 ℃試験法・・・・・・・・・・・・・・・・・・・・ 394
- 氷結・・・・・・・・・・・・・・・・・・・・・・・・・・・・ 473
- 表面硬化・・・・・・・・・・・・・・・・・・・・・・・・ 375
- 表面割れ・・・・・・・・・・・・ 148, 367, 566, 725, 735
- 平割り材・・・・・・・・・・・・・・・・・・・・・・・・ 221
- 比例制御・・・・・・・・・・・・・・・・・・・・・・・・・ 85

ふ

- フィン付き加熱管・・・・・・・・・・・・・・・・ 486
- 風向の切り換え・・・・・・・・・・・・・・ 178, 190
- ブースターコイル・・・・・・・・・・・・・・・・・ 72
- 風速・・・・・・・・・・・・・・・・・・・・・・・・・・・・ 502
- 風速分布・・・・・・・・・・・・・・・・・・・・・・・・ 450
- フォークリフト・・・・・・・・・・ 67, 94, 97, 121
- 復元能・・・・・・・・・・・・・・・・・・・・・・ 554, 632
- 復元量・・・・・・・・・・・・・・・・・・・・・・・・・・ 630
- 歩留まり・・・・・・・・・・・・・・・・ 125, 378, 723
- フナクイムシ・・・・・・・・・・・・・・・・・・・・ 448
- プリサーフェース・・・・・・・・・・・・・ 323, 674
- ブリットルハート・・・・・・・・・・・・・・・・ 250
- プリドライヤー・・・・・・・・・・・・・・・・・・・ 50
- ブルーステイン・・・・・・・・・・・・・・・・・・ 164
- プレカット・・・・・・・・・・・・・・・・・・・・・・ 670
- フローリング用材・・・・・・・・・・・・・・・・ 235
- プログラム制御方式・・・・・・・・・・・ 87, 112
- ブロック積み・・・・・・・・・・・・・・・・・・・・・ 67
- プロペラファン・・・・・・・・・・・・・・・・・・ 105
- フロン R-12・・・・・・・・・・・・・・・・・・・・・・ 93
- フロン R-22・・・・・・・・・・・・・・・・・・・・・・ 93
- 分離熱・・・・・・・・・・・・・・・・・・・・・・・・・・ 473

へ

平均収縮率	604
平衡含水率	146, 596
平衡含水率図	147
壁孔閉鎖	373, 655
壁体の断熱	468
ヘッダー	179
変色	175, 376

ほ

放射柔細胞	653
放射組織	554, 653
膨潤率	602
飽水含水率	592
放熱器	56
放熱係数	485
飽和蒸気	78
飽和蒸気圧	499
飽和水蒸気量	145
ボーリングピン	304
ボール弁	85
北洋材	284
補助加熱管	72
補助熱源	223
ポリエチレングリコール	56

ま

マイクロ波加熱	116
──乾燥装置(法)	53
マウンテンタイプ	287
曲がり	372
巻線温度	113
曲げ特性	626
柾目面	651
マヂソン林産研究所発表の 乾燥スケジュール表	308
丸鋸製材	323

み

未乾燥材	194
水の引張力	148
水の表面張力	521
水噴射	44
密着積み	115

密閉状態	109
水喰い	662
水喰材	285
耳すり材	65
耳付材	65

め

面にかかる割れ	366

も

毛管凝結水	590
毛髪湿度計	145
モーター直結式	489
木材乾燥操作	143
木材乾燥装置	449
木材人工乾燥室の分類	488
木部	650
木管	175

や

薬品乾燥	492
薬品乾燥法	55
やにつぼ	661

ゆ

有縁壁孔	655
融解熱	473
有機酸	94
有限膨潤	600
誘電体損失	644
誘電率	641
誘導板	451
Uベント	466
輸入針葉樹材	282
輸入南洋材	665

よ

養生期間	203
容積密度	611, 620
容積密度数	620
横引っ張り特性	626
予定乾燥曲線	174
予備乾燥装置	49, 494
予備乾燥法	222

ら

ラインシャフト……………………40
酪酸菌………………………………448
裸子植物……………………………649

り

陸土場………………………………448
リコンディショニング…………58, 554
流　動………………………………530
流動性の樹脂分……………………259
両循環方式…………………71, 97, 135
リング木管…………………………302

れ

冷　却………………………………203
冷却器……………………………56, 99
冷凍機…………………………………56

ろ

ロウアーグレイド材………………320
ロース木管…………………………302
ローランド産………………………322
露　点………………………………499
ロングシャフト…………………40, 489

わ

割れの段階…………………………397
割れやすい材………………………164

おわりに

　専門の仕事をやっていると永年の間に色々なものが手元に集まってしまう。他人から見ると全く価値の無い資料も，当事者にとっては捨てがたい。

　人生の終わりに近付き，手元にある大切な研究文献や資料を引き取って分類整理してくれる人があれば幸せであるが，集めた本人が面倒だと思っている仕事をやってくれる人はいない。

　部屋の中を整理していらない物を捨てるには全部を整理して一冊の本にまとめてしまえば総てが片付いてしまうと思い立ち，仕事に取りかかって見たものの，これが仲々大変な作業で，ついに2年余を過ごしてしまった。

　日毎に進む耄碌と戦いながらやっとおおまかな草稿を作り上げたときは，ほっとして神に感謝した次第である。

　ところが図，表，写真が600近くあり，刷り上がり700頁を越す内容となってしまい，これと言った協力も得られず，引き受けてくれる出版社は無く，自費出版の域を越える金額に膨れ上がったため，本書の出版は一時凍結することにした。

　すでに草稿ができているので，私の研究者としての仕事は一応終わったようなものである。ところが，原稿用紙に書かれている1000枚にも及ぶ草稿のままでは取り扱いもままにならず，関係する専門の方に内容を読んでいただき，意見にそった修正も不可能なので，図，写真は別としても，文章と表だけはワープロに打ち込んでおきたいと思っていた。そんなとき，愛媛大学の林和男助教授の奥様，智子さんが全くの御厚意でこれを引き受けてくれることになり，内容の検討と修正は林和男氏が仕事の合間を探して実施してくれる段取りとなった。

　この一連の仕事が平成5年2月に終わり，私の手元で再度の修正を加えている段階で印刷業者の再見積を取る一方，株式会社ヤスジマの安島稔副社長に自費出版の協力依頼を申し込んだところ，「寺澤さんの生涯の研究成果の

取りまとめのために協力しましょう」と男気のある答えが得られ，本格的に出版する方向に進む決心をした。

　このように出版への機運が充実し初めたとき，京都大学木質科学研究所佐々木光教授の口添えをもらい，木材関係の文献出版を行っている海青社が出版を引き受けることになった。営業的な目先の収支を略算してみても儲かる仕事ではないので，今まで協力してくれた林夫妻や，新たに加わった名古屋大学工学部助教授金川靖氏ならびに株式会社ヤスジマの熱意を汲み取っての決断であったと思われる。

　昨年5月中頃に海青社の宮内久社長と会い，全部の原稿を渡し，出版依頼まで話は進展した。ところがいざ出版ということになると，それぞれの立場での意見や希望も加わり，それらを修正調和するために金川，林両氏はさらに甚大な時間を費やす結果になってしまった。

　以上が本書出版までの概略であるが，見通しのつかない状態の中から出版に至るまでの原動力を作ってくれた林夫妻の絶大な厚意と努力は本書の存在と共に忘れ得ぬことであり，深く感謝する。

　　平成6年8月

著　者

　本は出版してから，時間をかけてゆっくり読みかえしてみると，誤字，誤植はもちろんのこと，気になる所が見つかり，恥ずかしい気持ちになり，早く修正改定したくなる。

　今回，初版が売り切れ，改訂増補して再版する機会に恵まれ，ほっとしている。

　目も頭も老化して，煩雑で大変な作業と思う一方，老いてなお，こうした仕事がやれる健康に感謝すべきと考えたりしている。

　　平成15年12月

再版にあたり　著　者

資　料

　温度や長さ，体積，熱伝導などの表示にあたって，現場ではフィート，ポンドなどBTU（英国熱量単位）や尺貫を使う習慣が今も残っている。外国文献を読んでいて単位の示し方が違い戸惑うことも多い。

　基本的な木材乾燥関係の単位換算が容易にやれるように，さらに木材乾燥に関係した湿度や平衡含水率，仕上げ含水率の規格などが簡単に見られるように巻末に資料としてまとめて置いた。なお2～3の図表については本文中のものと重復しているが，これは重要な基礎資料として見やすいよう拡大して再掲したものである。

・資料目次・

1. 原木価格の換算
2. 長さの換算
3. 面積の換算
4. 容積の換算
5. 強さの換算
6. 圧力の換算
7. 動力の換算
8. カ氏（°F）セ氏（°C）温度との関係
9. 乾湿球温度差の換算
10. 熱伝導率の換算
11. 熱量の換算
12. 100°C以上の飽和蒸気の性質
13. 木材含水率の各種基準（JAS，建築仕様書）
14. 塩の飽和水溶液と平衡する関係湿度ならびに含水率
15. 温湿度と平衡含水率との関係
16. 関係湿度表
17. 乾燥による水分除去重量（広葉樹10石）
18. 乾燥による水分除去重量（針葉樹10石）
19. 乾燥による水分除去重量（広葉樹10m^3）
20. 乾燥による水分除去重量（針葉樹10m^3）
21. 温度，湿度，湿潤比熱，蒸発潜熱図表

資料-1 原木価格の換算

円/$	$/MBF	円/m³	円/石
110	1000	46649	12973
	21.44	1000	281.7
	77.02	3549	1000
105	1000	44529	12383
	22.46	1000	281.7
	80.69	3549	1000
100	1000	42408	11794
	23.58	1000	281.7
	84.72	3549	1000
95	1000	40288	11204
	24.83	1000	281.7
	89.18	3549	1000
90	1000	38167	10614
	26.20	1000	281.7
	94.14	3549	1000

1 MBF = 1000 BM(BF)

資料-2 長さの換算

cm	寸	尺	間	ヤード	フィート	インチ
1	0.3300	0.03300	5.500×10^{-3}	0.01094	0.03281	0.3937
3.030	1	0.1	0.01667	0.03314	0.09943	1.193
30.30	10	1	0.1667	0.3314	0.9943	11.93
181.8	60	6	1	1.988	5.965	71.58
91.44	30.18	3.018	0.5029	1	3	36
30.48	10.06	1.006	0.1676	0.3333	1	12
2.540	0.8382	0.08382	0.01397	0.02778	0.08333	1

1 m = 100 cm, 1 mm = 1000 μm, 1 μm = 10000 Å。

資料-3 面積の換算

cm²	m²	寸⁻²	尺²	坪	in²	ft²
1	1×10^{-4}	0.1089	1.089×10^{-3}	3.025×10^{-5}	0.1550	1.076×10^{-3}
1×10^4	1	1.089×10^3	10.89	0.3025	1.550×10^3	10.76
9.183	9.183×10^{-4}	1	0.01	2.778×10^{-4}	1.423	9.885×10^{-3}
918	0.0918	100	1	0.02778	142.3	0.9885
3.306×10^4	3.306	3.6×10^3	36	1	5.124×10^3	35.58
6.451	6.451×10^{-4}	0.7026	7.026×10^{-3}	1.951×10^{-4}	1	6.944×10^{-3}
926	0.09260	101.1	1.011	0.02809	144	1

資料-4 容積(木材)の換算

m^3	石	BM(BF)	MBF
1	3.549	423.7	0.4237
0.2783	1	117.9	0.1179
2.358×10^{-3}	8.479×10^{-3}	1	0.001
2.358	8.479	1000	1

資料-5 強さの換算

kgf(kgw)	ダイン(dyn)	ニュートン(N)
1	9.8×10^5	9.8
0.1020×10^{-5}	1	1×10^{-5}
0.1020	1×10^5	1

資料-6 圧力の換算

kgf/cm^2	水銀柱(mmHg)	水柱(mmAq)	気圧(atm)	バール(bar)	パスカル(Pa)	N/cm^2	dyn/cm^2
1	735.6	1×10^4	0.9679	0.9807	9.807×10^4	9.807	9.807×10^5
1.359×10^{-3}	1	13.59	1.316×10^{-3}	1.333×10^{-3}	133.3	0.01333	1.333×10^3
9.998×10^{-5}	0.07354	1	9.677×10^{-5}	9.805×10^{-5}	9.805	9.805×10^{-4}	98.05
1.033	760	1.03×10^4	1	1.013	1.013×10^5	10.13	1.013×10^6
1.019	750.1	1.019×10^4	0.9869	1	1×10^5	10	1×10^6
1.019×10^{-5}	7.501×10^{-3}	0.1019	9.869×10^{-6}	1×10^{-5}	1	1×10^{-4}	10
0.1019	75.01	1.019×10^3	0.09869	0.1	1×10^4	1	1×10^5
1.019×10^{-6}	7.501×10^{-4}	0.01019	9.869×10^{-7}	1×10^{-6}	0.1	1×10^{-5}	1

1 bar = 1 N × $10^5/m^2$ = 1 dyn × $10^6/cm^2$。1 Pa = 1 N/m^2。Torr(トル, トール)は真空工学で用いる単位で, 標準気圧を 760 Torr とする。よって, 1 Torr は 1 mmHg に相当する。100 Pa = hPa
Pa × 10^6 = MPa

資料-7 動力の換算

KW	PS	HP
1	1.360	1.340
0.7355	1	0.9862
0.7454	1.014	1

PS はフランス馬力でメートル馬力としており, イギリス馬力 HP は日本では用いない。ただし, モーターについては旧来の 1 HP モーターを 0.75 KW に読み換えている事から, 現場では 1 HP = 0.75 KW とする例も多い。

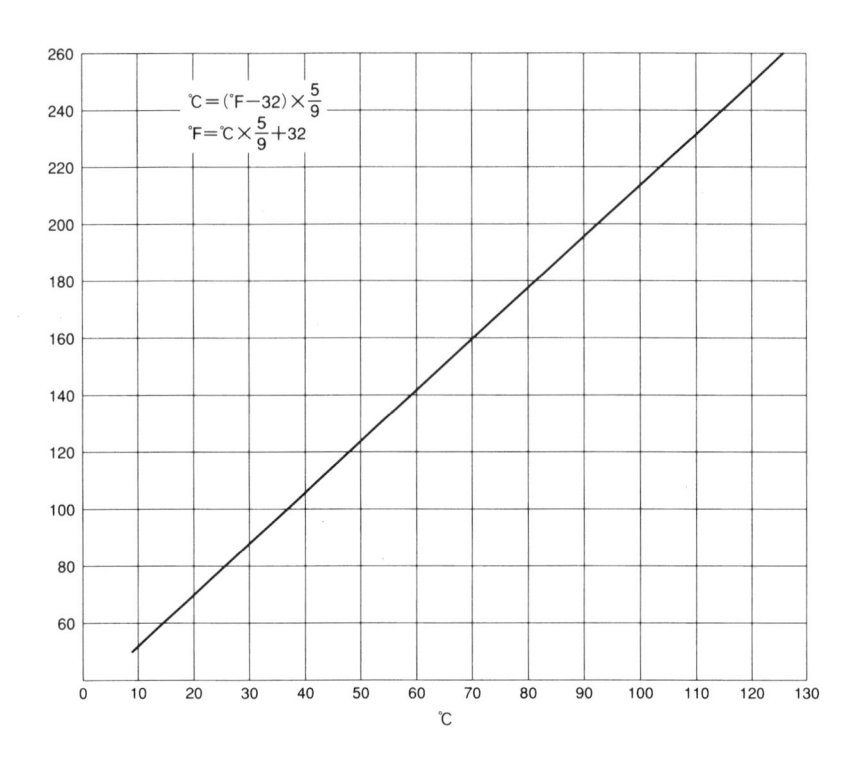

$$°C = (°F - 32) \times \frac{5}{9}$$
$$°F = °C \times \frac{5}{9} + 32$$

資料-8　カ氏(°F)とセ氏(°C)温度との関係

資料-9　乾湿球温度差(DBT − WBT, WBD)の換算

°F	°C	°F	°C	°F	°C
3	1.7	15	8.3	40	22.2
5	2.8	18	10.0	45	25.0
7	3.9	21	11.7	50	27.8
9	5.0	25	13.9	55	30.6
11	6.1	30	16.7	60	33.3
13	7.2	35	19.4		

°F × 5/9 = °C。

資料

資料-10 熱伝導率の換算

$\dfrac{\text{cal}}{\text{cm}\cdot\text{sec}\cdot°\text{C}}$	$\dfrac{\text{kcal}}{\text{m}\cdot\text{hr}\cdot°\text{C}}$	$\dfrac{\text{BTU}}{\text{ft}\cdot\text{hr}\cdot°\text{F}}$	$\dfrac{\text{BTU}\cdot\text{in}}{\text{ft}^2\cdot\text{sec}\cdot°\text{F}}$	$\dfrac{\text{BTU}\cdot\text{in}}{\text{ft}^2\cdot\text{hr}\cdot°\text{F}}$
1	360	241.9	0.8062	2.902×10^3
2.778×10^{-3}	1	0.6718	2.239×10^{-3}	8.062
4.133×10^{-3}	1.488	1	3.333×10^{-3}	12
1.240	446.4	300	1	3.60×10^3
3.445×10^{-4}	0.1240	0.08333	2.777×10^{-4}	1

資料-11 熱量の換算

J	kwh	BTU	kcal
1	2.8×10^{-7}	9.48×10^{-4}	2.389×10^{-4}
3.6×10^6	1	3.413×10^3	860
1.055×10^3	2.93×10^{-4}	1	0.252
4.186×10^3	1.16×10^{-3}	3.968	1

資料-12 100℃以上の飽和蒸気の性質
（ボイラーのゲージ圧は大気圧力約 1 kgf/cm^2 を引いた値であるから注意）

絶対圧力 (kgf/cm^2)	温度 (℃)	蒸気の潜熱 (kcal/kg)*
1.00	99.1	538.8
2.00	119.6	525.7
3.00	132.9	516.1
4.00	142.9	508.7
5.00	151.1	503.2
6.00	158.1	498.0
7.00	164.2	493.8
8.00	169.9	489.7
9.00	174.6	486.1
10.00	179.1	482.6
12.00	187.1	476.9

日本機械学会，機械実用便覧より．　＊それぞれの温度の液体になるときの放出熱量。
100℃以下については p.500 表8-1 参照．

資料-13　木材含水率の各種基準

● 日本農林規格(JAS)　　　　　　　　　　(1991(平成 3)年改正，1994 年現在実施中)

品　目	材　種	針葉樹材	広葉樹材
製材(一般)	人工乾燥材	15％以下	13％以下
枠組壁工法構造用材	乾燥材	19％以下	
単層フローリング	天然乾燥材	20％以下	17％以下
	人工乾燥材	15％以下	13％以下
集　成　材		15％以下	
構造用大断面集成材		15％以下	
針葉樹の構造用製材	乾燥材 D 25	25％以下	──
	乾燥材 D 20	20％以下	──
	乾燥材 D 15	15％以下	──
合　板		14％以下	
複合フローリング		14％以下	

● 建築仕様書

種　類	材種	A 種	B 種	C 種
日本建築学会建築工事標準仕様書(JASS 11)	造作材	18％以下	20％以下	24％以下
建設大巨官房官庁営繕部建築工事共通仕様書	構造材	20％以下	24％以下	──
	下地材	20％以下	24％以下	──
	造作材	18％以下	20％以下	──
住宅金融公庫融資住宅木造住宅共通仕様書	構造材	19％以下		

A 種：高級住宅，B 種：中級住宅，C 種：一般庶民住宅．含水率の測定は全乾法によるべきであるが，運用面では電気式含水率計による場合がほとんであるため，現在，柱材では高めの仕上げ含水率となっている．

　　JASについては 2002 年に改訂されているので，増補 23 (p.736)に新規格と内容説明ならびに変更にともなう乾燥時間の増加などの注意事項を記す．

資料-14　塩の飽和水溶液と平衡する関係湿度ならびに含水率

塩の種類	温度(℃)					
	5	10	15	20	25	30
NaCl	76 15.2	76 15.0	76 14.9	75 14.8	75 14.5	75 14.2
NaBr	64 12	62 11.9	61 11.8	59 11.6	58 11.4	56 11.1
$Mg(NO_3)_2$	59 11	57 10.9	56 10.8	54 10.7	53 10.5	51 10.2
K_2CO_3	43 8.3	43 8.2	43 8.1	43 8.0	43 7.9	43 7.8

上段は関係湿度(相対湿度)(％)，下段は平衡含水率の概略(％)．温度の変化に対して関係湿度の変化割合の小さい塩が温度管理が楽で使いやすい．飽和水溶液はときおり撹拌すること．

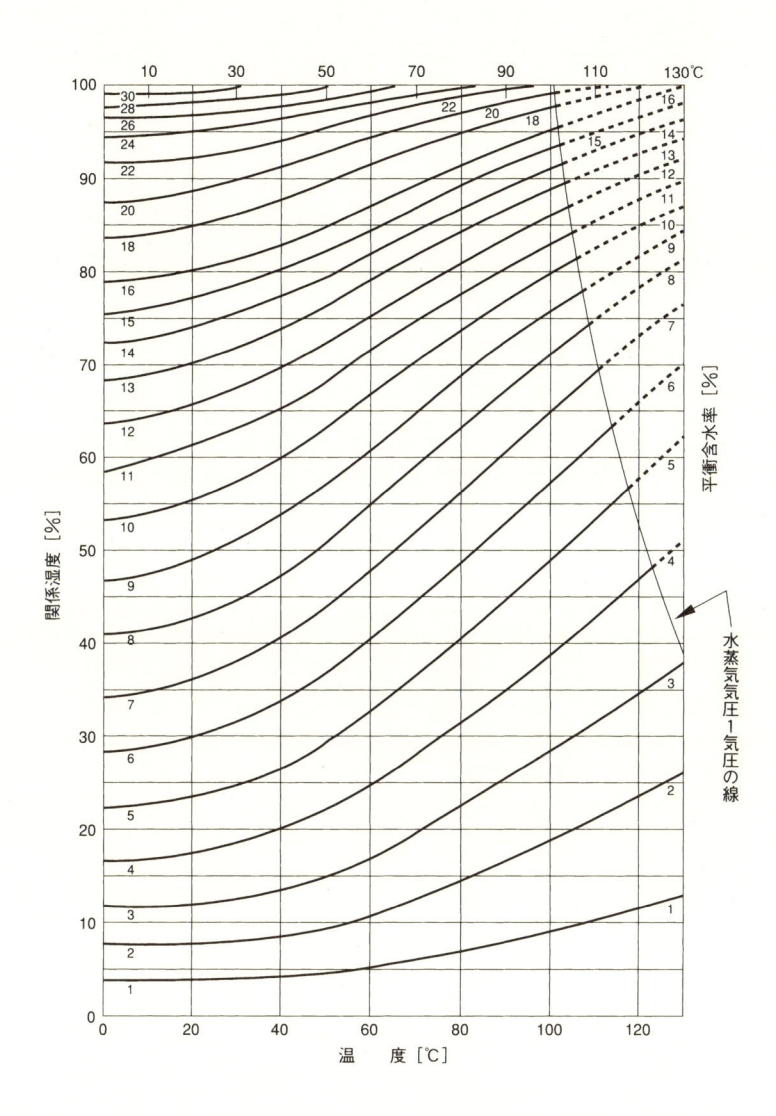

資料-15 温湿度と平衡含水率との関係
(ハウレイ，カイルウェルス，コルマン氏ら (1931〜1968))

資料-16 関係湿度表（%）

乾球温度 [℃] \ 乾湿球温度差 [℃]	1	2	3	4	5	6	7	8	9	10	11	12	13	14	15	16	17	18	19	20	21	22	23	24	25	26	27	28	29	30	31	32	33	34	35	36	37	38	39	40
80	96	92	88	85	81	77	74	71	68	65	61	59	56	53	51	48	46	43	41	39	37	35	33	32	30	28	26	25	23	22	20	19	18	17	15	14	13	12	11	
79	96	92	88	84	81	77	74	71	67	64	61	58	56	53	50	48	46	43	41	39	37	35	33	31	29	28	26	24	23	21	20	19	17	16	15	14	13	12	11	10
78	96	92	88	84	80	77	74	70	67	64	61	58	55	53	50	48	45	43	40	38	36	35	33	31	29	27	26	24	23	21	20	18	17	16	14	13	12	11	11	10
77	96	92	88	84	80	77	73	70	67	64	61	58	55	52	50	47	45	43	40	38	36	34	33	31	29	27	25	24	23	21	19	18	17	15	14	13	12	11	10	
76	96	92	88	84	80	77	73	70	66	64	60	58	55	52	49	47	45	42	40	38	35	34	32	30	28	27	25	23	22	20	19	17	16	15	14	12	11	11	10	
75	96	92	88	84	80	77	73	70	66	63	60	57	54	52	49	47	45	42	40	38	35	33	31	30	28	26	24	23	21	20	18	17	16	15	13	12	12	11		
74	96	91	87	84	80	76	73	69	66	63	60	57	54	51	49	46	44	42	39	37	35	33	31	29	27	26	24	22	21	19	18	17	15	14	13	12	11			
73	96	91	87	84	80	76	73	69	66	63	60	57	54	51	48	46	44	41	39	36	34	32	31	29	27	25	23	22	20	19	17	16	15	13	12	11	10			
72	96	91	87	83	80	76	72	69	66	62	59	56	53	51	48	45	43	41	38	36	34	32	30	28	26	24	23	21	20	18	17	15	14	13	12	11				
71	96	91	87	83	79	76	72	69	65	62	59	56	53	50	47	45	42	40	38	35	33	31	29	28	26	24	22	21	19	18	16	15	14	12	11	10				
70	96	91	87	83	79	76	72	68	65	62	59	56	53	50	47	44	42	40	37	35	33	31	29	27	25	23	21	20	18	17	15	14	13	11	11					
69	96	91	87	83	79	75	72	68	65	62	58	55	52	49	47	44	41	39	37	34	32	30	28	26	24	22	21	19	18	16	15	13	12	11						
68	96	91	87	83	79	75	71	68	64	61	58	55	52	49	46	43	41	39	36	34	31	29	27	26	24	22	20	18	17	16	14	13	11							
67	95	91	87	83	79	75	71	68	64	61	58	55	51	48	46	43	41	38	36	33	31	29	27	25	23	21	19	18	16	15	13	12								
66	95	91	87	83	78	75	71	67	64	60	57	54	51	48	45	42	40	38	35	32	30	28	26	24	22	20	19	17	15	14	12									
65	95	91	87	82	78	74	71	67	63	60	57	53	50	48	45	42	39	37	34	32	29	27	25	23	21	19	18	16	15	13										
64	95	91	86	82	78	74	70	67	63	60	56	53	50	47	44	41	39	36	34	31	29	26	24	22	20	19	17	15	14											
63	95	91	86	82	78	74	70	66	63	59	56	53	49	46	43	41	38	35	33	30	28	26	23	22	20	18	16	14												
62	95	91	86	82	78	74	70	66	62	59	55	52	49	46	43	40	37	35	32	29	27	25	22	21	19	17	15													
61	95	91	86	82	77	73	70	66	62	59	55	52	48	45	42	40	37	34	31	28	26	24	22																	
60	95	90	86	82	77	73	69	65	62	58	55	51	48	45	42	39	36	33	30	28	25																			
59	95	90	86	81	77	73	69	65	61	58	54	51	48	44	41	38	35	32																						
58	95	90	86	81	77	73	69	65	61	58	54	51	47	44																										
57	95	90	86	81	77	73	69	65	61	57																														
56	95	90	85	81	77	72	68	64																																

資料

乾湿球温度差 [℃]

乾球温度[℃]	1	2	3	4	5	6	7	8	9	10	11	12	13	14	15	16	17	18	19	20	21	22	23	24	25	26	27	28	29	30	31	32	33	34	35	36	37	38	39	40
55	95	90	85	81	76	72	68	64	60	57	53	50	47	44	40	38	35	32	30	27	25	23	20	18	16	14	13	11												
54	95	90	85	81	76	72	68	64	60	56	53	49	46	43	40	37	34	32	29	26	24	22	20	18	16	14	13	12												
53	95	90	85	80	76	71	67	63	59	56	52	49	46	42	39	36	34	31	28	26	23	21	19	17	15	13	12	11												
52	95	90	85	80	75	71	67	63	59	55	52	48	45	42	39	36	33	30	28	25	23	20	18	16	14	12	11													
51	95	90	85	80	75	71	67	63	59	55	51	48	44	41	38	35	32	30	27	24	22	20	17	15	13	11														
50	95	89	85	80	75	71	66	62	58	54	51	47	44	41	38	35	32	29	26	24	21	19	17	14	12	10														
49	95	89	84	79	75	70	66	62	58	54	50	47	44	40	37	34	31	28	26	23	20	18	16	13	11															
48	95	89	84	79	75	70	66	61	57	53	50	46	43	40	37	33	30	28	25	22	19	17	15	12	10															
47	94	89	84	79	74	70	65	61	57	53	49	45	42	39	36	32	29	26	24	21	19	16	14	11																
46	94	89	84	79	74	69	65	60	56	52	49	45	41	38	35	32	29	26	23	20	18	15	13	10																
45	94	89	84	79	74	69	64	60	56	52	48	44	41	37	34	31	28	25	22	19	17	14	12																	
44	94	89	83	78	74	69	64	59	55	51	47	43	40	36	33	30	27	24	21	18	16	13	10																	
43	94	88	83	78	73	68	64	59	55	51	47	43	39	36	32	29	26	23	20	17	15	12																		
42	94	88	83	78	73	68	63	59	54	50	46	42	38	35	31	28	25	22	19	16	14	11																		
41	94	88	83	77	72	67	62	58	53	49	45	41	37	34	30	27	24	21	18	15	13																			
40	94	88	82	77	72	67	62	57	53	48	44	40	37	33	29	26	23	20	17	14	11																			
39	94	88	82	77	71	66	61	57	52	48	44	40	36	32	28	25	22	19	16	13																				
38	94	88	82	76	71	66	61	56	51	47	43	39	35	31	27	24	20	17	14																					
37	94	87	82	76	71	65	60	55	51	46	42	38	34	30	26	23	19	16	13																					
36	94	87	82	76	70	65	60	55	50	45	41	37	33	29	25	21	18	15	11																					
35	93	87	81	75	70	64	59	54	49	45	40	36	32	28	24	20	17	13																						
34	93	87	81	75	69	64	58	53	48	44	39	35	31	26	23	19	15	12																						
33	93	87	80	74	69	63	58	52	47	43	38	34	29	25	21	17	14	10																						
32	93	86	80	74	68	62	57	52	46	42	37	32	28	24	20	16	12																							
31	93	86	80	73	67	62	56	51	46	41	36	31	27	22	18	14	10																							
30	93	86	79	73	67	61	55	50	45	39	35	30	25	21	17	13																								

風速 2.5 m/s として計算（小倉武夫氏 (1951))。

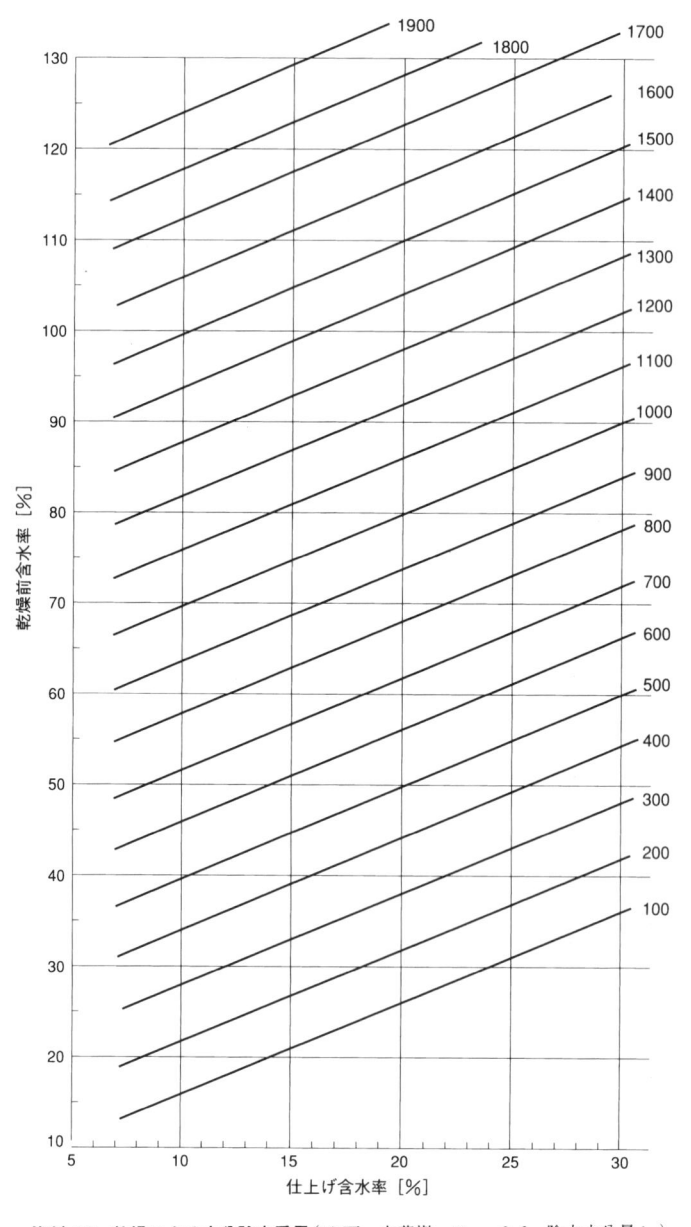

資料-17 乾燥による水分除去重量（10石，広葉樹，$\gamma_0 = 0.6$，除去水分量 kg）

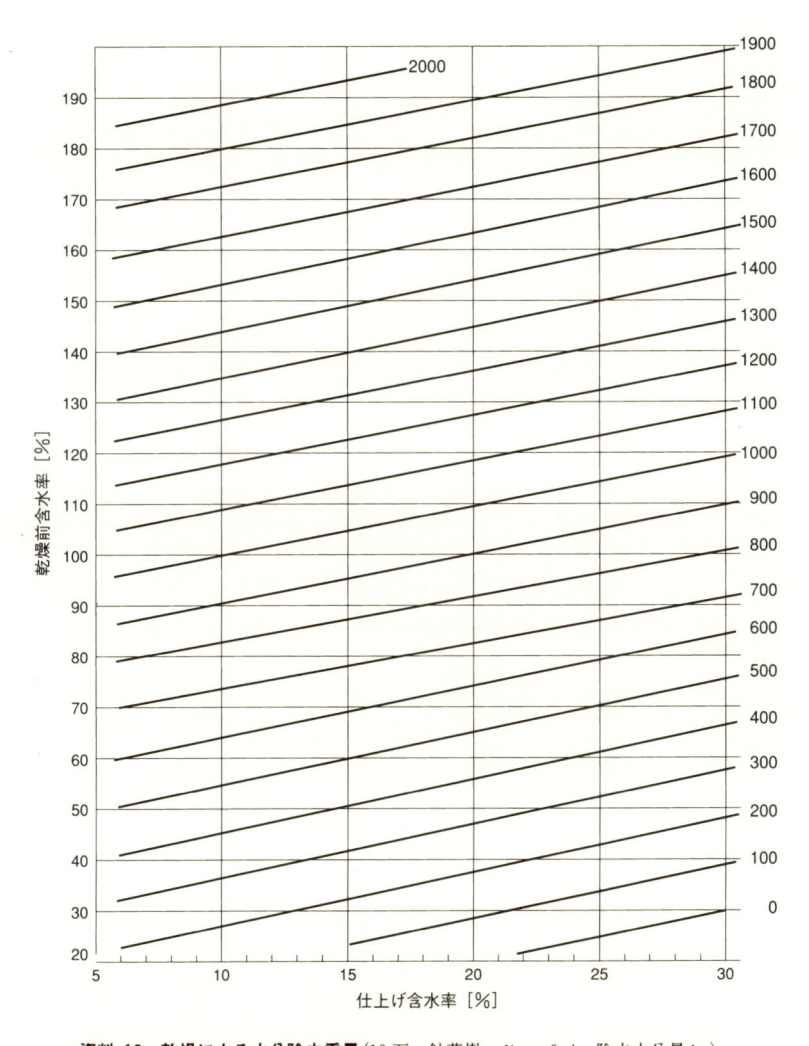

資　料

資料-18　乾燥による水分除去重量（10石，針葉樹，$\gamma_0 = 0.4$，除去水分量 kg）

(横軸: 仕上げ含水率 [%]，縦軸: 乾燥前含水率 [%])

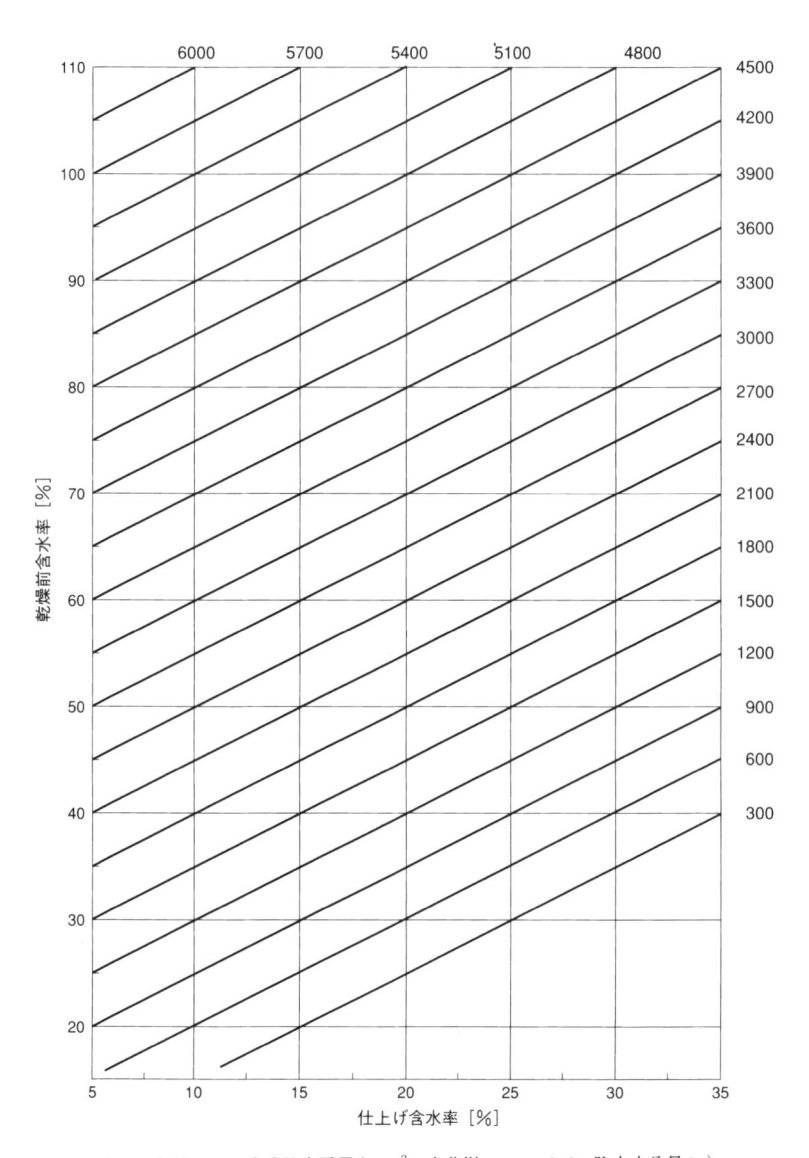

資料-19 乾燥による水分除去重量 ($10\,\mathrm{m}^3$, 広葉樹, $\gamma_0 = 0.6$, 除去水分量 kg)

資料-20 乾燥による水分除去重量($10\,\mathrm{m}^3$, 針葉樹, $\gamma_0 = 0.4$, 除去水分量 kg)

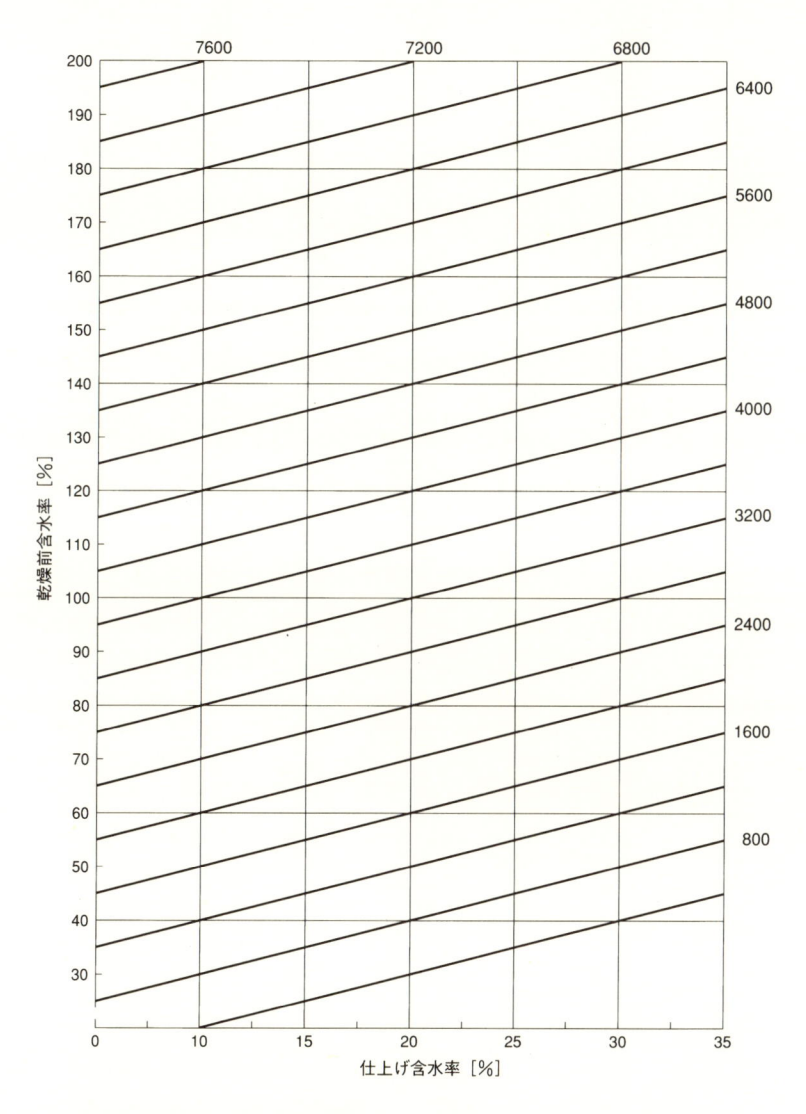

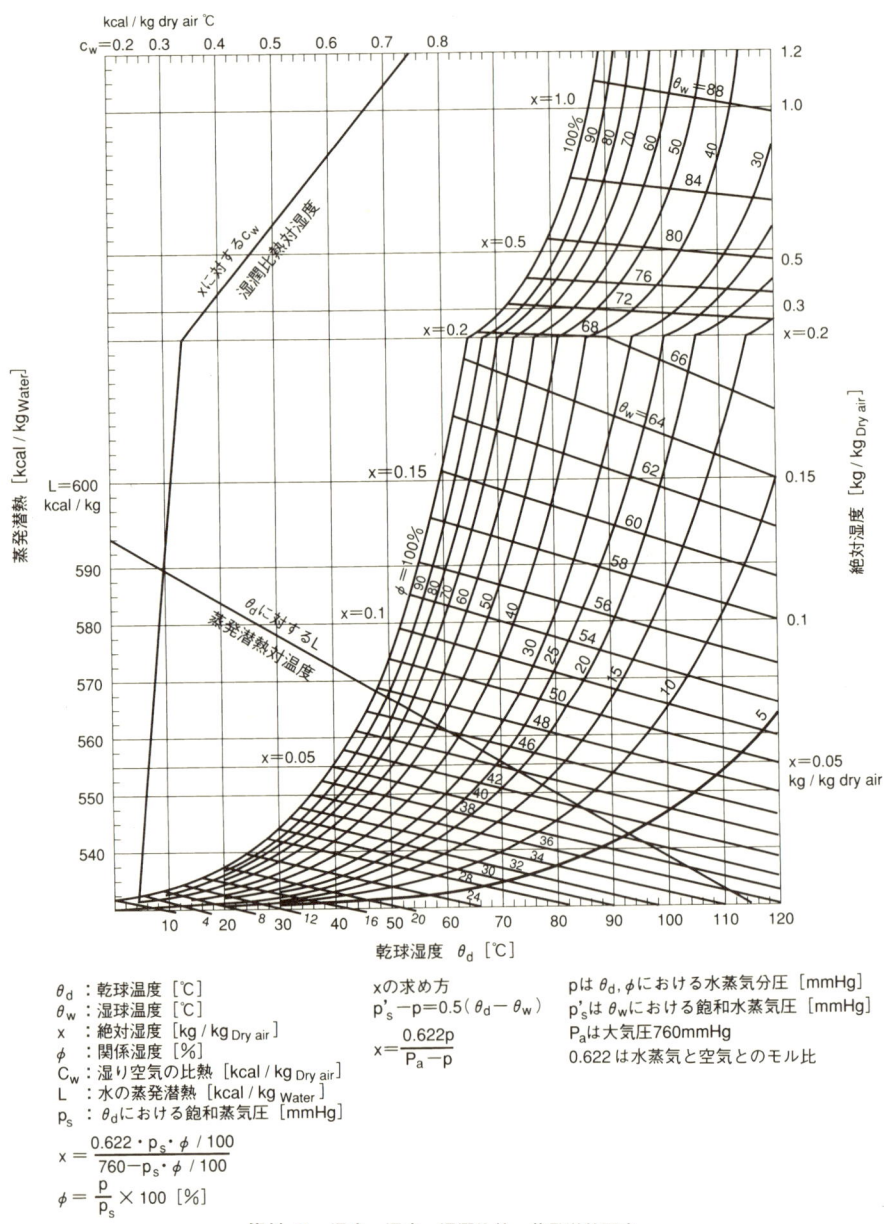

θ_d ：乾球温度 [℃]
θ_w ：湿球温度 [℃]
x ：絶対湿度 [kg / kg $_{Dry\ air}$]
ϕ ：関係湿度 [%]
C_w ：湿り空気の比熱 [kcal / kg $_{Dry\ air}$]
L ：水の蒸発潜熱 [kcal / kg $_{Water}$]
p_s ：θ_d における飽和蒸気圧 [mmHg]

$$x = \frac{0.622 \cdot p_s \cdot \phi / 100}{760 - p_s \cdot \phi / 100}$$

$$\phi = \frac{p}{p_s} \times 100 \ [\%]$$

x の求め方
$p'_s - p = 0.5(\theta_d - \theta_w)$
$$x = \frac{0.622 p}{P_a - p}$$

p は θ_d, ϕ における水蒸気分圧 [mmHg]
p'_s は θ_w における飽和水蒸気圧 [mmHg]
P_a は大気圧760mmHg
0.622 は水蒸気と空気とのモル比

資料-21　温度，湿度，湿潤比熱，蒸発潜熱図表

著者の発表論文

　本書では引用文献の詳細は殆んど記していない。特に私自身のものにはふれていない。木材乾燥に関する私の考え方は本書の中に十分盛り込んだつもりであるが，細部の具体的な数字や実験方法などを検討して下さる方のために，私の行った研究について部門別に整理して置いた。

【 著　書 】

1. 木工便覧，日刊工業新聞社 (1958)，分担執筆
2. 木材工業ハンドブック，丸善 (1958)，分担執筆
3. 木材乾燥 (基礎編)，全国中小企業団体中央会 (1962)，共著
4. 木材乾燥 (実務編上・下)，全国中小企業団体中央会 (1963), (1964)，共著
5. ぶなとその利用 (日本ぶな協会創立10周年記念)，日本ぶな協会 (1966)，分担執筆
6. 生産技術シリーズ「木材乾燥」(スライド)，日本輸出雑貨 (1971)，分担執筆
7. 林業百科事典，日本林業技術協会 (1971)，分担執筆
8. 木材の人工乾燥，日本木材加工技術協会 (1976)
9. 走査電子顕微鏡で見た木材の表情，木材物理学研究室 (1977)，分担執筆
10. 木材工学辞典，日本材料学会木質材料部門委員会 (1982)，分担執筆
11. ヒートポンプの応用と経済性，シーエムシー (1984)，分担執筆
12. 昭和における木材乾燥，ウッドミック (1984)
13. 木材乾燥の概説，ウッドミック (1986)
14. 木材の高周波真空乾燥，海青社 (1998)，分担執筆

【 論文・総説・その他 】

1．人工乾燥装置に関する研究

1. インターナルファン型乾燥室における試験結果，林試研報 No.60, 49 (1953)，小倉武夫・寺澤　眞・筒本卓造
2. インターナルファン型乾燥室について，木材工業 vol.9, 62 (1954)，寺澤　眞
3. 木材の人工乾燥における乾燥むらについて，木材工業 vol.10, 212 (1955)，寺澤　眞
4. 木材乾燥装置に関する研究(3)シュリーレン法による自然換気式乾燥室模型内の

気流観察について，林試研報 No.82, 21 (1955)，小倉武夫・杉下卯兵衛・寺澤眞
5. インターナルファン型乾燥室における試験結果，林試研報 No.82, 63 (1955)，寺澤眞
6. 木材乾燥技術の諸問題，木材工業 vol.11, 519 (1956)，寺澤眞
7. ヒルデブランド HD74 型小型直熱式乾燥機の性能について，林試研報 No.93, 131 (1957)，寺澤眞・佐藤庄一・野原正人
8. 木材乾燥室に用いた熱線風速計，林試研報 No.97, 163 (1957)，寺澤眞・筒本卓造
9. 木材の人工乾燥と管理，計量管理 vol.7, 420 (1958)，寺澤眞
10. インターナルファン型木材乾燥装置(1)，(2)，(3)，木材工業 vol.15, 260, 309, 359 (1960)，寺澤眞
11. 木材乾燥装置に関する研究(4) インターナルファン型乾燥室における桟積み内の乾燥むらについて，林試研報 No.143, 157 (1962)，寺澤眞・筒本卓造・小玉牧夫
12. 木材乾燥装置に関する研究(5) 乾燥室内の風速および風圧分布について，林試研報 No.150, 33 (1963)，寺澤眞・小玉収夫・佐藤庄一
13. 木材の予備乾燥装置，木工生産 vol.7 (1963)，寺澤眞
14. 木材人工乾燥室の自動制御について，木材工業 vol.20, 127 (1965)，寺澤眞
15. 天然乾燥の促進法と予備乾燥装置，木材工業 vol.22, 72 (1967)，寺澤眞
16. 低温除湿乾燥装置の性能について，木材工業 vol.36, 381 (1981)，野原正人・岩田隆昭・寺澤眞・奥山剛
17. 除湿式木材人工乾燥室について，木材工業 vol.38, 118 (1983)，寺澤眞
18. 除湿式木材乾燥室の現状，木工機械 No.134, 7 (1987)，寺澤眞
19. 除湿式乾燥装置による広葉樹材の乾燥試験と考察，ウッドミック vol.7, 32 (1989)，寺澤眞
20. 除湿式乾燥室の限界と可能性，ウッドプロ 4 月号，62 (1990)，寺澤眞

2．乾燥操作に関する研究（乾燥スケジュール）

1. 木材人工乾燥の実務——特にナラ・ブナ材について，北林指月報 No.14 (1955)，寺澤眞
2. 紡績用木管の新しい乾燥法について，木材工業 vol.10, 116 (1955)，寺澤眞・中田伸・山本昭夫
3. 木材の人工乾燥スケジュールについて(1)，(2)，木材工業 vol.10, 372, 419, (1961)，寺澤眞
4. ブナ床板材の人工乾燥スケジュールについて，林試研報 No.135, 103, 1962, 寺澤眞・小玉牧夫
5. 木材の乾燥中に生ずる歪について，木材工業 vol.18, 1 (1963)，寺澤眞
6. 南洋材の乾燥スケジュール，木材工業 vol.19, 250 (1964)，寺澤眞
7. 木材乾燥スケジュールの簡易決定法，木材工業 vol.20, 2 (1965)，寺澤眞
8. 木造プレハブと針葉樹材の人工乾燥，産業と資源 No.51, 7 (1965)，寺澤眞

9. 南洋材の乾燥，木工生産 vol.**10**，46 (1966)，寺澤眞
10. カンボジア産材8樹種の乾燥スケジュール，林試研報 No.190, 62 (1966)，寺澤眞・佐藤庄一
11. サラワク産メランチ類木材の乾燥スケジュール，林試研報 No.190, 134 (1966)，寺澤眞・佐藤庄一
12. 北ボルネオ産カプール材の乾燥スケジュール，林試研報 No.197, 88 (1967)，寺澤眞・佐藤庄一
13. カリマンタン産クルイン材の乾燥スケジュール，林試研報 No.206, 42 (1967)，寺澤眞・佐藤庄一
14. フィリピン産アピトン材の乾燥スケジュール，林試研報 No.208, 131 (1968)，佐藤庄一・寺澤眞
15. カリマンタン産バンキライおよびホワイトメランチ材の人工乾燥スケジュール，林試研報 No.218, 58 (1968)，寺澤眞・佐藤庄一
16. カリマンタン産13樹種の人工乾燥スケジュール，林試研報 No.218, 175 (1968)，寺澤眞・佐藤庄一
17. 乾燥経過中の内部応力を考慮したスケジュールの考え方，木材工業 vol.**26**, 7, (1971)，寺澤眞
18. 乾燥初期に発生する割れについて，木材工業 vol.**33**, 3 (1978)，寺澤眞
19. パラゴム材の乾燥，木材工業 vol.**36**, 183 (1981)，寺澤眞
20. 北アメリカのオーク材，ウッドミック vol.**6**(12), 22 (1988)，寺澤眞

3．乾燥特性に関する研究

1. 恒率乾燥時における水分蒸発速度と風速との関係，第63回日本林学会大会講演集，298 (1954)，寺澤眞・大沼加茂也
2. 木材乾燥操作に関する基礎的研究(Ⅰ)乾燥特性曲線について，林試研報 No.81, 81 (1955)，寺澤眞・岩下睦
3. 木材乾燥操作に関する基礎的研究(Ⅱ)乾燥特性曲線について(2)，林試研報 No.93, 89 (1957)，寺澤眞・小玉牧夫
4. 木材乾燥操作に関する基礎的研究(Ⅲ)木材人工乾燥における乾燥時間の推定図表について，林試研報 No.97, 61 (1957)，寺澤眞・小玉牧夫
5. 日本産主要樹種の性質乾燥性(Ⅰ)，林試研報 No.153, 15 (1963)，寺澤眞・小玉牧夫・佐藤庄一
6. 日本産主要樹種の性質乾燥性(Ⅱ)，林試研報 No.163, 111 (1963)，佐藤庄一・寺澤眞
7. スラウエシー産材の材質乾燥特性，名古屋大学演習林報告 No.8, 151 (1984)，寺澤眞
8. 木材乾燥の工学的解析，木材工業 vol.**40**, 419 (1985)，北野孝久・寺澤眞
9. 木材人工乾燥の基礎学とは何か，ウッドミック No.235(10), 53 (2002)，寺澤眞

4. 南洋材に関する研究

1. 南洋材の性質(総括)1, 林試研報 No.190, 4 (1966), 寺澤眞
2. 南洋材の性質(総括)2, 林試研報 No.190, 108 (1966), 寺澤眞
3. 南洋材の性質(総括)3, 林試研報 No.194, 2 (1966), 寺澤眞
4. 南洋材の性質(総括)4, 林試研報 No.197, 40 (1967), 寺澤眞
5. 南洋材の性質(総括)7, 林試研報 No.206, 2 (1967), 寺澤眞
6. カンボジァ産材の性質, 熱帯林業 No.3, 37 (1967), 寺澤眞
7. サバ(北ボルネオ)産カプール材の性質, 熱帯林業 No.5, 17 (1967), 寺澤眞
8. 南洋材の利用適性(1)カプール材, 木材工業 vol.22, 357 (1967), 寺澤眞・蕪木自輔
9. 南洋材の利用適性(2)アピトン類木材1, 木材工業 vol.22, 552 (1967), 蕪木自輔・寺澤眞
10. 南洋材の性質(総括)10, 林試研報 No.208, 87 (1968), 寺澤眞
11. 南洋材の性質(総括)11, 林試研報 No.218, 2 (1968), 寺澤眞
12. 南洋材の性質(総括)12, 林試研報 No.218, 101 (1968), 寺澤眞
13. 南洋材の利用適性(2)アピトン類木材2, 木材工業 vol.23, 63 (1968), 寺澤眞・蕪木自輔
14. 南洋材の性質(総括)13, 林試研報 No.221, 55 (1969), 寺澤眞

5. 細胞の落ち込みに関する研究

1. 木材乾燥にみられる落ち込み, 木材工業 vol.27, 526 (1972), 寺澤眞・林和男
2. 飽水バルサ材の細胞の落ち込みに関する研究(1), 木材学会誌 vol.20, 205, (1974), 寺澤眞・林和男
3. 飽水バルサ材の細胞の落ち込みに関する研究(2), 木材学会誌 vol.20, 306, (1974), 林和男・寺澤眞
4. 飽水バルサ材の細胞の落ち込みに関する研究(3), 木材学会誌 vol.21, 278, (1975), 林和男・寺澤眞
5. 木材乾燥における落ち込み発生機構(1), 木材工業 vol.30, 383 (1975), 林和男・寺澤眞
6. 木材乾燥における落ち込み発生機構(2), 木材工業 vol.30, 439 (1975), 林和男・寺澤眞
7. 木材乾燥における落ち込み発生機構(3), 木材工業 vol.30, 536 (1975), 寺澤眞・林和男
8. 飽水バルサ材の細胞の落ち込みに関する研究(4), 木材学会誌 vol.23, 25 (1977) 林和男・寺澤眞
9. 飽水バルサ材の細胞の落ち込みに関する研究(5), 木材学会誌 vol.23, 30 (1977) 林和男・寺澤眞
10. 木材の収縮経過(その3)凍結乾燥法による細胞の落ち込み発生過程の観察, 木材

学会誌 vol.**25**, 191 (1979), 服部芳明・金川靖・寺澤眞
11. Liquid Tension Collapse of Cells in Concentrated Polymer Solusion, 木材学会誌 vol.**27**, 256 (1981), 服部芳明・金川靖・寺澤眞
12. 最近の落ち込み情報, 木材工業 vol.**38**, 370 (1983), 服部芳明・寺澤眞

6. 材質研究

1. 飽水木材のねじり強さと温度との関係, 木材工業 vol.**28**, 249 (1973), 林和男・金川靖・寺澤眞
2. 木材の強度異方性に及ぼす温度の影響(1), 木材学会誌 vol.**23**, 609 (1977), 奥山剛・鈴木滋彦・寺澤眞
3. Effect of Temperature in Orthotropic Properties of Wood II, 木材学会誌 vol.**25**, 177 (1979), 鈴木滋彦・奥山剛・寺澤眞

7. 特殊乾燥に関する研究

1. 菅式薬品乾燥法(四塩化エタン法)の現状, 林野庁普及通信 (1951), 寺澤眞
2. 菅式薬品乾燥法に関する2・3の実験, 林研月報 7,8,9 (合併号) (1951), 寺澤眞
3. 高周波木材乾燥に関する実験, 林試研報 68,229 (1954), 寺澤眞・岩下睦
4. チップの乾燥法について, 木材工業 vol.**13**, 183 (1958), 寺澤眞
5. 木材乾燥における高温蒸煮の影響(その1), 木材工業 vol.**29**, 327 (1974), 寺澤眞・小林拓治郎
6. 木材乾燥における高温蒸煮の影響(その2), 木材工業 vol.**29**, 378 (1974), 寺澤眞・小林拓治郎
7. 高周波による超急速乾燥法について, 木材工業 vol.**32**, 268 (1977), 寺澤眞
8. 木材の熱板減圧乾燥法について, 木材工業 vol.**33**, 109 (1978), 金川靖・寺澤眞
9. 木材の高周波減圧乾燥(1), 木材工業 vol.**33**, 241 (1978), 金川靖・寺澤眞
10. 木材の高周波減圧乾燥(2)——厚材、難乾燥材への適用, 木材工業 vol.**39**, 168, (1984), 金川靖・寺澤眞
11. 氏家式木材乾燥法について, ウッドミック vol.**3**(10), 28 (1985), 寺澤眞
12. 氏家式木材乾燥法についてその2, ウッドミック vol.**3**(11), 44 (1985), 寺澤眞

8. 平衡含水率(EMC)に関する研究

1. わが国における木材の平衡含水率に関する研究, 林試研報 No.227, 1 (1969), 寺澤眞・鷲見博史
2. わが国における木製品の適正含水率について, 木材工業 vol.**25**, 297 (1970), 寺澤眞・鷲見博史

9. その他の研究

1. 尿素樹脂接着剤の再生法について, 木材工業 vol.**6**, 344 (1951), 高橋公, 寺澤眞

2. フサアカシア材の利用に関する試験，林試月報 166, 173 (1964)，フサアカシア研究班
3. フライス加工による角材生産技術に関する研究(1)，木工機械 No.66, 13 (1974)，福井尚・寺澤眞
4. フライス加工による角材生産技術に関する研究(2)，木工機械 No.67, 10 (1975)，福井尚・寺澤眞
5. フライス加工による角材生産技術に関する研究(3)，木工機械 No.68, 14 (1976)，福井尚・寺澤眞

10．乾燥解説

1. ラワン材の乾燥特性，木材工業 vol.**10**, 166 (1956)，寺澤眞
2. 最近の木材乾燥の歩みと技術，山林 No.898, 25 (1959)，寺澤眞
3. 木材乾燥のはなし，産業と資源 vol.**3**, 32 (1961)，寺澤眞
4. 木材乾燥 12 話，木工生産 vol.**6**, 36 (1962)，寺澤眞
5. 木材加工技術のレビュー「乾燥」，木材工業 vol.**18**, 513 (1963)，寺澤眞
6. 台湾の木材乾燥について，木材工業 vol.**19**, 169 (1964)，寺澤眞
7. 木材乾燥スケジュールと操作，木材工業 vol.**21**, 24 (1966)，寺澤眞
8. 乾燥の重要性，木工生産 vol.**10**, 22 (1966)，寺澤眞
9. 人工乾燥操作における研究課題，木材学会誌 vol.**19**, 207 (1973)，寺澤眞
10. 針葉樹材の木材人工乾燥，菊川ニュース (1974)，寺澤眞
11. 木材の乾燥，木材学会 20 周年記念特集号 (1975)，寺澤眞
12. 家具材の人工乾燥，木材工業 vol.**34**, 492 (1979)，寺澤眞
13. 木材の人工乾燥，ニューランバーマン vol.**10**, 1 (1980)，寺澤眞
14. 新しい木材乾燥装置の選び方，木工機械 No.111, 10 (1982)，寺澤眞

11．雑　文

1. アメリカの木材工業紹介(2)アメリカにおける最近の乾燥室の形式，木材工業 vol.**6**, 234 (1951)，寺澤眞
2. 木材人工乾燥に残された泉岩太氏の功績，林試場報 No.17 (1965)，寺澤眞
3. 林業試験場 60 年のあゆみ，農林省林業試験場 P.226〜234 (1965)，寺澤眞
4. 木材研究のありかた，木材工業 vol.**25**, 296 (1970)，寺澤眞
5. 木材の西と東，木工機械 No.86, 19 (1978)，寺澤眞
6. 南洋材の加工技術の研究目標，熱帯林業 No.56, 18 (1980)，寺澤眞
7. 乾燥時間の短縮方法について，ウッドミック No.211 (10) (2000)，寺澤眞
8. 木相学，ウッドミック No.229 (4), 58 (2002)，寺澤眞

増補資料

今回，増補としてとりあげたものは次の点に留意して選んでいる。
1. 社会的な変化によって法規や考え方が違ってきたもの(フロンなど)。
2. 基礎資料で見落としていた有益と思われる実験。
3. 整理，要約が不十分と思われるもののまとめ(乾燥時間の短縮方法総括など)。
4. 高周波減圧(真空)乾燥の具体例。
5. 比重については一般に r_0 を使うが，この本では r を他に使ったので，γ (ガンマ)とした。増補もこれに準ずる。

【増補 1 】	除湿式乾燥室の利用 ……………………………………(本文 p. 57 参照)	720
【増補 2 】	フロンについて ……………………………………………(本文 p. 93 参照)	720
【増補 3 】	高周波減圧(真空)乾燥による消費電力量ならびに特殊材の乾燥例 ………………………………………(本文 p. 116 参照)	721
【増補 4 】	乾燥時の損傷による歩留まりロス ……………………(本文 p. 125 参照)	723
【増補 5 】	キリ材の乾燥 ………………………………………………(本文 p. 246 参照)	723
【増補 6 】	ベイマツ大断面梁材の高温乾燥法の変遷 ……………(本文 p. 296 参照)	724
【増補 7 】	スギ心持ち柱材の乾燥温度の経緯 ……………………(本文 p. 300 参照)	724
【増補 8 】	スギ心持ち柱材の改良形高温乾燥スケジュール ……(本文 p. 300 参照)	724
【増補 9 】	カキゴルフクラブヘッド用材の乾燥スケジュール(本文 p. 304, 391 参照)	725
【増補 10】	イスノキクラリネット用木管材の乾燥スケジュール(本文 p. 304 参照)	726
【増補 11】	ポプラ類 Salicaceae(ヤナギ科) ……………………(本文 p. 313, 328 参照)	726
【増補 12】	乾燥時間の短縮方法総括 ………………………………(本文 p. 429 参照)	727
【増補 13】	丸びき(だらびき)材の天然乾燥法 …………………(本文 p. 440 参照)	728
【増補 14】	高温乾燥と材間風速 ……………………………………(本文 p. 464 参照)	729
【増補 15】	装置内圧力と水蒸気分圧，温度などによる乾燥法分類試案 (本文 p. 493 参照)	729
【増補 16】	ラミン材の組織構造と水分移動の模式図 ……………(本文 p. 526 参照)	730
【増補 17】	温度，含水率，比重，方向別の水分拡散係数の集大成関係図 ……………………………(本文 p. 531, 534, 536, 542 参照)	730
【増補 18】	板材と木口木取り材との乾燥時間比 …………………(本文 p. 536 参照)	732
【増補 19】	木取りや比重と乾燥速度 ………………………………(本文 p. 519, 542 参照)	733
【増補 20】	初期含水率と収縮率との関係 …………………………(本文 p. 548 参照)	734
【増補 21】	ベイスギ材の落ち込み …………………………………(本文 p. 556 参照)	735
【増補 22】	表面割れと応力集中 ……………………………(本文 p. 368, 563, 574 参照)	735
【増補 23】	日本農林規格(JAS)の含水率基準改定について (本文 p. 228, 704 参照)	736

【増補1】 除湿式乾燥室の利用 (本文 p. 57 参照)

1989(平成元)年頃を全盛期とした除湿式乾燥室も貫流ボイラーを利用した蒸気加熱式乾燥室に押され，新設された件数は年ごとに減っているが，小規模製材工場に設置されている除湿式乾燥室は，小型ながら数の上では意外に多く，引き続き運転されているものも多いようである。

除湿式乾燥室の設置件数は1995年に蒸気加熱式乾燥室の約10％，乾燥室容量で比較すると約5％となっている。

1998年6月，日本木材乾燥施設協会に加入している乾燥室メーカーのうち5社が除湿式乾燥室の製造を営業種目としているが，1998年に具体的な販売実績のあったものは1〜2社であろう。建築用針葉樹材に対しても低い仕上げ含水率が要求され，除湿式乾燥室では乾燥困難となったのも利用減少の一つである。

除湿式乾燥室の故障は過去から現在に到るまで，冷媒の漏れが第一で，今後も装置を製作販売する際には除湿機(熱交換器を含め)の耐久性向上が最大の技術課題である。

【増補2】 フロンについて (本文 p. 93 参照)

ハロゲン化炭化水素と呼ばれる化合物に含まれるフロンは，ふっ素原子と塩素原子と残された水素原子の有無によって，

CFC (Chloro Fluro Carbon)
HCFC (Hydro Chloro Fluro Carbon)
HFC (Hydro Fluro Carbon)

に分けられる。

CFCはオゾン層破壊の程度の高い化合物の総称で，分子中にふっ素原子の他に塩素原子を含み，水素原子の無いものである。HCFCは分子中に塩素原子を含んではいるが，水素原子があるため，CFCよりオゾン層破壊の程度は低いが安全ではない。HFCはオゾン層破壊の心配の無いもので塩素原子を含まない。

増補表-1 よく知られているフロン系冷媒の呼称

国際呼称	日本の呼称	化学式	沸点 (℃)
CFC-12	R-12	CCl_2F_2	-30
HCFC-22	R-22	$CHClF_2$	-41
HFC-134a	R-134a	CH_2FCF_3	-26

国際的呼称で我々に馴染みのあるフロン系冷媒を増補表-1に示す。

モントリオール議定書に基づく日本の規制は，CFC-12は1995年以降製造禁止，HCFC-22は2010年全廃(補充用は2020年)となっている。

以上の理由で除湿式乾燥室のうち高温型でR-12を使っているものは冷媒の補充が困難となっており，一般の除湿式乾燥室でR-22を使用しているものは，装置の耐久年数内であれば冷媒補給が可能であろう。

今後作られる除湿式乾燥室には，カークーラーなどに使うR-134aを冷媒として検討していると想像していたが，家庭用冷暖房器用に非共沸点混合冷媒のR-407C，R-410AなどのR 400番台の冷媒が使われはじめているため，木材乾燥室用には，どちらが使い易いか今の段階では判断しにくい。

【増補3】 高周波減圧（真空）乾燥による消費電力量ならびに特殊材の乾燥例 （本文 p. 116 参照）

高周波減圧乾燥も蒸気加熱式乾燥室と同じく，短時間で乾燥されるものほど木材中の水分 1 kg を蒸発するに要する消費エネルギーは小さい。

厚材になると乾燥速度が小さいため放熱による熱ロスが多く，更に減圧状態を保つための真空ポンプの稼働時間も長くなり，消費電力量（エネルギー）は大となる。

これに対し積層した結束単板の乾燥は，材温上昇時に備え付けの油圧プレスで加圧すると，水分の一部が脱水でき，高含水率単板を乾燥する電力量は脱水した水分量分だけ少なくてすむ。

10 数件の乾燥例を増補表-2 に示し，特殊材の乾燥経過を増補図-1，2 に示す。

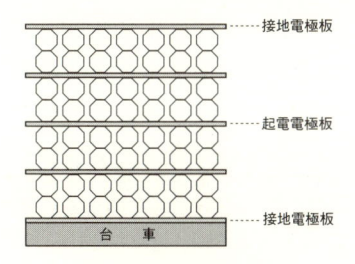

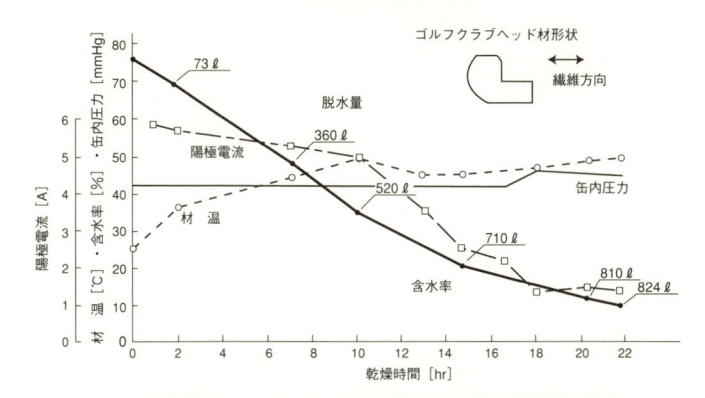

増補図-1　カキゴルフクラブヘッド用材の減圧乾燥経過
初期含水率 75 %，重量 2,287 kg，陽極電圧 9 kv 一定，連続発振

増補表-2 高周波減圧乾燥における蒸発効率

装置	真空度 (mmHg)	樹種・材種	仕上含水率 (%)	乾燥時間 (hr)	蒸発量 (ℓ)	理想熱量 (kcal)	積算計電力量 (kWh)	所要熱量 (kcal)**	効率 (%)	電力量内訳
2.8m³—13kW	50	ナラ10.5cm角	8	600	770	446,600	2,386	2,051,960	21.8	高周波
5.6m³—15kW	50	ブナ10.5cm角	7	386	770	446,600	4,486	3,857,960	11.6	高周波+動力***
5.6m³—15kW	50	ブビンガ6.0〜18.2cm厚	4	236	410	237,800	1,065	915,900	26.0	高周波+動力
5.6m³—15kW	50	ニレ12.0cm角	4	236	1,789	1,037,562	2,260	1,943,600	12.2	高周波+動力
5.6m³—15kW					1,789	1,037,562	2,764	2,377,040	43.6	高周波+動力
5.6m³—50kW	54	ブナ単板	5	64	1,287	746,460	3,804	3,271,440	31.7	高周波+動力
8.4m³—100kW	60	広葉樹単板	10	18	1,944	1,127,520	2,793	2,401,980	31.1	高周波+動力
					1,944	1,127,520	1,600	1,376,000	81.9	高周波+動力****
5.6m³—15kW	47	キリ単板	5	20.2	134	77,720	2,100	1,806,000	62.4	高周波+動力
					134	77,720	222	190,920	40.7	高周波
5.6m³—50kW	53	ベイマツ単板	8.5	24	300	174,000	367	315,620	24.6	高周波
5.6m³—15kW	48	ベイマツ6.5cm厚	10	90	640	371,200	874	751,640	23.1	高周波+動力
					640	371,200	1,115	958,900	38.7	高周波
5.6m³—15kW	46	ベイマツ10.5cm角	10	140	520	301,600	1,757	1,511,020	24.6	高周波+動力
					520	301,600	1,048	901,280	33.5	高周波
5.6m³—15kW	46	セブター1.6cm厚	10	113	1,355	785,900	1,628	1,400,080	21.5	高周波
					1,355	785,900	1,929	1,658,940	47.4	高周波+動力
5.6m³—15kW	47	セブター10.5cm角	8	128	1,625	942,500	2,613	2,247,180	35.0	高周波+動力
					1,625	942,500	2,235	1,922,100	49.0	高周波
5.6m³—15kW	45	セブター10.5cm角	8	167	1,351	783,580	3,184	2,738,240	34.4	高周波+動力
					1,351	783,580	2,211	1,901,460	41.2	高周波
							2,913	2,505,180	31.3	高周波+動力

(株)ヤスジマでの実用機のデータから作成。1石=0.28m³として計算。装置はIK容材積と高周波振発装置の出力を示す。
*：蒸発潜熱580kcal/kgとした。**：1kWh=880kcalとした。***：動力とは真空ポンプと冷却器などの所要電力量を表す。****：プレスで圧縮し水分を絞り出している。

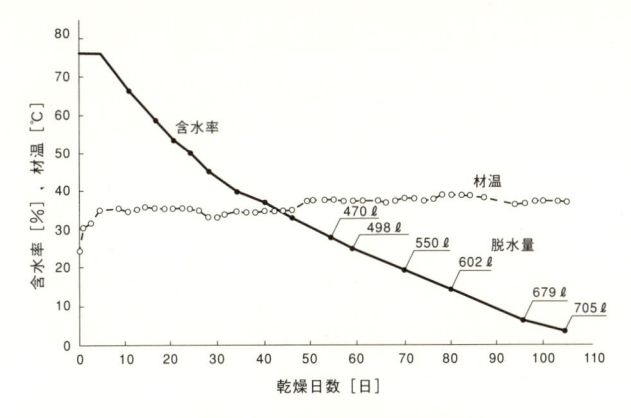

増補図-2 カヤ碁盤用材の乾燥経過
板厚 20 cm, 幅 45 cm, 長さ 60 cm, 41 個, 初期含水率 75%, 缶内圧力 70～75 mmHg
乾燥日数は約 3 ヵ月, 仕上げ含水率は約 10% で一応の成果を得ている.
(以上引用は, 寺澤眞他 3:木材の高周波真空乾燥, 海青社(1998) より)

【増補 4】 乾燥時の損傷による歩留まりロス (本文 p.125 参照)

厳選した丸太を使い, 正確な木取りと挽立て寸法で製材し, 適正な乾燥スケジュールによれば乾燥ロスは極めて少ない.

しかし, 等級の低い丸太を製材し, 節やあてを含む板をそのまま乾燥し, 床板やコアー材を作る時には乾燥後の横切りで節や狂った部分を除去するため乾燥歩留まりは悪くなる.

35 年ほど前は盛んに輸出されていた乾燥ラワンインチ板の乾燥時の狂い, 割れによる歩溜まりロスは 2～3% であり, ブナフローリングの製造では原木丸太が悪く, 狂いの発生ならびに繊維の乱れた部分の除去で横切り時に 20% 以上の乾燥ロスが生じていた.

乾燥ロスは原木の良否と製材技術や乾燥スケジュールならびに二次加工品によって定まる (本文 p.378 「図 5-9 材の等級と乾燥日数と歩留まり」参照).

【増補 5】 キリ材の乾燥 (本文 p.246 参照)

軽軟な材で割れ, 狂いは生じない. 含水率は高く, 軽い材であるが乾燥時間は長い.

年輪幅の細かい良質の南部桐, 会津桐の他にシナギリ(ココノエギリ), タイワンギリや成長の極めて良いラクダギリなどがあって, それぞれの用途によって乾燥法も異なる. 板厚別の大略の乾燥条件を本文 p.390, 表 5-3 に示してある.

キリ材を直接生材から人工乾燥した材は, 湿度の高い梅雨期などに材面があくで変色しやすい. 一般には 1 年以上雨にさらし, 表面が黒ずむようになってから使用するか, 短時間であく抜きをするには, 冷水による吸水と, 温水またはあまり温度の高くない (50℃ 程度) 高湿状態での加熱の繰り返しがよい.

この方法は, 種田健造:木材工業 vol. 51, No. 1(1996) より.

【増補6】 ベイマツ大断面梁材の高温乾燥法の変遷 (本文 p. 296 参照)

ベイマツ梁材は一時期には150℃以上の高温乾燥が実施されたが、割れが多く、暗褐色に変色し、曲りや狂いも多く、仕上がり時の含水率むらが多いため、従来から実施していたように、乾燥初期に90～100℃で蒸煮し、末期を120℃程度にする高温乾燥に変化し、乾燥日数は6日以上を要した。

現在では、終末温度を更に低く、80℃程度にして乾燥時間を長くかけている工場もある。

【増補7】 スギ心持ち柱材の乾燥温度の経緯 (本文 p. 300 参照)

スギ並物柱材(10.5 cm角)の仕上げ含水率は含水率計(性能認定)で25%(D25)となっていたが、一般の木材市場は別として、本格的にプレカットを実施している事業所では仕上げ含水率はD20以下としていた。

厚材や柱材の乾燥時間は、初期含水率や材質が似ていれば、乾燥温度に一番影響され、含水率の低い範囲では、20℃温度を高くすると半分近い時間で乾燥が終了する。

背割り柱材の乾燥で、一時は終末温度を140℃まで上昇させる高温乾燥スケジュールが使われたが、仕上げ含水率のばらつき、狂い、変色、内部割れなどの発生が多いため、背割りせずに温度80～90℃で蒸煮し、その後は一度温度を80℃にしてから順次温度を上昇させ、乾湿球温度差も少しずつ広げ、最終的に温度差は10～15℃、温度は110℃以下にした。この方法で初期含水率80～100%の仕上げ寸法10.5 cm角材を含水率計によるD20に仕上げるのに8～9日を要した。ただし、高温急速乾燥による狂いの増加、材色の変化、内部割れ、材内の水分傾斜の増大、未乾燥材の混入度合の多いことなどから今では乾燥後半の温度を90℃以下にしている。

【増補8】 スギ心持ち柱材の改良形高温乾燥スケジュール (本文 p. 300, 574 参照)

針葉樹心持ち柱材の乾燥に際し、背割りをせずに、余り大きな表面割れが発生しにくい急速乾燥法のごく開発初期の例を増補図-3に示す。

これに類似した形式のスケジュールは1997(平成9)年頃から試みられ、2000年には実用可能な操作方法として認められている(長野県林業総合センター 吉田孝久氏など)。

もちろん、高温度による変色、内部割れ、材質の劣化、焦げ臭さ、乾燥むら等の懸念は残されているものの、実用化している工場は増加している。

このスケジュールの考え方は、乾燥開始時に蒸煮し、その後は急速に高温低湿とし、材表面にごく薄い、均一で大きな引張りセットを作り、次後の乾燥の進行中に発生し易い大形の表面割れを防止させるとともに、柱の中心部分に対しては、高含水率時の長時間の高温加熱による細胞の落ち込みによる収縮率の増大を促し、心持ち柱材の宿命的な大形の表面割れの発生を防止しようとするものである。増補図-3に示す乾燥初期の12時間程度の蒸煮は、材温の急上昇と、温度上昇による高含水率辺材部分の脱水効果と、被乾燥材を取扱っている間に表面の含水率が低下して、高温低湿処理の際に割れが発生

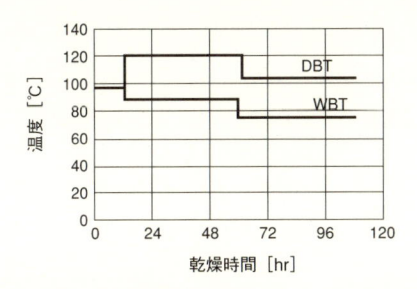

増補図-3　スギ心持ち柱材の表面割れ軽減スケジュール（仕上げ寸法12.0 cm角材初期含水率80〜95％，仕上げ含水率は全乾法で20％以下，乾燥時間が20％ほど短いように思う）
全国木材連合会：乾燥材生産の技術マニュアル，p.32（2000）吉田孝久氏の資料などより．

し易い状態になっている表面含水率を一時的に上昇させるのが目的である．
　乾燥後半の温度降下の目的は，過度の細胞の落ち込みによる内部割れの防止であるが，温度降下による乾燥時間の延長は大きい．最近では高温低湿処理を20時間ほどに短縮し，その後は乾湿球温度差を30℃に保ったまま温度を80〜90℃に降下させる方式に変化している．仕上げ12 cm角材の初期含水率100％から20％までの乾燥時間は9〜10日，養生期間は15日以上を要す（本文p.567-568と増補22参照）．

【増補9】　カキゴルフクラブヘッドの乾燥スケジュール（本文p.304, 391参照）

　米国のコモンパーシモン（*Diospyros virginiana*）材の全乾比重は約0.84で，米国マヂソン林産研究所の乾燥スケジュールは1インチ材に対してT6, C3, 2インチ材とゴルフクラブヘッドにはT3, C2, シャットル材にはT3, B2の乾燥条件をあてている（増補表-3）．米国のパーシモン材と日本のカキ材の乾燥特性がどのように違うかは明確でないが，両者とも黒い縞のある銘木ではなく，辺材か，心材化してはいるが淡い橙褐色部分の材の範囲とする．

増補表-3　コモンパーシモン材の米国乾燥スケジュール表

含水率区分	温度（℃）		乾湿球温度（℃）		
	T3	T6	B2	C2	C3
生〜40	43	50	2.2	2.2	2.8
40〜35	43	50	2.2	2.8	3.9
35〜30	50	50	2.8	4.5	6.1
30〜25	55	55	4.5	7.8	10.5
25〜20	60	60	7.8	17	20
20〜15	70	65	17	28	28
15以下	70	80	28	28	28

1インチ材：T6, C3．シャットル材：T3, B2．2インチ材：T3, C2．
T, B, Cについては本文309, 310を参照．

日本のカキゴルフクラブヘッドの乾燥初期温度は40℃以下とし，乾湿球温度差も1.8～2.0℃とし，材色の白い仕上がりと割れ防止のスケジュールが使われている。この際，温度を38℃以下にするとかびが発生し材を黒くする。この条件を米国のものと比較してみると初期温度，乾湿球温度差，最終温度すべて1～2段階ゆるい(本文p.391，表5-3参照)。

ゴルフクラブヘッドの乾燥には高周波減圧(真空)乾燥法が仕上がりの材色，乾燥時間の短い点や操作面からみて適している(増補3参照)。

【増補10】 イスノキクラリネット用木管材の乾燥スケジュール(本文p.304参照)

クラリネット用イスノキ棒状材で，太い方の直径は6 cm，その中央に径2 cmの穴，細い方は径4 cm，1 cmの穴，長さ14.5 cm，心材。1インチ材にも適用出来る条件。

増補表-4　イスノキクラリネット用木管材の乾燥スケジュール表

含水率範囲 (%)	乾球温度 (℃)	乾湿球温度差 (℃)	所要時間 (日)
40～30	45	2	3～4
30～27	45	3	2
27～25	45	4	1
25～23	47	6	1
23～20	50	8	1.5
20～17	50	12	1.5
17～15	55	18	1.5
15～12	65	25	2
12～7	65	30	3
調湿	65	7.5	3

木口部分は完全にコート。総ての材を8～9%に乾燥するには21日。旧林業試験場・筒本卓造氏による。

【増補11】 ポプラ類 Salicaceae (ヤナギ科) (本文p. 313, 328参照)

アスペンとかコットンウッド，ポプラなどと呼ばれている木材は*Populus*属に含まれているが，植物分類学からみると，アスペンは日本のヤマナラシと同じヤマナラシ節，ドロノキはコットンウッドと呼ばれている材と同じドロノキ節ではあるが，コットンウッドを生産する樹木の中にはヌマハコヤナギ(Swamp cottonwood)*P. heterophylla*のようにヌマハコヤナギ節や，アメリカクロヤマナラシ(American poplar)*P. deltoides*のセイヨウハコヤナギ節のものもあるから間違い易く，注意を要する。

アスペン類は樹皮が平滑，比重はコットンウッド類より少し高く，コットンウッド類の樹皮は縦に割れ目が入る。クロドロノキ(Black cottonwood)*P. trichocarpa*は大径材を生産するが，初期含水率が高く，あてによる狂いや落ち込みが生じ易い。狂い防止のためには桟木間隔を狭くするとよい。

日本で植栽されているイタリアポプラは，セイヨウハコヤナギ節内での交雑種で，

幼齢期にはテッポウ虫による害を受け易く、あてによる狂いもあるが、水喰についての注意は報告されていない。肥沃な土壌では極めて成長がよい。

【増補 12】 乾燥時間の短縮方法総括 （本文 p. 429 参照）

乾燥時間を短縮する方法は、一般的に乾燥温度を高め、湿度を低くするが、この方法では割れ、狂い、落ち込み、変色、強度低下、含水率むらなど、多くの損傷が生じ易い。
したがって、乾燥した材の利用方法と乾燥材の品質との兼合いをよく検討して、適当な乾燥条件を決定する必要がある。
乾燥時間を短縮するその他の方法には次のようなものがあるが、実験室的に可能であっても実用性に乏しかったり、内容の科学的説明が不十分なものもある。
1. 出来るだけ乾燥し易い形状とする。
    1-1 挽立寸法を正確にして必要以上に厚くしない。歩増しは乾燥条件によって左右される。高温で乾燥するときは歩増しを多くする。
    1-2 柱の中心に穴をあける。竹材の節を抜く。作業の手間と強度の低下。
2. 材の通気性を良くする。
    2-1 乾燥前に材を凍結して細胞壁を破壊する。経費が嵩む。余り大きな効果はない。
    2-2 ローラーで板を強く圧縮して細胞壁を破壊させる。処理の程度により強さに影響する。
    2-3 加圧蒸煮(120℃)し、瞬間的に除圧し、針葉樹材の閉鎖壁孔部(トールス)を破壊させる(局所的水蒸気爆砕法)。材を加熱するための熱の消費と設備費を要し、長尺材は多数回の繰り返しが必要。
    2-4 材を水中に長期間浸漬し細菌の作用でトールス部分を破壊さす。厚材、長尺材は菌の侵入に長期間を要するので実用性に乏しい。
    2-5 水中貯材して樹液(あく)を除く。長時間を要す。海水であれば塩分が材内に侵入するため乾燥後に吸湿障害、フナクイ虫による穿孔害、汚れた淡水中では材に臭気が付いたり、酪酸菌による酸の生成で乾燥後に釘を腐食させることもある。
    2-6 温泉水、弱アルカリ水、淡水で材を煮沸して樹液や樹脂を抜く。熱の消費と吸水、変色、落ち込みなどの心配。
3. 材内外の圧力差を大とし、水(水蒸気)の移動を良くする。
    3-1 材温を沸点以上に上昇させる。高温乾燥、熱板乾燥、高周波乾燥、減圧乾燥など。大気中で実地すると材温を100℃以上にする必要があるため、色々な障害が生じる。高周波加熱以外は外部加熱であるから厚材には余り有効でない。樹種による乾燥特性の差が大きく現われ、乾燥終了時の乾燥むらが大きい。
    　　減圧乾燥では40~50℃でも沸点に達するので、厚材には有効である。高周波減圧乾燥の場合は、設備費、電力量が大きい。熱板減圧乾燥もある。
    3-2 乾燥中に周囲の気圧に30~50 mmHgの圧力変化を排気用送風機の on/off によってリズミカルに与え、細胞内の水の移動を促進させる。効果の科学的報告はない。

4. 細胞内腔や細胞壁内の微細毛管内の水や毛管凝縮水とセルロースとの接触角を小さくし（ぬれ易くする），水の移動をよくする。
   4-1 煮沸，蒸煮，水中貯材により細胞内腔をぬれ易くする。細胞の落ち込みや収縮率の増大がおこり易い。
5. 乾燥前に脱水する。
   5-1 木材に遠心力を与え，道管内の水分を放出させる。短尺材や木口部分のみ有効。
   5-2 機械的に圧縮して水をしぼり出す。単板に応用したことがある。
   5-3 初期蒸煮による脱水，高含水率材には有効。落ち込み発生の危険はある。
6. 表面割れを発生しにくくして乾湿球温度差を大にして乾燥する。
   6-1 材表面を鉋で平滑にしてから乾燥する。レッドオーク材では成功している。割れやすい材には効果なし。
   6-2 材表面にPEGを塗布して収縮を小さくして乾燥。少しでは効果が小さく，多量に使うと湿度の高い梅雨期に吸湿する。
   6-3 割れ易い木口面や板目材の割れの生じ易い場所に割れ防止塗料を塗る。
   6-4 乾燥初期の数十分間，厳しい乾燥条件下に板をさらし，表面に均一な強い引張りセットを作ってから，普通の乾燥スケジュールよりも乾湿球温度差を大にして乾燥する。実験室的には可能であるが，含水率の違う多量の材を大型乾燥室で処理するのは困難。心持ち柱材では実施しており，前出の増補図-3のスケジュールが応用例である。
   6-5 丸太の成長応力を高温加熱により緩和し，製材時や乾燥の時に発生し易い幅広の板目材の割れ発生を防止し，よりきびしい乾燥条件を与えて乾燥する。処理には燃料と設備が必要。
7. 遠赤外線を照射して乾燥を促進させる。科学的な報告や理由説明がない。

以上の他に装置内の温湿度むらを少なくして乾燥むらによるおくれを待つ時間を小さくする事も重要。寺澤眞：乾燥時間の短縮方法について，ウッドミック No.211(10)，p.37(2000)より。

【増補13】 丸びき（だらびき）材の天然乾燥法（本文 p.440参照）

丸びき（だらびき）材の天然乾燥例
木表側の割れ防止，木裏を上に向ける。最終利用に際して，木表側を表面にする例が多いため（増補図-4）。

増補図-4 丸びき（だらびき）材の天然乾燥例
木表側の割れ防止，木裏を上に向ける。

【増補 14】 高温乾燥と材間風速　(本文 p. 464 参照)

　高温乾燥では乾燥速度が大きいため材間風速を大きくすべきとの考え方も多く，外国では材間風速 6 m/sec 以上としているものもある。風速を大きくするには風圧に耐える送風機が必要で電力量の急増になるが，乾燥終了時の桟積み内各位置による乾燥むらは有効に縮少される。

　しかし高温乾燥法では，一般の乾燥法による場合よりも材質による乾燥速度の違いが大きくなるため，乾燥終了時の板相互の含水率差が大きく現れる。このような理由から風速増加による乾燥むら防止対策には経済的な限界があり，桟積み幅 2 m，桟木厚 2.3 cm，両循環方式であれば 3 m/sec 前後が高温乾燥における経済的な値と考えられる。高温乾燥法は一般に乾湿球温度差を大としているため，桟積み通過中の空気温度の降下量が大きく，風下側の乾燥おくれが大きいように思われ易いが，材表面が乾燥すると乾湿球温度差と乾燥速度との関係が比例的でなくなるため，温度降下量が大きい割には乾燥むらが大きくない。

【増補 15】 装置内圧力と水蒸気分圧，温度などによる乾燥法分類試案
　(本文 p. 493 参照)

　一般常識からすると，真空乾燥法とは装置内の気圧が極めて低い状態下での乾燥法と思われているが，木材乾燥では表面蒸発を制御しながら乾燥するため，樹種，板厚によって適温範囲が 25～120 ℃ と広く，これに伴う装置内の絶対圧力や蒸気分圧は加圧も加わり，20～1000 mmHg と幅がある。

　また，排気ファンで装置内の気圧を大気圧より 30 mmHg ほど降下させただけの装置もある。今のところ，これらの装置を包括した系統的な分類整理がなされていない。

　以下に従来の蒸気加熱式乾燥装置も含め，各種乾燥法につき，装置内の気圧，関係湿度，蒸気分圧，温度，空気の有無などを考慮して分類した試案を示す。

　木材乾燥では，乾燥初期は高湿とし，末期は低湿とするため，乾燥条件の区分が明確にできなく，乾燥初期の高湿条件の所に着目して分類してみた。

1) 過熱水蒸気内高温熱風乾燥(加圧，100 ℃ 以上，無空気)
2) 低比率空気含有水蒸気内乾燥(常圧から減圧，100 ℃ 以上と以下)
    i) 加熱水蒸気内高温熱風乾燥(常圧，100 ℃ 以上)
        湿球温度を 100 ℃ 近くに保ち，100 ℃ 以上の加熱水蒸気内で熱風乾燥
   ii) 負圧水蒸気内中温熱風乾燥(減圧，100 ℃ 以下)
        缶内圧力 300 mmHg 前後，温度 76～80 ℃ の加熱水蒸気内で熱風乾燥
  iii) 負圧水蒸気内温熱乾燥，熱板または高周波加熱(減圧，50 ℃ 以下)
        50 mmHg 前後の缶内圧力内で，熱板または高周波(マイクロ波も含む)で材温を飽和水蒸気圧の温度(約 38 ℃)より高めて乾燥
3) 水蒸気含有空気内乾燥(常圧から減圧，100 ℃ 以下，水蒸気分圧 1/3 以下)
    i) 高湿度空気内熱風乾燥(常圧，100 ℃ 以下)
        一般の IF 型乾燥法，乾燥初期は高湿，温度 35～80 ℃

ii) 高温急速乾燥 (常圧, 100 ℃ 以上)
　　IF 型乾燥法と同じであるが，温度を 100 ℃ 以上にする低湿急速乾燥
iii) 熱板または高周波 (マイクロ波も含む) 加熱乾燥 (常圧, 100 ℃ 以上と以下)
　　常圧のもとで，保温，保湿した容器内で熱板または高周波で加熱乾燥
iv) 低気圧乾燥 (ごく微量の減圧, 100 ℃ 以下)
　　装置内の気圧を吸引ファンで大気圧より 30 mmHg ほど降下させ，高湿の加熱空気内で一般の IF 型乾燥室のように乾燥
v) 半気圧内中温熱風急速乾燥 (減圧, 100 ℃ 以下)
　　空気の分圧が 1/2 以下で缶内圧力 300〜350 mmHg，温度 65〜80 ℃ の低湿度中での中温急速乾燥
vi) 希薄空気内減圧乾燥 (減圧, 30 ℃ 以下)
　　空気の分圧が 1/2 程度，缶内圧力 50 mmHg 前後，温風または熱板，高周波などにより，材温を 25 ℃ 前後の低い温度で加熱する長時間の厚板，難乾燥材の乾燥

【増補 16】 ラミン材の組織構造と水分移動の模式図 (本文 p. 526 参照)

ラミン材は道管内にチロースが無く組織間の開孔も大きく通気性の良い木材で水の抜けも極めてよく，含水率 35〜40％ あたりまでは殆ど水分傾斜なしに乾燥が進行する。
　増補写真-1 はラミン材の板目面と柾目面とを示したものであるが，開孔している壁孔が認められる。
　細胞内の水が組織のどの部分を通って移動しているかは不明であるが，道管や繊維の開孔壁孔径が増補図-5 のようになっていると，太い組織内の水はより細い組織内に吸引されながら材表面に移動できるので，水分傾斜がつきにくいものと考えられる。

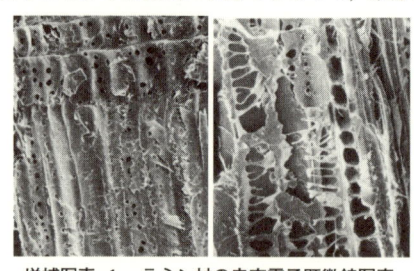

増補写真-1　ラミン材の走査電子顕微鏡写真
　　　左：柾目面，右：板目面 (倍率×180)

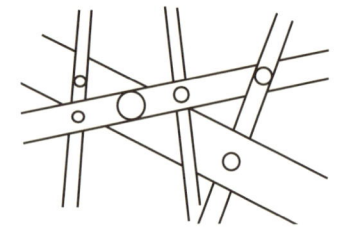

増補図-5　ラミン材の細胞壁孔の模式化図
　　　太い経の細胞から細い管の細胞へ，メニスカスの作用で水は移動する。

【増補 17】 温度，含水率，比重，方向別の水分拡散係数集大成関係図
　　　　　　 (本文 p. 531, 534, 536, 542 参照)

繊維飽和点以下の含水率域での定常状態の水分拡散係数については，多くの発表例があるが，それらは特定の条件のみのものが殆どで，拡散係数の全体像が掴みにくい。
　Stamm(1946) は針葉樹材の細胞構造をモデル化し，拡散係数の算出式の原形を作り，

1960年には更に具体化している。

その後Choong(1965)は既存の信頼性の高いと思われる木材実質や空気中の拡散係数を計算式にあてはめ，試行錯誤して，温度，含水率，比重(密度)別の集大成図を作成した(渡辺治人，木材理学総論，農学出版(1978) p.291～293に引用されている)。

1984年SiauはChoongの原図を数式によって取り扱い易いように変更している(John F. Siau: Transport Processes in Wood, Springer-Verlag (1984))。

この本の図は水分濃度傾斜で計算しているため，単位が cm^2/sec で示されており，現場の者には具体的なイメージが掴みにくい。これを含水率傾斜に換算し増補図-6とした。なお，図の見方について2～3のコメントを付す。

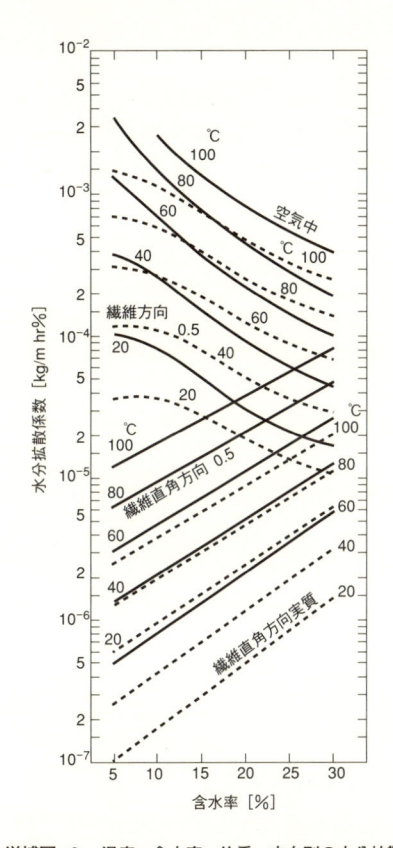

a) 換算式などについて，

$\lambda_c \times 3.6 R_u = \lambda_u$

$\lambda_c : cm^2/sec$

$\lambda_u : kg/mhr\%$

$R_u = \dfrac{\gamma_0}{1+u/100\,\gamma_0}$

R_u : 含水率30%以下の含水率u%の時の容積密度

$R_u = \dfrac{W_0}{V_u} (g/cm^3)$

γ_0 : 全乾比重(密度)

V_u : 含水率u%時の体積(cm^3)

W_0 : V_uの全乾重量(g)

原本の図6-5と図6-8とを一つに作図した。

増補図-6 温度，含水率，比重，方向別の水分拡散係数
実線カーブは空気中，破線カーブは $\gamma_0 = 0.5$ の木材の繊維方向。実線直線は $\gamma_0 = 0.5$ の木材の繊維と直角方向，破線直線は木材実質 $\gamma_0 = 1.5$ の繊維と直角方向。温度20～100℃，含水率5～30%，全乾比重は $\gamma_0 = 0.5$ と $\gamma_0 = 1.5$ のみ

b) 図の見方について，

1) 空気中の拡散係数が高含水率域で減少するのは含水率1%当りの蒸気圧差が高含水率域ほど小さいからである。

2) 全乾比重0.5の材につき繊維方向の拡散係数が上記の空気中の拡散係数と同じ傾向を示す理由は繊維方向では細胞壁を通過する頻度が直角方向より少なく，細胞内腔内の空気中の水蒸気拡散の大小に支配されるからである。

3) 別図で木材実質の繊維方向と直角方向との拡散係数は繊維方向が2.5倍大としてある。
4) 比重の違いによる拡散係数の違いの図も示されている。余り大きな比重差でなければ比重の逆数に比例すると考えてもよいが，それよりも影響は多少大きい。

c) 実際の板材乾燥の乾燥末期の乾燥速度と乾燥条件とから略算して得た値と比較して，次のように感じられる。
1) 全乾比重 0.5 の材につき，含水率 15 ％ 前後の拡散係数は，針葉樹材としてはかなり小さいよう (1/1.5〜1/2) に感じられる。
2) 高含水率域での拡散係数の増加割合がやや大きいように思われる。
3) 同一比重材であっても壁孔の開放の程度，含有樹脂，チロースなどによって絶対値ならびに含水率の影響はかなり差があろう。
4) 拡散抵抗 (蒸気圧差で示した時) と微分吸着熱とは比例関係にあると思われる。

寺澤眞：木材人工乾燥の基礎学とは何か，ウッドミック No. 235(10)，p. 53(2002) より

【増補 18】 板材と木口木取り材との乾燥時間比 (本文 p. 536 参照)

　木口木取り材は道管や仮道管の切り口が蒸発面に多数現れており水分排出距離が短く，壁孔通過回数が少ないため乾燥時間は普通の板材より早い。乾燥時間を比較する際に，板厚が単板のように薄くなると，両者の時間差は小さくなる。2〜3 cm 厚さの木口木取り材と板材とを生材から乾燥した時の時間比はかなり大きく感じられる。
　含水率 30 ％から 20 ％まで，温度 20 ℃ で乾燥した時の両者の時間比は増補図-7 であり，板厚が厚い時に，その比率は大きく，大略 3〜4 倍が平均的な値である。
　一方，含水率 15 ％，温度 50 ℃，定常状態のヒノキ材の拡散係数は，木口木取り材と板材とで 10 倍程度の違いがある (本文 p. 542，図 8-40)。
　含水率の違いによる繊維方向と直角方向との拡散係数の比率を増補 17，増補図-6 につき，全乾比重 0.5 の条件で見ると，含水率 25 ％，温度 20 ％で繊維方向の拡散係数は 13×10^{-6} kg/m hr％，直角方向は 3.5×10^{-6} kg/m hr％ となっており，比率は 3.7 倍で先の実測値とよく似ている。
　しかし，増補図-6 につき含水率 15 ％ 時の木口木取り材と板材との拡散係数の比率をみると，20 ℃ では 20 倍，50 ℃ で 25 倍と比率がかなり大きく，この原因は増補図-6 の繊維と直角方向の低含水率域の拡散係数が 1/2〜1/1.5 ほど小さいためと思われる。
　以上の諸結果を総合して，本文 p. 536 に述べている内容は，チロースを持たない太い道管のある材についての定常，非定常拡散の考え方にはある程度適合するとしても，その他として蒸発に必要な熱伝達の問題についても考慮する必要がありそうに思われる。
　明確な結論を出すには，樹種別，含水率範囲別の木口木取り材と板材との乾燥速度の実験をしてみる必要がある。
　なお増補図-7 でアルモン柾板と木口木取り材との乾燥時間比が 10 程度と大きくなっている理由は，接線方向の壁孔が樹脂で完全に閉鎖されているのに対し，道管を完全に閉鎖しているチロースの存在が 4〜5 cm に 1ヵ所程度しか無い (木口木取り材を透かして見ると道管が抜けて見える) ため，木口木取り材の乾燥時間が意外に早いためかと

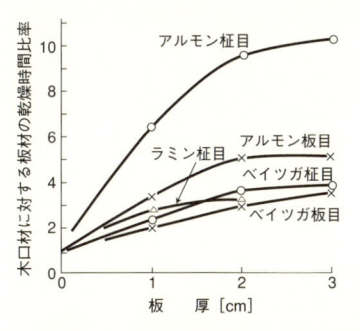

増補図-7　木口木取り材に対する板材の乾燥時間比率
板厚別の比較，乾球温度 20 ℃，乾湿球温度 4 ℃，含水率 30→20 % の間

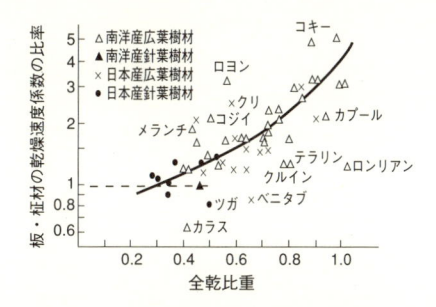

増補図-8　板目と柾目材との乾燥速度係数比率（板/柾）と全乾比重との関係
温度 60 ℃，乾湿球温度差 25 ℃，板厚 2 cm，含水率 10 %，傾向の大きく違う材に樹種名を付す

考える。

【増補 19】　木取りや比重と乾燥速度（本文 p. 519, 542 参照）

比重と乾燥速度との関係は試験材の木取り（板目，柾目）や含水率範囲で異なる。

本文 p. 541 で述べている乾燥速度が全乾比重（γ_0）の $1/\gamma_0^{1.5}$ に比例するという結果は試験材が板目材であるためとも考えられる。

板目材の乾燥では放射組織の水分移動に影響され易く，比重が増加しても，この部分を通過する水分量は余り低下しないと思われるので，比重の影響が小さくなり，このような結果が得られたとも言えよう。

比重と水分拡散係数との関係を単純に考えれば拡散係数は $1/\gamma_0$ に比例し，乾燥速度は水分の減少量を全乾重量で除したものであるから，比重との関係は $1/\gamma_0^2$ に比例することになる（ある範囲のみ）。

増補図-8 は板厚 2 cm の材を温度 60 ℃，乾湿球温度差 25 ℃ のもとで乾燥し，含水率 10 % 付近の乾燥速度係数(1/hr)を板目と柾目材について比較したものである。高比重材ほど両者の比率が大きくなっている。比率の最大値は 3〜5 であるが生材から含水率 10 % まで乾燥したときの板柾材の時間比率は，2〜2.7 cm の材であればせいぜい 1.5〜2 倍程度である。

板目，柾目の乾燥速度比は低含水率域で大きくなる。その理由は，板目材が乾燥する際に，水蒸気が通過する半径方向と直角に列ぶ細胞壁に，含水率の影響を受けない完全に開いた壁孔が多いためであろう。

増補図-8 の中で平均的な傾向から大きく外れる樹種について説明する。

カラス　*Aguilaria*　ジンチョウゲ科
　柔細胞の材内師部が年輪状に分布しているため柾目材の乾燥がよい

ロンリアン　*Tristania*　フトモモ科

イスノキのような材で，放射組織が樹脂で充填されていて存在効果が小さいのか
ロヨン *Parkia* マメ科
　乾燥のよい材で放射組織の存在効果が大きいのか
ベニタブ *Machilus* クスノキ科
　クスノキ科の材には板柾の乾燥速度の似ている樹種が多い
コキー *Hopea* フタバガキ科
　比重は高いが放射組織が有効に作用しているのか

【増補 20】　初期含水率と収縮率との関係（本文 p.548 参照）

　乾燥条件によって収縮率に変化が生じる原因の多くは，乾燥時の細胞の落ち込みである。細胞の落ち込みは乾燥の際に温度が高く，含水率の高いときほど生じやすい。乾燥前の含水率を予め常温のもとで色々に調整したレッドラワン小試験片を，温度80℃，乾湿球温度差5℃の条件で乾燥し，最終的に全乾にしたときの収縮率を増補表-5に示す。

増補表-5　初期含水率と接線方向の全収縮率との関係

初期含水率(%)	全収縮率(%)	初期含水率45%の材に対する増加比
45	7.8	1.0
68	9.7	1.24
90	10.7	1.37
117	10.7	1.37

全収縮率は乾燥後重量が一定となった後に100℃の乾燥機で全乾とした時のもの。
レッドラワン材寸法 L×R×T = 5×5×110(mm)。乾燥温度80℃，乾湿球温度差5℃。

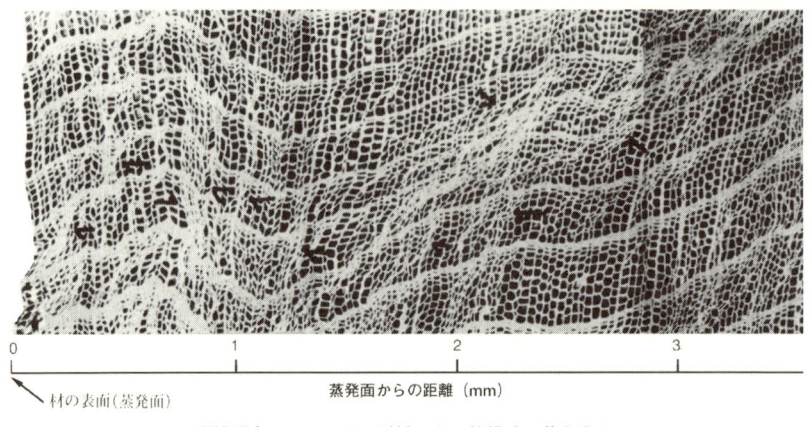

増補写真-2　ベイスギ材の人工乾燥時の落ち込み
　柾目材の表層近くの細胞の落ち込みと組織の変形。小林好紀氏撮影

増補資料

【増補 21】 ベイスギ材の落ち込み （本文 p. 556 参照）

細胞の落ち込みは水の引張力による座屈であるから、色々な形状を示す。針葉樹材にはあまり見られないが、増補写真-2 はベイスギ柾目材を人工乾燥した際の落ち込みで、乾燥面から 3 mm 程度材内に入った部分に、年輪と直交し、蒸発面と平行な落ち込みの線が認められる。奈良県林業試験場に在職中に小林好紀氏が撮影したものである。
寺澤眞：針葉樹材の細胞の落ち込み、ウッドミック No. 204(3)、p. 36(2000) などより。

【増補 22】 表面割れと応力集中 （本文 p. 368, 563, 574 参照）

乾燥初期に発生する割れは板目材に生じやすく、表層の一番弱い部分に応力が集中して発生する。増補写真-3 のように金属板上に生材状態の時、瞬間接着剤で接着した薄いラミン板目材は、乾燥の進行に伴い厚さが 3 mm 以上の材になると割れるが、2 mm 程度の厚さまでは殆んど割れずに乾燥される。

従って実験室的に生材状態の板を、30 分ばかり温度 100℃以上の乾燥した空気中におき、表面層に薄い均一な引張りセットを作ってから、次にやや厳しい乾燥スケジュールで乾燥すると、直接生材をこの条件に入れた時よりも割れの発生はかなり軽減され、乾燥時間の短縮が可能となる。

この方法は総ての材が同じような高含水率材であり、総ての材に同じような苛酷な前処理条件が与えられ、次の段階で急速な室内条件の変化が可能でないと適用しにくい。

関係する内容は増補 8 のスギ心持ち柱材の改良形高温乾燥スケジュールと本文 p.367～368 にある。

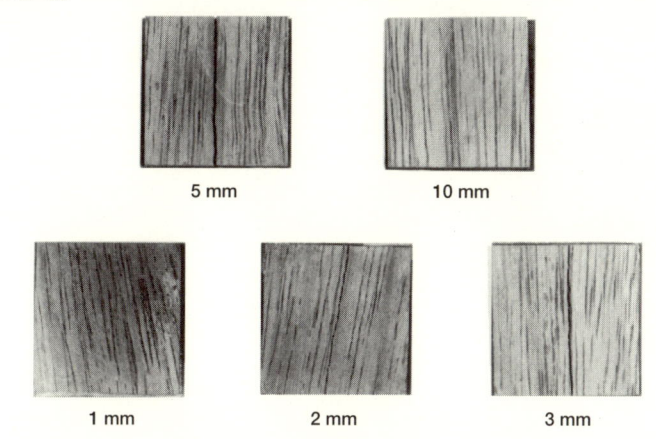

増補写真-3　板の厚さと表面割れの有無

ラミン板目材、図中の数値は板厚、室内乾燥。2 mm 厚までは割れがなく 5 mm が最大。10 mm では表層部のみの割れとなる。
　寺澤　眞・山下　智：Set 処理による木材乾燥スケジュールの促進、第 20 回木材学会大会要旨集 177(1980) より。

【増補 23】 日本農林規格（JAS）の含水率基準改定について
(本文 p. 228, 704 参照)

　今回の JAS 改定の中心は従来の構造用製材に含まれていた D25（含水率 25％以下）は建築用材としては乾燥不十分であるとの結論からである。

　構造用材の仕上げ含水率を 20％以下にしておけば，乾燥材をすぐに加工して建築に使用しても，家屋完成後に問題が起こらないとの認識から，表面仕上げしたサーフェースドライ（SD）を設け，この含水率を 20％以下にしている（増補表-6 参照）。

　含水率の測定は原則として全乾法によるべきであるが，便法として公立機関で認定した含水率計の読みで代用できるが，精度についてはかなり厳しくなっている。

　今回の規格改訂により，スギ心持ち柱材を SD20 まで乾燥する時間は，従来の D25 に要した時間の 1.3～1.5 倍であろう。もちろん D25 の含水率を測定した機器の精度にもよる。また D25 の柱を 10～15 日間，風通しのよい場所に立て掛けて置いたからといっても SD20 の含水率にはならない。

　なお本書『木材乾燥のすべて』に示されている柱材の含水率はすべて全乾法で示しているため，規格改訂による乾燥時間の修正は不要である。

　また乾燥時間と乾燥温度との関係は，乾湿球温度差を同一に保って温度だけ変化した場合，広葉樹材は一般に 20℃の温度上昇で乾燥時間は全乾燥時間を通し約 1/2 となるが，針葉樹厚材高含水率域では 20℃の温度上昇で 20～30％の時間短縮しかないように感じられる。また，90～100℃あたりの温度域では，温度の変化に対し乾燥時間が余り変化しない例もある。温度上昇によって乾燥時間が大幅に短縮されているように感じられるのは，材表層部の極端な含水率低下によるもので，材の中心部の含水率は余り低下していない（水分傾斜が大きい）。

　常圧のもとで，乾燥室内温度が 100℃近くや 100℃以上になると，乾湿球温度差は温度上昇とともに大となるため，乾燥時間の短縮割合は大となる。しかし材内の水分傾斜や乾燥むらも増大するため，調湿時間を長くする必要がある。

　今回，構造用製材の D25 を残した理由は，スギ心持ち柱材などの人工乾燥では SD20 まで乾燥することは小規模製材工場では経済的に困難であるため，D25 は乾燥出炉後ただちには表面仕上げをして加工利用できない半乾燥材といった意味を持たせたものではないかと判断する。

　室内で使われる構造用柱材の仕上げ含水率は 18％以下が望ましく，高温急速乾燥した心持ちスギ柱材は狂いの原因となる大きな水分傾斜を残しており，これを均一化するには，15 日以上の倉庫内での養生期間が必要である。

増補表-6　日本農林規格(JAS)の含水率基準

(2002.3.1 施行)

日本農林規格 (JAS) で「乾燥材」表示のあるもの			含水率
針葉樹の構造用製材（乾燥材の表示）			
	(SD：表面仕上げ材)	(D：未仕上げ材)	
		D25	25％以下
	SD20	D20	20％以下
	SD15	D15	15％以下
針葉樹の造作用製材（乾燥材の表示）			
	(SD：表面仕上げ材)	(D：未仕上げ材)	
造作類	SD18	D18	18％以下
	SD15	D15	15％以下
壁板類	SD20	D20	20％以下
	SD15	D15	15％以下
針葉樹の下地用製材（乾燥材の表示）			
	(SD：表面仕上げ材)	(D：未仕上げ材)	
	SD20	D20	20％以下
	SD15	D15	15％以下
広葉樹製材（乾燥材の表示）		D13	13％以下
		D10	10％以下
集成材・構造用集成材			15％以下
単板積層材・構造用単板積層材			14％以下
枠組壁工法構造用製材　乾燥材			19％以下
フローリング			
単板フローリング	（人工乾燥表示）	針葉樹	15％以下
		広葉樹	13％以下
	（天然乾燥表示）	針葉樹	20％以下
		広葉樹	17％以下
複合フローリング			14％以下
普通合板・コンクリート型枠合板			14％以下

著者紹介：
寺澤　眞（てらざわ しん）
1920年　神奈川県横須賀市に生れる
1943年　東京帝国大学農学部林学科卒業
同　年　茅ケ崎製作所 K.K. 研究部勤務
1944～1945年　応召，復職
1950年　林業試験場勤務
1953年　同加工科乾燥研究室長
1964年　同加工科長
1968年　名古屋大学農学部林産学科木材物
　　　　理学教室転任，教授
1984年　定年退職
　　　　名古屋大学名誉教授
　　　　現在乾燥装置製造関連会社などの顧問
1961年　「インターナルファン型木材乾燥の研究」で農学博士
1995年　4月29日　勲三等瑞宝章受章
専　門　木材乾燥工学，木材物理学
現住所　〒468-0034　名古屋市天白区久方 1-45

木材乾燥のすべて　改訂増補版
もくざいかんそうのすべて

発 行 日	1994年10月1日　初版第1刷
	2004年3月1日　改訂増補版第1刷
定　　価	カバーに表示してあります
著　　者	寺澤　眞 ©
発 行 者	宮内　久

海青社
Kaiseisha Press

〒520-0112　大津市日吉台 2 丁目 16-4
Tel. (077)577-2677　Fax. (077)577-2688
郵便振替　京都 01090-1-17991
http://www.kaiseisha-press.ne.jp

● Copyright © 2004　TERAZAWA SHIN　　● Printed in JAPAN
● 落丁乱丁はお取り替えいたします　　　● ISBN4-86099-210-5